Tom Sommerlatte (Hrsg.)

Angewandte Systemforschung

Tom Sommerlatte (Hrsg.)

Angewandte Systemforschung

Ein interdisziplinärer Ansatz

Die Deutsche Bibliothek – CIP-Einheitsaufnahme
Ein Titeldatensatz für diese Publikation ist bei
Der Deutschen Bibliothek erhältlich

Dr.-Ing. Tom Sommerlatte ist Chairman Management Consulting Worldwide und Vice President
bei Arthur D. Little International, Inc.

1. Auflage Mai 2002

Alle Rechte vorbehalten
© Betriebswirtschaftlicher Verlag Dr. Th. Gabler GmbH, Wiesbaden 2002

Lektorat: Ulrike Lörcher

Der Gabler Verlag ist ein Unternehmen der Fachverlagsgruppe BertelsmannSpringer.
www.gabler.de

Das Werk einschließlich aller seiner Teile ist urheberrechtlich geschützt. Jede Verwertung außerhalb der engen Grenzen des Urheberrechtsgesetzes ist ohne Zustimmung des Verlags unzulässig und strafbar. Das gilt insbesondere für Vervielfältigungen, Übersetzungen, Mikroverfilmungen und die Einspeicherung und Verarbeitung in elektronischen Systemen.

Die Wiedergabe von Gebrauchsnamen, Handelsnamen, Warenbezeichnungen usw. in diesem Werk berechtigt auch ohne besondere Kennzeichnung nicht zu der Annahme, dass solche Namen im Sinne der Warenzeichen- und Markenschutz-Gesetzgebung als frei zu betrachten wären und daher von jedermann benutzt werden dürften.

Umschlaggestaltung: Ulrike Weigel, www.CorporateDesignGroup.de

Gedruckt auf säurefreiem und chlorfrei gebleichtem Papier

ISBN-13: 978-3-409-11879-8   e-ISBN-13: 978-3-322-82389-2
DOI: 10.1007/978-3-322-82389-2

Vorwort

Als am 11. Dezember 1999 eine Reihe von Professoren der Universität Kassel im Schlößchen Schönfeld zu einem Kolloquium zum Thema "Systemdesign" zusammenkamen und einen Tag lang über Systemansätze in ihren Fachgebieten diskutierten, geschahen drei bemerkenswerte Dinge:

- Alle hörten einander staunend zu, wie intensiv man sich in den vertretenen Fachgebieten Wirtschaftswissenschaften, Umweltforschung, Maschinenbau, Architektur, Soziologie, Psychologie und Produkt-Design mit Systemfragen auseinander setzt.

- Alle entdeckten Gemeinsamkeiten und Kooperationspotenziale, über die bisher nicht oder viel zu wenig gesprochen worden war.

- Einer wurde gefunden, der die Beiträge zusammentragen und in ein Buch zum Thema "Angewandte Systemforschung" verwandeln sollte.

Der eine war ich. Als ich die zunächst einfach erscheindende Nebenbeschäftigung begann, wurde schnell klar, dass das Thema einen umfassenderen Rahmen erfordert, als ihn die Teilnehmer des Kolloquiums verkörpert hatten. So kamen weitere wichtige Autoren dazu. Noch immer kann das daraus entstandene Buch keinen Anspruch auf Vollständigkeit erheben, aber das Wichtigste haben wir wohl dabei.

Die enorme Kleinarbeit des Lektorierens, Abgleichens und Formatierens soll nicht verschwiegen werden – es kommen trotz aller Gemeinsamkeiten der Grundthematik und Bemühungen doch sehr unterschiedliche Welten zusammen. Dass das Zusammenführen geklappt hat, ist der Energie, Ausdauer und Gewissenhaftigkeit von Frau Hannelore Güsgen zu verdanken, die die Manuskripte im Büro und zu Hause, einschließlich an Wochenenden, in das System des Buches einpasste. Ihr danke ich im Namen aller Autoren sehr herzlich. Dank gilt auch Frau Ulrike Lörcher, Lektorin des Programmbereichs Wissenschaft des Gabler-Verlags, die mit einem detaillierten Briefing und am Schluss auch mit Geduld den Entstehungsprozess begleitete. Sicher gebührt auch einigen guten Geistern hinter den Autoren Dank, die dafür sorgten, dass die Beiträge elektronisch in passender Form bei uns landeten.

Und nun: anregende Lektüre!

Prof. Dr.-Ing. Tom Sommerlatte
im März 2002

Inhaltsverzeichnis

Autorenverzeichnis

Herausgeber:

Prof. Dr.-Ing. Tom Sommerlatte

Autoren:

Prof. Dr. Frank Beckenbach

Fachbereich Wirtschaftswissenschaften
Universität Kassel

Prof. Dr. Hans-Jörg Bullinger

Fraunhofer-Institut für Arbeitswirtschaft
und Organisation, IAO

Prof. Dr.-Ing. Klaus David

Fachbereich Elektrotechnik
Lehrstuhl für Kommunikationstechnik
Universität Kassel

Prof. Dr. Hans Dehlinger

Fachgebiet Produktdesign
Universität Kassel

Prof. Dr. José L. Encarnação

Fraunhofer-Institut für
Graphische Datenverarbeitung, IGD

Dr.-Ing. Alexander Fink

Szenario Management International

Dr. Christoph Hornung

Fraunhofer-Institut für
Graphische Datenverarbeitung, IGD

Prof. Dr. Wolfgang Jonas

Hochschule für Kunst und Design Halle
Fachgebiet Prozessdesign

Prof. Dr. Helmut Krauch

Emeritiert,
Universität Kassel

Prof. Dr. Ernst-Dieter Lantermann

Fachbereich Psychologie
Universität Kassel

Autoren (*Fortsetzung*):

Dr. Johannes Linden — Fraunhofer-Gesellschaft am Institutszentrum Birlinghoven

Prof. Dr. H. Michael Mirow — Leiter des Zentralbereichs Corporate Strategies, Siemens München

Dr.-Ing. Siegmund Pastoor — Zentrum Mensch-Maschine-Systeme Technische Universität Berlin

Dipl.-Psych. Katharina Seifert — Zentrum Mensch-Maschine-Systeme Technische Universität Berlin

Dr. Karl-Heinz Simon — Wissenschaftszentrum für Umweltsystemforschung, Universität Kassel

Prof. Horst Sommerlatte — Fachgebiet Produktdesign Universität Kassel

Prof. Dr.-Ing. Tom Sommerlatte — Arthur D. Little, Inc.

Prof. Dr. Klaus-Peter Timpe — Zentrum Mensch-Maschine-Systeme Technische Universität Berlin

Dipl.-Math. Clemens-August Thole — Fraunhofer-Institut für Algorithmen und Wissenschaftliches Rechnen, GMD-SCAI

Prof. Dr. Ulrich Trottenberg — Fraunhofer-Institut für Algorithmen und Wissenschaftliches Rechnen, GMD-SCAI

Prof. Dr.-Ing. habil. Joachim Warschat — Fraunhofer-Institut für Arbeitswirtschaft und Organisation, IAO

Prof. Dr. Helmut Willke — Fakultät für Soziologie Universität Bielefeld

Einleitung

A. Begriffsbestimmung

Die Begriffe, die in diesem Buch verwendet werden, finden sich in vielen Veröffentlichungen und seit geraumer Zeit auch immer mehr im fachlichen und allgemeinen Sprachgebrauch – ohne allerdings einigermaßen definiert und zueinander in Bezug gesetzt zu werden.

Es handelt sich um: System, Systemanalyse, Systemdesign, Systemforschung, Systemwissenschaften und Systemtheorie.

Da es keine verbindlichen Definitionen dieser Begriffe gibt oder sie in einzelnen Fachgebieten unterschiedlich benutzt werden, soll für den Zweck dieses Buches die folgende Begriffsbestimmung benutzt und gleichzeitig zur Diskussion gestellt werden.

System

Das Wort „System" kommt aus dem Griechischen und bedeutet "Zusammenstellung". Unter einem System ist eine Menge von Elementen zu verstehen, zwischen denen Beziehungen und Wechselbeziehungen bestehen und die sich dadurch von ihrem Umfeld abgrenzen (Krauch, 1964, Seite 1).

In der Kybernetik wird unter einem System eine beliebige Ansammlung von miteinander in Beziehung stehenden Teilen (Elementen) verstanden. Die Beziehungen zwischen den Elementen müssen als messbare Tatbestände beobachtbar sein. Durch die messbaren Beziehungen der Elemente untereinander unterscheidet sich ein System von einer Menge, unter der nur "eine Zusammenfassung von bestimmten, wohlunterschiedenen Objekten unserer Anschauung und unseres Denkens" verstanden wird (Mirow, 1969, Seite 21).

Systeme umfassen sowohl mathematische oder logische Gebilde als auch materielle und/oder energetische Gegebenheiten. Dabei stellen die erstgenannten Systeme gewöhnlich Hilfsmittel zur Beschreibung oder zur Bildung von Theorien der letztgenannten Systeme dar, die als Teile der realen Welt interpretiert werden und aus der jeweiligen Perspektive zu einem gegebenen Zeitpunkt durch einen gegebenen Zustand charakterisiert sind.

Die Art der Beziehungen (zwischen den Systemelementen) gibt an, wie eine Menge von Elementen ein komplexes Ganzes formt und sich damit von einer einfachen Aggregation unterscheidet. Das Netz dieser vermaschten Beziehungen bildet die **Struktur** des Systems. Die Struktur repräsentiert den Aufbau oder die Organisation eines Systems. Ihr Erkennen ist für das Verstehen der Dynamik eines Systems von grundlegender Bedeutung, denn es sind die Interaktionen im

System, die seine zeitlichen Veränderungen, d.h. das Wachsen, Schrumpfen oder Oszillieren der einzelnen Systemelemente, produzieren.

Die systeminhärente Dynamik findet ihre Zweckbestimmung in den Interaktionen mit der Umwelt. Umwelt ist dabei definiert als die Menge aller das System umgebenden Objekte, deren Veränderungen das System beeinflussen und/oder deren Attribute durch das Verhalten des Systems verändert werden. Die Wechselwirkung zwischen System und Umwelt (zusammen beschreiben sie ein Super- oder Metasystem) bilden einen regenerativen, durch Rückkopplung gekennzeichneten Aktions-/Reaktionsprozess.

Komplexe dynamische Systeme im Sinne von Feedbacksystemen sind durch ihre Orientierung an Zielen charakterisiert. Die organisierten Elemente einer solchen Gesamtheit kooperieren für einen gemeinsamen Zweck (Zahn,1972, Seite 8).

"System" ist eine Grundkategorie der modernen Soziologie zur Analyse der Wechselwirkungen aufeinander bezogenen (interdependenten) Handelns mehrerer Individuen, Gruppen oder Organisationen.

Ein System besitzt ein gewisses Maß von Integration und Geschlossenheit im Verhältnis seiner Elemente zueinander (Struktur), eine es von anderen Systemen, d.h. von der Umwelt, abhebende Grenze, eine gewisse Ordnung in den Beziehungen mit anderen Systemen und eine gewisse Kontinuität und Regelmäßigkeit in den Beziehungen zwischen den Elementen des Systems (Hartfield, 1976).

Viele Erscheinungen werden im normalen Sprachgebrauch als System bezeichnet: EDV-System, Datenbank-System, Kommunikations-System, Transport-System, Planungs-System, Sonnen-System, Wirtschafts-System. Bei anderer Gelegenheit wird, wenn notwendig, eine entsprechende Ergänzung hinzugefügt: die Unternehmung, ein sozio-technisch-ökonomisches System; der Teich, ein biologisches System.

Bei den Beziehungen zwischen den Elementen eines Systems kann es sich um Materialflussbeziehungen, Informationsflussbeziehungen, Lagebeziehungen, Wirkzusammenhänge etc. handeln.

Systeme haben eine Grenze gegenüber dem Umfeld. Unter einer Systemgrenze versteht man die mehr oder weniger willkürliche Abgrenzung zwischen dem System und seiner Umgebung bzw. dem Umfeld, in das es eingebettet ist. Die im Systems Engineering interessierenden Systeme sind in der Regel offen, ihre Elemente weisen nicht nur untereinander, sondern auch mit ihrer Umgebung Beziehungen auf. Unter Umfeld oder Umgebung versteht man Systeme oder Elemente, die außerhalb der Systemgrenzen liegen, die aber dennoch auf das System Einfluss nehmen bzw. durch das System beeinflusst werden können. (Daenzer, Huber, 1999, Seiten 5 und 6).

Die Frage, ob z.B. eine Unternehmung, ein Betrieb, eine Branche oder ein Biotop ein System sei oder nicht, ist gegenstandslos. Wesentlich ist vielmehr, dass es sich um sehr komplexe Gesamtheiten handelt, die in ihren vielfältigen Funktionen verständlicher und transparenter dargestellt werden können, wenn man sie als Systemmodell interpretiert.

Voraussetzung dazu ist allerdings der sachgerechte und problemadäquate Aufbau des Modells.

Eine immer weiter getriebene Verfeinerung und Aufgliederung kann zwar die Wirklichkeitsnähe (des) Modells erhöhen. Sie bietet aber keine Gewähr dafür und ist außerdem mit exponentiell steigendem Aufwand verbunden.

Die Tendenz zu möglichst einfachen Modellvorstellungen ist aber nicht ungefährlich, denn sie führt leicht zu Primitivmodellen, die normalerweise nur einzelne Einflussgrößen berücksichtigen (Daenzer, Huber, 1999, Seite IX).

Systemwissenschaften (Systems Sciences)

Mit Systemwissenschaften ist die Gesamtheit aller wissenschaftlichen Ansätze gemeint, die sich mit den Merkmalen, dem Verhalten, den Veränderungsprozessen und den Gestaltungsmöglichkeiten von Systemen beschäftigen.

Damit sind die systemorientierten Arbeiten in den Naturwissenschaften und in der Mathematik, in den Ingenieurswissenschaften, Wirtschaftswissenschaften, Informations- und Kommunikationswissenschaften, Sozialwissenschaften, in der Medizin und sogar in den Geisteswissenschaften Bestandteil der Systemwissenschaften. Darüber hinaus gehört zu den Systemwissenschaften die Beschäftigung mit den Gemeinsamkeiten, Interaktionen und Abhängigkeiten der systemwissenschaftlichen Ansätze, die bei der Beschäftigung mit realen Systemen immer größere Bedeutung gewinnen.

Systemwissenschaftler erkennen das ganzheitliche Wesen von realen Systemen an, in denen technische, ökonomische, ökologische und soziale Phänomene intrinsisch zusammenwirken und nur unter Wirklichkeitsverlust auseinanderdividiert werden können.

Die methodischen Bestandteile der Systemwissenschaften sind die Systemforschung und das Systemdesign. Die Instrumente der Systemforschung können unter Systemanalyse, Systemtheoriebildung und der experimentellen Verifizierung von Systemmodellen zusammengefasst werden (vgl. Abbildung 1).

Systemforschung

Die Systemforschung ist eine auf interdisziplinäre Integration gerichtete wissenschaftliche Tätigkeit mit dem Zweck, strukturale und funktionale Aspekte von komplexen Phänomenen zu beschreiben und zu analysieren. Ihr Bemühen ist es, Vorgänge in der Wirklichkeit in ihren Ursache-Wirkungszusammenhängen zu erfassen, um diese dadurch besser verstehen, nachahmen und beherrschen zu lernen.

Ziel der Systemforschung ist es, Erkenntnisse über dynamische Systeme zu gewinnen und nach generellen Prinzipien zu suchen, die bei der analytischen Anwendung die Struktur dieser Komplexe sichtbar machen und in der synthetischen Anwendung das Entwerfen, Gestalten und Lenken von Systemen ermöglichen.

Ähnlich wie die disziplinäre Forschung hat auch die Systemforschung einen theoretischen (grundlagen-orientierten) und einen angewandten Zweig. Die theoretische Systemforschung bedarf einer empirischen Überprüfung, und die praxeologisch orientierte Systemforschung hat sich an den logischen Konzepten der Theorie zu orientieren, wenn sie auf die Dauer effizient sein will.

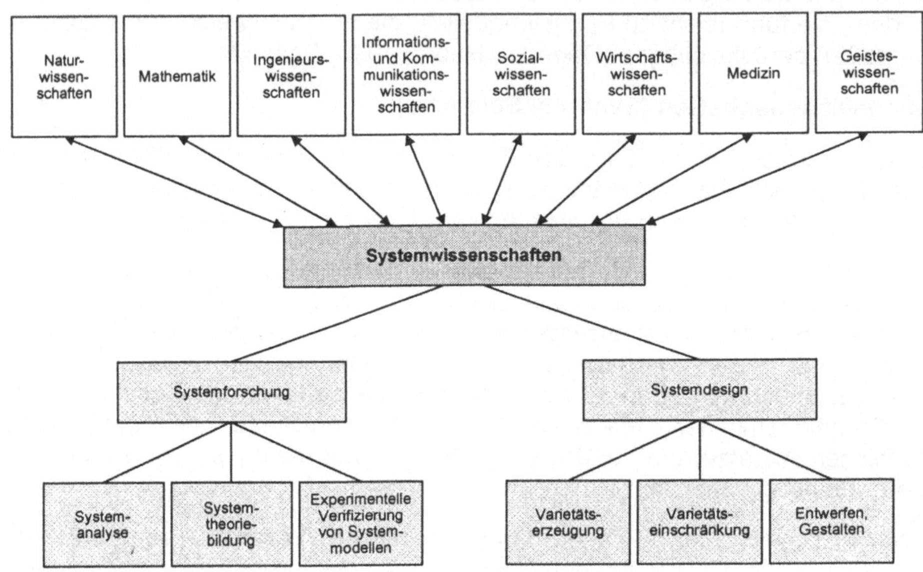

Abb. 1: Begriffsbestimmungen in den Systemwissenschaften

Die Arbeitsweise der praxeologischen Systemforschung erstreckt sich auf die Analyse der Struktur und des Verhaltens von komplexen Realproblemen sowie auf die Entwicklung von Methoden zur Gestaltung komplexer Systeme, mit deren Hilfe Handlungsempfehlungen im Hinblick auf die Lösung konkreter Probleme gegeben werden können (Zahn, 1972, Seiten 8, 13, 14, 27).

Die Systemforschung bedient sich der Systemanalyse, der Systemtheoriebildung und der experimentellen Verifizierung von Systemmodellen.

Systemanalyse

Mit der Systemanalyse werden Struktur und Funktion von Systemen und ihre Beziehungen zum Umfeld untersucht.

Die klassische (technische oder ökonomische) Systemanalyse kann als ein iterativer Prozess mit Rückkopplung beschrieben werden. Dabei lassen sich nach E. Zahn charakteristische Phasen erkennen:

1. Die Identifikation und Formulierung eines Problems und eines Ziels. Entwicklung einer Problemhypothese.

2. Abstimmung zwischen den Charakteristika des zu untersuchenden Problems, denen der verfolgten Zielsetzung und den Eigenschaften der verfügbaren Methologien. Entwicklung eines Systemmodells.

3. Analyse des Modellverhaltens, Modifikation der Problemhypothese und der Modellstruktur.

4. Bereitstellung der Modellerkenntnisse für die Entwicklung einer Systemtheorie.

Systemanalyse beschäftigt sich mit der Analyse komplexer Systeme. Es kann sich dabei um sehr verschiedene Gegenstände handeln, die unterschiedliche Untersuchungen erfordern. Besonders Systeme, in die Menschen, Institutionen und Maschinen gleichermaßen involviert sind, setzen Verständnis komplizierter sozialer, technischer, ökonomischer und politischer Einflüsse voraus. Damit wird deutlich, dass Systemanalyse in aller Regel eine multi- und interdisziplinäre Angelegenheit ist (Krauch, 1985, Seite 8).

Während bei rein technischen oder ökonomischen Systemanalysen der Ansatz der instrumentellen Systemanalyse ausreicht (Problem- und Zieldefinition, Ist-Analyse/Systemdiagnose, Modellbildung, Analyse des Modellverhaltens), ist bei sozio-techno-ökonomischen Systemen die aktive, teilnehmende Einbeziehung der Betroffenen durch die maieutische Systemanalyse erforderlich (Krauch, 1985, Seite 65).

Die Systeme in einer komplexen Welt, deren "Weitläufigkeit" und "Mannigfaltigkeit" ständig zunehmen, erfordern, dass die Zusammenhänge von historischen, politischen, ökologischen und ökonomischen Faktoren analysiert werden und dass für diese umfassende Systemanalyse der Sachverstand aus verschiedenen Disziplinen und die Erfahrungen der Betroffenen zusammengebracht werden. Bei der Systemanalyse müssen alle bedeutsamen Aspekte des Problembereichs berücksichtigt werden, um durch Planung, Entwurf und Systemdesign ein "verbessertes" System hervorzubringen (Krauch, 1964, Seite 5).

Systemtheorie

Systemtheorie umfasst generell die Erarbeitung einer theoretischen Erklärung und die Bildung eines Modells der Funktionsweise, Beeinflussbarkeit und Weiterentwicklung von Systemen.

Der Begriff "Systemtheorie" wird heute nahezu ausschließlich für die systemtheoretischen Konstrukte in den Sozialwissenschaften verwandt, was eine Einengung darstellt.

Gerade die Wechselbeziehung von technologischen und ökonomischen Gegegebenheiten und Veränderungen mit sozialen Gebilden wie Organisationen, Gesellschaften und Interessengruppen ist heute ein wichtiges Arbeitsgebiet der Systemforschung und damit der Systemtheoriebildung und experimentellen Verifizierung von Systemmodellen.

Experimentelle Verifizierung von Systemmodellen

Ergebnis der Systemtheoriebildung sind Systemmodelle, unter Umständen alternative Versionen, die auf unterschiedlichen Hypothesen aufbauen und die Wirklichkeit oder Aspekte davon nachbilden sollen. Die experimentelle Verifizierung dieser Systemmodelle, die für Systemdesign-Entscheidungen essentiell ist, erfordert ein aussagefähiges Experimentaldesign.

Bei großdimensionalen, komplexen Systementwicklungen ist eine vollständige experimentelle Modellverifizierung häufig nicht möglich (z.B. bei der Errichtung eines Großflughafens oder dem Bau eines neuen Stadtteils). In diesem Fall können aber häufig Teilaspekte der entstehenden Wirklichkeit durch unterschiedliche Modell- und Verifizierungsansätze im voraus abgesichert werden.

Systemdesign

Systemdesign nutzt die Ergebnisse und Erkenntnisse der Systemforschung. Der Weg von der Systemanalyse zum Systemdesign bedeutet, Probleme zu lösen. Hierzu gehört nicht nur das Erfassen und Ordnen der bestehenden Zusammenhänge in einem System, sondern auch die Bewertung und Veränderung entsprechend den Bedürfnissen und Interessen derjenigen Menschen, die das neu entstandene System benutzen oder in ihm leben werden (Krauch, 1964, Seite 5).

Dementsprechend steht der Mensch im Mittelpunkt des Systemdesigns, ganz gleich, ob es sich dabei um ein Mensch-Maschine-System, das auf die Anwendung neuer oder die Verbesserung alter Technologie abzielt, um ein Mensch-Institution-System oder um eine Verbindung aus beiden Modellen handelt. Im Verlauf des Systemanalyse-Systemdesign-Prozesses muss ein Verständnis aller relevanten sozialen, technischen, ökonomischen, ökologischen und politischen Zusammenhänge hergestellt werden (Krauch, 1964, Seite 5).

B. Systemisch denken, handeln und gestalten – der gemeinsame Nenner einer situationsgerechten Universalität

Angewandte Systemforschung? Diese Titulierung wirft sofort eine ganze Reihe von Fragen auf:

- Gibt es überhaupt so etwas wie eine eigenständige Systemforschung und wo wird sie betrieben?

- Worum geht es , was wird erforscht?

- Welches sind die Gebiete und Themen grundlagenorientierter Systemforschung?

- In welchen Anwendungsfeldern kann Systemforschung zu neuen, wichtigen Ergebnissen führen?

Im Folgenden wird versucht, diese Fragen zu beantworten. Die eigentliche Beantwortung soll sich aber durch die Gesamtheit der Beiträge zu diesem Buch ergeben. Der Leser soll sich am Schluss der Lektüre seine Meinung bilden. Wenn sie bejahend ist, dann sollte die Motivation entstanden sein, das interdisziplinäre systemische Vorgehen bei der Erforschung und Gestaltung unserer Umwelt und der von uns selber geschaffenen technischen und organisatorischen Konstrukte zu intensivieren.

1. Gibt es eine Systemforschung?

1956 wurde in den USA auf Initiative des Biologen Ludwig von Bertalanffy, des Wirtschaftswissenschaftlers Kenneth Boulding, des Mathematikers Anatol Rapoport, des Neurophysiologen Ralph Gerhard, des Psychologen James Grier Miller, der Anthropologin Margaret Mead und anderer die Society for General Systems Research gegründet. Die Gründer dieser Systemforschungs-Gesellschaft befanden, dass die ganzheitliche integrative Natur der Wirklichkeit von den etablierten Wissenschaftsdisziplinen außer Acht gelassen oder gar missachtet wird, da sie sich immer nur auf ihren jeweiligen Spezialisierungsansatz beschränken und mit ihren reduktivistischen Methoden immer nur selektive Teilaspekte der Wirklichkeit erkennen. Ziel der Society for General Systems Research, die später in International Society for the Systems Sciences umbenannt wurde, ist es, diese Fragmentierung der wissenschaftlichen Arbeit zu überwinden und Gemeinsamkeiten und Wechselbeziehungen der verschiedenen monodisziplinären Ansätze der Auseinandersetzung mit der Wirklichkeit selber zum Forschungsgegenstand zu machen.

So verstanden ist Systemforschung die Suche nach Analogien von Systemverständnis, Systembedingungen und Systemdynamiken zwischen den Disziplinen sowie die Erforschung von Verbindungen zwischen ihnen.

Sie baut auf den systemischen Ansätzen der einzelnen natur-, ingenieurs-, sozial-, informations-, wirtschafts-, geisteswissenschaftlichen und medizinischen Disziplinen auf, die alle implizit und explizit ihre eigene Systemforschung betreiben und Systemmodelle ihrer Wirklichkeitssicht entwickeln.

Systemforschung, wenn auch nicht dediziert unter diesem Forschungsverständnis, gibt es also mehr oder weniger intensiv in allen wissenschaftlichen Disziplinen, denn in allen von ihnen werden Funktionsweise und Wechselwirkungen von Elementen oder Akteuren in einem größeren Zusammenhang, sei es der Selbsterhaltung, der Zweck- oder Zielorientierung, der strukturellen Konfiguration, der Funktionsbeziehungen oder nur des Kräftespiels, erforscht.

Darum geht es aber in der Querschnittsdisziplin Systemforschung, wie von der International Society for the Systems Sciences verkörpert, nur als Ausgangsbasis. Die hier behandelte Systemforschung ist vom Grundsatz her inter- oder transdisziplinär und beweist sich bei der Auseinandersetzung mit Systemen, deren Hauptmerkmal Interdisziplinarität ist.

So bietet die International Society for the Systems Sciences in Form von Integrationsgruppen zu einem breiten Spektrum von Themengebieten Foren für den Austausch, die Zusammenarbeit und die Nutzung von Synergien zwischen den konventionellen Fachgebieten an.

In Deutschland entstand 1958 die Heidelberger Studiengruppe für Systemforschung, in der Naturwissenschaftler, Wirtschaftswissenschaftler, Mathematiker, Informatiker und Soziologen zusammenarbeiteten, um so interdisziplinäre Aufgabenstellungen wie der Entscheidungsforschung bei komplexen politischen, strategischen und planerischen Konstellationen, der Umweltsystemforschung, der Technologiefolgeabschätzungen und des Wissensmanagements in interaktiven Informations- und Dokumentationssystemen bewältigen zu können. Obwohl dieser Versuch der Etablierung einer interdisziplinären Systemforschungsgruppe 15 Jahre später scheiterte und die Studiengruppe für Systemforschung in mehrere Teilgruppen aufgespalten und verschiedenen anderen öffentlich finanzierten Forschungseinrichtungen zugeschlagen wurde, blieb Systemforschung auch in Deutschland virulent.

In den 70er und in den 80er Jahren fanden systemtheoretische Konzepte und Modelle zunehmende Verwendung in den Sozialwissenschaften. Sie wurden der Biologie und der Neurophysiologie entlehnt, in denen der ganzheitliche Systemansatz schon seit den 50er Jahren vorangetrieben worden war[*] und befruchteten ihrerseits andere Fachbereiche wie insbesondere die Wirtschaftswissenschaften.

Ebenso entwickelten sich die Umweltsystemforschung und die Technologiefolgeabschätzung mit dem der Systemforschung inhärenten interdisziplinären und auf

---

[*] 1949 veröffentlichte der österreichische Biologe Ludwig von Bertalanffy seine „Allgemeine Systemlehre", in der er biologische und soziale Organismen in ihrer Ganzheit betrachtet und die Phänomene Ordnung, Zweckhaftigkeit, Teleologie und Selbsterhaltung in das Systemverständnis mit einbezieht, die in der klassischen Wissenschaftsanschauung ignoriert wurden.

ganzheitliche Betrachtung gerichteten Ansatz an einer Reihe von Universitäten und Forschungsinstituten erfolgreich weiter.

Auch das System Engineering hat sich von einem ursprünglich rein ingenieurswissenschaftlichen Konzept inzwischen zu einem bewusst mehrdisziplinären Problemlösungs- und Planungsansatz entwickelt.

So argumentiert W.F. Daenzer in dem weitverbreiteten Standardwerk "Systems Engineering, Methodik und Praxis" (Daenzer, Huber, 1999, Seite IX), dass "die steigende Komplexität des Geschehens in unserer sozialen Umwelt immer deutlicher (wird). Mit dem durch die gesellschaftlichen Anforderungen stark gestiegenen Umfang der zu bewältigenden Probleme wächst das Bewusstsein über ihre Komplexität, ihre Vielfalt und die gegenseitigen Abhängigkeiten der wirksamen Einflussgrößen.

Das Bewusstsein der Vielfalt und der Interdependenzen der Einflussgrößen hat auf allen sich entwickelnden Arbeits- und Wissensgebieten zu einer methodologischen Entwicklung geführt: zum Systemansatz.

Bei einer ersten oberflächlichen Betrachtung wäre man zwar geneigt, von einer Menge von Systemansätzen zu sprechen. Sie alle zeigen, besonders auch terminologisch, die Abstammung von den Wissensgebieten, auf deren Basis sie entwickelt wurden. Bei einer ins Grundsätzliche gehenden Betrachtung kommt aber doch recht klar die Einheitlichkeit des prinzipiellen Ansatzes zum Ausdruck. In abstrakter Form findet diese prinzipielle Einheitlichkeit ihren Niederschlag in der sich – besonders in den letzten Jahren – stark entwickelnden Systemtheorie".

Es gibt sie also, die Systemforschung, und zwar in unterschiedlicher impliziter und expliziter Ausprägung. Es gibt sogar die Vision einer Allgemeinen Systemtheorie, die der immer offensichtlicheren Ähnlichkeit der Systemprobleme und -strukturen in den Naturwissenschaften, Ingenieurswissenschaften, Wirtschaftswissenschaften, Informationswissenschaften, Sozialwissenschaften, in der Medizin und sogar in den Geisteswissenschaften entsprungen ist. Ein wesentliches Ziel der dieser Allgemeinen Systemtheorie verpflichteten Systemforschung ist es, die Abgrenzungen zwischen den Einzelwissenschaften zu überwinden und die Beiträge der unterschiedlichen Wissenschaften zur Lösung übergreifender Probleme zusammenzuführen (Willke, 1996, Seite 3).

Allerdings, und das führt K.-H. Simon in Kapitel 2.2 eingehender aus, ist unter Allgemeiner Systemtheorie nicht etwa eine "Einheitswissenschaft" zu verstehen. Vielmehr entstanden in den verschiedenen Fachbereichen und ausgerichtet auf jeweils spezifische Problemsituationen, eine ganze Reihe von Spielarten von Systemmethoden, so dass Systemforscher und Systemdesigner entsprechend ihrer konkreten Anwendungssituation kritisch den geeignetsten Ansatz wählen und eventuell adaptieren müssen. Gerade das ist das Entwicklungsterrain angewandter Systemforschung.

2. Worum geht es, was wird erforscht?

Systemforschung mit dem Anspruch interdisziplinärer Offenheit ist keine system-theoretische Esoterik, sondern wird durch die Erkenntnis motiviert, dass wir es bei vielen realen Problem- und Gestaltungssituationen mit Systemkonstellationen zu tun haben, die nicht nur technischer, mechanistischer, betriebswirtschaftlicher oder organisatorischer Natur sind, sondern bei denen Verhaltens- und Hand-lungsdynamik von Menschen, ihre Lernfähigkeit, der sie bewegende Sinn und Zweck eine entscheidende Rolle spielen oder bei denen die Auswirkungen tech-nischer auf betriebswirtschaftliche und/oder organisatorische Systeme entschei-dend sind.

Diese Systemkonstellationen treffen wir überall an. Denn die für den Menschen relevante Umwelt hat sich immer mehr von einer vorwiegend natürlichen, naturge-gebenen zu einer vom Menschen gestalteten, organisierten und betriebenen ent-wickelt, so dass das Interesse nicht mehr in erster Linie auf die dem Weltsystem innewohnenden Funktionsweisen ("Naturgesetzmäßigkeiten"), sondern immer stärker auf technische, organisatorische, soziale und politische Systemgegeben-heiten der Umwelt gerichtet ist, die von Menschen gemacht, oft auch nur verur-sacht, in jedem Fall aber von ihnen in unterschiedlichsten Konstellationen zu ver-antworten sind. Helmut Willkes unbeantwortbare Frage, welche Bedingungen dazu geführt haben, dass in der historischen Entwicklung sozialer Systeme aus einer Bandbreite von Möglichkeiten schließlich nur ganz bestimmte Optionen sich durchsetzten (Willke, 1996, Seite 10), kann zu der mindestens ebenso spannen-den, aber vielleicht eines Tages beantwortbaren Frage erweitert werden, ob und wie die problematischen, oft widersinnigen Aspekte der von Menschen gestalteten und verursachten Umwelt durch eine erweiterte Systemkompetenz überwunden werden können.

Von der Subsystemoptimierung zur Optimierung des Gesamtsystems

Während beispielsweise das **System „Automobil"** technisch und ergonomisch einen hohen Entwicklungsstand erreicht hat, das Infrastruktursystem „Straßen und Verkehrsregelung" immer weiter ausgebaut und verfeinert wurde und heute das Telematiksystem „Verkehrsleitung und Zielfindung" hinzukommt, ist der automo-bile Individualverkehr mancherorts nicht mehr weit von einem Kollaps entfernt, abgesehen von den ökologischen Nebenwirkungen, die alles andere als der menschlichen Entfaltung dienlich sind.

Ebenso wurde das **System „Flugzeug"** technisch und ergonomisch in rasantem Tempo perfektioniert, wurden Flughäfen ausgebaut und mit hochleistungsfähigen Gepäckbeförderungs- und Signalisierungsanlagen ausgerüstet, wurden weltweite Buchungs- und Reservierungssysteme entwickelt, während dennoch Flugreisen für den Menschen heute vorwiegend eine Strapaze geworden sind, die durch Schlangestehen und Gedrängel, Unberechenbarkeit und Massenabfertigung cha-rakterisiert ist.

Im **System „Unternehmen"** wurde in der frühen Phase der Industrialisierung zunächst die Produktion durch tayloristische Arbeitsteilung und Mechanisierung rationalisiert, ähnliche Methoden wurden bald darauf in der Unternehmensverwaltung zur Abwicklung der Transaktionsabläufe angewandt, Vertrieb und Marketing wurden durchorganisiert und selbst in der Forschung und Entwicklung wurde mit Methoden des Projekt- und Programmanagements zunehmend nach Produktivitätssteigerung gestrebt. So wirkungsvoll die daraus resultierende Spezialisierung und Systematisierung der einzelnen Funktionsbereiche im Unternehmen auch waren, sie führten zu einer Fragmentierung, durch die die strategische Funktionsfähigkeit der Unternehmen insgesamt und insbesondere die Anpassung an den Wandel im Umfeld erschwert und oft genug existenzgefährdend behindert wurden. Versuche, diese unternehmerische Funktionsfähigkeit wieder herzustellen, wie etwa durch die Nutzung von DV-basierten Enterprise-Systemen, das sogenannte Reengineering von Geschäftsprozessen sowie durch gesamtmotivatorische Ansätze der Leitbildentwicklung und Anreizorientierung am Gesamtergebnis haben offensichtlich nur sehr begrenzten Erfolg – die Unternehmen geraten immer wieder in Ertrags- und Strukturkrisen, müssen immer wieder interne Konflikte durchstehen, die aus unzureichendender Abstimmung zwischen den Subsystemen des Unternehmens resultieren.

Auch mit dem **System „Stadt"** erleben wir, Stadtmenschen, die wir meistens sind, zunehmend Probleme der Dysfunktionalität. Unsere Städte entwickeln sich nicht mehr durch die Eigendynamik von Wirtschafts- und Bevölkerungswachstum, die in der Vergangenheit nur nach einer Reihe von Kontroll- und Verwaltungsaspekten registriert, legitimiert, kanalisiert und städteplanerisch nachvollzogen zu werden brauchten. Angesichts der zunehmenden Konkurrenz der Städte um Wirtschaftsansiedlungen und der entstandenen Komplexität der städtischen Dienst- und Infrastrukturleistungen setzt die Entwicklung des Systems Stadt in immer stärkerem Maß das effiziente Zusammenspiel der verschiedensten Kontroll- und Verwaltungsbereiche untereinander und mit den Bürgern und Unternehmen voraus, um die wirtschaftliche und gesellschaftliche Entfaltung zu fördern und aktiv zu gestalten. Gerade dieses Zusammenspiel ist in den meisten Fällen aber durch das Eigenleben von Ämtern und ihre spezialisierten Zuständigkeitsbereiche beeinträchtigt, verstärkt durch Hoheitsdenken anstelle einer Dienstleistungsmentalität.

Die heute sich schnell entwickelnden weltweiten **Telekommunikationssysteme**, insbesondere der mobilen Telekommunikation, sind zwar auf die Befriedigung von Bedürfnissen der Nutzer angewiesen, werden aber von Technikexperten verschiedenster Art gestaltet, die von Bedürfnissen und Anwendungen im privaten und geschäftlichen Bereich nur eine sehr begrenzte Ahnung haben. Sie eilen daher der Nachfrage und Nutzung mit ihren technischen Entwicklungen voraus, oft leider in falschen Richtungen, und die sich schließlich entfaltenden Lösungen sind oft faule Kompromisse zwischen technokratischen Angeboten und nur halbwegs akzeptablen Nutzungsmöglichkeiten. Der Mangel an Ergonomie und Nutzerorientierung trotz einer Überfülle von oft unnötigen technischen Fähigkeiten wird heute bei einer Vielzahl von Geräten und Systemen der Konsumelektronik (wie HiFi-Systemen, Videosystemen), der Computertechnik (wie Windows und anderen

Softwarepaketen) und der Telekommunikation schon zum bewitzelten Merkmal. Wer als Normalsterblicher schon einmal versucht hat, bei einer Telefonnebenstellenanlage eine Rufweiterleitung oder Konferenzschaltung hinzubekommen, weiß, dass sein gesunder Menschenverstand keine Berücksichtigung fand.

Die auf Demokratie und Gerechtigkeit angelegten gesellschaftlichen **Gremiensysteme**, die auf informierten Mehrheitsentscheidungen aufbauen sollen, verlieren an Legitimation, wenn die Kommunikation der immer komplexeren Sachverhalte nicht kompetent und umfassend genug erfolgt, wenn Konflikte und Entscheidungssituationen nicht verständlich gemacht werden. Die Erkenntnisse der Systemtheorie über selbstrefentielle Verhaltensweisen und Autopoiese sozialer Systeme versagen, wenn immer weniger Systemteilnehmer an den systembildenden Prozessen teilnehmen und stattdessen andere Phänomene wie Demagogie, Neid und Gruppenemotionalitäten das Verhalten bestimmen. Die Weiterentwicklung demokratischer Gebilde wie Gemeinden und Staaten ist daher auf die Entwicklung adäquater Informations- und Kommunikationssysteme und der Kenntnis der Systemteilnehmer über die Systemzusammenhänge in wirtschaftlicher und sozialer Hinsicht angewiesen.

Die pflegliche Interaktion des Menschen mit seiner Umwelt setzt voraus, die **Umwelt als ein System** zu verstehen, auf das der Mensch einwirkt und dessen Teil er zugleich ist.

Das Umweltsystem mit seinem Ressourcenhaushalt, seinen Anfälligkeiten gegen innere und externe Störungen, den Bedingungen seiner Regenerationsfähigkeit und seinen Kreislaufprozessen kann heute nicht mehr überlebensfähig und als Lebensbasis für den Menschen erhalten bleiben, wenn die verschiedenartigen Einflüsse und Eingriffe der menschlichen Zivilisation nicht gesamtheitlich verstanden und gesteuert werden. Das setzt immer stärker voraus, dass von Menschen gestaltete technische Systeme (wie die Verkehrssysteme und Fertigungssysteme), biologische Systeme (wie Landwirtschaft, Forstwirtschaft), soziale Systeme (wie Städte, politische Organisationen) und ökonomische Systeme (wie Unternehmen und Märkte) in ihren Wirkungen und Wechselwirkungen berücksichtigt und ökologisch beherrschbar gemacht werden.

Diese Beispiele stehen exemplarisch für eine immer größere Zahl von Systemkonstellationen, bei denen es nicht mehr ausreicht, Systemkompetenz für einzelne Objekte oder Subsysteme (wie Automobile, Flugzeuge, Straßennetze, Flughäfen, Verkehrsleitsysteme, Gepäckbeförderungsanlagen, Reservierungssysteme, Geschäftsprozesse, Informationssysteme, Telekommunikationsgeräte und −netze, Verwaltungsbereiche, Organisationen und Menschen) zu beweisen, sondern bei denen diese als interdependente Teile eines umfassenderen Gesamtsystems verstanden werden müssen, das sich nur funktionsfähig und zweckmäßig weiterentwickeln kann, wenn seine Subsysteme in einem größeren Systemzusammenhang aufeinander abgestimmt und gestaltet werden.

Dieser größere Systemzusammenhang wird aber heute in den meisten Fällen gar nicht gestaltet, oft noch nicht einmal als Gestaltungsebene erkannt, vielmehr bleibt er oft dem Zufall der weitgehend autonomen Subsystementwicklungen, ihrer Konflikte und Widersprüche überlassen.

Die Spezialisierungsfalle überwinden

Spezialisierung führt zu immer eingehenderer, kompetenterer Durchdringung von Fachgebieten. Dabei werden die Spezialisierungsgebiete heute immer enger und ihre Durchdringung immer anspruchsvoller.

Während früher wenige Fakultäten das Wissenschaftsspektrum einer Universität abdeckten und es zum Merkmal des Universitätsstudiums gehörte, in mehreren Fakultäten zu „hören", hat sich inzwischen nicht nur die Zahl der Fakultäten beträchtlich erhöht, sondern sind auch innerhalb der Fakultäten vielfältige Spezialbereiche entstanden, die voneinander durch ihren hohen Spezialisierungsgrad und ihren rapide wachsenden Stoffumfang abgeschottet sind, häufig mit ihrer eigenen Fachsprache. Um in einem dieser Spezialbereiche zu reüssieren, ist der volle und stark fokussierte Einsatz erforderlich, so dass die Beschäftigung mit anderen Spezialgebieten, geschweige denn mit anderen Fakultäten, nahezu ausgeschlossen ist.

Dennoch beschäftigen sich alle mit derselben Wirklichkeit, nur eben aus unterschiedlichen Blickwinkeln, mit Ausrichtung auf spezielle Teilaspekte dieser Wirklichkeit, die aber aus der jeweiligen Fachsicht zum dominanten Aspekt werden. Diese Spezialisierung hat unübersehbare Nachteile:

♦ In den Spezialisierungsgebieten mit ihren eigenständigen Fachsprachen werden unabhängig voneinander Erkenntnisse, Theorien und Lösungsansätze entwickelt, ohne dass Gemeinsamkeiten erkannt und genutzt werden; der Wissensfortschritt ist daher beeinträchtigt und das „Erkenntnisrad" wird mehrfach erfunden,

♦ die Wirklichkeit der behandelten Objekte ist häufig gerade durch das Zusammenspiel der Teilaspekte bestimmt, so dass auch wirkliches Verstehen und Beherrschen nur aus der Gesamtsicht der verschiedenen fachlichen Spezialsichten resultieren könnte.

In immer mehr Lebensbereichen interagieren technische Subsysteme und Komponenten mit organisatorischen Strukturen und Abläufen, informations- und kommunikationstechnischen Subsystemen, sozialen Beziehungen, Bedürfnissen und Verhaltensweisen sowie ökologischen Prozessen und wirtschaftlichen Zusammenhängen, Zielen und Randbedingungen. Diese Interaktion findet in jedem Fall statt, wenn ungestaltet, dann immer häufiger in unsteuerbarer, krisenhafter Zuspitzung.

3. Welches sind die Gebiete und Themen grundlagenorientierter Systemforschung?

Die Nachteile und Gefahren der fortschreitenden Spezialisierung wurden schon sehr früh erkannt und ausgesprochen.

Bereits Wilhelm von Humboldt, Gründer der Universität von Berlin, beklagte, dass die deutschen Professoren in ihrer Einseitigkeit und Engstirnigkeit immer nur ihr eigenes Forschungsgebiet für bedeutend halten und keine größeren Zusammenhänge sähen (Humboldt, Humboldt Studienausgabe, 1964).

Auch Emile Durkheim kritisierte Ende des 19. Jahrhunderts schon, dass die meisten Wissenschaften sich mit Einzelbetrachtungen abgeben und damit völlig zufrieden sind, ohne sich ausreichend mit dem allgemeinen System zu beschäftigen. So komme es zu einer Versplitterung und es bilde sich "kein solidarisches Ganzes" mehr. Man glaube daran, dass jede Einzelwissenschaft ihren eigenen absoluten Wert hat und dass der Gelehrte sich nur seiner Spezialität widmen sollte, ohne zu bedenken, auf welchen Zweck das hinführt.

In seiner Arbeit über „Anomische Arbeitsteilung" (Durkheim, 1893/1977) führte Emile Durkheim dies darauf zurück, dass der Einzelne sich in seiner speziellen Tätigkeit isoliert und ihm nicht einmal der Gedanke kommt, „dass das Werk ein gemeinsames ist".

Durkheim bedauert, dass durch die Trennung der sozialen Funktionen eine Tendenz entsteht, die den auf das Ganze gerichteten Geist zu ersticken oder wenigstens gründlich zu fesseln droht, weil alles wie unzusammenhängende Körperschaften erscheint.

Die Erkenntnis der Beschränktheit scientivistischer Reduktion auf immer spezifischere Spezialgebiete wissenschaftlicher Forschung führte immer wieder zu Bemühungen einzelner, den Atomismus zu überwinden und Gemeinsamkeiten, Gesamtzusammenhänge und Wechselbeziehungen zu erforschen. Dafür stehen Namen wie Norbert Wiener, der das interdisziplinäre Konzept der Kybernetik entwickelte (Wiener, 1964), Claude E. Shannon, der die Grundlagen einer allgemeinen Informationstheorie legte (Shannon, 1948), Ludwig von Bertalanffy (Bertalanffy, 1951), der, von der Biologie kommend, eine allgemeine Systemlehre entwickelte, um biologische und soziale Organismen zu analysieren, Kenneth Boulding, Wirtschaftswissenschaftler, der ein „System von Systemen" entwarf, in dem die einzelnen Disziplinen zu einem geordneten und zusammenhängenden Körper des Wissens zusammengeführt werden sollten (Boulding, 1968), Karl W. Deutsch, der sozialwissenschaftliche und lerntheoretische Konzepte mit der kybernetischen Systemtheorie verband (Deutsch, 1952), J. Forrester, der die Simulation von Stoffwechselprozessen lebender Zellen als Vorlage für die Modellierung von Wirtschaftsprozessen nutzte (Forrester, Zick, 1982) und Niklas Luhmann, der die soziologische Systemtheorie zur System-Umwelt-Theorie weiterentwickelte, mit der der Sinn von Systemen thematisiert und generative Mechanismen der Systeme sowie ihre Beeinflussung und Kontrolle zum Forschungsgegenstand gemacht wurden (Luhmann, 1986).

Ansätze der transdisziplinären Systemforschung

Laut Statuten ist das Ziel der International Society for Systems Sciences "to investigate the analogy of concepts, laws, and models from various fields, and to help in useful transfers from one field to another, to encourage the development of adequate theoretical models in fields which lack them, to minimize the duplication of theoretical efforts in different fields, and to promote the unity of science through improving communications among specialists".

In einem von der Deutschen Forschungsgemeinschaft geförderten Projekt der Studiengruppe für Systemforschung war 1958 die Zielsetzung wie folgt formuliert (hier verkürzt): „Die Verflechtung der Strukturen und Lebensbereiche erfordert die Integration der Arbeit von Spezialisten und deren Synthese, da für die Lösung dringender Zukunftsaufgaben die isolierten Fähigkeiten von Spezialisten nicht mehr genügen. Wichtig ist die Schaffung von Formen der Zusammenarbeit, die das Wissen und Können unter Erreichung der höchsten Effizienz auswerten" (Krauch, 2001, Seiten 1 und 2).

E. Zahn befand 1972 in seinem von der Stiftung Volkswagenwerk beauftragten Bericht "Systemforschung in der Bundesrepublik Deutschland", dass neben einigen wenigen Instituten und Gesellschaften, deren Arbeiten für die Erforschung komplexer Realsysteme relevant war, die meisten anderen sich damals entweder nur mit einer speziellen Klasse von Systemen (etwa mit komplizierten technischen Gebilden oder mit lebenden Organismen) oder mit rein methodischen Fragen beschäftigten (Zahn, 1972). Ihre Arbeiten bewegten sich mehr im Bereich der Zuträgerwissenschaften zur Systemforschung. Er stellte jedoch ein gesteigertes Interesse an der Systemforschung und eine zunehmende Einsicht in die Nützlichkeit und Notwendigkeit fest. Ansätze von Systemforschung entdeckte er damals an Lehrstühlen, die sich jeweils mit einer speziellen Klasse von Systemen beschäftigten, vor allem der Regelungs- und Nachrichtentechnik sowie der Informatik, der Biologie, Physiologie und Verhaltensphysiologie. Die aus den USA in den 60er Jahren nach Deutschland gelangenden Ansätze der "System Dynamics" (Forrester, Roberts, Nord, Meadows) verhalfen dazu, den Systemansatz auch in Deutschland zunehmend zur Lösung betriebswirtschaftlicher Probleme zu nutzen, insbesondere bei Problemen der Unternehmensplanung, der Produktions- und Absatzplanung, der Informationssysteme und der Organisation. Zu den damaligen Systemüberlegungen von N. Luhmann zur Analyse von und Intervention bei soziologischen Systemen merkt E. Zahn an, dass bei ihnen die begriffliche Analyse sowie toxonomische Konstruktionen und Spekulationen noch überwiegen (Zahn, 1972, Seite 60). Die Operationalisierbarkeit der Systemansätze nähme, so E. Zahn, mit wachsender Komplexität der Wirklichkeitsbereiche ab. Insgesamt befand E. Zahn 1972, dass der Vergleich der Ergebnisse der Sytemforschung mit den anliegenden Aufgaben zu einem unbefriedigenden Bild führte.

In den 70er und 80er Jahren gerieten die zunächst vielbeachteten interdisziplinären Forschungs- und Planungseinrichtungen wie in den USA die RAND Corporation, das Stanford Research Institute (SRI) und das Battelle Institute und in der Bundesrepublik Deutschland die Studiengruppe für Systemforschung zunehmend in Schwierigkeiten aufgrund ihrer Abhängigkeit von rückläufigen Staatsaufträgen oder sogar in Ungnade.

Bemühungen um Interdisziplinarität und Transdisziplinarität erlitten nämlich in den meisten Fällen eins von drei Schicksalen:

♦ Entweder sie hoben in Form theoretisch bleibender Versuche und Ansprüche vom Boden wissenschaftlicher und praktischer Brauchbarkeit ab, gerieten sozusagen zwischen die Stühle der immerhin weiter konkrete Fortschritte und Ergebnisse produzierenden Einzeldisziplinen

♦ oder sie beschränkten sich darauf, dass jeweils eine Disziplin Erkenntnisse einer anderen Disziplin „abkupferte" und bei sich einbaute – so beispielsweise im Fall der Wirtschaftswissenschaften, die Gedankengut der soziologischen Systemtheorie annektierten und zu neuen Erkenntnissen über das Verhalten von Wirtschaftssubjekten verarbeiteten, oder im Fall der Wirtschaftsinformatik und des Wirtschaftsingenieurswesens, wo Teile zweier Disziplinen zu einer wiederum sich eigenständig gebärdenden Zwitterdisziplin zusammengefügt wurden, oder im Fall der Soziologie, in der Analogien zu biologischen Phänomenen und zu Notationsweisen der Mathematik benutzt werden, um die den Naturwissenschaften entliehenen Systemkonzepte auf Organisationen anzuwenden

♦ oder aber sie versuchten den Sprung von einer nur beabsichtigten, aber nie realisierten Ganzheitlichkeit und ja nur angestrebten höheren Erkenntnis zu Realisierungsansprüchen, insbesondere im politisch-gesellschaftlichen Bereich, was den Anschein von Weltverbesserung und verbrämter Ideologie erweckte, insbesondere im Dunstkreis der 68er Generation.

So haben wir heute einen Zustand, wo die Zahl der hochspezialisierten Fachgebiete weiter beträchtlich gewachsen ist und noch immer wächst, so dass es kaum noch möglich ist, den Überblick zu wahren, wo aber der Wille zur Beschäftigung mit Gemeinsamkeiten und übergeordneten Zielen, Abstimmungsanforderungen und Erkenntnissen nur noch marginal ausgeprägt ist und wo in einer immer größeren Zahl von realen Anwendungsgebieten die Fragmentierung der Kompetenzen und Interessen zur Ohnmacht gegenüber den realen Problemen führt.

Die neue Herausforderung

Die neue Herausforderung an die Systemforschung besteht darin, die vielfältigen spezialisierten Kompetenzen bezüglich der analytischen und konstruktiven Auseinandersetzung mit Systemen (vom Systems Engineering bis zur Systemtheorie, von der Kybernetik bis zu Informations- und Kommunikationssystemen, von der Umweltsystemforschung bis zu lernenden Organisationen) auf einer höheren als der bisher vorwiegend behandelten Subsystemebene zusammenzuführen.

Allerdings geht es nicht darum, in bisher wildwüchsigen Gesamtsystemen eine Zentralhoheit zu schaffen, die die Zusammenführung, den Abgleich der Subsysteme qua Anweisung oder Optimierungsauftrag übernimmt. Gerade eine solche in krisenhaften Bereichen häufig als „Rettung" etablierte Zentralgewalt ist entwicklungsfeindlich. Die Erfahrung in regulierten Systemen (wie bis vor kurzer Zeit dem Telekommunikationssektor, dem Mediensektor, dem öffentlichen Schienenverkehr oder, noch krasser, in Planwirtschaften wie denen der pseudokommunistischen Regime) hat bewiesen, dass zentralistische Lösungsansätze der Gesamtoptimierung schnell an Flexibilität, Innovationsfähigkeit, Humanität und wirklicher Optimierungsfähigkeit verlieren, da die Subsysteme zu subordinierten Ausführungsinstanzen deklassiert werden, die den Überblick verlieren.

Der Anspruch des neueren Systemdenkens ist es stattdessen, die Gesamtsystemzusammenhänge sichtbar zu machen und dadurch die **gemeinsamen** Interessen und Abhängigkeiten ins Bewusstsein zu rücken, eine gemeinsame Verständigungsbasis (Sprache) zu schaffen und durch kreative Ansätze des Entwerfens und Gestaltens neue Optimierungsebenen zu erschließen.

Systemisch denken, handeln und gestalten in diesem auf Gesamtzusammenhänge und Wechselbeziehungen gerichteten Sinn zielt darauf ab, einen gemeinsamen Nenner der in Systemen zusammenwirkenden Spezialisten und ihrer Subsystemsichten zu finden. Angewandte Systemforschung strebt damit die Universalität einer ganzheitlichen Verständigung, Vorgehensweise und Gestaltung an, nicht als l'art pour l'art, sondern weil es in den so anzugehenden Systembereichen in den heutigen, oft verfahrenen Situationen gar keinen anderen Ausweg gibt. Jedenfalls geht es mit immer hochgestochenerem Spezialistentum (der Techniker, Informatiker, Soziologen, Wirtschaftswissenschaftler, Architekten, Industrie- und Kommunikationsdesigner u. a. m.) nicht weiter.

Dazu reicht es nicht aus, dass hier und da Querbezüge aufgewiesen werden, wie z. B. zwischen der Biologie und sozialen und ökonomischen Systemen oder zwischen der „Technik" und „dem Menschen" oder zwischen den Interessen des Einzelnen und dem betriebswirtschatlichen Agieren von Unternehmen, wenn sich kein echter Dialog zwischen den Disziplinen über gemeinsame Handlungsmöglichkeiten entwickelt und die Fakultätsgrenzen weitgehend dicht bleiben. Um sie zu öffnen, sind wahrscheinlich gemeinsame Aufgabenstellungen und gemeinsame Erfolge der vielversprechendste Weg.

4. In welchen Anwendungsfeldern kann Systemforschung zu neuen, wichtigen Ergebnissen führen?

Neuere Forschungs- und Arbeitsgebiete wie die Umweltsystemforschung, die Innovationsforschung, die Mensch-Maschine-Systemforschung in den Ingenieurswissenschaften und in der Informatik, die Komplexitätsforschung oder der autopoietische Ansatz in den Sozialwissenschaften haben bereits interdisziplinäre Brücken geschlagen, die zu einer stärker integrativen, fakultätsübergreifenden Systemsicht führen.

Dieses Buch entstand in der Absicht, eine wesentliche, aber häufig unterbewertete Gemeinsamkeit vieler Fachgebiete wieder sichtbar werden zu lassen – Systemdenken und Systemforschung – und die Komplementarität der unterschiedlichen Ausprägungen dieser Systemkompetenz in konkreten Anwendungsfeldern zu verdeutlichen.

Diese Absicht entsprang nicht eher wissenschaftlichen Intentionen wie denen der International Society for Systems Sciences, die aber natürlich vollste Unterstützung verdienen, sondern den sehr praktischen Erfahrungen in Systemdesign-Projekten, z. B. der Umgestaltung von Flughäfen und Großbahnhöfen, der Reorganisation von Forschungseinrichtungen, der Entwicklung von intelligenten Gebäudeystemen und von Wissensmanagementsystemen, der verbesserten Interaktion von Stadtverwaltungen mit den Bürgern und Wirtschaftssubjekten auf der Basis von Internet oder der Weiterentwicklung von Unternehmenssystemen zur Erhöhung der Innovationsfähigkeit. In diesen Projekten wurde auf frappierende Weise deutlich, wie unterentwickelt in den Organisationen und in den großen sozio-technischen Systemen unserer Gesellschaft die Fähigkeit, Bereitschaft und Praxis ist, die unterschiedlichen Fach- und Zuständigkeitsbereiche im Bewusstsein einer interdisziplinären Gesamtaufgabe kommunizieren und sich abstimmen zu lassen. Da suboptimiert jeder vor sich hin, und das Resultat sind erschreckend häufig Widersprüche, Engpässe, Dysfunktionalitäten, die das Ganze konterkarieren und unter denen die zu leiden haben, für die die Systeme eigentlich geschaffen wurden.

Systemanalyse und Systemforschung, egal ob fachspezifisch oder ganzheitlich, wären aber nur eine Ausdehnung des scientivistischen Ansatzes, bei dem die modellartige Reduktion komplexerer Wirklichkeiten im Vordergrund steht, wenn sie nicht die Gestaltung und Weiterentwicklung von sozio-technischen Komplexen zum Gegenstand hätten, deren zukünftige Bedingungen unvorhersehbar sind und deren Zielzustand umstritten ist.

In diesem Umfeld agiert angewandte Systemforschung.

Wie soll das zukünftige Wissensmanagementsystem eines Unternehmens aussehen? Die Anforderungen und Meinungen gehen auseinander.

Wie soll der erstrebenswerte Großflughafen in einem Ballungsgebiet wie Frankfurt, Paris, London oder Berlin aussehen? Es gibt die unterschiedlichsten Vorschläge und Interessen, alle fast unvermeidlicherweise unvollständig durchdacht.

Welche Forschungspolitik soll ein Land wie Deutschland einschlagen? Die Entscheidung darüber kann unter Einbeziehung einer mehr oder weniger großen Zahl von Experten und gesellschaftlichen Repräsentanten gefällt werden, wenn überhaupt darüber nachgedacht wird, aber es gibt nicht „die" Lösung, wie es etwa bei einer mathematischen Gleichung die „richtige" Lösung zu finden gilt.

Wie kann ein Unternehmen seine Innovationsfähigkeit steigern und damit sein ertragreiches Wachstum für die Zukunft sichern? Alle möglichen Ansätze sind propagiert und versucht worden, aber nur wenige Unternehmen haben bisher das richtige Mix aus Innovationsstrategie, Innovationsprozessen und Innovationskultur hinbekommen.

Wie kann die Deutsche Telekom vorgehen, um auf dem entstehenden breitbandigen, mobilen Telekommunikationsnetz auf Basis UMTS nützliche Dienste anzubieten, die zu der erforderlichen Kapazitätsauslastung führen? Bisher wird nur herumgerätselt und experimentiert, aber die Nutzer kommen kaum selber zur Sprache.

Wie kann verhindert werden, dass der individuelle Straßenverkehr trotz technisch immer perfektionierterer PKWs und LKWs durch rapide zunehmende Staus kollabiert? Freude am Fahren empfindet kaum noch jemand in diesem Infrastruktursystem, insbesondere in den Ballungsgebieten, und die Belästigung des Stadtlebens durch den Verkehr nimmt allmählich unerträgliche Ausmaße an.

Wie kann die Entwicklung der informationstechnischen Systeme, der Telekommunikationssysteme und der Mediensysteme so kanalisiert werden, dass die Menschen nicht zu Freaks dieser Systeme werden müssen, sondern ihre ergonomischen und kommunikativen Anforderungen durchsetzen? Der Umgang mit diesen Systemen droht zu immer größeren Komplikationen für die Nutzer zu führen, so dass nur ein Bruchteil der Leistungsmerkmale in Anspruch genommen wird.

Viele der heutigen Gestaltungsaufgaben erfordern nicht nur eine eingehende Systemanalyse und Erforschung der Gestaltungsmöglichkeiten, sie müssen vielmehr unter Bedingungen komplexer, nicht-modellierbarer, nicht-optimierbarer Beziehungsgeflechte, Einflussgrößen und Interessen gelöst werden. Und sie müssen gelöst werden, ohne das Optimum bestimmen zu können (Rittel, 1992). Das erfordert gestalterische Kreativität des Entwerfens bis hin zum genial erscheinenden Wurf und die Fähigkeit, sich mögliche Zukünfte auszumalen und die wünschenswerteste davon anzustreben, aber auch auf das Eintreten einer anderen Variante angemessen reagieren zu können.

Zur angewandten Systemforschung gehören daher unabdingbar neben der Inter- und Transdisziplinarität die Kompetenz der Szenario-Entwicklung, um mögliche zukünftige Systemkonstellationen unter Bedingungen unzureichender Planbarkeit zu konzipieren, der Strategie-Entwicklung für die Favorisierung der wünschenswertesten Szenarien und des Entwerfens eigener Lösungen und Angebote für diese Umfeld-Szenarien.

In diesem Buch kommen Beiträge von Vertretern der verschiedenen Bereiche zusammen, in denen Systemforschung und Systemdenken auf jeweils sehr spezifische Art zu wesentlichen Erkenntnissen über das Phänomen System geführt haben.

Das Buch besteht aus 3 Teilen. In Teil 1, Omnipotenz der Systeme, wird die Entwicklung des Systemverständnisses von den ersten dedizierten Veröffentlichungen zum Systembegriff (Lambert, 1787) über die Ansätze der Kybernetik und Systemtheorie bis hin zu den systemtheoretischen Erkenntnissen in den Wirtschaftswissenschaften, bei der Gestaltung von Mensch-Maschinen-Systemen und bei weiteren interdisziplinären Anwendungen der Systemforschung und des Systemdesign behandelt.

In Teil 2, Systemansätze in ausgewählten Anwendungsgebieten, werden Systementwicklungen, Systemstrukturen und Herausforderungen der Systemgestaltung in
so wichtigen Gebieten wie dem Systems Engineering von Prozesssteuerungs-
und Logistiksystemen, dem Ausbau von Informations- und Kommunikationssystemen, insbesondere den neuen Anwendungen der mobilen Telekommunikation,
dem Industrial Design, der strategischen Führung, dem Wissensmanagement und
dem Innovationsmanagement von Unternehmen sowie deren Leistungssteigerung
mit Hilfe von integrierten Engineeringsystemen aufgezeigt.

In Teil 3 schließlich, Methoden der Systemanalyse und des Systemdesigns, wird
das Repertoire an methodischen Ansätzen der Systemforschung wie das Unbundling von Systemen, die maieutische Systemanalyse, die interaktive Simulation und
die Szenariotechnik dargestellt und dann das Vorgehen beim Systemdesign am
Beispiel des Business Process Redesign, des Industrial Designs und des interdisziplinären Designs von großen sozio-technischen Komplexen wie eines Flugha-
fenterminals, eines Telekommunikationsdienstes und eines virtuellen Stadtmana-
gements beschrieben.

Die Omnipotenz der Systeme

1.1 Genesis

1.1.1 Entwicklung des Systemdenkens[*]
Helmut Krauch

Die neuere Systemwissenschaft entstand aus Versuchen, die Beschränkungen des Atomismus, Mechanismus und jeder Art von scientivischer Reduktion durch die Rehabilitierung holistischer und vitalistischer Ansätze zu überwinden, Ansätze, die durch die erfolgreiche Entwicklung der Naturwissenschaften des 19. Jahrhunderts verdrängt worden waren. Ihre Wiederbelebung begann innerhalb der Biologie, und der Vater der modernen Systemtheorie, der Biologe Ludwig von Bertalanffy, verschweigt nicht deren Tradition: "Als 'Naturphilosophie' können wir sie zurückverfolgen zu Leibniz, zu Nikolaus Cusanus mit seiner coincidentia oppositorum; zur mystischen Medizin von Paracelsus; zu Vicos und Ibn Chalduns Vision der Geschichte als einer Folge kultureller Entitäten oder 'Systemen'; zur Dialektik von Marx und Hegel (Bertalanffy, General System Theory, Foundations, Development, Applications; 1951)".

Im Jahre 1949 veröffentlichte Ludwig von Bertalanffy seine "Allgemeine Systemlehre". Sein Ziel bestand darin, biologische und soziale Organismen in ihrer Ganzheit zu analysieren und somit die Beschränkungen der mechanistischen Forschungstradition zu überwinden. "Wenn wir einen lebenden Organismus betrachten, so beobachten wir eine erstaunliche Ordnung, Organisation, Arterhaltung unter ständigem Wandel, Regelung und offensichtliche Teleologie. In ähnlicher Form sind im menschlichen Verhalten Zielsuche und Zweckhaftigkeit nicht zu übersehen, selbst wenn wir einen strikt behaviouristischen Standpunkt akzeptieren. Konzepte wie Organisation, Zielorientierung, Teleologie etc. treten jedoch im klassischen Wissenschaftssystem nicht in Erscheinung. In der Tat wurden sie in der sogenannten mechanistischen Weltanschauung, die auf der klassischen Physik basiert, als illusionär oder metaphysisch erachtet. Dies bedeutet, zum Beispiel für einen Biologen, dass gerade die spezifischen Probleme lebender Natur offenkundig außerhalb des legitimen Wissenschaftsbereiches zu liegen scheinen" (Kappel, Schwarz, 1981).

Bertalanffy erwähnt allerdings nicht einen Zeitgenossen von Leibniz (und kannte ihn wohl auch nicht), den man als den 'verloren gegangenen Großvater der Systemtheorie' bezeichnen könnte, da er fast vergessen ist, obwohl er sehr viel des heutigen Denkens über Systeme vorweggenommen hat.

Sein Name ist J.H. Lambert, in der Physik wohlbekannt, nicht jedoch in der allgemeinen Methodologie. Dabei schrieb er im Jahre 1782 seine 'Drei Abhandlungen zum Systembegriff' (Lambert, 1787, zit. nach Händle und Jensen, 1974, Seite 87 ff. Die folgenden Seitenangaben beziehen sich auf diesen Wiederabdruck).

---

[*] Dieses Kapitel stützt sich im wesentlichen auf einen Beitrag zu Krauch, H., Sommerlatte, T., Hrsg., 1997, Bedürfnisse entdecken – Gestaltung zukünftiger Märkte und Produkte, Frankfurt/New York

Lambert versteht unter einem System "ein zweckmäßig zusammengesetztes Ganzes", bestehend aus Teilen, die miteinander verbunden, teils voneinander abhängig, jedes für sich kenntlich und mit Absicht gestellt oder geordnet sind; verbindende Kräfte zwischen den Teilen; ein gemeinsames Band, welches aus den Teilen ein Ganzes macht; eine allgemeine Absicht, zu der das System gestaltet, geordnet, zusammengefügt und verbunden ist (vgl. Seite 92).

Lambert erörtert nicht nur Probleme der Beharrung und des Gleichgewichts (homoeostase), Gesetze und Regeln der Systemerhaltung und –anpassung, sondern auch Möglichkeiten der Systemgestaltung. Hierbei kann einmal die Absicht am Anfang stehen. Es können aber auch Teile oder die verbindenden Kräfte den Ausgangspunkt bilden. Er avisiert hier bereits die Möglichkeit der Selbstkonstruktion und nimmt Aspekte der Theorie selbstreferentieller und autopoietischer Systeme vorweg.

Die Beziehungen eines Systems zu einem anderen beschreibt Lambert als ihm "entweder einverleibt oder überhaupt nur damit in einige Verbindung gebracht oder eines von dem andern abhängig gemacht oder endlich in wechselseitiger Abhängigkeit" (vgl. Seite 93).

Lamberts Klassifikation von Systemen kommt der modernen Theorie ebenfalls sehr nahe. Er unterscheidet, entsprechend der heutigen Klassifikation, nach theoretischen, sozialen und technischen Systemen:

1. Systeme, die schlechthin nur durch die Kräfte des Verstandes ihre Verbindung erhalten.
   Dahin gehört z.B.:
   - das System der Wahrheiten überhaupt
   - einzelne Systeme von Wissenschaften, Theorien etc.
   - Gedenkensarten einzelner Völker, Menschen etc.
   - Glaubensbekenntnisse, symbolische Bücher etc.
   - Erzählungen, Fabeln, Gedichte, Reden etc.

2. Systeme, die durch die Kräfte des Willens ihre Verbindung erhalten. Dazu gehören:
   - Systeme von Entschließungen
   - Verträge
   - Gesellschaften
   - Staaten

3. Systeme, die durch die mechanischen Kräfte ihre Verbindung erhalten. Dahin gehören:
   - der Weltbau
   - einzelne Sonnen- und Planetensysteme
   - die Erde insbesondere und auf dieser
     - das System der drey Reiche der Natur
   - Systeme der Kunst, wohin Maschinen, Gebäude, Instrumente etc.

gerechnet werden
- Systeme von Ursachen und Wirkungen" (vgl. Seite 95).

"Hingegen giebt es allerdings auch Systeme, wobey mehr als eine Art der verbindenden Kräfte vorkömmt; und diese sind dann auf eine ganz andere Weise zusammengesetzt. Die Theile sind dabey zugleich so wie die verbindenden Kräfte ungleichartig, und müssen dessen unerachtet ein wohlgeordnetes Ganzes ausmachen, wennanders das System nicht ein Flickwerk seyn soll." (Seite 96). Hiermit sind Probleme angesprochen, die heute z.B. bei sozio-technischen oder Mensch-Maschine-Systemen auftreten.

Für die soziologische Systemtheorie ist von Interesse, dass Lambert Handlungssysteme besonders hervorhebt. Er ordnet sie den ersten beiden Kategorien zu, denn die hier aufgeführten Systeme können von Mitteln und Absichten, sofern ihre Erfindung und Anordnung von Menschen abhängt, zur Wirklichkeit gebracht werden.

"Unter den Systemen von Mitteln und Absichten, zeichnen sich (...) die Systeme von Handlungen als eine besondere und vorzügliche Classe aus. Wir können dahin 1. das System der Handlungen eines ganzen Volkes; 2. das System der Handlungen einer Gesellschaft; 3. das System der Handlungen eines einzelnen Menschen sowohl überhaupt, als in Rücksicht auf die zu wählende Lebensart, oder auch einzelne besondere Absichten rechnen." (Seite 98).

Diese Bemerkungen zeigen, wie weit der Systembegriff bereits Ende des 18. Jahrhunderts entwickelt war, bevor er vom scientivistischen Reduktionismus verdrängt und schließlich nahezu vergessen wurde.

Im 19. Jahrhundert spezialisierten sich die einzelnen wissenschaftlichen Disziplinen immer weiter, lösten ihre Gegenstände aus den vorwissenschaftlichen Zusammenhängen heraus und untersuchten sie im einzelnen unter Abstraktion von allen anderen. Ihre technischen, wirtschaftlichen und besonders die militärtechnischen Erfolge stabilisierten ihr partikulares Erkenntnisinteresse bis über den Zweiten Weltkrieg hinaus. Menschbezogenes Denken und dingbezogene naturwissenschaftliche Forschung fielen immer weiter auseinander. Erst nach dem Zweiten Weltkrieg wurde das Systemdenken wiederentdeckt, denn es waren ironischerweise militärtechnische Entwicklungen, die solche Ansätze wieder in das Interesse rückten. Während durch den Ersten Weltkrieg der Glaube an Wissenschaft und Fortschritt tief erschüttert wurde, war die Wirkung des Zweiten Weltkriegs eine ganz andere. Besonders in den angelsächsischen Ländern war man der Ansicht, dass der Sieg über den Faschismus dem Einsatz von Wissenschaft und Technik zu verdanken sei. Für diesen neuerlichen Kredit der Wissenschaft waren Ansätze verantwortlich, die mit Recht in die Geschichte der Systemtheorie eingeordnet werden können: Operations Research, Informatik und Kybernetik. Diese Ansätze zeichnen sich durch ein zunehmend interdisziplinäres Denken aus. L.v.Bertalanffys "Allgemeine Systemlehre" war ein wichtiger Schritt in Richtung auf ein systemisches Gesamtverständnis, aus dem Überlegenheit über monodisziplinäres Verständnis komplexer realer Systeme resultiert.

Ausgehend von seiner Kritik an der Einseitigkeit traditioneller Forschungskonzepte entwarf ein weiterer Pionier der Systemtheorie, der englische Wirtschaftswissenschaftler Kenneth Boulding ein System von Systemen als analytische Basis von Strukturkonzepten für die empirische Forschungsarbeit. "Ein Skelett der Wissenschaft, in dem Sinne, dass ein Rahmen oder eine Struktur geschaffen wird, mit denen das Fleisch und Blut der einzelnen Disziplinen ... zu einem geordneten und zusammenhängenden Körper des Wissens wird" (Boulding, 1968, Seite 57).

Karl W. Deutsch benutzte die wiedererwachte Systemwissenschaft für die Politologie und verband dabei die Analyse sozialwissenschaftlicher und lerntheoretischer Konzepte mit der kybernetischen Systemtheorie, wobei er seine Erkenntnisse mit Beispielen aus der realen politischen Praxis belegte. Er beschreibt sozialen Wandel und gesellschaftspolitische Konflikte als konstitutive Systemeigenschaften, womit er sich auch deutlich von der traditionellen soziologischen Systemtheorie abhob.

Nach Vorbildern aus der Biochemie und Biophysik, wo komplizierte Stoffwechselprozesse der lebenden Zelle im Computer simuliert wurden, versuchte J. W. Forrester, am MIT die komplizierten Prozesse, die sich in einer Stadt abspielen, im Modell zu simulieren. Er verwendete dafür ein Netz verknüpfter Differentialgleichungen, durch die u.a. der Transport, der Energiefluss, die Versorgung und Entsorgung einer Stadt dargestellt wurden. Als Daten verwendete er teils vorhandene Statistik, teils Schätzungen von Fachleuten. Diese Modelle wurden unter der Bezeichnung "Urban Dynamics" sehr bekannt.

Später entwickelten Meadows u.a. für den Club of Rome ein Welt-Modell, das wegen seiner teilweise düsteren Prognosen weltweites Aufsehen erregte, jedoch von wissenschaftlicher Seite erheblich kritisiert wurde (Freeman, Jahoda u.a., 1973)

Jay W. Forrester entwickelte ein Modell der Wirtschaft der Vereinigten Staaten, in dem die verschiedenen Faktoren berücksichtigt sind, die das wirtschaftliche Geschehen beeinflussen. Dabei ist die Industrie so strukturiert, dass sich die einzelnen Produktionsprozesse realitätsnah im Modell abbilden lassen. In jedem Bereich existiert ein Rechnungswesen, in dem Zahlungen vorgenommen und verbucht, Bilanzen erstellt und Steuern abgeführt werden. Zu dem Modell gehören ein komplettes Bankensystem sowie ein Bereich für den privaten Verbrauch. In dem Modell wurden ferner die zur Verfügung stehenden Kenntnisse über Organisationsstrukturen und Verhaltensformen abgebildet. Dieses Modell sollte es nicht nur erlauben, zukünftige Entwicklungen vorauszusehen, sondern tiefere Einblicke in das Verhalten komplexer Systeme zu gewinnen, die sich vielfach nicht so verhalten, wie es dem gesunden Menschenverstand entspricht, da die involvierten Variablen in einer vernetzten Weise zusammenwirken, die anschaulich nicht ohne weiteres vorstellbar ist.

Alle diese Modelle und Experimente versuchten, die Enge der Ansätz der Einzeldisziplinen zu überwinden, aber sie brachten eine neue Gefahr mit sich: Bei den Systemanalysen und -gestaltungen dieser Ansätze wird meistens 'instrumentell' vorgegangen, d.h. sie vernachlässigen die Orientierungen, den 'Willen', die Weltsicht der partizipierenden Subjekte. Wenn Systemkonzepte helfen sollen, soziale Probleme zu lösen, dann müssen sie um eine Dimension erweitert werden, die Einbeziehung der Betroffenen.

Zur gleichen Zeit, als Lambert seine Erklärungen zum Systembegriff verfasste, wurde eine Unterrichtsmethode wiederentdeckt, die als das 'Sokratische Fragen' bekannt wurde. Dies ist nicht nur aufgrund der Koinzidenz interessant, sondern auch wegen der systemischen Implikation der sokratischen Methode. Diese Vorgehensweise geht auf Platons Rezeption der Diskussionsweise des Sokrates – die Hauptquellen sind 'Menon' und 'Theaithetos' - zurück, der seine Schüler nicht belehrte, sondern sie vielmehr durch fortgesetztes Fragen dazu brachte, die in ihnen selbst schlummernden Möglichkeiten zu entdecken und zu entfalten. Sokrates – unter Hinweis auf seine Mutter, die Hebamme war – verglich diese Vorgehensweise oft mit der Hebammenkunst, und so wurde sie Maieutik (griechisch: maieutiké téchné) genannt. Sie beginnt mit der Entlarvung allen isolierten Wissens als Nicht-Wissen durch Widerlegung (Elenktik) und schreitet fort über die Einsicht in die Ignoranz (Aporie) zur Enthüllung und kritischen Entwicklung der Fähigkeiten einer Person durch bloßes Fragen (Anamnesis).

Während der Aufklärung wurde diese Methode in der Erziehung, besonders im protestantischen Religionsunterricht benutzt. Allerdings war sie bald heftiger Kritik der Kirche ausgesetzt, da die Maieutiker bei den Schülern religiöse Inhalte aus allgemeinen Moralvorstellungen und ethischen Einsichten zu entwickeln suchten. Zur selben Zeit, als das Systemdenken durch den Reduktionismus verdrängt wurde, verschwand auch die maieutische Vorgehensweise, obwohl nur ihre Inhalte, nicht die Methode, explizit kritisiert wurden. Vielleicht war ihr Verschwinden auch eine Folge des aufkommenden Positivismus (Schian, 1900; vgl. zu der gesamten Problematik der Aufklärungsmaieutik auch: Schmücker, 1984).

Systemanalyse und Maieutik

Systemanalyse beschäftigt sich mit der Analyse und Planung komplexer Systeme. Es kann sich dabei um sehr verschiedene Gegenstände handeln, die unterschiedliche Untersuchungen erfordern. Besonders Systeme, in die Menschen, Institutionen und Maschinen eingehen, setzen Verständnis komplizierter sozialer, technischer, ökonomischer und politischer Einflüsse voraus. Damit wird deutlich, dass Systemanalyse in aller Regel eine multi- und interdisziplinäre Angelegenheit ist.

Systeme stehen immer unter historischen, politischen, ökologischen und ökonomischen Bedingungen. Entsprechend konzipiert die Systemtheorie ein System nicht nur als eine Einheit aus Elementen und Beziehungen, die von der Umwelt abgegrenzt ist, sondern sie thematisiert auch gleichzeitig die Außenwelt, die wiederum als aus Systemen verschiedenster Art bestehend aufgefasst werden kann. Diese Auffassung ist für jede Systemanalyse grundlegend, dennoch gibt es wichtige Unterschiede in der Systemkonzeption und in der Vorgehensweise.

Im folgenden werden zwei Varianten der Systemanalyse und des Systemdesign gegenübergestellt (Krauch, 1972). Die eine wird als instrumentell, die andere als maieutisch bezeichnet. Dabei ist zu bedenken, dass jede Systemanalyse und jedes Systemdesign in dem Sinne instrumentell ist und sein muss, dass sie als ein Mittel dient, ein Ziel zu erreichen. Hier wird der Begriff jedoch in Anlehnung an Horkheimers Kritik des instrumentellen Denkens verwendet (Horkheimer, 1967). Ein auf technische Effizienz eingegrenztes Denken und Handeln entspricht nicht den Anforderungen an das Systemdesign in einer komplexen und zunehmend spannungsgeladenen Welt mit ihren unterschiedlichen Interessen und Bedürfnissen. Diesen Faktoren wird die maieutische Systemanalyse gerecht, die die Bedürfnisse der Betroffenen durch Einbeziehung in die Analyse und Gestaltung an das Tageslicht befördert.

Schwächen der instrumentellen Systemanalyse

Eine Systemanalyse beginnt meist mit der Definition der Problemstellung durch den Auftraggeber. Die Systemanalytiker entwerfen ein empirisch mehr oder weniger abgesichertes Zustandsbild – die "Ist-Analyse" oder "Systemdiagnose" – und entwickeln daraus den "Soll-Zustand", d.h. den für das System effektivsten Zustand. In einem Modell wird dann das neue System simuliert, eine Reihe von Alternativentwürfen ausgearbeitet und einer Aufwand-Nutzen-Analyse unterworfen, die die Grundlage für die Entscheidung über die optimale Lösung bildet.

Der Systemanalytiker nimmt die Problemstellung vom Auftraggeber als vorgegeben hin und versucht dann, soweit wie möglich zu rationalisieren und zu optimieren.

Hierin liegen schon die ersten Schwächen. Abgesehen davon, dass es dem Auftraggeber oft nicht möglich ist, das Problem selbst genau zu definieren, kann die einseitige Vorgabe des "Soll"-Zustandes dazu führen, dass Funktionen positiv bewertet werden, die aus einer anderen Sicht als Dysfunktion erscheinen. Beispielsweise kann eine Tätigkeit innerhalb eines Arbeitsprozesses vom Auftraggeber als optimal angesehen, vom ausführenden Betroffenen aber als Hindernis empfunden werden und so den Ablauf stören.

Nimmt der Untersuchende diese Funktion dann als gegeben an, sucht er Störquellen möglicherweise an falscher Stelle. Die sich aus seiner Untersuchung ergebenden Alternativen werden dadurch fiktiv, dass sie entweder die entscheidenden Bedingungen umgehen oder aber sie aufheben oder möglicherweise neue Störquellen hervorbringen.

Außerdem könnten durch eine begrenzte Problemdefinition Beziehungen zwischen dem Untersuchungsfeld und den Außenbereichen übersehen werden, so dass der innere Ablauf zwar reibungslos gewährleistet ist, der Gesamtzusammenhang mit anderen Handlungsabläufen aber nicht mehr besteht.

Das geschieht beispielsweise, wenn in einem Unternehmen oder einer öffentlichen Verwaltung neue Lösungen der Informationstechnik eingeführt werden, die zwar die innerbetriebliche Arbeit rationalisieren, aber den Kontakt mit der Öffentlichkeit verschlechtern.

Eine solche Vorgehensweise kann schlimmstenfalls statt zu einer Verbesserung zu einer Einengung der Systemfunktionen führen, da das Ergebnis nicht auf den Interessen und Beurteilungen aller Betroffenen basiert, sondern lediglich eine vorgegebene Wertung berücksichtigt. In dieses vorgezeichnete Interessenbild müssen sich alle Beteiligten einfügen, wobei die Entfaltung eigener Möglichkeiten und eigener Bewertungen eingeschränkt wird.

Vorgehen der maieutischen Systemanalyse

Zukünftige Wirklichkeiten durch die Betroffenen selbst konstruieren zu lassen, ist das Hauptziel der maieutischen Systemanalyse. Die Maieutik hat den Sinn, aus dem Einzelnen Erfahrungen und Antizipationen, Vorstellungen in bezug auf seine Zukunft, die Zukunft seines Hauses, seiner Familie, seines Arbeitsplatzes herauszulocken, so dass der Einzelne Mitgestalter der Zukunft wird – ein Prozess, der in den bestehenden parlamentarischen Systemen lediglich recht vereinfachend und vergröbernd über die politische Willensbildung zu bestimmten Punkten erfolgt. Hierdurch können aber nicht alle Interessen erfasst werden, so dass immer häufiger protestgetriebene Bürgerinitiativen oder aber Politikverdrossenheit entstehen, die das parlamentarische System infrage stellen. Die Zahl der Bereiche, die immer komplizierter und vernetzter werden, nimmt ständig zu. Deswegen entstehen immer mehr Konfliktfelder, die in ihrer Komplexität vom politischen System kaum noch befriedigend bearbeitet werden können.

Anders als bei der instrumentellen Systemanalyse wird bei der maieutischen Systemanalyse die Problemstellung nicht vorformuliert übernommen, sondern das Untersuchungs-Team wird in den Objektbereich integriert, in dem von innen und außen Störungen wahrgenommen wurden. Im weiteren Verlauf kommt es auf ein gutes Zusammenspiel zwischen den Systemanalytikern und den Mitgliedern des Untersuchungsbereiches an. Im Gegensatz zur instrumentellen Systemanalyse nehmen die Probanden am Untersuchungsverlauf aktiv teil und üben entscheidenden Einfluss aus.

Die Untersuchenden aktivieren dann fragend die latente Kritik jedes Beteiligten an den Abläufen innerhalb des Tätigkeitsfeldes. Dabei bedienen sich die Systemanalytiker der Maieutik, nämlich der sokratischen Kunst, durch geschicktes Fragen verborgene Erkenntnisse und geistige Kräfte der Beteiligten hervorzubringen.

Im Zusammenwirken aller entwickeln sie Modelle und Simulationen, führen Experimente durch und arbeiten Entwürfe aus, die wiederum in einem Kreisprozess erneuter Kritik unterworfen werden. Auf diese Weise erzeugen sie über längere Zeiträume einen Lern- und Reformprozess, bei dem sich das Problemverständnis fortlaufend verfeinert. Die Wahrung der Interessen der Betroffenen, bestimmte Normen oder notwendige Festlegungen können dabei kontrolliert werden.

Die Einführung technischer und anderer Neuerungen kann von vornherein auf die sich andeutenden Anforderungen der Betroffenen abgestimmt werden, wodurch Reibungsverluste bei der Implementierung vermieden werden können.

Die Diskussion der zukünftigen Wirklichkeit ist im Gegensatz zur instrumentellen Systemanalyse in diesem Ansatz schon enthalten.

Heutige Systemanalyse von sozio-technischen, institutionellen, ökologischen und architektonischen Systemen ist ohne das maieutische Vorgehen nicht mehr zeit- und problemgerecht. Um so erstaunlicher ist es, dass immer wieder versucht wird, Informations-, Telekommunikations-, Infrastruktur- und andere technologieabhängige Systeme dominant aus der Kompetenz von Technokraten heraus zu realisieren – bis die technokratischen Lösungen sich als problematisch erweisen und nachgebessert werden müssen.

Angewandte Systemforschung hat daher als wichtige Aufgabe, Wege aufzuweisen, wie die monodisziplinäre Flickschusterei durch interdisziplinäre Abstimmung bereits beim Systemdesign vermieden werden kann.

1.1.2   Systeme aus kybernetischer Sicht
H. Michael Mirow

Eine allgemein anerkannte Definition des Wissenschaftsbereiches, den Norbert Wiener und seine Mitarbeiter im Jahre 1947 mit dem Namen Kybernetik belegten, hat sich nicht durchsetzen können. Wiener selbst bezeichnete die Kybernetik als „das ganze Gebiet der Regelung und Nachrichtentheorie, ob in der Maschine oder im Tier" (Wiener, 1948, Seite 20). Er leitete diesen Begriff von dem griechischen Ausdruck „kybernetes" für Steuermann oder Lotse ab. Diesem kommt bei der Führung eines Schiffes die Aufgabe zu, einen vorgegebenen Kurs auf Grund von Nachrichten einzuhalten.

Die Ursprünge der Kybernetik liegen, wie auch aus der Begriffsbestimmung Wieners hervorgeht, in den Bereichen Regelungstechnik, Biologie und Informationstheorie.

Jeweils unabhängig voneinander erwuchs aus diesen Bereichen die Notwendigkeit, eine einheitliche und übergeordnete Betrachtungsweise für strukturell gleiche Phänomene zu finden.

In der Regelungstechnik entwickelte der englische Physiker Clerk Maxwell bereits im Jahre 1868 eine allgemeine Theorie für einen Rückkopplungsmechanismus am Drehzahlregler der Dampfmaschine von Watt (Wiener, 1962, Seite 39). In Russland erschien 1892 eine Arbeit von Ljapunow (Ljapunow, 1892, zit.nach: Klaczko, 1967, Seite 76) unter dem Titel: „Das allgemeine Problem der Stabilität einer Bewegung". Sie enthielt bereits eine ausgereifte mathematische Theorie zur Analyse von Regelungsvorgängen.

Mit Fortschreiten der technischen Entwicklung gewinnt die Regelungstechnik für die Beherrschung von Funktionsabläufen in automatischen Systemen immer mehr an Bedeutung. Es kann als das Verdienst des Ingenieurs Hermann Schmidt angesehen werden, erstmalig auf die über den eigentlichen Bereich der Technik hinausgehende Bedeutung der Regelungstechnik hingewiesen zu haben (Frank, 1965, Seite 11). Im Jahre 1940 betonte Schmidt anlässlich eines Vortrages vor Technikern und Biologen, dass Probleme der Regelung nicht nur im technischen, sondern ebenso auch im biologischen und sozialen Bereich auftreten und bewältigt werden müssen (Schmidt, 1941, Seiten 81 bis 88).

Im Bereich der Biologie hatten bereits zahlreiche Wissenschaftler auf die Bedeutung der Regelungsvorgänge für den Ablauf physiologischer Funktionen hingewiesen. Flechtner (Flechtner, 1966, Seite 6) erwähnt in diesem Zusammenhang Claude Bernard, der 1895 auf die Rolle der Regulierung physiologischer Vorgänge in Organismen hinwies, und Cannon, der 1932 den Begriff der Homöostase prägte, als die Fähigkeit, bestimmte Variable in einem Organismus gegen äußere Störungen konstant zu halten (Cannon, 1932; vgl. auch Wieser, 1959, Seiten 45 und 46). R. Wagner überträgt seit dem Jahre 1925 Begriffe und Methoden aus dem Bereich der Regelungstechnik auf die Erforschung des Verhaltens von Organismen (Wagner, 1954).

Den Durchbruch zu einer umfassenden theoretischen Konzeption von allgemeiner Gültigkeit ermöglichte jedoch erst die aus der Beschäftigung mit Problemen der Übertragung von Nachrichten hervorgegangene Informationstheorie. Aufbauend auf die von Nyquist (Nyquist, 1924, Seiten 324 bis 346) und Hartley (Hartley, 1928, Seiten 535 bis 568) bereits in den Jahren 1924 bzw. 1928 veröffentlichten Arbeiten über Probleme der Nachrichtenübertragung führte die 1947 von Shannon entwickelte mathematische Theorie der Kommunikation (Shannon, 1948, Seiten 379ff. und 623ff., zit. nach dem Wiederabdruck in Shannon und Weaver, 1949, Seiten 1 bis 91) zur Formulierung einer allgemeinen Informationstheorie.

Nachdem bereits in früheren Jahren die Bedeutung von Regelungsvorgängen in allen Bereichen der Technik und des Lebens erkannt worden war, kann es als das Verdienst Wieners angesehen werden, die Erkenntnisse der Informationstheorie mit den Problemen der Regelungstechnik verbunden zu haben. Hiermit war die theoretische Basis für ein neues Wissensgebiet, das Wiener und seine Mitarbeiter mit dem Ausdruck Kybernetik belegten, geschaffen.

Da jedes System entweder Informationen über seinen Zustand aussendet oder selber sein Verhalten auf Grund empfangener Informationen ändert, kommt dem Phänomen der Information eine Schlüsselrolle für das Studium des Verhaltens aller Systeme zu. In der Informationstheorie wird die Information nicht als eine dem subjektiv-menschlichen Bereich entstammende und quantitativer Analyse unzugängliche Größe angesehen. Der Begriff wird so definiert, dass der Informationsgehalt einer Nachricht gemessen werden kann. Es ist sogar möglich, den Informationsgehalt empfangener Nachrichten in Dimensionen zu überführen, die sich als andere energetische Zustände eines Systems messen lassen.

Erkenntnisobjekte der Kybernetik

Die in der Literatur anzutreffenden Definitionen des Begriffes Kybernetik umfassen alle mehr oder weniger exakt den von Wiener umrissenen Bereich der Regelung und Kommunikation im Lebewesen und in der Maschine. Nach der weitesten Begriffsfassung wird die Kybernetik als eine allgemeine Systemtheorie (Bertalanffy, 1951, Seiten 303 bis 361; Boulding, 1956, Seiten 197 bis 208; Haberstroh, 1965, Seiten 1171 bis 1211) oder als die allgemeine Wissenschaft des Verhaltens und der Struktur von Systemen verstanden (Flechtner, 1966, Seite 10; Klaus, 1965, Seite 41; Ashby, 1956, Seite 1; Koreimann, 1965, Seite 618).

In einer zweiten Gruppe von Definitionen rückt die Bedeutung der Regelungstechnik weiter in den Vordergrund, wobei allerdings nicht immer klar zwischen Regelung und Steuerung unterschieden wird. Die Kybernetik wird aufgefasst als die „Wissenschaft von den Steuermechanismen", die „Wissenschaft vom Steuern" (Hassenstein, 1960) oder der Steuerung und Regelung von Systemen (Beer, 1962, Seite 34). In diese Kategorie der Definitionsversuche gehören auch die Definitionen von Couffignal (Couffignal, 1962, Seite 47) und Ducrocq (Durocq, 1959, Seiten 19 bis 22). Sie sehen in der Kybernetik eine Wissenschaft, die es ermöglicht, ein System so auszurichten, dass mit seinen Handlungen ein gestecktes Ziel erreicht werden kann.

Die dritte Gruppe der Definitionen bezieht die Kommunikation, die von Wiener als Grundlage für die Existenz zielorientierter Systeme angesehen wurde, in die Begriffsbestimmung ein. Sie schließt damit an die von ihm selbst vorgenommene Umschreibung des Gebietes der Kybernetik an (Cherry, 1957, Seite 56; Steinbuch, 1964; Wiener, 1956). Die von Wiener ausdrücklich erwähnte Ausdehnung des Forschungsbereiches der Kybernetik auf Lebewesen und Maschinen findet ihren Niederschlag auch in der von Frank vorgeschlagenen Definition. In ihr wird die allgemeine Gültigkeit der abstrakten Theorie unabhängig von der Natur der ein System konstituierenden Elemente hervorgehoben. Nach Frank ist die Kybernetik die „Theorie der Funktionsmöglichkeiten informationeller Systeme unter Abstraktion von deren physikalischen, physiologischen oder psychologischen Besonderheiten, ferner die Konkretisierung dieser abstrakten Theorie auf vorgegebene physikalisch, physiologisch oder psychologisch zu kennzeichnende Systeme und schließlich die planmäßige Verwirklichung solcher Systeme zur Erfüllung vorgegebener Zwecke" (Frank, 1965, Seite 16).

Betrachtet man die sich aus der Vielfalt der Definitionen grob herauskristallisierenden Gruppen, so wird ersichtlich, dass es sich weniger um grundsätzliche Unterschiede, als vielmehr um eine mehr oder weniger detaillierte Umschreibung eines einzigen Forschungsbereiches handelt: Das Verhalten oder die Struktur eines beliebigen Systems werden unter der Voraussetzung untersucht, dass dieses System ein Ziel verfolgt. Zielorientiertes Verhalten in einer sich wandelnden Umwelt wiederum ist nur auf Grund von Steuerungs- oder Regelungsvorgängen möglich. Weiterhin ist ein Regelungsvorgang nur dann denkbar, wenn dabei die Elemente des Systems miteinander in Kommunikation stehen und Informationen austauschen.

Die Gemeinsamkeiten der verschiedenen Definitionsversuche lassen es zu, folgende Merkmale als bestimmend für den Forschungsbereich der Kybernetik herauszustellen:

(1) Untersucht werden zielgerichtete Systeme von beliebiger Zusammensetzung.

(2) Es wird versucht, allgemeingültige Aussagen über die Struktur und das Verhalten dieser Systeme im Hinblick auf ein vorgegebenes Ziel zu formulieren.

Zielorientiertes Verhalten eines Systems gegenüber Veränderungen der Umwelt setzt voraus, dass die Beziehungen der dieses System konstituierenden Elemente im Hinblick auf das Ziel irgendwie geordnet sind; sie dürfen nicht zufällig sein. Jede Aussage über die Struktur und das Verhalten zielorientierter Systeme bezieht sich demnach auf die Gesetzmäßigkeiten dieser Ordnung. Es wird angenommen, „dass alle Organisationen in gewissen fundamentalen Charakteristiken gleich sind ..." (Deutsch, 1963, Seite 77). Wieser bezeichnet daher das Gesetz der Organisation als eine dritte unabhängige Größe, die gleichberechtigt neben die messbaren Kategorien Masse und Energie der Physik tritt (Wieser, 1959, Seite 13). Die für das Bestehen einer Organisation notwendige Ordnung findet tatsächlich in der Informationstheorie eine exakte Formulierung, die eine Verbindung zu physikalisch-messbaren Größen ermöglicht und somit den von Wieser erhobenen Anspruch rechtfertigt.

Aus den angeführten Überlegungen wird deutlich: Die Kybernetik kann als eine allgemeine Theorie der Organisation angesehen werden, deren Grundsätze für die Struktur und Regelung von Organisationen beliebiger Art und Größe gültig sind. Jede Untersuchung einer speziellen Organisation, sei diese ein Lebewesen, eine Gemeinschaft mehrerer Lebewesen oder eine Maschine, muss auf diesen allgemeinen Grundsätzen aufbauen und unter Einbeziehung der für das Untersuchungsgebiet verfügbaren Spezialdisziplinen weiterentwickelt werden.

Systeme und Organisationen aus der Sicht der Kybernetik

Als eine Organisation bezeichnen wir ein beliebiges zielorientiertes System. Bevor wir auf die Frage eingehen, wie es einem System möglich ist, ein Ziel in einer sich wandelnden Umwelt zu verfolgen und welche Gesetzmäßigkeiten hierbei beachtet werden müssen, ist es notwendig, kurz darzustellen, was unter einem System verstanden werden soll und welche Art von Systemen gemeint ist. Weiterhin muss der Begriff des Zieles als Unterscheidungsmerkmal eines beliebigen Systems von einer Organisation definiert werden.

Systeme und ihre Erscheinungsformen

Unter einem System wird in der Kybernetik eine beliebige Ansammlung von miteinander in Beziehung stehenden Teilen (Elementen) verstanden (Beer, 1962, Seite 24; Flechtner, 1966, Seiten 228 bis 229; Klaus, 1965, Seite 61; Kosiol, Szyperski, Chmielewicz, 1965, Seite 338). Die Beziehungen zwischen den Elementen eines Systems müssen als physikalische Tatbestände beobachtbar oder messbar sein[*]. Eine rein gedankliche Zusammenfassung von Teilen ergibt noch kein System. Durch diese physikalisch messbaren Beziehungen der Elemente untereinander unterscheidet sich ein System von einer Menge (Flechtner, 1966, Seite 12), denn unter einer Menge wird „eine Zusammenfassung von bestimmten, wohlunterschiedenen Objekten unserer Anschauung oder unseres Denkens" (Cantor, 1964, Seite 23) verstanden. Im Gegensatz zum System bedingt diese Zusammenfassung von Elementen zu einer Menge nicht, dass diese auch untereinander in Beziehungen stehen. Sie können in physikalischer Hinsicht voneinander völlig unabhängig sein. Von der Natur der Elemente eines Systems wird hier abstrahiert, da uns nur ihre Beziehung untereinander, ihre Ordnung, interessiert (Wiener, 1964, Seite 15).

Jedes System muss als Gegenstand einer Untersuchung definiert werden. Es gibt keine absoluten Systeme (Beer, 1962, Seiten 24 und 25; Wiener, 1964, Seite 78). So kann es sich bei einem System um eine Verbindung von Teilen aus den Berei-

---

[*] Auch die Informationsbeziehungen in einem Kommunikationssystem beruhen auf physikalisch messbaren Beziehungen, die als Signale bezeichnet werden

chen der Soziologie, Biologie oder Physik handeln, etwa um eine Gruppe von Menschen, eine Kombination von Menschen oder Maschinen, einen biologischen Organismus oder eine elektronische Datenverarbeitungsanlage. Wichtig ist lediglich, dass diese Teile sich in ihrem Verhalten gegenseitig beeinflussen. Sind bei einem Element keine Beziehungen zu anderen Elementen feststellbar, so gehört es diesem System nicht an. Diese Notwendigkeit, ein System zu definieren, erstreckt sich sowohl auf seine Abgrenzung gegenüber der Umgebung, als auch auf die das System konstituierenden Elemente.

Als Umgebung eines Systems kann alles angesehen werden, was mit ihm in Beziehungen steht und somit einen Input verursacht, der das Verhalten seiner Elemente in irgendeiner Weise beeinflusst (Klaus, 1965, Seite 87). Diese Beeinflussung braucht sich nicht direkt auf alle Elemente zu erstrecken. Wenn mindestens ein Element eines Systems in Beziehungen mit der Umwelt steht, wird über den Zusammenhang der Elemente untereinander auch das Verhalten anderer Bestandteile des Systems beeinflusst.

Die Elemente eines Systems werden in bezug auf ihre Eingänge und Ausgänge definiert (Haberstroh, 1965, Seite 1175). Eine Mitteilung, die als Eingang in ein Element hereingegeben wird, hat einen bestimmten Ausgang zur Folge. Die Beziehungen zwischen dem Eingang und dem Ausgangsverhalten eines Elementes sind durch eine Übergangsfunktion bestimmt. Welche Struktur das Element in seinem Inneren aufweist und auf Grund welcher Gesetzmäßigkeiten eine Reaktion zustande kommt, braucht nicht bekannt zu sein. Die Übergangsfunktion kann auch empirisch durch Variationen des Inputs ermittelt werden. Das nach beliebigen Kriterien definierte Element kann als Schwarzer Kasten angesehen werden (Haberstroh, 1965, Seite 1173). Diese ursprünglich aus dem Bereich der Elektrotechnik stammende Bezeichnung bezieht sich auf ein System, an dem nur die Reaktionen auf Inputs verschiedener Art beobachtet werden können, dessen innere Struktur jedoch unbekannt ist (Wiener, 1962, Seite 18; Ashby, 1956, Seite 86; Beer, 1962, Seite 67). Die Betrachtungsweise ermöglicht es, große Systeme in eine überschaubare Zahl von Elementen zu untergliedern. Diese können wiederum Untersysteme darstellen, deren Struktur dem Betrachter des Gesamtsystems jedoch nicht zugänglich ist. So besteht ein Unternehmen aus einer Anzahl von Abteilungen, diese wiederum aus Unterabteilungen oder Stellen, welche ihrerseits aus Menschen konstituiert sind. Der Unternehmensleitung brauchen die Einzelheiten der Struktur bestimmter Unterabteilungen nicht bekannt zu sein. Es wird lediglich beobachtet, ob die Übergangsfunktionen der Elemente das gewünschte Ergebnis liefern.

Die große Anzahl der möglichen Systeme kann nach einigen wenigen Kriterien klassifiziert werden. Wir wollen folgende Klassifikationsmerkmale von Systemen unterscheiden:

(1) Das Verhalten im Zeitablauf

(2) Die Komplexität

(3)   Die Bestimmtheit des Verhaltens

(4)   Die Art der Beziehungen der Elemente untereinander

Ein System kann so konstituiert sein, dass das Verhalten seiner Elemente sich im Zeitablauf ändert. Es wird dann als ein dynamisches System bezeichnet. Im umgekehrten Falle hingegen ist das System statisch; die Elemente und ihre Beziehungen zueinander ändern sich im Zeitablauf nicht. Statisch kann ein System jeweils nur für eine bestimmte mehr oder weniger lange Zeitdauer sein. Über lange Zeiträume hinweg durchläuft jedes System Zustandsänderungen verschiedenster Art und ist somit als dynamisch anzusehen. Ein zielorientiertes System, das wir als Organisation bezeichnen, kann zwar im Extremfall auch statisch sein, wenn das Ziel entsprechend definiert ist. Es müsste dann gegen jede Art von Umwelteinflüssen so abgeschirmt sein, dass seine Elemente und ihre Beziehungen zueinander keinerlei Veränderungen unterliegen. Dieser Fall der völligen Starrheit aller Elemente einer Organisation ist jedoch ein seltener Grenzfall. Im allgemeinen wird eine Organisation dynamisch sein, d. h. ihre Variablen ändern ihr Verhalten und damit auch ihre Beziehungen zueinander in Richtung auf ein Ziel. In dieser Untersuchung beschäftigen wir uns mit dem allgemeinen Fall der dynamischen Systeme, der auch den Spezialfall des statischen Systems impliziert.

Ein System kann aus einer geringen oder großen Zahl von Elementen bestehen, welche ihrerseits eine unterschiedliche Anzahl diskreter Zustände aufweisen können. Hierdurch wird die Anzahl der diskreten Zustände eines Systems bestimmt. In Bezug auf die Komplexität teilt Beer die Systeme in drei Gruppen (Beer, 1962, Seiten 27 bis 34):

(1)   Einfache Systeme: Sie sind ohne Schwierigkeiten zu überschauen und zu beschreiben. Als Beispiel hierfür sei ein Billardspiel oder die Anordnung von Maschinen in einer Halle genannt.

(2)   Komplexe Systeme: Diese Systeme sind nicht mehr überschaubar, aber noch beschreibbar, wie z. B. das Newton'sche Planeten-System oder eine elektronische Datenverarbeitungsanlage.

(3)   Äußerst komplexe Systeme: Die Komplexität der Systeme dieser Kategorie ist so groß, dass eine Beschreibung aller Einzelheiten nicht mehr möglich ist. Das menschliche Gehirn oder eine aus Menschen und Sachen konstituierte industrielle Unternehmung können in diese Gruppe eingeordnet werden.

Der Begriff der Beschreibbarkeit als Kriterium für die Einteilung von Systemen hängt sehr von den Fähigkeiten und Hilfsmitteln des Beschreibenden ab: Was für den einen Beobachter noch beschreibbar erscheint, kann für den anderen bereits in die Kategorie der unbeschreibbaren, äußerst komplexen Systeme gehören. Um allgemeine Grundsätze für Struktur und Regelung von Systemen zu entwickeln, müssen wir Systeme des äußerst komplexen Typs untersuchen. Die Ergebnisse müssen dann notwendig auch für weniger komplexe Systeme gelten.

Hinsichtlich der Bestimmtheit ihres Verhaltens lassen sich die Systeme in determinierte und probabilistische Systeme einteilen (Beer, 1962, Seiten 27 bis 28). Sind die Beziehungen der Teile eines Systems so gestaltet, dass durch den Zustand eines Elementes die Zustände aller anderen Elemente des Systems eindeutig bestimmt sind, so ist da System determiniert. Jede Reaktion lässt sich mit Sicherheit voraussagen.

Im anderen Fall können die Beziehungen der Elemente eines Systems eine Zufallskomponente enthalten. Ist der Zustand eines der Elemente bekannt, so kann hieraus nur mit einer bestimmten Wahrscheinlichkeit auf das Verhalten anderer Elemente geschlossen werden. Keine Reaktion lässt sich mit Bestimmtheit voraussagen. Während das Planetensystem Newtons als ein determiniertes System angesehen werden kann, gehört der Mensch oder ein aus mehreren Menschen bestehendes System zur Kategorie der probabilistischen Systeme. Menschliches Verhalten lässt sich nicht mit Bestimmtheit voraussagen. Wir wollen in diesem Zusammenhang nicht auf die Frage eingehen, ob diese Unbestimmtheit in dem Verhalten eines Systems auf einer objektiven, physikalisch bedingten Eigenart beruht, oder ob wir lediglich nicht über alle Einflussgrößen informiert sind (Beer, 1962, Seite 28). So weist z.B. Bellmann darauf hin, dass es theoretisch durchaus im Bereich des Möglichen liegen könnte, das Auftreten von Kopf oder Wappen bei einer geworfenen Münze vorauszusagen, wenn alle Bedingungen, unter denen die Münze geworfen wird, bekannt sind (Bellmann, 1967, Seite 183). Hierzu gehören etwa die Anfangslage der Münze im Phasenraum, der dem Daumen erteilte Impuls, die Windgeschwindigkeit, der genaue Schwerpunkt der Münze, die Höhe über dem Fußboden und die Elastizitätseigenschaften des Bodens, um nur die wichtigsten Daten zu nennen. Die hier vorgenommene Klassifikation in determinierte und probabilistische Systeme bezieht sich auf unser Wissen um die Gesetzmäßigkeiten in den Beziehungen der Elemente eines Systems. Diese Beschränkung schließt natürlich ein, dass sich ein zunächst als probabilistisch angesehenes System im Laufe der Zeit als determiniert erweisen kann oder umgekehrt. Im Rahmen dieser Ausführungen befassen wir uns mit dem allgemeinen Fall, der in den probabilistischen Systemen zu sehen ist.

Die Beziehungen der einzelnen Elemente des Systems zueinander können sehr verschiedener Art sein. Sie können durch Kräfte aufeinander wirken, chemisch miteinander reagieren oder auch lediglich Mitteilungen beliebiger Art austauschen und dadurch ihr Verhalten beeinflussen. Die letzte der genannten Beziehungen wird als Kommunikation bezeichnet (Flechtner, 1966, Seite 13; Müller, 1964, Seite 82; Kramer, 1965, Seiten 31 bis 36; Coenenberg, 1966, Seiten 34 bis 36). Für die Untersuchung eines Systems können auch die Beziehungen anderer Art zwischen den Elementen eines Systems letzten Endes auf Kommunikationsbeziehungen zurückgeführt werden, da es sich immer um Aussagen über dieses System handelt. Kommunikation ist notwendig für die Existenz einer Organisation (Wieser, 1959, Seite 13), "Communication is the cement that makes organizations. Communication alone enables a group to think together, to see together, and to act together" (Wiener, zit. nach Deutsch, 1963, Seite 77).

1.1.3   Systeme aus soziologischer Sicht
Helmut Willke

Grundlagen

Systemforschung setzt Systemdenken voraus. Systemdenken meint die Beobachtung einer Wirklichkeit mit kognitiven Voreinstellungen - Kategorien, Begriffe, Modelle, Theorien, Leitideen -, die auf Zusammenhänge und Relationen, Gestalten und Gesamtheiten fokussieren. Es ist also nicht die Wirklichkeit, die Systeme enthält, sondern ein bestimmter Modus des Beobachtens, der aus der Fülle kontingenter Möglic   hkeiten   das   herausselegiert,   was   dann   als   System beschrieben werden kann.

Systemdenken lässt sich in jeder denkbaren Disziplin praktizieren oder ablehnen. Daraus ergeben sich zwei aufschlussreiche Folgefragen: (1) Mit welchem Systembegriff (Modell, Theorie, Idee etc.) arbeiten die unterschiedlichen Disziplinen? (2) Welche Einsichten verschafft eine transdisziplinäre Perspektive, die aus den interdisziplinären Differenzen und Gemeinsamkeiten Schlüsse zieht? Ich wende mich zunächst diesen beiden Fragen aus der Sicht der Soziologie zu, um dann im abschließenden dritten Teil einige Folgerungen für eine angewandte Systemforschung zu ziehen.

Zum Systembegriff der Soziologie

Natürlich hat auch die Systemtheorie Vorläufer und Vorformen, die sich bis an die Anfänge wissenschaftlichen Denkens überhaupt zurückverfolgen ließen. Für den Zweck einer Einführung genügt es, den Beginn einer ausgebildeten soziologischen Systemtheorie auf das frühe Werk von Talcott Parsons zu legen.

a.   Die strukturell-funktionale Systemtheorie

Parsons` erster grundlegender Entwurf einer soziologischen Systemtheorie ist dadurch gekennzeichnet, dass der Strukturbegriff dem Funktionsbegriff vorgeordnet ist. Ausgangspunkt ist die Annahme, dass alle sozialen Systeme notwendigerweise bestimmte Strukturen aufweisen, und die forschungsleitende Frage ist dann: Welche funktionalen Leistungen müssen vom System erbracht werden, damit dieses System mit seinen gegebenen Strukturen erhalten bleibt? „Dabei wird der Funktionsbegriff zumeist auf interne Leistungen, vornehmlich auf die Beiträge der Subsysteme eingeschränkt; er wird so zu einer systeminternen Kategorie, die das Verhältnis der 'Teile' zum 'Ganzen' betrifft" (Luhmann, 1971, Seite 113f.).

Der Nachteil dieser Konzeption liegt darin, dass Strukturen weitgehend als gegeben vorausgesetzt und deshalb gerade nicht selbst auf ihre Funktion hin befragt werden. Es ist zweifelsohne richtig, dass alle sozialen Systeme bestimmte Strukturen haben. Aber **warum** haben sie diese und warum gerade **diese**?

b. Der system-funktionale Ansatz

Dieser insbesondere von Walter Buckley und James Miller vertretene Ansatz (Buckley, 1974, Seiten 490 bis 513; Miller, 1987) betrachtet soziale Systeme als komplexe, anpassungsfähige und zielgerichtete Gesamtheiten, die gegenüber einfacheren lebenden Systemen (z. B. Zelle oder Organismus) dadurch ausgezeichnet sind, dass sie bei veränderten Umweltbedingungen ihre Struktur verändern oder ausbauen können, wenn die Erhaltung der Leistungs- oder Überlebensfähigkeit dies fordert. In den Vordergrund rückt damit die Frage, welche strukturellen Anpassungsleistungen soziale Systeme unter bestimmten veränderlichen Umweltbedingungen leisten müssen, um ihre wesentlichen System-Funktionen erfüllen zu können. Der Fortschritt der Theoriebildung liegt darin, dass Strukturen nun als Variable in Erscheinung treten. Die system-funktionale Bedeutung von Strukturen liegt in der Stabilisierung von Prozessen der Kommunikation und Informationsverarbeitung. Entscheidend ist, dass diese Prozesse je nach Systemzustand und Umweltbedingungen durch ganz unterschiedliche Strukturen stabilisiert werden können und dass die Fähigkeit zur Strukturänderung gerade die Anpassungs- und Entwicklungsleistung eines sozialen Systems bestimmt (aus der Sicht der Organisationsentwicklung dazu aufschlussreich Hamel/Prahalad 1994, Seite 107ff.).

In der Konzentration auf **interne** Systemprozesse liegen zugleich die Stärken und Schwächen des system-funktionalen Ansatzes. Zwar berücksichtigt er durchaus die Umweltbedingtheit sozialer Systeme, doch ist immer noch die Erhaltung eines bestimmten Systems unter variablen Umweltbedingungen und bei Einbeziehung der Möglichkeit der Strukturänderung Bezugspunkt der Analyse.

c. Der funktional-strukturelle Ansatz

Dieser insbesondere von Niklas Luhmann ausgearbeitete Ansatz radikalisiert die funktionale Analyse zur Frage nach der Funktion von Systemen überhaupt. Damit wird in aller Deutlichkeit herausgestellt, dass Systemtheorie notwendigerweise System-Umwelt-Theorie sein muss; denn die Funktion der Systembildung, der Sinn von Systemen, lässt sich nur rekonstruieren, wenn der Bezugspunkt der Analyse außerhalb des Systems selbst liegt: in der Relation zwischen System und Umwelt. Ganz allgemein gesprochen ist der Sinn der Bildung von Systemen darin zu sehen, dass ausgegrenzte Bereiche geschaffen werden, die es ermöglichen, die Komplexität der Welt, die die menschliche Aufnahmekapazität überwältigt, in spezifischer Weise zu erfassen und zu verarbeiten. Systeme stabilisieren mithin eine Differenz zwischen sich und der Umwelt, zwischen Innen und Außen; sie bilden ein sinnhaftes, symbolisch vermitteltes Regulativ zwischen anfallender und jeweils verarbeitbarer Komplexität.

Der funktional-strukturelle Ansatz erhöht die analytische Kapazität der Systemtheorie ganz wesentlich, weil nun zum ersten Mal die Umwelt nicht nur als bedingender, sondern als konstitutiver Faktor der Systembildung betrachtet wird. Systeme haben überhaupt nur ihren Sinn durch die Abgrenzung von einer nicht-dazugehörigen Umwelt. Der Systembegriff dieser entwickelten Systemtheorie meint nicht

mehr nur ein Netz von Beziehungen, die Teile zu einem Ganzen zusammen ordnen, sondern er zielt auf eine sinnhaft strukturierte Transformation von Komplexitäten, auf die Auseinandersetzung des Systems mit seiner Umwelt. Die spezifische Problematik dieser Auseinandersetzung macht erst erkennbar, welche internen Systemprozesse und -strukturen zu welchen Zwecken und mit welchen Stabi-
lisierungs- und/oder Veränderungschancen funktional sein können. Dadurch
kommen funktionale Äquivalente und auch funktionale Alternativen für bestimmte
Strukturen und Prozesse in den Blickpunkt. Identität und Ordnung eines Systems
werden damit zu relationalen Begriffen und auf ihre Funktionen hin abfragbar.

Darüber hinaus besteht der Fortschritt der Theoriebildung in einem Übergang von
der Betonung einzelner Faktoren auf die Betonung von Relationen. Faktorenkon-
zepte versuchen die Entstehung der Eigentümlichkeiten von sozialen Gebilden auf
bestimmte einzelne Ursachen, auf externe und interne Bedingungen zurückzuführen. System-Umwelt-Konzeptionen dagegen begreifen soziale Gebilde als komplexe, sinnhaft konstituierte Einheiten, die eine Vielzahl von Problemen lösen
müssen, wenn sie in ihrer Umwelt bestimmte Ziele erreichen wollen; vor allem
aber müssen sie das grundlegende Problem der Verarbeitung von Komplexität
lösen, weil dies die Vorbedingung für das Erreichen aller anderen Ziele ist. Indem
die funktional-strukturelle Systemtheorie derart fundamental ansetzt, erreicht sie
ein Maß an Eigenkomplexität, welches ihr eine angemessene Erfassung auch
komplexer Sachverhalte ermöglicht. Insbesondere ist sie nicht auf die Analyse von
Gleichgewichts- und Systemerhaltungsprozessen beschränkt, sondern ihr Instrumentarium ist auch zur Untersuchung sozialer Wandlungsprozesse geeignet, da
sie nicht nur Strukturen und Prozesse als Variable behandeln kann, sondern sogar
Systembildung selbst. Natürlich hindert das niemand daran, der Systemtheorie
eine harmonisierende und statische Betrachtungsart vorzuwerfen.

d.   Der funktional-genetische Ansatz

Schon der systemfunktionale Ansatz ist durch ein starkes Interesse an Prozessen
gekennzeichnet, wenngleich dort vor allem systeminterne Prozesse im Vordergrund stehen. Der funktional-strukturelle Ansatz betont die prozessualen Aspekte
der Systembildung als Stabilisierung einer selektiven Differenz zwischen Innen
und Außen: "Prozess und System sind verschiedene Aspekte von Selektivität. Der
Prozessbegriff bezeichnet die Faktizität des selektiven Geschehens und damit die
Notwendigkeit einer Grenzziehung; der Systembegriff bezeichnet die notwendige
Grenzziehung" (Luhmann, 1971, Seite 125). Dennoch könnte man bei
oberflächlicher Betrachtung den bisher dargestellten systemtheoretischen Ansätzen vorwerfen, das Problem der Zeit und das Problem der evolutionären
Genese von Systemen nicht genügend zu berücksichtigen. Aber schon die
strukturell-funktionale Systemtheorie von Parsons betont die Fähigkeit sozialer
Systeme, sich selbst zu regulieren und sich aktiv mit ihrer Umwelt auseinanderzusetzen.

Parsons nimmt an, dass jedes entwickelte soziale System vier Grundfunktionen
erfüllen muss: Die Anpassung an die Umwelt (adaptation), Zielverwirklichung (go-
al-attainment), Integration (integration) und schließlich die Funktion der

Strukturerhaltung (latent pattern maintenance: Die Anfangsbuchstaben der englischen Begriffe ergeben das bekannte AGIL-Schema). Anpassung und Zielerreichung bezeichnen den Außenbezug des Systems: Einerseits den input aus der Umwelt, der vom System "assimiliert" wird, andererseits den output von Systemoperationen gegenüber der Umwelt. Strukturerhaltung und Integration beziehen sich auf die internen Vermittlungsprozesse zwischen input und output und weisen darauf hin, dass zunächst eine interne Struktur stabilisiert und dann die Friktionen und Widersprüche einer differenzierten Struktur durch Formen der Integration aufgefangen werden müssen (Parsons, 1959, Seite 4ff.).

In vergleichbarer Weise betrachtet etwa die Entwicklungspsychologie von Jean Piaget menschliche Organismen als offene, aktive und selbstregulierende Systeme, die "gleichzeitig unter dem Gesichtspunkt der Anpassung an die Umwelt und unter dem Gesichtspunkt einer intern regulierten Entwicklung auf Seiten des Subjekts" zu sehen sind (Piaget 1973, Seite 356).

Rechnet man ein, dass Piaget von psychischen Systemen und Parsons von Sozialsystemen spricht, so lässt sich doch eine erstaunliche Übereinstimmung der Konzepte ausmachen. Assimilation und Anpassung sind die "primitivsten" Formen der Auseinandersetzung mit der Umwelt; hier dominiert die Umwelt und die Abhängigkeit von ihr. Auf einer mittleren Stufe entwickeln die Systeme differenzierte interne Strukturen und Prozesse, die die Abhängigkeit von der Umwelt schrittweise verringern. Die volle Ausbildung der Subjektivität, Identität und einer relativen Autonomie von der Umwelt setzt für beide Typen von Systemen voraus, dass sie aufgrund formaler Operationen selbstgewählte Ziele erreichen können . In der Tat hat Parsons in seiner späteren Evolutionstheorie in diesem Sinne primitive, mittlere und moderne Gesellschaften unterschieden (Parsons, 1975, Seite 46ff.).

e.   Der Ansatz einer Theorie selbstreferenzieller Systeme

Sowohl der funktional-strukturelle wie auch der funktional-genetische Ansatz in der Systemtheorie haben immer wieder hervorgehoben, dass komplexe Systeme für sich selbst ein Problem darstellen und sich mit sich selbst beschäftigen müssen. Vor allem Niklas Luhmann hat unter Stichworten wie reflexive Mechanismen, Selbstthematisierung, Reflexion oder **Selbstreferenz** diesen Aspekt der systeminternen Prozessierung prozessproduzierter Differenzen zur Sprache gebracht. Die verschiedenen Stränge dieser um das Problem der Selbstreferentialität kreisenden Denkweise wurden zu einer geballten Ladung gebündelt, als Humberto Maturana und Francisco Varela die Idee und Theorie der **Autopoiesis** formulierten (Überblick bei Maturana, 1982). Aus verstreuten Überlegungen entstand damit der „Explosivstoff Selbstreferenz" (Luhmann, 1984, Seite 656), welcher von Luhmann in einem ebenso faszinierenden wie schwierigen Werk in die Systemtheorie eingearbeitet wurde (Luhmann, 1984).

---

zu frühen Klassikern des systemischen Denkens vgl. Brunner ,1988

In diesem Überblick werden von diesem Explosivstoff nur homöopathische Dosen verabreicht. Die Grundidee der Theorie der Autopoiesis besagt, dass komplexe Systeme sich in ihrer Einheit, ihren Strukturen und Elementen kontinuierlich und in einem operativ geschlossenen Prozess mit Hilfe der Elemente reproduzieren, aus denen sie bestehen. Autopoietische Systeme erscheinen nun entgegen dem systemtheoretischen Grundpostulat der notwendigen Offenheit komplexer Systeme als Ganzheiten, die in ihrem Kernbereich, in ihrer internen Steuerungsstruktur geschlossen sind. In der Tiefenstruktur ihrer Selbststeuerung sind sie geschlossene Systeme und insofern – nur insofern! – gänzlich unabhängig und unbeeinflussbar von ihrer Umwelt. Es liegt auf der Hand, dass dies wichtige Fragen der Bedingungen und Möglichkeit der Intervention in komplexe psychische oder soziale Systeme aufwirft und die Frage der Steuerung entwickelter sozialer Systeme auf eine neue Grundlage stellt.

Eine zeitweilig intensive Debatte zwischen Systemtheorie und kritischer Theorie hat zu der Einsicht geführt, dass der Steuerungseffekt der Selektivität von Prozessen und Systemen nicht begrenzt ist auf die Konstituierung einer Systemgrenze und die Abstimmung unterschiedlicher Komplexitäten (Habermas 1985, Seite 390ff, und 1992, Seite 399ff). Soziale Systeme können generative Mechanismen ausbilden, mit Hilfe derer sie sich selber reproduzieren und evolutionär verändern – generative Mechanismen, die man als funktionale Äquivalente zum genetischen Code bei Organismen betrachten kann. Solche generativen Mechanismen sind vor allem funktionale Differenzierung, symbolische generalisierte Steuerungsmedien und integrative Instanzen. Entscheidend ist nun, dass diese generativen Mechanismen keineswegs eine bestimmte, notwendige Richtung der Evolution sozialer Systeme determinieren. Vielmehr eröffnen sie einen begrenzten Bereich möglicher Variation und Unbestimmtheit, innerhalb dessen mögliche Strukturen, Prozesse und Systemzustände denkbar und realisierbar sind. Die Frage ist dann natürlich, welche Bedingungen dazu geführt haben, dass in der historischen Entwicklung sozialer Systeme aus einer Bandbreite von Möglichkeiten schließlich nur ganz bestimmte Optionen sich durchgesetzt haben.

Die vielleicht wichtigere Frage ist, wie heute in entwickelten Gesellschaften eine weitgehend offene und machbare Zukunft durch das zielorientierte strategische Handeln sozialer Akteure (von führenden Gruppen bis zu führenden Gesellschaften) vorstrukturiert, verengt und determiniert wird. In dem Maße, in dem Geschichte nicht mehr naturwüchsig einfach abläuft, sondern aufgrund verbesserter Handlungs- und Steuerungsfähigkeiten (vom positivierten Recht über Planung bis zu simulierten Szenarien internationaler Beziehungen) vielfältigen Versuchen der Beeinflussung und Kontrolle unterliegt, wird auch die Frage brennender, wer aufgrund welcher Bedingungen diese Kontrolle ausübt. Eine Systemtheorie, die in der Frage von Macht und Herrschaft nicht einen blinden Fleck aufweisen will, muss daher den genetischen Aspekt der Existenz und Evolution sozialer Systeme berücksichtigen.

Erster Zwischenschritt: Folgerungen zum Systembegriff aus soziologischer Sicht

♦ Soziologisches Denken und Forschen hat es primär mit sozialen Systemen zu tun. Entwickelte soziale Systeme, ob Teams, Gruppen, Organisationen, Netzwerke, Funktionssysteme oder ganze Gesellschaften, sind hochkomplexe dynamische Systeme, die sich in jeweils spezifischen Umweltkonstellationen selbst organisieren, reproduzieren und steuern. In soziologischer Sicht bezeichnet ein System einen ganzheitlichen Zusammenhang von Teilen, deren Beziehungen untereinander quantitativ intensiver und qualitativ produktiver sind als ihre Beziehungen zu anderen Elementen. Diese Unterschiedlichkeit der Beziehungen konstituiert eine Systemgrenze, die System und Umwelt des Systems trennt. Komplexe Systeme sind durch die Merkmale Selbstorganisation, Grenzerhaltung, Selbstreferenz, Selbststeuerung und Generativität charakterisiert. Die Besonderheit der Klasse der psychischen und sozialen Systeme liegt darin, dass ihre Grenzen nicht physikalisch-räumlich bestimmt sind, sondern symbolisch-sinnhaft.

♦ Die Symbolsysteme der Gesellschaft aber auch etwa von Organisationen wie Unternehmen, Kirchen, Krankenhäuser, Schulen, Parteien oder Verbände haben in ihren Logiken und in den Grammatiken ihrer Programmierung einen Grad an Autonomie erreicht, der sie längst schon von einzelnen konkreten Menschen unabhängig macht, inzwischen auch von den meisten kollektiven Anstrengungen und Vorhaben der Menschen. Sie entfalten sich als Protuberanzen menschlicher Aktivitäten und folgen eigenen Umlaufbahnen, die mit der Verdichtung ihrer Materie unabhängiger von ihrem Ursprung werden bis sie schließlich eigene Sterne bilden. Die Gesellschaft als symbolisches System bewahrt die Differenz zwischen Mensch und Gesellschaft, welche die Gesellschaft bewahrt.

♦ Die soziologische Systemtheorie sieht sich daher gezwungen, ihren Systembegriff mit einer ihren Gegenständen adäquaten Komplexität auszustatten. Gegenüber Systembegriffen, die eher Trivialmaschinen beschreiben als hochkomplexe, dynamische Systeme, klingt dies dann natürlich etwas komplizierter. So ist für soziale und psychische Systeme jeder Systembegriff unbrauchbar, der das Moment der Selbstreferentialität vernachlässigt. Zugleich bauen sich für soziologisches Denken auf der Basis von Selbstreferentialität weitere Stufen der Eigendynamik und Selbststeuerung komplexer Systeme auf, die gerade in den technisch und naturwissenschaftlich orientierten Systemtheorien und Systemperspektiven in aller Regel vernachlässigt werden. Diese Überlegung führt uns zum nächsten Abschnitt.

Zum Systembegriff in einer transdisziplinären Sicht

Besonders interessante Anregungen zur Weiterentwicklung des Systemsdenkens außerhalb der Soziologie kommen gegenwärtig vor allem aus der Evolutionstheorie und einer sich an elaborierten Evolutionskonzeptionen orientierenden Ökonomik und Unternehmenstheorie. Hier entsteht allmählich eine integrierte Perspektive, die in der Literatur unter dem Begriff der "Komplexitätstheorie" zusammengefasst wird. Dazu gehören die Arbeiten des Santa Fé Institutes, Teile der mathematischen Chaos-Theorie, einige Modelle der Simulation biologischer Systeme und Überlegungen zur evolutionären Organisationstheorie[*].

Für die soziologische Systemtheorie - insbesondere diejenige der Bielefelder Schule - entbehrt diese Entwicklung nicht einer gewissen Ironie. Denn für sie war das Problem der Komplexität von Anfang an das Leitproblem des Systemdenkens. Hoffähig und einem breiteren Publikum bedeutungsvoll wird dieses Problem aber natürlich erst dann, wenn es die höheren Weihen einer naturwissenschaftlichen Fundierung erfahren hat. Dass dabei das Rad an vielen Stellen neu erfunden wird, gehört zu den Kosten des Fortschritts.

Ich möchte zwei Aspekte der naturwissenschaftlich orientierten Komplexitätstheorie herausgreifen, die für die Systemforschung besonders schwierig und aufschlussreich sind: die Wiederentdeckung der Emergenz (1) und die Reformulierung des Ordnungsproblems (2).

(1) Nicht zufällig reden neben einigen Sozialwissenschaftlern diejenigen Naturwissenschaftler ohne Zögern von Emergenz, die den Komplexitäten des Lebens und natürlicher Evolution nachspüren: "The mind is an emergent property, the product of several billion neurons obeying the biological laws of the living cell". In fact, as Anderson pointed out in the 1972 paper, you can think of the universe as forming a kind of hierarchy: "At each level of complexity, *entirely new properties appear. ... at each stage, entirely new laws, concepts, and generalizations are necessary*, requiring inspiration and creativity to just as great a degree as in the previous one. Psychology is not applied biology, nor is biology applied chemistry" (Waldrop, 1994, Seite 82; Seite 2ff.).

Populärwissenschaftlich formuliert, meint Emergenz, dass das Ganze mehr ist als die Summe seiner Teile. Der Witz einer systemtheoretischen Formulierung von Emergenz liegt allerdings darin, dass genau das Gegenteil gilt: Das Ganze ist *weniger* als die Summe seiner Teile. Genauer: Das Ganze des Systems ist weniger als die unrestringierte Potenzialität oder Kontingenz seiner Teile, weil das Spezifische eines Systems sich genau daraus ergibt, dass der notwendige Zusammenhang des Systems die Komponenten zu einer Restriktion, zu einer Selbstbeschränkung "im Interesse" des Systems zwingt. Dieser Verlust der Teile oder Komponenten wird durch den übersummenhaften Gewinn des Ganzen aufgewogen, wenn und soweit das emergente System aus dem gesteuerten (also: restringierten) Zusammenspiel seiner Komponenten neue, eben emergente Systemqualitäten ableiten kann.

(2) Die Reformulierung des Ordnungsproblems in Systemtheorie und Komplexitätstheorie ist von besonderer Bedeutung für eine Soziologie, die ihre konstituierende Leitfrage als Ordnungsfrage formuliert hat: Wie ist soziale Ordnung mög-

---

[*]	Überblick bei Kappelhoff, 2001

lich? Die biologische Evolution, so scheint es, bewegt sich gelassener auf dem schmalen Grad zwischen zu viel Ordnung und zu viel Chaos am *Rande des Chaos*: "All these complex (hier: biological, H. W.) systems have somehow acquired the ability to bring order and chaos into a special kind of balance. This balance point often called *the edge of chaos* is w(h)ere the components of a system never quite lock into place, and yet never quite dissolve into turbulence, either. The edge of chaos is where life has enough stability to sustain itself and enough creativity to deserve the name of life" (Waldrop, 1994, Seite 12). Vielleicht hat die biologische Evolution auch nur mehr Zeit gehabt und mehr Versuche für ihre Irrtümer. Jedenfalls scheinen die Erfahrungen, die Menschen und soziale Systeme bislang mit Unordnung und Chaos gemacht haben, nicht sehr aufbauend gewesen zu sein. Der selbst noch in gegenwärtige föderale Ordnungen eingebaute Hang zu Unitarisierung und Zentralisierung belegt ein historisch gewachsenes Übergewicht der Angst vor Zerfall gegenüber der Erwartung eines emergenten Nutzens von Diversität, Heterogenität und Heteronomie.

Auffällig parallel dazu verschiebt sich die Ordnung hyperkomplexer Organisationen, insbesondere Unternehmen von der Ordnung der Ordnung stärker in Richtung auf eine Ordnung der Unordnung, einer Ordnung regulierter Anarchie. Dies gilt sowohl für die neuen föderalen Ordnungen der Teile großer Organisationen im Verhältnis zueinander und zum Ganzen wie auch für die Architekturen der Konföderation zwischen der Organisation und ihren Mitgliedern, den Menschen. Das Ordnungsmodell der Organisation ist natürlich ein Dauerthema von Organisationstheorie und Managementwissenschaften. Dennoch ist deutlich, dass mit höheren Komplexitäten, verteilter Intelligenz, informationeller Vernetzung und Digitalisierung der Formenreichtum möglicher Ordnungsmuster der Organisation zunimmt. Gegenüber einer dauerhaft überlasteten Spitze profilieren sich die Bereiche, Ressorts, Center und selbständigen Geschäftseinheiten leichter und nachdrücklicher. Die mehr oder weniger krampfhafte Entwicklung von Leitbildern und Visionen und die eher verzweifelten Versuche der strategischen Ausrichtung großer Konzerne stellen klar, dass das Einheitsmodell nicht durchzuhalten ist und föderalen Ordnungen Platz machen muss, die dort am innovativsten operieren, wo sie den *ramble walk* am Rande des Chaos gerade noch meistern und zu einer heterogenen, heterarchischen Kohärenz bringen.

Noch prekärer ist die Lage der Konföderation zwischen dem Organisationssystem und seinen Mitgliedern. Die gegenwärtig absehbare Entwicklung treibt auf eine komplizierte und widersprüchliche Konstellation zu, in welcher unterschiedliche Gruppen von Mitgliedern je nach ihren Kompetenzen und dem Grad ihrer Expertise unterschiedliche Grade von Autonomie beanspruchen können und sich in entsprechend unterschiedlichen Graden der Abhängigkeit befinden. Wie im Falle des hypermodernen Familiensystems ist auch im Fall gegenwärtiger Organisationen die Tendenz deutlich, ihren Mitgliedern die ambivalenten Segnungen von Individualität, Autonomie und Selbständigkeit zuzumuten, und sie dennoch zugleich mit mehr oder weniger einfallsreichen Strategien an die Organisation binden zu müssen, um sie nicht zu schnell oder zu häufig oder im falschen Zeitpunkt zu verlieren. Unter Innovationsdruck können insbesondere Unternehmen ihre Geschäftsprozesse immer weniger innerhalb der Routinen hierarchischer Ordnung optimieren. Sie sind gezwungen, in der dezentralen und heterarchischen Struktur zeitkritischer Projekte zu operieren bis zu dem Punkt, an dem Organisationen ganz auf Projektarbeit umstellen und ihre Ordnung die Form einer durch Multiprojektmanagement regulierten Anarchie annimmt.

Für ihre Mitglieder führt dies zu komplizierten Verschachtelungen von Zwängen und Freiheiten, erzwungenen Freiheiten und freiwilligen Zwängen, die sich beispielsweise darin manifestieren, dass Tarifverträge eine maximale tägliche Arbeitszeit von zehn Stunden für bestimmte Angestellte vorschreiben und jeder weiß, dass dies häufig nicht einzuhalten ist, aber niemand wissen kann, in wessen Interesse im Einzelfall Einhaltung oder Nichteinhaltung der Norm sein könnte. Ähnliches geschieht mit Verschachtelungen von Fremdausbeutung und Selbstausbeutung, Überforderung und Unterforderung, Anpassung und Eigenständigkeit, Einbindung und Lösung, Linie und Projekt, Hierarchie und Netz, Mitgliedschaft und Selbständigkeit. Wie die Mitgliedschaft in einer bestimmten Ehe wird die Mitgliedschaft in einer bestimmten Organisation zu einem von Phasen, Projekten und Programmen getakteten Vorhaben, dessen Grenznutzen ungenierter an kontingenten Optionen gemessen wird. Wer darauf moralisch reagieren möchte, gehe ins Konventikel oder in eine Selbsthilfegruppe. Wer normativ reagieren möchte, versuche sich in der Gesetzgebung. Es gibt viele Möglichkeiten. Unerträglich scheint mir nur zu sein, diese brisante und hochkomplexe Situation auf triviale Schlagworte zu reduzieren, sei dies nun das undifferenzierte Loblied der virtuellen Organisation oder das Geschwätz vom Aufstand des Individuums.

Folgerungen für eine angewandte Systemforschung

In soziologischer Sicht ist die Gesellschaft das umfassende Sozialsystem, das alle anderen sozialen Systeme einschließt. Der Erfolg einer angewandten Systemforschung hängt deshalb nicht zuletzt davon ab, ob und wie sie mit einer überzeugenden Konzeption von Gesellschaft arbeitet. Nicht alle, die Systemforschung betreiben, haben allerdings mitbekommen, dass sich die entwickeltsten Gesellschaften bereits mitten in der Transformation von der Industriegesellschaft zur Wissensgesellschaft befinden (Willke, 1998).

Die Form des die Wissensgesellschaft tragenden Wissens ist Wissen/Nichtwissen. Dies trägt der gestiegenen Bedeutung des Nichtwissens Rechnung, das bereits in der Industriegesellschaft in der Kategorie des Risikos sich bemerkbar macht, aber dadurch entschärft werden konnte, dass die Risiken, die aus bestimmten Entscheidungen unter Ungewissheit folgten, nur in seltenen Ausnahmefällen (wie Pearl Harbour, der Vietnam Krieg, Bhopal oder Tschernobyl) das Ausmaß lokal begrenzter Ereignisse übertraf. "Normale" Risiken dagegen lassen sich erstaunlich wirksam dissimulieren, weil sie sich als vereinzelbare und erklärbare Irrtümer darstellen lassen. Anders wäre es, wenn genau diese Isolierung nicht mehr gelänge, weil zu viele Ereignisse mit zu vielen anderen Ereignissen in einer Weise zusammenhängen, die der Entscheidung einzelner Akteure entzogen ist.

In infrastrukturell vernetzten Systemen mit zunehmend globaler Reichweite scheint genau dies großflächig einzutreten. Damit kommt ein neuer Typus von Risiko ins Spiel, welcher der neuen Bedeutung von Nichtwissen in komplexen, vernetzten und nicht mehr ohne weiteres dekomponierbaren Systemen entspricht: die Kategorie des *Systemrisikos*. Damit ist gemeint, dass ein Risiko nicht mehr nur einzelne Komponenten eines arbeitsteiligen, mechanistischen Zusammenhanges betrifft, sondern die Operationsweise eines Systems insgesamt dadurch, dass bestimmte Einzelrisiken sich durch die Vernetzung der Elemente zu einer systemischen Destabilisierung aufschaukeln. Der Hintergrund dafür ist mit Blick auf Wissen, dass nicht nur das "normale", jedem Wissen korrespondierende Nichtwissen sich in ebenso "normale" Risiken transformiert, sondern dass sich darüber eine Ebene des systemischen Nichtwissens schiebt, welche ein Systemrisiko erzeugt, sobald Entscheidungen diese Ebene erreichen. Systemisches Nichtwissen bezeichnet ein Nichtwissen, das die Logik, die Operationsweise, die Dynamik, die emergente Qualität, die Ganzheit eines selbstreferentiell geschlossenen Zusammenhangs von Operationen betrifft.

In einer Welt, die durch eine streng arbeitsteilige, tayloristische Ausdifferenzierung immer stärker isolierter Einzeldisziplinen des Wissenschaftssystems ihre Selbstbeobachtung steuert, ist ein solches Wissen/Nichtwissen weitgehend irrelevant. Eine Gesellschaftsform, die ihre Selbstbeschreibung am Ideal einer naturwissenschaftlich durchkonstruierten und mit mathematischer Präzision berechenbaren Maschine misst, bei welcher die Beherrschung der einzelnen Komponenten auch die Beherrschung der Maschine insgesamt verspricht, weiß nicht einmal, dass sie auch auf dem Feld systemischen Nichtwissens einen blinden Fleck aufweist. Auch deshalb ist die einschneidendste Veränderung, welche die Wissensgesellschaft in die Welt setzt, die deutlich gestiegene Möglichkeit einer Systemkrise und ein Wissen darüber, dass ihr Nichtwissen sich vor allem auf die Folgen der Emergenz von sozialen und sozio-technischen Systemen bezieht, die kein einzelner Akteur mehr überblickt, geschweige denn steuert.

1.2   Konkurrierende Ansätze der Systemforschung
Karl-Heinz Simon

Die Idee einer Allgemeinen Systemtheorie als einer Einheitswissenschaft muss als gescheitert oder zumindest vertagt angesehen werden. Das, was nach Darstellung verschiedener Autoren den *Systems Approach* (Mattessich, 1982, Seiten 383 bis 394; Ackoff, 1971, Seiten 661 bis 671; Churchman, 1968) oder das *Systems Movement* (Checkland, 1981) bildet, ist in vielerlei Einzelfacetten, unterschiedliche und divergierende Entwicklungspfade zerfallen, und es lässt sich kaum mehr eine Einheit ausmachen, die über ein triviales "sie alle verwenden den Systembegriff" hinausgeht. Dieser Begriff ist alles andere als klar definiert und wurde mitunter gar als weiterer Universalbegriff neben Materie und Energie (und vielleicht Information) gestellt. Es haben sich aber eine Reihe von Spielarten herausgebildet, deren Eigenheiten im folgenden beschrieben und in ihrer Leistungsfähigkeit für Problemlösungen beurteilt werden sollen. Dabei steht der Gesichtspunkt, angemessene Beiträge für spezifische Problemlösungen im Rahmen einer angewandten Systemforschung bereitzustellen, an oberster Stelle.

Die Auswahl, die im folgenden im Hinblick auf die Spielarten getroffen wurde, bedarf einer einleitenden Rechtfertigung. Sehr viel mehr Ansätze als die dargestellten machen das *Systems Movement* unserer Zeit aus. Was herausgegriffen wurde, sind Ansätze, die eher dem Feld sozialwissenschaftlicher Anwendungen zuzurechnen sind oder auf Konzepte aufbauen, die eher im Problemkontext der *Management Sciences* stehen. Diese Auswahl schließt weder aus, dass mit den vorgestellten Ansätzen Fragestellungen anderer Disziplinen bearbeitet werden können, noch dass auch hier nicht behandelte Ansätze zur Bearbeitung sozialwissenschaftlicher Problemlagen beitragen können. Sicherlich wäre auch eine gänzlich andere Auswahl möglich gewesen, etwa auch eine, die Problemklassen in den Mittelpunkt rückt und dann zeigt, welche Ansätze wie zur deren Lösung beitragen. Ein solcher Vorschlag ist z.B. das "System der Systemmethoden", das Oliga nach Vorarbeiten von Keys vorgestellt hat. Oliga zeigt eine Vielzahl unterschiedlicher Ansätze auf, die in unterschiedlichen Problemkontexten entwickelt wurden und die sich zum Teil ausschließen, die z.T. aber auch kompatibel zueinander sind. In Abbildung 1 werden zwei Gruppen von Herangehensweisen unterschieden: Mechanistische (im wesentlichen auf überschaubare Kausalbeziehungen setzende) und systemische Ansätze; beide lassen sich wiederum anhand der Art der Einbeziehung von Akteuren und Betroffenen bzw. deren Umgang miteinander, weiter unterteilen. Dabei sind für die beiden Untergruppen (partizipative versus nicht-partizipative (*unitary*) Situationen) jeweils eine Reihe wohlerprobter Ansätze und Methoden zu finden. Für die dritte Gruppe, die sich durch Ausübung von Zwang einzelner Akteure auf andere charakterisieren lässt, lassen sich noch keine erprobten methodischen Zugänge finden. Insbesondere auf solche Situationen zielt der *Critical Systems Approach*.

Die konkurrierenden Ansätze, die im folgenden vorgestellt werden, sind:

*   *System Dynamics* (Forrester u.a.)

- *Living Systems Theory* (Miller u.a.)

- Beer's *Viable Systems Diagnosis*

- Checkland's *Soft Systems Approach*

- *Critical Systems Approach* (Jackson u.a.)

Participants´ relationship	Systems type	
	Mechanical	**Systemic**
Coercive	Mechanical-coercive Methodologies yet to emerge	Systemic-coercive Methodologies yet to emerge
Pluralist	Mechanical-pluralist (heuristic) Methodologies 1. Dialectical inquiring systems, e.g. SAST 2. Double-loop organizational learning	Systemic-pluralist (purpose seeking) Methodologies 1. Interactive planning 2. Checkland´s soft systems methodology
Unitary	Mechanical-unitary (rigidly controlled) (deterministic) Methodologies 1. Classical OR 2. Systems engineering 3. Systems analysis 4. (Living systems process analysis) 5. (Management cybernetics)	Systemic-unitary (purposive) Methodologies 1. Organisational cybernetics 2. Sociotechnical systems thinking 3. General systems theory 4. Modern contingency theory 5. (Living systems process analysis) 6. (Systems design)

Abb. 1: Zusammenstellung der wichtigsten Systemmethoden unterschieden nach "mechanistischer" und "systemischer" Orientierung sowie nach verschiedenen Arten des Zusammenwirkens der Beteiligten (Oliga, 1991, Seiten 87 bis 112)

Die Liste lässt unschwer erkennen, dass eine ganze Reihe von interessanten Ansätzen nicht berücksichtigt ist. Einige Stichwörter hinsichtlich weiterer Ansätze wären: Synergetik und Selbstorganisation (vgl. dazu z.B. die Diskussion in Ethik und Sozialwissenschaften, 1996), mathematische Systemtheorie (z.B. Mesarovic/Takahara, 1975), Mehrebenenansätze (Gilbert/Troitzsch, 1999, Mesarovic et al, 1970) u.a.m. Neben den erwähnten "Systemtheorien" gibt es auch weitere programmatische Entwürfe, z.B. diejenigen von van Gigch (1991) und Klir (1985; 1991), die hier aber ebenfalls unberücksichtigt bleiben sollen. Flood/Jackson (1991) sowie Jackson (2000) stellen weitere Ansätze vor.

1.2.1 Die vorgestellten Ansätze im Einzelnen

System Dynamics von Forrester (SD)

Wir beginnen die Revue konkurrierender Ansätze mit *System Dynamics*. Dieser auf Jay Forrester zurückgehende Ansatz dominierte lange Jahre die angewandte Systemforschung, insbesondere auch deshalb, weil zwar die ursprünglichen Fragestellungen und Anwendungen im Bereich *Management Sciences* angesiedelt waren, sehr früh aber erkannt wurde, dass der Ansatz auch für anders gelagerte Problemstellungen tauglich ist. So sind Anwendungen in der Ökosystemforschung gleichermaßen zu finden wie - in neuerer Zeit - die Modellierung von Transformationsprozessen in ehemals planwirtschaftlich organisierten Volkswirtschaften in Osteuropa (Fleissner, 1994). Einen hohen Bekanntheitsgrad hat der Ansatz zudem über die Weltmodelle der Meadows (1972; 1992) erfahren, die, unterstützt durch Ergebnisse von Computersimulationen, in den 70er Jahren und später wesentliche Impulse für die internationale Umweltbewegung gegeben haben.

Der Ansatz baut auf den sogenannten "System Principles" auf, die J. Forrester in den 60er Jahren ausformuliert hat. Zentraler Gesichtspunkt ist der eines "Strukturprimats", d.h. strukturellen Zusammenhängen (wie z.B. dem Zusammenhang zwischen Lagerbestand und Verkaufszahlen - siehe das Beispiel in Flood/Jackson, 1991, Seite 75f) wird eine höhere Bedeutung bei der Systemanalyse zugemessen als der Genauigkeit einzelner Daten oder der verwendeten Zeitreihen. Forrester wendet sich damit gegen statistische Ansätze (*system identification* auf der Grundlage von Messreihen), in denen Systemstrukturen durch Regelmäßigkeiten in Datenbeständen und Korrelationen herausgefunden werden. Neben diesem Strukturprimat wird zudem einem besonderen Strukturtypus eine prominente Rolle zuerkannt, den *feedback loops* (Rückkopplungsschleifen). Forrester geht davon aus, dass es primär um die Identifikation der grundlegenden Vernetzungen von Systemkomponenten geht, die meist geschlossene Wirkungskreisläufe aufweisen. Elementare Rückkopplungen dieser Art sind z.B. Wachstumsvorgänge (positive Rückkopplungen) oder Zerfallsprozesse (negative Rückkopplungen) (vgl. Bossel, 1994). Reale Problemsituationen weisen in der Regel eine Vielzahl solcher Rückkopplungsschleifen auf, die miteinander verbunden sind und die in ihrem Zusammenwirken ein bestimmtes Systemverhalten hervorbringen.

In der Abbildung 2 ist die Grobstruktur des WORLD3 Modells aus dem Jahre 1972 wiedergeben, die zeigen soll, dass auch sehr viel weitreichendere Zusammenhänge als Betriebsabläufe in Unternehmen dargestellt werden können. Ohne dass man sehr in die Details gehen muss, sieht man die Häufung von Verknüpfungen an einigen Stellen im Modell, z.B. bei der Industrieproduktion oder der Bevölkerung. Wichtig ist die Vielzahl an Rückkopplungsschleifen, die das Modell bereits auf dieser Abstraktionsstufe aufweist (die detailliertere Version enthält ungefähr das 5-fache an Modellgrößen und Verknüpfungen). Neben mehr oder weniger direkten Verkopplungen (z.B. der zwischen Geburten und Bevölkerungszahl) sind eine Reihe von Rückkopplungen ausgebildet, die mehrere Stationen verknüpfen; gerade diese bringen ein Systemverhalten hervor, das nicht mehr so ohne weiteres vorhersehbar ist, selbst wenn die Struktur offenliegt. In solchen Situationen müssen Konsequenzen mit Computersimulationen berechnet werden. Außerdem sind an etlichen Stellen im Modell gegenläufige Tendenzen zu sehen, wo ebenfalls erst die Berechnung mit konkreten Parametern die Systemanalytiker in die Lage versetzt, Konsequenzen halbwegs sicher einschätzen zu können. Ein Beispiel ist im Modell die Größe "Mortalität", die aus dem Zusammenwirken verschiedener Faktoren berechnet wird. Eine Zunahme der Investitionen in Gesundheitsdienste wirkt sich z.B. gegenläufig (die Mortalität verringernd) aus. Zu einer Zunahme führt eine höhere Luftverschmutzung, deren Größenordnung wiederum von der Gesamtzahl der Bevölkerung abhängt, die ihrerseits aber von der Mortalität beeinflusst wird ...

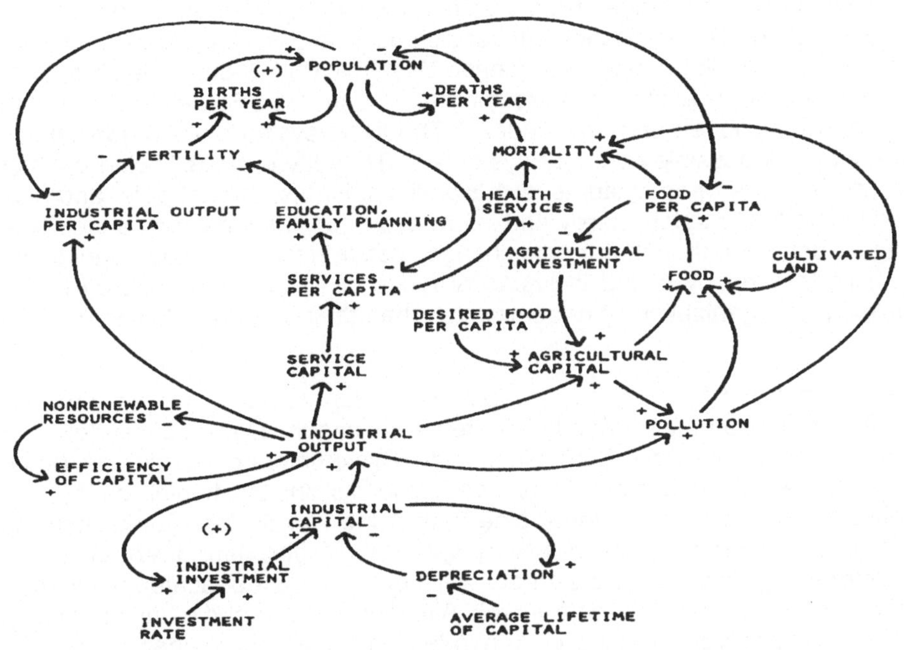

Abb. 2: Die wichtigsten Strukturelemente des WORLD 3 Modells
(Meadows u.a., 1974)

Die *System Dynamics* Methode war von erheblicher praktischer Relevanz sowohl im *Operations Research* als auch in einer Vielzahl weiterer Gebiete, wie eben den Nachhaltigkeitsanalysen der Meadows. Es steht außer Frage, dass die Methode für der Bearbeitung einer bestimmten Problemklasse, Probleme bei denen dynamische Vorgänge eine wesentliche Rolle spielen und die dabei eine gewisse Komplexität aufweisen, ein leistungsfähiges Werkzeug bereitstellt. Unter dem Gesichtspunkt Systemmethode gab es jedoch auch erhebliche Kritik an dem Ansatz. Insbesondere waren die fehlende Strukturierungsmöglichkeiten (z.B. einer Ebenenbildung) und die Willkürlichkeit bei der Festlegung funktionaler Zusammenhänge (in sog. Tabellenfunktionen) kritisiert worden. Im Sinne einer Methoden-vielfalt (siehe CST) wird einem mit SD aber ein leistungsfähiges Werkzeug für die Analyse dynamischer Vorgänge an die Hand gegeben, das zudem den Vorteil hat, dass es eine weite Verbreitung in Wissenschaft und Praxis gefunden hat.

Millers *Living Systems Theory (LST)*

James G. Millers` *Living Systems Theory* ist immer noch der am detailliertesten ausgearbeitete Beitrag zu einer Systemtheorie, der die in der Allgemeinen Sys-temlehre von Bertalanffy formulierten Ansprüche einzuholen versucht. Sein Hauptwerk, ein bereits 1978 erschienener, 900 engbedruckte Seiten umfassender Gesamtüberblick über einen besonderen Systemtypus, dem der "lebenden Sys-teme", wurde in den Folgejahren durch Einzelbeiträge ergänzt und in einigen Punkten auch modifiziert; insgesamt hat sich aber an den Hauptaussagen seitdem nichts Grundlegendes geändert. Lebende Systeme sind dadurch gekennzeichnet, dass sie bestimmte Zustände aufrechterhalten und dazu Stoffe und Energie aus ihrer Umwelt beziehen und umwandeln. "The living systems are a special subset of the set of all possible concrete systems ... They have the following characteri-stics: (a) They are open systems, with significant inputs, throughputs, and outputs of various sorts of matter-energy and information. (b) They maintain a steady state of negentropy even though entropic changes occur in them as they do everywhere else. This they do by taking in inputs of foods or fuels, matter-energy higher in complexity or organization or negentropy ... than their outputs." (Miller,1978, Seite 18).

Im Mittelpunkt des Millerschen Ansatzes steht der Versuch, gemeinsame Merk-male für die Gesamtheit lebender Systeme zu finden. Dazu verwendet er zwei Strukturierungsvorschläge: Zum einen eine Systemhierarchie, die die gesamte Bandbreite "lebender Systeme" (von der Zelle bis zur Weltgesellschaft) in eine Ordnung bringt; und zum anderen eine Sammlung von System-Funktionen (Miller nennt sie *critical subsystems of a living system*), die gleichermaßen für jedes der betrachteten Systeme, ganz gleich auf welcher Ebene, zu beachten ist, wenn das System am Leben gehalten werden soll. Allerdings bedeutet dies nicht, dass nicht die eine oder andere Kategorie im konkreten Fall auch leer bleiben kann. Lücken bleiben allerdings meist aufgrund von fehlendem Wissen über das konkrete Objekt und weniger weil die betreffende Funktion unwichtig für das System ist.

Die Systemhierarchie umfasst in der aktuellen Version 8 Ebenen: (1) Zellen, (2) Organe, (3) Organismen, (4) Gruppen, (5) Organisationen, (6) Gemeinschaften (community), (7) Gesellschaften und (8) das supra-nationale System.

In Tabelle 1 sind die 20 wesentlichen Subsysteme zusammengestellt, unter-schieden nach Bezug zu materiell-energetischen auf der einen und informationel-len Funktionen auf der anderen Seite.

Subsysteme, die sowohl Materie-Energie als auch Informationen verarbeiten	
Reproducer Boundary	
Subsysteme, die Materie-Energie verarbeiten	**Subsysteme, die Informationen verarbeiten**
Ingestor Distributor Converter Producer Matter-energy-storage Extruder Motor Supporter	Timer Input transducer Internal transducer Channel and net Decoder Associator Memory Decider Encode Output transducer

Tab. 1: Die 20 "Critical Subsystems of a Living System". Die Originalbegriffe wurden beibehalten. Erläuterungen stehen im Text. (Quelle: Miller, 1978; Bailey, 1994)

Die einzelnen Subsysteme werden im folgenden kurz aufgelistet (wobei auf die Darstellung von Bailey 1994 bzw. Miller und Miller 1992 Bezug genommen wird). Übergreifende, sowohl Materie/Energie als auch Information verarbeitende Teilsysteme sind die für die Reproduktion und Abgrenzung (*boundary*) zuständigen. Darüber hinaus gibt es zwei Gruppen, die z.T. korrespondierende Teilsysteme enthalten, nämlich diejenigen Teilsysteme, die nur auf der stofflichen-energetischen Ebene aktiv sind, und andere, die nur mit Informationen zu tun haben. Auf der stofflichen-energetischen Seite sind dies Teilsysteme für die Stoff- und Energieaufnahme (*ingestor*), für die interne Verteilung (*distributor*), für die Umwandlung (*converter*) und für die Herstellung von Produkten des Systems (*producer*). Dazu gibt es Subsysteme für die Speicherung, die Abgabe von Stoffen (*extruder*) sowie für die Realisierung von Mobilitätsbedürfnissen (*motor*). Ergänzt wird das ganze durch eine Wartungseinheit (*supporter*). Auf der Seite der informationsverarbeitenden Teilsysteme gibt es, korrespondierend zur ersten Gruppe, ebenfalls Informationseingabe und -ausgabe, ein Kommunikationsnetz (*channel and net*), einen Dekodierer für die eintreffenden und einen Kodierer für ausgesendete Informationen (*decoder, encoder*), ein Teilsysteme für die Informationsvermittlung (*associator*) und für die Informationsspeicherung (*memory*). Hinzu kommen ein Teilsystem für die zeitliche Synchronisation der Abläufe (*timer*) und eines für die Durchführung von Entscheidungsprozessen (*decider*).

Ein Beispiel für eine konkrete Ausgestaltung der einzelnen Teilsystemtypen ist in Tabelle 2 zu finden. Das Beispiel bewegt sich auf der 5. Systemebene, derjenigen der Organisation.

Organisation				
Reproducer	**Boundary**	**Ingestor**	**Distributor**	**Converter**
Gründungs-gruppe	Werkschutz; Bibiothekare (für Informa-tionsaspekte)	Warenan-nahme	Fließband	Bedienpersonal einer Ölraffine-rie
Producer	**Storage**	**Extruder**	**Motor**	**Supporter**
Betriebliche Produktions-einheiten	Lagerperso-nal	Pförtner	Flugpersonal des firmen-eigenen Jets	Reparatur und Bauabteilung
Input Transducer	**Internal Transducer**	**Channel and Net**	**Timer**	**Decoder**
Diejenigen, die die ein-gehenden Gespräche annehmen	Werkseigene Qualitäts-kontrolle	Alle Nutzer der Telefon-anlage	Bediener der Werkssirene	Übersetzungs-abteilung
Associator	**Memory**	**Decider**	**Encoder**	**Output Transducer**
Trainings-abteilung	Archiv-abteilung	Topmanager Abteilungs-leiter	Berichte-schreiber	Werbe-abteilung

Tab. 2: Beispiele für Komponenten auf der Ebene von Organisationen oder Be-trieben (Quelle: Bailey 1994 - eigene Übersetzung)

Die Tabelle sollte als das genommen werden, was sie ist, also lediglich ein Bei-spiel für die Ausgestaltung der Systeme im Rahmen der LST: Es sollten damit die einzelnen Einträge nicht überbewertet werden. Trotzdem fällt auf, dass die Zu-sammenstellung ein wenig zufällig ausfällt und doch sehr heterogene Komponen-ten dort zusammengetragen sind. Das ist symptomatisch für den Ansatz, den Bailey "positive positivism" (Bailey, 1994) nennt. Miller hält sich zugute, dass er konkrete Systeme (*concrete objects*) untersucht und nach den vorgegebenen funktionalen Gesichtspunkten analysiert. Er braucht dazu vermeintlich keine Theorie vom Untersuchungsgegenstand; die Aspekte, die wichtig sind, liegen für ihn mehr oder weniger "auf der Hand". Das mag auch für viele Problembereiche so funktionieren; defizitär ist dieses Verfahren allerdings dort, wo er z.B. über Gesellschaft(en) (dem 7. Systemlevel) arbeitet. Möglicherweise besteht eine wesentliche Schwierigkeit darin, dass der Ansatz seine Wurzel in der Biologie nicht verleugnen kann (Boulding 1980). Und auch dem sozialen System Organisation ließen sich noch andere Gesichtspunkte abgewinnen (vgl. etwa Luhmann, 1991), als dies eine Sichtweise ermöglicht, die Organisationen quasi als Naturgegenstand begreift.

Trotz dieser Defizite (weitere hat Bailey 1994 zusammengetragen) stellt der Ansatz einen wichtigen Meilenstein in der Entwicklung der Systemtheorie dar und hat seine Anwendbarkeit unter Beweis gestellt (z.B. Miller, 1985). Insbesondere seine Ausarbeitung von "*cross-level hypotheses*", d.s. Aussagen über Verknüpfungen zwischen verschiedenen Ebenen seiner Systemhierarchie, ist bisher einzigartig, wie überhaupt die folgende Aussage von Bailey zutrifft: "Living systems theory is unquestionable the 'most integrative' social systems theory to date" (Bailey, 1994, Seite 209). Es dürfte sich deshalb auf jeden Fall lohnen, bei der Planung einer Systemstudie auch die Strukturierungs- Integrierungsvorschläge von Miller einzubeziehen.

Beers *Viable Systems Diagnosis* (VSD)

Der Ansatz von Beer baut auf langen Erfahrungen mit der Anwendung kybernetischer Verfahren auf Probleme der Gestaltung von Systemen auf. Mit der VSD hat er einen Ansatz vorgelegt, der weniger Strukturaspekte in den Mittelpunkt stellt wie etwa *System Dynamics*, sondern Organisationsprinzipien. Sein Systemmodell besteht aus fünf Strukturelementen oder Subsystemen, die er System 1 bis System 5 nennt. Als zweite Organisationskomponente kommen vier "operative Aktivitäten" hinzu, die in den Skizzen von Beer A bis D bezeichnet werden (vgl. Abbildung 3). Die zentrale Idee bei Beer sagt aus, dass es darauf ankommt, ein System so zu gestalten, dass "es sich zu einem sehr großen Teil selbst regelt und selbst organisiert, d.h. also intrinsisch gelenkt ist." (Malik, 1992, Seite 82). Bei den Vorschlägen von Beer ist eine Organismus-Analogie nicht zu übersehen; die Gesamtstruktur eines solchen Systems ist eng an das menschliche Zentralnervensystem angelehnt.

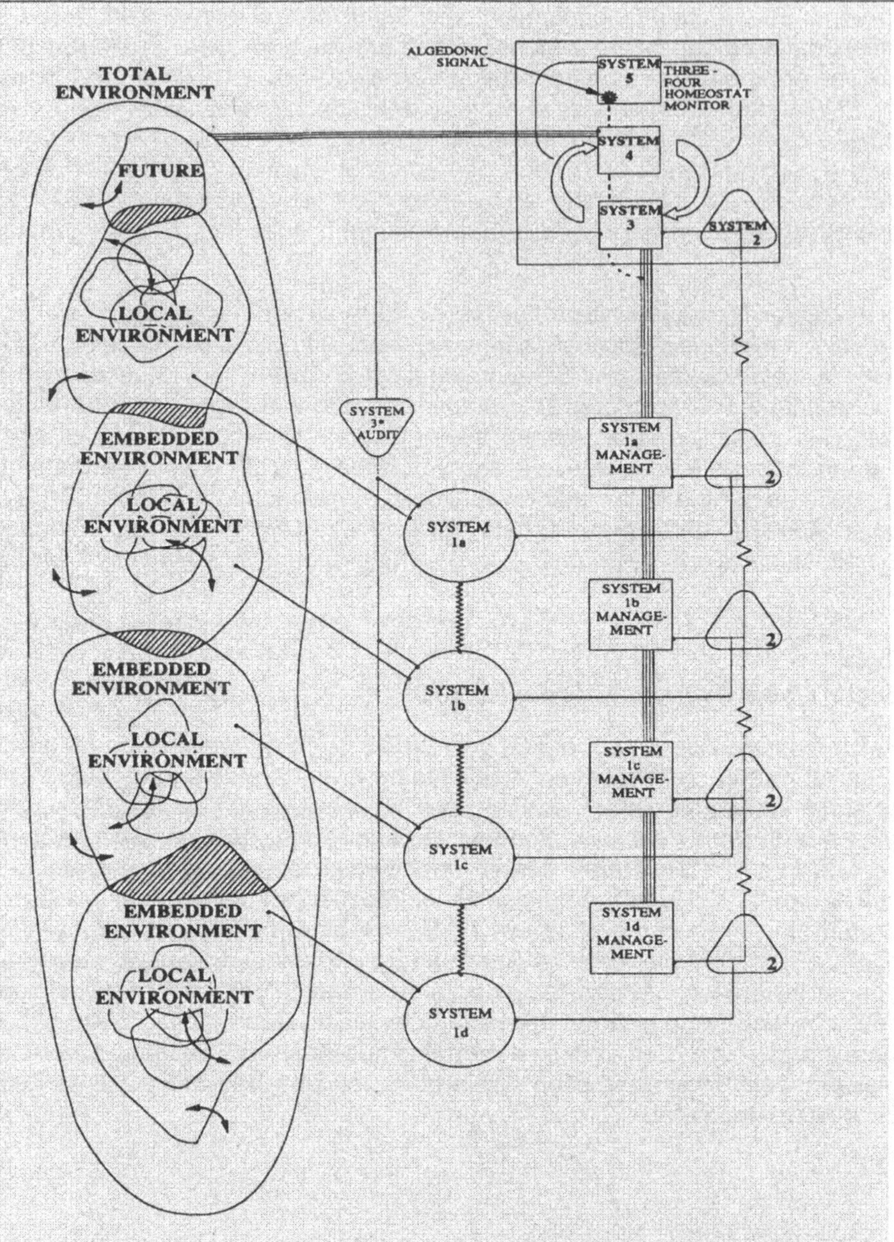

Abb. 3: Das Grundschema von Stafford Beer. Systeminterne Differenzierungen (analog zum menschlichen Nervensystem) befähigen zu Entscheidungen in komplexen und unsicheren Umwelten. Über ein Teilsystem 4 wird im wesentlichen der Umweltkontakt unterhalten. (Quelle: Beer, 1985)

In der folgenden Zusammenstellung sind die wichtigsten Eigenschaften der Teilsysteme zusammengestellt (der Text lehnt sich eng an die Darstellung bei Malik, 1992 an).

System 1	Die Systeme 1 repräsentieren die Lenkungsinstanzen für die Hauptaktivitäten des Gesamtsystems. In einem Unternehmen sind diese Hauptaktivitäten auf der Ebene von quasiautonomen Abteilungen oder Divisionen angesiedelt und die Systeme 1 stellen dann die Divisionsführung dar. Auf dieser Ebene führt Beer zwei Grundprinzipien ein: Das Prinzip der Lebensfähigkeit (Vitalitätsprinzip: Das System muss in solche Bereiche gegliedert sein, die selbst wiederum lebensfähig sind, d.h. die im Prinzip selbstständig sind und auch selbständig in ihrer Umwelt existieren können. Konsequenz daraus ist, dass das Gesamtsystem nicht aus beliebigen Unterteilungen zusammengesetzt sein darf, sondern nur solchen, die dem Prinzip genügen. Das Prinzip der Rekursion: Damit wird ausgedrückt, dass jedes der beteiligten Subsysteme wiederum die gleiche Organisation aufweisen muss, wie das übergeordnete System. "Jedes lebensfähige Subsystem ist eine strukturelle Kopie jenes lebensfähigen Systems dessen Teil es ist." (Malik, 1992, Seite 87)
System 2	Von diesem Teilsystem wird die Abstimmung und Harmonisierung der Verhaltensweisen aller Systeme 1 (die ja immer zu mehreren Auftreten und im Prinzip völlige Handlungsfreiheit besitzen) geleistet. Insbesondere sollen "Dysfunktionalitäten und Oszillationen" zwischen den Systemen 1 ausgeglichen werden. In der Regel wird es auf dieser Ebene zu Koordinationsproblemen kommen, u.a. deshalb, weil es zu unvorhersehbaren Entwicklungen in der für die Division relevanten Umwelt kommen kann; weil mehr oder weniger starke Kopplungen zwischen den Divisionen existieren, so dass sich Probleme in der einen in anderen fortsetzen können; und schließlich, weil die jeweiligen Lenkungsmechanismen unterschiedlich gut sein können.
System 3	In diesem System laufen die Informationen aus 1 und 2 zusammen und werden mit Vorgaben für das Gesamtsystem (s. 4 und 5) verknüpft. Dieses System ist für die "Allokationsoptimierung" oder für einen "operativen Gesamtplan" zuständig. Ressourcen werden den Divisionen zugeteilt und die planmäßige Verwendung wird überwacht. Die Erfüllung dieser Aufgaben ist auf effiziente Kommunikationsmittel angewiesen. Beer unterscheidet dabei eine vertikale Befehlsachse die zu jedem System 1 läuft, einen Kanal der 3 mit 2 verbindet, und einen Kanal, der direkt mit den Divisionen selbst verbindet.

Die Systeme 1 bis 3 sind im wesentlichen auf die "interne Stabilität" des Unternehmens ausgerichtet und verarbeiten nur in sehr eingeschränktem Sinne Umweltinformationen (auch wenn dies z.B. auf der Ebene der operativen Einheiten natürlich der Fall sein muss). Für die Umweltkontakte sind - im Schema von Beer - zwei weitere Systeme, die Systeme 4 und 5, zuständig.

System 4	Aufgabe von System 4 ist die "Aufnahme, Verarbeitung und Weiterleitung von Umweltinformationen", jedenfalls derjenigen, die für das Gesamtsystem wichtig sind und über die Umweltbeziehungen der einzelnen Divisionen hinausgehen. Da es auf dieser Ebene vor allem um die "Ausbalancierung von internem und externem Gleichgewicht" geht, in Zusammenarbeit von System 4 mit System 3 und 5, können hier Merkmale der "klassischen Stabsfunktion" verortet werden.
System 5	Im System 5 schließlich ist die "oberste Entscheidungsinstanz des Gesamtsystems im Hinblick auf die grundlegenden Normen und Regeln zu finden. Hier vor allem muss auch die "aktive Gestaltung der Zukunft des Gesamtsystems" konzipiert werden, wobei betont wird, dass es sich hier nicht um ein Modell eines "autoritären Topmanagements" handelt, sondern gerade das Zusammenspiel ("engste Interaktion") zwischen verschiedenen Systemen gefordert wird.

Es ist klar, dass die obige Zusammenstellung nur einige sehr allgemeine Grundsätze und Eigenschaften aufgegriffen hat. Erst durch die Betrachtung der konkreten Details einer Firma oder einer Organisation kann das Modell praktische Relevanz gewinnen. "(S)elbstverständlich kann ein tieferes Verständnis für das Modell, seine praktische Verwendung und für das tatsächliche Funktionieren des Gesamtsystems erst durch Betrachtung der Details erworben werden" (Malik, 1992, Seite 91f).

Hinsichtlich des Vorwurfs an die Systemtheorie, dass der Systembegriff zu allgemein und inhaltsleer sei, kann für die VSD gesagt werden, dass die Struktur des lebensfähigen Systems im Gegenteil sehr spezifisch ist. "(J)ede Analyse von realen Systemen wird, wenn sie mit entsprechendem Sachverstand und der nötigen Sorgfalt gemacht wird, sehr schnell aufdecken, ob das System genau diese Struktur aufweist, welche Komponenten ganz oder teilweise fehlen, welche Kanäle nicht genügend ausgebildet sind usw. Auch die Gestaltung eines lebensfähigen Systems ist entsprechend dem Modell keineswegs eine Angelegenheit beliebiger oder willkürlicher Relationen zwischen den Elementen, sondern bedarf sehr genauer Überlegungen bezüglich der konkreten Art und Weise der Realisierung der durch das Modell vorgeschriebenen Struktur" (Malik, 1992, Seite 92).

In diesem Beitrag kann auch dieser Ansatz nicht weiter beschrieben werden. Es gibt eine Vielzahl von konkreten Anwendungen; ausführlichere Darstellungen mit Beispielen sind bei Malik (1992) und Flood/Jackson (1991) zu finden sowie natürlich in den verschiedenen Veröffentlichungen von Beer selbst (z.B. in Beer, 1985)[*].

---

[*] In diesem Zusammenhang vgl. man auch die in jeder Hinsicht außergewöhnliche Zusammenstellung von Beiträgen in Beer, 1975

Nur noch so viel: Von den Autoren, die sich mit dem Ansatz befassen, wird betont, dass es sich nicht um einen normativen Ansatz in dem Sinne handelt, dass alle lebensfähigen Systeme nach dem Modell strukturiert sein sollten - sie seien einfach so strukturiert.

Wenn dieses Modell zugrunde gelegt wird, dann zeigen sich mitunter sehr schnell Defizite bei konkreten Organisationen. Denn selbst wenn in der Regel die erwarteten Strukturen wiedergefunden werden, kann dies z.B. "in einer sehr rudimentären, verkümmerten oder embryonalen Form" der Fall sein. Daraus ließen sich dann Hinweise für eine Umgestaltung des Systems und eine Weiterentwicklung ableiten. "Die Aufdeckung von Systemstrukturen, die innerhalb des Bezugsrahmens der durch das Modell des lebensfähigen Systems gebildet wird, pathologischen Charakter haben, lässt selbstverständlich unmittelbare Rückschlüsse auf das mögliche Verhalten des Systems und vor allem wieder auf pathologische Verhaltensweisen des betreffenden Gesamtsystems zu. So ist beispielsweise von einer Unternehmung, deren System 4 verkümmert ist, kaum eine schnelle, antizipative und sinnvolle Anpassung an Umweltveränderungen zu erwarten. ... In einer Unternehmung mit mangelhaft entwickelten System 2 ist zu erwarten, dass alle Arten von Fluktuationen auftreten, wie etwa starke Schwankungen der Lagerbestände, der Kapazitätsauslastung, der Lieferzeiten usw." (Malik, 1992, Seite 93)

Damit bietet VSD ein leistungsfähiges Instrumentarium, um Organisationen, Betriebe und Versorgungssysteme zu gestalten und um bei der Strukturierung von Problemanalysen zu helfen.

Checklands Soft Systems Approach (SSA)

Checkland entwickelt seinen Ansatz ausdrücklich für die Bearbeitung von "soft, 'ill-structured' problems", wie sie insbesondere im Zusammenhang mit den Problemen "der realen Welt" auftreten, im Unterschied zur Situation im Labor oder nach "Zurechtstutzen" von Problemen, so dass standardisierte Verfahren (z.B. der Optimierungsrechnung) dazu passen. Im Glossar seines Buches sind die folgenden knappen Definitionen zu finden:

Problem, Real-world = A problem which arises in the everyday world of events and ideas, and may be perceived differently by different people. Such problems are not constructed by the investigator as are laboratory experiments.

Problem, Soft = A problem, usually a real-world problem, which cannot be formulated as a search for an efficient means of achieving a defined end; a problem in which ends, goals, purposes are themselves problematic.

Im Vordergrund steht also die Bearbeitung von Problemen, bei denen nicht von einem bereits bestehenden Konsens ausgegangen werden kann, weder bei der Problemdefinition, noch bei den Zielen, die es zu erreichen gilt.

In der Abbildung 4 ist das Vorgehen des SSA skizziert, wobei Checkland darauf hinweist, dass er nicht eine geschlossene Methode im Auge hat, sondern vielmehr einen Satz von *principles of method*", also Leitprinzipien, die in konkreten Situationen dazu dienen, einen adäquaten methodischen Zugang zu den Problemen zu gewährleisten. Im Ablauf sind zwei Typen von Aktionen zu unterscheiden: Solche, in denen Akteure der realen Problemsituation einbezogen sind, und solche, die von den Systemforschern selbst durchgeführt werden. Zum ersten Typus gehören die Aktionen 1, 2, 5, 6 und 7; zum zweiten 3, 4, 4a und 4b (Checkland, 1981, Seite 161f).

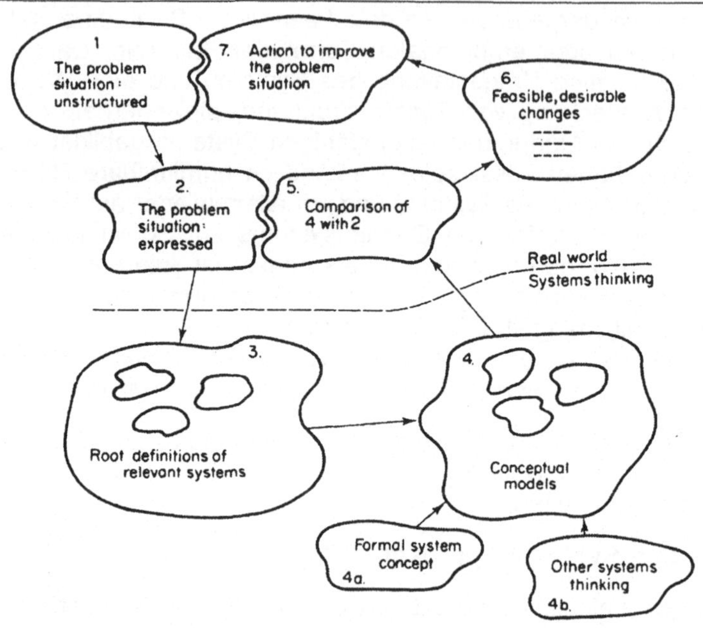

Abb. 4:   Strukturskizze der Vorgehensweise des *Soft Systems Approach* (Checkland, 1981, Seite 163)

Der Ablauf kann im folgenden nicht im Detail dargestellt werden. Es soll aber anhand einiger Erläuterungen versucht werden, einen ersten Eindruck von den einzelnen Schritten zu vermitteln (Checkland, 1981, Seite 162ff; Flood/Jackson, 1991, Seite 172ff). In Stufe 1 und 2 wird versucht, ein möglichst umfassendes Bild der Problemsituation zu erhalten ("to build up the richest possible picture, not of 'the problem' but of the situation in which there is perceived to be a problem"). Zur Skizzierung des "rich picture" sollte - nach Checkland - auf die Unterscheidung zwischen Strukturaspekten (sich nur langsam verändernde Elemente) und Prozessaspekten (kontinuierlich sich verändernde Aspekte) geachtet werden und ansonsten auf alle möglichen Informationsquellen (teilnehmende Beobachtung, Auswertung von Protokollen, Interviews) zurückgegriffen werden. Auf diesen Stufen sind auch andere Analysemöglichkeiten gegeben, z.B. über den Blick auf Einflussmöglichkeiten oder Machtverteilungen; Resultat wird jedenfalls eine Zusammenstellung derjenigen (Teil-) Systeme sein, die für das Problem relevant zu sein scheinen ("a set of relevant viewpoints, or relevant systems").

Stufe 3 ist mit "root definitions of relevant systems" überschrieben. Es geht dabei um die Ausarbeitung einer kurzen und prägnanten verbalen Beschreibung der als relevant erachteten Teilsysteme, die aber ansonsten als veränderlich angesehen werden, d.h. spätere Analyseschritte können eine Revision nahelegen. Nach Flood/Jackson handelt es sich um ein idealisiertes Bild "of what a relevant system should be. The aim is to draw out the essence of what is to be done, why it is to be done, who is to do it, who is to benefit or suffer from it and what environmental constraints limit the actions and activities" (1991, Seite 175). Dabei ist es sinnvoll, die Ausformulierung um die Elemente Kunden (diejenigen die Gewinner/Verlierer der zielgerichteten Aktvitäten sind), Akteure (diejenigen, die die Aktivitäten ausführen), Transformationsprozesse (mit den Inputs in Outputs umgesetzt werden), Weltanschauung (der erkenntnistheoretische Rahmen, innerhalb dessen die Definitionen Sinn machen), Eigentümer (diejenigen, die Aktivitäten stoppen können) und Umweltzwänge oder -einschränkungen (die für das System als gegeben akzeptiert werden müssen) herum aufzubauen. Als mnemotechnische Abkürzung kann hierfür CATWOE gewählt werden[*].

Auf Stufe 4 werden testbare Modelle aufgebaut und analysiert. Da Handlungssysteme im Vordergrund stehen, ist ein hilfreiches Modell das des Input-Output-Systems, das Eingaben aufnimmt und in bestimmte Ausgaben umsetzt oder Inputs in Outputs transformiert. Jede "root definition" kann als Beschreibung eines Transformationsprozesses als Satz von zielgerichteten menschlichen Handlungen angesehen werden, so dass auf dieser Stufe ein Modell formuliert wird, das diese Transformationen repräsentiert. "We now build the model which will accomplish what is defined in the root definition. The definition is an account of what the system *is*; the conceptual model is an account of what the activities are which the system must *do* in order to *be* the system named in the definition." (Checkland, 1981, Seite 169)

Die letzten drei Stufen in dem Ablaufschema von Checkland betreffen (i) den Vergleich des erarbeiteten Modells mit der "Realität", wie sie in Stufe 2 beschrieben wurde, (ii) der Erarbeitung von Änderungsvorschlägen und (iii) deren Implementation. Auch diese Stufen können hier nur angedeutet werden; ein ausformuliertes Beispiel für die Vorgehensweise ist bei Checkland (1981, Seite183ff) zu finden.

Mit Checkland werden also nicht mehr einzelne Modellelemente oder Modellvorstellungen in den Mittelpunkt gestellt, sondern es wird ein Verfahren beschrieben, das bei der Problembearbeitung zu durchlaufen ist. Die einzelnen Verfahrensschritte können dann auf diverse Systemmethoden und Modellvorstellungen zurückgreifen,

---

[*] C = Customer, A = Actor, T = Transformation, W = Weltanschauung, O = Owner, E = Environment

Die *Critical Systems Theory* von Flood, Jackson u.a. (CST)

Der nunmehr vorgestellte Ansatz ist nicht in dem Maße wie die bisher genannten im wesentlichen mit einer Person verknüpft, sondern wurde von einer ganzen Reihe von Autoren und Autorinnen entwickelt und anhand von Praxiserfahrungen überprüft. Allerdings sind die beiden in der Überschrift genannten Personen sicherlich diejenigen, die entscheidende Impulse gegeben haben und noch geben. CST versteht sich als Weiterentwicklung von Ideen wie sie in den *Soft Systems Approach* eingeflossen sind und nehmen dabei für sich in Anspruch, eine konsequente Weiterentwicklung vorgenommen zu haben. Während die Distanz zu den sogenannten "*hard systems approches*", insbesondere in ihrer Anwendung in den *Management Sciences* geteilt wird, und gleichsam attestiert wird, dass der eigene Ansatz auf wesentliche Elemente des SSA fußt, wird dennoch einerseits eine Rückbeziehung auf frühere Ansätze vorgenommen und gleichzeitig eine Radikalisierung in Richtung einer Öffnung zu außerwissenschaftlichen Elementen vorgenommen.

Die Rückbeziehung auf frühere Ansätze ist vor allem in der Idee des "*system of systems methodologies*" (Jackson u. Keys, 1984; Oliga, 1988) oder der einer Multimethodologie zu finden (Mingers u. Gill, 1997). Die Radikalisierung gegenüber den früheren Ansätzen betrifft Vorkehrungen, wie Betroffene und (gesellschaftliche) Akteure auf den verschiedenen Stufen des Prozesses der Systemanalyse und Lösungsgenerierung einbezogen werden können oder wie ihnen sonst Gehör verschafft werden kann. Damit sind die folgenden Punkte angesprochen:

1. *Komplementarismus (Complementarism)* - das Aufdecken und die Kritik der Theorie- und der Methodengrundlagen der Systemansätze, und das kritische Hinterfragen der Problemsituationen bzgl. der Anwendbarkeit der Ansätze und die Kritik ihrer aktueller Verwendung.

2. *Emanzipation (Emancipation)* - die Entwicklung von Systemdenken und Systempraxis, die über bestehende (konservative) Beschränkungen hinausgehen sowie die Erarbeitung von Vorschlägen für neue Methoden, die für Problemsituationen tauglich sind, in denen bestehende Machtverhältnisse den Einsatz von neueren Systemansätzen (aus des Ecke der *Soft Systems Approach*) unmöglich machen.

3. *Kritische Reflektion (Critical reflection)* - die Beachtung der Beziehungen zwischen den unterschiedlichen organisatorischen und gesellschaftlichen Interessen und der Dominanz der unterschiedlichen Systemtheorien und Methodenbündel. (Flood u. Jackson Hrsg. 1991 - eigene freie Übersetzung)

Im Mittelpunkt standen am Anfang der Entwicklung des Ansatzes die fünf "commitments"; in der Folgezeit wurden andere Prioritäten gesetzt (Jackson, 1999). Wir nehmen trotzdem die "commitments":

♦   kritisches Bewusstsein;

♦   soziales Bewusstsein;

◆ der Emanzipation des Menschen verpflichtet;

◆ der sich gegenseitig ergänzenden und sachkundigen Entwicklung der unterschiedlichen Stränge des Systemdenkens verpflichtet;

◆ der sich gegenseitig ergänzenden und sachkundigen Entwicklung der unterschiedlichen Nutzungen der Systemmethoden verpflichtet

zum Ausgangspunkt für eine kurze Charakterisierung des Ansatzes.

Systemansatz Eigenschaften	Critical	Soft	Hard
Denkweise	Generell auf Emanzipation ausgerichtet	Bestandserhaltend (*conservative*) hinsichtlich Machtunterschieden	Generell bestandserhaltend
Komplementarität	Übernimmt Komplementarismus in einer offenen und verbindlichen Weise	Oberflächliches Verständnis von Komplementarismus	Verwirft die Idee eines Komplementarismus und setzt auf "korrekte" Optimierungsverfahren
Kritik	Hat eine kritisch-reflexive Einstellung, die sowohl auf Emanzipation als auch auf Komplementarismus setzt	Kritische Einstellung nur in Bezug auf Darstellung von Ideen	Kritikpotenzial besteht nur in Hinblick auf Falsifikation

Tab. 3: Gegenüberstellung der drei Systemansätze "Hard Systems Approach", "Soft Systems Approach" und "Critical Systems Approach" (nach Jackson - eigene freie Übersetzung)

Dazu einige Erläuterungen, die auch die Zusammenstellung in Tabelle 3 ein Stück weit ergänzt (orientiert an Jackson, 1991 - eigene Übersetzung).

A)   Kritisches Bewusstsein

"It seeks to demonstrate <u>critical awareness</u>" - Hierbei geht es um die kritische Durchsicht der Annahmen und Werthaltungen, die in aktuell vorhandene System-

designs eingeflossen sind oder die in zukünftige Gestaltungsvorschläge einfließen, sowie um den Versuch, die Stärken und Schwächen und die theoretische
Unterfütterung der verfügbaren Systemmethoden und -techniken zu verstehen.

B)   Soziales Bewusstsein

"It shows <u>social awareness</u>" - Hierbei ist es erforderlich, die organisatorischen und
sozialen Zwänge zu erkennen, die zu bestimmten Systemansätzen und Interven-
tionsvorschlägen zu bestimmten Zeiten führen. So kann z.B. der *Soft Systems
Approach* nur schwerlich unter Bedingungen planwirtschaftlich organisierter Wirt-
schaftssysteme eingesetzt werden

C)   Emanzipation

"It is dedicated to <u>human emancipation</u>" - Dieses Postulat verlangt die Orientierung an einer maximalen Entfaltung der Potenziale aller beteiligten Individuen.
Hierzu gehören z.B. auch (i) die Verbesserung der Qualität der Arbeitsbedingun-
gen in Organisationen und der Gesellschaft, in die sie eingebettet sind; (ii) der
Schutz vor einer Dominanz instrumenteller (technischer) Vernunft; und (iii) Sicherung der Möglichkeit, praktische Interessen (im Sinne einer Verständigung über
Ziele gemeinschaftlichen Handelns) zu artikulieren und wirksam zu machen, indem Situationen, wo Machtausübung eine offene und freie Diskussion verhindert,
kritisiert werden.

In der Tradition kritischer Gesellschaftswissenschaft kann hier von einer gleichbe-
rechtigten Behandlung technischer, praktischer und emanzipatorischer Interessen
gesprochen werden. Das folgende Zitat fasst diesen Aspekte der CST noch einmal zusammen: "So, a systems perspective that can support all these various inte-
rests has an important role to play in human well-being and emancipation; and this
is exactly what critical systems thinking wants to achieve. It wants to put hard,
organizations-as-systems, and cybernetic methodologies to work to support the
technical interest, soft methodologies to work to assist the practical interest, and
emancipatory methodologies to work to aid the emancipatory interest." (Jackson,
1991, Seite 186)

D)   Vielfalt an Denkansätzen

"It is committed to the complementary and informed <u>development of all the different strands of systems thinking</u>": Mit diesem Postulat wird eine Pluralität von
methodischen Zugängen zu Problemen in den Mittelpunkt gerückt, mit der Begründung, dass über diese unterschiedlichen Zugänge unterschiedliche Rationali-
täten aus unterschiedlichen theoretischen Ausgangspositionen zusammengebracht werden können, mit dem Vorteil, dass Denkblockaden aufgelöst und facet-
tenreichere Problembeschreibungen und -lösungen möglich werden.

E)   Vielfalt an Methoden

"It is committed to the complementary and informed <u>use of systems methodolo-
gies</u>": Ein Stück weit werden mit dieser Maxime für die konkrete Arbeit die ande-

ren vier Maximen oder Postulate zusammengefasst. Es wird auf das Verständnis der unterschiedlichen Methodenangebote - von *System Dynamics* bis Systemdesignmethoden und *Soft Systems Theory* aufgebaut und die Verfahrensvorschläge werden in eine Form gebracht, dass sie von Handelnden in der jeweiligen konkreten Praxis verwendet werden können[*].

Ohne dass diese hier ausführlich vorgestellt werden können, sei noch darauf hingewiesen, dass weitere Ansätze enge methodische Bezüge zur CST aufweisen, z.B. die *Critical Systems Heuristics* von W. Ulrich (Ulrich, 1983) und die *Interpretive Systemology* von R. Fuenmayor (Fuenmayor, 1991).

Auch dieser Ansatz ist zutiefst in der Praxis der Unternehmensberatung und *Management Science* verwurzelt, d.h. die Anwendungsrelevanz des Ansatzes wurde in vielen Fallstudien belegt (vgl. dazu z.B. Flood u. Romm 1996). Die dort beschriebenen Anwendungen betreffen die Organisation des Polizeiwesens in einem Regierungsbezirk, Reorganisation einer Hilfsorganisation, frauenrechtliche Fragen in Südafrika sowie Analysen makroökonomischer Prozesse (mit *business cycles* als Ausgangspunkt). In den einschlägigen Publikationen sind eine Vielzahl weiterer Projekte dokumentiert.

2.4 Ausblick

In dem Beitrag werden einige Ansätze beschrieben, die als Teil eines umfassenderen *Systems Approach* angesehen werden können. Die Zusammenstellung erscheint deshalb sinnvoll, weil bisher im deutschsprachigen Raum wenig Anstrengungen unternommen wurden, Weiterentwicklungen der Systemmethode und Systemtheorie hinreichend zur Kenntnis zu nehmen[**] und das, obwohl einige der vorhandenen Ansätze von hoher praktischer Relevanz sind.

Die beschriebenen Ansätze stehen in einem Zusammenhang, der sich etwa wie folgt skizzieren lässt: *System Dynamics* ist weitgehend einem *hard systems approach* zuzurechnen, der aus einer Reihe von Gründen kritisiert worden ist, der aber damit trotzdem nicht obsolet geworden ist, sondern für bestimmte Problemtypen immer noch das passende Instrumentarium zur Verfügung stellt. Die *Living Systems Theory* kommt ebenfalls - wie *System Dynamics* - aus dem Kontext einer Allgemeinen Systemtheorie, konzentriert sich aber auf einen anderen Problemtypus. Während es *System Dynamics* darum geht, insbesondere die Dynamiken zu erfassen, die sich aufgrund von verschachtelten Rückkopplungsschleifen ergeben, und die - obwohl strukturell nicht sonderlich kompliziert - zu einer immensen Verhaltsvielfalt führen können, geht es der LST um "lebende Systeme" und insbesondere funktionale Erfordernisse. An dieser Stelle kann dann auch die *Viable Systems Diagnosis* eingeordnet werden, die ebenfalls auf biokybernetische Analogien setzt, insbesondere aber auf der Ebene von Organisationen anwendbar wird, im

---

[*] Im Kontext des hier beschriebenen Ansatzes erfolgt dies im Rahmen der sogenannten *Total Systems Intervention* (vgl. Flood/Jackson, 1991)

[**] Eine Ausnahme stellt Müller 1996 dar, der jedoch nur einen Teil der interessanten Ansätze diskutiert

Unterschied zur LST, die sich zugute hält, eine große Vielfalt unterschiedlicher Systeme und Systemebenen bearbeitbar zu machen.

Mit dem *Soft Systems Approach* wird schließlich ein neuer Typus von Systemansatz eingeführt, der nicht mehr auf ein bestimmtes Grundelement (*feedback loops*) oder Grundmodell (lebendes System, biokybernetische Einheit) setzt, sondern den Prozess der Systemanalyse und -gestaltung in den Vordergrund rückt. Hierbei wird auch explizit gegen instrumentell verengte Perspektiven argumentiert und der Einbeziehung verschiedener Akteure in den Prozess der Systemanalyse ein besonderes Augenwerk gewidmet (*soft approach* in bewusster Abhebung gegen einen "naturwissenschaftlich" inspirierten *hard systems approach*). Diese "Befreiung" des Systemansatzes von disziplinären Beschränkungen wird dann in der *Critical Systems Theory* zum Abschluss gebracht, indem dort einerseits ebenfalls auf die Vorgänge besonders geachtet wird, wie in "real world situations" Probleme definiert und gelöst werden können, aber zum anderen auch Methodenvielfalt zugelassen und unterschiedliche Methoden sinnvoll zu Problemlösungen zusammengebracht werden. Dies ist dann der Ort, wo die anderen vorgestellten Ansätze (aber noch viele mehr) für Problembearbeitungen eingesetzt werden können.

Oben war bereits das Problem angesprochen worden, was eigentlich angesichts dieser Vielfalt und dieses Facettenreichtums der Ansätze das Gemeinsame sein kann. Ein Antwortversuch müsste sicherlich sehr viel ausführlicher, als dies hier erfolgen kann, die einzelnen Ansätze und ihre Intentionen und Lösungsvorschläge vergleichend diskutieren. Einige Aspekte einer Antwort enthalten die folgenden Folgerungen:

◆ Generell wird eine Systemebene als adäquate Analyseebene neben der Ebene der Einzelelemente (oder als Ersatz dafür) für erforderlich gehalten, wobei offen bleiben kann, ob auf dieser Ebene mit Ganzheitsvorstellungen, emergenten Eigenschaften oder Modellvorstellungen über die funktionalen Erfordernisse lebender Systeme gearbeitet wird.

◆ Wenn von einem systemischen Vorgehen gesprochen wird, dann bedeutet dies in der Regel, dass Aspekte aus verschiedenen Fachdisziplinen miteinander verknüpft werden, jedenfalls dann, wenn es das zu bearbeitende Problem nahe legt.

◆ Es steht damit meist eine Problemorientierung im Vordergrund, d.h. die Arbeiten nehmen weniger (oder zumindest nicht ausschließlich) Rücksicht auf disziplinäre Standards, sondern versuchen, eigene Qualitätsstandards einzuführen und einzuhalten.

◆ Mit dieser Vielfalt an disziplinären Zugängen, die integriert werden müssen, geht auch in der Regel eine Einbeziehung unterschiedlicher Akteure einher. Zumindest fällt es im Zusammenhang mit Systemstudien leichter, auch nicht-wissenschaftlichen Beteiligten Raum für Einmischungen offen zu halten.

♦ Versuche einer Formalisierung/Operationalisierung der Zusammenhänge sind nicht unbedingt erforderlich, es steht aber durchaus ein Methodenbündel zur Verfügung, mit dem schrittweise eine "Objektivierung" der Problembeschreibungen und der Analyseergebnisse erreicht werden kann, z.B. durch Einsatz von Computersimulation und den vorgeschalteten Stufen der Modellbildung.

Der *Systems Approach* bietet das Bild einer Vielzahl von einzelnen Herangehensweisen, Theorie- und Methodenentwürfen und Zielsetzungen. Einige wenige, die in dieser Vielfalt besonders herausstechen, wurden in dem Beitrag kurz dargestellt. Ein Resümee kann sein, dass es nicht einfach ist, Systemforschung zu betreiben, weil es kein einheitliches, sicheres Methodenrepertoire gibt und je nach Problemlage aus der Vielzahl von Angeboten das adäquate Instrumentarium ausgewählt und zum Einsatz gebracht werden muss. Damit geht eine hohe Verantwortung derjenigen einher, die diese Arbeiten durchführen. Diese Situation bietet aber dadurch auch Raum für kreative Lösungen und spannende Projekte mit Bodenhaftung. Die Entwicklung der Systemmethodik ist aber sicherlich noch nicht - wie bereits häufig befürchtet wurde - zum Stillstand gekommen.

1.3   Handeln in komplexen Zusammenhängen
Ernst -Dieter Lantermann

Komplexe Handlungs- und Problemräume stellen erhebliche Anforderungen an die Problemlösefähigkeit der Menschen, weil sie durch eine hohe Anzahl von linearen oder auch nichtlinearen Wechselbeziehungen zwischen ihren Komponenten gekennzeichnet sind, für deren genaue Beschreibung oftmals das notwendige Wissen fehlt und die in ihrer Entwicklung nur in Grenzen prognostizierbar sind. Punktuelle Eingriffe an einem Ort führen nicht selten zu überraschenden und zeitverzögerten Effekten an weit entfernten Orten. Geringfügige Veränderungen einer Zustandsgröße können gravierende und irreversible Veränderungen auslösen, die nur mit hoher Unsicherheit vorhergesagt werden können. Häufig existiert auch keine "optimale" Lösung eines komplexen Problems, vielmehr konkurrieren unterschiedliche Lösungsentwürfe miteinander um ihre individuelle oder gesellschaftliche Akzeptanz. Wegen der starken Eigendynamik komplexer Handlungsräume ändern sich auch ständig die Rahmenbedingungen für Planungen und Entscheidungen, so dass ein hohes Maß an Flexibilität und Unsicherheits-Toleranz gefordert ist.

Aus dieser Perspektive ergeben sich besondere Anforderungen an den Problemlöser, Anforderungen, denen gegenüber unsere eingeübten zweckrationalen Lösungsstrategien, wie sie etwa in der Ökonomie auch gegenwärtig noch vorherrschen, offensichtlich zu kurz greifen:

♦   Planung und Entscheidung unter Unsicherheit, eine Unsicherheit, die prinzipiell nicht aufhebbar ist.

♦   Verzicht auf den Anspruch einer langfristigen Planbarkeit oder Vorhersehbarkeit von Zukunft.

♦   Eine Strategie der Multiperspektivität - eine Berücksichtigung des Sachverhaltes, dass viele Probleme nur aus einer Zusammenführung vieler, möglichst unterschiedlicher Perspektiven erschlossen werden können.

♦   Ein hohes Maß an Kompromissfähigkeit sowie eine generelle Abkehr vom Prinzipiellen und damit der Verzicht auf eine Optimierung einzelner "Sollgrößen" zulasten konkurrierender Sollgrößen.

♦   Zustands- und prozessabhängiger Wechsel von Entscheidungs- und Handlungsstrategien.

In abstrakter Sprache formuliert, sind komplexe Handlungsräume dadurch bestimmt, dass sie von vielen Komponenten aufgespannt werden, die hochgradig miteinander vernetzt sind und untereinander oftmals nichtlineare Beziehungen eingehen, dass eine hohe Eigendynamik herrscht, eindeutig optimale Lösungsräume nicht existieren und Strukturen und Prozesse im Problemraum zum Teil "verborgen" bleiben oder sich nur indirekt zeigen.

Menschliche Probleme im Umgang mit komplexen Problemfeldern

Nun sind es gerade die Überschaubarkeit von Situationen und eine hinreichende Antizipierbarkeit von Ereignissen, deren Kontrollierbarkeit und sinnliche Erfahrbarkeit sowie die Zugänglichkeit von Informationen über die Folgen eigener Handlungen, die in den Sozialwissenschaften als entscheidende Bedingungen für die Aufrechterhaltung individueller und sozialer Handlungs- und Funktionsfähigkeit gelten. In einer kulturvergleichenden Studie macht Sampson (1985, Seiten 1203 bis 1211) darauf aufmerksam, dass zwar die Strategien zur Stiftung von, wie er es bezeichnet, "Kohärenz" und "Ordnung" erhebliche interkulturelle Unterschiede aufweisen, dass aber die Gewährleistung eines hinreichenden Maßes an Kohärenz und Ordnung in allen betrachteten Kulturen konstitutiv sei für deren (Über-) Lebensfähigkeit. Komplexe Handlungsräume spannen jedoch in der Regel einen Problemraum auf, der gerade dadurch gekennzeichnet ist, dass er in hohem Maße undurchschaubar und in seinen Entwicklungen schlecht prognostizierbar ist, dass wesentliche Informationen sinnlich nicht erfahrbar und die Konsequenzen von Eingriffen in Handlungsräume oftmals nur schwer ermittelbar sind.

Einige Restriktionen auf Seiten des Problemlösers, die eine erfolgreiche Bewältigung komplexer Problemlagen erschweren, seien kurz beschrieben (vgl. dazu Pawlik, 1991, Seiten 547 bis 563; Lantermann/Schmitz, 1994, Seiten 521 bis 527).

♦ Mangelndes Systemdenken

Erfolgreiche Lösungen komplexer Probleme setzen die Fähigkeit zum systemischen Denken und Handeln in komplexen, dynamischen und unbestimmten Handlungskontexten voraus. Zahlreiche psychologische Untersuchungen verweisen jedoch auf die Begrenztheit menschlicher Fähigkeiten, "systemisch" zu denken und zu handeln (Dörner, Kreuzig, Reither/Stäudel, 1983; Dörner, 1989; Funke, 1985, Seiten 113 bis 129; Lantermann, Döring – Seipel/Schima, 1992). Damit verbunden ist ein zweites Defizit:

♦ Mangelnde Identifizierbarkeit kritischer Eingriffsorte

Es liegt am Systemcharakter vieler komplexer Problemlagen, dass es oftmals schwierig ist, den richtigen Angriffspunkt für problemlösende Aktionen zu entdecken sowie deren Auswirkungen verlässlich abzuschätzen. Augenscheinlich zielführende Aktivitäten können wegen ihrer Einbettung in übergreifende Systemzusammenhänge zu längerfristigen Problemverschlechterungen führen. Systemtheoretisch gedacht sind diejenigen Orte in einen komplexen Handlungsraum von besonderer Bedeutung, deren Veränderung zu zahlreichen weiteren positiven oder negativen Veränderungen führt. Die Identifizierung solcher kritischer Einwirkungsorte verschließt sich häufig einfacher Ursache-/Wirkungsanalysen, sondern gelingt nur auf der Grundlage eines fundierten Systemwissens.

♦ Nichtwahrnehmbare Handlungs-Folgen-Verknüpfungen

Voraussetzung dafür, dass Menschen lernen, erfolgreich in komplexen Handlungsräumen zu agieren, ist die Wahrnehmung von Verhaltens/Konsequenz-Verknüpfungen. Ein Merkmal komplexer Problemräume ist jedoch gerade eine hochgradige raum/zeitliche Entkopplung und damit eine extreme Maskierung von Ursache/Wirkungs-Beziehungen. Erfolgreiche Problemlösestrategien erfordern aber eine Einbeziehung auch langer Totzeiten sowie Langzeit- und Nebeneffekte, was eine genaue Abschätzung von Handlungskonsequenzen außerordentlich erschwert.

Umgang mit komplexen Problemen im Spannungsfeld zwischen Denken und Emotion

Ein auch heute noch weit verbreitetes Leitbild eines guten und erfolgreichen Problemlösers in Unternehmen, Institutionen oder auch im alltäglichen Lebensbereichen lautet: Bleibe nüchtern, bei "kühlem Verstand", handle zweckrational. Es hat sich in den vergangenen Jahrzehnten die Haltung durchgesetzt, die Kompetenz und Qualifikation von Problemlösern gleichzusetzen mit kühler Sachlichkeit, brillanten Analysefähigkeiten sowie extremer Emotionskontrolle. Dieses Leitbild stellt eine Projektion der immer noch vorherrschenden ökonomischen Theorien zweckrationaler Entscheidungen dar.

Zweckrationale Kalküle beruhen auf der Annahme einer prinzipiell endlichen Informationsmenge, ihre Anwendbarkeit steht und fällt zudem mit der Annahme, dass die Rahmenbedingungen, innerhalb derer Probleme entstehen und ihren Verlauf nehmen, über längere Zeitspannen stabil bleiben und die angestrebte Soll-Lage, also die Zukunft, in ihren wesentlichen Dimensionen kalkulierbar ist. Aus psychologischer Perspektive fällt noch eine weitere, irrige, der menschlichen Vernunft widersprechende Voraussetzung einer auf dem Axiom der Zweckrationalität beruhenden Entscheidung auf - die unterstellte Unabhängigkeit von Wert und Wahrscheinlichkeit.

Es sei einmal dahingestellt, in welchem Maße dieser Logik der Zweckrationalität nicht immer auch schon ein erhebliches Maß an Irrationalität innewohnte. Nun richtet sich die menschliche Natur nicht nach den Formalismen. Eine Besonderheit im menschlichen Denken, und sei es noch so "kühl", so sachlich, liegt darin, dass zumindest für die meisten Menschen die Eintretenswahrscheinlichkeit von wünschenswerten Folgen eines Tuns weit überschätzt, befürchtete Ereignisse dagegen weit unterschätzt zu werden pflegen (bei Pessimisten läuft dies genau andersherum). Da hilft auch kein Computerprogramm oder ein zweckrationaler Algorithmus. Gefühl und Verstand bilden eine untrennbare Funktionseinheit in der Organisation unseres Handelns, deren Auflösung jenseits aller Möglichkeiten liegt. Anstelle - und darauf werde ich später noch zurückkommen - die Gefühle aus dem Denken verbannen zu wollen, ist es erheblich zielführender, auftretende Gefühle systematisch als eine wichtige Informationsquelle zu nutzen und zu verändern, wenn es darum geht, möglichst optimale Entscheidungen in hochkomplexen Handlungsräumen zu fällen und Fehler zu vermeiden.

Zahlreiche Probleme und Aufgaben, mit denen Planer, Problemlöser oder Manager konfrontiert sind, hängen mit der Unabsehbarkeit und der Schnelligkeit zusammen, mit denen sich die Rahmenbedingungen zu fällender Entscheidungen und zu lösender Probleme wandeln. So werden die globale Vernetzung der Informationskanäle, die fortschreitende Internationalisierung von Produktion und Märkten, abrupte politische Veränderungen oder die sich beschleunigenden Veränderungen von Konsumbedürfnissen immer wieder als wesentliche Triebkräfte für den raschen und kaum kalkulierbaren Wandel unternehmerischer Handlungsräume benannt, und diese hochdynamischen Veränderungen von Handlungs- und Problemkontexten gelten nicht nur für Entscheidungen und Problemlösungen in Unternehmen.

Was hat dies alles mit Gefühlen zu tun? Die Antwort lautet: Ohne eine optimale Entwicklung und Nutzung der Handlungsressource Gefühl sind gravierende Fehlentscheidungen und dysfunktionale Problemlösestrategien in komplexen Handlungsfeldern geradezu vorprogrammiert. Zur Begründung später. Stattdessen ein erster Blick in das Labor der Psychologen.

Wir haben eine Serie von Experimenten durchgeführt mit dem Ziel, den Stellenwert von Gefühlen für gute - oder schlechte - Lösungen hoch komplexer Probleme systematisch zu erforschen.

Wir gehen dabei in immer gleicher Weise vor: Unsere "Probanden" werden mit einem mehr oder weniger komplexen Problem konfrontiert, das wir als Simulation auf dem Rechner laufen lassen. Sodann beobachten wir, wie unsere Versuchspersonen ans Werk gehen, welche Informationen sie einholen, welche Entscheidungen sie treffen, ob, wann und wie sie Effektkontrollen durchführen, etc.. Aus solchen Versuchen bilden sich typische Muster von Entscheidungs- und Handlungsstrategien heraus, die den Umgang mit komplexen und dynamischen Problemen charakterisieren - Muster, die den "erfolgreichen" von dem "scheiternden" Problemlöser deutlich unterscheiden, und eben auch Muster höchst unterschiedlicher Umgangsweisen mit den eigenen und den Gefühlen der anderen Problemlöser in einem Team.

Eines der Experimente sah folgendermaßen aus: Das computersimulierte Problem war ein See mit Fischen. Diese Fische leben und sterben nach ihren eigenen Gesetzen - kurzum, wie haben eine natürliche Regenerationsrate des Fischbestandes in diesem See programmiert.

Unsere Probanden schlüpften nun in die Rolle von Fischern, die ihre Familie zu ernähren hatten und deshalb auf ordentliche Fischerträge angewiesen sind. Diese scheinbar einfache Versuchsanordnung birgt jede Menge an Problemen - Probleme, die alles andere als künstlich sind, sondern nur typische Probleme der Wirklichkeit jenseits des Labors widerspiegeln.

Es ist so, dass selbstverständlich die jeweiligen Fangmengen des einen Fischers begrenzt werden durch die Fangmengen des anderen Fischers. Überfischt der eine, hat der andere wenig zu lachen und nach kurzer Zeit ist der See leergeräumt und beide gehen bankrott. Allgemein formuliert, handelt es sich hier um ein zweifaches sozio-ökologisches Dilemma - ein Dilemma von individueller Nutzenmaximierung und der Sicherung eines kollektiven Gutes, sowie gleichzeitig ein Dilemma zwischen kurzfristiger Nutzenmaximierung und langfristigen Kosten. Mit der Ressource Fisch verhält es sich nicht anders als mit den anderen knappen Ressourcen unserer Welt.

Soweit die Rahmengeschichte. Wir haben also beobachtet, wie viel die einzelnen Fischer über maximal 20 simulierte Fischsaisons fischten und hatten damit zugleich handfeste "Erfolgskriterien" an der Hand: Den individuellen Profit sowie die Entwicklung der Ressource Fisch (die mehr oder weniger nachhaltig sein kann, je nachdem, wie viele Fische pro Jahr aus dem See gefischt werden). Den eigenen Profit zu sichern, dabei die Fangmengen des anderen einzubeziehen und gleichzeitig den Fischbestand langfristig zu sichern, ist eine durchaus komplexe Anforderung.

Wir, die Versuchsleiter, haben nun eine spezielle "Versuchsbedingung" eingeführt: Eine Gruppe wurde zuvor instruiert, möglichst in allen Situationen, auch dann, wenn man sich zum Beispiel diebisch freute, weil man den Gegenspieler ausgetrickst hatte oder sich ärgerte, wenn dies dem Gegenspieler gelungen war, ein "Pokerface" aufrechtzuerhalten, also nach außen hin möglichst wenig an Gefühlen zu zeigen.

Eine andere Gruppe dagegen wurde in die Gegenrichtung hin instruiert. Sie sollten ihre Gefühlsregungen nicht nach außen abschotten, sondern diese in Wort, Mimik und Haltung dem anderen zeigen, so, wie wir es im Alltagsleben in der Regel ja auch machen.

Die Resultate waren erstaunlich, zumindest für den Laien: Die Pokerfacegruppe waren die mit Abstand schlechtesten Problemlöser und dies auf allen Dimensionen:

♦   Der Fischbestand sank nach wenigen Jahren unterhalb der Regenerierungsschwelle, d.h. der See war nach 5 bis 7 Jahren leergefischt,

♦   das soziale Klima zwischen den Fischern war vergiftet und die individuellen Erträge lagen im unteren Bereich des Möglichen.

Ganz anders dagegen die Gruppe der "Offenbarer":

♦   Nach kurzer Zeit hatten sie sich auf eine gegenseitige Strategie der nachhaltigen Nutzung des Fischbestandes eingependelt

♦   das soziale Klima war geprägt von gegenseitigem Vertrauen und Zufriedenheit

♦   und die individuellen Erträge lagen im oberen Drittel des Möglichen.

Allein das gegenseitige Offenbaren der eigenen Gefühlslagen während der Problembearbeitung hatte dazu geführt, dass sich optimale Entscheidungsstrategien im Umgang mit einem komplexen Problem herausbilden konnten, während die Pokerfacegruppen, die sich ansonsten nicht von den anderen Gruppen unterschieden, an diesem Problem scheiterten.

Offenbaren die "Fischer" gegenseitig ihre Gefühle beim Tun, Gefühle sich selbst gegenüber, wie Genugtuung, Zufriedenheit oder Versagen, Scham, etc., oder dem Mitspieler gegenüber, wie Misstrauen, Ärger, Wut oder Sympathie, dann führte dies dazu, dass sie ihr Wissen, ihre Erfahrungen im Umgang mit komplexen Problemlagen optimal für die Lösung der anstehenden Aufgaben einsetzen konnten. Dies gelang den Pokerface-Gruppen offensichtlich nicht. Stattdessen verfielen diese Gruppen in typische Fehler, die wir immer wieder beobachten können, wenn es um die Lösung komplexer, also unübersichtlicher, hoch vernetzter und dynamischer Probleme geht.

Welche Fehler treten in den verschiedensten Versuchsanordnungen im Bereich der Psychologie des Problemlösens immer wieder auf?

◆ *Ignorierung von "Totzeiten".* Handlungen und Entscheidungen in dynamischen Situationen zeigen oftmals erst nach längerer Zeit (gewünschte oder unerwünschte) Wirkungen.

◆ *Über- und Unterdosierung von Maßnahmen in kritischen Situationen.* Denken Sie an Ihren Umgang mit der Heizung im Haus. Sitzen Sie frierend in der Küche, wird erst mal die Heizung voll aufgedreht - mit der Folge, dass Sie sich schon bald veranlasst sehen, Ihre Heizung wieder herunterzudrehen, usw. usf.

◆ *Nichtberücksichtigung von Nebenfolgen.* Beispiel: Neue Organisationsstrukturen und -abläufe erfordern höhere Qualifikationen der Mitarbeiter. Aber hoch qualifizierte Mitarbeiter haben einen höheren Bedarf nach Mitsprache auf höherer Betriebsebene. Das ist nicht immer gewollt.

◆ *Überlegenheitsunterstellung von Expertenteams.* Dieser Fehler war, wie die Rekonstruktionen des Tschernobyl-Unglücks zeigen, eine seiner zentralen Ursachen.

◆ *Überschätzung oder Unterschätzung der eigenen Kompetenzen,* verbunden mit einer Unempfänglichkeit für oder hohen Empfindlichkeit gegenüber Kritik.

◆ *Verlieren im Detail* ohne Vergewisserung der Bedeutsamkeit von Details für die "Gesamtlösung". Mancher liebt es, die kleinen Probleme exakt zu bearbeiten - und verliert dabei den Gesamtzusammenhang aus dem Blick.

◆ *Unzureichende Problemanalyse,* verursacht durch thematisches Vagabundieren, Einkapselung in vertrauten Bereichen, widersprüchliche oder zu einfache Zielsetzungen. Es gibt so viel gleichzeitig zu beachten, also tun wir das auch, doch die Zeit läuft davon. *Oder:* Wenn mir schon die Arbeit über den Kopf wächst - immerhin bin ich Experte einer optimalen Bürogestaltung. *Oder auch:* Jetzt wird der Betrieb saniert, und zwar sofort!

◆ *Überschießende oder mangelhafte Ausführungs- und Effektkontrolle.* Man kann sich Tage und Wochen mit den Auswirkungen von Entscheidungen befassen und in der Zwischenzeit laufen einem die Ereignisse davon. Man kann aber auch vor lauter Entscheidungsfreude und Tatendrang schlicht vergessen, die Folgen mit den beabsichtigten Effekten zu vergleichen.

♦ *Mangelnde Perspektivenvielfalt* bei der Analyse und Bewertung von Zuständen und Prozessen. Problemlöser aus unterschiedlichen Interessens- und Expertenlagern erkennen rasch die blinden Flecken der jeweils anderen Problemlöser. Aus nur einer Perspektive betrachtet, scheinen Problemlösungen oft einfacher, als sie sind.

Diese charakteristischen Fehler im Umgang mit komplexen, undurchsichtigen, dynamischen und offenen Problemen (vgl. dazu insbesondere Dörner, 1999) sind nicht einfach der Dummheit, mangelndem Wissen oder einer schlechten Ausbildung anzulasten. Wie immer wieder festgestellt wurde, sind sogenannte Experten gegenüber diesen Fehlern keineswegs immuner als sogenannte Laien. Oftmals fehlt zwar die Erfahrung, die man jedoch gezielt nachholen könnte. Auch liebgewonnene, aber für die Lösung komplexer Probleme oft dysfunktionale Strategien der zweckrationalen Organisation von Entscheidungen befördern derartige Fehler.

Wären Wissens- und Erfahrungsdefizite die ursächliche und einzige Quelle für derartige Fehler, hätte man der Königsweg zu einem verbesserten Komplexitätsmanagement gefunden: durch Wissensvermehrung und gezielte Erfahrungsbildung. Es liegt jedoch nach den Befunden unserer empirischen Studie der Verdacht nahe, dass diese suboptimalen Managementstrategien nicht zuletzt auf einer falschen Nutzung oder gar Ignoranz gegenüber den bei der Problemlösung auftretenden Gefühlen beruhen.

Was kann man tun, um diese, nennen wir es "Gefühlsdefizite", im Management komplexer Probleme, so gut es geht auszugleichen? Dazu noch einmal einen Blick in die Laborküche.

In einem anderen Experiment haben wir unsere Probanden in die Rolle eines allmächtigen Herrschers über ein zugegeben fiktives Entwicklungsland namens Moroland versetzt. Auch Moroland liegt in Form einer Computersimulation vor (Dörner, 1989; Lantermann/von Papen, 2001). Es geht darum, die Lebensbedingungen der Moros, eines Stammes nahe der Sahelzone, über einen längeren Zeitraum einigermaßen günstig zu gestalten, so dass Hungersnöte ausbleiben, die Bodenerosion in Grenzen gehalten wird, die verfügbaren Grundwasserquellen nicht ausgeplündert werden, der Hirseanbau langfristig betrieben werden kann, Epidemien vermieden werden, die Rinderzucht im Rahmen des Wünschenswerten gehalten wird, etc. - eine nicht ganz leichte, im Gegenteil eine hoch komplexe Situation.

Vor dem eigentlichen Experiment haben wir mit unseren Versuchspersonen sogenannte Persönlichkeitstests durchgeführt - u.a. einen "Trait-Meta-Mood-Test" (Salovey/Mayer, 1990, Seiten 185 bis 211). Dieser Emotionstest misst u.a. das Ausmaß, mit dem eine Person in den verschiedensten Situationen sich über seine eigenen Gefühle "im Klaren" ist, also weiß, in welchen Gefühlslagen er sich gerade befindet. Hierin existieren erhebliche Unterschiede zwischen Menschen.

Wir haben nun die Lösungsgüte der verschiedenen Gruppen näher betrachtet. Das Ergebnis war auch für uns zunächst überraschend. Problemlöser, die sich durch ihre Fähigkeit auszeichnen, im Prozess der Problemlösung ihre Gefühle differenziert und genau zu erkennen, erzielten mit Abstand die besten Problemlösungen. Personen, die große Schwierigkeiten im Erkennen ihrer eigenen Gefühlslage und denen der anderen hatten oder gar ihre Gefühle beim Tun ignorierten, waren die großen Verlierer.

Im übrigen führte die Tatsache, dass die einzelnen Personen ihren Gefühlen gegenüber eine "klare Sicht" hatten, nicht nur zu besseren Problemlösungen, sondern auch zu einem erheblich verbesserten sozialen Klima innerhalb von Teams. Es baute sich mehr gegenseitige Achtung auf, mehr Vertrauen und Sicherheit, das Team reagierte flexibler auf neue, unerwartete Anforderungen, war gegenüber Kritik von innen und außen offener, und bei den Meisten stellte sich auch eine Atmosphäre von "Angstfreiheit" und Toleranz gegenüber eigenen und den Fehlern der anderen Teammitgliedern ein.

Was veranlasst Menschen dazu, gerade in kritischen Situationen ihre *Maßnahmen zu übertreiben*? Neben einem mangelhaften System- und Weltwissen sind es insbesondere die "falschen" Gefühle, die zu diesem Fehler überleiten. Aus Sorge, die Kontrolle über die Situation zu verlieren und gegenüber den anderen als Versager dazustehen, beweist man sich selbst und den anderen seine Problemlöse- und Handlungskompetenz, indem man entschlossen auftritt und drastische Maßnahmen ergreift, die ja in der Tat auch kurzfristig erfolgreich sein können.

Wann werden die möglichen *Nebenfolgen einer Entscheidung nicht weiter bedacht*? Unter dem Einfluss von spezifischen Gefühle engt sich der Planungshorizont auf eine kurze Zeitspanne ein. Dieser Fehler tritt vor allem in zwei sehr unterschiedlichen Gefühlslagen auf - bei Desinteresse oder bei einem sehr hohen Maß an persönlicher Involviertheit in die Aufgabe. Für die Bearbeitung eines komplexen Problems ist ein gehöriges Maß an Durchhaltevermögen nötig, das sich nicht etwa aus einem kalten Entschluss, sondern aus einem Mindestmaß an persönlichem Interesse an dem Problem speist. Ist das Engagement dagegen sehr hoch, besteht die Gefahr, dass nur noch das gesehen und bedacht wird, was sich der augenblicklichen Gefühlslage fügt. Man will unbedingt die Kuh vom Eis holen, und vergisst, dass man sich dabei erkälten kann. Ein zu hohes emotionales Engagement in die Aufgabe, die dann mit einiger Wahrscheinlichkeit auch als Beweis für die eigene hohe Kompetenz betrachtet wird - und ein etwaiges Versagen als Beweis der Inkompetenz - verhindert auch, *sich in die Perspektiven anderer, an der selben Aufgabe sitzenden Menschen hineinzuversetzen*, um darüber sich ein vollständigeres Bild von dem anstehenden Problem zu machen.

Und wann neigen Problemlöser dazu, sich in *eine enge Thematik einzukapseln und sich dabei auf Details zu konzentrieren*, die eher von der Problemlösung ablenken als diese unterstützen? Etwa dann, wenn sie sich in einem länger anhaltenden unangenehmen Gefühlszustand befinden - etwa ängstlich sind, besorgt über ihr mögliches Versagen oder aus einem Gefühl der Rivalität heraus, oder wenn nur der Rückgriff auf bewährte Strategien, die man beherrscht, einen wieder wissen lässt, wie kompetent und wissend man doch eigentlich ist.

Der häufig zu beobachtende *Mangel an Kontrolle* über die Voraussetzungen und Folgen von Problemeingriffen korrespondiert in vielen Fällen entweder mit einem Übermaß an Selbstvertrauen in die eigene Kompetenz - oder mit der Furcht vor Versagen an der Aufgabe. Im ersten Fall sieht der Problemlöser wenig Anlass, die Folgen seiner Aktivitäten zu bedenken, da er ja (blind) davon überzeugt ist, das Problem fest im Griff zu haben. Im Falle eines drohenden Versagens an dem Problem steht sein Selbstwertgefühl zur Disposition. Daher vermeidet der Problemlöser alle Informationen, die ihn möglicherweise mit seinem eigenen Versagen konfrontieren könnten.

Befunde der psychologischen Forschung über den Umgang mit komplexen Systemen zeigen einerseits, dass strategischen Fehlern beim Problemlösen häufig "falsche", probleminadäquate Gefühle zugrunde liegen und andererseits, dass "falsches" Denken oftmals zu dysfunktionalen Gefühlen überleitet. Zu einem erfolgreichen Umgang mit komplexen Problemen gehört daher offensichtlich nicht nur die Entwicklung von problemangemessenen, "systemischen" Denk-, Entscheidungs- und Handlungsstrategien, sondern gleichfalls ein problemorientierter Umgang mit den eigenen Gefühlen und denen der anderen an einer Problemlösung beteiligten Individuen.

Die berichteten Zusammenhänge zwischen Gefühls- und Denkprozessen bei der Lösung komplexer Probleme beruhen weitgehend auf den besonderen Funktionen, die in der psychologischen Forschung den emotionalen Prozessen bei der Organisation des Handelns zugeschrieben werden.

♦ Gefühle dienen einer spontanen, unwillkürlichen Bewertung von Ereignissen unter der Perspektive des Eigennutzes.

Eine emotionale Bewertung verläuft schnell, automatisch, ohne bewusste Aufmerksamkeit und kognitive Anstrengung und wird von dem, der fühlt, als ein ganzheitliches (positives oder negatives) Signal seiner momentanen Beziehung zur Umwelt erlebt. Ein emotionales Signal, ein bestimmte Gefühlsregung, ist somit eine blitzlichtartige Information zur aktuellen Bedeutung der Gesamtsituation im Hinblick auf unsere Ziele, unser Wohlbefinden und unsere Selbstwertschätzung. Diese Signale sind spezifisch: So verrät das Gefühl der Angst nicht nur, dass die gegenwärtige Situation negativ ist, sondern dass sie gefährlich werden kann und dass unsere Fähigkeiten möglicherweise nicht zur Bewältigung der Gefahr ausreichen. Und ein heftig aufkommender Stolz bedeutet uns, dass wir es waren, die das Problem gelöst haben, und nicht etwa pures Glück oder die anderen.

♦ Gefühle wirken als Filter und Scheinwerfer in die Aufnahme und Verarbeitung von Informationen hinein, die unser Denken beschäftigen.

Auf subtile Art sind Gefühle allgegenwärtig und durchdringen unser gesamtes Denken. Dieser Einfluss von Gefühlen auf das Denken ist fundamental. Ob wir wollen oder nicht, immer wirken Gefühle im Sinne eines Filters auf unsere Wahrnehmungen, auf das Gedächtnis und das akute Denken. Die Bewertung, Speicherung und Verarbeitung von Informationen hängen ganz davon ab, wie die momentane Gefühlslage gerade ist. Diese Filterfunktion von Gefühlen hat erhebliche Auswirkungen auf die Ausbildung von Erwartungen, auf Risikoeinschätzungen, Entscheidungen und Bewertungen.

♦ Gefühle forcieren je eine besondere Art zu denken.

Ein Stimmungswechsel kann einen radikalen Wechsel in der Herangehensweise an Aufgaben und Probleme auslösen und zu neuen Perspektiven und Herangehensweisen an ein Problem führen. So sind negative Gefühle, insbesondere der Furcht vor Misserfolg oder soziale Rivalitätsgefühle, geradezu kontraproduktiv für kreatives Denken, für die Erfindung neuer Lösungen. Das sogenannte *intuitive Denken* ist in besonderem Maße von einer günstigen Gefühlslage von Angstfreiheit, Selbstsicherheit und Entspanntheit abhängig. Im, wie Psychologen auch sagen, intuitiven "Denkmodus" herrschen engste Wechselwirkungen zwischen Gefühls- und Denkprozessen. Ändert sich die Gefühlslage, ändert sich das Denken und vice versa. Im Unterschied zum streng analytischen Herangehen an ein Problem, das prinzipiell immer linear verläuft, also eine Information nach der anderen nutzt, um zu einer Entscheidung zu gelangen, ist intuitives Denken durch ein hohes Maß an Parallelität ausgezeichnet. Im intuitiven Denkmodus wird gleichzeitig eine große Fülle von nicht unbedingt bewussten Informationen zu einem Gesamtbild der Lage verdichtet. Komplexe Zusammenhänge oder ein "Gesamtüberblick" über ein komplexes Problem entziehen sich dem analytischen Zugriff und stellen die eigentliche Domäne von Intuition dar, für Analysen im Detail sind zweckrationale Strategien unschlagbar.

♦ Gefühle verhelfen zu einer Abstimmung und Koordination sozialer Aktionen

Der nach außen hin sichtbare Aspekt von Gefühlen, der Gefühlsausdruck, dient als zwischenmenschliches Signalsystem, welches dafür Sorge trägt, dass auch ohne Worte und während der gesamten gemeinsamen Aufgabenbearbeitung die Bewertungen eines jeden Einzelnen den jeweils anderen Gruppenmitgliedern erkenntlich werden. Nähe und Distanz, Sympathie und Ablehnung, Dominanz und Unterordnung sind zentrale Dimensionen von sozialen Beziehungen, die über den Gefühlsausdruck reguliert werden. Für den Aufbau einer produktiven Arbeitsatmosphäre ist die gegenseitige Feinabstimmung von Gefühlen konstitutiv.

♦ Intensive Gefühle vereinfachen die Problemsicht

Nehmen Gefühle an Intensität zu, gerät das Denken und Handeln mehr und mehr unter den Einfluss der Logik der Gefühle. Alle Aktivitäten sind dann auf eine möglichst rasche Wiederherstellung der Handlungsfähigkeit und den Selbstschutz gerichtet, ganz gleich, welchen Schaden diese Aktionen längerfristig nach sich ziehen. Die Möglichkeiten einer bewussten Kontrolle über das eigene Denken und Handeln nehmen ab und Kurzschlussreaktionen werden wahrscheinlich. Probleme werden vereinfacht und auf denjenigen Aspekt reduziert, der im Augenblick am sichersten beherrschbar erscheint.

Individuelle Problemlösestrategien

Doch nicht nur die aktuellen Gefühle beeinflussen die Qualität des Handelns in komplexen Zusammenhängen. Auch die eingeschliffenen Strategien, mit denen Menschen an komplexe Probleme heranzugehen gewohnt sind, tragen wesentlich zum Erfolg oder Misserfolg bei der Problemlösung bei. Wie immer wieder festgestellt wurde, unterscheiden sich Akteure deutlich in der Art und Weise, wie sie in komplexen Handlungszusammenhängen agieren, welche Informationen sie dabei nutzen oder wie und in welchem Umfang sie sich über das jeweilige Problem und die Problemdynamik informieren.

In einer empirischen Studie über "Typenspezifische Strategien und Lernprozesse im Umgang mit komplexen Umweltproblemen" gehen wir der Frage nach, ob und wenn ja, nach welchen Dimensionen sich die Entscheidungs- und Handlungsstrategien von Individuen im Umgang mit komplexen Umwelten in systematischer Weise voneinander unterscheiden lassen. In unseren Untersuchungen haben wir bei verschiedenen Menschen über Situationen und Probleme hinweg konsistente Strategien im Umgang mit komplexen Problemen gefunden. Die Unterschiede zwischen den verschiedenen Strategien beziehen sich besonders auf drei Bereiche des Umgangs mit Komplexität, a) den Erwerb von Wissen über ein Problem, b) die Struktur von Wissen über ein Problem und c) die Formen des handelnden Eingriffs in ein komplexes System. Aus den verschiedenen Ausprägungen auf diesen Dimensionen lassen sich verschiedene „Strategietypen" bilden.

Wir haben dazu ein rechnergestütztes Diagnosesystem entwickelt, das in systematischer Weise das Verhalten von Individuen in einer komplexen Problemsituation registriert und klassifiziert. Auf der Grundlage mehrerer empirischer Studien konnten wir fünf verschiedene Typen von Strategien im Umgang mit komplexen Problemen identifizieren:

- Der "*Übersteuerer*" versucht mit drastischen Maßnahmen ein dynamisches Problem zu lösen und informiert sich dabei nur oberflächlich, interessiert sich wenig für die Folgen seiner Eingriffe, kurz: Der Übersteuerer zeigt ein eher hektisches, übertriebenes Eingriffsverhalten bei gleichzeitiger oberflächlicher Informationsanalyse.

- Der "*Untersteuerer*", ist zwar auch aktiv, unternimmt ebenso viele Eingriffe, geht dabei jedoch äußerst vorsichtig vor, in dem er in der Regel Eingriffe mit geringer Reichweite und allzu geringer Dosierung bevorzugt.

- Der *Zauderer* kommt vor lauter Bedenken, Skrupel und innerer Entscheidungsschwäche kaum zum Handeln, informiert sich jedoch im Detail über alle relevanten und irrelevanten Aspekte des Problemraums.

- Der *Oberflächliche* zeigt bei seiner Informationssuche wenig Systematik, er springt hin und her, bleibt dabei an der Oberfläche, aber unternimmt dennoch immer wieder etwas Neues, verwirft dabei rasch seine Entscheidungen, korrigiert sie und ersetzt sie durch neue, gleichfalls wenig überlegte Entscheidungen, kurz: Er hastet von Entscheidung zu Entscheidung, ohne jedoch dabei einen klaren Plan oder eine Linie zu verfolgen.

♦ Der *Kompetente* ist dagegen in der Lage, sein Informationsverhalten in Abhängigkeit von der jeweils akuten Handlungsanforderung zu variieren, mal verstärkt auf Details, mal verstärkt auf den Gesamtzusammenhang zu achten und dabei maßvoll, ganz nach der Entwicklungslogik des Systems, einzugreifen.

Inwieweit derartige Strategie-Usancen im Umgang mit komplexen Problemen Änderungen, das heißt Lernprozessen zugänglich sind, stellt eine weitere Herausforderung an die psychologische Forschung dar. Gegenwärtig testen wir sogenannte "differentielle Lernparcours", in denen Menschen mit ihren gewohnten Problemlösestrategien konfrontiert werden und gleichzeitig ihre spezifischen Strategiedefizite ausgleichen können.

Ziel ist, dass auch der Zauderer, der Oberflächliche, der Unter- oder Übersteuerer sich zu einem kompetenten Problemlöser entwickeln kann (Lantermann/von Papen, 2001). Aber auch diese Selbsteinsichten und -veränderungen gelingen nur, wenn das "emotionale Umfeld" entsprechend organisiert wird, wenn bei dem Lerntraining im Umgang mit komplexen Problemen eine positive emotionale Atmosphäre und Offenheit gewährleistet ist, die das problemorientierte Denken und Handeln unterstützt und nicht unterminiert.

Resümee:

Denkfehlern liegen falsche Gefühle zugrunde, und falsches Denken produziert falsche Gefühle. Zu einem erfolgreichen Handeln in komplexen Zusammenhängen gehört daher auch - und nicht zuletzt - ein problemorientiertes Gefühlsmanagement.

Ohne eine überlegte problemorientierte Nutzung von Wissen, Erfahrung und Gefühl im Umgang mit komplexen Problemlagen schlägt der Problemlöser sich selbst eine seiner zentralen Managementressourcen im Umgang mit komplexen Problemen aus der Hand: das Gefühl.

1.4 Moderne Systemkonzepte in den Wirtschaftswissenschaften
Frank Beckenbach

Welche Bedeutung hat die moderne Systemtheorie für die Wirtschaftswissenschaften, kann eine hochgradig paradigmatisch orientierte und um einen einheitlichen Wissenskanon bemühte Fachwissenschaft von einem Ansatz profitieren, der auf den ersten Blick keiner speziellen Fachwissenschaft zugeordnet werden kann? Welchen Anlass sollte eine ob ihrer methodologisch-konzeptionellen Durchgestaltung einmalige Sozialwissenschaft haben, sich einer systemtheoretischen Herausforderung zu stellen?

Bisher jedenfalls konnten systemtheoretische Ansätze wenig wirtschaftswissenschaftliche Überzeugungskraft entfalten. Weder die hochaggregierten Differenzen- bzw. Differentialgleichungsmodelle der "system dynamics"-Schule noch die in einer hermetischen Semantik verklausulierten verbalen Systemkonzepte Luhmann'scher Prägung konnten gestandene Ökonomen von ihrem allokationstheoretischen Konzept abbringen. Im ersteren Fall fehlt die für den Ökonomen unabkömmliche "Mikrofundierung", im letzteren Fall fehlt zusätzlich die für den Ökonomen unverzichtbare modelltheoretische Präzisierung.

Dass es trotzdem eine systemtheoretische Herausforderung für die Wirtschaftswissenschaften gibt, liegt nach Ansicht des Verfassers an zwei Sachverhalten:

Erstens gibt es eine moderne Systemtheorie, bei der die gängigen Einwände gegen die bisherigen systemtheoretischen Konzepte nicht mehr greifen: Modelltheoretische Präsentationen disaggragierter ("mikrofundierter") Systeme dürften für Ökonomen ein attraktives Angebot sein.

Zweitens ist diese moderne Systemtheorie durch ein Wechselverhältnis von Generalisierung und Respezifikation gekennzeichnet: Sie besteht ebenso aus allgemeinen Konzepten, die abgelöst sind von spezifischen fachwissenschaftlichen Entstehungs- und Anwendungskontexten wie auch aus der (Re-)Integration dieser Konzepte in die fachwissenschaftliche Wissensgewinnung[*].

Insofern verbindet sich mit der modernen Systemtheorie ein innerwissenschaftlicher Innovationsprozess, dem sich auch die Wirtschaftswissenschaften nicht entziehen können. Dafür spricht nicht nur, dass durch die Integration moderner systemtheoretischer Konzepte blinde Flecken des wirtschaftswissenschaftlichen Kanons deutlich gemacht (und ggf. beseitigt) werden können, sondern auch, dass mit einer Konzeptähnlichkeit in verschiedenen Fachwissenschaften deren - durch reale Probleme nahegelegte - Verknüpfung einfacher hergestellt werden kann.

---

[*] Als Beispiel sei auf das Konzept der Synergetik und auf (die weiter unten behandelten) zellulären Automaten sowie auf die genetischen Algorithmen verwiesen.

Im folgenden Abschnitt (1.4.2) werde ich in Gestalt des Koordinationsproblems und des Handlungsproblems zwei der genannten blinden Flecken der traditionellen Wirtschaftswissenschaften benennen und diese aus der speziellen Architektur dieser Fachwissenschaften erklären. In Abschnitt 1.4.3 werde ich die Entwicklung der modernen Systemtheorie skizzieren und daraus Desiderata für eine moderne Systemtheorie der Wirtschaft ableiten. Die mögliche Einlösung dieser Desiderata soll anhand exemplarischer Modelle verdeutlicht werden. Ein *Ausblick* auf künftige Entwicklungschancen einer wirtschaftswissenschaftlichen Systemtheorie soll die Ausführungen abschließen.

1.4.2 Die systemtheoretische Herausforderung in den Wirtschaftswissenschaften

Ära der Dezentralisierung und Logik des Misslingens

Die systemtheoretische Herausforderung für die Wirtschaftswissenschaften knüpft an ein zunehmendes Spannungsverhältnis zwischen beobachtbaren Sachverhalten in realen Marktwirtschaften und der fehlenden Berücksichtigung derartiger Sachverhalte in der von den Wirtschaftswissenschaften bereitgestellten Theorie dieser Marktwirtschaft an.

Zwei solcher Sachverhalte sollen im folgenden skizziert werden.

Der *erste* Sachverhalt kann mit der "Ära der Dezentralisierung" (Resnick, 1994) umschrieben werden. Gespeist wird diese Dezentralisierung aus dem Dominantwerden des Marktes als ökonomischem Koordinationsmechanismus, der Auflösung von Hierarchien in Organisationen und last but not least der Ausbreitung des Internet als neuem Informations- und Kommunikationsmedium. Das Dominantwerden von Märkten drückt sich dabei nicht nur in dem Entstehen neuer Märkte (bedingt u.a. durch Privatisierung und e-commerce) aus, sondern auch in der Extensivierung und Intensivierung bestehender Märkte (Globalisierung, neue Formen der Werbung, Vermarktlichung von Lebensweltbereichen). Indizien für die Erosion von Hierarchien in Organisationen sind zum einen die Bildung von profit centers und zum andern das Ausgliedern von Aktivitäten aus dem Organisationsbereich (outsourcing). Schließlich eröffnet die mit dem Internet verbundene ubiquitäre Informationsverfügbarkeit und flexible Kommunikation zusätzliche Varianten für die dezentrale Abwicklung ökonomischer Aktivitäten. Das Wechselverhältnis dieser Faktoren führt nicht nur zu einer Erosion von traditionellen Werte- und Orientierungssystemen bzw. von institutionellen Einbindungen der ökonomischen Akteure, sondern vergrößert auch die für jeden Akteur zugängliche Menge der Handlungsoptionen. Dadurch entsteht für die Wirtschaftswissenschaften das Problem einer Erklärung dafür, wie trotz dieser Veränderungen eine Koordination ökonomischer Aktivitäten erfolgt, die nicht zu einem immer größeren Durcheinander führt, sondern weiterhin Ordnung und Regelmäßigkeiten aufweist (im folgenden kurz: "Das Koordinationsproblem").

Der *zweite* beobachtbare Sachverhalt kann mit der "Logik des Misslingens" (Dörner, 1996) umschrieben werden. Dieses Misslingen rührt her von einer Kontroll-

und Kompetenzillusion der Akteure, der Unterschätzung der (Langzeit-)Nebenfolgen ihres Handelns und einer willkürlichen Reduktion der Komplexität ihrer Handlungssituation. Die Kontroll- und Kompetenzillusion speist sich aus einer Überschätzung der beeinflussbaren Größen einer Handlungssituation, der fälschlichen Annahme, dass die für eine ins Auge gefasste Handlungsoption erforderliche Fähigkeit beim Handelnden gegeben ist und der Illusion über die unmittelbare Herstellbarkeit eines angestrebten Handlungsergebnisses. Die Unterschätzung der (Langzeit-)Nebenfolgen bezieht sich zum einen auf die nichtintendierten Nebenfolgen* (Tenner, 1997, Seiten 9 und 28) und zum andern auf die 'Abdiskontierung' beobachtbarer Handlungsfolgen aufgrund einer räumlichen, zeitlichen oder kulturellen Distanz derselben zum Handelnden (vgl. Hannon, 1987, Seiten 227 bis 241). Willkürliche Komplexitätsreduktion liegt vor, wenn aufgrund einer Ausblendung der für ein Handlungsergebnis ausschlaggebenden Faktoren einfache unidirektionale Ursache-/Wirkungsbeziehungen unterstellt werden, Zielkonflikte nicht berücksichtigt werden und Lernen nicht als erforderliches Merkmal des Handelns berücksichtigt wird. Durch das Zusammenwirken dieser Faktoren entsteht nicht nur Frustration beim Handelnden, sondern auch eine - teilweise als Frustverarbeitung zu erklärende - Unberechenbarkeit und Inkonsistenz des Handelns. Für die Wirtschaftswissenschaften folgt daraus die Aufgabenstellung, situationsabhängig die Möglichkeiten und Grenzen für rationales Handeln zu untersuchen, um auf diese Weise zu einer realistischen Verhaltenstypologie von Marktakteuren zu kommen (im folgenden kurz: "Das Handlungsproblem").

Spezielles Systemkonzept der Wirtschaftswissenschaften

Warum sollte es nun für die heutigen Wirtschaftswissenschaften ein derartiges "Koordinationsproblem" bzw. "Handlungsproblem" geben, ist es doch nachgerade eine Domäne der Wirtschaftswissenschaften, über die Allokationsprozesse auf Märkten ebenso Auskunft zu geben wie über die Elemente des Entscheidungsprozesses bei den Marktakteuren? Die Antwort auf diese Frage besteht paradoxerweise darin, dass diese Schwierigkeiten der heutigen Wirtschaftswissenschaften von dem speziellen Systemkonzept herrühren, das sie verwendet. Dieses spezielle Systemkonzept führt dazu, dass die dem o.g. Koordinations- bzw. dem Handlungsproblem zugrundeliegenden Sachverhalte aus der wissenschaftlichen Betrachtung ausgeblendet werden.

Das Koordinationsproblem wird dadurch umgangen, dass *erstens* eine Trennung in einen Bereich der für die wissenschaftliche Betrachtung vorgegebenen Daten und einen Bereich, in dem die zu erklärenden Variablen behandelt werden, vorgenommen wird. Diese an und für sich für jede wissenschaftliche Betrachtung unabdingbare Trennung ist im vorliegenden Fall aber insoweit problematisch, als mit der Behandlung von Akteurspräferenzen, Produktionstechnologien und Institutio-

---

* Tenner nennt diese (negativen) Nebenfolgen "revenge effect" und verweist etwa auf den externen Aufheizeffekt eines zur allgemeinen Norm gewordenen internen air conditioning und auf das Aussterben von Dienstleistungsoptionen mit der Mechanisierung des Haushalts

nen als "Daten" wichtige Koordinationsressourcen für die ökonomischen Aktivitäten aus der Betrachtung ausgeklammert werden*. Weder die Thematisierung der Erosion von individuellen Orientierungssystemen und institutionellen Einbindungen noch die Diskussion der These der Verwandlung von organisationsinternen Unterordnungsverhältnissen in "technologische Sachzwänge" sind damit im wirtschaftwissenschaftlichen Erklärungsausschnitt präsent. *Zweitens* wird das oben skizzierte Koordinationsproblem umgangen durch eine Ausblendung der "interaktiven Komplexität" (Röpke, 1977, Seite 12) zwischen den Wirtschaftsakteuren. Dies ist zum einen durch die ceteris-paribus-Methodologie der Ökonomik gegeben. Durch diese Methodologie werden auch innerhalb des Bereichs der zu erklärenden Variablen einzelne Segmente isoliert und bei Konstantsetzen der anderen Segmente gesondert analysiert. Die so gewonnenen Ergebnisse werden dann durch Aufhebung dieser Isolation (d.h. durch schrittweises Einbeziehen der anderen Segmente) modifiziert**. Diese Isolationsmethode stößt insbesondere dort an Grenzen, wo eine Vielzahl von Elementen eng und in nicht-linearer Weise verknüpft sind und insoweit die Ermittlung isolierter Kausalaussagen kaum möglich ist***. Zum andern erfolgt die Ausblendung der interaktiven Komplexität durch eine "zentralistische" Behandlung der für Marktgesellschaften typischen dezentralen Koordinationsmechanismen. Diese zentralistische Perspektive findet sich nicht nur in der mikroökonomischen Haushalts- und Unternehmenstheorie, in der Haushalte und Unternehmen lediglich als funktionale Einheiten zur Sicherstellung einer einheitlichen Zielfunktion (Nutzenbefriedigung bzw. Profiterzielung) und nicht selber als vielgliedrige Systeme mit internen Koordinationserfordernissen gesehen werden. Die genannte zentralistische Perspektive findet sich auch in der Markttheorie, in der die vielgestaltige Interdependenz des Angebots, der Nachfrage und der Preise für alle Güter und Dienstleistungen berücksichtigt und gezeigt werden soll, wie daraus eine geordnete Struktur entsteht. Diese Erklärung gelingt aber nur, indem ausschließlich Preise als Koordinationsinstrument postuliert werden und entweder ein zentraler Agent (Auktionator) die Koordination der Pläne der einzelnen Wirtschaftssubjekte übernimmt oder aber von außen vorgegebene Tauschregeln eingehalten werden müssen, damit die gewünschte Ordnung hergestellt werden kann.

---

*   Die neuerdings beobachtbaren Versuche einer Einbeziehung der Präferenzen (Theorie der endogenen Präferenzen), der Produktionstechnologien (neue Wachstumstheorie) und der Institutionen (neue Institutionökonomik) in die wirtschaftswissenschaftliche Betrachtung können daher grosso modo als Auflösungsprozesse für die hier behandelte spezielle Systemarchitektur der Wirtschaftswissenschaften interpretiert werden.

**   Ein prominentes Beispiel für die ceteris-paribus-Methodologie in Ökonomik ist die partialanalytische Untersuchung von Märkten, in der die Angebots- und Nachfragefaktoren für ein gegebenes Gut bei Konstantsetzen der Preise für andere Güter betrachtet werden.

*** So können z.B. Preise für verschiedene Güter über das Nachfrageverhalten so verknüpft sein, dass die partialanalytische Ermittlung eines Gleichgewichtspreises regelrecht in die Irre führt

Das Handlungsproblem wird *erstens* dadurch umgangen, dass für alle Akteure "vollständige Information" und deren handlungsrelevante Umsetzbarkeit in Gestalt entsprechender Kalkulationsfähigkeiten, Wissensbestände und Fertigkeiten unterstellt wird. Dies schließt eine vollständige Situationserfassung durch den Handelnden ein, die Möglichkeit, alle ihm offenstehenden Handlungsmöglichkeiten zu erfassen und diese entsprechend einer vorhandenen Zielorientierung zu bewerten. Die Akteure handeln dann "rational", wenn sie die Alternative wählen, die die höchste Zielrealisierung verspricht (homo oeconomicus-Annahme). Insoweit gibt es auch keinen Anlass, von der mit dem obigen Handlungsproblem benannten systematischen Divergenz zwischen der Deutung der Handlungssituation und dem erwarteten Handlungsergebnis einerseits und der faktischen Handlungssituation und dem realisierten Ergebnis andererseits auszugehen. *Zweitens* wird das o.g. Handlungsproblem dadurch ausgeklammert, dass zwar die Ausgangsbedingungen für die Handelnden als unterschiedlich angenommen werden, die letzteren aber hinsichtlich ihrer Handlungs- und Entscheidungslogik alle gleich sind und der homo oeconomicus-Annahme folgen (Annahme homogener Individuen). Die für die oben genannte "Logik des Misslingens" mitverantwortliche akteursinterne Heterogenität (etwa in Gestalt von Zielkonflikten), aber auch die Handlungsblockaden, die sich aus dem Aufeinanderwirken unterschiedlicher Akteurstypen ergeben, bleiben damit unerfasst[*]. *Drittens* schließlich taucht in diesem Kontext das Problem der nicht-intendierten Handlungsfolgen allenfalls temporär auf: Soweit durch nicht vertraglich vermittelte Einschränkungen einzelne oder mehrere Akteure verbunden sind, sorgt eine (ebenso vollständig informierte) politische Instanz für die Internalisierung dieser Nebenfolgen alias "externen Effekte" (sei es in Gestalt der Zuweisung einklagbarer Rechte, sei es in Gestalt der Erhebung von Steuern oder Abgaben auf den/die Verursacher dieser Nebenfolgen)[**].

Betrachtet man die (De-)Thematisierung des Koordinations- und des Handlungsproblems zusammen, dann wird die spezifische Architektur der Systemtheorie der etablierten Ökonomik deutlich. Demnach konstituiert sich ein ökonomisches System aus der Linearaggregation homogener und autonomer Elemente (Akteure). Die Vorgabe des "methodologischen Individualismus" soll dabei eigentlich eine von den Systemelementen zum Systemganzen weisende Erklärungsrichtung festlegen. Faktisch ist es aber genau umgekehrt: Es werden systemische Bedingungen vorab definiert, die es den zielorientierten Elementen gestattet, einen Zustand der maximalen Zielrealisierung (gesellschaftliches Gleichgewicht bzw. Optimum) zu finden[***]. Dies geschieht, indem zum einen die Randbedingungen ("Da-

---

[*]   Mit der Voraussetzung vollständiger Informiertheit über alle Handlungsmöglichkeiten und –fähigkeiten und der Voraussetzung homogener Akteure entfällt zudem die Notwendigkeit eines "explorativen" Handelns (Lernen und Innovationen)

[**]   Dieser Internationalisierungsoptimismus ist insbesondere in der Umweltökonomik die Referenzvorstellung für die Konzipierung des umweltpolitischen Handlungsbedarfs

[***]   Dies lässt sich anhand der Theorie des allgemeinen Gleichgewichts ohne weiteres nachvollziehen

ten") des Systems konstant gehalten werden (geschlossenes System) und zum andern indem die Interdependenzen zwischen den Handelnden normiert werden (Ausschluss von Nicht-Linearitäten und von dauerhaften Externalitäten). Fazit: Der Standardökonomik unterliegt ein spezielles Systemkonzept in Gestalt der Betrachtung der linearen Interaktion homogener Elemente zur Erreichung eines Fixpunkt-Gleichgewichts. Die Entwicklung der modernen Systemtheorie hat nun zu einer Erweiterung diese Betrachtungsrahmens geführt.

1.4.3 Entwicklung der modernen Systemtheorie

Generell lässt sich die Entwicklung der modernen Systemtheorie als eine nach dem Zweiten Weltkrieg in verschiedenen fachwissenschaftlichen Kontexten aufkeimende Vorstellung eines in Absetzung zu einer Umwelt zu gewinnenden Systemkonzeptes charakterisieren. Dabei sollen die Ordnungsmerkmale derart gefasster Systeme ,von innen heraus' erklärt werden. Solche Entdeckungen haben vor allem im Bereich der Physik, der Biologie und - mit zeitlicher Versetzung - in den Kognitionswissenschaften stattgefunden. Diese disziplinären Erkenntnisse sind dann ob ihrer Ähnlichkeit zum Ausgangspunkt für disziplinunabhängige Generalisierungen geworden, die dann ihrerseits zur Reorganisation bisher unerfasster fachwissenschaftlicher Wissensbestände Anlass gegeben haben[*] (Krohn et al., 1987, Seiten 441 bis 465; Beisel, 1996, Seite 13ff) (vgl. Abbildung 1).

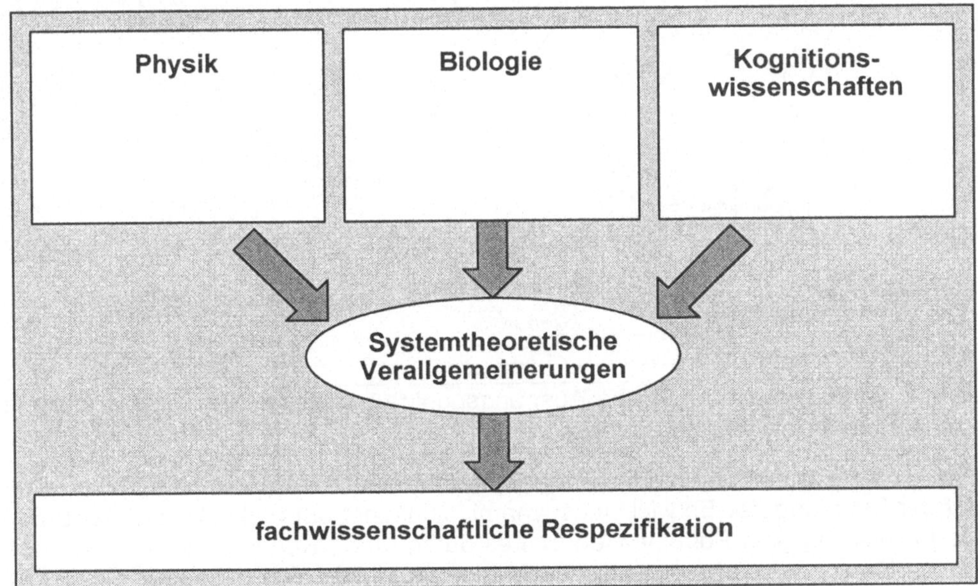

Abb. 1:   Phasen der Entwicklung der modernen Systemtheorie

---

[*] Eine umfassende Darstellung der Geschichte der modernen Systemtheorie liegt bis dato nicht vor. Als erste diesbezügliche Skizzen im deutschsprachigen Bereich vgl. Krohn, et al., 1987; Beisel, 1996, Seite 13ff.

Die Ausgangsüberlegungen für eine moderne Systemtheorie in der Physik setzen sich einerseits ab von den Ordnungs- und Kontrollvorstellungen der klassischen Mechanik (Gleichgewicht als Ordnungszustand, Determinismus, Reversibilität und das Gelten des starken Kausalitätskriteriums) und andererseits von den Desorganisationsvorstellungen der klassischen Thermodynamik (Entropiezuwachs, Wärmetod als Gleichgewicht). Dies ist vor allem in Gestalt des Laser-Modells von H. Haken und seiner Verallgemeinerung in der Synergetik sowie in Gestalt des Konzepts der "dissipativen Strukturen" von Prigogine/Stengers geschehen. Zu nennen ist hier aber auch die informationstheoretische Generalisierung der Einsichten der Thermodynamik, die zum Ausgangspunkt für die Kybernetik geworden ist (vgl. Abbildung 2).

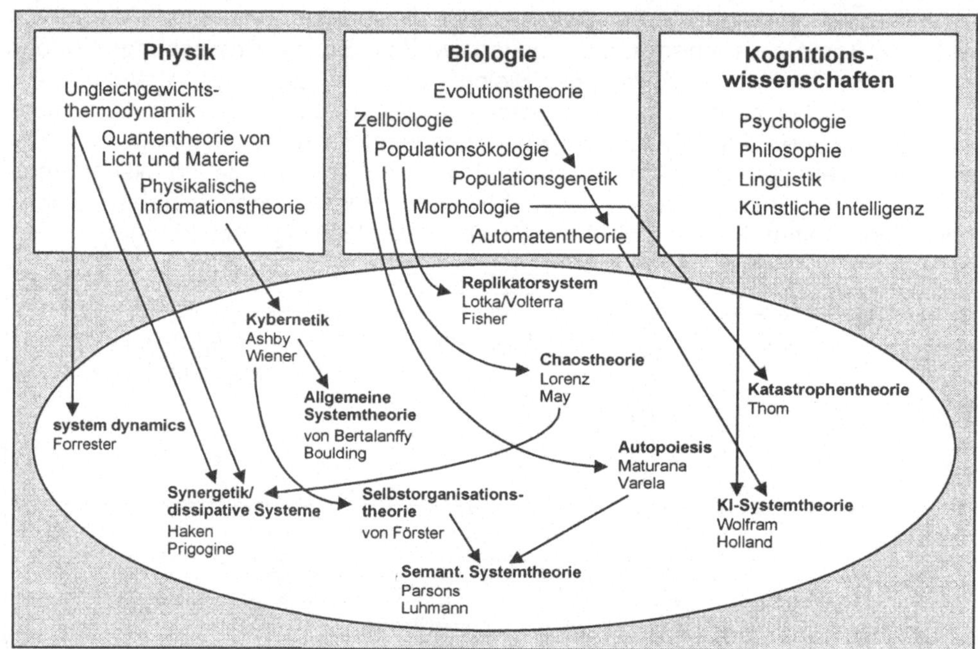

Abb. 2:   Fachwissenschaftliche Ausgangspunkte und Generalisierungen der modernen Systemtheorie

Die Ausgangspunkte für die moderne Systemtheorie in der Biologie sind vor allem mit der Betonung der Entwicklungsdynamik zunächst auf makroskopischer Ebene als Entwicklung von Populationen (sei es durch durch Rekombination bzw. Mutation in Bezug auf die genotypischen Merkmale, sei es durch Selektion in Bezug auf die phänotypischen Merkmale) gegeben. Zum andern war aber auch die Entwicklungsdynamik auf der mikroskopischen Ebene (Zellentwicklung, genetische Mikrostrukturen und Morphologie) ein wichtiger Ausgangspunkt für die moderne Systemtheorie. Daraus sind nicht nur die Modellierung von Replikatorsystemen, sondern auch die Generalisierungen der Chaostheorie, der Katastrophentheorie und das Autopoiesis-Konzept hervorgegangen.

Vor allem aber hat die moderne Systemtheorie ihren Ausgangspunkt in einer kognitionswissenschaftlichen Zusammenführung von Psychologie, Philosophie, Linguistik und Künstlicher Intelligenz. Hier ging es einerseits - in Absetzung zum Behaviorismus - um die Betrachtung der Informationsverarbeitung durch Elemente, die über kognitive Kapazitäten verfügen (mit den Phasen: Stimulus, Perzeption, interne Repräsentation und deren Veränderung) sowie das Handeln selber. Andererseits stand die Implementierung von Systemen, die aus derartigen kognitiv begabten Elementen zusammengesetzt sind, mittels Computerprogrammen im Mittelpunkt der Betrachtung (Russel/Norvig, 1995, Seiten 13, 16ff und Abbildung 2).

Auch wenn die Generalisierung der unterschiedlichen fachwissenschaftlichen Ausgangsüberlegungen für die moderne Systemtheorie zu unterschiedlichen Ergebnissen geführt hat, so lässt sich doch eine gemeinsame Grundarchitektur dieser Systemkonzepte benennen (Krohn et al., 1987, Seite 45ff; Holland, 1992, Seite 184ff).

♦ Es werden *offene Systeme* betrachtet. Durch Inanspruchnahme exogener Ressourcen können diese Systeme endogen, d.h. ohne den Einfluss einer von außen wirkenden Gestaltungskraft, eine Ordnung erzeugen (Selbstorganisation bzw. "order from noise"). Das Spektrum der möglichen Ordnungszustände umschließt dabei außer dem - bereits aus der speziellen Systemkonzeption der Ökonomik bekannten - Fixpunkt-Gleichgewicht Grenzzyklen, chaotische Attraktoren und statistische Regelmäßigkeiten (selbstorganisierte Kritizität).

♦ Die *Elemente der Systeme* sind *direkt abhängig voneinander*, d.h. welche Zustandsmöglichkeiten für jedes Element bestehen und welche Diskriminierungsmechanismen in Bezug auf diese Zustandsmöglichkeiten existieren, ist von der Aktivität der anderen Elemente abhängig. Eine besondere Rolle spielt dabei die Informationsgenerierung, -allokation und -verarbeitung innerhalb des Systems. Alle modernen Systemkonzepte beruhen auf dem systemischen Umgang mit Restriktionen, die in Bezug auf diese Informationsflüsse existieren.

♦ Zwischen den Systemelementen können daher auch *nicht-lineare Interdependenzen* bestehen. Diese können in Gestalt von positiver und/oder negativer Rückkopplung, von Schwellenwerten oder zeitlichen Verzögerungen gegeben sein. Die Linearaggragation der Elemente kann unter diesen Voraussetzungen nur ausnahmsweise bei der Ermittlung von makroskopischen Zuständen zugrundegelegt werden.

♦ Zwischen der *mikroskopischen Ebene* (der Systemelemente) und *der makroskopischen Ebene* (dem Ergebnis des Interagierens einer Vielzahl oder aller Systemelemente) besteht unter diesen Voraussetzungen ein *Wechselverhältnis*. Weder ein ausschließlicher "methodologischer Individualismus" (Erklärungsrichtung vom Systemelement zum Systemganzen) noch ein ausschließlicher "methodologischer Holismus" (Erklärungsrichtung vom Systemganzen zum Systemelement) sind daher angemessene Erklärungsverfahren für eine derartige Systemarchitektur.

♦ Derartige Systeme weisen die Eigenschaft der "*Emergenz*" bzw. "*Immergenz*" auf: Die in diesen Systemen entstehende Ordnung der äußeren (auf beobachtbare Merkmale bezogenen) und inneren (auf kognitive Eigenschaften bezogene) Zustandsvariablen lässt sich auf Basis der Ausgangsbedingungen und der Transformationsregeln für die Elemente nicht vorhersagen.

1.4.4 Bedeutung der modernen Systemtheorie für die Wirtschaftswissenschaften

Desiderata für eine moderne Systemtheorie der Wirtschaft

Die im vorangegangenen Abschnitt kurz skizzierte Entwicklung und Architektur der modernen Systemtheorie machen diese zu einem geeigneten Rahmen, um die in Abschnitt 2.1 mit der "Ära der Dezentralisierung" und der "Logik des Misslingens" thematisierten Sachverhalte theoretisch zu erfassen. Generell bedeutet der Wechsel zu einem modernen Systemkonzept den Verzicht auf ein apriorisches (normatives) Ordnungskonzept, dem die Modellierung der Systemelemente untergeordnet ist. Damit entfällt auch die Notwendigkeit, durch eine Exogenisierung wesentlicher Bereiche des ökonomischen Geschehens ein voraussehbares Verhalten der ökonomischen Einheiten sicherzustellen: Die individuell angewandten Verfahren für die Diskriminierung zwischen verschiedenen Handlungsmöglichkeiten (prominent: die Präferenzordnung), die Produktionstechnologien und die Institutionen werden dann entweder zu Erklärungsvariablen des Modells oder aber als variable Randbedingungen behandelt (generell: Wechsel zur Betrachtung offener Systeme). Methodologisch gesehen tritt an die Stelle der Isolierung von unidirektionalen Kausalketten mittels der ceteris-paribus-Methode die Ermittlung zirkulärer Kausalitäten in einzelnen Systemmodulen. Die zentrale Bedeutung der Informationsgenerierung und -verarbeitung führt in dem modernen Systemkontext dazu, dass die Annahme der - nicht zuletzt wegen ihrer vollständigen Informationsverfügbarkeit - homogenen Akteure ersetzt wird durch die Annahme heterogener Akteure, die sich hinsichtlich der für sie verfügbaren Informationen und/oder sonstigen Fähigkeiten unterscheiden (Population beschränkt rationaler Akteure als Systemelemente) und - in der Zeit betrachtet - Veränderungen ihrer Informationsverarbeitungsfähigkeiten erreichen können (lernende Akteure). Unter diesen Unsicherheitsbedingungen sind Preise zwar nach wie vor ein notwendiges, aber kein hinreichendes Koordinationsinstrument: Qualitätssignale, direkte Abhängigkeiten und marktendogen erzeugte Normen sind dann zusätzliche Komponenten der ökonomischen Koordination. Entsprechend sind die Beziehungen zwischen den Akteuren in der Regel nicht-linear. Die Ordnung in Gestalt einer Preis-, Mengen- und Qualitätsstruktur für die Güter- und Dienstleistungen entsteht daher dezentral durch überwiegend selbstorganisierte Marktprozesse und wird nur unter unwahrscheinlichen Sonderbedingungen zu einem Fixpunkt-Gleichgewicht tendieren.

---

* Im folgenden Abschnitt werden drei Beispiele für solche Systemmodule vorgestellt

Tabelle 1 fasst die wichtigsten Unterschiede zwischen dem Systemkonzept der Standardökonomik und der mit der Orientierung an der modernen Systemtheorie gegebenen Erweiterung zusammen.

Aspekt	Standardökonomik	Erweiterung
System/ Umwelt	Geschlossenes System: Präferenzordnung, Technologie, Institutionen exogen	Offenes System: Präferenzordnung, Technologie, Institutionen endogen
Methodologie	Lineare Kausalität, c.p.-Methode	Zirkuläre Kausalität, Systemmodule
Elemente/ Akteure	Autonom, Homogen, Vollständige Information, Perfekte Rationalität	Abhängig, Heterogen, Unvollständige Information, Beschränkte Rationalität
Elementbeziehungen	Linear	Nicht-linear
Koordination	Preise	Preise, Qualität, Direkte Abhängigkeit
Ordnung	Einheitlich Zentralistisch (fremdorganisiert)	Multipel, Dezentral (selbstorganisiert)

Tab. 1: Merkmale des Systemkonzepts der Standardökonomik und des modernen Systemkonzepts in der Ökonomik

Beispiele für moderne systemtheoretische Modellierungen

Im Folgenden soll anhand von ausgewählten Beispielen gezeigt werden, wie einzelne Merkmale eines modernen Systemkonzepts modelliert und simuliert werden können. Gleichzeitig soll deutlich gemacht werden, wie dazu unterschiedliche Modellierungsmethoden herangezogen werden können. Damit wird die Hoffnung verbunden, dass im Rahmen einer dergestalt systemtheoretisch reformulierten Wirtschaftswissenschaft auch das oben genannte Handlungs- und Koordinationsproblem angegangen werden kann.

Im *ersten Beispiel* wird verdeutlicht, wie bei Vorhandensein von nicht-linearen Beziehungen zwischen den Akteuren in Abhängigkeit von den variablen Randbedingungen ein breites Spektrum von Ordnungszuständen entstehen kann. In diesem Beispiel wird als Modellierungsmethode ein Differentialgleichungssystem verwendet. Im *zweiten Beispiel* soll gezeigt werden, wie bei Annahme eines häufigkeits- bzw. schwellenwertabhängigen Verhaltens bei den Akteuren eine Gesamtordnung "emergiert", die nicht dieser mikroskopischen Annahme entspricht. In diesem Beispiel wird die Modellierungsmethode des zellulären Automaten verwendet. Im *dritten Beispiel* schließlich wird eine Interaktion beschränkt rationaler, aber auf unterschiedliche Weise induktiv lernender Akteure (heterogene Population) behandelt. Diese Agenten werden durch ein vereinfachtes Klassifizierersystem modelliert[*].

Multiple Ordnung eines offenen Systems (Differentialgleichungen)[**]

(i) Fragestellung

Betrachtet wird die Entwicklung der Marktanteile von Unternehmen (*Ergebnisgröße*), die um die Befriedigung einer zahlungsfähigen Nachfrage konkurrieren. Als *Einflussgrößen* firmieren steigende Skalenerträge in der Produktion und der durch die eigene Größe und die Größe der Konkurrenten bedingte Wettbewerbsdruck. Als zusätzlicher Einflussfaktor für den Marktanteil wird eine Werbeagentur in die Betrachtung einbezogen. Deren Leistungen wirken durch die Propagierung der jeweiligen Produkte einerseits steigernd auf den Marktanteil; andererseits müssen diese Leistungen von den Unternehmen bezahlt werden und stellen insoweit eine Schwächung ihrer Wettbewerbssituation dar.

Folgende Fragen sollen beantwortet werden:

♦ Wie beeinflussen steigende Skalenerträge und der größenabhängige Wettbewerbsdruck den Marktanteil von Unternehmen, wenn die maximale zahlungsfähige Nachfrage (*Umwelt*) gegeben ist?

♦ Wie wirken die von der Werbeaktivität ausgehenden unterschiedlichen relativen Kosten und Wettbewerbsvorteile auf die Markt(anteils-)entwicklung?

(ii) Wortmodell

Folgende Überlegungen sollen in der Systemmodellierung berücksichtigt werden:

♦ Skalen- und Wettbewerbseffekte werden als Einflussfaktoren für das Wachstum des in 'realen' Preisen ausgedrückten Angebots der Unternehmen berücksichtigt.

♦ Ist die Produktionsmenge des Unternehmens j groß, steigen die Skalenerträge, und das Wachstum von j wird positiv beeinflusst.

♦ Ist die Produktionsmenge des Unternehmens j groß, ist der Wettbewerbsdruck groß, und das Wachstum von j wird negativ beeinflusst.

---

[*] In den folgenden Beispielen werden jeweils die Fragestellung, das Wortmodell, das formale Modell und ausgewählte Simulationen vorgestellt (vgl. zu dieser Schrittfolge Bossel, 1992).

[**] Dieses Modell basiert auf Vance.

♦ Ist die Produktionsmenge des Unternehmens k groß, ist der Wettbewerbsdruck groß, und das Wachstum von j wird negativ beeinflusst.

♦ Je größer die zahlungsfähige Nachfrage ist, je geringer ist c.p. der Wettbewerbsdruck auf die Unternehmen.

♦ Die Werbungskosten haben einen negativen Einfluss auf das Wachstum von j, die Propagierung eines Produkts hat einen positiven Effekt auf das Wachstum von j. Überwiegt der Kosteneffekt, ist der Einfluss auf das Wachstum negativ, überwiegt der Propagandaeffekt, ist der Einfluss auf das Wachstum positiv.

(iii)Formales Modellkonzept: Differentialgleichungssystem (vgl. Anhang A.1)

(iv)Simulation: Umsatz bei Variation des Nachfrageparameters (NA)

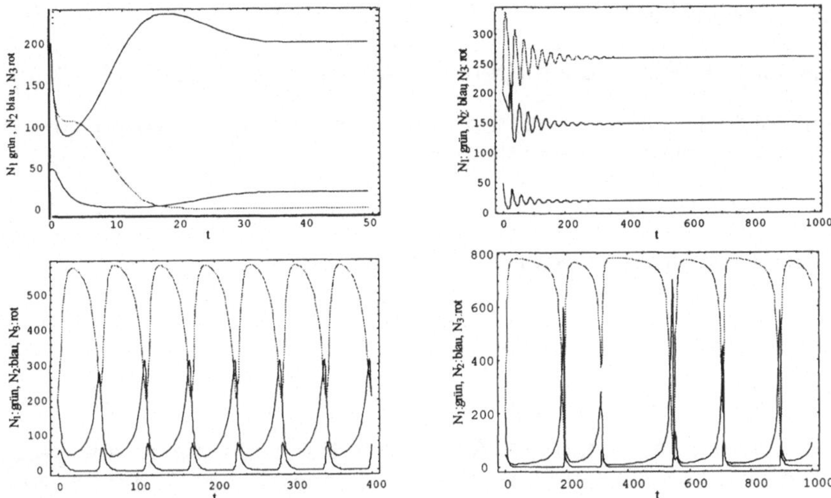

Abb. 3:   Darstellung der Wertschöpfung für die Industrien (N_1, N_2) und der Werbeagentur (N_3) in der Zeit. (a)für NA = 250 (Fixpunkt mit Dominanz von N_2); (b)für NA = 500 (Fixpunkt mit Dominanz von N_1); (c)für NA = 650 (Grenzzyklus) und (d) für NA = 800 (Chaos).

Dieses System verdeutlicht, wie durch einen Parameter (NA) die Interaktionsdynamik zwischen den Zustandsvariablen so beeinflusst werden kann, dass unterschiedliche Arten von Regelmäßigkeiten im relativen Größenverhältnis dieser Zustandsvariablen daraus folgen.

Mikro-/Makrodivergenz (zellulärer Automat)[*]

(i) Fragestellung

Gegeben ist ein urbaner Nachbarschaftskontext von Personen, die unterschiedliche Merkmale aufweisen (z.B. "reich" vs. "arm" oder "evangelisch" vs. "katholisch"). Die Unterschiedlichkeit dieser Merkmale führt - in Abhängigkeit von der Häufigkeit ihres Auftretens - zu dem Bedürfnis nach aversiven individuellen Handlungen (z.B. Wohnungswechsel). Dieses Bedürfnis kann aber nur nach Maßgabe eines gesellschaftlichen Zuteilungsmechanismus (z.B. Erlangung verfügbarer Wohnungen in Quartieren mit tolerierten Häufigkeiten der Merkmale) befriedigt werden.

Aufgeklärt werden soll, welche individuellen Einstellungen zu welchen gesellschaftlichen Folgen führen (Segregation, Integration und Mischformen).

Die *Einflussgrößen* sind

♦   die Anteile der Personengruppen mit jeweils unterschiedlichen Merkmalen und

♦   die individuell unterschiedlichen oder einheitlichen Schwellenwerte für das Eintreten von aversiven Handlungen

Die *Ergebnisgrößen* sind:

♦   die Anzahl abwanderungswilliger Personen und

♦   das durchschnittliche Mischungsverhältnis der Merkmale in allen (Wohn-) Nachbarschaften der jeweiligen Subpopulationen.

(ii) Wortmodell

Überschreitet (unterschreitet) die Anzahl der Personen mit einem gegebenem Merkmal in einer Nachbarschaft einen individuenspezifischen oder für die Mitglieder einer (Sub-)Population gültigen Schwellenwert (*Toleranzschwelle*), entsteht bei dem entsprechenden Bewohner das Bedürfnis, in eine andere Nachbarschaft, in der dieser Schwellenwert eingehalten bzw. unterschritten (überschritten) wird, zu wandern. Dieses Bedürfnis kann realisiert werden in Abhängigkeit von dem Ergebnis einer zentralen *Lotterie*, in der die freien Plätze (Wohnungen) auf die Nachfrager verteilt werden. Für jeden Akteur (Bewohner) ist eine *Nachbarschaft* gegeben, die aus einer Teilmenge der Gesamtheit der Bewohner besteht.

Die Handlungen erfolgen sequentiell für jeden einzelnen Akteur. Durch die Handlungen der Akteure verändert sich die Zusammensetzung der Nachbarschaften und diese wiederum beeinflussen die Handlungen der Akteure (*Nachbarschaftskomposition als 'Ordner'*).

---

[*]   Dieses Modell basiert auf Schelling, 1971

(iii)Formales Modellkonzept: zellulärer Automat (vgl. Anhang A.2)

(iv)Simulation: urbane Migration bei moderater Toleranzschwelle[*]

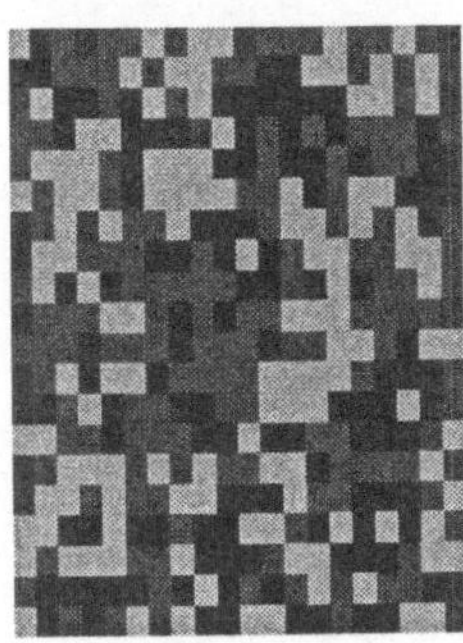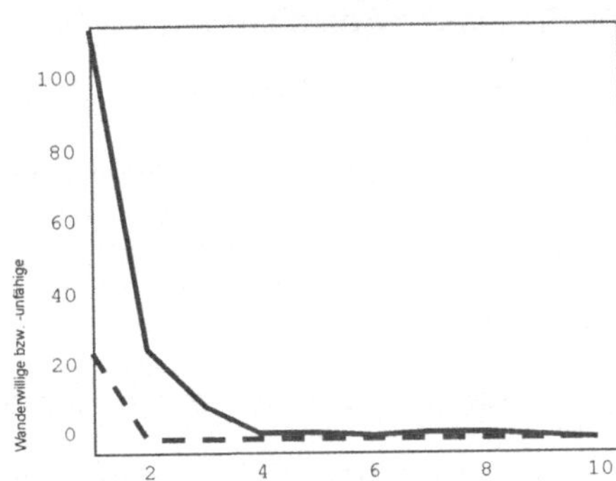

Abb. 4:   Aufteilung von Population 1 (dunkelgrau) und Population 2 (schwarz) (a)in t = 0 (mit exemplarischer Nachbarschaft) und (b)in t = 10; (c)Wanderwillige und -unfähige (durchgezogene bzw. gestrichelte Linie) beider Populationen in der Zeit

Dieses einfache Modell eines räumlich spezifizierten häufigkeitsabhängigen Verhaltens zeigt, wie bereits eine Tolerierung von bis zu 50% der fremden Merkmalsausprägung (Mitglieder der anderen Population) in der Nachbarschaft hinreicht, um insgesamt eine nahezu vollständige Segregation der Populationen hervorzubringen. Die Grundlage dafür sind Nicht-Linearitäten in Gestalt der nachbarschaftlichen Schwellenwerteffekte und die durch die Verknüpfung der Nachbarschaften ausgelösten Kettenreaktionen.

Verknüpfung induktiver Lernagenten (Klassifiziere)[**]

(i)Fragestellung

Gegeben ist ein Wettbewerbskontext zwischen verschiedenen ökonomischen Akteuren, die unterschiedliche Strategien wählen können[***] Die Auszahlungen für diese Strategien ist den Marktakteuren im vorhinein nicht bekannt. Je mehr Akteure eine gegebene Strategie wählen, um so mehr machen sich Engpassfaktoren in Gestalt steigender Kosten bemerkbar und die Auszahlung sinkt entsprechend.

---

[*]   Die Hälfte einer Nachbarschaft mit einer anderen Merkmalausprägung wird noch akzeptiert
[**]   Dieses Modell basiert auf Arthur, 1993
[***]   Diese Strategien können unterschiedliche mentale Abbildungen einer Situation sein, die bei einem Akteur um Handlungsrelevanz konkurrieren (vgl. Arthur, 2000, Seite 57)

Untersucht werden soll, inwieweit die Akteure durch eine Verarbeitung ihrer realisierten Auszahlungen eine möglichst gute bzw. die jeweils beste Strategie (in Bezug auf die Höhe der Auszahlungen) finden können.

Die *Einflussgrößen* sind:

♦ die Anzahl der Akteure,

♦ die Wettbewerbsintensität zwischen den Akteuren und

♦ die Lernsensibilität der Akteure.

Die *Ergebnisgrößen* sind:

♦ die Anzahl der Akteure, die eine bestimmte Strategie wählen und

♦ die Auszahlungen, die mit einer gewählten Strategie realisiert werden.

(ii)Wortmodell

Gegeben sind verschiedene Strategien mit (normalverteilten) stochastischen Aus-
zahlungen. Die Akteure bestimmen für sich jeweils Wahrscheinlichkeiten für die
Wahl einer Strategie. Die Wahrscheinlichkeit, eine Strategie in einem gegebenen
Zeitschritt zu wählen ist um so höher, je besser die mit dieser Strategie erzielte
Auszahlung im vorangegangenen Zeitschritt war. Die Lernsensibilität der Akteure
ist durch zwei Faktoren bestimmt:

♦ durch das anfängliche Gewicht, das eine realisierte Auszahlung für die Veränderung der Wahlwahrscheinlichkeit zwischen den Strategien hat und

♦ durch die Zeitspanne, in der dieses Gewicht abnimmt.

Der Wettbewerbskontext wird durch einen negativen Kopplungsfaktor ausgedrückt. Wird eine Strategie durch mehr als einen Akteur gewählt, wird die Anzahl
dieser Akteure mit diesem Kopplungsfaktor multipliziert und der Mittelwert für die
Auszahlung der entsprechenden Strategie um dieses Produkt in Richtung Ursprung verschoben.

(iii)Formales Modellkonzept: Klassifizierer (vgl. Anhang A.3)

(iv)Simulation: Einfluss der Lernsensibilität auf die Strategiewahl

Die Heterogenität der Lernsensibilität der Akteure führt in dieser Simulation dazu,
dass etwa die Hälfte der Akteure in jedem Zeitschritt die beste Strategie (Strategie
5) wählen. Bei Zugrundelegung des Kopplungsfaktors $\kappa = 0.5$ bleibt trotzdem eine
dauerhafte Überlegenheit von Strategie 5 bestehen (vgl. Abbildungen 5 und 6).
Allerdings wechselt nur ein Teil der Akteure dauerhaft zu Strategie 5. Erfolgreich
sind Akteure, die eine moderate bis durchschnittliche Lernsensibilität mit mittlerer
Reichweite aufweisen (vgl. Abbildung 7). Allerdings macht die negative Rückkopplung zwischen der Wahl einer Strategie und der Auszahlung den Abstand der

überlegenen zu den schlechteren Strategien so klein, dass Agenten mit dauerhaft geringer bzw. mit hoher, aber kurzzeitiger Lernsensibilität diese nicht als bessere Strategie erkennen (vgl. Abbildung 8).

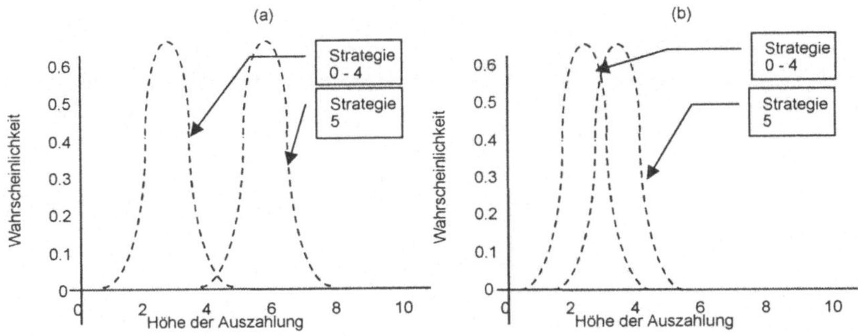

Abb. 5: Wahrscheinlichkeitsverteilungen für die Auszahlungen der verschiedenen Strategien (a) in t = 0 und (b) in t = 202.

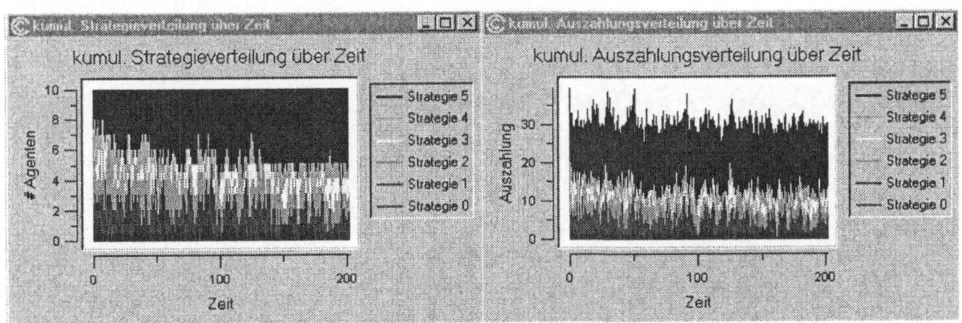

Abb. 6: Strategiewahl und Auszahlung für alle Akteure

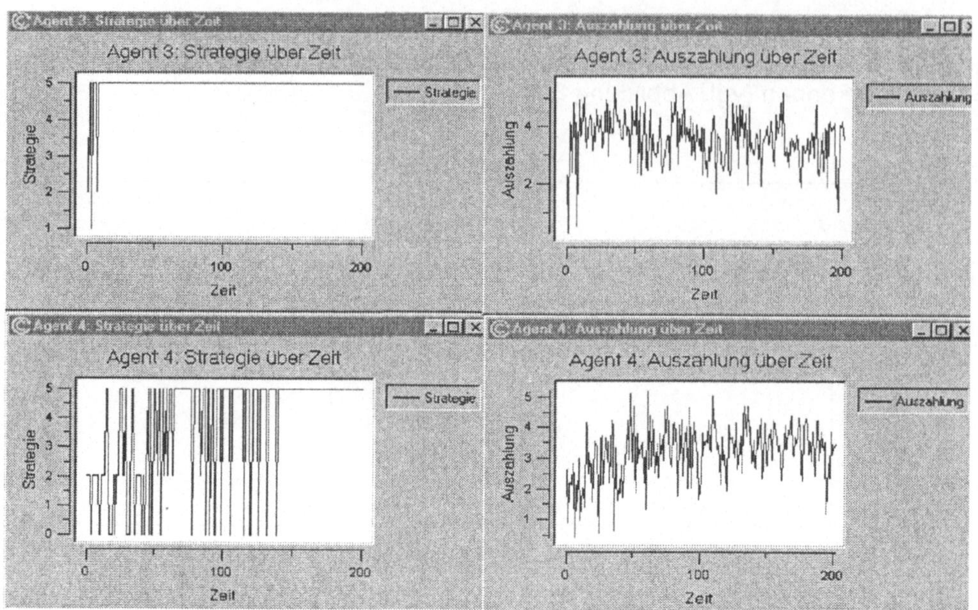

Abb. 7: Agenten mit mittlerer Lernsensibilität, die die beste Strategie entdecken (Agent 3: $\nu = 0.25$; Agent 4: $\nu = 0.375$)

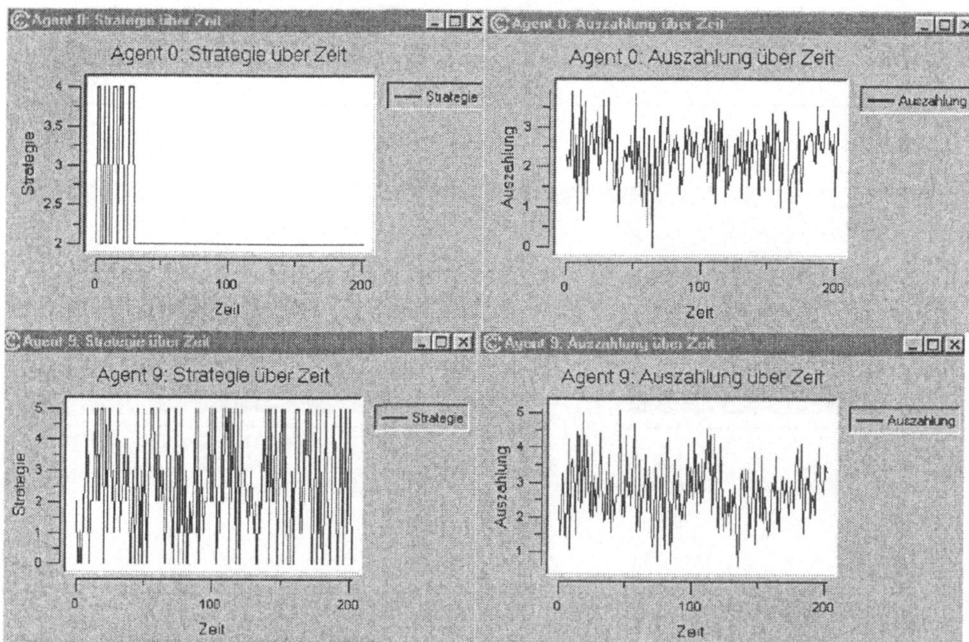

Abb. 8: Agenten mit extremer Lernsensibilität, die die beste Strategie nicht entdecken (Agent 0: $\nu = 0$; Agent 9: $\nu = 1.1$)

1.4.5 Ausblick

Offenbar sind das oben skizzierte "Koordinationsproblem" und das "Handlungsproblem" zwei Seiten einer ökonomischen Komplexität. Die dezentrale - über eine Vielzahl von Medien hergestellte - Koordination ist ebenso eine Folge wie eine Bedingung für die beschränkt rationalen, auf unterschiedliche Weise mit der knappen Informationsverfügbarkeit und -verarbeitungsmöglichkeit umgehenden Akteure. Moderne Systemkonzepte und ihre Übersetzbarkeit in Programme, die von Computern verarbeitet werden können, bieten nun die Möglichkeit, diese ökonomische Komplexität durch Simulationen abzubilden und zu analysieren. Damit ist die ökonomische Theoriebildung nicht mehr ausschließlich durch ein Systemkonzept bestimmt, in dem formal-mathematische Handhabbarkeit und apriorische Ordnungsvorgaben eine unzertrennliche Einheit eingehen.

Anhang

A.1 Formalisierung des Beispiels "Multiple Ordnung eines offenen Systems"

(i) Notationen:

  NA: Nachfrageparameter;

  N_1: Wert des Angebots der Industrie 1;

  N_2: Wert des Angebots der Industrie 2;

  N_3: Wert der Werbedienstleistung.

(ii) Spezifizierung der Dynamik der Zustandsvariablen

  (i.1) Abbildung der Skaleneffekte für die Industrien: rN_1 bzw. rN_2.

  (i.2) Nicht-linear steigender Wettbewerbsdruck in Abhängigkeit von der Nachfrage für die Industrien

  - bezüglich ihrer eigenen Größe: $-rN_iN_i/NA$ und

  - bezüglich der Größe der konkurrierenden Industrien: $-rN_iN_j/NA$.

  (i.3) Wettbewerbsdruck für die Werbeagentur als negativer größenabhängiger Zuwachs: $-rN_3$.

  (i.4) (Unterschiedliches) Finanzierungserfordernis für die Werbeagentur bei den Industrien als: $-bN_2N_3$ bzw. $-(b-\varepsilon)N_1N_3$.

  (i.5) Wachstumseffekt für die Werbeagentur in Abhängigkeit von der Größe der Industrien: cbN_2N_3 bzw. $c(b-\varepsilon)N_1N_3$.

(iii) Differentialgleichungssystem

$$\frac{dN_1(t)}{dt} = N_1(t)\left[r - \frac{rN_1(t)}{NA} - \frac{r\alpha N_2(t)}{NA} - (b - \varepsilon)N_3(t) \right]$$

$$\frac{dN_2(t)}{dt} = N_2(t)\left[r - \frac{rN_2(t)}{NA} - \frac{rN_1(t)}{NA} - bN_3(t) \right]$$

$$\frac{dN_3(t)}{dt} = N_3(t)\left[-r + c(b - \varepsilon)N_1(t) + cbN_2(t) \right]$$

A.2 Formalisierung des Beispiels "Mikro-Makrodivergenz (zellulärer Automat)"

(i) Notationen und Definitionsgleichungen:

N_1: Population 1;

N_2: Population 2;

z = {0, 1, 2}: Zustandsformen der Felder des zellulären Automaten ("0": keine Belegung, "1": Belegung mit Mitgliedern der Population 1, "2": Belegung mit Mitgliedern der Population 2);

z°_{ij}: Zahl der Nachbarn j zum Feld i, die der Population 1 angehören;

$z\#_{ij}$: Zahl der Nachbarn j zum Feld i, die der Population 2 angehören;

$$s_1 = \frac{\sum_j z^{\circ}_{ij}(t)}{\sum_j z\#_{ij}(t)} \quad \text{: Toleranzschwelle für Angehörige der Population 1;}$$

$$s_2 = \frac{\sum_j z\#_{ij}(t)}{\sum_j z^{\circ}_{ij}(t)} \quad \text{: Toleranzschwelle für Angehörige der Population 2;}$$

L = {0, 1}: Ziehung der Zugangslotterie ("0": nicht erfolgreiche Ziehung, "1": erfolgreiche Ziehung).

(ii) Transformationsregel für die Felder des zellulären Automaten:

$$z_i(t+1) = \begin{cases} 1, \text{ wenn } z_i(t) = 1 \wedge \sum_j z^{\circ}_{ij}(t) > s_1 \sum_j z^{\#}_{ij}(t) \\[2mm] 0, \text{ wenn } z_i(t) = 1 \wedge (t)\sum_j z^{\circ}_{ij}(t) \le s_1 \sum_j z^{\#}_{ij}(t) \wedge L_i = 1 \\[2mm] 1, \text{ wenn } z_i(t) = 1 \wedge \sum_j z^{\circ}_{ij}(t) \le s_1 \sum_j z^{\#}_{ij}(t) \wedge L_i = 0 \\[2mm] 2, \text{ wenn } z_i(t) = 2 \wedge \sum_j z^{\#}_{ij}(t) > s_2 \sum_j z^{\circ}_{ij}(t) \\[2mm] 0, \text{ wenn } z_i(t) = 2 \wedge \sum_j z^{\#}_{ij}(t) \le s_2 \sum_j z^{\circ}_{ij}(t) \wedge L_i = 1 \\[2mm] 2, \text{ wenn } z_i(t) = 2 \wedge \sum_j z^{\#}_{ij}(t) \le s_2 \sum_j z^{\circ}_{ij}(t) \wedge L_i = 1 \\[4mm] 0, \text{ wenn } z_i(t) = 0 \wedge L_i = 0 \\[1mm] 1, \text{ wenn } z_i(t) = 0 \wedge L_i = 1 \\[1mm] 2, \text{ wenn } z_i(t) = 0 \wedge L_i = 1 \end{cases}$$

A.3 Formalisierung des Beispiels "Verknüpfung induktiver Lernagenten (Klassifizierer)"

(i) Notationen und Definitionsgleichungen

$S(t) = \{S_i(t)\}$: Vektor der Gewichte für die Wahlwahrscheinlichkeiten;

$$\sum_{i=1}^{2} S_i(t) = SUM(t),$$
$$S_0 > 0.$$

Summe der Bewertungsgewichte über alle Strategien für einen Akteur;

$pb(t)$: Wahrscheinlichkeit für der Wahl der Strategie bei einem Akteur;

pf(j): realisierte Auszahlung für die Strategie j

$$b(t) = \{b_1(t)...b_w(t)\},$$
$$\sum_{i=1}^{w} b_i(t) = B(t)$$

Einfluss der Auszahlung auf die Gewichte für die Wahlwahrscheinlichkeit.

(ii)Modellierung des Lernprozesses

Bestimmung der Wahlwahrscheinlichkeit:

$$\mathbf{pb}(t) = \frac{S(t)}{SUM(t)} = S(t)\frac{1}{SUM(t)}.$$

Auszahlungsabhängige Veränderung der Gewichte:

$$S(t+1) = \frac{SUM(t)}{SUM(t) + B(t)}(S(t) + \mathbf{b}(t)),$$

$\mathbf{b}_t = pf(j)\mathbf{e}_j$ (mit $\mathbf{e}_j$ als dem j-ten Einheitsvektor).

Normierung der Summe der Bewertungsgewichte:

$$SUM(t) = SUM \cdot t^v.$$

Veränderung des Vektors für die Wahlwahrscheinlichkeit:

$$\mathbf{pb}(t+1) = \mathbf{pb}(t) + g(t)(\mathbf{b}(t) - B(t)\mathbf{pb}(t)),$$

$$g(t) = (SUM(t) + B(t))^{-1}.$$

1.5 Gestaltung von Mensch-Maschine-Systemen
Katharina Seifert, Siegmund Pastoor, Klaus-Peter Timpe

1.5.1 Das Paradigma "Mensch-Maschine-System"

Struktur und Begriff

Die Benutzung automatisierter Systeme hat heute nahezu alle Arbeits- und Lebensbereiche durchdrungen. Diese Systeme besitzen eine hohe Komplexität, d.h. im Wesentlichen, dass ihre zahlreichen Systemkomponenten hochgradig vernetzt sind und das Systemverhalten dynamisch und für den Nutzer teilweise nicht transparent ist. Dabei weisen die modernen Maschinen- und Prozesssteuerungen, begründet in der Leistungsvielfalt entsprechender Hard- und Software, bereits heute eine außerordentliche und in den nächsten Jahren wohl weiter steigende Funktionalität auf. Mit der steigenden Funktionalität wächst wiederum die Komplexität der Bedieneinheiten, die für eine effiziente und effektive Kopplung zwischen technischem System und Arbeitspersonen in der Arbeitstätigkeit eingesetzt werden.

Hier stellt sich sofort die Frage nach der Durchschaubarkeit bzw. Beherrschbarkeit des Systems durch die in diesem System Tätigen (nachfolgend verallgemeinert als Operateure, Personal o.ä. bezeichnet): Die Erfahrung zeigt, dass es immer Abweichungen vom Prozessgeschehen gibt, welche durch Eingriffe der Operateure abgefangen werden müssen. Wenn es dann zu Fehlern, Störungen oder anderen Unregelmäßigkeiten im Prozessgeschehen kommt, werden diese oftmals dem "Versagen" des Operateurs zugeschrieben. Derartige Fehlhandlungen werden häufig begründet mit der zumindest momentanen Undurchschaubarkeit der automatisierten Abläufe. Das kann verschiedene Ursachen haben. Neben fehlerhafter Wahrnehmung der dargebotenen Information oder inkorrekter Ausführung von Handlungen ist für fehlerfreies Handeln vor allem das "Verstehen" des Prozessgeschehens durch den Operateur entscheidend. Zahlreiche Ansätze für eine mehr "verrichtungsorientierte" und eine mehr "ursachenorientierte" Fehlerklassifikation liegen vor, und mit entsprechenden Methoden ist es möglich, prospektive Fehlerraten im menschlichen Handeln qualitativ, teilweise auch quantitativ, zu bestimmen (Giesa, Timpe, 2000; Reason, 1990).

Darüber hinaus ist zu bedenken, dass die Komplexität eines technischen Systems von den Nutzern nur dann beherrscht werden kann, wenn die Anwendungsschnittstelle (synonym auch Bediensystem, Nahtstelle, Bedienoberfläche etc.) eine situations- und aufgabenabhängige Interaktion ermöglicht und der relevante Funktionsumfang für die Prozessführung hinreichend ist. Wird davon ausgegangen, dass die für die Prozessführung notwendigen Leistungsvoraussetzungen bei

---

* Weitere Tätigkeitsbereiche sollen hier nicht betrachtet werden

den Operateuren˙vorhanden sind, so trägt offensichtlich auch der Entwickler eines technischen Systems Mitverantwortung für Operateurfehler. In den frühen Phasen der technischen Systementwicklung nicht beachtete Gesetzmäßigkeiten der sozialen oder organismischen Informationsverarbeitung können sich dann verheerend auswirken, wie beispielsweise Unfallanalysen im Bereich der zivilen Luftfahrt zeigten.

Für eine Analyse dieser komplexen Zusammenhänge hat sich ihre strukturelle Betrachtung in Form des sogenannten Mensch-Maschine-Systems bewährt (vgl. Abbildung 1).

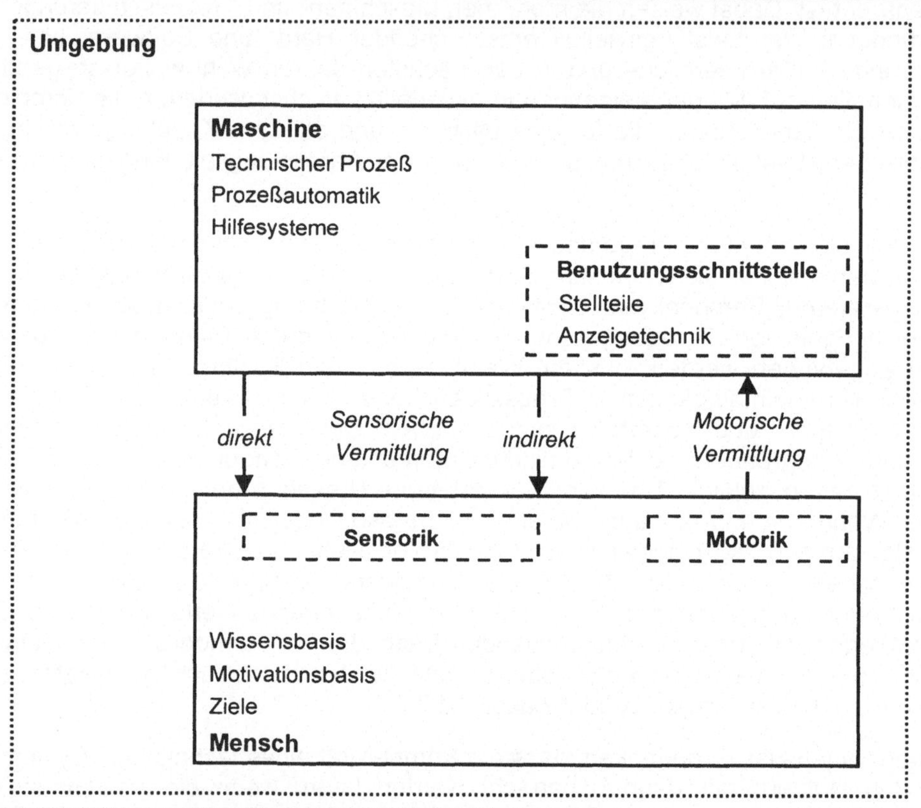

Abb. 1:   Struktur eines Mensch-Maschine-Systems

Der Begriff Mensch-Maschine-System referiert hier auf eine zweckmäßige Abstraktion des zielgerichteten Zusammenwirkens von Personen mit technischen Systemen zur Erfüllung eines selbst- oder fremdgestellten Auftrages. Mit dieser Abstraktion sollen die relevanten Merkmale unterschiedlicher Varianten des ziel-

---

* Damit werden solche Themenkreise wie Ausbildung, Qualifizierung usw. aus den folgenden Ausführungen ausgeklammert.

gerichteten Informationsaustausches zwischen Mensch und Maschine in unterschiedlichen Situationen dargestellt, analysiert und bewertet werden (ausführlich siehe Timpe und Kolrep, 2000).

Informationszirkulation im Mensch-Maschine-System

In noch zulässiger Vereinfachung stellt sich die Informationszirkulation in einem Mensch-Maschine-System wie in Abbildung 2 skizziert dar.

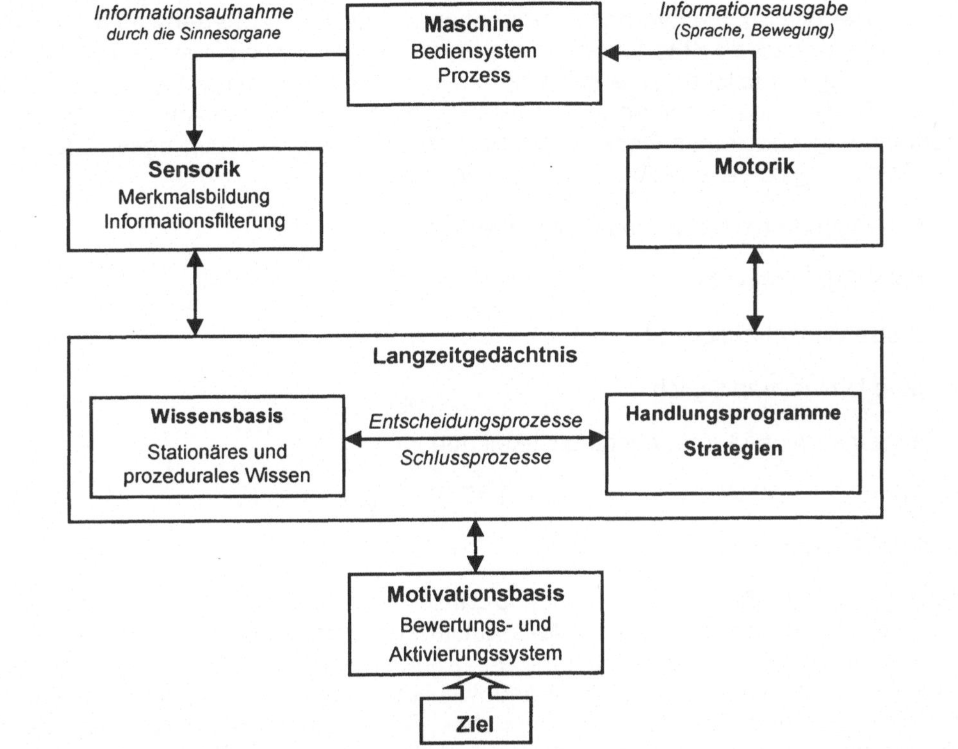

Abb. 2:   Informationszirkulation im MMS (vereinfacht)

Ein Operateur (gemeint als Repräsentant unterschiedlicher Berufsgruppen) fällt entsprechend seiner Zielstellung, des Arbeitsauftrages und der wahrgenommenen Rückmeldungen über die Arbeitssituation und des Prozesszustandes Entscheidungen und steuert bzw. regelt die Maschine. Diese Eingriffe sind das Resultat menschlicher Informationsverarbeitung, entweder als einfache (automatische) Zuordnung von Eingriffen zu Prozesssignalen oder als komplizierte Denkprozesse, z.B. beim Stellen einer Diagnose im Störungsfall. Dies ist in der ingenieurpsychologischen Forschung hinreichend in Form der sog. Ebenenmodelle dargestellt worden (Hacker, 1973; Rasmussen, 1983, Seiten 257 bis 266).

Die Qualität oder Güte des Handelns in komplexen Systemen hängt entscheidend von der Gestaltung der Anwendungsschnittstelle ab, z.B. eines Cockpits, einer

Messwarte oder Bedieneinheit an einer Werkzeugmaschine. Zu kritischen Zeitpunkten wie einer Notsituation, muss ein rascher und richtiger Eingriff erfolgen, in problemhaften Situationen, z.B. einer Störung, ist das eindeutige Verstehen bzw. Interpretieren der angezeigten Parameter, Messwerte, Masken usw. über das Prozessgeschehen notwendig.

Daher ist es von entscheidender Bedeutung, als Ausgangspunkt für den Entwicklungsprozess eines Mensch-Maschine-Systems und somit auch für die Bedieneinheit als Nahtstelle zwischen Mensch und Maschine solche Gestaltungskriterien zu wählen, die diesen Sachverhalt repräsentieren. Leider liegt gegenwärtig kein allgemein verbindliches Kriteriengefüge dazu vor, möglicherweise ist es auch wenig zweckmäßig, ein solches zu entwickeln. Zu verschieden sind die Gestaltungsziele für eine Steuerungseinheit an einer Werkzeugmaschine, für ein Armaturenbrett im Kraftfahrzeug oder eines Cockpits im Passagierflugzeug. Jedoch besteht für solche Gestaltungsziele eine Art Minimalkonsens darin,

♦   hohe Gesamtzuverlässigkeit bzw. Verlässlichkeit

♦   hohe Funktionalität

♦   große Wirtschaftlichkeit

♦   gute Umweltverträglichkeit

♦   angemessene Gebrauchstauglichkeit und

♦   Kompetenzentwicklung, d.h. Lernmöglichkeit für den Operateur

mit dem Systementwurf zu erreichen.

Diese generellen Ziele sind branchenspezifisch untersetzt und in Form von Kriterien operationalisiert. Großen Einfluss auf Industriestandards für Bediensysteme hat hierbei die Bürosoftware genommen, wahrscheinlich auf Grund ihrer großen Verbreitung und Übertragung der Windows-Technologie auf die unterschiedlichsten Industrie- und Dienstleistungsbereiche . Daher spielt trotz aller Neuerungen im Bereich rechnertechnischer Systeme und der Erweiterung ihres Nutzungskontextes (Meyers, 1999) die DIN EN ISO 9241 Teil 10 eine überragende Rolle für den Entwurf von Bedienoberflächen in technischen Systemen. In dieser Norm sind die Merkmale benutzungsgerechter Gestaltung von Bildschirmarbeitsplätzen zusammengefasst.

1.5.2 Entwurfskonzepte der Mensch-Maschine-Systemtechnik

Phasenmodelle im Entwurfsprozess

Für die Entwicklung von Mensch-Maschine-Systemen wurden in den letzten 40 Jahren unterschiedliche Prozess- bzw. Phasenmodelle erstellt, die dazu beitragen sollen, die mit der möglichen funktionalen Komplexität von Systemen einhergehende Schwierigkeit der Systemgestaltung zu reduzieren. Dabei werden die einzelnen Phasen in der Systementwicklung mit den durch sie erzeugten Ergebnissen systematisch über den Zeitverlauf gegliedert. Die systematische Betrachtung erstreckt sich in den verschiedenen Modellen auf die Entwicklungsschritte bis zur Inbetriebnahme oder darüber hinaus auf den gesamten Lebenszyklus des Systems. Die eingeführten Prozessmodelle unterstützen die Optimierung des Systementwicklungsprozesses hinsichtlich verschiedener Ziele. Im Folgenden werden die einflussreichsten Prozessmodelle kurz charakterisiert (vgl. Abbildungen 3a/b).

- Das Wasserfallmodell (Benington, 1956, Seiten 15 bis 27; Royce, 1970, Seiten 1 bis 9; Boehm, 1981) leitet zur schrittweisen Abarbeitung und Dokumentation der Entwicklungsschritte von der Anforderungsdefinition bis zur Wartung während des Betriebes an. Es ist mit geringem Managementaufwand verbunden und übersichtlich, da Rückkopplungen nur auf angrenzende Stufen begrenzt werden (Balzert, 1998).

- Im V-Modell sind weitere bewertende Schritte im Systementwicklungszyklus eingefügt. Der Prozess der Verifikation testet eine Systemkomponente auf Übereinstimmung mit ihrer Spezifikation, wohingegen sich die Validierung auf die Zweckerfüllung des Gesamtsystems bezieht. Das V-Modell sichert durch die Testschritte auf Subsystem– und Komponentenebene die Qualität bei der Entwicklung komplexer Systeme. Allerdings werden dadurch höhere Anforderungen an die Verwaltung der verschiedenen Aktivitäten gestellt (Blanchard, Fabrycky, 1998).

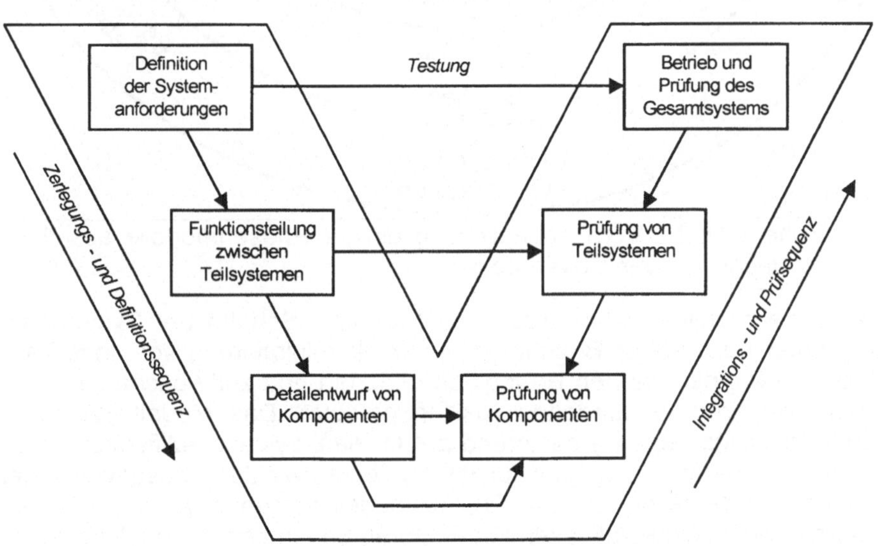

Abb. 3a: Schematische Veranschaulichung einiger Phasenmodelle aus der Systemtechnik – Das V-Modell

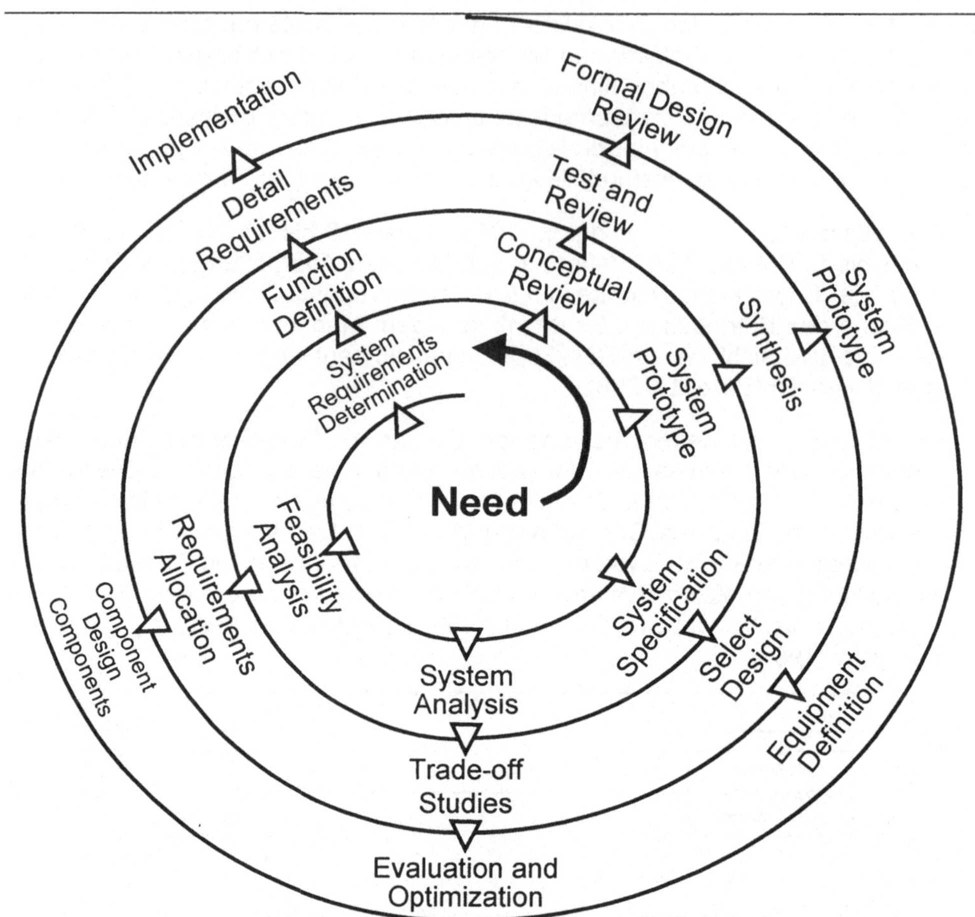

Abb. 3b: Schematische Veranschaulichung einiger Phasenmodelle aus der Systemtechnik – Das Spiral-Modell

♦ Das Spiralmodell (Boehm, 1986) sieht iterative Schritte der Systementwicklung unter besonderer Beachtung der Risikominimierung vor. Innerhalb der einzelnen Schritte werden Prototypen generiert und zur Abschätzung der mit der Entwicklung verbundenen Risiken getestet. Das Modell zeichnet sich durch Flexibilität aus, da basierend auf lokalen, zyklenspezifischen Entscheidungen risikoarme Strategien für die Systementwicklung ausgewählt werden können. Probleme bei diesem Prozessmodell bestehen in der umfassenden Analyse von risikobeeinflussenden Faktoren und in den hohen Anforderungen an das Projektmanagement.

Das als concurrent engineering, simultaneous engineering oder parallel engineering bekannte Vorgehensmodell aus der Fertigungsindustrie wird sehr häufig im Zusammenhang mit der Verkürzung von Produktentwicklungszeiten diskutiert (Eiff, 1991, Seiten 23 bis 27). Das auch als nebenläufiges Prozessmodell bezeichnete Vorgehen vereint alle an der Entwicklung beteiligten Abteilungen in einem Team, um möglichst viele Entscheidungsaspekte von Anfang an zu berücksichtigen und früher sequentiell durchgeführte Schritte zu parallelisieren. Neben dem hohen Personalaufwand ist zu berücksichtigen, dass sich spätere Revisionen in einem Segment negativ auf weitere parallelisierte Arbeitsfolgen auswirken.Für die Entwicklung von informationstechnischen Systemen sind noch weitere Modelle bedeutsam.

♦ Mit der Verbreitung objektorientierter Programmiersprachen gewann der Aspekt der Wiederverwendbarkeit von Software Einfluss, z.B. in Form von Klassenbibliotheken (Gamma et al., 1993). Die Auswahl und die Archivierung wiederverwendbarer Komponenten für den eigenen Entwicklungszweck erfordern neue Aktivitäten im Entwicklungsprozess.

♦ Auf der Optimierung des Entwicklungszeitraumes liegt das Hauptaugenmerk, wenn evolutionäre oder inkrementelle Modelle zur Softwareentwicklung eingesetzt werden (Floyd, 1984). Bei evolutionären Modellen werden sowohl die Anforderungen als auch das vollständige Produkt, dessen Kernversion dann bereits in Betrieb genommen wurde, sukzessive entwickelt. Im Unterschied dazu geht das inkrementelle Modell von vollständig definierten Systemanforderungen aus, so dass spätere Entwicklungsschritte nicht zu einer kompletten Revision des Systems führen.

♦ Das Prototypenmodell ermöglicht es, im Software Engineering einerseits Risiken durch frühzeitige Erprobung von Teillösungen des Gesamtsystems zu minimieren und andererseits die denkbaren Lösungen interaktiv mit den Auftraggebern über den Entwicklungsprozess zu diskutieren (Balzert, 1998).

Die vorgestellten Prozessmodelle haben ihren Fokus stark auf die technischen Komponenten von Mensch-Maschine-Systemen gerichtet. Die Leistungsfähigkeit des gesamten Mensch-Maschine-Systems wird jedoch nicht allein durch den Einsatz spezifikationsgerecht gestalteter Technik gesichert, sondern insbesondere dadurch, dass Mensch und Maschine effizient zusammenwirken.

Die parallel-iterative Gestaltung als Entwurfskonzept

Das parallel-iterative Vorgehen bei der Gestaltung eines Mensch-Maschine-Systems versucht, durch zyklische Prozesse der Systemspezifikation und –prüfung, die menschlichen Ressourcen für die Leistung des gesamten Systems in hohem Maße nutzbar zu machen (vgl. Abbildung 4). In die parallel-iterative Systemgestaltung fließen auch Aspekte der eingeführten Modelle ein. Innerhalb der Gestaltungsebenen werden jeweils parallel die technikorientierten und die menschseitigen Analyse- und Gestaltungsaufgaben abgebildet, die mit Hilfe unterschiedlicher Methoden und Werkzeuge entsprechend der Zielstellung des Arbeitsschrittes unterstützt werden können. Bereits für die Ideenfindung stehen kreativitätsfördernde (siehe Schlicksupp, 1999) und marktanalytische Verfahren zur Verfügung. Auch für den Schritt der Funktionsteilung liegen aus der Konstruktionsmethodik und der psychologischen Aufgabenanalyse (Pahl, Beitz, 1993; Dunckel, 1999) entsprechende Verfahren vor. Für Gestaltungsaufgaben, die sich mit dem Detailentwurf aus technischer Sicht und bezüglich der menschlichen Ressourcen ergeben, wurden ebenfalls vielfältige Entwicklungswerkzeuge (Zühlke, 2002) und human-wissenschaftliche Verfahren ausgearbeitet, z.B. zur Organisationsentwicklung (Elke, 1999) oder zur nutzerzentrierten Schnittstellengestaltung (Mayhew, 1999). Die Bewertung ist bei der parallel-iterativen Vorgehensweise in jedem Gestaltungsschritt der Entscheidungspunkt für eine Iteration oder für den Übergang zum nächstfolgenden Abschnitt in der Systementwicklung. Bewertungen können unter verschiedenen Perspektiven durchgeführt werden, z.B. unter Kosten-Nutzenaspekten oder ergonomischen Gesichtpunkten. Auch für die Bewertung wurden Verfahren entwickelt, die eine fokussierte und systematische Betrachtung unterstützen, z.B. rechnerunterstützte Entscheidungshilfeverfahren (Eisenführ, Weber, 1993), Funktionstests für technische Komponenten (Heinrich, Häntschel, 2000) und Verfahren zur Untersuchung der Gebrauchstauglichkeit (Baggen, Hemmerling, 2000). Je nachdem, ob es sich bei der Systemgestaltung um die Entwicklung eines völlig neuen Systems oder um die Erweiterung eines vorhandenen handelt, sind unterschiedliche Verfahren zur Unterstützung der Systementwicklung hilfreich und effizient. Der parallel-iterative Gestaltungsansatz ist für ein interdisziplinäres Gestaltungsteam angelegt, da die Auswahl und der Einsatz der vielfältigen Unterstützungswerkzeuge und –verfahren fachspezifische Kenntnisse voraussetzt.

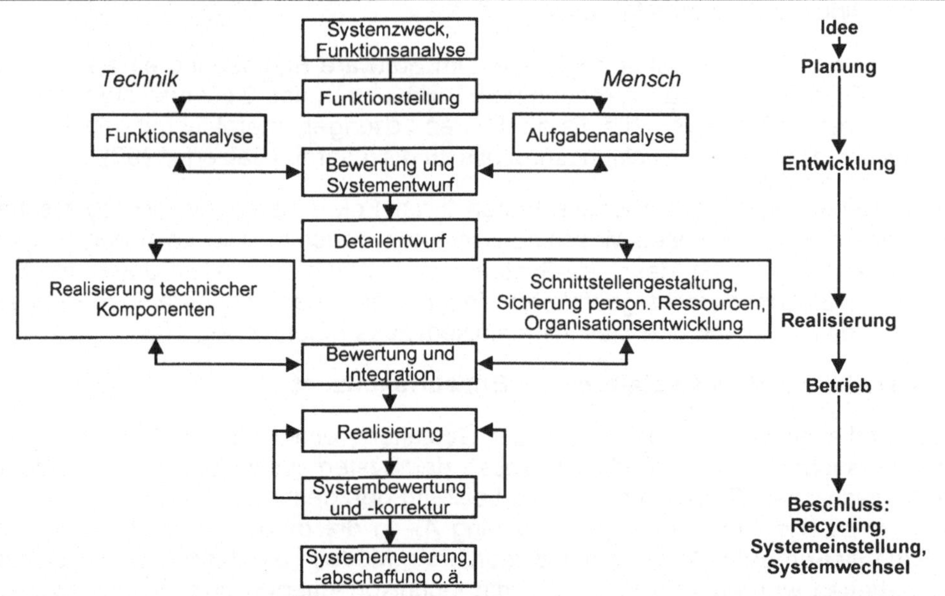

Abb. 4:   Parallel-iterative Systemgestaltung

Kernstück der parallel-iterativen Vorgehensweise beim Systementwurf ist die gleichzeitige bzw. überlappende Berücksichtigung der Interaktion des Menschen mit dem technischen System, der Organisation und der Umwelt.

Der Systemzweck wird als Ausgangspunkt der Systementwicklung vom Auftraggeber definiert, wobei marktanalytische oder unternehmensstrategische Erwägungen bedeutsam sind. Im Rahmen der Konzeption eines Mensch-Maschine-Systems müssen die Systemfunktionen festgelegt sowie zwischen Mensch und Technik verteilt werden. Der parallel-iterative Ansatz sieht dabei vor, der technischen Funktionsanalyse die Analyse der vom Operateur im System zu erfüllenden Aufgaben bereits in der Planungsphase an die Seite zu stellen. Dabei werden die Anforderungen an die Operateure prospektiv ermittelt, mit den technischen Funktionen an Hand der oben genannten Kriterien "abgeglichen" und die technischen Systemkomponenten so lange verändert, bis die Zielsetzungen des Gesamtsystems "Mensch-Maschine" vertretbar erreicht sind. Mit dieser "Aufgabenprojektierung" ist die prinzipielle Möglichkeit gegeben, die Ironien der Automatisierung (Bainbridge, 1983, Seiten 775 bis 779) zu vermeiden und für den Benutzer interessante, motivierende Arbeitsaufgaben zu schaffen anstatt ihm lediglich nicht mehr automatisierbare "Restfunktionen" zuweisen.

In der Realisierungsphase sind einerseits die im Detailentwurf spezifizierten technischen Komponenten umzusetzen und andererseits personelle und organisationale Vorbereitungen für die Einführung des neuen Arbeitssystems zu treffen. Auch für diesen Entwicklungsabschnitt stehen verschiedene Methoden zur Verfügung, die den Entwicklungsprozess unterstützen.

Nach der positiven Bewertung und Integration der Ergebnisse dieser Phase kann das Mensch-Maschine-System in Betrieb genommen werden. Oft werden dann während des Systembetriebes weitere Daten zur Bewertung des Systems gesammelt, um sie für eine Systemkorrektur zu nutzen. Wie Abbildung 5 zeigt, liegt der Preis solcher Korrekturen dann jedoch einige Zehnerpotenzen höher als entsprechende Korrekturen in den frühen Phasen der Systementwicklung – eine häufig unterschätzte Tatsache!

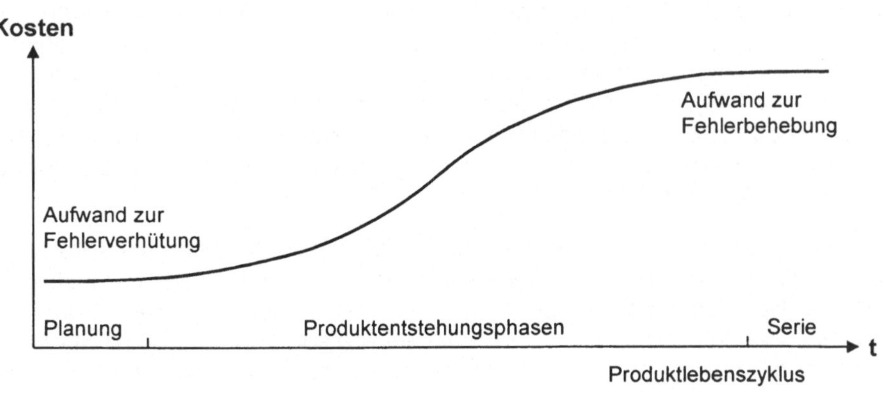

Abb. 5:   Änderungskosten im Produktlebenszyklus

Am Ende des Systemlebenszyklus steht dann der Systemwechsel oder die Systemeinstellung, wobei diese Entscheidung natürlich nach wirtschaftlichen und ökologischen Kriterien bereits lange vor dem endgültigen Beschluss des Managements vorzubereiten ist.

1.5.3 Ausgewählte Entwicklungstendenzen von MMS

Im Folgenden sollen zwei Bereiche von aktuellen Themen in der Mensch-Maschine-Systemforschung vorgestellt werden, die die Unterstützung der Interaktion mit technischen Systemen, der Kooperation und interpersonellen Kommunikation sowie des Wissensaufbaus und -erhalts von Operateuren zum Ziel haben.

Multimodale Nahtstellen zur Unterstützung der Interaktion und Kooperation

a.   Multimodalität als zukünftige Interaktionsform?

Eine Maschine, die annähernd Universalität erreicht hat, ist der Computer. Die Bürotätigkeit ebenso wie hochspezialisierte, industrielle Produktionen sind ohne Computer nicht mehr durchführbar. Computer stellen eine besondere Herausforderung an die Systemgestaltung dar, weil sie für ein breites Spektrum von Nutzern mit unterschiedlichsten Vorkenntnissen geeignet sein sollen, zugleich aber aufgrund der ständig zunehmenden Komplexität und Vielfalt möglicher Anwendungen immer höhere Voraussetzungen an das interaktionsspezifische Wissen stellen. Es liegt auf der Hand, nach Lösungen zu suchen, die das Wahrnehmungsvermögen und das natürliche Repertoire an Interaktionsmöglichkeiten des Menschen möglichst umfassend ausschöpfen und die Notwendigkeit spezifischer Anpassungs- und Lernvorgänge auf ein Minimum reduzieren.

Die multimodale Mensch-Computer-Interaktion ist ein Entwicklungsansatz, bei dem der Informationsaustausch parallel über mehrere Kommunikationskanäle stattfindet, wie dies in der zwischenmenschlichen Interaktion typischerweise geschieht. Verhaltensäußerungen des Benutzers beispielsweise in Form von Sprache, Gestik oder Mimik können durch entsprechende rechnerseitige Sensoren aufgenommen und erkannt werden. Ein multimodales System ist zudem in der Lage, die Eingangssignale der verschiedenen Input-Modalitäten automatisch auf einem höherem signaltechnischen Niveau zu verarbeiten (Nigay, Coutaz, 1993, Seiten 172 bis 178). Der Vorteil derartiger multimodaler Interaktionen gegenüber der heute noch überwiegenden unimodalen Interaktion wird im Kern in einer verbesserten Anpassung der Systemsteuerung an die menschlichen Leistungsvoraussetzungen gesehen.

Die Abbildung 6 veranschaulicht die multimodale Mensch-Rechner-Interaktion, bei der das Interface des Computer Sensoren für unterschiedliche Verhaltensäußerungen des Benutzers enthält. Diese können damit erkannt und auf höherem Integrationsniveau interpretiert werden. Beispielsweise können die einzelnen Eingabeinformationen zu spezifischen Mustern zusammengefasst werden, um sichere Schlüsse über die Intentionen bzw. den Zustand des Benutzers zu ziehen. Das registrierte Benutzerverhalten führt dann zur rechnerseitigen Informationsausgabe, die im engeren Sinne interaktionsrelevant (Rückmeldung des erkannten Sprachbefehles) oder aufgabenrelevant (Ausführung des Befehls oder Angebot einer Änderungsoption) ist.

Neben dem zuverlässigen technischen Funktionieren eines Interaktionskanals ist die Frage bedeutsam, welche organismustypischen und technisch-physikalischen Eigenschaften einen Interaktionskanal zur Übertragung spezifischer Informationen geeignet machen. Erst nach Beantwortung dieser Frage lässt sich festlegen, mittels welcher Modalität und in welcher Art der Benutzer bestimmte Operationen im technischen System am besten steuern kann (Oviatt, 1999, Seiten 74 bis 81).

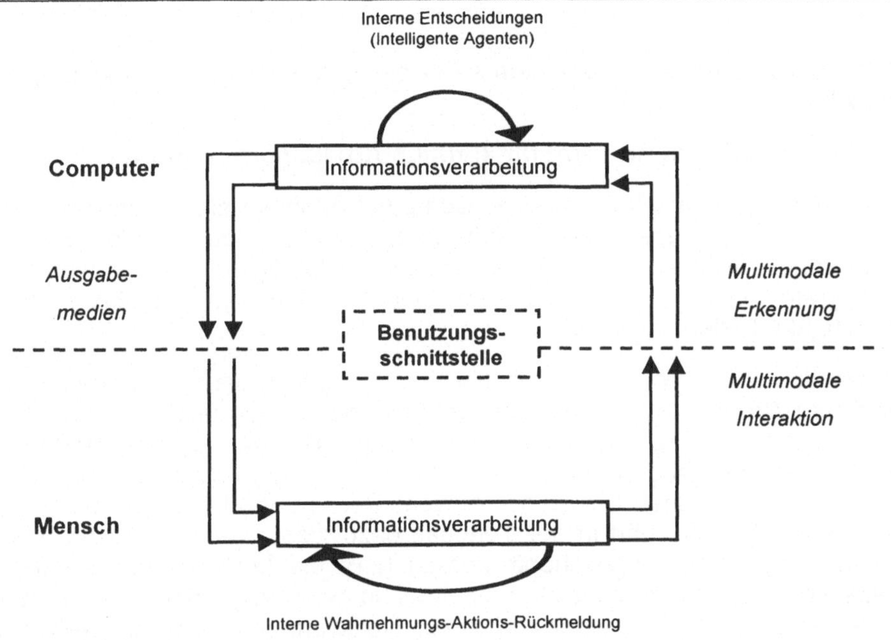

Abb. 6:   Modell multimodaler Mensch-Computer-Interaktion

Die Ziele von multimodaler Systementwicklung bestehen vorrangig darin,

♦   mehr Informationen vom bzw. über den Benutzer systemintern zu verarbeiten, um seine Intentionen zuverlässiger und umfassender interpretieren zu können

♦   dem Benutzer personen-, situations- und aufgabenadäquate Interaktionskanäle verfügbar zu machen (dies umfasst auch die Unterstützung für sensorisch oder motorisch behinderte Menschen) und die

♦   Anforderungen an das interaktionsspezifische Wissen im Umgang mit dem Computer so gering wie möglich zu halten.

Die multimodalen Eingabeformen werden sinnvollerweise durch unterschiedliche rechnerseitige Ausgabekanäle ergänzt. Verschiedene Wahrnehmungskanäle des Menschen seitens der Systemausgabe anzusprechen, verfolgt hierbei den Zweck, überbeanspruchte Sinne zu entlasten oder kritische Informationen redundant anzubieten, um die Wahrscheinlichkeit ihrer Entdeckung zu erhöhen. Die synchrone Nutzung mehrerer Ausgabekanäle dient auch dazu, den Informationsgehalt von Nachrichten zu steigern.

Heute sind bereits zahlreiche Beispiele für derartige multimodale Interaktionen bekannt. Sie befinden sich jedoch häufig noch im Labor– oder Prototypenstadium, und über den praktischen Einsatz liegen kaum wirtschaftliche oder andere Daten vor.

Nachfolgend wird ein sehr elaboriertes Beispiel entsprechender Forschungsarbeit vorgestellt.

b.   mUltimo3D: Ein Konzept für künftige Arbeitsplatzcomputer

Die Anwendungsschnittstelle heutiger Computer orientiert sich besonders im Bereich der Büroarbeit, aber auch in anderen industriellen Domänen, am Bild eines Schreibtisches. Auf der Arbeitsfläche dieses virtuellen Schreibtisches werden von den Programmen bereitgestellte Informationen in Form von Schriftstücken, Diagrammen oder Bildern ausgebreitet.

Die Grenzen der "Schreibtisch-Metapher" werden jedoch deutlich, wenn gleichzeitig mehrere Programme laufen, die untereinander Informationen austauschen (verknüpfte oder eingebettete Dateien) oder über das Internet Informationen von entfernten Servern abgerufen werden. In der auf dem Monitor dargestellten Menge von Informationen verliert der Anwender leicht den Überblick. Die resultierende Verunsicherung führt in der Tendenz dazu, dass die verfügbaren Systemressourcen nicht voll ausgeschöpft werden (z.B. die Multitasking-Fähigkeit des Betriebssystems). Aus dem gleichen Grund sind massive Hemmnisse für die Nutzung neuartiger Dienste in einer komplexen Netzwerkumgebung abzusehen, z.B. bei der gemeinsamen Bearbeitung von Dokumenten mit entfernten Partnern in der rechnergestützten Telekooperation.

Seit Anfang der neunziger Jahre werden neue Betriebssystemkonzepte zur besseren und übersichtlicheren Nutzung der begrenzten Bildschirmfläche eines Computer Displays entwickelt. Das Gemeinsame bei diesen Ansätzen besteht darin, dass diejenigen (Daten-)Objekte, auf die sich das Interesse des Anwenders gerade konzentriert, durch eine perspektivisch/räumliche Darstellung im Vordergrund platziert werden; alle anderen Objekte erscheinen perspektivisch verkleinert im Hintergrund. In diesem Zusammenhang wurden auch Konzepte zur Vereinfachung der Mensch-Computer-Interaktion auf der Grundlage neuartiger „unkonventioneller" Eingabegeräte mit Unterstützung durch Software-Agenten entwickelt. Diese intelligente Interface-Software unterstützt die kontextabhängige Interpretation der multimodalen Aktionen des Anwenders und die Informationsaufbereitung für die Ausführung von Eingaben und die Ausgabe über das Interface.

Am Heinrich-Hertz-Institut Berlin wurde mit dem mUltimo3D-System ein experimentelles Computersystem entwickelt, bei dem erstmals ein breites Spektrum aussichtsreicher Komponenten für multimodale Interaktionen praktisch implementiert und zu einem Gesamtsystem integriert wurden (Pastoor, 2000). Der Prototyp bietet neben konventionellen Eingabegeräten wie Maus und Tastatur zusätzliche Systeme zur Spracheingabe, zur Ermittlung der Kopfposition und Blickrichtung, zur Erkennung der Handposition und einfacher Handgesten sowie ein Gerät zur Kraftrückmeldung über die Fingerspitze.

Im Unterschied zu herkömmlichen Computern verwendet dieses System ein 3D-Display für die Darstellung einer dreidimensionalen grafischen Benutzungsoberfläche. Dieses Display kann wie ein gewöhnlicher Computermonitor ohne eine spezielle Stereobrille betrachtet werden. Ein spezielles 3D-Betriebssystem erweitert die Desktop-Oberfläche zu einem 3D-Interaktionsraum.

In diesem Paradigma hat die stereoskopische Räumlichkeit primär Werkzeugcharakter – Illusionswirkungen, wie das Präsenzerleben in einer virtuellen Realität, gelten als Mittel, nicht als Zweck. Die 3D-Darstellung ermöglicht beispielsweise die Zuweisung von Bedeutungskomponenten, Aktivitäten oder Zugriffsrechten an diskrete Tiefenschichten des Interaktionsraums (funktionale Tiefenstaffelung). So kann die Darstellung eines Videokommunikationsfensters in der vordersten Ebene signalisieren, dass eine bidirektionale Bild- und Tonverbindung existiert ("Ich werde von meinen Tele-Partnern gehört und gesehen"). Das gleiche Fenster in einer entfernteren Tiefe signalisiert: "Ich werde gesehen aber nicht gehört". Ein Videofenster im Hintergrund sagt hingegen: "Die anderen können mich weder hören noch sehen". Auf diese Weise ermöglicht die Tiefenstaffelung dem Computernutzer eine anschauliche Kontrolle der eigenen (privaten) und der öffentlich zugänglichen Arbeitsbereiche (domain control). Die funktionale Tiefenstaffelung könnte auch teilweise der Kontrolle eines Interface Agenten unterstellt werden (s.u.).

c.   Aufbau des mUltimo3D-Systems

Um eine akzeptanzmindernde Belastung des Nutzers durch gerätetechnische Erfordernisse an der Anwenderschnittstelle von vornherein auszuschließen, verwendet das Experimentalsystem ausschließlich kontaktfreie Techniken zur 3D-Visualisierung und zur Erfassung der durch Blickrichtung, Kopfbewegungen und Handgesten generierten Steuersignale (Pastoor, Liu, 2002). Bild 7 zeigt den Aufbau mit brillenlosem 3D-Display und videobasierten Interaktionstechniken. Zwei Videokameras sind oberhalb bzw. seitlich des Displays angebracht und dienen dazu, die momentane Kopfposition und Blickrichtung zu ermitteln. Über die Kopfkamera ist außerdem eine Bildkommunikation möglich. Die Blickkamera befindet sich auf einer beweglichen Plattform und liefert ein vergrößertes Augenbild des Nutzers. Die Kamera wird bei Kopfbewegungen automatisch nachgeführt. Die Blickmessung erfolgt nach einer modifizierten Cornea-Reflex-Methode, einem benutzerfreundlichen Verfahren mit automatischer Kalibrierung (Liu, Pastoor, 2001). Daneben sind auch traditionelle Eingabegeräte wie Tastatur und Maus vorhanden, z.B. für die Textbearbeitung oder für die Bestätigung "kritischer" Befehle, etwa das Löschen von Dateien. Zwei Stereokameras in unmittelbarer Nähe der Tastatur erfassen die Handposition und Gesten des Anwenders bei der direkten Manipulation eines stereoskopisch vor dem Display erscheinenden Datenobjektes. Darüber hinaus besteht die Möglichkeit, das System mittels Spracheingabe bzw. in Kombination mit anderen Modalitäten, wie der Blickinteraktion, zu steuern. Damit stehen dem Benutzer verschiedene Interaktionstechniken zur Verfügung, die entsprechend persönlicher Präferenzen oder situativer Eignung gewählt werden können. Das mUltimo3D-System unterstützt die Nutzer auch durch eine Sprachausgabe. So können Anfragen oder Hinweise des Systems auch sprachlich an den Benutzer ausgegeben werden, um den visuellen Wahrnehmungskanal zu entlasten.

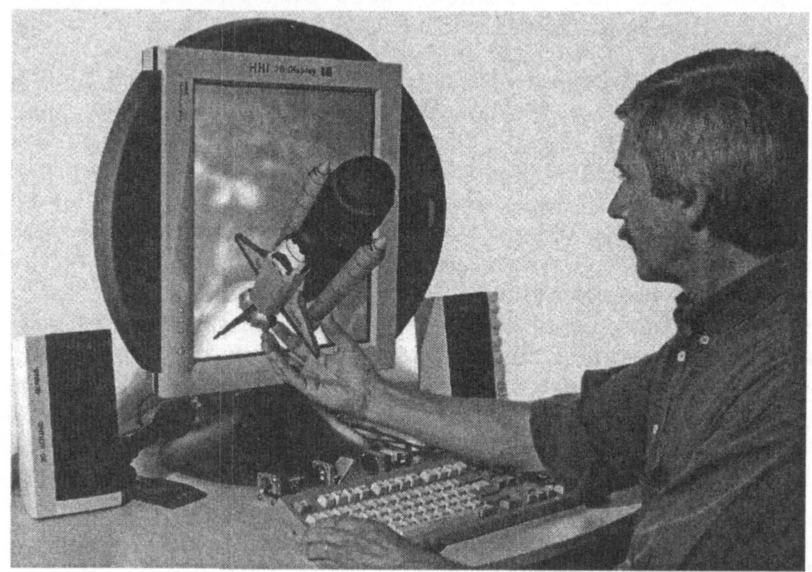

Abb. 7:   Multimodaler Computerarbeitsplatz mit autostereoskopischem 3D-Display. Der Anwender kann neben üblichen Eingabegeräten (Maus, Tastatur) Sprachbefehle, Blickbewegungen und Handgesten einsetzen, um mit dem Computer zu kommunizieren.

Den Kern der experimentellen Anwenderschnittstelle bildet ein Betriebssystem, das sowohl die 3D-Visualisierung als auch berührungslose und kommandofreie Interaktionen unterstützt. Die multimodale Interaktion wird durch spezifische Softwarekomponenten, die Interface Agenten, unterstützt. Die Interface Agenten sorgen für eine übersichtliche Platzierung der Objekte im Kommunikationsraum, sammeln Daten über den Anwender, um daraus ein Benutzermodell aufzubauen und unterstützen die Interaktion zwischen Anwender und Betriebssystem durch autonome Aktionen. In verschiedenen Situationen muss die Agentur in einen Dialog mit dem Anwender treten, beispielsweise um kritische Aktionen bestätigen zu lassen oder Hilfen anzubieten. Dazu kann der Visualisierungsagent das Erscheinungsbild einer anthropomorphen Repräsentation (auch als Avatar bezeichnet) annehmen und den Anwender durch Gesten oder Sprache auffordern, eine Entscheidung zu treffen. Dieser Agent bildet die unmittelbare Schnittstelle zwischen dem Anwender und der Agentur und erlaubt es dem Anwender, direkt auf Entscheidungen der Agenten einzuwirken. Darüber hinaus kann der Avatar zukünftig als Tutor bei Hilfe- und Lernsystemen fungieren. Das Zusammenspiel der einzelnen Komponenten des multimodalen Experimentalsystems ist in Abbildung 8 dargestellt.

Alle bekannten 3D-Displaytechniken haben einen schwerwiegenden Nachteil, wenn es um die Unterstützung von direkten Bildinteraktionen mit realen Werkzeugen oder den Händen im Greifraum vor dem Display geht. Das Problem liegt darin begründet, dass die Stereobilder in der Bildschirmebene des 3D-Displays erzeugt werden, d.h. in einer Bildebene die nicht mit der wahrgenommenen räumlichen Lage des virtuellen Objektes und des Realobjektes übereinstimmt. Da der Betrachter aber nur auf <u>eine</u> Distanz akkommodieren kann, sieht er entweder das virtuelle Objekt (Akkommodation auf die Schirmebene) oder das Realobjekt in der vollen Schärfe. Eine natürliche Interaktion, bei der beide Dinge scharf gesehen werden, ist somit ausgeschlossen.

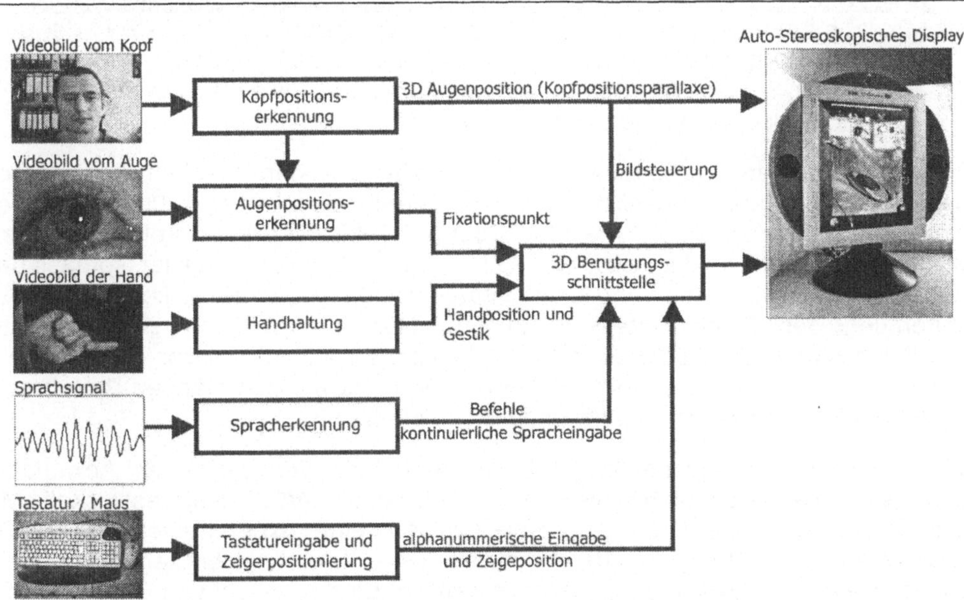

Abb. 8:   Implementierte Komponenten des mUltimo3D-Systems.

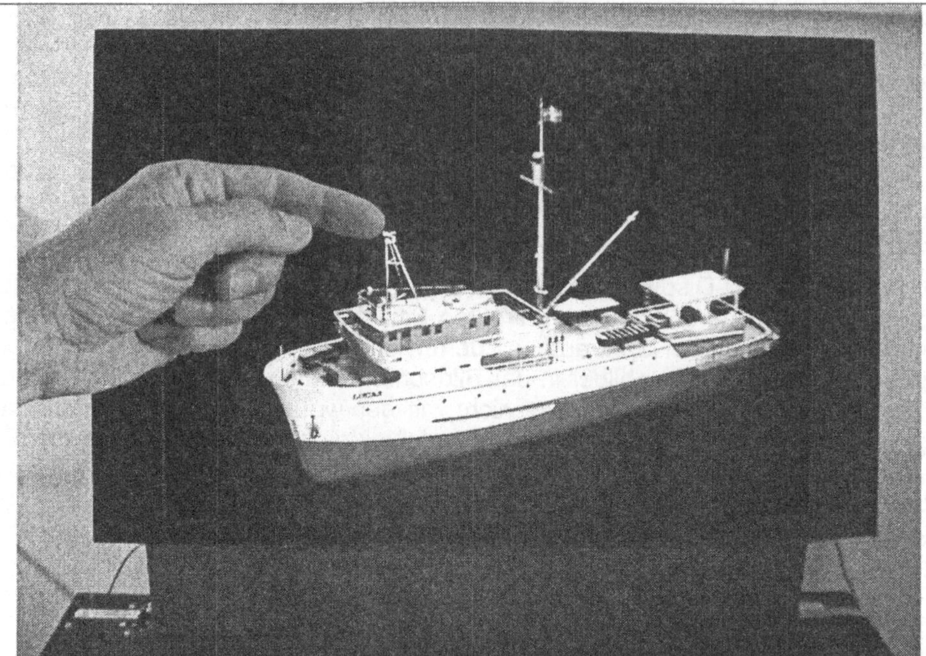

Abb. 9:   Ein neuartiges 3D-Display lässt computer-generierte Objekte in der gleichen Sehentfernung erscheinen, wie die bei der Interaktion verwendeten
realen Objekte (die Hand oder ein Werkzeug). Auf diese Weise kann ein
störender Akkommodationskonflikt vermieden werden.

Für dieses Problem wurde eine Lösung gefunden, die darin besteht, das Stereo-
paar mit Hilfe eines speziellen Projektionsverfahrens in einer Luftbildebene vor
dem Display zu fokussieren (Pastoor, Boerger, 1997). Mit einer großen Feldlinse
wird das aus dem Projektor austretende Licht in die Augen abgebildet, so dass der
Betrachter ein sehr helles Luftbild des virtuellen Objektes in der Akkommodationsentfernung des Realobjektes wahrnimmt. Das in Abbildung 9 dargestellte
dreidimensionale Schiffsmodell schwebt beispielsweise 20 cm vor dem Display.
Der Betrachter kann es in voller Schärfe sehen und mit den Händen "berühren",
ohne dabei einen Akkommodationskonflikt zu erleben.

Die technischen Komponenten und die Gestaltung der grafischen Anwenderschnittstelle des mUltimo3D-Systems wurden kontinuierlich weiterentwickelt. Mit
dem derzeitigen System können beispielsweise in einer experimentellen 3D-CAD-
Anwendung (vgl. Abbildung 10) "Werkzeugkisten" durch Anblicken ausgewählt
und durch verbale Bestätigung geöffnet werden. Eine Auswahl von 3D-Grundkör-
pern, Farben, Texturen und Bearbeitungswerkzeugen wird dann vom Interface-
Agenten stereoskopisch in Reichweite des Nutzers dargestellt. Weitere Auswahl-
schritte oder auch direkte Manipulationen eines konstruierten Objektes sind mit
der bloßen Hand möglich. Die Berührung des Objektes kann dabei durch akustische und optische Signale oder aber auch haptisch durch ein Force-Feedback-

System vermittelt werden. In Fenstern dargestellte Textinformationen rollen beim Lesen automatisch weiter, wenn der Blick den Randbereich eines Fensters erreicht.

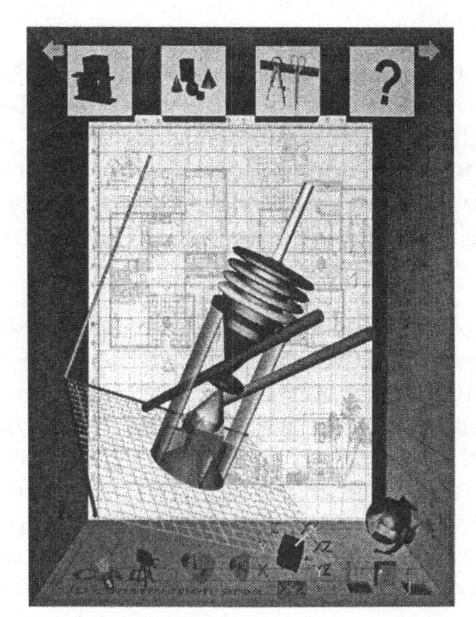
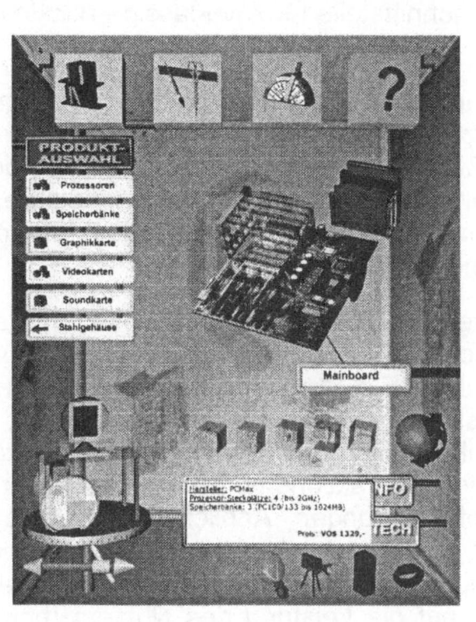

Abb. 10: Grafische Oberfläche des mUltimo3D-Systems mit 3D-Konstruktionsprogramm und Info-Browser. Die Schaltflächen reagieren auf Blick, Sprache und "Berührung" mit dem Zeigefinger (virtueller 3D-Touchscreen). Die im Raum schwebenden Objekte können durch Handgesten manipuliert werden. Daneben stehen auch konventionelle Eingabegeräte (Tastatur, Maus) zur Auswahl.

d.   Ergebnisse erster Nutzeruntersuchungen

Aufgrund der technischen Komplexität des multimodalen Systems konzentrierten sich die Arbeiten bislang darauf, die Komponenten zu implementieren und in der Form eines lauffähigen Gesamtsystems zusammenzufügen. Mit diesem Testsystem wurden in verschiedenen Entwicklungsstufen Nutzerbefragungen bei Präsentationen (informell) und Benutzungstests unter Laborbedingungen durchgeführt. Bei den informellen Meinungsäußerungen waren die Besucher in der Regel von der 3D-Visualisierung und der Möglichkeit, durch einfaches Hinschauen mit einem Computer zu kommunizieren, sehr beeindruckt.

Folgende Probleme traten im Bereich der kommandofreien Interaktion auf:

♦   Verwirrung durch die Eigendynamik der grafischen Benutzungsschnittstelle

- ◆ Schwellzeitabhängige Reaktionen des Systems im Rahmen der Blickinteraktion

- ◆ Gestaltung der Größe der interaktiven Objekte in der grafischen Benutzungsschnittstelle für zuverlässige Blickinteraktion

Adaptionen des Systems können stärker den Nutzerintentionen entsprechen, wenn deren systemseitige Interpretation auf verschiedenen Äußerungen des Benutzers beruht, z.B. die simultane Interpretation von sprachlichen und mimischen Äußerungen, und das System in mehrdeutigen Situationen einen Dialog initiieren kann. Weiterhin sollten die unmittelbaren Reaktionen des Benutzers auf die Systemaktivitäten analysiert werden, um die Erwünschtheit des neuen Systemzustandes zu validieren.

Unter Laborbedingungen wurden Untersuchungen nach der Methode der "Heuristischen Evaluation" (Nielsen, 1997) durchgeführt. Dabei wurde das System von Usability-Experten begutachtet, die beurteilten, inwieweit bestimmte anerkannte Gestaltungsprinzipien, die Heuristiken, erfüllt wurden. Insbesondere sollte die Funktionalität und Brauchbarkeit der grafischen Oberfläche und die Eignung der neuen Interaktionsmodalitäten bewertet werden (Steuerung des Systems durch Kopfbewegungen, Anblicken und Handgesten). In ersten Nutzungsuntersuchungen mit Testapplikationen (3D-Konstruktionsprogramm, Info-Browser, vgl. Abbildung 10) wurde auch versucht zu klären, welchen Effekt multimodale Interaktionen auf die Leistung des Nutzers (benötigte Zeit und Antwortrichtigkeit für eine Aufgabe, Anzahl und Passgenauigkeit bearbeiteter Elemente bei einer komplexen Konstruktionsaufgabe) und die subjektive Qualitätsbewertung haben (Gebrauchstauglichkeit, Originalität und Gesamtattraktivität). Wenngleich eine Generalisierung der vorliegenden Ergebnisse aufgrund des geringen Umfangs der Untersuchungen in Relation zum Gestaltungsspielraum derzeit noch nicht angebracht erscheint, konnte beispielsweise ein signifikanter positiver Zusammenhang zwischen der Nutzung multimodaler Interaktionen und der erzielten Leistung nachgewiesen werden, insbesondere bei der Konstruktionsaufgabe, aber auch beim Rekonstruieren von Informationen aus dem Info-Browser (Seifert et al., 2002). Das mUltimo3D-System wurde als innovativ und interessant eingeschätzt, allerdings ist bis zu seiner Produktreife noch weitere Forschungsarbeit nötig, beispielsweise über die Integration und Interpretation unterschiedlicher Verhaltensäußerungen der Benutzer oder die Optimierung von Verarbeitungszeiten im System. Aus den ersten Evaluationen sind für die zukünftige Entwicklungsarbeit im Bereich stereoskopischer multimodaler Systeme Aufgaben abzuleiten:

- ◆ Entwicklung und Testung von Interpretationsmodellen aus verschiedenen Verhaltensäußerungen von Benutzern

- ◆ Geschwindigkeitssteigerung der Grafikprozesse für die stereoskopische Bildschirmdarstellung

- ◆ Entwicklung von Metaphern und Navigationskonzepten für die 3D-grafische Benutzungsschnittstelle

♦ Entwicklung von ergonomischen 3D-Eingabegeräten

Multimodale Systeme verbunden mit neuen autostereoskopischen grafischen Benutzungsschnittstellen bieten zukünftig vielfältige Möglichkeiten, situationsangemessen und individuellen Bedürfnissen entsprechend mit technischen Systemen zu interagieren und so auch zu einer vereinfachten technisch vermittelten Kommunikation zwischen Menschen beizutragen.

Im folgenden soll ein weiteres Beispiel interdisziplinärer Systementwicklung skizziert werden. Es wird die Zielstellung aufgegriffen, die menschliche Leistungsfähigkeit mit Hilfe informationstechnisch realisierten Unterstützungs- bzw. Assistenzsystemen zu erhöhen. Während uns im alltäglichen Umgang oder am Arbeitsplatz die Inanspruchnahme von Hilfen durch Befragen von Kollegen, Nachschlagen in Büchern u.ä. nahezu selbstverständlich ist, befinden sich spezielle Hilfesysteme in zugeschnittener, branchenspezifischer Domäne häufig erst in der Entwicklung. Die technischen Realisierungsmöglichkeiten hierfür sind zwar recht weit entwickelt, jedoch läuft die Güte der Benutzbarkeit teilweise diesen technischen Lösungen hinterher (Willumeit, Kolrep, 2000).

Kompetenzfördernde Multiagentensysteme zur Unterstützung des Wissensaufbaus bei Diagnosesystemen

a.   Interdisziplinärer Hintergrund

Die wachsende Komplexität der Arbeitssysteme, verknüpft mit erhöhten Produktivitäts- und Qualitätsanforderungen bezüglich der Prozessfähigkeit der Maschinen, führte zu einem verstärkten Einsatz von Unterstützungssystemen in der Produktion. Neben der Diagnosefunktionalität eines solchen Systems sind auch Hilfen zur Fehlerprognose und Fehlerbehebung erwünscht. Vor diesem Hintergrund erweist es sich als interessanter Ansatz, kompetenzförderliche Multiagentensysteme (MAS) zur Unterstützung des Instandhaltungspersonals bei der Störungsdiagnose an Werkzeugmaschinen zu entwickeln. Diese strategische Zielsetzung resultiert aus dem Ergebnis der Technikfolgenforschung, dass wissensbasierte Systeme ohne explizite Berücksichtigung der Eigenschaften der menschlichen Informationsverarbeitung das Risiko des allmählichen Kompetenzverlustes der Nutzer bergen.

Auf der Grundlage der ausgewerteten Literatur wurden in einer exemplarischen Entwicklung unter Berücksichtigung des Instandhaltungsprozesses folgende zentrale Anforderungen an ein solches Unterstützungssystem gestellt. Es soll

♦ mehrere Sichtweisen auf eine Störung repräsentieren

♦ unterschiedliche Strategien der Störungssuche unterstützen und

♦ den softwareergonomischen Anforderungen genügen.

Eine mögliche Kompetenzförderung beruht demnach auf den Eigenschaften der multiperspektivischen Nutzungsform sowie der multiperspektivischen Akquisition, Modellierung und Repräsentation von Wissen.

b.   Entwicklung eines prototypischen Systems

Die zu unterstützenden Diagnosestrategien umfassen in der Produktionstechnik die Bereitstellung von Informationen zu Fehlerprogrammen, Maschinenunterlagen, Fehler- und Ausfallhäufigkeiten, historischen Informationen, abhängigen Wahrscheinlichkeiten, Sinneseindrücken und Signalverläufen. Ferner gehören dazu Verfahren, die beispielsweise nach Kriterien wie minimaler Aufwand oder Reduktion von Unsicherheiten wirksam sind (Konradt, 1992). Die Diagnose wird auch unterstützt durch Strategien zur Rekonstruktion des Fehlers und den Mustervergleich von Fehlersymptomen.

Abbildung 11 zeigt die Architektur des Multiagentensystems. Einzelheiten sind bei Timpe und John (Seiten 163 bis 167, 2000) oder Gernert, Krüger und Timpe (2000) zu finden[*].

Ein separat entwickeltes Programmmodul zur Eingabe diagnoserelevanten Wissens erlaubt autorisierten Benutzern die Überprüfung und Erweiterung der Wissensbasis zu den Komponenten und zu fehlerrelevanten Verkettungen.

c.   Einige Ergebnisse

Obwohl die Untersuchungen noch nicht abgeschlossen wurden, lassen sich bereits einige Ergebnisse benennen:

◆   Die prototypische Realisierung des *Multiagentensystems* führt zur Kompetenzförderung in erwartetem Ausmaß. Damit ist eine aus humanwissenschaftlichem Konzept abgeleitete Begründung für die Empfehlung bzw. Richtlinie gegeben, Unterstützungssysteme mit einer Multiagentenstruktur für die Störungsdiagnose zu entwickeln.

◆   Die *Darstellung der Komponenten* der Maschine in Form eines Baumes, wie er dem Anwender von anderen Windows-Applikationen her bekannt ist, erwies sich aus der Sicht der Nutzer als sehr sinnvoll (vgl. Abbildung 12).

In einer weiteren Verbesserung des Systems sollte der Anwender des Systems etwa durch Ausgaben im Systemfenster mit einer akustischen Meldung darauf hingewiesen werden, unter welchen Schaltflächen noch wichtige Informationen zu den Komponenten und deren Fehlfunktionen abgerufen werden können. Häufig

---

[*]   Die Forschungsarbeiten wurden von der DFG unter dem Förderkennzeichen TI 188 ermöglicht

blieben diese bei der Fehlersuche ungenutzt, so dass die Fehlerursache teilweise nicht gefunden wurde.

♦ Für *industrielle Anwendungsgebiete* ergeben sich Möglichkeiten bei Maschinenherstellern und Ausrüstern. Für neu gebaute Maschinen ist die Ergänzung um ein Diagnosesystem nach dieser Architektur sinnvoll. Werkzeugmaschinenhersteller selbst können ihre Diagnosesysteme um Multiagentensysteme erweitern. Ein derartiges System kann auch in anderen Bereichen des Maschinenbaus durch spezifische Anpassungen kompetenzsteigernd eingesetzt werden.

Die Projektarbeit wird mit weiteren Evaluations- und Entwicklungsschritten fortgeführt. So werden Langzeituntersuchungen (1/2 Jahr) in einem Anwenderbetrieb vorbereitet, um die Akzeptanz und die signifikante Kompetenzförderung des Anlagenpersonals nachzuweisen. Die Wissensbasis wird ausgebaut und weitere Agenten sind vorgesehen, um organisatorische Aspekte und eine sprachliche Ausgabe in das Unterstützungssystem zu integrieren (Marzi, John, 2001).

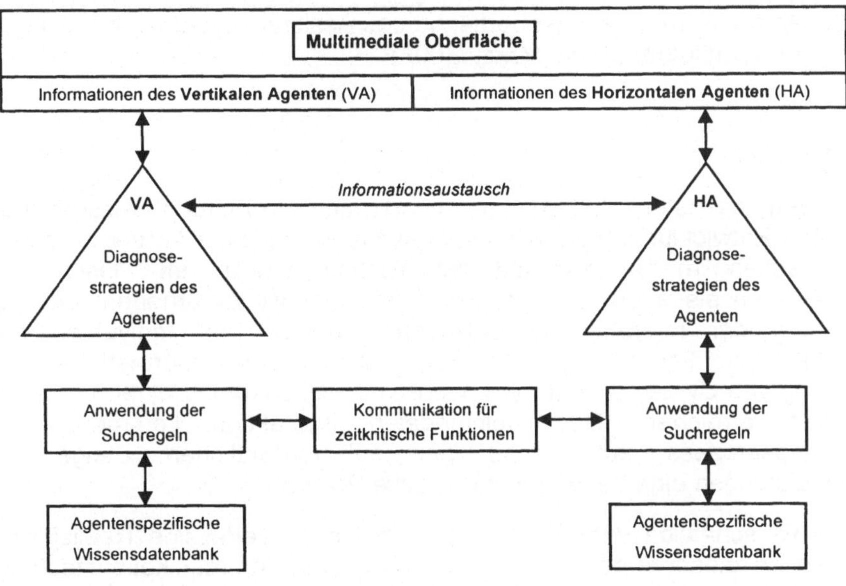

Abb. 11: Architektur des experimentellen Multiagentensystems

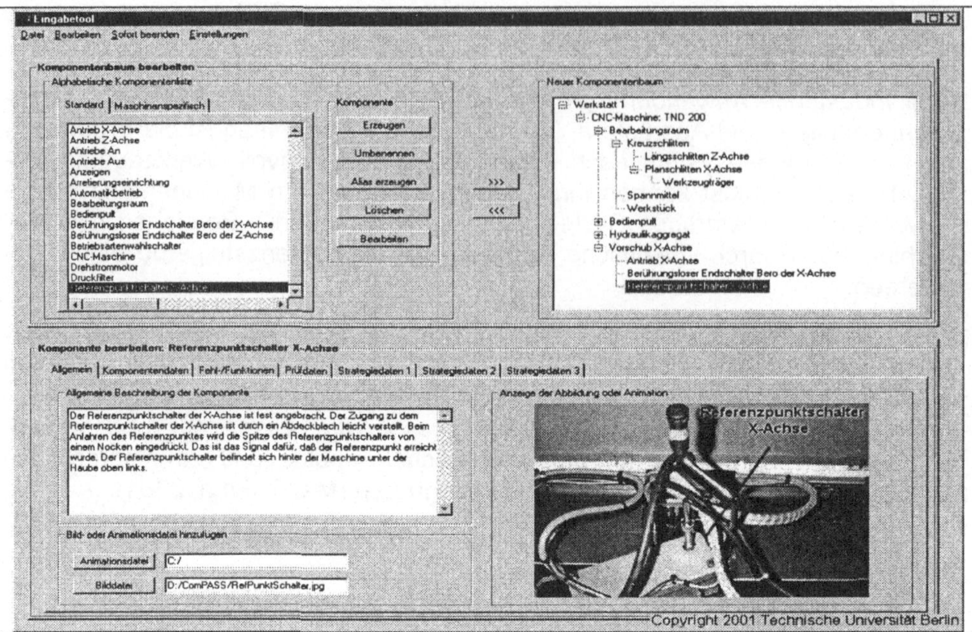

Abb. 12: Grafische Benutzungsoberfläche des Assistenzsystems mit Multiagen-
ten-Architektur (John, Marzi, 2002)

1.5.4 Ausblick

Die in den nächsten Jahren zu erwartende Ausweitung wissenschaftlich–
technischer Entwicklungen auf alle Lebenssphären der Bevölkerung wird die Rolle
des Menschen im Umgang mit der Technik sowohl im Maschinen- und
Verkehrswesen als auch im Dienstleistungssektor weiter erhöhen. Beiträge zur
Optimierung der Interaktionen zwischen Gruppen und Individuen an den
Nahtstellen zur Technik, in der Regel als globale informationstechnische
Vernetzung von Systemen realisiert, werden dabei zukünftig einen noch höheren
Stellenwert erreichen. Der multimodalen Interaktion kommt in diesem
Entwicklungsprozess auf Grund der außerordentlichen Steigerung der
Rechnerleistungen eine besonders innovative Rolle zu.

Für eine wirtschaftlich vertretbare und technisch zuverlässige Realisierung der
Möglichkeiten dieser modernen Informations- und Kommunikationstechnologien
sind allerdings noch intensive Forschungs- und Entwicklungsarbeiten zu leisten.
Zwar können – pars pro toto – gegenwärtig sprachverarbeitende Systeme bereits
für spezielle Anwendungsdomänen industriell genutzt werden, jedoch ist das
Problem des Erkennens (und Verstehens!) natürlicher Sprache in unterschiedlichen Domänen bei variablen Sprechern und natürlichen Umgebungsbedingungen
keinesfalls gelöst. Gestenerkennung, Blickverfolgung oder die Einbeziehung des
taktilen Kanals (sog. Force Feedback) in das Interaktionsgeschehen und zur Un-

terstützung der Spracherkennung kennzeichnen weitere Formen zukünftiger Mensch–Maschine–Kommunikation. Entscheidend für die Durchsetzung dieser Entwicklungen auf dem Markt wird es sein, wie es gelingt, in diesem Prozess die Leistungsvoraussetzungen der späteren Nutzer zu berücksichtigen. Denn in der Praxis werden sich nur solche Systemlösungen durchsetzen, die effizient, effektiv und akzeptiert sind. Exemplarisch wurden in den vorangehenden Ausführungen sowohl die konzeptionellen Grundlagen als auch einige konkrete Forschungs- und Entwicklungsarbeiten auf dem Weg zur Erreichung dieser Zielstellungen dargelegt.

1.6.   Chancen   einer   interdisziplinären   Systemforschung
Tom Sommerlatte

In nahezu allen praktischen Gestaltungs- und Entwicklungssituationen, in denen es um ein "System" geht, entstehen Misserfolge und Pannen aus der zu engen Sicht des Systems.

Wenn Unternehmen heute einem sogenannten Business Process Reengineering oder einer wie auch immer gearteten Reorganisation unterzogen werden, dann wird ihr aufbau- und ablauforganisatorisches System in erste Linie, wenn nicht ausschließlich, nach Gesichtspunkten "rationalisiert", die dem Ingenieursdenken entstammen – daher zu Recht auch "Reengineering". Dass es neben der Aufbau- und Ablauforganisation ein soziales System oder gar mehrere soziale Systeme gibt, menschliche Beziehungsgeflechte aus Sympathien und Antipathien, aus Loyalitäten und Misstrauen, aus Kooperationsbeziehungen und Animositäten, aus Motivationen und Ängsten, aus offiziellen Vorgaben, die aber durch handlungsbestimmende "ungeschriebene Spielregeln" unterlaufen werden, wird dabei vernachlässigt.

Darüber hinaus gibt es, auch nur dank abstrahierenden Denkens getrennt zu betrachten, das unternehmensweite Informations- und Kommunikationssystem oder oft ein Sammelsurium von Informations- und Kommunikationsteilsystemen, die sich informationstechnisch gesehen in Geräten und Netzen, in Software und gespeicherten Daten manifestieren und sowohl das aufbau- und ablauforganisatorische als auch das soziale System der Unternehmen beeinflussen, in dem die Daten und Informationen ja überhaupt erst in Wissen, Entscheidungen und Handlungen umgesetzt werden. Sichtbarer, weil physisch manifestiert, ist das Logistiksystem der Unternehmen, der Materialfluss vom Input durch die Verarbeitung bis zum Output, der sich aber ablauforganisatorisch gesteuert, bedingt durch vielfältige Verhaltensroutinen, Rivalitäten und Entscheidungsstufen und - je nach den Gegebenheiten - der Informations- und Kommunikationssysteme vollzieht. Wenn auch das Unternehmen alle definitorischen Bedingungen erfüllt, um als "System" eingestuft zu werden, so ist dieses System nicht nur komplex und dynamisch, sondern "bösartig" in dem Sinn, in dem Horst Rittel "bösartige Probleme" beschrieben hat: vertrackt (Rittel, Webber, 1992).

Die Vertracktheit resultiert daraus, dass das System Unternehmen nicht etwa nur aus einigen interdependenten Subsystemen besteht, also dem aufbau- und ablauforganisatorischen System ("der Organisation"), dem sozialen System, dem Informations- und Kommunikationssystem, dem Logistiksystem usw., sondern dass diese sich in Wirklichkeit gar nicht auseinander dividieren lassen, dass sie überall und jederzeit gleichzeitig und vermischt da sind.

Eins ohne das andere geht nicht. Eins getrennt optimieren oder auch nur verbessern zu wollen, kann zu vielfältigen Negativeffekten bei den anderen führen. Es ist sogar noch vertrackter: die Mitarbeiter als die Elemente des Systems Unternehmen weisen Eigenschaften und Verhaltensweisen auf, die ihre systemkonstituierende Rolle beträchtlich einschränken. Sie sind gleichzeitig Elemente anderer

Systeme – wie ihrer Familie, ihrer beruflichen Fachgemeinschaft, weltanschaulicher, religiöser und/oder kultureller Gruppierungen, mit deren Elemente sie unter Umständen viel stärkere Wechselbeziehungen pflegen. Auch innerhalb des Unternehmens agieren sie nicht als Elemente dieses Systems, sondern in erster LInie als Mitglieder verschiedenartiger Subsysteme wie ihrer Abteilung, ihrer Hierarchiebene, ihrer Seilschaft, ihrer Generation, die ihr Denken und Verhalten unter Umständen stärker bestimmen als die Zugehörigkeit zum Unternehmen. Sie verfügen auch häufig nicht über die Kenntnisse und Kommunikationsbeziehungen, um mit anderen Mitarbeitern des Unternehmens ihre für das System relevanten Beobachtungen zu teilen und ihre Verhaltensweisen abzustimmen – sie sind vielmehr oft ahnungslos und desinteressiert, was den Systemzusammenhang anbetrifft.

Schließlich bemühen sie sich häufig gar nicht um eine kognitive Verarbeitung von Außen- und Innenweltinformationen und setzen sich nicht mit der Sinnfrage auseinander, so dass Zufälle oft eine größere Rolle spielen, als es ihrer Zugehörigkeit zu dem System Unternehmen entspräche.

Die betriebswirtschaftlichen, soziologischen, informations- und kommunikationssystemischen und operationalen Optimierungsversuche am System Unternehmen sind deswegen weitgehend naiv-rational, als ob Rationalität der verhaltensbestimmende Faktor im System Unternehmen sei.

Trotzdem gibt es natürlich die betriebswirtschaftliche Realität, dass beispielsweise die Kosten in einem bestimmten Verhältnis zum Umsatz stehen müssen, dass Beschaffungs- und Produktionsentscheidungen in Abhängigkeit von der Nachfrageentwicklung gefällt werden müssen. Ebenso gibt es die soziologische Realität, dass beispielsweise zielorientierte Motivation die Kooperationsbereitschaft der Mitarbeiter erhöht und dass sich ungeschriebene "Spielregeln" herausbilden, die die sogenannte Unternehmenskultur stärker beeinflussen als die offiziellen.

Die informations- und kommunikationssystemischen und die logistisch-operationalen Realitäten sind im Grunde die gefährlichsten, denn man kann immer wieder beobachten, dass das Vorhandensein physischer Systemstrukturen wie der IT-Hardware und –Netze und der Logistikhardware die gedankliche Simplifizierung erzeugt, sie seien schon die Systeme, die es zu optimieren gilt. Die mentalen Modelle des unternehmerischen Geschehens, das implizite Wissen erfahrener Mitarbeiter und die eigentlichen Ziele des unternehmerischen Handelns kommen dabei zu kurz.

Darüber hinaus ist das System Unternehmen, um bei diesem Beispiel zu bleiben, nicht nur offen in dem Sinn, dass Informationen und physische Ströme in es hineingelangen und dort verarbeitet werden und dass das Unternehmen ja von Kommunikation und Transaktionen in die Umwelt hinein lebt. Vielmehr sind Teile des Unternehmens integraler Bestandteil anderer, vor allen Dingen ausserhalb des Unternehmens existierender Systeme, z.B. die Arbeitnehmer Mitglieder einer Gewerkschaft, die ihre Interessen gegenüber der Unternehmensführung verficht, oft bis zum bleibenden Schaden für die Arbeitsplätze und das Unternehmen insgesamt, während die Unternehmenseigner in vielen Fällen anonyme Anleger des Kapitalmarktes sind, auf dem Besitztitel (Aktien) ohne besondere Kenntnis der Unternehmen nach den schwankenden Gegebenheiten der Kapitalrentabilität gekauft und verkauft werden. Solcher, in die Unternehmen hineinwirkender, sie partiell einbeziehender Systeme, gibt es eine Fülle: am offensichtlichsten der sogenannte Markt, die Branche, der geografische Wirtschaftsraum mit seiner Infrastruktur, seinen Interaktionsnetzen, seinen sozio-kulturellen Gegebenheiten, seiner Ausbildungs- und Qualifikationsstruktur etc.

Angesichts dieser vielfältig verschränkten und vertrackten Zusammenhänge hat es nicht an Versuchen gefehlt, vom monodisziplinär ökonomischen oder informationssystemischen Verständnis der Unternehmen zu einem interdisziplinär ganzheitlichen Verständnis zu kommen. Die St. Gallener Managementlehre als Lehre der Gestaltung und Lenkung komplexer soziotechnischer Systeme ist das bekannteste Beispiel eines solchen Versuchs (Ulrich, 1971). Die Lenkbarkeit von komplexen, dynamischen Systemen durch die Integration und Synthese vieler verschiedenartiger Faktoren erfordert es, so F. Malik, immer mehr Gebiete einzubeziehen, die bis dahin nicht einmal im entferntesten mit Betriebswirtschaftslehre zu tun hatten, ja nicht einmal in den Bereich der Wirtschafts- und Sozialwissenschaften im allgemeinen eingeordnet werden konnten (Malik, 1992, Seite 25).

F. Malik bezeichnet die Managementansätze einer integrierenden ganzheitlichen Kontrolle und Lenkung in Anlehnung an F. von Hayek als "Anmaßung der Vernunft", der als Paradigma eine konstruktivistisch-technomorphe Theorie zugrunde liegt (Prinzip der Konstruktion einer Maschine nach vorgefasster Zwecksetzung und bewusstem Plan als Integration der Funktionen und Eigenschaften aller dazugehörigen Einzelteile auf der Basis vollständigen Wissens über alle Details und alle Aspekte des Zusammenwirkens) (Malik, 1992, Seite 38) Er stellte diesem Ansatz seine systemisch-evolutionäre Managementtheorie gegenüber, deren Paradigma das der selbstgenerierenden Organisation ist, in der die Elemente allgemeine Regeln des Verhaltens faktisch befolgen, die sie jedoch meistens nicht einmal nennen oder beschreiben können, an denen sie sich aber auch in einem komplexen Systemumfeld orientieren können, weil sie stabile Erwartungen über das Verhalten anderer zulassen.

Das Management dieser komplexen evolutionären Systeme erkennt ihre "vertrackte" Komplexität an und begibt sich auf eine über dieser Vertracktheit liegende Metaebene, das Metasystem Unternehmen. Auf dieser Ebene wird lenkend dafür gesorgt, dass die für die Lebens- und Entwicklungsfähigkeit des Unternehmens erforderlichen Strukturen und Funktionen vorhanden und viril sind. F. Malik baut auf S. Beers Management–Kybernetik von Organisationen auf (Beer, 1972), die K.H. Simon in Kapitel 1.2 beschreibt. Das Beer'sche Paradigma der metaphysischen Lenkung von komplexen Systemen beruht darauf, dass die Subsysteme sich weitgehend selbst organisieren und dass auf der Metaebene nur die Prinzipien gestaltet werden, in deren Rahmen Selbstorganisation und Selbstregulation stattfinden sollen (Malik, 1992, Seite 453).

Malik sieht aber zwei Hindernisse, die der Entfaltung evolutionärer soziotechnischer Systeme entgegenstehen: das von einem selbst nicht lernfähigen Bildungssystem vermittelte Modell der Welt und ihres Funktionierens (Malik, 1992, Seite 35), das durch die Vorstellung vollständiger Kontrollier- und Beherrschbarkeit charakterisiert ist und immer wieder zu konstruktivistisch-technomorphen Gestaltungsversuchen führt, und die Tatsache, dass die einzelnen Bereiche und Subsysteme zu wenig über die Anforderungen der Lebensfähigkeit des Ganzen und über die anderen Subsysteme des Gesamtsystems wissen und daher zu wenig Verständnis für die Gründe aufbringen, aus denen die jeweils anderen Subsyteme handeln (Malik, 1992, Seite 500).

Um systemtheoretische Ansätze und Vorstellungen in konkreten Anwendungsfeldern wie der Unternehmensführung umzusetzen, sind zwei grundsätzliche Entwicklungslinien möglich

♦ Mastermind:
Entwicklung eines umfassenden Systemdesigns wie das der Management-Kybernetik evolutionärer Systeme und dann Schulung und Einstimmung der Elemente/Menschen/Subsysteme, damit sie "lernen, durch Einsicht in die Natur komplexer Systeme das Unmögliche zu erkennen, um das Mögliche und Machbare besser verwirklichen zu können" (Malik, 1992, Seite 541).

♦ Networking:
Entwicklung der Fähigkeit und Bereitschaft zur Kommunikation und Abstimmung der Elemente/Menschen/Subsysteme von Gesamtsystemen untereinander, damit sie ihre gemeinsamen Interessen erkennen und ihre komplementären Fähigkeiten einbringen können.

Es geht nicht darum, welche dieser Entwicklungslinien die "richtige", die "bessere" oder die "erfolgversprechendere" ist. Denn sie sind komplementär. Aber angesichts der hohen Anforderungen an fachspezifische Kompetenz auf immer mehr Fachgebieten stellt sich die Frage der interdisziplinären Kommunikation und Abstimmung in besonderem Maß.

Die Chancen einer interdisziplinären Systemforschung bestehen daher im Networking zwischen den Disziplinen, Fachbereichen und Spezialisten. Dafür gibt es vielfältige Kanäle und Verbindungen, die es auszubauen gilt.

Betriebswirtschaftler und Soziologen gehören zu den Vorreitern der interdisziplinären Systemforschung wie aus den Beiträgen von E.-D. Lantermann und F. Beckenbach (Kapitel 1.3 und 1.4) deutlich wird. Ingenieurswissenschaftler und Psychologen stellen eine weitere interdisziplinäre Paarung dar, wie der Beitrag von K. Seifert, S. Pastoor und K.P. Timpe zum Thema "Mensch-Maschine-Systeme" zeigt. So gibt es eine zunehmende Zahl von Anwendungsgebieten, in denen mehrere Disziplinen integriert arbeiten müssen, um entweder Probleme bisheriger konstruktivistischer-technomorpher Systemlösungen zu überwinden (z.B. mangelnde Ergonomie technischer Systeme) oder um neue Systemlösungen zu entwickeln, die bei den avisierten Benutzern auf Akzeptanz stoßen.

Eine Reihe von Anwendungsgebieten stellen heute exemplarische Anforderungen an interdisziplinäre Zusammenarbeit; insbesondere Internet-basierte Systeme der Geschäftsabwicklung in Unternehmen und in der öffentlichen Verwaltung, neue Telekommunikationssysteme, Systeme der Produktentwicklung und des Produktdesign, des Wissensmanagements und der strategischen Früherkennung. Auch sie sind wiederum durch wichtige Querverbindungen miteinander vernetzt (siehe Kapitel 2.1 bis 2.7).

Die interdisziplinäre Zusammenarbeit und Vernetzung bei der Entwicklung und Gestaltung komplexer soziotechnischer Systeme steckt aber sowohl im Bewusstsein der Kompetenzträger als auch methodisch immer noch in den Anfängen.

Angewandte Systemforschung muss daher die Defizite und Potenziale der Zusammenarbeit unterschiedlicher Subsystemspezialisten, die wir alle sind, zum Gegenstand haben.

Was hindert Menschen in Organisationen daran, proaktiv bei der Erstellung einer größeren gemeinsamen Leistung zusammenzuarbeiten und die Gesichtspunkte anderer zu berücksichtigen? Warum ist das in Organisationen vorhandene Wissen nicht allen zugänglich, die es benötigen? Warum gehen Techniker und Informatiker davon aus, dass zukünftige Nutzer der von ihnen erdachten Lösungen auch routinierte Technikfreaks sind?

Wie kann erreicht werden, dass bei der Gestaltung von soziotechnischen Systemen die Verantwortlichen für Teilaspekte und Subsysteme nicht isoliert suboptimieren, sondern sich abstimmen und ergänzen?

Welche Vorgehensweisen sind verfügbar, die die Chance erhöhen, dass bei der Entwicklung von technischen, baulichen und organisatorischen Lösungen die daran wirkenden Spezialisten die jeweils anderen Aspekte berücksichtigen, die für die Nutzung durch Menschen von Bedeutung sind und die sich aus dem größeren Systemzusammenhang ergeben?

Es gibt vielfältige methodische Ansätze, um die durch diese Fragen angeschnittenen Probleme anzugehen und den Anforderungen interdisziplinärer Umsicht gerecht zu werden.

Zu diesen Ansätzen gehört das "Unbundling" eines Systems, d.h. seine Entflechtung in alle Subsysteme, die das System ausmachen und die Charakterisierung der externen Systeme, die in das betrachtete System hineinwirken oder von denen es seinerseits ein Subsystem ist. In vielen fachspezifischen Ansätzen der Systemgestaltung droht das Bewusstsein zu verkümmern, dass die eigene Systemsicht und –kompetenz nur einen von vielen Aspekten eines Gesamtsystems betreffen. Angewandte interdisziplinäre Systemforschung kann durch das "Unbundling" dazu verhelfen, die einzelnen Systemaspekte in ihrer Wechselbeziehung zu und in Abhängigkeit von den anderen Systemaspekten zu sehen (siehe Kapitel 3.1).

Die Methodik der Maieutik ist ein wesentlicher Ansatz, um die von einer Systemgestaltung Betroffenen zu Gehör kommen zu lassen und zwar nicht einfach nur durch Befragung oder Erhebung, sondern durch eine wirkliche Einbeziehung in den Gestaltungsprozess. Gerade wenn es um neue, zukünftige Lösungen geht, bei denen der Umgang mit Technik eine Rolle spielt oder bei denen Ergonomie, Präferenzen, Verhaltensweisen relevant sind, ist Maieutik ein entscheidender Weg, die Bedingungen der resultierenden Wriklichkeit zu erkennen (oder zumindest zu erahnen), unter denen die Systemlösung bestehen muss (siehe Kapitel 3.2).

Viele Problemsituationen, mit denen Systemforschung es zu tun hat, entziehen sich dem Experiment, weil – wie beispielsweise im Fall der Klimaforschung – das Gesamtsystem nicht experimentellen Eingriffen unterzogen werden kann und Versuche in Teilbereichen oder mit Teilaspekten nur beschränkte, oft fragwürdige Ergebnisse liefern.

Interdisziplinäre Systemforschung hat hier in vielen Fällen heute die Möglichkeit, wertvolle Erkenntnisse durch numerische Simulation zu erzielen. Die Entschlüsselung des menschlichen Genoms, die Erforschung der Funktionen der Proteine, das Verhalten umfassender Infrastrukturen oder die Entwicklung komplexer technischer Systeme wie dem eines Automobils oder Flugzeugs sind ohne numerische Simulation und virtuelles Engineering nicht machbar. Wegen der hohen Anforderungen an Mathematik und Informatik entsteht hier, hervorgehend aus den Ingenieur- und Naturwissenschaften, eine neue interdisziplinäre Systemwissenschaft (siehe Kapitel 3.3).

Da, wo die Grenzen der Simulation erreicht sind, bietet die interdisziplinäre Systemforschung die Methoden der Szenarioentwicklung an. Vernetztes, ganzheitliches Denken mit einer Ausrichtung auf strategische Konsequenzen möglicher Zukünfte, unter Berücksichtigung der wichtigsten Einflussfaktoren und ihrer Trends und Wechselwirkungen, führt zu Handlungs- und Lösungsalternativen. Unternehmen können beispielsweise mit dieser Methodik die Stoßrichtung ihrer Technologie- und Produktentwicklung bestimmen, indem sie Markt-, Gesellschafts-, Konkurrenz- und Faktorkostenkonstellationen projizieren und möglich erscheinende Kombinationen bewerten (siehe Kapitel 3.4).

Ein wesentliches Vorgehen der interdisziplinären Systemforschung ist das auf den Entwurf bzw. den Plan eines komplexen Systems gerichtete Erzeugen von Varietät, d.h. die kreative Auffächerung möglichst vieler Möglichkeiten und die methodische Reduktion der Varietät auf eine überlegene Lösung (siehe Kapitel 3.5).

Während diese Vorgehensweise auf die Kreativität beim Hervorbringen vieler Möglichkeiten abzielt, aus denen die beste Kombination durch konsequente Elimination der anderen nach einem wohlüberlegten interdisziplinären Bewertungsverfahren ausgewählt wird, baut der Ansatz des organisationalen Lernens auf der kollektiven Fähigkeit eines interdisziplinären Teams von Verantwortlichen und Entscheidern auf, gemeinsam eine Vision der anzustrebenden Lösung zu generieren, deren Realisierung dann trotz aller Widerstände und Schwierigkeiten von allen Beteiligten konzertiert verfolgt wird. Die Grundannahme ist hierbei, dass jeder einzelne der Verantwortlichen und Entscheider bei intensiver unbeeinflusster Durchdenkung der wünschenswerten Lösung Grundzüge eines Wunschbildes entwickelt, die beim Austausch mit den anderen Verantwortlichen und Entscheidern bereits ein hohes Maß an Übereinstimmung aufweisen. "Unbeeinflusst" heißt hierbei in erster Linie, dass die Durchdenkung möglichst frei von fachlichen Klischees und Schemata sein muss, frei auch von Fachjargon und Selbstbeweis. Die daraus resultierende Erkenntnis, dass die beteiligten Disziplinen eine gemeinsame Basis der Zielvorstellungen haben können, bei deren Verwirklichung ihr Zusammenwirken von Vorteil ist, kann bei einem interdisziplinären Vorgehen zu einer echten und organisierten Kooperation führen, bei der sich die Kompetenzen zielgerecht ergänzen.

Diese Kombination von kreativer Vision und systematischer Abstimmung der erforderlichen Fachkompetenzen ist Wesen des Industriedesigns, denn hier müssen Freiheit von etablierten, unnötigen Systemzwängen und solide Entwurfsgrundsätze für ergonomische, umweltgerechte, langlebige und ökonomisch sinnvolle Produkt- und Systemlösungen unter einen Hut gebracht werden. Industriedesign ist daher per se interdisziplinär und systemorientiert. Die richtig verstandene Rolle des Industriedesigns in den Unternehmen, in der Gesellschaft zu klären, ist eine der offensichtlichen Aufgaben der angewandten Systemforschung. Umgekehrt ist das Verständnis der Methoden und Instrumente kompetenten Industriedesigns eine bisher unzureichend erkannte Quelle für die methodische Weiterentwicklung der angewandten Systemforschung (siehe Kapitel 2.4 und 3.6).

Angewandte und insbesondere interdisziplinäre Systemforschung muss sich anhand von erfolgreichen realen Problemlösungen und Systemgestaltungen bewähren und beweisen. Denn nur wenn die interdisziplinäre Zusammenarbeit bei Systementwürfen und Systemrealisationen zu einer Lösungsqualität führt, die der monodisziplinär dominierter Lösungen sichtbar überlegen ist, werden die Nachfrage nach solcher Zusammenarbeit und die Bereitschaft der Einzeldisziplinen dazu steigen.

An Anwendungsfeldern und Methoden für interdiszplinäres Systemdesign mangelt es nicht. Selten waren die Chancen einer interdisziplinären Systemforschung so groß wie heute.

Systemansätze in ausgewählten Anwendungsgebieten

2.1 Das Innovationssystem der Überlebensfähigkeit
Tom Sommerlatte

Dass die Innovationsfähigkeit von Unternehmen und Wirtschaftsräumen einer der entscheidenden Faktoren für deren erfolgreiche Entwicklung ist, wurde durch viele Analysen und Beobachtungen belegt.

In der Tat haben eingehende Untersuchungen in den USA und in einer Reihe europäischer Länder gezeigt, dass über längere Zeiträume hinweg die innovationsfähigeren Unternehmen sowohl das größere Umsatz- und Ertragswachstum erzielen als auch die höchste Steigerung ihres Unternehmenswertes, im Fall börsennotierter Unternehmen in Form einer Kurs-Gewinn-Prämie (Jonash, Sommerlatte, 1999; Arthur D. Little, 1997; Porter, 1990). Besonders in einem Umfeld schnellen technologischen und marktstrukturellen Wandels sind die Überlebenschancen wenig oder gar nicht innovativer Unternehmen deutlich geringer; sie enden in gesättigten Märkten mit immer härterem Preiskampf, so dass ihre Rentabilität unaufhaltsam sinkt und sie schließlich Verluste machen und verdrängt werden.

Angesichts dieser Erkenntnis ist es erstaunlich, dass viele Unternehmen ihrer Innovationsfähigkeit nicht den nötigen Stellenwert beimessen und stattdessen den Preis- und Verdrängungswettbewerb hinnehmen und durch internen Rationalisierungsdruck den Wertverlust hinaus zu zögern versuchen.

Das System Unternehmen versagt hier bei seiner Selbsterhaltung, indem es den falschen Weg der Selbsterhaltung beschreitet.

Die Ursache für dieses selbstzerstörerische Verhalten eines ganzen Systems kann sehr verschiedenartig sein. In vielen Fällen liegt sie aber im falschen Selbstverständnis des Systems: es wird von seinen "Elementen", den Führungskräften und Mitarbeitern, dem Wesen nach als operatives Abwicklungssystem verstanden, bei dem die effiziente operative Durchführung der arbeitsteiligen Transaktionsfunktionen im Vordergrund steht.

Die erwähnten Untersuchungen bei innovativen Unternehmen, die eine Wertprämie erzielt haben, zeigten dagegen, dass diese Unternehmen sich in erster Linie als Entdeckungs- und Penetrationssystem für neue Ideen und daraus relultierende attraktive Geschäftschancen verstehen. Sie sind sich des Überlebenskampfes zwar auch bewusst, aber sie trachten danach, den reinen Preis- und Verdrängungskampf zu vermeiden, indem sie mit neuen Produkten, neuen Leistungen, neuen Vorgehensweisen immer wieder darauf abzielen, neuen Nutzen bei den Kunden zu stiften oder neue Felder der Bedarfsbefriedigung zu eröffnen.

Mehr oder weniger explizit haben diese Unternehmen ein umfassendes **Innovationssystem** etabliert, das den Entdeckungs- und Penetrationsdrang mindestens gleichgewichtig neben das operative Abwicklungssystem stellt.

Welches sind die wichtigsten Merkmale dieses Innovationssystems?

Wenn wir ein Unternehmen betrachten, so liegt dieses Innovationssystem nicht offen zutage, es ist vielmehr komplex und eng verwoben mit dem gesamten Geschehen im Unternehmen. Das ist gerade der Grund dafür, dass selbst Unternehmen, die plötzlich sehr dringlich die Notwendigkeit von Innovationen erkennen, sie nicht zustande bringen und dass auch Unternehmen, die mehr zufällig einmal eine erfolgbescherende Innovation hervor gebracht haben, diese Leistung nicht wiederholen können.

Nachhaltige Innovationsfähigkeit resultiert, so zeigen es die Ergebnisse einer gezielten Systemforschung bei ausgewählten innovativen Unternehmen, aus der Existenz eines interdisziplinären Sytems, das im positiven Fall aus mehreren sich gegenseitig verstärkenden Wirkungskreisen gebildet wird, während diese Wirkungskreise im negativen Fall gar nicht für den Zweck der Innovationsleistung koordiniert, sondern völlig unabhängig voneinander und für andere Zwecke betrieben werden und die Innovationsleistung konterkarieren (Arthur D. Little, European Business School, 2001). In diesem Fall kommt gar kein Innovationssystem zustande, weil die Wirkungskreise auf das operative Abwicklungssystem ausgerichtet sind und auch das nicht unbedingt sehr gut.

Die Wirkungskreise, die zusammenwirken müssen, um das Innovationssytem überhaupt entstehen zu lassen, sind

♦ die unternehmerische Zielbestimmung und –verfolgung und ihre Umsetzung in strategisches Verhalten

♦ die Konzeption und Organisation der Leistungsprozesse des Unternehmens

♦ die Gewinnung und Nutzung der für die Strategie und die Leistungsprozesse erforderlichen Ressourcen

♦ die Organisations-, Kompetenz- und Aufgabenstrukturierung

♦ die Möglichkeiten und Anreize der Kooperation und der Erschließung und Einbringung neuer Erkenntnisse im Unternehmen.

Das Innovationssystem entsteht, wenn

♦ das Unternehmen eine **Innovationsstrategie** verfolgt, d.h. wenn Geschäftserfolg durch Innovationen zum nachhaltig angestrebten Ziel gemacht wird und für die Zielverfolgung ein schlüssiger, glaubwürdiger Weg ausgewählt wurde, der eingehalten wird,

♦ das Unternehmen einen **Innovationsprozess** organisiert hat, der hohe Priorität genießt und der von der systematischen Suche nach Innovationspotenzialen bis zur erfolgreichen Kommerzialisierung der ausgewählten und entwickelten innovativen Produkte und Leistungen geht,

♦ das Unternehmen ohne Einschränkungen **interne und externe Ressourcen aktiviert**, die für die kostengünstige und schnelle Umsetzung von Innovationsvorhaben erforderlich oder dienlich sind,

♦ das Unternehmen seine **Organisation so flexibilisiert**, dass die für die Innovationsleistung benötigten Kompetenzen ohne weiteres zusammenkommen und an gemeinsamen Aufgaben arbeiten können und wenn

♦ das Unternehmen die **Gewinnung neuer Erkenntnisse und neuen Wissens** in allen Bereichen seiner Tätigkeit propagiert, dafür die geeigneten Instrumente und Kapazitäten bereitstellt und den Zugang zu den neuen Erkenntnissen und dem neuen Wissen sowie ihrer Nutzung ermöglicht und ermutigt.

Diese Bedingungen für das Entstehen eines Innovationssystems sind idealtypisch und in realen Unternehmen und Wirtschaftsräumen mit ihrer Vielfalt an Interessengruppierungen, Rivalitäten und mentalen Modellen nur in Annäherung zu erfüllen.

Sie aber vor Augen zu haben und ihre Bedeutung für die Überlebensfähigkeit des Unternehmens artikulieren zu können, bedeutet einen entscheidenden Schritt in die richtige Richtung.

Aus der Sicht einer Unternehmensleitung stellt sich die Frage, wie vorgegangen werden kann, um das Innovationssytem zu designen und zu implementieren. Hierbei wird der interdisziplinäre Charakter der Gestaltungsanforderungen deutlich.

Denn was heißt es denn praktisch, eine Innovationsstrategie zu verfolgen? Wie macht man es, den Innovationsprozess zu organisieren? Wie aktiviert man die internen und externen Ressourcen dafür? Wie flexibilisiert man die Organisation, ohne Chaos auszulösen? Was erfordert es, die Gewinnung neuer Erkenntnisse und neuen Wissens für das Innovationssystem zu organisieren und die unternehmensweite Nutzung sicherzustellen?

Was hierbei zusammenspielen muss, sind betriebswirtschaftliche Ansätze wie die Methoden und Strukturen der Strategieentwicklung und –steuerung, der Organisationsoptimierung und der Rentabilitätsbewertung, aber gleichzeitig auch die systemtheoretischen Ansätze der gemeinsamen Visionsbildung, Komplexitätsreduktion auf gemeinsame mentale Modelle und der reflektierten Umsetzung in abgestimmte (kooperative, arbeitsteilige) Handlungen, die Ansätze der Szenarioentwicklung auf der Basis zu erwartender technologischer, makroökonomischer, politischer und gesellschaftlicher Entwicklungen, Ansätze des systemgestützten Wissensmanagements und Lernens und die Nutzung neuer Möglichkeiten des Informationsmanagements und der Kommunikation, um nur die wichtigsten Ansätze zu nennen. Anforderungen an Führungs- und Teampsychologie, an Kreativitätsförderung, Bedürfnisforschung und Werteentwicklung sind dabei nicht zu vergessen, sondern müssen bei allen - mehr fachlichen Ansätzen - durchgehend berücksichtigt werden, wissend, dass es auch die idealtypischen Führungsnaturen nicht gibt, sondern dass wir alle nur Menschen sind, die sich helfen lassen müssen.

Kann man dieses Zusammenspiel gestalten?

Die Systemforschung bei den zitierten innovativen Unternehmen zeigte, dass es zwar keinem von ihnen gelungen ist, das gesamte Spektrum der Ansätze zu einem kompletten Innovationssystem zusammenzubringen, dass aber bereits ein Teil der Ansätze, und zwar bei den untersuchten Unternehmen in unterschiedlicher Kombination, ausreicht, um eine weit überdurchschnittliche Innovationsfähigkeit an den Tag zu legen. Eine ebenso interessante Beobachtung besteht darin, dass in den seltensten Fällen der bewusste Versuch gemacht wurde, das Innovationssytem als solches zu gestalten – das Konzept eines umfassenden interaktiven Innovationssytems ist ja auch (noch) nicht Allgemeingut – sondern dass die verfolgten Ansätze zunächst einzeln angegangen wurden und sich dann als sich gegenseitig verstärkend herausstellten. Wegen der mangelnden Gesamtsicht des Innovationssytems in den meisten innovativen Unternehmen bleibt die Innovationsleistung in der Mehrzahl der Fälle auch labil – eine Veränderung bei einem der Ansätze, deren Tragweite für die Innovationsleistung insgesamt nicht erkannt wird, reicht oft aus, um das ohnehin unvollständige Innovationssytem kollabieren zu lassen. So geschehen bei Unternehmen A, dessen Vertriebsvorstand die Vertriebsleistung seiner Mitarbeiter erhöhen wollte, indem er ihre Tourenplanung computerisierte, ihnen damit aber die Möglichkeit nahm, Kundengespräche über die zukünftige Bedarfsentwicklung und über Verbesserungsmöglichkeiten beim derzeitigen Produktangebot zu führen. Damit ging ein entscheidender Anstoß für den Innovationsprozess des Unternehmens verloren. So geschehen auch bei Unternehmen B, das sich in miteinander konkurrierende Profit Centers zergliederte, denen jeweils die eigene Entwicklungsmannschaft zugeordnet wurde, wodurch aber der Know-how-Austausch unterbunden wurde, der bisher das Erfolgsgeheimnis der Kreativität der Entwicklungsabteilung gewesen war.

Was heißt es, eine Innovationsstrategie zu verfolgen?

Innovative Unternehmen, bei denen eine Innovationsstrategie ausgemacht werden konnte, bestimmen, ehe sie sich über einzelne Innovationsprojekte und Technologien Gedanken machen, in welchen innovationsträchtigen Geschäftsfeldern sie ihr Wachstum suchen wollen. Dabei spielt eine wesentliche Rolle, welche Probleme und unbefriedigende Bedürfnisse die Kunden in diesen Geschäftsfeldern haben und welches Geschäftspotenzial daraus resultieren könnte. Darauf verständigen sich die Verantwortlichen aller Funktionsbereiche des Unternehmens in einer ersten Reflexionsrunde. In einer zweiten Reflexion werden die Kompetenzen bestimmt, die das Unternehmen parat haben muss, um innovative Entwicklungen für diese Geschäftsfelder überhaupt vorantreiben zu können. Zu den Kompetenzen gehören technische Fähigkeiten, analytische Fähigkeiten für die Anwendungssituationen der Kunden in diesen Geschäftsfeldern, Marketing- und Vertriebsfähigkeiten, Produktions- und Logistikfähigkeiten u.a.m. Das Spektrum dieser als erforderlich eingestuften Kompetenzen, die die Kompetenz-Plattform des Unternehmens bilden sollen, kann sodann mit den vorhandenen Kompetenzen verglichen werden. Lücken müssen durch interne oder externe Ressourcen gefüllt werden. Die beiden wichtigsten Komponenten der Innovationsstrategie sind damit der Fokus auf die als innovationsträchtig und mit hohem Wachstumspotenzial eingestuften Geschäftsfelder und die Entwicklung der erforderlichen Kompetenz-Plattform, um schnell und innovativ auf die Defizite der Bedürfnisbefriedigung in diesen Geschäftsfeldern reagieren zu können.

Entscheidend für die Wirksamkeit der Innovationsstrategie ist, dass sie von allen Verantwortlichen im Unternehmen gemeinsam entwickelt und getragen wird, dass sie nicht als Vorgabe betrachtet, sondern als Ausdruck gemeinsamen unternehmerischen Wollens vertreten wird – und dass sie revisionsfähig bleibt, wenn besseres Wissen dies nahe legt oder erforderlich macht.

Wie macht man es, den Innovationsprozess zu organisieren?

Viele Unternehmen haben in den letzten Jahren ihre Geschäftsprozesse reorganisiert. Sie definierten sich dazu als ein operatives Abwicklungssystem, dessen Funktionsbereiche von einer Reihe von Bearbeitungsprozessen durchlaufen werden, die es mit Hilfe der Informationstechnik zu rationalisieren gilt. Die dabei berücksichtigten Bearbeitungsprozesse sind in erster Linie die Transaktionen und Vorgänge, die mit der Steuerung des Materialflusses von der Beschaffung und Lagerung über die Verarbeitung, die Auslieferung der gefertigten Produkte bis zur Transportlogistik zu tun haben sowie die Vorgänge, die die Geschäftsabwicklung vom Auftragseingang über die Warenbereitstellung und den Versand bis zur Rechnungsstellung und zum Inkasso betreffen, die Vorgänge der Lohn- und Gehaltsabrechnung und ähnliche mehr.

Ein Prozess, der keine Entsprechung bei operativen Transaktionen hat und der daher in dem operativen Abwicklungssystem nicht vorkommt, ist die Suche nach neuen Produkt- und Dienstleistungsideen, die Auswahl der weiterzuverfolgenden Ideen, die Verfolgung dieser Ideen durch die Entwicklung, die Abstimmung der in der Entwicklung befindlichen Produkte und Dienstleistungen mit den Kunden, der Erwerb und die Nutzung des erforderlichen Know-hows sowie die Vorbereitung der Markteinführung der neuen Produkte und Dienstleistungen. Dass diese Aktivitäten Bestandteile des Innovationsprozesses sind, der ohne eine bewusste gesamtheitliche Abstimmung nicht oder nur mit vielen Unterbrechungen und Umwegen funktionieren kann, wurde bei vielen Unternehmen missachtet.

Innovative Unternehmen messen dem Innovationsprozess dagegen Vorrang bei und stellen ihn in den Dienst ihrer Innovationsstrategie. Dazu öffnen sie sich insbesondere einer großen Zahl von Quellen innovativer Produkt-, Leistungs- und Geschäftsideen. In der praktischen Ausführung heißt das, dass die Mitarbeiter dieser Unternehmen ermutigt oder sogar angehalten werden, mit Kunden und Lieferanten, Geschäftspartnern aller Art über deren Gedanken zu Problemlösungen und neuen technischen Möglichkeiten zu sprechen, und dass diese Unternehmen mit externen Marktbeobachtern, Forschungs- und Entwicklungsinstituten und Beratern die Suche nach und Überprüfung von Innovationsideen aktiv betreiben.

Das Innovationssystem wird so zu einem offenen System, indem der Innovationsprozess Externe mit einbezieht.

In einem weiteren Schritt des Innovationsprozesses wird eine systematische und transparente Bewertung und Selektion der eingebrachten Innovationsideen durchgeführt, an der wiederum Verantwortliche der verschiedenen Funktionsbereiche beteiligt sind. Die Systematik besteht darin, dass eine Korrelation zu den durch die Innovationsstrategie eingekreisten innovationsträchtigen Geschäftsfeldern hergestellt wird, so dass nur die Innovationsideen weiterverfolgt werden, die auf diese Felder abzielen und die dort das festgestellte Defizit der Bedarfsbefriedigung durch einen innovativen Nutzen zu reduzieren versprechen. Allerdings ist es auch möglich, die Innovationsstrategie aufgrund einer bestechenden Innovationsidee zu modifizieren.

Die weiterzuverfolgenden Innovationsideen werden dann einem Innovationsteam aus Vertretern der verschiedenen Funktionsbereiche anvertraut, um sie auch auf technische Machbarkeit und Rentabilitätspotenzial zu prüfen und um dafür ein Entwicklungsteam zu finden, dass einen Projektplan erstellen und dem Innovationskomitee des Unternehmens zur Beauftragung vorlegen muss. Das Engagement des Entwicklungsteams und die Zustimmung des Innovationskomitees sind Voraussetzungen für die nächste Phase, die eigentliche Entwicklung bis zum Prototypen. Aber auch während der Entwicklung, insbesondere zu Beginn, werden die Annahmen und Lösungsansätze des Entwicklungsprojekts laufend durch Kundengespräche und Überprüfung der Marktperspektiven aktualisiert.

Während es bei vielen Unternehmen im Rahmen des sogenannten Process Reengineering in erster Linie um die Verkürzung der Durchlaufzeit durch die Entwicklung und Konstruktion ging, liegt der Schwerpunkt bei der strategischen Gestaltung des Innovationsprozesses auf der Sicherstellung des höchstmöglichen Nutzens der entwickelten innovativen Produkte und Leistungen und auf der Absicherung eines hohen Geschäftserfolgs. Gleichzeitig geht es beim Innovationsprozess darum, die durch die Innovationsstrategie bestimmte Kompetenz-Plattform so intensiv wie möglich zu nutzen, gleichgültig ob die Kompetenzen die eigenen des Unternehmens sind oder durch Partnerschaften oder Lizenzen zugänglich gemacht wurden.

Schließlich gehört zum wohlverstandenen Innovationsprozess die umfassende Nutzung und Vermarktung der entwickelten Produkte, Leistungen und Fähigkeiten. Auch hier wird nicht auf Alleingang gesetzt, sondern auf Vertriebspartnerschaften, Lizenznehmer und Verwendung der Lösungen oder Teillösungen in anderen Produkten und Zusammenhängen. Innovative Unternehmen betrachten auch ihr geistiges Eigentum, ihre intellectual property, als kommerzialisierbare Ware, die sie systematisch vermarkten.

So ist der Innovationsprozess dieser Unternehmen durch eine große Öffnung am Anfang und am Ende gekennzeichnet sowie durch vielfältige Beschleunigungs- und Effizienzsteigerungseffekte in der eigentlichen Entwicklungsphase, in der alle verfügbaren Ressourcen aktiviert werden.

Wie aktiviert man die internen und externen Ressourcen?

Es ist frappierend zu beobachten, wie stark die Einbeziehung der Mitarbeiter aller Funktionsbereiche in die Entwicklung der Innovationsstrategie (Bestimmung der zu bearbeitenden innovationsträchtigen Geschäftsfelder und der dafür erforderlichen Kompetenz-Plattform) und in den Innovationsprozess (Beschaffung und Auswahl der Innovationsideen, Abstimmung der laufenden Entwicklungsvorhaben mit dem Markt, Verwertung der entwickelten Fähigkeiten) aktivierend wirkt. Die Mitarbeiter werden zu interagierenden Elementen des Innovationssystems, weil sie an den Zielen mitarbeiten und die Zusammenhänge verstehen.

Ebenso wichtig ist es für die innovativen Unternehmen, externe Ressourcen zu nutzen und diese dazu zu motivieren, mitzuwirken. In der Ideengewinnungsphase geht es in erster Linie um den explorativen Dialog, um das genaue Hinhören und Verstehen. In der Entwicklungsphase ist die organisierte Kooperation Voraussetzung, sei es mit Kunden, die als Leitkunden Anwendungsexperimente durchführen, sei es mit Lieferanten, die einen Teil der Entwicklungsaufgaben übernehmen. Sie zu aktivieren setzt voraus, dass sie am Erfolg beteiligt werden, sich als gleichberechtigte Partner, als Mitglieder des gemeinsamen Innovationssystems empfinden können. Das muss zwar vertraglich geregelt werden. Zum Beispiel können Exklusivitätsperioden und Preisvorteile vereinbart werden. Viel wichtiger ist aber der Kooperationsgeist, der entsteht, wenn beide Seiten, das Unternehmen und seine Mitarbeiter selbst ebenso wie die externen Partner, erkennen, dass sie gemeinsam an einer vielversprechenden Innovation arbeiten, die ihnen – wenn sie gelingt – einen überdurchschnittlichen Geschäftserfolg verspricht.

Die Organisation der Unternehmen, die die Bedeutung der Einbeziehung externer Ressourcen erkannt haben, öffnet sich, Ideen bewegen sich mühelos von einem Teil des Unternehmens zum anderen, von den Kunden, Zulieferern und Partnern ins Unternehmen und umgekehrt. Die Beziehungsnetze basieren auf der gegenseitigen Anerkennung von Fähigkeiten und Beiträgen, sie bedürfen vielfältiger informeller Kommunikation wie ad-hoc-Treffen, e-mails, Austausch von Denkansätzen über die hierarchischen Ebenen und Funktionsbereiche hinweg. Diese Mitwirkung kann nur aus Interesse und einer Thematik oder Idee resultieren, die die Beteiligten verbinden und es ihnen erstrebenswert erscheinen lassen, einen aktiven Beitrag zu leisten.

Die Beziehungsnetze können den Austausch von Beobachtungen über die Umwelt – Märkte, Technologieentwicklungen, Wettbewerb – zum Gegenstand haben oder die Komplementarität von Kompetenzen für die gemeinsame Innovationsplattform.

Innovative Unternehmen empfinden herkömmliche Hierarchien und formale Ablauforganisationen als inflexibel und ineffektiv. Ihr Innovationssystem baut stattdessen auf funktionsübergreifenden Teams und Netzwerken auf, die fließende Strukturen haben.

Was erfordert es, die Lernfähigkeit der Organisation zu steigern und ihr Wissen zu managen?

Die meisten Menschen haben viel gelernt und sich dazu autodidaktisch Methoden angeeignet - häufig unbewusst - die ihnen geholfen haben, ihr Lernpensum zu bewältigen. Aber nur wenige haben gelernt, systematisch und mit hoher Effektivität zu lernen.

Schon der Begriff "lernen" ist vielschichtiger, als es die meisten Menschen gelernt haben. Das Aufnehmen, Verstehen und Bewahren neuer Informationen ist Lernen nur im Sinne von Kennenlernen. Das eigenständige Erkennen von Zusammenhängen, Mustern und Bedeutungen ist Lernen in einem wesentlich höheren Sinne, denn das zu Erlernende ist noch nicht explizit, sondern muss hinter, zwischen oder über den expliziten Informationen "erster Ordnung" entdeckt werden.

Vieles, was Individuen lernen, hat den Charakter von "einbläuen, bis es sitzt": Ein Gedicht auswendig lernen, Autofahren lernen, Golfspielen lernen, eine Sprache lernen, für eine Prüfung lernen. Es ist ein Kampf gegen das Vergessen. Andererseits gibt es Gewusstes und Gekonntes, das vergessen werden muss, weil neue Informationen, Erkenntnisse, Erfahrungen oder Routinen es als überholt oder falsch erscheinen lassen.

Daher müssen neue Informationen, Erkenntnisse und Erfahrungen des Individuums mit seinem bisher angesammelten Wissen und Verhalten abgeglichen werden, um sie entweder als Ergänzung oder als Korrektur einfügen zu können und um daraus verändertes Verhalten abzuleiten. Je früher das Neue an Informationen, Erkenntnissen und Erfahrungen registriert wird, je leichter bisheriges Wissen erweitert oder modifiziert wird und je prompter und dauerhafter daraus Verhaltenswandel abgeleitet wird, um so erfolgreicher entwickelt sich das Individuum.

In einer arbeitsteiligen Organisation reicht es jedoch nicht aus, dass alle Organisationsmitglieder diese Lernfähigkeit besitzen. Denn jedes einzelne Organisationsmitglied ist in Abhängigkeit von seiner Spezialisierung, seiner Rolle und seiner Rezeptivität anderen Informationen, Erkenntnissen und Erfahrungen ausgesetzt, die es mit Hilfe seines mentalen Modells der Wirklichkeit interpretiert und in Verhalten umsetzt oder nicht. Solange zwischen den Organisationsmitgliedern keine Kommunikation über die verschiedenartigen Teilinformationen, Teilerkenntnisse und Teilerfahrungen stattfindet, die jedes einzelne Organisationsmitglied erwirbt, so lange kann keins der Organisationsmitglieder eine Gesamtsicht der Veränderungen entwickeln, die sich im Unternehmen und im Umfeld des Unternehmens vollziehen und so lange können die Organisationsmitglieder ihr Verhalten nur als Reaktion auf ihre jeweiligen Teilinformationen, Teilerkenntnisse und Teilerfahrungen ausrichten.

Das Ergebnis können widersprüchliche, sich zum Teil konterkarierende Verhaltensweisen in Teilbereichen der Organisation sein, bis hin zur Gefährdung oder zum Zerfall der Organisation. Überlebensfähigkeit setzt in sich dynamisch verändernden Technologie-, Markt-, Bedarfs- und Wettbewerbsfeldern daher voraus, dass eine schnelle und vollständige Zusammenführung der verschiedenen Teilinformationen, Teilerkenntnisse und Teilerfahrungen erfolgt, dass das Gesamtbild gemeinsam auf seine Bedeutung hin interpretiert wird und dass zuerst die Verhaltensstrategie Organisation bestimmt wird, ehe jedes Organisationsmitglied seinen arbeitsteiligen Beitrag zum Gesamtverhalten definiert, kommuniziert und vollzieht, und zwar im Zweifelsfall stärker orientiert an dem beschlossenen Gesamtverhalten und seinen Zielen als an den Teilinformationen, Teilerkenntnissen und Teilerfahrungen im jeweiligen einzelnen Verantwortungs- und Arbeitsgebiet.

Dieser Zusammenführungs-, gemeinsame Interpretations- und Folgerungsprozess für das Gesamtverhalten und das arbeitsteilige Verhalten in den Teilbereichen stellt das Lernen einer Organisation dar. Aus diesem Prozess entsteht das neue Wissen der Organisation, das mit dem bisherigen Wissen verglichen werden kann, um es zu ergänzen, zu modifizieren oder zumindest teilweise, zu eliminieren, zu "vergessen".

Ebenso wie das organisationale Lernen wesentlich mehr ist als das individuelle Lernen der einzelnen Organisationsmitglieder, ist auch das organisationale Wissen etwas grundsätzlich anderes als die Aufsummierung des Wissens der einzelnen Organisationsmitglieder.

Mehrere Unternehmensführer nehmen für sich die Aussage in Anspruch: "Wenn unser Unternehmen wüsste, was unser Unternehmen weiß!" Nur das, was "das Unternehmen" über das Wissen im Unternehmen weiß, ist organisationales Wissen, d.h. für eine Innovationsstrategie im Sinne einer Plattform verfügbares Wissen. Es ist das Wissen, das alle wissen oder wissen können. Es ist fundamental mehr als gespeicherte Informationen, denn es beinhaltet die durch die Interpretation der Informationen mit Hilfe mentaler Modelle gewonnenen Erkenntnisse, die aus eigenem Verhaltenen gewonnenen Erfahrungen und die strategischen Schlussfolgerungen für die Organisation.

Um die beschriebene organisationale Lernfähigkeit zu steigern und das daraus resultierende organisationale Wissen strategisch zu nutzen, muss mehr geschehen als die Durchführung von Schulungs- und Trainingsprogrammen und der Aufbau von Informationsspeichern, in denen Informationen oft leichtfertig bereits als Wissen deklariert werden.

Innovative Unternehmen haben ein allen Organisationsmitgliedern mehr oder weniger gemeinsames mentales Modell entwickelt und arbeiten ständig an der Aktualisierung dieses gemeinsamen mentalen Modells weiter. Das Modell erzeugt das allen Organisationsmitgliedern gemeinsame Bewusstsein, wie Innovationen zustande kommen, welche Ideen- und Erkenntnisquellen dazu genutzt werden können, welche Kompetenz-Plattform die Organisation für ihre Innovationsstrategie benötigt und welche internen und externen Ressourcen genutzt werden können. Dadurch sind die wichtigsten Lernbereiche definiert, auf die sich die Aufmerksamkeit und Hellhörigkeit der Organisationsmitglieder konzentriert und über die sie einen ständigen Dialog miteinander führen.

Das abgestimmte gemeinsame Wissen kann zum Teil dokumentiert und recherchierbar gemacht werden, zum Teil besteht es auch nur in den Köpfen, in den Verhaltensweisen und in dem Beziehungsnetz der Organisationsmitglieder.

Auch die Innovationsstrategie, der Innovationsprozess und die Bereitschaft zur Bildung von Partnerschaften sind Ergebnis organisationaler Lernprozesse und drücken gemeinsames Wissen aller Organisationsmitglieder aus. Zusammen bilden sie das Innovationssystem des Unternehmens, mit dem es seine Überlebensfähigkeit wahren kann.

Unternehmen, die ein solches Innovationssystem nicht entwickelt haben, denen seine Bedeutung nicht einmal bewusst ist, benötigen stattdessen eine autoritäre Führung, die ihr mentales Modell ohne Abstimmung mit den anderen Organisationsmitgliedern durchsetzt. Dazu ist ein verästeltes Kontrollsystem erforderlich, das die Initiativen der einzelnen Organisationsmitglieder durch Vorgaben und Verfolgung der Vorgabenerfüllung ersetzt. Das Wissen, das dazu auf der Ebene der Unternehmensführung erforderlich ist, kommt aber in einem dynamischen Umfeld gar nicht mehr zustande, da die gemeinsamen Lernprozesse, das gemeinsame mentale Modell fehlen und die Organisationsmitglieder ihre Aufmerksamtkeit und Hellhörigkeit vor allen Dingen auf ihre eigene Absicherung und auf die Konformität mit den Anweisungen und bestehenden Machtverhältnissen konzentrieren. Diese Art von Unternehmen haben nur eine beschränkte Innovationsfähigkeit, sie sind wie Spezies, die den Wandel der Natur nicht überleben.

Was Joseph Schumpeter in seiner "Theorie der wirtschaftlichen Entwicklung" (Schumpeter, 1934) als die Leistung "des Unternehmers" beschreibt, nämlich neue Kombinationen von Fähigkeiten und Techniken gegen das Bestehende durchzusetzen, kann heute wegen der Komplexität und Dynamik der technologischen, ökonomischen und marktstrukturellen Veränderungen in den meisten Fällen nur noch die Leistung eines unternehmensweiten Innovationssystems sein. Dessen Entstehung und Kultivierung ist allerdings die bedeutendste Unternehmeraufgabe geworden.

2.2   e-Transformation – die Vernetzung der Organisation
Tom Sommerlatte

Die schnelle Entwicklung und Verbreitung des weltweiten Internet-Systems verändert die unternehmensinternen und –externen Möglichkeiten des Informationsmanagements und der Kommunikation grundlegend und löst dadurch eine Veränderungsdynamik des organisatorischen und sozialen Systems der Unternehmen aus.

Die entscheidenden neuen Phänomene sind die äußerst einfache und kostengünstige Anschließbarkeit von Personal Computers und Laptops an das Internet-System, über das - infolge der hohen Verbreitung der PCs und Laptops weltweit - nahezu jeder Geschäftspartner per Datenübertragung erreicht werden kann und – ebenso wichtig – die im Internet-System eingebaute Fähigkeit, über Suchmaschinen in Informationsspeichern des Internetsystems selbst und in denen der angeschlossenen Teilnehmer nach eingegebenen Suchbegriffen weltweit Informationen zu beschaffen und in gemeinsamen Speichern zu managen. Dadurch wird Wissen ganzer Gruppen und Organisationen darstellbar und zugänglich, zumindest durch das explizite Wissen können neue Formen der Zusammenarbeit und Abstimmung sowohl in den Unternehmen als auch mit ihrem Umfeld realisiert werden.

Wir können vier typische Phasen der Erschließung und Erprobung dieser neuen Informations- und Kommunikationsmöglichkeiten unterscheiden:

◆   Phase 1: Penetration

◆   Phase 2: Experimentieren mit Anwendungsgebieten

◆   Phase 3: Verknüpfung von Leistungsprozessen

◆   Phase 4: Transformation des Unternehmenssystems

Phase 1: Penetration

In wenigen Jahren ist der Anteil der an das Internet angeschlossenen Teilnehmer des Telefonnetzes in den Industrielländern auf mehr als zwei Drittel angestiegen, bei den geschäftlichen Nutzern sogar auf über 90%. Und die Penetration schreitet unaufhaltsam weiter fort.

Die Nutzungsarten waren zunächst in erster Linie e-Mail für die Kommunikation zwischen einander bekannten Privatpersonen und Geschäftspartnern, das Surfen in den websites und homepages im Internet aus Neugierde, Spieltrieb und Entdeckerfreude, die Selbstdarstellung von Unternehmen per website/homepage, auf denen es Zielgruppen zu locken gilt und verschiedenartige Informations- und Auskunftangebote.

In dieser Phase wird das Internet als zusätzliche Informations- und Kommunikationsmöglichkeit genutzt und die Nutzungsintensität ist dem Verhalten und Interesse des Einzelnen überlassen.

Phase 2: Experimentieren mit Anwendungsgebieten

Inspiriert durch das schnelle Ansteigen der Internetanschlüsse und die denkbare Substitution traditioneller Transaktionswege entstand die Euphorie einer "New Economy", in der damit experimentiert wurde, den Vertrieb in ganzen Wirtschaftsbereichen auf Internet-Kommunikation umzustellen und dabei völlig neue Unternehmenstypen zu kreieren.

e-Märkte, Internet-Auktionen, auf Internet-Angebote spezialisierte Unternehmen schossen aus dem Boden, es war die Zeit des "Internet-hype", in der sogenannten dotcom-Unternehmen, die ausschließlich über das Internet agieren, mit hohen Erwartungen begegnet wurde, so dass sie astronomische Börsenkapitalisierungen erreichen konnten.

Nach weniger als einem Jahr der Euphorie stellte sich aber heraus, dass in den Geschäftsplänen der Internet-Unternehmen eine Reihe von betriebswirtschaftlichen und verhaltensbezogenen Wirklichkeiten falsch eingeschätzt worden waren: Die operativen Kosten erwiesen sich als bedeutend höher und sanken wesentlich langsamer mit zunehmenden Mengen als eingeplant, der Aufwand für Marketing und Auftragsgenerierung rentierte sich viel weniger als gedacht.

Trotzdem überlebten eine Reihe der sogenannten B2C- und B2B-Initiativen[*] den Crash, und das weltweit über Internet getätigte Umsatzvolumen erreichte im Jahr 2000 immerhin über 100 Milliarden DM[**].

Das ist zwar deutlich weniger als die noch 1999 von der International Data Corporation (IDC) und von dem Marktforschungsunternehmen Forrester vorhergesagten 400 bis 600 Milliarden DM, aber es ist eine ernstzunehmende und weiter wachsende Größe (vgl. Abbildung 1).

90% des Umsatzvolumens über das Internet entsteht zwischen Unternehmen, Business-to-Business (B2B), nur 10% stellen bisher Geschäftsabwicklung mit Privatkunden, Business-to-Customer (B2C), dar. Hierfür gibt es gute Gründe:

♦ Die Triebkraft für B2B-Anwendungen sind die beträchtlichen Rationalisierungsmöglichkeiten der Beschaffungs- und Auftragsabwicklung zwischen Unternehmen, allerdings unter zwei einschränkenden Voraussetzungen: Die Rationalisierungseffekte lassen sich hauptsächlich bei standardisierten Produkten und Leistungen erzielen, die per Katalog und Preislisten angeboten werden können und sind um so größer, je weitgehender die kaufenden und lie-

---

[*] B2C = Business to Customer, d.h. Vertrieb an und Kommunikation mit Konsumenten über Internet

B2B = Business to Business, d.h. Internet-Transaktionen zwischen Unternehmen
[**] Schätzung von NetProfit

fernden Unternehmen ihre ERP-Systeme[***] direkt über das Internet in Verbindung treten lassen können

♦ B2C-Anwendungen setzen dagegen einen hohen Bekanntheitsgrad des über Internet anbietenden Unternehmens und seiner Internet-Adresse sowie einen beträchtlichen Logistikaufwand des physischen Warenversands voraus; außerdem muss der Anreiz für die Zielkunden groß genug sein, damit sie bereit sind, einen Verhaltenswandel ihrer Kaufgewohnheiten zu vollziehen und Vertrauen in den Internet-Kaufvorgang zu gewinnen, insbesondere wenn die Bezahlung per Abbuchung vom Kreditkartenkonto erfolgen soll.

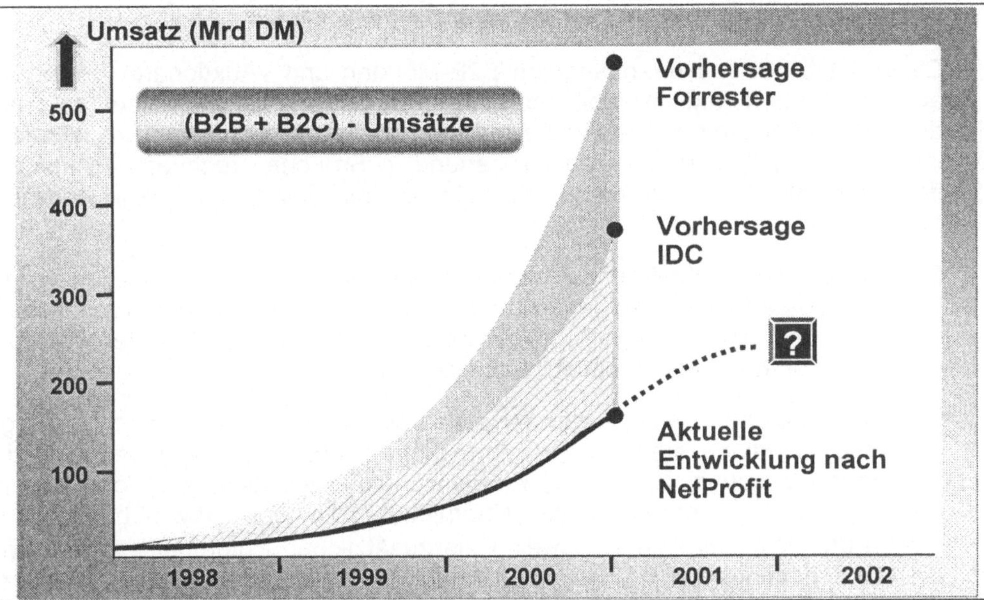

Abb. 1: B2B und B2C: Vorhersagen und Wirklichkeit klaffen weit auseinander, aber die Internet-Umsätze haben eine ernstzunehmende Größe erreicht

Dass sich die Substitution des traditionellen Vertriebs durch Internet-Vertriebswege als problematisch erwiesen hat, lässt sich systemtheoretisch erklären.

In Investitions- und Prozessgütermärkten können neue Intermediäre wie e-Märkte und e-Auktionäre ihre Daseinsberechtigung nur beweisen, wenn ein dauerhaftes Überangebot von katalogfähigen Produkten besteht, so dass die Käufer ohnehin einen guten Überblick über das Warenangebot gewinnen können, und wenn die Intermediäre Käufern und Verkäufern dazu verhelfen, ihre Kauf- und Verkaufsvorgänge so stark zu rationalisieren, dass sie dafür eine Gebühr an die Intermediäre zu zahlen bereit sind. Das setzt insbesondere eine Direktverbindung der ERP-

---

[***] ERP = Enterprise Resource Planning, d.h. die DV-gestützte Planung und Steuerung des gesamten operativen Geschehens im Unternehmen

Systeme der Verkäufer und Käufer mit dem eines Intermediärs voraus, der dadurch zur Schaltzentrale für weitgehend automatisierte Transaktionen wird.

Große Unternehmen entwickeln aber als Käufer auch ihre eigenen e-Beschaffungslösungen, mit denen sie direkt mit ihren wichtigsten Lieferanten in E2E-Verbindung* treten oder sogar "umgekehrte Auktionen" durchführen können, in denen sie die Anbieter sich so lange unterbieten lassen, bis der günstigste Preis erreicht ist.

Umgekehrt richten viele große Unternehmen als Anbieter ihre eigenen e-Portale ein, d.h. Internetdarstellungen ihrer Angebote mit dazugehörigen Informationen und der Möglichkeit, unmittelbar Aufträge oder Bestellungen einzugeben.

Die Profitabilität von unabhängigen B2B-Märkten und –Auktionären bleibt daher auch in Zukunft fraglich, weil der Margen-Spielraum immer kleiner zu werden droht und immer mehr Zusatzservices geboten werden müssen, um attraktiv zu bleiben. Ihr Nutzen dürfte sich vorwiegend in Branchen rechtfertigen lassen, in denen sowohl auf der Anbieter- als auch auf der Kundenseite eine hohe Fragmentierung besteht.

B2B-Portale von Anbieterunternehmen haben bisher nicht die Rationalisierung des Vertriebs erbracht, den viele Anbieter sich erhofften, weil die persönliche Ansprache, das Überzeugungs- und Verhandlungsgeschick der Vertriebsmitarbeiter gerade in Käufermärkten nicht substituierbar ist.

B2B-Portale dienen daher in den meisten Fällen nur als zusätzliche Leistung für die Kundenbindung, sie sind für informations-intensive Produkte eine nützliche Serviceunterstützung. Sorgfältige Kundenschulung ist allerdings Voraussetzung. Das Portal des amerikanischen Chemieunternehmens Dow Chemicals "My Account@Dow" wird beispielsweise als zusätzliches Kommunikationsforum für die Kunden angeboten, nicht als Substitut für bestehende Vertriebswege (vgl. Abbildung 2).

In Konsumgütermärkten sind viele der zunächst überall euphorisch angetretenen B2C-Händler wieder verschwunden, weil sie nie die Gewinnschwelle erreichen konnten, oder sie sind immer noch unprofitabel. So hat Amazon.com zwar im Buch-, CD- und Videosektor eine allseits bekannte Marke etablieren können, aber die dafür erforderlichen Marketingaufwendungen und die hohen Logistikkosten (insbesondere durch Rückläufer) bewirken, dass Amazon.com immer noch Verluste macht (vgl. Abbildung 3).

---

* E2E = ERP to ERP, d.h. direkte automatische Transaktionen zwischen Systemen (wie Kauf, Auftragsbestätigung, Rechnungsstellung und Bezahlung)

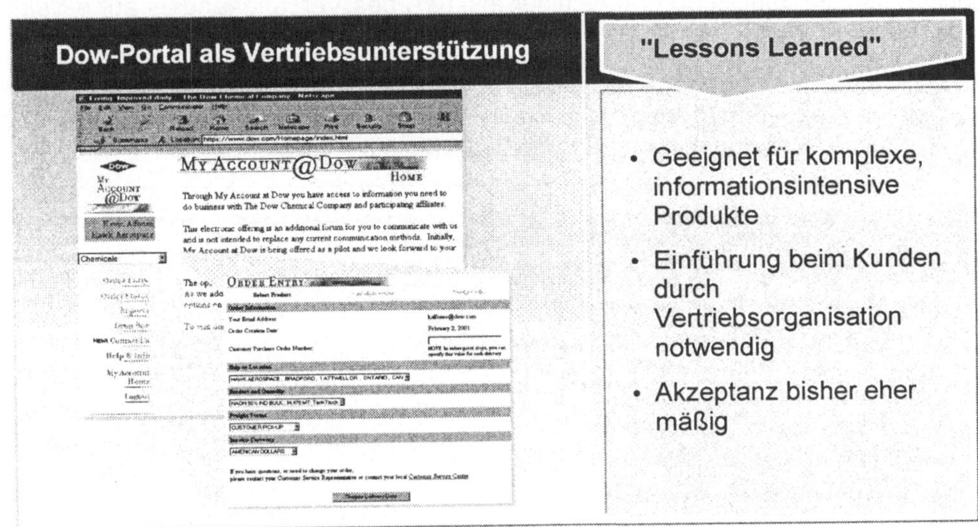

Abb. 2:   Das Portal der Dow Chemical Company "My Account @ Dow" fördert die Kundenbindung

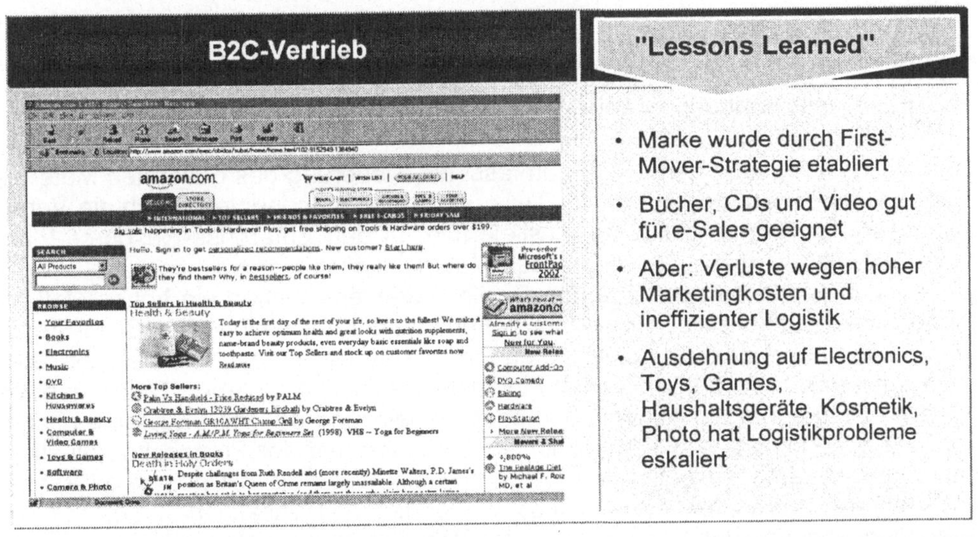

Abb. 3:   Amazon.com kämpft gegen hohe Marketingaufwendungen und ineffiziente Logistik

Dagegen haben etablierte Konsumgüterhändler mit hohem Bekanntheitsgrad und existierendem Direktvertrieb wie der Versandhändler Quelle eine wesentlich bessere Ausgangsposition für den B2C-Vertrieb (vgl. Abbildung 4). Aber auch Quelle konnte bis zum Jahr 2000 erst weniger als 10% des Versandhandels auf e-Sales umstellen.

Anwendungsfehler, auf denen eine zunehmende Zahl von Unternehmen mit Internetlösungen experimentieren, sind das Supply-Chain-Management (SCM) und das Customer-Relationship-Management (CRM).

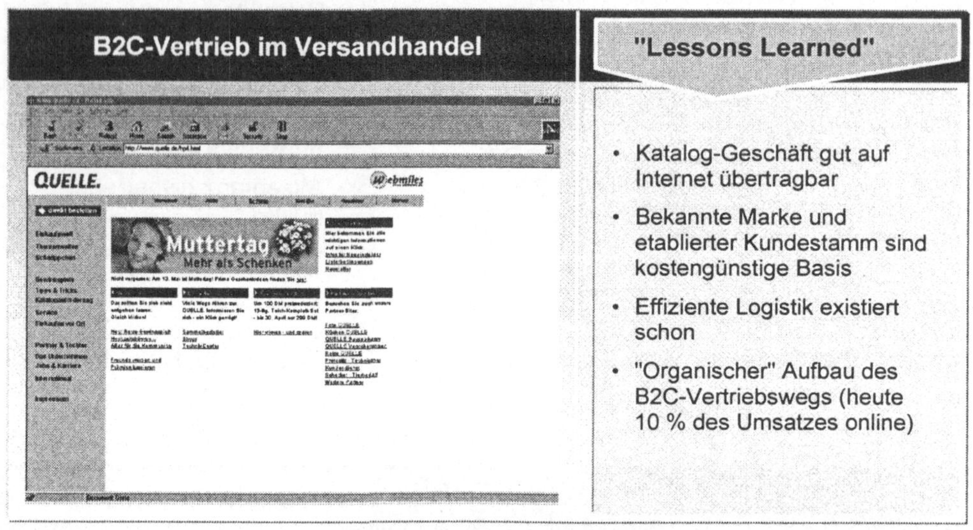

Abb. 4:   Quelle baut den Internet-Vertrieb bei dem etablierten Kundenstamm auf

Supply-Chain-Management (SCM) umfasst die Steuerung des gesamten Materialflusses vom Einkauf der Rohstoffe, Teile und/oder Komponenten durch die Verarbeitung in der Fertigung bis zur Auslieferung. In den Enterprise-Resource-Planning-Systemen ist diese Steuerung des Materialflusses eine wichtige, wenn nicht gar entscheidende Komponente, für die die Datenverarbeitung ein hohes Maß an Prozessunterstützung bietet. Das Internet erlaubt die Ausweitung des SCM-Steuerungssystems auf dezentralisierte Standorte eines Unternehmens weltweit, aber auch auf seine Lieferanten, Transportdienstleister und Abnehmer. Dabei geht es vor allen Dingen um die Abstimmung oder Angleichung der ERP-Systeme (insbesondere der Produkt- und Transaktionskodierungen und der Prozesskoordination, des sogenannten Transaction Mapping), so dass diese die mit dem produktions- und nachfragegerechten Materialfluss verbundenen Transaktionen automatisch vollziehen können, auch zwischen entfernten Standorten. Das Internet-basierte SCM-System erlaubt dann auch zu jeder Zeit den Einblick in den Status von Bestell- und Bearbeitungsvorgängen und vollzieht bei notwendig werdenden Änderungen an einer Stelle oder bei einem Produktionsvorgang die daraus resultierenden Anpassungen im Gesamtsystem.

Dieses Internet-basierte Supply-Chain-Management, das e-SCM, wurde bisher erst von einer auffallend geringen Zahl von Unternehmen in Angriff genommen:

Nur 1 bis 2% aller Unternehmen in Deutschland haben bisher SCM-Projekte durchgeführt oder geplant (TimeKontor, 2001).

Der Grund für die Zurückhaltung der Unternehmen liegt darin, dass Kosten und Nutzen der Implementierung von ERP- und SCM-Systemen in unterschiedlichen Verantwortungsbereichen anfallen – die Kosten bei den IT-Entscheidern, der Nutzen in der Planung, Logistik, Produktion und beim Einkauf – so dass die gesamtunternehmerische Optimierung häufig intransparent bleibt.

Obwohl die Beziehung zu den Kunden und die Kundenbindung zu den wichtigsten Erfolgsfaktoren zählen, ist auch die Entwicklung von Internet-basierten Customer-Relationship-Management-Systemen, des e-CRM, erst bei 5 bis 6% der Unternehmen in Arbeit und bei weiteren 10% in der Planung (TimeKontor, 2001).

Der Grund hierfür ist in einem Defizit des gesamtheitlichen Systemverständnisses der Unternehmen zu suchen. Zwar erkennen die Unternehmen die Notwendigkeit, den Kundenservice zu verbessern, aber sie sehen nicht in ausreichendem Maß den ökonomischen Nutzen, weil sie die Bedeutung des e-CRM für die Steuerung anderer Leistungsprozesse im Unternehmen unterschätzen, insbesondere des e-SCM, das ja auf die verbesserte Ausrichtung auf die Kundenanforderungen abzielt und deswegen von der besseren Kommunikation mit den Kunden profitieren würde.

So ist die Phase 2 der Transformation der Unternehmenssysteme durch das Experimentieren mit mehreren isolierten Anwendungsgebieten des Internet charakterisiert, die sich in dieser isolierten Form häufig entweder als Fehlentwicklung erwiesen haben oder die bisher keinen durchschlagenden Nutzen erkennen ließen.

Phase 3: Verknüpfung von Leistungsprozessen

Erst wenn zwischen den einzelnen Anwendungen Internet-basierter Kommunikation Wechselbeziehungen erkannt und hergestellt werden, wenn die einzelnen Leistungsprozesse des Unternehmenssystems mit Hilfe der neuen Informations- und Kommunikationsmöglichkeiten miteinander verknüpft werden, können die Potenziale des Internet-Systems voll ausgeschöpft werden.

Dazu gehört insbesondere die Verknüpfung des e-CRM und des e-SCM, denn wichtige Informationen für die Kunden wie Liefertermine, Stand der Auftragsbearbeitung oder Änderungsmöglichkeiten bei Terminen und Mengen lassen sich im elektronischen Dialog mit den Kunden nur einbringen, wenn die Kopplung mit dem Supply-Chain-Management-System hergestellt ist und umgekehrt erfordert das marktgerechte SCM, dass Informationen aus dem Kundendialog unmittelbar in die Beschaffungs-. und Fertigungsplanung und –steuerung einfließen. Das gilt besonders dann, wenn die Enterprise-Resource-Planningsysteme der Kunden im direkten Kontakt mit dem ERP des Anbieterunternehmens stehen.

Dazu kommen aber noch weitere unternehmensinterne Leistungsprozesse wie der Innovationsprozess und die Prozesse des Wissensmanagements, die ebenfalls die neuen Informations- und Kommunikationsmöglichkeiten des Internet-Systems nutzen und dann mit dem e-CRM und dem e-SCM in Verbindung gesetzt werden müssen.

Die Nutzung des Inter- oder Intranet für den Innovationsprozess und für das Wissensmanagement, aber auch für andere interne Anwendungen, bezeichnet man als B2E, Business-to-Employees, weil das Inter- oder Intranet-System hier dazu dient, die Mitarbeiter der Unternehmen mit der Gesamtheit des Innovationsgeschehens bzw. des expliziten Wissens im Unternehmen in Verbindung treten zu lassen.

Im Fall des Internet-basierten Innovationsprozesses werden die verschiedenen Phasen dieses Prozesses, von der Ideensuche bis zur Markteinführung neuer Produkte und Dienstleistungen so im Internet abgebildet, dass alle Mitwirkenden jederzeit den Status der Innovationsvorhaben erkennen und die Beiträge der verschiedenen Beteiligten verfolgen können.

Der Innovationsprozess selber muss für diesen Zweck in den meisten Unternehmen überhaupt erst einmal durchdacht werden (siehe auch Kapitel 2.1). Dabei zeigt sich, dass die Ideensuche und –bewertung in den meisten Fällen die am schlechtesten geregelte Phase des Innovationsprozesses ist, obwohl sich gerade in dieser Phase entscheidet, ob ein Unternehmen überhaupt innovativ sein wird. Denn die Durchführung der Entwicklungsprojekte, wenn sie einmal beschlossen sind, ist zwar entscheidend für die Qualität der technischen Lösungen und das Timing der Bereitstellung neuer Produkte und Leistungen, das Innovationspotenzial wird aber durch die aktive Suche nach und die kritische Auswahl von Innovationsideen bestimmt. Als Quellen von Innovationsideen müssen dabei die Kunden, Lieferanten, Partner und externe Forschungs- und Entwicklungseinrichtungen ebenso erschlossen werden wie die eigene Forschung und Entwicklung und die Marketing- und Vertriebsorganisation des Unternehmens (vgl. Abbildung 5).

Durch die intensive Kommunikation mit den externen Quellen von Innovationsideen vergrößert sich die Zahl der Ideen, und die zügige, systematische Selektion wird zu einem wichtigen Schritt im Innovationsprozess. Hierbei muss einerseits auf der Basis der Unternehmensstrategie und der daraus abzuleitenden Bewertungskriterien eine Auswahl und Festlegung der zu verfolgenden Geschäftsfelder getroffen werden, zum anderen muss anhand der vorhandenen Kompetenz-Plattform des Unternehmens eine Auswahl der für das Unternehmen prinzipiell realisierbaren Produktideen erfolgen.

Durch den Abgleich der als attraktiv eingestuften Geschäftsfelder mit den als realisierbar eingestuften Produktideen kann dann das Entwicklungsprogramm des Unternehmens bestimmt, geplant und vorangetrieben werden und zwar unter Nutzung der vorhandenen personellen, finanziellen und technischen Kapazitäten und des verfügbaren Wissens.

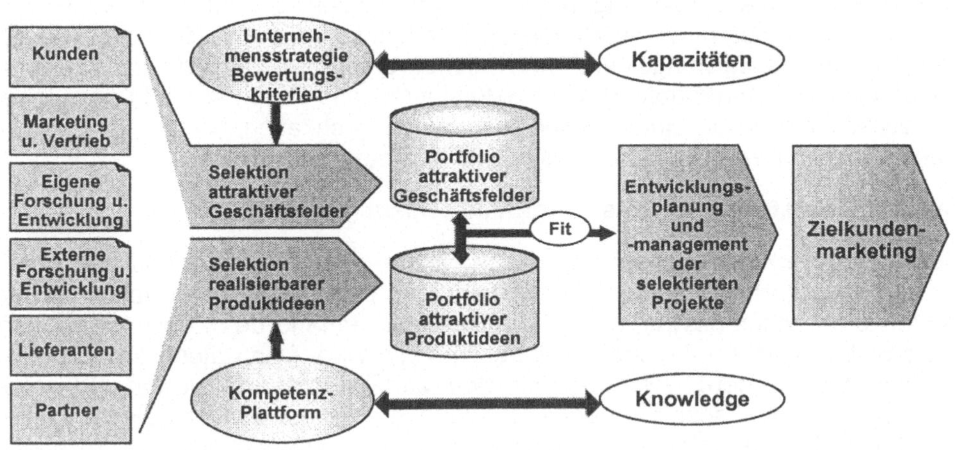

Abb. 5:   Der Innovationsprozess und seine Vernetzung im Unternehmenssystem

Es ist offensichtlich, dass der Innovationsprozess in vieler Hinsicht durch die Nutzung des Internet aktiviert werden kann. So kann die Interaktion mit den Ideenquellen intern und extern durch das Internet wesentlich erweitert werden. Die Selektionsprozesse können transparent gemacht werden und der Abgleich mit der Unternehmensstrategie und der Kompetenz-Plattform kann beschleunigt und verbessert werden. Während der Durchführung der Entwicklungsprojekte können ferner Marketing- und Vertriebsanforderungen schon definiert und ihre Erfüllung abgesichert werden.

Insgesamt verschafft die Nachbildung und Verfolgung des Innovationsprozesses im Inter- oder Intranet allen Beteiligten eine Basis, um ihre Beiträge wirkungsvoll zu leisten. Der Internet-basierte Innovationsprozess, e-IP, wird damit zu einem wichtigen Anwendungsfeld des B2E. Wie wichtig seine Verknüpfung mit dem e-CRM und dem e-SCM ist, springt ins Auge, denn das e-CRM erschließt die Kunden als Quelle und Sounding Board der Innovationsideen, und die frühzeitige Informationsweitergabe an das e-SCM bewirkt, dass die Vorbereitung der Materialversorgung, der Supply Chain, auf die neuen Produkte und Leistungen erfolgen kann, während die Entwicklung noch im Gang ist.

Eine ähnliche Bedeutung erlangt das Internet für das Wissensmanagement in den Unternehmen. Es ermöglicht die Etablierung einer Wissensbasis, in der Erfahrungen und konkrete Kompetenzen aus dem Unternehmen unternehmensweit zugänglich gemacht werden. Das Internet-basierte Wissens- oder Knowlegde-Management, e-KM, wird damit zu einem entscheidenden Element des Unternehmenssystems und seiner Entwicklung. Seine Querverbindungen sind äußerst vielfältig und müssen anwendungsspezifisch gepflegt werden. Von besonderer Wichtigkeit sind die Verbindungen zum e-CRM und zum e-SCM, die in erster Linie Input zum e-KM liefern sowie zum e-IP, dem Innovationsprozess, in dem Wissen zum Ausbau des Leistungs- und Innovationssvorsprungs genutzt wird. Die größten Chancen der Verknüpfung der Leistungsprozesse liegen somit in den Synergien zwischen externen und internen Nutzungsmöglichkeiten, die zunehmend eine Transformation des Unternehmenssystems bewirken.

Phase 4: Transformation des Unternehmenssystems

Die Internet-Verknüpfung der Leistungsprozesse des Unternehmens untereinander und mit externen Partnern führt zunehmend zu einer Transformation des gesamten Unternehmenssystems, die im folgenden anhand des Zusammenwirkens von e-SCM, e-CRM, e-IP und e-KM beschrieben wird. Denn diese Anwendungsbereiche des Internet-Systems werden zwar zur Zeit in spezialisierten und isolierten Projekten noch isoliert angegangen, können aber nur dann zu einem lohnenden Nutzen für die Unternehmen führen, wenn die Querverbindungen zu greifen beginnen und dadurch das Unternehmenssystem insgesamt transformiert wird (vgl. Abbildung 6).

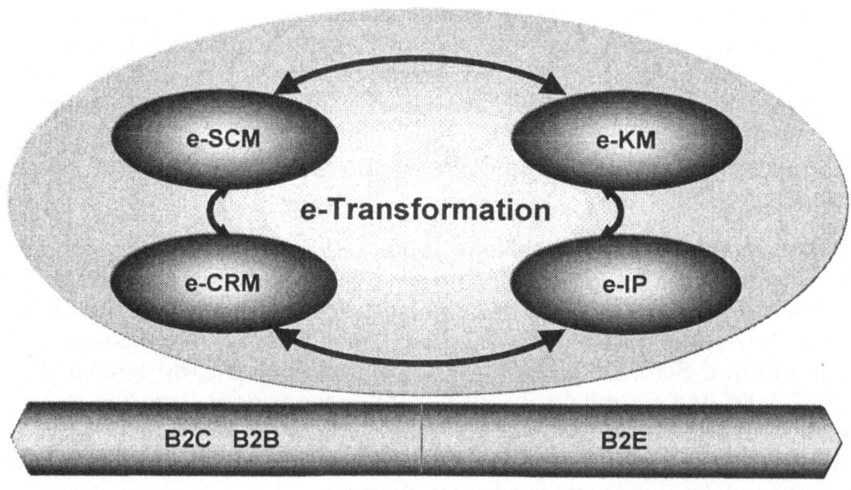

Abb. 6:   e-Transformation erfordert die Vernetzung der unternehmensinternen mit den nach außen gerichteten Anwendungen des Internet

Nehmen wir das Beispiel eines Chemieunternehmens, das seine Beschaffung über das Internet automatisieren will (e-Procurement im Internet-Slang).

Die verschiedenen Unternehmensteile (Geschäftseinheiten oder Profit Centers) haben mit aller Wahrscheinlichkeit ihre eigenen (verschiedenen) Bedarfsplanungssysteme, über die Standardmaterialien und –teile, aber auch sondergefertigte Materialien und Teile beschafft werden und zwar von verschiedenartigen Lieferanten, von denen einige Rahmenverträge mit dem betrachteten Unternehmen haben, besonders die, die sondergefertigte Materialien und Teile liefern, andere nicht (vgl. Abbildung 7). Das e-Procurement muss mit dem e-IP in Verbindung stehen, um bei neuen Produkten, die aus der Entwicklung kommen, umgehend die Spezifikationen und die Mengen der erforderlichen Ausgangsstoffe parat zu haben, denn die Liefervorlaufzeiten können so lang sein, dass der geplante Produktionsanlauf selbst im Pilotmaßstab sonst gefährdet sein könnte. Das e-Procurement muss auch mit dem e-KM in Verbindung stehen, um Erfahrungswerte bezüglich der Lieferzuverlässigkeit und der Substitutierbarkeit von Materialien abrufen und eingeben zu können. Und es muss die Schaltstelle zwischen den ERPs der verschiedenen Unternehmensteile und denen der großen Lieferanten darstellen, so dass die Bestellvorgänge und die damit verbundenen Transaktionen automatisch ablaufen können.

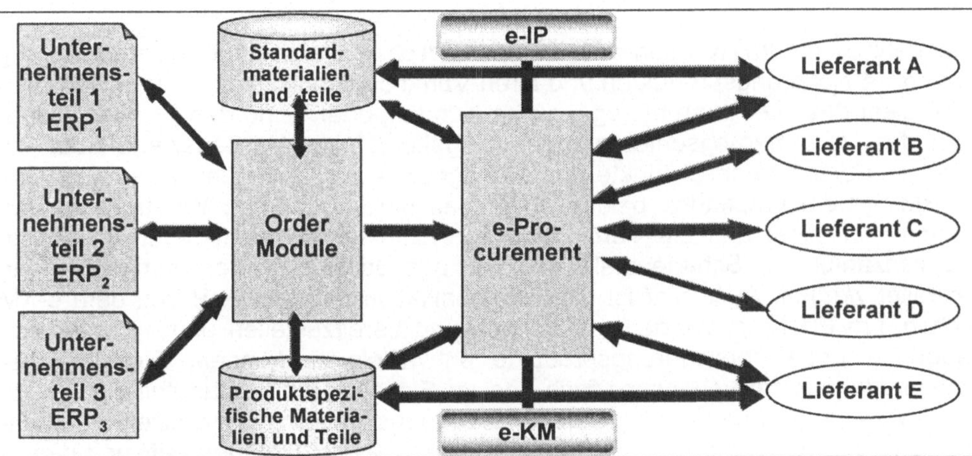

Abb. 7:   e-Procurement eines Chemieunternehmens

Oder betrachten wir das Key Account Management eines Versicherungsunternehmens (vgl. Abbildung 8).

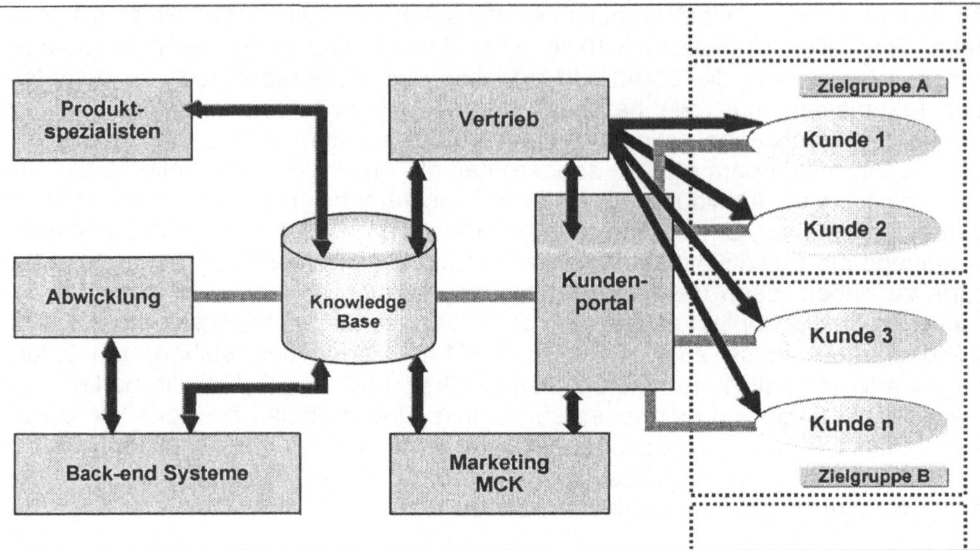

Abb. 8:   Vertriebs- und Marketingsprozesse eines Versicherungsunternehmens

Hier geht es darum, Kunden aus unterschiedlichen Zielgruppen leichten Zugang zu den Versicherungsprodukten und ihren Variationsmöglichkeiten zu gewähren – dazu dient das über Internet zugängliche Kundenportal – und den Account Managern des Versicherungsunternehmens umgekehrt alles Wissenswerte über die Kunden, Versicherungsprodukte und Marktgebiete zur Verfügung zu stellen. Das e-CRM-System unterstützt beides, indem es die sogenannte Webfront zu den Kunden hin bildet und die Verbindung zum Back-end-System herstellt, in dem Prämienzahlungen, Schadensfälle und Vertragsabschlüsse oder –veränderungen verwaltet werden. Auch hier ist die Kommunikation mit dem e-IP und dem e-KM wichtig, um Erfahrungswerte zu gewinnen und bereitzustellen und – darauf aufbauend – neue Versicherungsprodukte entwickeln zu können. Die Versicherungsprodukte zielgruppenspezifisch und im Einzelfall als Bestandteil einer sinnvollen Gesamtleistung für eine gegebene Kundensituation kommunizieren zu können, erfordert das enge Wechselspiel aller drei: Des e-CRM, des e-IP und des e-KM. Nur dadurch wird das Ziel erreichbar: Erhöhte Kundenbindung und Crossselling.

Betrachten wir schließlich noch den Produktentwicklungsprozess eines Maschinenbauunternehmens: Hier steht der Innovationsprozess, der e-IP, im Vordergrund, aber um das Ziel einer erhöhten Markteffektivität der entwickelten Produkte und Leistungen zu sichern, den Entwicklungsprozess zu beschleunigen und die Entwicklungsproduktivität zu steigern, ist eine enge Verbindung mit dem e-CRM, dem e-SCM und dem e-KM erforderlich. Entscheidend für den Erfolg ist die Bereitschaft der Mitarbeiter, ihr Wissen kontinuierlich in das e-KM-System einzugeben und die Wissensbasis im Innovationsprozess aktiv zu nutzen. Dazu ist hilfreich, wenn das e-IP in den einzelnen Projektschritten jeweils relevante Inhalte aus dem e-KM-System abruft und den Projektmitarbeitern vorlegt.

Diese e-Transformation der Unternehmen stößt noch auf Hindernisse, die in den wenigsten Fällen technischer Natur sind. Vielmehr ist die Veränderungsbereitschaft der Unternehmensleiter und der Mitarbeiter begrenzt und durch Ängste und Skepsis beeinträchtigt. Die neuen Leistungsprozesse müssen noch entwickelt und erdacht werden. Und die System-Plattformen und Schnittstellen sind häufig noch unterschiedlich und inflexibel, so dass die Verbindung von ERP zu ERP einen großen Anfangsaufwand erfordert.

Um die e-Transformation und damit das Unternehmenssystem angesichts der neuen Möglichkeiten des Informationsmanagements und der Kommunikation organisch zu entwickeln und Brüche zwischen dem "alten" und dem "neuen" System zu vermeiden, haben einige Unternehmen zusätzlich zur bestehenden Struktur- und Ablauforganisation eine e-Organisation als "Overlay" geschaffen (vgl. Abbildung 9). Diese e-Organisation dient dazu, die Veranwortlichen der Geschäftseinheiten und Funktionsbereiche des Unternehmens in die Steuerung des Transformationsprozesses einzubeziehen, sie als Mitglieder eines Steering Committees für die e-Transformation verantwortlich zu machen und ihnen durch die Schaffung einer Funktion "e-Business Support" die nötige Unterstützung für die Nutzung des Internet oder gar die Schaffung von neuen Internet-basierten Geschäftsinitiativen zu bieten.

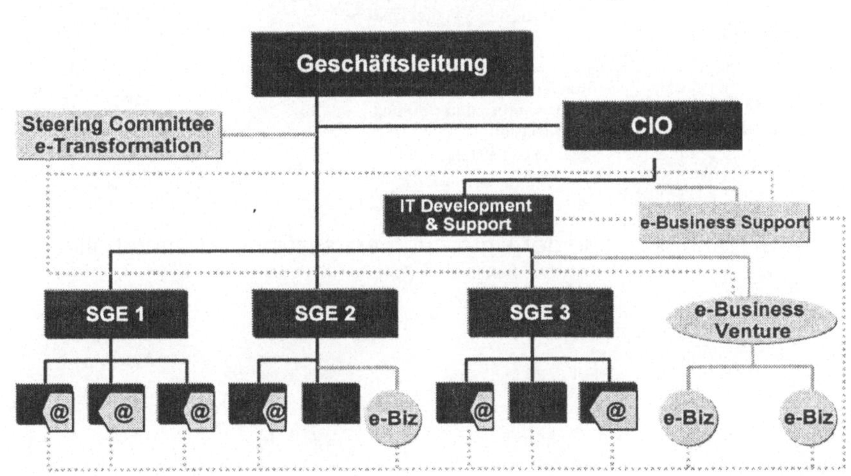

Abb. 9: Etablierung einer e-Organisation als Overlay der bestehenden Struktur- und Ablauforganisation

Die Motivation für die Veränderungsbereitschaft, die die e-Transformation erfordert, entsteht in immer mehr Unternehmen aus der Erkenntnis, dass zunehmendem Kostenwettbewerb als Folge abnehmender Differenzierung der Produkte und Leistungen mit der Suche nach Rationalisierungsreserven und Überwindung der hohen Fragmentierung des Innovationsprozesses begegnet werden muss.

Die Veränderungen, die mit dem Begriff der e-Transformation verbunden sind, nämlich die Nutzung des Internet für ein interaktives Customer Relationship Management, Supply Chain Management, Innovationsmanagement und Wissensmanagement, bieten die Chance, die Kundenbindung und Wettbewerbsdifferenzierung zu erhöhen, indem die Innovationsleistung und die Produktivität verbessert und anstelle von Fragmentierung Synergien in der Organisation gesucht und genutzt werden (vgl. Abbildung 10).

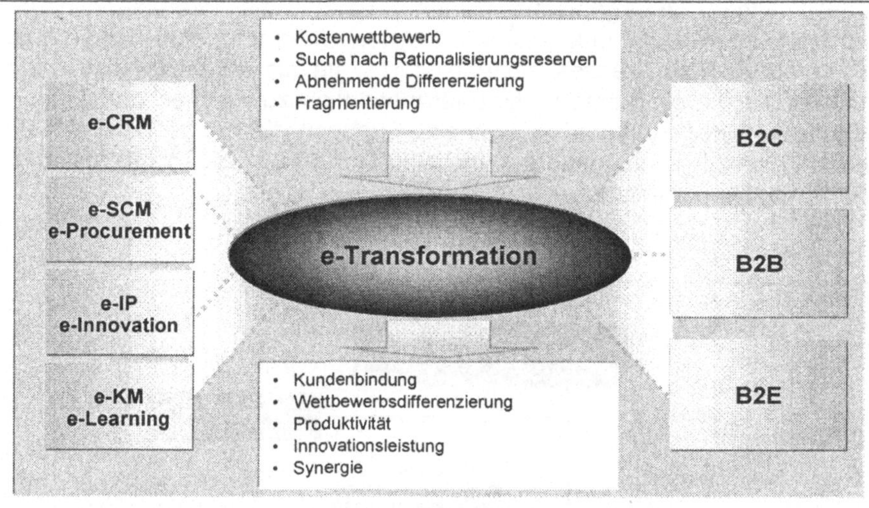

Abb. 10: Die e-Transformation der Unternehmenssysteme ist unaufhaltsam

2.3 Mobiles Internet – ein System aus Netz, Diensten und Inhalten
Klaus David

2.3.1 Einleitung und Überblick der verschiedenen Netze

Der öffentliche Mobilfunk begann in Deutschland in der Zeit von 1958 bis 1977 mit dem A-Netz, das 1972 bis 1994 durch das B-Netz ergänzt wurde. Obwohl es sich um öffentliche Systeme handelte, betrug die maximale Kundenanzahl wenige 10.000 Teilnehmer. Ab 1986 wurde das C-Netz aufgebaut. Es hatte eine maximale Kapazität von ca. 800.000 Teilnehmer und leitete damit den mobilen Massendienst ein. Wie auch bei dem Nachfolgesystem, den D-Netzen (realisiert durch die sogenannte GSM-Systemtechnik – Global System for Mobile Communications), hat das C-Netz das Bedürfnis der Kunden für „mobilisierte" Sprache, d.h. jederzeit und unabhängig vom Standort anrufen zu können und angerufen zu werden, erfolgreich befriedigt.

Mit dem in Deutschland und Europa 1991/92 eingeführten GSM-System wurden diese Stärken konsequent weiterentwickelt. Da es mittlerweile (2001) in Deutschland mehr GSM Kunden als Festnetzkunden gibt[*], hat es GSM ermöglicht, den Mobilfunk zu einem echten Massenmarkt auszubauen, der allein in Deutschland mehrere 10 Millionen Teilnehmer umfasst. Noch konsequenter als beim C-Netz hat sich dabei Sprache (Telefonie) als „Killer-Applikation" herausgestellt.

In Westeuropa deutet sich für die Teilnehmerentwicklung mit 60 bis 70% Marktpenetration (Stand 2001) eine Sättigung des Wachstums an. Weltweit, wie in Abbildung 1 dargestellt, gibt es dagegen auch für Sprache noch ein erhebliches Wachstumspotenzial.

Neben Telefonie ist einer der ersten und erfolgreichsten Datendienste der SMS-Dienst (Short Message Service). Technisch seit 1992/93 verfügbar, hat es bis ca. 1997/98 gedauert, bevor der SMS-Dienst wirtschaftliche Bedeutung erlangte.

Ein wesentlicher Schwerpunkt der Entwicklungsarbeiten lag und liegt darin, die relativ geringen Übertragungsgeschwindigkeiten von GSM (Phase 1) von bis zu 9,6 kbit/s (leitungsvermittelt, d.h. wie bei ISDN im Festnetz) weiter zu erhöhen. Dazu gibt es verschiedene Entwicklungen, die in Abbildung 2 skizziert sind.

Zunächst wird innerhalb von GSM an folgenden Ergänzungen gearbeitet, die teilweise auch schon eingeführt sind:

---

[*] Auch weltweit wird dies in wenigen Jahren realisiert werden

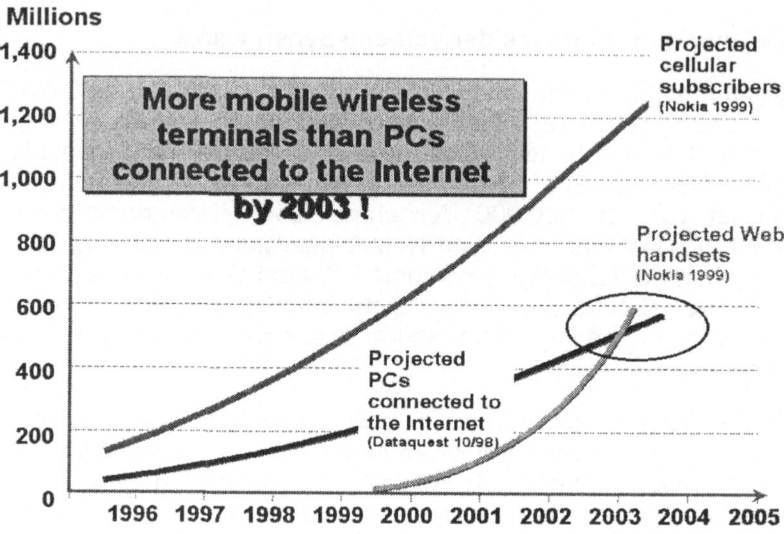

Abb. 1:   Weltweites Wachstum der zellularen und Internet–Kunden

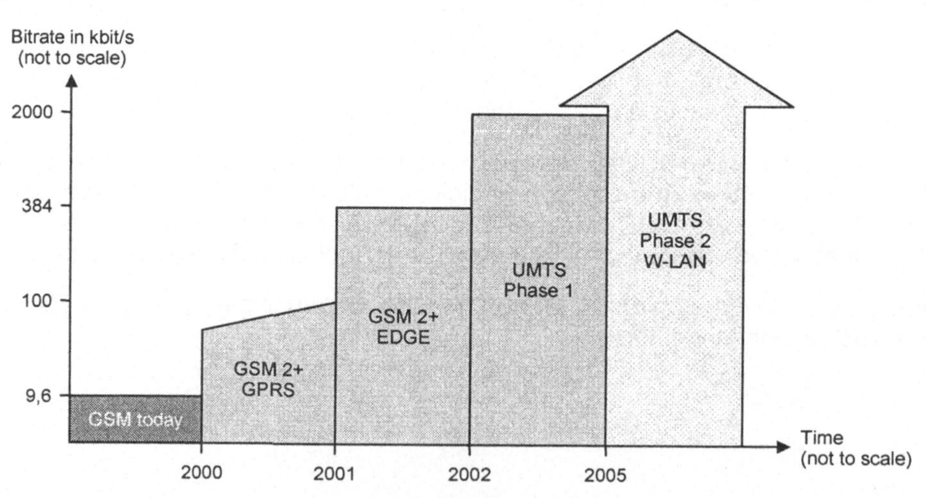

Abb. 2:   Bitraten verschiedener Mobilfunksysteme (GSM, GSM/GPRS,
           GSM/EDGE, UMTS, UMTS Phase 2, W-LAN)

HSCSD (High Speed Circuit Switched Data):

Durch Multiplexen mehrerer Zeitschlitze sind Übertragungsraten bis zu 57,6 kbit/s (leitungsvermittelt) möglich.

GPRS (General Packet Radio Service):

Durch Multiplexen mehrerer Zeitschlitze sind Übertragungsraten bis ca. 100 kbit/s prinzipiell möglich und zwar im Gegensatz zu HSCSD „packet switched", d.h. paketvermittelt. Damit ist dieser Dienst besonders zur Übertragung von E-Mails und zum „Surfen" im Web geeignet. Auch bietet er die bei Festnetzmodemverbindungen nicht bekannte Funktionalität des „Always on", d.h. die Endgeräte sind immer für z.B. Abo–Informationsdienste oder mobile E-Mails empfangsbereit. Dabei wird aber nur für tatsächlich übertragene Datenmengen abgerecht und nicht wie bei Modemverbindungen üblich (außer bei Flatrate) für Verbindungszeiten.

EDGE (Enhanced Data Rate for GSM Evolution):

Durch Multiplexen mehrerer Zeitschlitze und der Verwendung neuer, höherstufiger Modulationsarten sind Übertragungsraten bis 384 kbit/s möglich. Zu beachten ist allerdings, dass diese Technologie nur bei günstigen Empfangsbedingungen einsetzbar ist und nicht generell bei allen bisherigen GSM-Zellen.

Zusätzlich gibt es verschiedene, grundsätzlich neue Mobilfunksysteme (David, 2002):

Zur Zeit entsteht ein neues zellulares System, die dritte Generation (= 3G, GSM wird üblicherweise zur 2. Generation gezählt = 2G), auch als UMTS (Universal Mobile Telecommunications System) oder IMT 2000 (International Mobile Telecommunication 2000) bezeichnet (3GPP). Durch neue Signalverarbeitungsmethoden (insbesondere CDMA, Code Division Multiple Access) in Verbindung mit umfangreichen Funkressourcen können Bitraten bis 384 kbit/s und weiter in der Zukunft eventuell bis zu 2 Mbit/s erreicht werden.

Darüber hinaus gibt es eine Reihe weiterer interessanter Entwicklungen von Funksystemen:

Die W-LAN-Systeme (Wireless Local Area Network), die, wie der Name impliziert, eine Funkerweiterung von LAN-Netzen darstellen.

Schon seit einigen Jahren sind Produkte gemäß dem IEEE 802.11b Standard erhältlich. Diese W-LANs bieten als „Shared Medium" eine Übertragungsgeschwindigkeit von bis zu 11 Mbit/s. Die Übertragung erfolgt im unlizenzierten Frequenzband um 2,4 GHz. Weiterentwicklungen dieses Standards und die Entwicklungen rund um das Hyperlan werden in den nächsten Jahren Produkte mit mehreren 10 Mbit/s ermöglichen. Die Funkreichweiten dieser W-LANs liegen je nach Umgebung bei bis zu einigen hundert Metern. Damit eignen sie sich vor allem für die Versorgung in Gebäuden oder eventuell auch von „Hot-Spots" wie z.B. Bahnhofs- oder Fughafenbereichen im Außenbereich.

Eine weitere Art von Systemen sind die „Body Area"- oder „Personal Area Networks" (PANs).

Hierbei handelt es sich typischerweise um „low cost"-Systeme mit Reichweiten von bis zu wenigen Metern. Ein Produktbeispiel ist der „Bluetooth"-Standard. Bluetooth nutzt den gleichen Frequenzbereich wie das IEEE802.11b W-LAN und erlaubt Sprachübertragung und Datenübertragungen von bis zu einigen Hundert kbit/s. Eine weitere neue Funktionalität von Bluetooth ist die Möglichkeit, direkt zwischen „Bluetooth-enabled"-Endgeräten, wie z.B. zwei oder mehreren Laptops, zu kommunizieren, d.h. ein „Ad-Hoc"-Netz aufzubauen. Für verschiedene Anwendungen wurden „Profiles" definiert. Damit sollen umfangreiche Anwendungen wie Austausch von Visitenkarten, Anbindung eines Bluetooth-Kopfhörers etc. ermöglicht werden.

Auf der „Fest"-netzseite der Mobilfunknetze deutet sich der Trend an, die bislang - wie bei GSM - im wesentlichen ISDN-basierte Netzstruktur mehr und mehr durch IP-basierte Netze und Protokolle zu ersetzen, bis hin zu „All IP"-basierten Mobilfunknetzen.

Neben Weiterentwicklungen der UMTS-Funkschnittstelle zu immer höheren Bitraten wird in der Forschung bereits an der vierten Generation (4G) gearbeitet. Unter 4G wird die Integration von W-LAN Netzen mit UMTS oder auch ein neues Mobilfunksystem verstanden, welches Übertragungsraten deutlich höher als UMTS zur Verfügung stellen soll.

Neben den verschiedenen skizzierten Mobilfunknetzen sind für die zukünftige Entwicklung einige der wesentlichen kritischen Erfolgsfaktoren: die Bereitstellung attraktiver Inhalte und Applikationen, die Entwicklung von geeigneten Multimediaendgeräten und das „ubiquitious networking" (nahtlose, überall vorhandene, mobile Vernetzung).

2.3.2 Mobiles Internet: Dienste und Inhalte

Die bisherige „Killer Applikation" des Mobilfunks ist die Sprache. Mobile Sprachkommunikation hat verschiedene Vorteile:

♦   Sie hat, wie der enorme Markterfolg zeigt, genau das Bedürfnis der Kunden getroffen – Erreichbarkeit und Erreichen „anywhere anytime". Dafür sind die Kunden bereit, höhere Gebühren und eine häufig schlechtere Qualität als im Festnetz in Kauf zu nehmen

♦   Die Bedienung ist einfach und das Man Machine Interface (MMI) ist ebenfalls sehr einfach (im wesentlichen die 10 Zahlen, Auflegen und Abheben) und seit Jahrzehnten vom Festnetz bekannt

♦   Damit ist dieser Dienst kaum erklärungsbedürftig.

Der SMS-Dienst entwickelte sich zu einem der ersten erfolgreichen mobilen Datendienste. Für ihn gibt es mindestens drei wichtige Anwendungsszenarien:

♦ Benachrichtigungen, insbesondere über Anrufe auf der Mailbox

♦ Eine preisgünstige und auch relativ anonyme Art der Kommunikation und des In-Kontakt-Bleibens (oder -Tretens). Dies wird insbesondere z.B. von Schülern zum Austausch von Kurzinformationen auch während des Unterrichts wahrgenommen

♦ Mit geringerer Priorität das Abfragen verschiedener Informationen (Wetter, Witz des Tages, Kinoprogramm, ...).

Eine der Schwachstellen des SMS-Dienstes ist die Bedienbarkeit infolge der Mehrfachtastenbelegung, sowohl beim Schreiben der Nachrichten selbst als auch beim Verschicken. Für die Eingabe gibt es Ansätze, um mittels des sogenannten T9 besser mit der Mehrfachtastenbelegung umgehen zu können. Bei T9 wird aufgrund der Auftrittwahrscheinlichkeit von Buchstaben und Wörtern auch bei Mehrfachtastenbelegung für viele Wörter ein Schreiben auch mit nur einem Tastendruck pro Buchstabe möglich. Diese Funktion basiert auf einem abgelegten, erweiterbaren Wörterbuch. Während, wie schon erwähnt, von jüngeren und PC- bzw. Internet-gewohnten Kunden die Unannehmlichkeiten von SMS akzeptiert werden, gibt es für die Realisierung weiterer Anwendungen mindestens die folgenden zwei Herausforderungen:

♦ Ein einfach bedienbares Interface

♦ Anwendungen und Inhalte, die ein echtes Kundenbedürfnis treffen.

Bevor auf die zukünftigen Entwicklungen eingegangen wird, sollen noch zwei Beispiele von Datendiensten dargestellt werden: WAP (Wireless Access Protocol) (WAP) und i-mode.

Bei der Entwicklung von WAP wurden die in Bild 3 gezeigten Einschränkungen mobiler Endgeräte berücksichtigt:

♦ limitierte Übertragungsrate

♦ limitierter Speicher und begrenzte CPU-Leistungsfähigkeit

♦ einfaches Interface (zur Eingabe und zum Anzeigen).

Daneben ist die begrenzte Akkulebensdauer bzw. Kapazität ein wichtiger beschränkender Faktor. Die „technische Philosophie" des Festnetz-Internets mit Hyperlinks und einer Client-Server-Architektur wurde übernommen. WAP ermöglicht nicht, wie teilweise etwas missverständlich dargestellt, den allgemeinen Zugriff auf Informationen des Internet, die typischerweise in HTML (Hypertext Markup Language) oder zukünftig auch in XML (Extensible Markup Language) realisiert sind. Vielmehr wurde eine bis auf einfache Graphiken im wesentlichen textbasierte Sprache, die sogenannte WML (Wireless Markup Language), entwickelt.

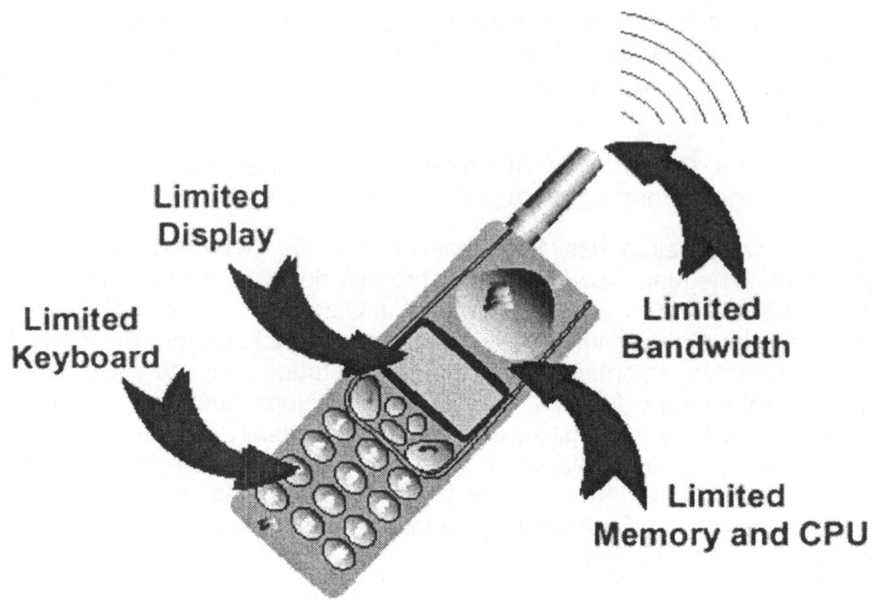

Abb. 3:   Einschränkungen mobiler Endgeräte, insbesondere von Handhelds

WAP-Anwendungen beinhalten insbesondere die von SMS prinzipiell bekannten Informations- und Abo-Dienste. So ist es z.B. möglich, den nächsten Zug, aktuelle Tages- oder Wirtschaftsnachrichten und dergleichen mehr abzurufen.

Im Gegensatz zu SMS-Diensten sind WAP-Dienste durch Menüsteuerung im allgemeinen einfacher zu bedienen. Seit mehr als einem Jahr verfügbar, ist der wirtschaftliche Erfolg von WAP-Diensten sicherlich noch beschränkt. Dies hat unter anderem folgende Gründe:

♦   In der Einführungsphase von WAP waren nur unzureichende Stückzahlen von WAP-fähigen Endgeräten verfügbar und

♦   in der Kundenwahrnehmung waren die Gebühren (Stand 2001) noch relativ hoch.

Die hohen Gebühren resultieren aus technischen Gegebenheiten wie der geringen Übertragungsrate und der langen Reaktionszeit aufgrund des notwendigen Verbindungsaufbaus. Bislang scheinen nur relativ wenige Anwendungen vom Preis/Leistungsverhältnis her das Kundenbedürfnis zu befriedigen.

Bezüglich Übertragungsrate und Reaktionszeit werden GPRS und zukünftig UMTS eine technische Verbesserung bieten. Was die Anwendungen betrifft, so sind mehrere Erfahrungen des Dienstes i-mode von Interesse.

Der Dienst i-mode wurde 1999 von NTT DoCoMo in Japan gestartet. Technisch werden i-mode Dienste über 9,6 kbit/s eines GPRS-artigen, paketvermittelten Übertragungsdienstes genutzt und die Inhalte werden in einer Teilmenge des Standard-HTML dargestellt. Seit einiger Zeit ist die Übertragungsrate verdreifacht worden und soll durch Verwendung der dritten Mobilfunkgeneration weiter gesteigert werden. Ein weiterer wichtiger Erfolgsfaktor von i-mode ist das Business-Modell: Die Abrechnung der Dienstnutzung erfolgt über die „air-time" bzw. das Übertagungsvolumen und wird durch den Netzbetreiber durchgeführt, der nur 9% der Summe bekommt, während die restlichen 91% an den Contentprovider weitergeleitet werden. Dieses Business-Modell ist einer der Erfolgsfaktoren und hat mit dazu beigetragen, eine sehr große Zahl von Applikationsentwicklern (mehrere Tausend Firmen) zu schaffen.

An Diensten gibt es (vgl. Abildung 4) (IEEE, 2001):

♦ Transaktionen: Bankanwendungen (Kontostand, Überweisungen, ...), Ticketreservierungen, Buchkäufe, ..

♦ Datenbankanwendungen: Telefonauskunft incl. Gelbe Seiten, Kochrezepte, Restaurants, ..

♦ Informationsdienste: Nachrichten, Wetternachrichten, Stadtinformationen, ...

♦ Unterhaltung: Netzspiele, Horoskop, Informationen über besondere Ereignisse, ...

Am gesamten Umsatz hat die Unterhaltung mit 40% einen wichtigen Anteil. Besonders junge Japaner laden sich gegen Gebühren Fantasie-Figuren, Horoskope und Karaoke-Texte auf ihr Handy.

Wirtschaftlich hat sich i-mode sehr erfolgreich entwickelt. Im Oktober 2001 gab es bereits 28 Mio. Teilnehmer. Offensichtlich ist es NTT DoCoMo gelungen, mit i-mode das Kundenbedürfnis zu befriedigen bzw. zu wecken und zwar zu einem Preis/Leistungsverhältnis, das vom Markt angenommen wird.

Dass die dargestellten Punkte „überlebenswichtig" sind, zeigt die „jüngere Geschichte" der mobilen Kommunikation. Nicht jedes mobile System ist zu einem Markterfolg geworden. So sind in den 90er Jahren mit Investitionen in Höhe dreistelliger Millionen DM-Beträge zwei Datenfunksysteme mit in Deutschland flächendeckenden Netzen und einem paketvermittelten Datendienst mit relativ niedrigen Bitraten (~10 kbit/s) an den Start gegangen, von denen eines schon nach wenigen Jahren komplett vom Markt verschwunden ist und das andere, trotz großer einzelner Kunden (wie United Parcel Service für das Flottenmanagement) keinen größeren Kundenstamm oder gar Massenmarkt schaffen konnte.

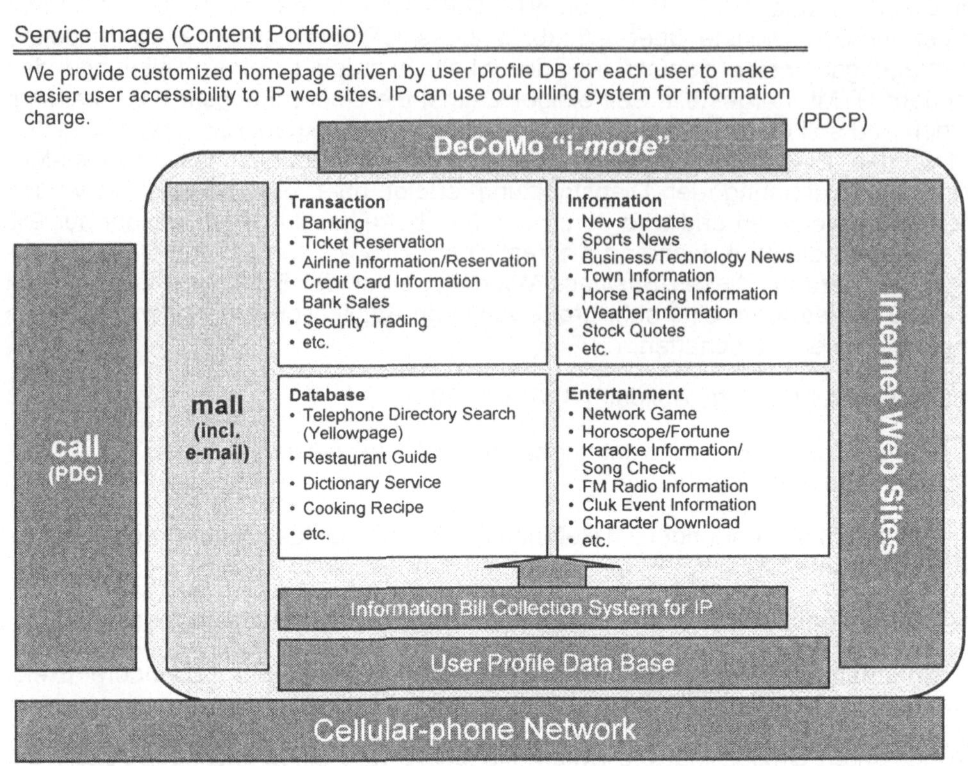

Abb. 4:   Übersicht der Anwendungen von i-mode

Für die dritte Mobilfunkgeneration, die in Japan im Oktober 2001 in Betrieb ging und in Europa für 2002/2003 geplant ist, wird intensiv an neuen Datenanwendungen gearbeitet. Im UMTS-Forum (UMTS Forum 1) ist die in Abbildung 5 gezeigte Dienstübersicht entwickelt worden (UMTS Forum 2, 3). Neben dem Sprachdienst findet man dort die Informations- und Contentdienste, die mittels einer IP-basierten Netzarchitektur und im „Always on"-Betrieb zur Verfügung gestellt werden sollen. Diese wiederum sind in „Content Connectivity"- und „Mobility"-Dienste unterteilt. Bei der ersten Klasse von Diensten ist der mobile Zugriff auf das Internet bzw. auf Intranets gemeint. Über den mobilen Zugang hinaus beinhalten sie keine weitere Dienstelogik.

Für die „Mobility"-Dienste sind eine Reihe neuer Dienstelogiken erforderlich:

♦   Location-based-Services bzw. ortsgefilterte Dienste und Inhalte. Beispiele sind: Die eigene Standortangabe, der beste Weg zu einem angegebenen Ort (dies auch unter Berücksichtigung von aktuellen Stauinformationen, wie bei den bereits existierenden Verkehrstelematikdiensten verfügbar), die Angabe über die nächste Tankstelle, das nächste Chinesische Restaurant, usw. Allein für derartige ortsgefilterte Dienste werden Umsätze von mehreren Milliarden EUR für die nächsten Jahren prognostiziert

♦ Customized Infotainment, d.h. personalisierte Informationen wie z.B.: e-Mails nur von bestimmten Personen, mit bestimmten Inhalten, Sportnachrichten eines bestimmten Fußballvereins, etc.

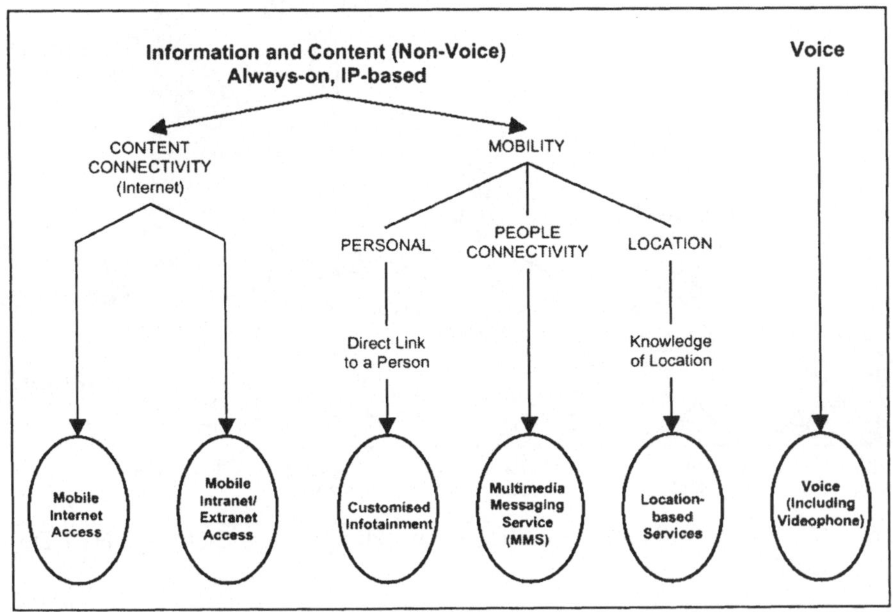

Abb. 5:   Rahmen für 3G Dienste

♦ People Connectivity – Multimedia Messaging Service (MMS): Ähnlich wie SMS, aber mit der Erweiterung um Ton, Bild und Video.

Nachdem intensiv, aber wohl ohne konkrete Ergebnisse im Datenbereich die „Killer-Applikation" gesucht wurde, spricht man heute im UMTS-Forum vom „Killer Cocktail" und meint damit obige Anwendungen und z.B. M(obile)-Commerce, M-Advertising, Unified Messaging, Voice over IP, Interactive Broadcasting und Positionierung, die alle zusammen erst das erforderliche Übertragungsvolumen zu bringen versprechen.

Auch "Mobile Portals" werden als vielversprechende Applikation diskutiert.

Den Meilensteinplan für die Entwicklung aus Sicht von NTT DoCoMo zeigt Abbildung 6 (IEEE 2001). Man erkennt darauf, dass nach der Einführung von i-mode,

Javaphones und der in 2001 erfolgten Einführung von IMT2000 (3G System) nun auch intensiv Videoanwendungen eingeführt werden sollen.

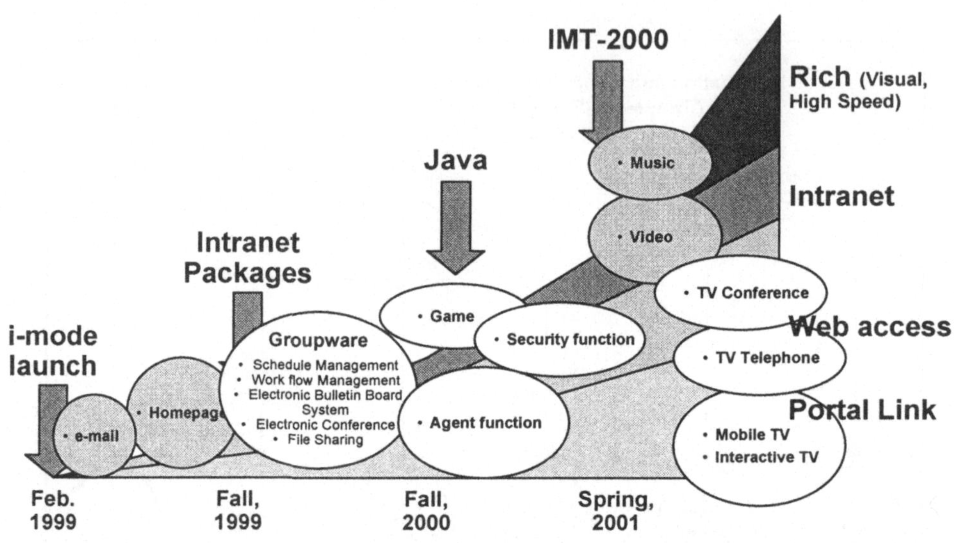

Abb. 6:   Meilensteinplan für zukünftige Entwicklungen aus Sicht von NTT Do-
CoMo

2.3.3 Entwicklungstrends mobiler Anwendungssysteme

Im folgenden wird eine Übersicht über weitere zu erwartende Anwendungen und Entwicklungstrends der Forschung gegeben (GSM 2001; UMTS 2000; WWRF).

Zukünftig ist zu erwarten, dass neben der "Person–to–Person"-Kommunikation die "Person–to–Machine" und die "Machine–to–Machine"-Kommunikation an Bedeutung gewinnen werden. „Person-to-Machine"-Kommunikation beinhaltet beispielsweise das Web-„browsen" und die Positionierung mit GPS, während „Machine-to-Machine"-Kommunikation Anwendungen wie automatische Telemetrie umfasst (von Maschinen, im privaten Hausbereich z.B. zur Heizungssteuerung, usw.). Hier sind auch einige, bereits in der Presse diskutierte futuristische Anwendungen denkbar, wie der Kühlschrank, der automatisch mit dem Geschäft in Kontakt tritt, um Milch nachzubestellen. Dadurch ist auch eine Penetration von „Funkeinheiten" möglich, die deutlich größer als 100% der Bevölkerung ist.

Eine weitere Unterscheidung ist die nach B2B-Anwendungen (Business-to-Business, d.h. zwischen Unternehmen), B2C-Anwendungen (Business-to-Customer, d.h. zwischen Unternehmen und Konsumenten) und C2C-Anwendungen (Customer-to-Customer, d.h. zwischen Konsumenten).

Darüber hinaus wird durch die breitbandigen Funksysteme die Möglichkeit eröffnet, Audio-Übertragungen hoher Qualität sowie Bild- und Video-Übertragungen zu empfangen und zu versenden. Noch weiter in der Zukunft werden auch weitere Sinnesinformationen, wie z.B. Geruchsinformationen oder 3D-Bilder und -Videos übertragen werden. Damit können dann zukünftig „virtual reality"-Anwendungen mobil übertragen werden.

Spätestens in den nächsten 5 Jahren wird nahezu jede Person in den industrialisierten Ländern ein Handy haben. Damit bietet es sich an, das Handy auch als elektronische Geldbörse zu verwenden. Technisch werden dafür heute schon verschiedene Lösungen angeboten bzw. diskutiert. Voraussetzung ist allerdings die Einigung auf eine von den Kunden akzeptierte Standardlösung.

Auch eine Nutzung als Fernbedienung, eventuell unter Verwendung eines Nahfeldsystems wie z.B. Bluetooth, bietet sich an. Damit könnten die Haustür aufgeschlossen und elektrische Geräte im Haus bedient werden.

Bezahlvorgänge sind, neben rein technischen Aspekten, sehr vielschichtige Vorgänge. Bislang waren die 2G-Netzbetreiber so organisiert, dass sie den Gesamtprozess eines Dienstes kontrollierten und damit die Gebühren „besaßen", von denen sie dann einen Prozentsatz an Content- oder Applikationsprovider abführten. (Obermann, 2000). Für zukünftige Anwendungen, wie z.B. das Bezahlen eines Getränkes am Getränkeautomat oder das Herunterladen eines zu bezahlenden MP3-Musikstücks, müssen neue Lösungen gefunden werden, wie zwischen Content-Provider, Applikationsprovider, Netzintegrator, Netzbetreiber und den Kunden verrechnet wird.

Neben neuen Business-Modellen wird das mobile Internet auch viele Prozesse in Firmen selbst verändern bzw. neu definieren.

So hat die mobile Breitbandkommunikation z.B. auf den Außendienst und damit verbundene Prozesse deutliche Auswirkungen:

- Außendienstmitarbeiter können in der Routenplanung und Gesprächsführung unterstützt werden

- Bestellungen können automatisch durchgeführt werden

- zukünftig kann in Produktkatalogen gesucht werden, und bildliche Informationen über Produkte bis hin zu Bewegtanimationen können eingeholt werden

- bei technischen Problemen können Experten per Video hinzugezogen werden und sich auch optisch von dem Problem vor Ort einen Eindruck verschaffen.

Diese Möglichkeiten deuten an, dass das mobile Internet dazu beitragen kann, dass sich in Zukunft zunehmend virtuelle Unternehmen entwickeln werden.

Weitere neue Anwendungen sind (IEEE PCM, 2002; Kanter, 2001; David, 1998; Kreller, 1998) Mobile Communities, Instant Messaging und M-Commerce (am Getränkeautomaten per Handy bezahlen, Musik- oder Videodownload, Spiele, virtuelle Realität).

Weitere innovative ortsgefilterte Anwendungen können sein:

♦ Angabe über den Aufenthaltsort anderer Personen z.B. von Kindern

♦ automatische Warnungen von Autofahrern, wenn sich Passanten, insbeson-
    dere Kinder oder ältere Menschen, der Fahrbahn nähern.

♦ „Context-aware"-Anwendungen, insbesondere unter Berücksichtigung von
    verschiedenen Sensorinformationen (Helligkeit, Temperatur, Beschleunigun-
    gen, Lautstärken, Feuchtigkeit, Blutdruck, ...).

Die Dienstequalität (QoS), die technisch schon in GSM/GPRS standardisiert ist, wird in Zukunft für Anwendungen und ihre Vergebührung an Bedeutung gewinnen.

Zur Entwicklung der angesprochenen Anwendungen wird die in Abbildung 7 skiz-zierte „Mobile Middleware" (Droegehorn, 2001) eine zunehmende Rolle spielen.

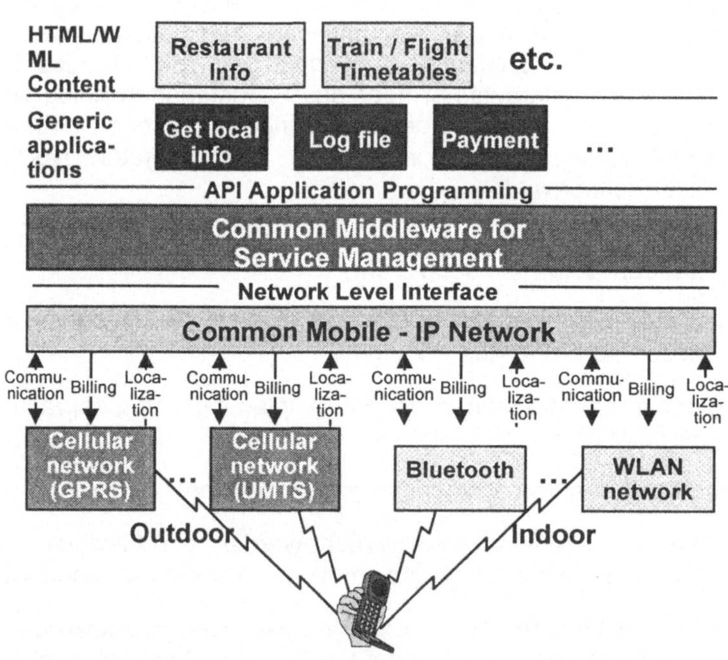

Abb. 7:   Generische Darstellung einer Mobilen Middleware

Anforderungen an eine Middleware sind die Möglichkeit der Diensteentwicklung mit kurzer Realisierungszeit, die Skalierbarkeit und die Generik bzgl. neuer Anwendungen und neuer Access-Netze.

Eine weitere interessante Entwicklung sind Javahandies, wie sie von verschiedenen Endgeräteherstellern angekündigt und in ersten Modellen bereits auf den Markt gebracht wurden. Damit ist es möglich, Anwendungen zu entwickeln, die auf verschiedenen javafähigen Endgeräten (Laptop, PDA, Handheld) genutzt werden können. Auch können diese Anwendungen mit „Standard"-Java-Know-how realisiert werden.

Wie diese Endgerätevielfalt zeigt, ist eine weitere Herausforderung die Adaption der Inhalte (und deren Darstellung) an die Möglichkeiten der Endgeräte (Speicherplatz, Bildschirmgröße, Farben, usw). Die Inhalte selbst liegen in der Regel ebenfalls in verschiedenen Datenbanken und Darstellungsformen vor, wie SQL oder Oracle, HTML, WML, XML etc. Ein Produkt, das eine derartige Contentadaption durchführt, ist die von der Firma Condat entwickelte SkyWare® (vgl. Abbildung 8) (Condat; Droegehorn, 2001).

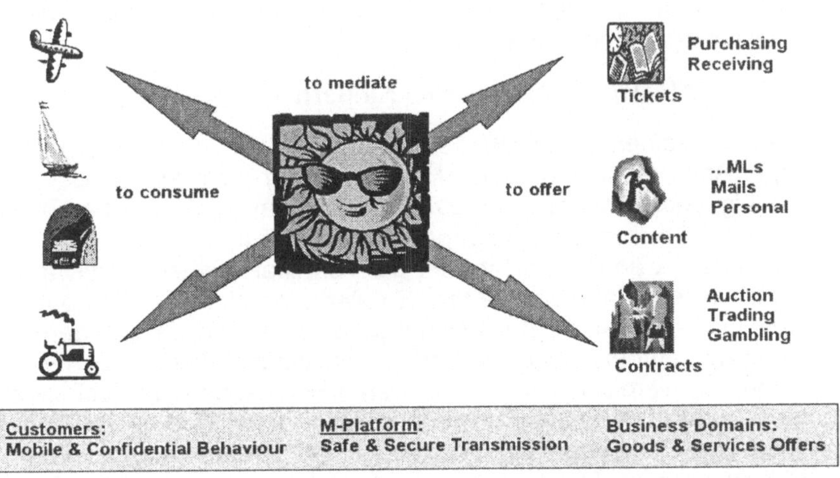

Abb. 8:   Die Verwendung von SkyWare® zur Contentadaption (Reichwald, 2002)

Zwei Szenarien mobiler Internetanwendungen beinhalten, wie diese im Jahr 2010 unser Leben durchdrungen haben könnten.

Szenarium 1: Frau Maier, Managerin der Firma X-Solutions, München

Frau Maier befindet sich am Nachmittag in ihrem Büro in München, kurz vor dem Aufbruch zum Flughafen, um einen Flug nach Paris für ein wichtiges Treffen am nächsten Morgen zu erwischen. Kurz bevor sie das Büro verlässt, meldet sich ihr 3G-Handheld mit einer Nachricht höchster Priorität: Ihr Flug ist ausgefallen. Sie bekommt alternative Flugverbindungen angezeigt, die allerdings entweder bereits ausgebucht oder für ihr morgiges Treffen zu spät sind. Auf die Anfrage nach Alternativen erhält sie eine Nachtzugverbindung, die sie sofort reserviert (das Abteil kann sie sich vorher per Video kurz anschauen und auswählen). Sie hat auch noch 2 Stunden Zeit bis zum Aufbruch gewonnen. Dieser Vorgang kostet Frau Maier 80 DM, die sie gern bezahlt – es handelt sich gerade um 10% der Kosten, die sie durch den Zeitverlust und die unnötige Fahrt zum Flughafen gehabt hätte; sowohl für sie als auch den Service-Provider/Netzbetreiber ein gutes Geschäft – jenseits heutiger Bezahlmodelle nach Air-time oder Übertragungsvolumen.

Frau Maiers 3G-Handheld informiert sie, rechtzeitig ihr Büro zu verlassen und hat bereits ein Taxi (ein personalisierter Dienst) bestellt, das sie pünktlich zum Bahnhof in München bringt. Im Bahnhof checkt sie über die ad-hoc-Funktionalität ihres 3G-Handhelds automatisch per elektronischem Ticket ein und erreicht gerade rechtzeitig die Lounge, als für sie eine Videokonferenz über Breitband-W-LAN mit mehreren Teilnehmern startet und ....

Szenarium 2: Herr Maier, Vater von zwei Kindern

Herr Maier ist mit seinen beiden Kindern unterwegs zum Spielplatz. Plötzlich ist die dreijährige Anna verschwunden – Herr Maier hat nicht aufgepasst. Anna ist vorschriftsmäßig bei grün über die Straße gegangen, aber ein herbeirasender Autofahrer, Herr Otto, hat nicht aufgepasst und wäre in vollem Tempo über die Kreuzung gefahren, wenn ihn nicht sein 3G-Terminal rechtzeitig gewarnt hätte, dass sich ein Kind der Fahrbahn nähert. So wird eine Notbremsung automatisch aktiviert. Herr Otto ist heilfroh, dass nichts passiert ist und bezahlt gern die 200 DM Gebühr für den automatischen Notbremslokalisierungsdienst. Auch Herr Maier ist heilfroh über die hilfreiche Technik, mit deren Hilfe er Anna per Lokalisierungsdienst entdeckt und über eine nahegelegene Kamera (wie sie überall angebracht sind und gegen eine geringe Gebühr „verwendet" werden können) per Video verfolgt. So kann er seine Tochter kurz darauf glücklich in die Arme schließen.

Im nächsten Moment meldet sich Herrn Maiers 3G-Terminal erneut und signalisiert ihm unmissverständlich per Geruch und Video, dass in seiner Küche momentan das Essen anbrennt, da er offensichtlich den Herd falsch programmiert hat. Er kann dies allerdings via Remote Control seines Herdes unmittelbar beheben und nach Erinnerung seines Kühlschranks auf dem Nachhauseweg auch noch die fehlende Milch mitbringen, bevor er ....

Wegen der vielen skizzierten Anwendungen und anderer heute noch unbekannter Anwendungen wird es bereits um 2003/4 dazu kommen, dass die Anzahl der mobilen Teilnehmer größer sein wird, als die der Teilnehmer des Festnetzes (vgl. Abbildung 1).

2.3.4 Ausblick

Der digitale Mobilfunk hat basierend auf GSM (Global System for Mobile Communications) einen beispiellosen Siegeszug angetreten. Die Hauptapplikationen sind bisher Telefonie, d.h. mobile Erreichbarkeit bzw. mobiles Erreichen per Sprache und in den letzten Jahren zunehmend auch der SMS- Dienst.

In den nächsten Jahren werden eine Vielzahl unterschiedlicher, breitbandiger Mobilfunksysteme wie Bluetooth, GSM/GPRS, W-LAN und UMTS auf den Markt kommen. Diese Mobilfunksysteme bieten die Basis für eine Vielzahl neuer Anwendungen. Eine entscheidende Voraussetzung für die Entwicklung dieser neuen, mobilen Multimediaanwendungen ist die Befriedigung der Kundenbedürfnisse unter Berücksichtigung der Systemgesamtsicht und der involvierten Partner.

Dafür sind die Bedienbarkeit (d.h. die Gestaltung ergonomischer Man-Machine-Interfaces), Middlewareplatformen und eine übergreifende Systementwicklung wesentlich.

Verschiedenen Marktstudien zufolge wird es schon ab 2003/4 dazu kommen, dass mehr Teilnehmer mobil als via Festnetz auf das Internet zugreifen. Das mobile Internetsystem wird das individuelle, geschäftliche und gesellschaftliche Leben in bisher noch kaum abschätzbarer Weise verändern. Diese Veränderungen ohne gravierende Risiken zu verkraften, stellt hohe Anforderungen an das Systemverhältnis unserer sozio-technischen Organisationen.

2.4 Systemtheorie und Designpraxis
Wolfgang Jonas

Der Beitrag beschreibt und reflektiert die zentralen Ideen meiner Bemühungen um die methodische Integration von Systemtheorie und Designpraxis in der Lehre. Es handelt sich um ein anwendungsbezogenes prozessuales Instrumentarium für das Entwerfen in einem über die reine Produktgestaltung hinausweisenden Verständnis. Das Vorgehen lehnt sich an zwei prominente Ansätze an: Die systemisch-analytische Methode von Vester (1993) und das eher projektiv-narrative Vorgehen von Schwartz (1991). Der weitere theoretische Hintergrund ist der angegebenen Literatur zu entnehmen (Jonas, 1994–2001).

Motivation und Ziel dieser Bemühungen ist einerseits die aktuelle Fortentwicklung der systemischen Ansätze der 1960er und 1970er Jahre und andererseits die Stärkung der disziplinären Autonomie von Design als eigener "Wissenschaft vom Künstlichen" (vgl. etwa Jonas, 1999). Dabei wird bewusst und gezielt die Verbindung von Design und strategischem Management hergestellt.

2.4.1 Design heute - Kontextabhängigkeit und Autonomie

Design ist wieder einmal, oder eigentlich eher permanent, in einer Selbstbildkrise. Technologische und gesellschaftliche Veränderungen erfordern Selbstreflexion, disziplinäre Neudefinitionen und Veränderungen (vgl. Tabelle 1). Dies allein ist kaum beunruhigend, weil Design immer schon nur in diesen dynamischen Kontexten verstehbar war. Einen der Gründe für die regelmäßigen Krisen sehe ich in der fehlenden Bereitschaft, die Dynamik des Kontexts als konstitutiv anzuerkennen und damit im Sinne einer positiven Herausforderung umzugehen. Die Disziplin hätte die Chance, eine sehr viel autonomere und bestimmendere Rolle bei der Diskussion um gesellschaftliche Zukünfte zu spielen, wenn sie sich dieses Defizits bewusst wäre. Die Versuche, die Anforderungen an bzw. die Funktionen von Design neu zu fassen, sind zahlreich.

Wie ist ein höherer Grad von Autonomie erreichbar? Design steht (noch?) nicht auf einer Stufe mit Wissenschaft, Kunst, Technologie oder Wirtschaft. Indiz dafür sind die nicht endenden Versuche, Design durch Rückgriff auf die etablierten Bereiche zu definieren (vgl. Bauhaus, New Bauhaus, Ulm). Allenfalls in Form von Negativaussagen sind sie geeignet, Design zu charakterisieren: Design ist *nicht Kunst*, weil es nicht um individuelle Äußerungen geht, sondern um Dienstleistungen für unterschiedlichste Klientengruppen. Design ist *nicht Technik*, weil es nicht um objektive Maßstäbe geht (Beobachtung), sondern um unscharfe, diskursive Kriterien (Beobachtung der Beobachtung). Design ist *nicht Wissenschaft*, weil es nicht neue Erklärungsmodelle für Wirklichkeit liefert, sondern Wirklichkeit (mehr oder weniger gezielt) verändert und neu generiert. Design ist etwas Eigenes (Jonas, 1999, 2000).

"Re-Interpretation" (Bonsiepe, 1996)	"Funktionale Definition" (Jonas, 1997b)
Design ist eine Domäne, die sich in jedem Bereich menschlicher Kenntnis und Praxis manifestieren kann.	
Design ist orientiert auf die Zukunft.	*anticipative* (looking ahead, in different directions and time scales)
Design ist bezogen auf Innovation. Der Entwurfsakt führt etwas Neues in die Welt ein.	*generative* (aiming at the synthesis of material or immaterial artefacts and patterns of behaviour
Design ist gebunden an Körper und Raum, insbesondere den retinalen Raum.	
Design zielt auf effektive Handlung.	*use-oriented* (taking quality of life as criterium, without claiming to know what this is)
Design ist sprachlich im Bereich der Urteile (assessments) verankert.	*illustrative* (creating wholes, contexts, narratives, aiming at agency)
Design richtet sich auf die Interaktion zwischen Benutzer und Artefakt... Die Domäne des Design ist die Domäne des Interface.	
	integrative (neglecting disciplinary boundaries, moderating perspectives, including its own)
	context-sensitive (being aware of and using social, cultural, technological interdependencies)

Tab. 1: Versuche der Neudefinition von Design (Bonsiepe, 1996; Jonas, 1997b).

2.4.2 Entwerfen entwerfen?

Simon (1990) führte 1969 den schönen und prätentiösen Begriff der "Wissenschaften vom Künstlichen" ein, die einen legitimen Platz *zwischen* den Natur- und den Humanwissenschaften beanspruchen können:

"Das Ingenieurwesen, Medizin, Handel und Gewerbe, Architektur und Malerei befassen sich nicht mit dem Notwendigen, sondern mit einem Freiheitsspielraum: nicht damit, wie die Dinge sind (Beschreibung), sondern damit, wie sie sein könnten (Projektion), kurz, mit Design."

Künstliche Phänomene sind Systeme, die durch Zwecke oder Ziele in die Umgebung, in der sie leben, eingepasst sind. In ihrer Verformbarkeit durch die Umwelt zeigen sie eine "Aura von ´Unabhängigkeit´", während die natürlichen Phänomene sich eher deterministisch verhalten, eine "Aura von ´Notwendigkeit´" besitzen.

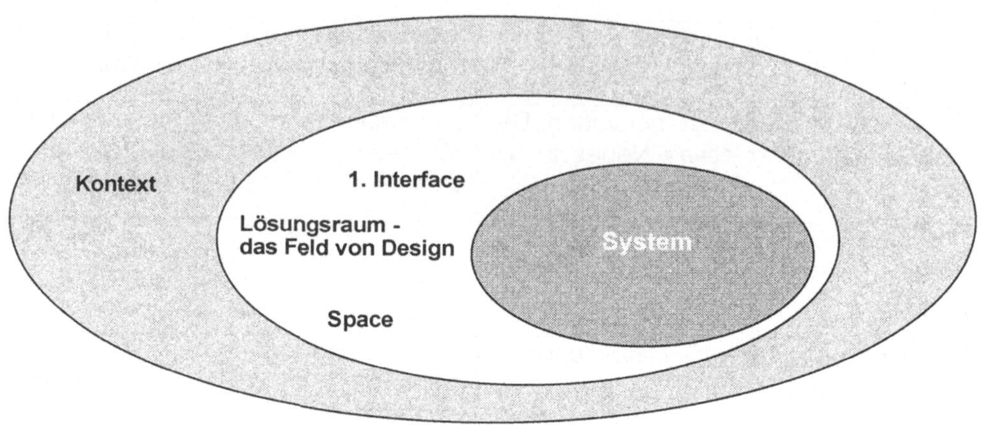

Abb. 1: Design als Interface-Disziplin, der Lösungsraum im Spannungsfeld von System und Kontext.

Design agiert "dazwischen", befasst sich mit der Beziehung von Menschen und Dingen. Bonsiepe (1996) sieht das *Interface* im Dreieck Nutzer-Handlung-Artefakt, wobei das Artefakt divergierende Anforderungen versöhnen soll; eine nicht sehr neue Sichtweise. Simon (1990) geht weiter und bezeichnet *das Artefakt als Schnittstelle zwischen innerer und äußerer Umgebung* und nennt drei Aspekte künstlicher Dinge: (1) Zweck / Ziel, (2) die Beschaffenheit des Artefakts (innen), (3) die Umgebung, in der das Artefakt funktionieren soll (außen). Die beiden letzteren seien naturwissenschaftlich determiniert. Entwerfen verfolge die funktionalen Ziele, die das innere mit dem äußeren System verbinden, wobei es viele äquivalente Wege zum Herstellen der Passung gebe. Ich selbst (Jonas, 1999) beschreibe, in Anlehnung daran, jedoch ohne den Anspruch der naturwissenschaftlichen Determiniertheit, *Design als die Interface-Disziplin zwischen Artefakten und Kontexten, zwischen innerem und äußerem System.* Die Systeme enthalten kulturelle, soziale, politische und sicher auch naturwissenschaftliche Komponenten. Die Grenze zwischen innen und außen ist nicht fest, sondern definiert sich durch die Interventionskompetenz der entwerfenden Instanz. Innen ist alles, was gestaltet werden kann. Design ist zuständig für das Herstellen der Passungen zwischen Kontextuellem und Artefaktischem.

Ist Design mit derartigen Ansprüchen nicht überfordert? Die Erfahrungen des "Design Methods Movement" der 1960er und frühen 1970er Jahre legen dies auf den ersten Blick nahe. Bei genauerem Hinsehen zeigt sich, dass man den Ansatz vermutlich, wie häufig im Design, lediglich nicht konsequent weitergeführt hat. Er war zu mühsam und damit unattraktiv; ein Ausdruck der Lernpathologien im Design (Jonas, 1997a).

J. C. Jones (1978) meint dazu: "The new design methods (brainstorming, system engineering, operational research, and many others) are not easy to use. They very easily become uncontrollable and confusing so that the designers get swamped in a mass of information, and a rigidity of procedure, that prevents common sense, intuition, and one's own ability to think, from remaining in control. This is because they are presented as what they are not: panaceas, complete substitutes for thinking for oneself, for being responsible for what one is doing. The missing element is what I call 'designing designing': the conscious direction of part of one's activity and energy, while designing, into the meta-process of designing the process of design. At any point one should be aware of 'what you are doing' and 'why'."

Angesichts der *Komplexität* der Problemstellungen und der *Perspektivität* der Wirklichkeitskonstruktionen, der *Dynamik* der Veränderungen von Problemen und Umwelten, der ungewissen zukünftigen *Kontexte* aufgrund der Zeitdimension der Aufgabenstellungen, der hohen *Kontingenz* der Lösungsansätze, des Kommunikationsbedarfs mit anderen Expertendisziplinen, etc. ist das "Entwerfen des Entwerfens" kein akademischer Luxus, sondern permanente Notwendigkeit in jedem Designprojekt. Nur so kann der Anspruch realisiert werden, früher als normalerweise üblich verantwortlich in den Entwicklungsprozess einbezogen zu werden und das Image des Verzierers und Verkaufsförderers abzulegen. Grundlage der Überlegungen ist ein erweitertes Verständnis des Designprozesses (vgl. Abbildung 2):

Synthese ist die Phase, die traditionell im Mittelpunkt des Interesses steht: ein anscheinend klares und abgegrenztes "Problem" ist gegeben bzw. "fällt vom Himmel". Dieser Schritt soll nicht vernachlässigt werden. Er steht jedoch hier nicht im Zentrum. In Zeiten beschleunigten technologischen und sozialen Wandels und globalisierter Ökonomien mit gesättigten Märkten (mittlerweile ein Allgemeinplatz) sind die Analyse- und die Projektionsphase von zunehmendem Interesse. Es ist durchaus nicht mehr trivial, die Frage zu beantworten: Was ist das Problem? (Analyse), und es ist ebenso herausfordernd zu fragen: Wie können die zukünftigen Umfelder aussehen, in denen sich unsere Lösungen bewähren müssen (Projektion)? Es wird zum Design-Problem, das Design-Problem zu definieren ("Problem-Design").

Systemdenken und *Szenarioentwurf* sind die beiden Hauptkomponenten eines erweiterten methodischen Konzepts von Entwerfen. Systemdenken beschreibt den Versuch, die Komplexität der Problemfelder und der Kontexte handhabbar zu machen, ohne die Systemqualität der Modellierung zu zerstören. Szenarioentwurf ist die Antwort auf die zunehmende Zukunftsorientierung. Angesichts der beschleunigten kulturellen und technologischen Entwicklung reichen Designüberlegungen heute immer weiter hinein in ungewisse Zukünfte.

Der Ansatz zielt auf die Entwicklung einer einfachen, flexiblen *Methoden-Toolbox:*

♦ Er geht aus von der Kontextbedingtheit und Temporalität allen Entwerfens,

♦ er erkundet mögliche zukünftige Umwelten und Wege dorthin,

♦ er schafft "Zukünfte auf Vorrat", er liefert keine Prognosen,

♦ er sensibilisiert für den Entwicklungsprozess, liefert Indikatoren für das Erkennen der Richtung, wie die Zukunft sich tatsächlich entfaltet ("Frühwarnsysteme"),

♦ er schafft Lösungsvorräte für verschiedene Zukünfte,

♦ er schafft eine Lernumgebung zum Umgang mit Ungewissheit.

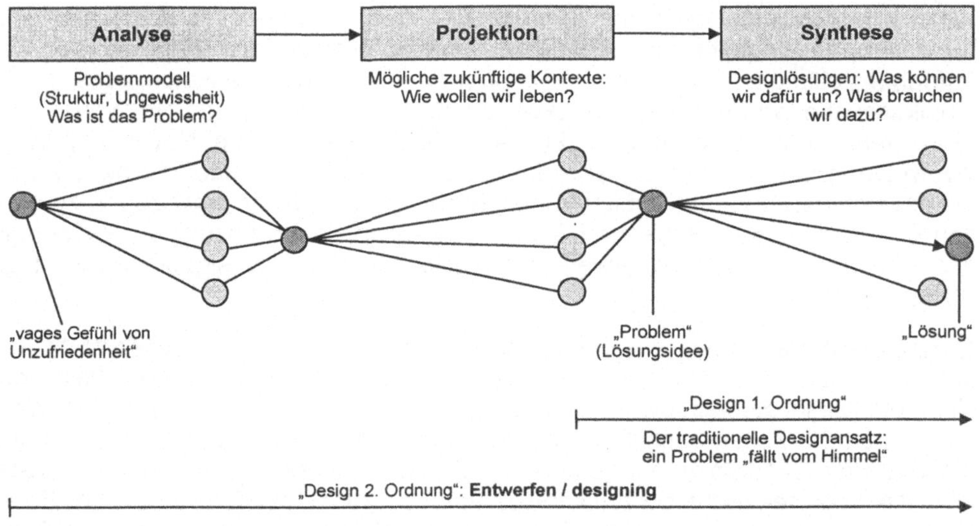

Abb. 2:   Erweitertes Designkonzept

2.4.3 Analyse

H. Willke als Vertreter der systemisch orientierten Soziologie bemerkt (Willlke, 1994, Seite 189): "Lineare Entwicklung verlängert die Misere der Gegenwart in die Zukunft, weil sie einer ´Logik des Misslingens´ folgt, die in der Konfrontation einfacher Modelle mit komplexen Realitäten nicht zu vermeiden ist. Systemische Entwicklung dagegen setzt auf die Anstrengung adäquater Modellierung und die Leichtigkeit selbst gewählter Veränderungspfade. Sie nimmt zur Kenntnis, dass im ´Normalfall´ die Lösung das Problem ist und verwendet deshalb enervierende

Sorgfalt auf die Rekonstruktion des Problems. Ihre Lösungen zielen nicht auf eine Trivialisierung des Problems, sondern darauf, sich geradezu von selbst zu empfehlen, wenn erst einmal Kontext und Komplexität des Problems deutlich geworden sind."

Diese Aussage ist stark simplifizierend. Es scheint gar kein Design-Problem mehr übrigzubleiben, wenn erst einmal die Analyse der Situation sauber durchgeführt ist. Man erkennt deutliche Ähnlichkeiten mit H. Simon (1990), der die These vertrat, dass die Lösung nicht viel mehr sei als die Re-Formulierung eines wohldefinierten Problems. Spätestens seit Jones oder Rittel können wir wissen, dass es wohldefinierte Probleme nur in Sonderfällen gibt. Wirkliche Design-Probleme sind "bösartig" (wicked) oder "schlechtdefiniert" (ill-defined), denn sie sind zeitabhängig, kontextabhängig, abhängig von der Perspektive der Beteiligten (stakeholder) usf. Das Verständnis von Problem und Lösung entwickelt sich im Prozessverlauf: Die Lösung ist das Problem. Die vordringliche Aufgabe besteht also darin, den Systemansatz so zu operationalisieren, dass er design-alltagstauglich wird. Das Folgende ist der momentane Stand dieser Bemühungen.

Der Systemansatz

Ein wichtiges Merkmal der neueren systemischen Theorien ist die Betonung der *System - Umwelt* Differenz gegenüber der Differenz *Teile - Ganzes* (bzw. Elemente - Relationen), die früher im Vordergrund stand. Die Verschiebung erklärt sich durch das stärkere Gewicht, das die biologischen Theorien (Autopoiesis, vgl. Maturana/Varela, 1987) heute gegenüber den mechanistischen Theorien der Vergangenheit haben. Ein lebendes / psychisches / soziales System wird heute nicht mehr primär als Beziehungsgefüge von Teilen gesehen, das einen (möglichst von außen bestimmbaren) Zweck erfüllt, sondern als eine geschlossene Entität, die im wesentlichen danach strebt, ihre eigene Organisation zu erhalten (Selbstorganisation). Gezielte Steuerung von außen ist prinzipiell nicht möglich, Interventionen können nur soweit erfolgreich sein, als sie die strukturellen Bedingungen (Wahrnehmungs- und Verhaltensmöglichkeiten) des beeinflussten Sysstems respektieren. Dies benennt die paradoxe Grenze systemischer Ansätze: Zuviel Systematik zerstört das Systemische.

Am Beginn des Prozesses steht die Formulierung einer *zentralen Fragestellung:*

♦ im Hinblick auf anstehende Entscheidungen generell,

♦ im Hinblick auf neu zu entwickelnde Geschäftsfelder,

♦ im Hinblick auf zukunftsfähige Produkt- und Serviceideen,

♦ etc.

Die *strukturelle Analyse* beginnt mit dem Sammeln von *internen* Schlüsselvariablen / Deskriptoren, das System / Problemfeld / die Situation im engeren Sinne betreffend (vgl. etwa Vester, 1993), sowie *externen* Schlüsselvariablen / Deskriptoren und Driving Forces / Trends / Uncertainties, die Umwelten / Kontexte betreffend (vgl. etwa Schwartz, 1991). Die internen Größen sind mehr oder weniger gezielt beeinflussbar (im Rahmen der strukturellen Möglichkeiten des Systems), die externen Größen sind zumeist nicht oder kaum (d.h. über mittelbare Feedback-Wirkungen) beeinflussbar.

Interne Variablen (System): Der Ansatz von Vester, der im Bereich der Stadt- und Regionalplanung entwickelt wurde und auf den ökologischen Prinzipien lebender Systeme beruht, verwendet hier zur Orientierung die sog. "7 Lebensbereiche" mit entsprechenden Fragen:

◆ Bevölkerung: Wer ist alles da?

◆ Wirtschaft: Was machen die?

◆ Humanökologie: Wie fühlen die sich dabei?

◆ Flächennutzung: Was passiert wo?

◆ Naturhaushalt: Wie funktioniert der Ressourcenhaushalt?

◆ Infrastruktur: Welche Strukturen und Kommunikationswege bestehen?

◆ Gemeinwesen: Wie ist das geregelt?

Die "Lebensbereiche" weisen auf die biokybernetischen Ursprünge und die erste Anwendung in der Regionalplanung hin. Sie sind, etwa in der Anwendung auf ein Unternehmen, "natürlich" metaphorisch zu nehmen.

Externe Variablen (Umwelt): Zur Erfassung der externen Einflussgrößen ist das Modell "*Peste +*" hilfreich. Es unterscheidet die Einflüsse nach: Political, Economic, Social, Technological, Ecological + Values / Lifestyles.

Bei den externen Größen ist zu unterscheiden zwischen *Trends*, deren Entwicklungsrichtung sicher scheint und *kritischen Ungewissheiten* (critical uncertainties), deren Entwicklungsrichtung unsicher ist (flip-flop), die an bestimmten Bifurkationspunkten in die eine oder die andere Richtung verzweigen können.

Der Variablensatz liefert ein grobes, unscharfes (fuzzy), aber vollständiges Bild des in Frage stehenden Systems.

Cross-Impact Analyse und systemische Rollenverteilung

Die Cross-Impact-Analyse fragt danach, wie diese Variablen im System miteinander interagieren. Wenn sich die eine Variable verändert, ist die potenzielle Wirkung auf die andere dann nicht vorhanden (0), schwach (1), mittel (2) oder stark (3)? Daraus lassen sich unmittelbar Aussagen über die systemische Rolle der Variablen ableiten:

Von den *aktiven* Elementen gehen starke Wirkungen auf das übrige Systemverhalten aus, sie selbst werden jedoch kaum von den anderen Größen beeinflusst.

Häufig handelt es sich um Größen, die nur von außerhalb des Systems her beeinflussbar sind. Die *reaktiven* Elemente wirken nur schwach auf das System, werden jedoch aus dem System heraus stark beeinflusst. Systemveränderungen wirken sich vornehmlich hier aus, so dass es sich häufig um Symptom- oder Indikatorgrößen handelt. Die *puffernden* Elemente haben nur schwachen Einfluss und werden auch selbst nur schwach beeinflusst. Sie stabilisieren das System und sind für Eingriffe meist ungeeignet. Die *kritischen* Elemente sind besonders vielfältig in die Vernetzungen eingebunden. Sie sind bei Eingriffen möglichst "mit Samthandschuhen anzufassen", da andernfalls unkontrollierbare Entwicklungen ausgelöst werden können. Die *neutralen* Elemente dienen der Selbstregulation des Systems und sind für steuernde Eingriffe kaum geeignet. Die externen Größen, die von außen auf das System wirken, von diesem rückwirkend aber nicht oder nur wenig beeinflusst werden, befinden sich meist im stark aktiven Bereich.

Eine wichtige Erkenntnis aus diesem Schritt: Der Charakter bzw. die kybernetische Rolle einer Variablen liegt nicht in ihr selbst begründet, in ihrem "Wesen" (so etwas gibt es nicht), sondern folgt aus ihren Beziehungen zu allen anderen Variablen im System. Die Beziehungen sind das Zentrale. Designer sind folglich Experten für Beziehungen und Zusammenhänge.

Wirkungsgefüge und Systembilder

Oft ist es sinnvoll und hilfreich, aus den internen und externen Variablen ein Systembild zu entwickeln. Die Wirkungszusammenhänge in einem klar abgegrenzten Problemfeld (die Drogenproblematik in Halle), die Beziehungen bezüglich der Lebensfähigkeit einer Organisation (die Funktionstüchtigkeit eines Krankenhausbetriebes) oder eines sozialen Gefüges (Zusammenleben von Deutschen und Ausländern in Berlin-Kreuzberg) sind als System in einer Umwelt darstellbar. Auf diese Weise lassen sich stabilisierende und destabilisierende Regelkreise identifizieren, es lassen sich typische Verhaltensmuster und Reaktionen auf Eingriffe vorhersagen (was passiert, wenn ...?), es lassen sich interne Auswirkungen externer Ereignisse vorausdenken, etc. Die Methode der *Sensitivitätsmodellierung* (Vester, 1993) arbeitet intensiv mit Überlegungen dieser Art. Sie dehnt den Ansatz methodisch soweit aus, dass sogar dynamische Simulationen des Verhaltens bestimmter Systemvariablen über die Zeit möglich sind.

Auch die Forscher in der Tradition der *System-Dynamics*-Methodik benutzen Systemmodelle als wichtige Grundlage ihrer Arbeit (Meadows, 1972; Senge, 1990, etc.). Die "Management Flight Simulators" sind ebenfalls dynamische Systemmodelle, mit denen Eingriffe in die höchst kontraintuitive Dynamik komplexer Systeme gefahrlos geprobt werden können. So kann man etwa lernen, dass zwei scheinbar kontroverse Positionen (die Lösung eines Problems betreffend) tatsächlich in enger Nachbarschaft liegen. Der Unterschied liegt in der vorgefassten Meinung über den geeigneten Eingriffspunkt in einen Feedback-Kreis.

Überlegungen dieser Art plausibilisieren das Konzept von *Design als systemischer Intervention* (Jonas, 1996). Krippendorff (1994) vertritt die Meinung, das Designprodukt der Zukunft sei der Prozess der Intervention in komplexe systemische Veränderungsprozesse.

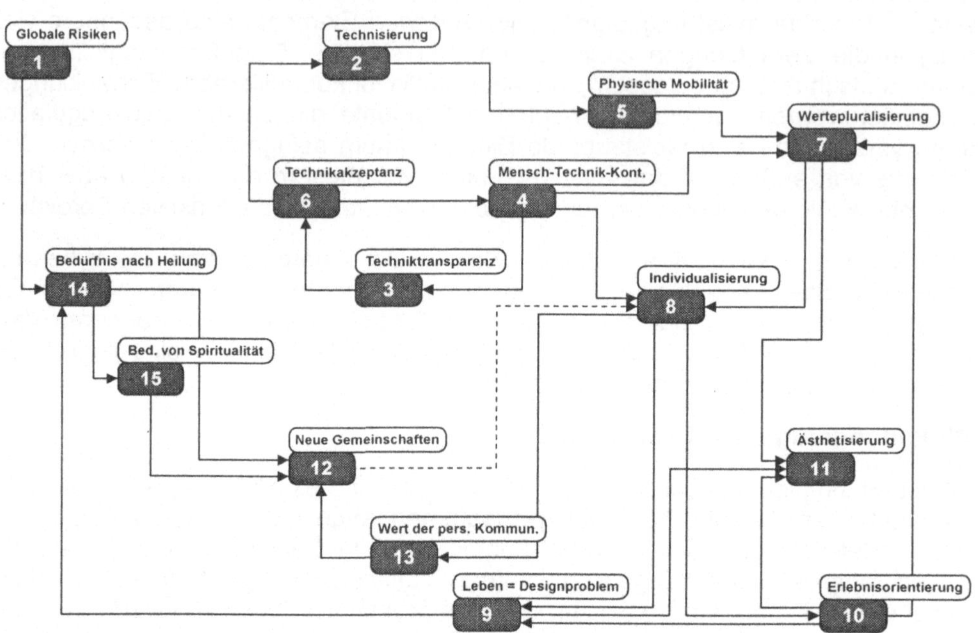

Abb. 3:   Darstellung des Systems in seiner Umwelt.

In anderen Fällen erscheint es dagegen nicht sinnvoll, von einem geschlossenen Systemmodell des Problems zu sprechen. Etwa die Frage nach der Zukunft von Information und Kommunikation generell oder die Frage nach neuen I&K-Produktkonzepten für zukünftige Märkte erscheinen zu global bzw. zu spezifisch, um aus den identifizierten Einflussgrössen *geschlossene* systemische Zusammenhänge zu modellieren. Hier geht es um offene, assoziative Systemkonzepte, die nicht mehr sinnvoll auf der Idee der autopoietischen Systeme aufbauen können (Liebl, 2000).

Ergebnisse der systemischen Analyse

Als Ergebnis der systemischen Analyse erhält man:

♦   ein systemisches Verständnis der Situation,

♦   ein Bild der unter der Oberfläche liegenden Systemstruktur (vgl. die Eisberg-Metapher, Senge, 1990),

◆ Informationen über Regelkreise und Feedback-Mechanismen,

◆ typische Verhaltensmuster des Systems: "Was passiert, wenn...?" (vgl. Senges "Structure influences behaviour.")

◆ Hinweise auf potenzielle Interventionspunkte in das System,

◆ etc.

Vor allem, und dies ist der vermutlich wichtigste Gewinn, entwickelt sich in der Kommunikation der beteiligten *stakeholders* eine gemeinsame Sprache zur Beschreibung des Systems (wie es IST). Aber jede Designaktivität zielt darauf ab, die Welt zu verändern bzw. sie antizipiert diese Veränderung. Daraus folgt die Notwendigkeit, die *Zukunft* in die Überlegungen einzubeziehen (wie es sein SOLL). Dieses Einbeziehen der Zukunft kann in ganz unterschiedlichen Zeitdimensionen geschehen, wobei jedes Problemfeld seine Eigenzeit besitzt. Eine Vorausschau von 6 Monaten im Bereich der Internet-Entwicklung ist, was die damit verbundene Ungewissheit angeht, vergleichbar mit einem Zeitrahmen von vielleicht 10 Jahren im Bereich Verkehrssysteme.

2.4.4 Futures Studies

Forecasting vs. Projection (Prospective)

Die Ansätze des *forecasting* sind mit dem Anspruch der Vorhersage von zukünftigen Ereignissen oder Zuständen verbunden. Sie basieren auf der Fortschreibung vergangener und gegenwärtiger Trends. Auf den ersten Blick gehören dazu auch die System-Dynamics-Weltmodelle des "Club of Rome" (Meadows, 1972), die Verläufe des Zustands der Welt über einen Zeitraum von 100 Jahren simulieren. Auf den zweiten Blick (und dies wurde von den Autoren nie anders behauptet) handelt es sich um Denk- und Debattenanstöße der Art: "Wenn wir nicht sofort handeln, dann werden wir im Jahr 2030 einen globalen Kollaps erleben." oder "Um einen nachhaltigen Zustand des Gleichgewichts auf dem Planeten zu erzielen, müssen wir heute dieses oder jenes tun." In diesem Sinne sind die Meadows-"Prognosen" umso wirksamer, je weniger sie zutreffen.

Ein Vorteil der Forecasting-Ansätze liegt in ihrer hohen analytischen Konsistenz und ihrer daraus resultierenden Überzeugungskraft. Sie vernachlässigen jedoch das immer vorhandene menschliche Potenzial, Entscheidungen zu treffen und zu handeln (zu entwerfen). Sie implizieren damit so etwas wie eine "Weltmaschine", einen deterministischen Mechanismus, vergleichbar dem Laplacesche Dämon, und entmündigen die menschlichen Akteure.

Es gibt viele Zukünfte!

Wir wissen nicht, wohin wir gehen, aber wir wissen, wo wir herkommen. Es scheint sinnvoll, drei idealtypische Ansätze von Futures Studies, bzw. Weisen des Umgangs mit Zukunft zu unterscheiden:

Deterministisch: Die wissenschaftliche Sicht. Die Zukunft wird genau so sein wie vorhergesagt, ob wir das wollen oder nicht. Menschliche Entscheidungsfähigkeit spielt dabei keine Rolle (forecasting). Das bisher unerreichte Ziel der Meteorologen.

Teleologisch: Dies ist der Ansatz der (strategischen) Planung. Wir wollen genau diesen zukünftigen Zustand. Um ihn zu erreichen müssen wir diese bestimmte Folge von Entscheidungen und Handlungen durchführen. Häufig werden die Schritte rückwärts vom Zielzustand bis heute bestimmt ("backcasting"). Die Fiktion der soziotechnischen Planer.

Projektiv / prospektiv: Der lernende und möglicherweise gestaltende Ansatz. Er erforscht die Bandbreite der möglichen zukünftigen Zustände des Systems. Das Ziel besteht in der Kompetenz, Entscheidungen im Licht dieses Wissens zu treffen, mit der Ungewissheit kreativer und angstfreier umzugehen. Man schafft sich "Zukünfte auf Vorrat", um vorbereitet zu sein und um sensibler zu werden in bezug auf Indikatoren, die das Eintreffen dieser oder jener Zukunft ankündigen.

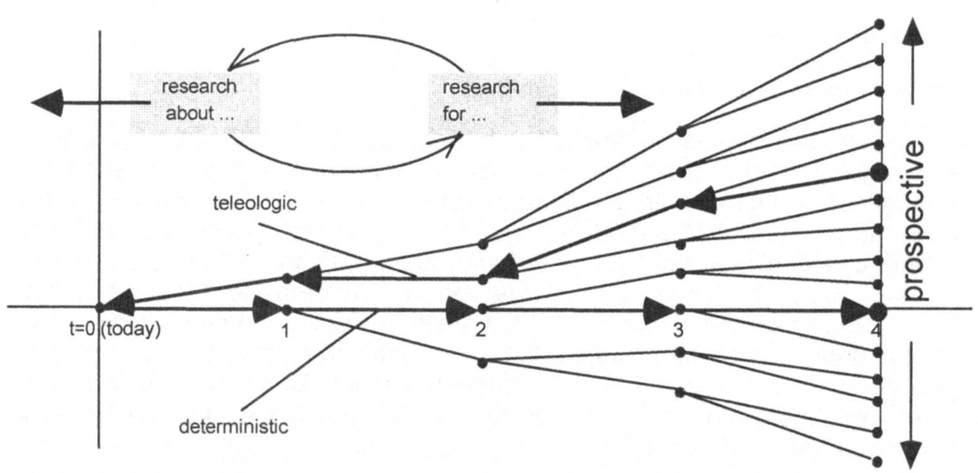

Abb. 4:   Deterministische, teleologische und projektive Zukunftssicht.

Szenariotechniken, Management und Design

Ein Szenarium ist ein Drehbuch oder ein Plot mit Akteuren, Orten, Objekten und Handlungen. Szenariotechnik als besondere Art des Nachdenkens über mögliche Zukünfte hat seine Ursprünge in Mythen, Utopien, Fiktion und Science Fiction (Francis Bacon bis H.G. Wells, etc.). Die engeren Wurzeln liegen in den Sozialutopien der französischen Aufklärung (Marquis de Condorcet, Henri Saint-Simon bis zu Karl Marx), in der im 20. Jahrhundert beginnenden staatlichen Planung (policy-making), in der neuen Disziplin Operations Research und den daraus nach dem 2. Weltkrieg in den USA entstandenen Think Tanks wie RAND oder SRI, in der neuen Disziplin der Futures Studies und schließlich im strategischen Management. Kahn (1967), der in den frühen 1960ern mit seinen Atomkriegsszenarien bekannt wurde, soll in den 1950er Jahren während seiner Zeit bei RAND den Begriff in die Futures Studies eingeführt haben.

Die rapiden Veränderungen der globalen Wirtschaft in den 1970ern, die relative Schwäche der westlichen Ökonomien und der bedrohliche Erfolg der japanischen Unternehmen waren Auslöser, um über neue Methoden des strategischen Managements nachzudenken. Man brauchte offenbar einen Entwicklungssprung vom langsamen, adaptiven Lernen aus vergangenen Erfahrungen hin zu einer neuen Form des generativen, gestaltenden, zukunftsorientierten Lernens.

Wack (1985) behauptet, dass es eine Gruppe von Planern bei Royal Dutch Shell war, die die Szenarioanalyse im Sinne des bewussten Umgehens mit Ungewissheit, eingeführt hat. In den frühen 1970ern entwickelte sein Team Szenarien, die das als eine von mehreren Möglichkeit vorausdachten und ausmalten, was sich dann 1973 als "Ölpreiskrise" einstellte. Von ähnlicher Tragweite waren die Szenarien Mitte der 1980er Jahre, die über die mögliche Öffnung der Sovietunion und ihre Effekte für die Ölmärkte nachdachten. Diese Überlegungen führten zu deutlichen Kürzungen bei Shells Nordsee-Investitionen im Troll-Feld. Entscheidungen dieser Art hatten zur Folge - so wird gesagt - dass Shell, früher eine der schwächeren der "Seven Sisters", der größten Ölkonzerne, heute nach Exxon an zweiter Stelle rangiert.

Die Shell-Planer haben immer betont, dass es unmöglich und gefährlich ist, die Zukunft zu prognostizieren. So kann es nicht darum gehen, ob ein Szenarium richtig oder falsch ist, sondern darum, ob Entscheidungsträger für sehr unterschiedliche Zukünfte vorbereitet sind. Wenn das der Fall ist, dann werden sie auch mit dem umgehen können, was tatsächlich eintritt. Es geht also um das Vor-Denken, um das Aufbrechen der konventionellen Sichtweisen, der durch vergangene Erfahrungen geformten mentalen Modelle, auch um das Thematisieren der Ängste vor Veränderung.

Der Aufsatz "Planning as Learning" (De Geus, 1984) ist in diesem Sinne programmatisch: Er beschreibt den Paradigmenwechsel im Management mit dem Wandel von den kontrollorientierten, adaptiven hin zu den generativen, entwurfsorientierten Ansätzen. Die rationale Projektion wird wichtiger als die exakte Vorhersage. Gleichzeitig richtet sich die Aufmerksamkeit verstärkt von der inneren zur äußeren Umgebung des Unternehmens. Szenariotechniken sind eine wesentliche Komponente des Konzepts der "Lernenden Organisation". Sie ermöglichen den Aufbau von "shared visions" im Sinne von Senge und helfen dabei, die Bedrohungen der Umwelt in Chancen für das Unternehmen umzusetzen.

Szenarien sind Entwürfe, und an dieser Stelle kommt Design, verstanden in einem breiteren Sinne der umfassenden Planung von Produktentwicklungen, ins Spiel (Hasdogan, 1996, Seiten 19-33; Jonas, 2001). Design ist immer schon vorausschauend, generativ, kreativ, visionär, hat einige der wesentlichen Eigenschaften, die nötig sind, um gute Szenarien zu entwickeln. Aber Design ist manchmal auch leicht exotisch, irrational und oft wenig kommunikationsbereit und -fähig. Deshalb kommt es darauf an, dass Design sich auf die Rahmenbedingungen des Managements einlässt, dass es z.B. rational und methodisch fundiert argumentiert, ohne dabei jedoch seine Kreativität zu opfern. Das Management kann von den exotischeren Funktionen des Designs, seiner Spontaneität, seiner Rolle als "Hofnarr", seinem transdisziplinären Denken und von seinen visuellen Vermittlungsfähigkeiten enorm profitieren. Die kalifornische Beratungsfirma Global Business Network etwa hat bewusst Pop-Künstler wie Brian Eno oder Laurie Anderson in ihrem Netzwerk (Schwartz, 1991). Sie verbreitern das sensitive Spektrum und nehmen eventuell hochkritische Bewegungen in gesellschaftlichen Bereichen wahr, an die ein Unternehmen normalerweise nicht denkt.

Das Ganze wird zu einer empfindlichen methodischen Gratwanderung zwischen analytisch-computerunterstützten Verfahren (z.B. System Dynamics) und den mehr intuitiven Herangehensweisen (Georgantzas/Acar, 1995). Das ist jedoch kein Widerspruch, wenn das eine im kommunikativen Prozess immer wieder durch das andere hinterfragt und relativiert bzw. abgesichert wird.

Es lassen sich drei Ebenen von Szenarien unterscheiden:

1)   Makroökonomische und Umweltszenarien (globale "Bühnenbilder").

2)   Strategische Szenarien (Krisenmanagement, Portfolioanalyse, Servicefelder, etc.).

3)   Operative Szenarien (Entscheidungsfindung, Produktentwicklung, Produktnutzung, etc.).

Der entscheidende Punkt für den Erfolg ist, dass Szenariodenken ein integraler Teil der Unternehmenskultur wird. Zukunftsdenken und die Kommunikation darüber müssen zur selbstverständlichen, dauernden Aktivität werden und dürfen sich nicht auf akute Krisenbewältigung beschränken. Nur so kann sich eine von allen im Unternehmen geteilte Sprache entwickeln, eine Kultur der lernenden Organisation mit starken gemeinsamen Visionen, eine klare und lebendige Identität im permanenten Wandel (vgl. auch van der Hejden,1996; Ringland, 1998).

2.4.5 Projektion

Projektion bedeutet *reflexive Praxis angesichts ungewisser Zukünfte* (vgl. Schön, 1983). Dies bedeutet, dass der Systemansatz nicht als "Lösungsmaschine" gesehen werden kann, sondern als interaktives Diskursinstrumentarium, bestehend aus den Hauptschritten:

Analyse

♦   Wie ist die Struktur der Situation?

♦   Wie sehen die typischen Verhaltensmuster aus?

Projektion

♦ Wie wollen wir leben?

♦ Was ist möglich / wahrscheinlich / wünschenswert in der Zukunft?

♦ Was ist das Problem?

Synthese

♦ Was brauchen wir dafür (nicht)?

♦ Wie können wir das erreichen?

Rahmen für mögliche Zukünfte: "Quattro Stagioni"

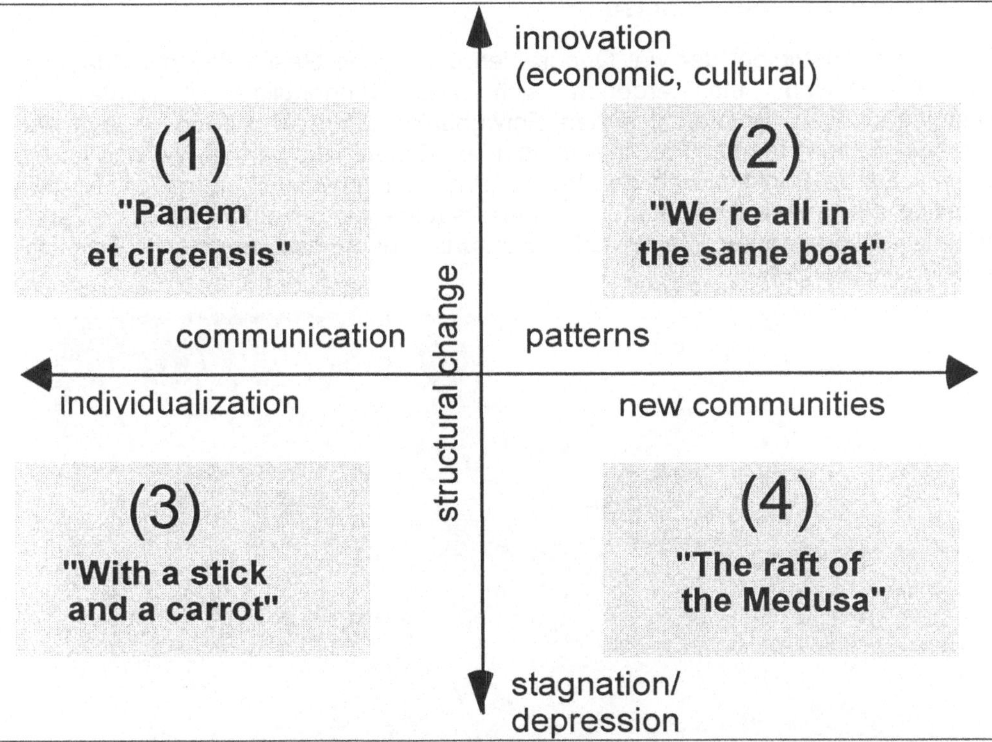

Abb. 5:   Szenariorahmen aus 2 Variablen mit je 2 Extremen ("Quattro Stagioni"), erstellt in einem Projekt zur Entwicklung einer Internet-Plattform für ein Jugendradio

Mögliche Zukünfte werden von denjenigen externen Variablen bestimmt (vgl. Peste), die starken Einfluss haben (high impact) und gleichzeitig in ihrem zukünftigen Verhalten extrem ungewiss sind (high uncertainty). Sie können diskursiv (intuitiv) bestimmt werden, etwa durch die Befragung von Experten oder Beteiligten und Betroffenen (vgl. Schwartz, 1991). Ebenso ist es möglich, die in der Cross-Impact-Analyse gewonnenen Erkenntnisse hierfür zu verwenden. Insbesondere die hochaktiven (unabhängigen) und hochkritischen Variablen kommen als Kandidaten hierfür in Frage (vgl. etwa Vester, 1993 oder Godet, 1991).

"Quattro Stagioni" ist ein Ansatz in Anlehnung an Schwartz (1991) zur Bestimmung von vier zukünftigen Extremkontexten unter Verwendung derjenigen beiden Variablen mit höchstem Einfluss und höchster Ungewissheit. Wegen der Ungewissheit lassen sich je zwei extreme Zustände der Variablen beschreiben. Aus der Kombination jeweils zweier Extremzustände der beiden Variablen ergeben sich vier Szenarien. Beispielsweise liefern die Variablen Kommunikationsmuster (Individualisierung <-> neue Gemeinschaften) und Strukturwandel (Stagnation <-> Innovation) den Szenario-Rahmen in Abbildung 5.

Ausmalen der Szenariorahmen

Durch das "Ausmalen" der vier Quadranten durch eine Geschichte mit Charakteren, Ereignissen, etc. ergeben sich vier Bühnenbilder / Kontexte / Testumgebungen für die folgenden Entwurfsaktivitäten. Abbildung 6 zeigt den oben definierten Rahmen, der hier mit starken Bildern illustriert ist. Wichtig für die kommunikative Funktion und den Wiedererkennungswert der Szenarien, für ihre Funktion als Kristallisationskern für Entwurfsüberlegungen und Lernen, ist auch die Auswahl prägnanter Titel für jedes Szenario. Auf die dazugehörigen Geschichten wird hier verzichtet.

Abb. 6: Szenariorahmen, ausgefüllt mit einprägsamen Bildern

2.4.6 Synthese

Design – "Lösungen" entstehen im Spannungsfeld zwischen dem System und seinen möglichen Umgebungen. Das Konzept der *SWOT - Analyse* ist in diesem Zusammenhang ein hilfreicher Wegweiser. Bezogen auf das System stellt sich die Frage: Was sind seine Stärken *(strengths)* und seine Schwächen *(weaknesses)*? Bezogen auf die Umwelt fragt man nach den Gelegenheiten *(opportunities)* und den Bedrohungen *(threats)*. Auf diesem Wege entstehen Entscheidungsoptionen, Lösungsvarianten, Designkonzepte. Üblich ist die Suche nach Verbindungen von äußeren opportunities mit inneren strengths und das Vermeiden von Links zwischen äußeren threats und inneren weaknesses.

In der Matrix der Entscheidungsoptionen lassen sich die Lösungsvarianten vor dem Hintergrund der Szenarien systematisch testen. Wie wirkt das Szenario auf die Lösung? Was passiert, wenn die Lösung in diesem Kontext überleben muss? In der Zusammenschau der Lösungen ergeben sich entweder die *robusten Optionen*, d.h. diejenigen, die in allen möglichen Kontexten brauchbar sind, oder es lassen sich die für ein spezifisches Szenario optimierten Maßnahmenbündel identifizieren.

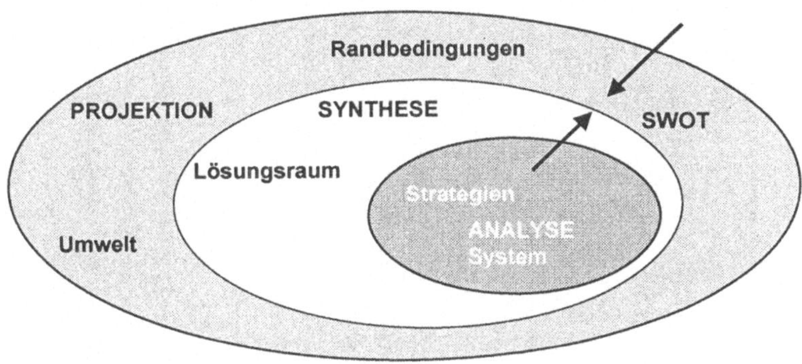

Abb. 7:   Der Lösungsraum im Spannungsfeld von System und Kontext.

2.4.7 Resumé

Systemdenken erforscht das engere Interessenfeld mit seinen "Problemen" und "Lösungen" und basiert auf Ansätzen von Simon (1990), Churchman (1984), Forrester, Vester (1993), Senge (1990) und vielen anderen.

Szenarioentwurf befasst sich mit den ungewissen Umwelten / Kontexten, in denen sich ein System bewähren muss. Basis sind die Ansätze von Kahn (1967), Wack

(1985; Seiten 139-150), Schwartz (1991), van der Heijden (1996), Godet (1991) und vielen anderen.

Um die Fehler der Vergangenheit zu vermeiden, sollte das Vorgestellte nicht als rigider Ablaufplan zur Durchführung zukunftsorientierter Designprojekte missverstanden werden. Vielmehr handelt es sich um eine *methodische Toolbox*, um eine projektorientierte, flexible Sammlung von Elementen aus den Bereichen Systemdenken und Szenarioentwurf. Es geht um das Aufbrechen des – selbst im deterministischen Chaos noch bestehenden – Determinismus durch die Interaktion. Erst das punktuelle Missachten der vermeintlichen Kausalketten des Modells, das bewusste Einführen von Nichtkonsistenz, schafft Raum für Neues und Überraschendes (Liebl, 2000). Die vermeintliche Präzisionssteigerung durch Überformalisierung und Mathematisierung (vgl. etwa von Reibnitz, 1987; oder Gausemeier, 1996) ist, zumindest für das Design, absolut kontraproduktiv.

Generelles Ziel ist die Weiterentwicklung des Designprozesses und die Etablierung des Designs, der Gestaltung von Kontexten, Abläufen und Objekten, als zentralem Konzept im Leben einer Organisation (Unternehmen, Hochschule, etc.). (vgl. etwa Morgan, 1986; Jonas, 1997b; u.a.)

"Konventionelles" Produktdesign, dieser Disclaimer ist immer wieder angesagt, wird nicht überflüssig, sondern basiert auf diesen Vorgaben.

2.5. Strategieentwicklung für sich schnell wandelnde Umfelder
Alexander Fink

2.5.1 Szenariogestützte Strategieentwicklung

Das traditionelle und noch immer gewichtigste Anwendungsfeld für Szenarien ist die strategische Planung von Unternehmen und Geschäftsbereichen. Der dazu notwendige Prozess der szenariogestützten Strategieentwicklung beinhaltet fünf grundsätzliche Schritte, die in Abbildung 1 dargestellt sind (Fink, Schlake, Siebe, 2001).

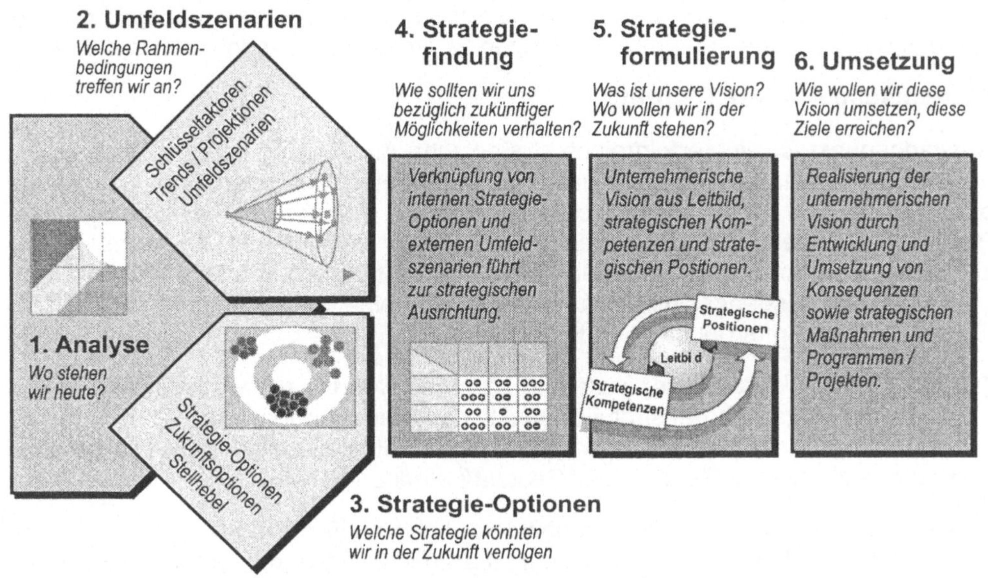

Abb. 1:   Fünf Schritte der szenariogestützten Strategieentwicklung

Ausgangspunkt ist eine strategische Analyse (Schritt 1), bei der die gegenwärtige Situation mit Hilfe geeigneter Methoden und Werkzeuge beschrieben wird. Hier werden die bekannten Instrumente der strategischen Planung wie Portfolios, Erfolgsfaktorenanalyse oder Geschäftssegmentierungen eingesetzt.

Mit der *Szenarioentwicklung* (Schritt 2) werden anschließend mögliche, zukünftige Umfeldentwicklungen beschrieben. Durch eine systematische Vorgehensweise ist es möglich, auch komplexe und unsichere Entscheidungssituationen zu erfassen und für die folgende Strategieentwicklung handhabbar zu machen.

Im Rahmen der *Optionsentwicklung* (Schritt 3) werden zunächst die aus der Analyse ablesbaren sowie in den verschiedenen Umfeldszenarien enthaltenen Chancen, Gefahren und Handlungsoptionen ermittelt. Häufig ist es sinnvoll, diese Optionen unter Verwendung des Szenario-Managements zu komplexen Strategieoptionen zusammenzufassen.

Anschließend wird im Rahmen der *Strategiefindung* (Schritt 4) eine grundlegende Stoßrichtung von der Gegenwart in die Zukunft – die sogenannte strategische Ausrichtung des Unternehmens oder Geschäftsbereichs – festgelegt.

Ist diese gefunden, beginnt der Prozess der *Strategieformulierung* (Schritt 5). Zentrale Elemente von Unternehmens- und Geschäftsstrategien sind Leitbilder, strategische Kompetenzen und strategische Positionen sowie konkrete Maßnahmen und Projekte.

Mit der Ausformulierung der Strategie ist der Prozess der Strategieentwicklung abgeschlossen – die eigentliche strategische Führung beginnt aber erst. Dabei gehen die *Umsetzung* der erarbeiteten Strategie sowie die regelmäßige *Kontrolle* von eigenen Erfolgen und umfeldbedingten Strategie-Prämissen Hand in Hand.

Strategische Analyse (Schritt 1)

Ausgangspunkt für eine erfolgreiche strategische Ausrichtung ist eine Analyse, bei der die gegenwärtige Situation mit Hilfe geeigneter Methoden und Werkzeuge beschrieben wird. Hier lassen sich verschiedene Instrumente der strategischen Planung einsetzen, von denen an dieser Stelle lediglich drei Instrumente beschrieben werden. Deren Durchführung ermöglicht einen weitestgehenden Überblick über die Ausgangssituation und deren Kombination mit Szenarien trägt zur Entwicklung zukunftsrobuster Strategien bei.

1. *Geschäftsstrukturanalyse*: Zunächst ist es notwendig, die wesentlichen Kennwerte der Unternehmensentwicklung zusammenzutragen und dabei eine gedankliche Ordnung in die unternehmerische Tätigkeit zu bringen. Die zentrale Frage lautet hier: »*Wie ist unser Geschäft strukturiert?*«

2. *Geschäftsfeldanalyse*: Die Geschäftsfeldanalyse liefert Produktgruppen, Marktsegmente und Hauptgeschäftsfelder, die anschließend miteinander verglichen werden. Diese Analyse liefert Antworten auf die Frage: »*Wie sind unsere Geschäfte, Produkte und Märkte heute positioniert?*«

3. *Kompetenzanalyse*: Eine weiteres Element der strategischen Analyse ist die Betrachtung der eigenen, im gegenwärtigen Wettbewerb relevanten Kompetenzen. Im Mittelpunkt steht hier die Frage: »*Welches sind die Gründe für unsere derzeitige Position?*«

Natürlich gibt es eine Vielzahl weiterer Instrumente, die sich mit den genannten Ansätzen kombinieren lassen. Genauso lassen sich die beschriebenen Analysen spezifizieren und vertiefen.

Entwicklung von Umfeld- und Systemszenarien (Schritt 2)

Unter Berücksichtigung der unterschiedlichen Fragestellungen innerhalb der Unternehmen ergeben sich drei Schwerpunkte von Szenariofeldern: (1) das gesamte Geschäft, (2) Kunden- und marktseitige Entwicklungen oder (3) Branchen- und wettbewerbsseitige Entwicklungen.

Zudem lassen sich Szenarien hinsichtlich ihrer Lenkbarkeit unterscheiden. So fokussieren Lenkungsszenarien auf das Gestaltungsfeld, während Umfeldszenarien lediglich nicht beeinflussbare Umfeldkräfte enthalten. Systemszenarien bilden demgegenüber das gesamte System aus Gestaltungsfeld und Umfeld ab. Sie müssen besonders vorsichtig gehandhabt werden, weil sie gleichermaßen Rahmenbedingungen und Handlungsoptionen enthalten.

Für die Strategieentwicklung kommt zunächst Umfeld- und Systemszenarien eine besondere Bedeutung zu. Umfeldszenarien sind relativ einfach zu nutzen, da sie ausschließlich mögliche Randbedingungen darstellen. Systemszenarien enthalten darüber hinaus auch lenkbare Größen. Aus der Kombination von Branchen-, Geschäfts- und Marktszenarien mit der Lenkbarkeit ergeben sich neun unterschiedliche *Formen von Szenarien* – darunter sechs denkbare Umfeld- und Systemszenarien (vgl. Abbildung 2).

Abb. 2:   Formen von Szenarien

Optionsentwicklung (Schritt 3)

Viele eigene Handlungsmöglichkeiten sind Reaktionen auf Umfeldentwicklungen. Daher geht es traditionell häufig zunächst darum, die Auswirkungen der Szenarien auf das Gestaltungsfeld (Unternehmen, Geschäftsbereich etc.) zu analysieren. Bei dieser Auswirkungsanalyse sollten *alle* Szenarien so lange wie möglich »im Spiel gehalten« werden, um auf diese Weise auch die in den vermeintlich negativeren Szenarien versteckten Chancen sowie die gerne verdrängten Gefahren einer oberflächlich »guten« Entwicklung zu identifizieren. Dies ist ein wesentlich Grund für unseren zurückhaltenden Umgang mit Wahrscheinlichkeiten.

In vielen Fällen reicht diese einfache Optionsermittlung nicht mehr aus. Es gibt zu viele und zu stark voneinander abhängige Optionen. Hier wird deutlich, dass zukunftsoffenes Denken nicht auf das Umfeld begrenzt werden darf, sondern dass es auch für das Gestaltungsfeld mehrere denkbare Zukunftsbilder gibt: Wunschbilder, strategische und operative Zielvorstellungen, Entwicklungspfade und Meilensteine – aber auch völlig unrealistische Traumbilder, Alptraum-Szenarien oder die Vorstellung, dass letztlich doch alles beim Alten bleibt. Bei der Entwicklung *alternativer Strategieoptionen* werden diese Zukunftsbilder sichtbar und kommunizierbar gemacht. Hier bringen die Führungskräfte ihre persönlichen Ideen und Vorstellungen von der Zukunft ihres Unternehmens ein und verknüpfen diese systematisch zu mehreren Strategieoptionen.

Da es sich bei Strategieoptionen in unserem Sprachgebrauch um Lenkungs-szenarien handelt, bedarf es an dieser Stelle auch keiner grundlegend neuen Methodik, sondern es kann weitgehend auf den bekannten Ansatz des Szenario-Management zurückgegriffen werden: (1) Im ersten Schritt werden die eigenen Stellhebel identifiziert. (2) Anschließend gilt es, sich mögliche Entwicklungen dieser Schlüsselelemente auszumalen und zu beschreiben. (3) Abschließend erfolgt die Verknüpfung der Zukunftsoptionen zu alternativen Strategieoptionen.

Strategische Stellhebel identifizieren (Schritt 3.1)

Eine Strategieoption ist ein Instrument der Visions- oder Strategiefindung. Dabei beschreibt es, »*wie wir in der Zukunft unser Geschäft angehen könnten.*« Sie beinhaltet Aussagen zu den zentralen Punkten der anschließend zu entwickeln-den Vision oder Strategie. Typische Elemente von Strategieoptionen sind das unternehmerische Selbstverständnis, der Fokus im Wettbewerb, das Leistungs-programm, das Ressourcenmanagement. Ein erster Anknüpfungspunkt für die Auswahl solcher *Schlüsselelemente* ist die zuvor beschriebene Wettbewerbsana-lyse.

Zukunftsoptionen entwickeln und beschreiben (Schritt 3.2)

Bei der Entwicklung von Zukunftsoptionen geht es darum, den *Ergebnisraum* bezüglich der einzelnen Schlüsselelemente zu beschreiben. Im Mittelpunkt stehen also Fragen wie die folgenden: Wie könnte unser Produktprogramm in der Zukunft strukturiert sein? Wie könnten wir in der Zukunft mit Visionen und Strategien umgehen? Welchen Stellenwert könnten Allianzen und Partnerschaften in der Zukunft haben? Welche Bedeutung kommt internem Wissensmanagement in der Zukunft zu? In der Regel finden die Mitglieder eines Szenarioteams schnell Zugang zu diesen Fragestellungen, weil sie eine große Nähe zu ihrem täglichen Geschäft aufweisen. Dies macht Strategieoptionen zu einem geeignetes Instru-ment für den Einstieg in das Szenario-Management.

Zukunftsoptionen zu komplexen Strategieoptionen verknüpfen (Schritt 3.3)

Die Verknüpfung der vorliegenden Zukunftsoptionen zu Strategieoptionen erfolgt entsprechend der Bildung von Umfeldszenarien. Zunächst werden die Zukunfts-optionen auf ihrer Widerspruchsfreiheit überprüft. Anschließend werden alle Kom-binationsmöglichkeiten im Rahmen einer Konsistenzanalyse durchgespielt. Durch

Einbeziehung einer Clusteranalyse ergibt sich eine sinnvolle Anzahl von Rohoptionen, die interpretiert und zu Strategieoptionen weiterentwickelt werden. Auch Strategieoptionen werden in einem Zukunftsraum-Mapping visualisiert.

Häufig lassen sich in einer solchen Entwicklungskarte neben den eigentlichen Optionen auch *strategische Stoßrichtungen* darstellen. Sie ergeben sich vor allem dann, wenn eine Strategieoption der gegenwärtigen Situation entspricht. Als strategische Stoßrichtung bezeichnen wir jetzt eine bewusste Veränderung der Organisation, die eine Entwicklung von dieser Ausgangssituation zu einer entsprechenden Strategieoption zum Ziel hat. Im Mapping zeigen sich Stoßrichtungen mit einem hohen Veränderungsgehalt als sehr lange Pfeile, während geringfügigere Veränderungen als eher kurze Pfeile dargestellt sind.

Aus einer Kombination solcher Stoßrichtungen können *Strategiepfade* gebildet werden. Grundlage solcher dynamischer Szenarien ist die folgende Überlegung: In der Regel sind die Strategieoptionen zwar mit einem einheitlichen Zukunftshorizont entwickelt worden, sie können aber in der Zukunft auch nacheinander eintreten. So ist es denkbar, dass ein Unternehmen zunächst eine klarer konturierte Strategieoption anstrebt, um dann später auf eine andere, weitere entfernte Option umzuschwenken – oder aber sich zumindest diese Option offenzuhalten.

Strategiefindung (Schritt 4)

Die Strategiefindung kann als der zentrale Schritt bei der Ausrichtung eines Unternehmens oder einer strategischen Geschäftseinheit angesehen werden. Hier laufen die Ergebnisse der Gegenwartinterpretation (Schritt 1), der Interpretation der zukünftigen Umfelder (Schritt 2) sowie der eigenen Handlungsmöglichkeiten (Schritt 3) zusammen? Zur strategischen Ausrichtung reicht es aber weder aus, nur die gegenwärtigen Probleme zu lösen, noch ausschließlich die zukünftigen Chancen nutzen zu wollen – noch allein auf »das Machbare« zu blicken. Alle drei Blickwinkel müssen miteinander in Einklang gebracht werden.

Nutzung von Umfeldszenarien zur Strategiefindung

Umfeldszenarien stellen alternative Randbedingungen der unternehmerischen Tätigkeit dar. Daher müssen Unternehmenslenker entscheiden, ob ihre Strategie auf einem Szenario aufsetzen oder mehrere Szenarien berücksichtigen soll. Basiert die Strategie lediglich auf einem Umfeldszenario, so sprechen wir von einer *umfeldfokussierten Strategie*. Demgegenüber können *umfeldrobuste Strategien* auf mehreren ausgewählten Umfeldszenarien (teilrobuste Planung) oder auf der Gesamtheit aller entwickelten Umfeldszenarien (zukunftsrobuste Planung) beruhen.

Entscheidend für den Umgang mit den Umfeldszenarien ist zudem der grundsätzliche Denkansatz. Beim *planungsorientierten Ansatz* werden den Szenarien Eintrittswahrscheinlichkeiten zugeordnet. Beim *reagierenden und präventiver Ansatz* stellt sich das Unternehmen bestmöglich auf alternative Umfeldentwicklungen ein.

Beim *proaktiven Ansatz* versucht es darüber hinaus, das Eintreten der Umfeldentwicklungen zu beeinflussen.

Nutzung von Strategieoptionen zur Strategiefindung

Mehreren Umfeldszenarien gerecht zu werden entspricht dem strategischen Grundsatz der *Bewahrung von Flexibilität*. Darüber hinaus können im Rahmen der Strategiefindung auch Strategieoptionen eingesetzt werden. Sie stellen alternative komplexe Handlungsmöglichkeiten dar. Sich auf eine solche Strategieoption zu fokussieren entspricht dem strategischen Grundsatz der *Konzentration der Kräfte*. Basiert die Strategie auf einer einzelnen Strategieoption, so sprechen wir von einer *einspurigen Strategie*. Werden mehrere Strategieoptionen miteinander verknüpft, so nennen wir diese eine *mehrspurige Strategie*.

Archetypen der Strategiefindung

Die Eignung fokussierter und robuster sowie ein- und mehrspuriger Planungsansätze lässt sich nicht von vornherein festlegen. Stattdessen können vier Archetypen szenariogestützter Strategiefindung beschrieben werden:

- *Umfeldrobuste, einspurige Strategie* (Archetyp 1): Dies ist quasi die dieidealtypische Form der szenariogestützten Unternehmensplanung. Hier gelingt es, mit einer klar konturierten Strategie mehreren oder sogar allen vorausdenkbaren Umfeldentwicklungen gerecht zu werden.

- *Fokussierte, einspurige Strategie* (Archetyp 2): Bei diesem Ansatz entsteht eine klar konturierte Strategie, die allerdings lediglich auf ein Umfeldszenario zugeschnitten ist. Sie widerspricht insofern dem Grundsatz der Bewahrung von Flexibilität. Daher sind mit einer solchen Strategie in der Regel erhebliche Umfeldgefahren verbunden. Der Unterschied dieses Ansatzes zur traditionellen, nicht szenariobasierten Planung besteht allerdings darin, dass die Strategie in Kenntnis der Umfeld- und Handlungsalternativen entstanden ist.

- *Umfeldrobuste, mehrspurige Strategie* (Archetyp 3): Hier ist die Unsicherheit der Umfeldentwicklungen so stark, dass man sich nicht auf eine einzelne Entwicklung festlegen kann, sondern stattdessen eine Aufweichung der eigenen Strategie in Kauf nimmt. Diese mehrspurige Strategie unterläuft zwar den strategischen Grundsatz der Konzentration der Kräfte, kann aber bei sorgfältiger Planung sehr wohl zu einer im Wettbewerb beständigen und schlagkräftigen Strategie führen.

- *Fokussierte, mehrspurige Strategie* (Archetyp 4): Diese leider gar nicht so selten anzutreffende Variante widerspricht sowohl dem Grundsatz zur Konzentration der Kräfte, als auch dem Grundsatz zur Erhaltung der strategischen Flexibilität. Dennoch gibt es Situationen, in denen die Randparameter auch einen solchen Strategieansatz als sinnvoll erscheinen lassen – zum Beispiel im Vorfeld von Umstrukturierungen.

Verknüpfung der Strategieoptionen mit Umfeldszenarien

Nach der Entwicklung der Strategieoptionen ist die Ungewissheit in zwei Richtungen getrennt voneinander untersucht worden. Die Umfeldszenarien legen mögliche Randbedingungen wie Branchen-, Markt- oder Globalentwicklungen offen. Die Strategieoptionen hingegen verdeutlichen die eigenen Handlungsmöglichkeiten. Im Folgenden geht es darum, die Umfeldszenarien und Strategieoptionen miteinander zu verknüpfen. Dazu wird die Eignung der Strategieoptionen innerhalb der einzelnen Umfeldszenarien bewertet und in einer *Strategieoption-Umfeldszenarien-Matrix* verzeichnet (vgl. Abbildung 3).

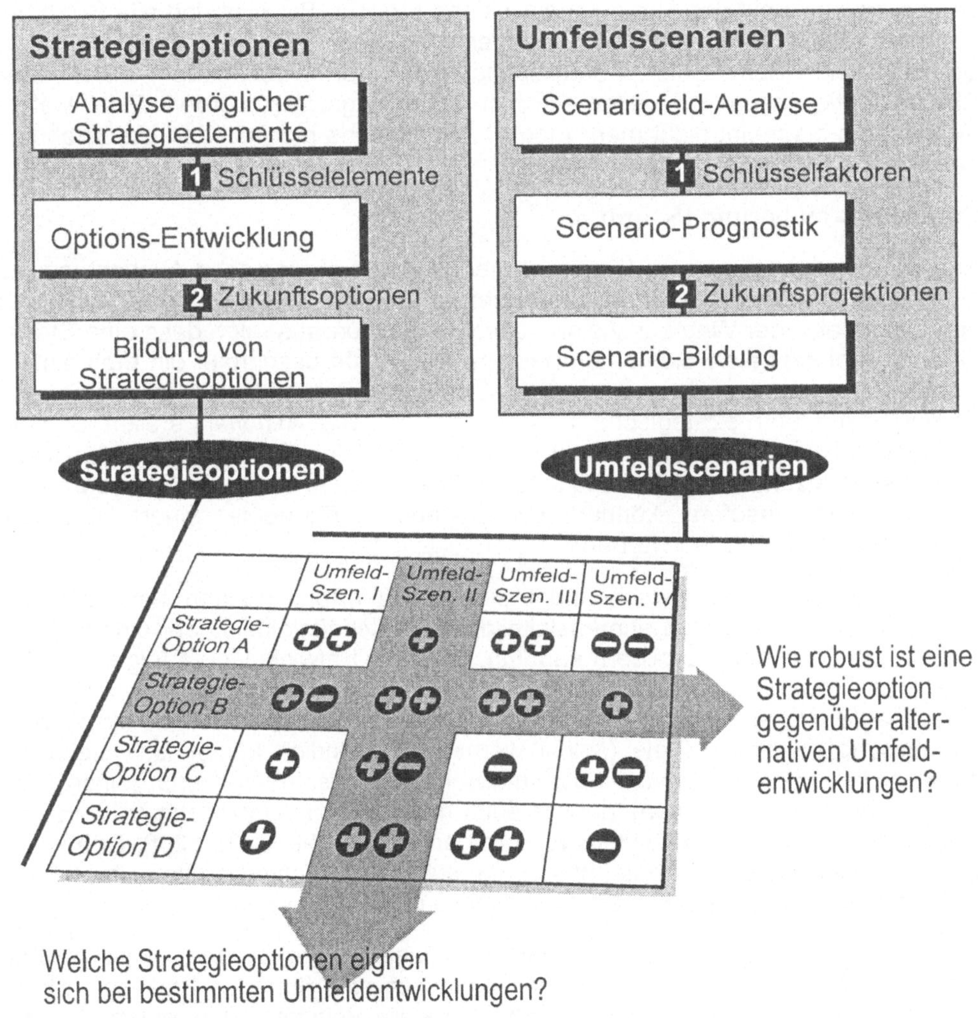

Abb. 3:   Strategieoptionen-Umfeldszenarien-Matrix

Mit Hilfe dieser Matrix lassen sich zwei Fragen beantworten: (1) *Wie robust ist eine Strategieoption?* Innerhalb einer Zeile wird deutlich, wie robust eine komplexe Handlungsoption gegenüber der unsicheren Umfeldentwicklung ist. Insofern beinhaltet die Matrix auch eine *Strategiebewertung.* Dies ist dann der Fall, wenn eine Strategieoption die derzeit verfolgte Strategie abbildet. (2) *Welche Strategieoption eignet sich in einem spezifischen Szenario?* Innerhalb einer Spalte wird auf den ersten Blick deutlich, welche Strategieoptionen sich in einer spezifischen Situation eignen. Dieser zweite Blickwinkel auf die Matrix dient vor allem zur Entwicklung szenarienpezifischer *Eventualstrategien.*

Wenn die Strategieoption-Umfeldszenarien-Matrix vorliegt haben Unternehmen den zentralen Punkt der Strategieentwicklung erreicht. Bis hier sind alle Erfahrungen und wahrnehmbaren Informationen – Geschäftsfelder, Erfolgsfaktoren, Stärken und Schwächen, Schlüsselfaktoren, Umfeldszenarien, Stellhebel, Strategieoptionen und so weiter – immer weiter aggregiert worden. Eine weitere Verdichtung erscheint nicht mehr möglich. Spätestens hier müssen Unternehmen der eigenen Strategie eine Form geben.

Strategieformulierung (Schritt 5)

Erst wenn im Strategieteam Einvernehmen über die strategische Ausrichtung besteht beginnt der Prozess der Strategieformulierung. Eine *Strategie* lässt sich vereinfacht als »der Weg zur Vision« beschreiben. Daraus folgt, dass eine Strategie aus zwei zentralen Elementen besteht: Die *Vision* beschreibt ein mehrdimensionales Zielgebäude, dessen zentrale Elemente ein Leitbild sowie strategische Kompetenzen und strategische Positionen sind. Die *Aktionen* stellen demgegenüber dar, was notwendig ist, um die Vision zu erreichen. Bausteine dieser »Visionsumsetzung« sind Konsequenzen, Maßnahmen, strategische Programme und Projekte. Insofern können die folgenden Elemente einer Unternehmensstrategie identifiziert werden:

Leitbild: Die formale Kurzbeschreibung einer Vision erfolgt in einem Leitbild. Dabei kann es sich um ein Unternehmensleitbild, ein Geschäftsleitbild oder eine weitere, spezifische Form von Leitbildern handeln. Bei ihrer Entwicklung verfolgen wir den Grundsatz, dass ein gutes Leitbild einem Fremden in dreißig Sekunden im Fahrstuhl erläutern lässt. Dabei wird deutlich, dass ein Leitbild mehr ist, als die Zusammenfassung operativer Ziele (selbst wenn es wesentlich kürzer ist!). Leitbilder müssen die »ureigene Seele« des Unternehmens beschreiben und sollten nicht austauschbar sein. Daher wundert es auch nicht, dass in Unternehmen viele verschiedene Formen von Leitbildern vorkommen (Fink, 1999, Seite 126f). Dabei sind es immer wieder drei Elemente, aus denen sich – unterschiedlich kombiniert – die Leitbilder zusammensetzen: die Mission, Ziele und Grundwerte.

Strategische Positionierung: Folgt man den einschlägigen Lexika, so ist Wettbewerb »ein Wettstreit von mehreren Beteiligten um eine führende Stellung«. Diese führende Stellung wird vor allem durch eine klare Positionierung innerhalb einer Wettbewerbsarena erreicht. Während in einem Leitbild die konstanten und über einen langen Zeitraum zu bewahrenden Zielvorstellungen des Unternehmens oder

Geschäftsbereichs festgeschrieben werden, liefert die strategische Positionierung Antworten auf die folgenden Fragen: Welche Produkte und Dienstleistungen wollen wir in der Zukunft am Markt anbieten? Wer sind Nutzer dieser Angebote und auf Basis welcher Bedürfnisse erfolgt die Nutzung? Wer sind Käufer und Mittler unserer Angebote – oder anders ausgedrückt: über welche Vertriebskanäle erreichen unsere Angebote die Endnutzer? Die strategische Positionierung umfasst demnach zunächst die Festlegung der Wettbewerbsarena in Form von Strategischen Geschäftsfeldern und mündet in die Entwicklung von Wettbewerbs-, Markt- oder Produktstrategien.

Strategische Kompetenzen: Gary Hamel und C.K. Prahalad haben die Fixierung vieler Strategen auf die Positionierung am Markt gelöst. Nach dem von ihnen entwickelten Konzept der *Kernkompetenzen* ist es die Aufgabe der Unternehmensführung, das langfristige Bestehen des Unternehmens durch den Aufbau und die sorgfältige Pflege von spezifischen Fähigkeits- oder Fertigkeits-Bündeln zu (Hamel, Prahalad, 1995). In der Praxis werden Identifikation, Aufbau und Pflege von strategischen Kompetenzen immer wieder durch spezifische Interessen einzelner Geschäfts- oder Funktionsbereiche untergraben. Strategische Kompetenzen dienen dazu, solche Partikularstrategien zu bündeln und alle Unternehmensaktivitäten im Sinne einer *Fokussierung* konsequent auf den Aufbau bzw. Ausbau der als erfolgsentscheidend erkannten Kompetenzen auszurichten.

Konsequenzen: Wenn aber die Entwicklung von der Gegenwart in Richtung der unternehmerischen Vision in Gang kommen soll, dann ergeben sich für das konkrete Konsequenzen. Sie beschreiben, was grundsätzlich zu geschehen hat, um das Leitbild zu erreichen, eine Position zu besetzen oder eine strategische Kompetenz zu sichern beziehungsweise aufzubauen. Wegen ihrer Brückenfunktion zwischen Vision und Umsetzung kommt den Konsequenzen eine besondere Bedeutung zu.

Konkrete Aktionen: Viele Strategien gewinnen ihre Schlagkraft dadurch, dass sie einen Katalog *strategischer Maßnahmen* enthalten. Sie verdeutlichen, an welchen Stellen konkrete Veränderungen erforderlich sind. Bei der Entwicklung von Maßnahmen kommt es weniger auf deren Anzahl, sondern mehr auf deren strategischen Charakter an. Werden stattdessen operative Maßnahmen aufgenommen und gerät der Maßnahmenkatalog zu lang, so besteht die Gefahr, dass die wirklich relevanten Hebel in der Masse untergehen und der Veränderungsprozess erst gar nicht in Gang kommt. Auf der Unternehmensebene werden anstelle von Maßnahmen häufig *strategische Programme* formuliert, die ein Bündel konzernweiter Maßnahmen initiieren sollen.

Vier typische Fehler bei der Strategieentwicklung

Die Realität der strategischen Planung und Führung ist durch eine Reihe von Problemen, Fehlern und Missverständnissen geprägt. Dabei sind es heute vor allem vier Probleme, die Unternehmen um die Früchte des Erfolges ihrer strategischen Planung bringen: Die Zukunfts-Lücke, ein Blindflug, verschiedene Formen von Strategie-Neurosen sowie ein Überflug.

Die Zukunftslücke

Obwohl Zukunft gerade heute ein Thema ist, findet in vielen Projekten zur Strategieentwicklung keine systematische Auseinandersetzung mit Zukunftsfragen statt. Ein häufig anzutreffender Grund ist das Bemühen der Führungskräfte, zunächst einmal die erkannten Gegenwartsprobleme zu lösen. Das ist zwar notwendig, aber es reicht angesichts der Veränderungsdynamik immer seltener aus. Heute müssen Unternehmen gleichzeitig die Gegenwartsprobleme erkennen und lösen sowie die zukünftigen Herausforderungen abschätzen und sich darauf in geeigneter Form vorbereiten.

Der Blindflug

Zukunft braucht Herkunft. Wer nicht weiß, wo er derzeit steht, der wird nur schwerlich die eigenen Möglichkeiten erschließen können. Daher gehört zur Ausrichtung auf die Zukunft eine Positionsbestimmung. Nicht selten wiegen eine Vielzahl vorliegender Analysen ihre Auftraggeber und deren Erben in falscher Sicherheit. Gleichzeitig bringen die folgenden Fragen viele Führungskräfte in Erklärungsnotstand: (1) In welchen Marktsegmenten sind wir mit welchen Produkten und Services tätig? (2) Welches sind unsere strategischen Geschäftsschwerpunkte – und wie beeinflussen sie unsere Performance? (3) Durch welche strategisch relevanten Stärken unterscheiden wir uns vom Wettbewerb? (4) Welches sind unsere kritischen Erfolgsfaktoren? (5) Wie sehen unsere strategisch relevanten Kernprozesse aus – und welche Elemente der Wertschöpfungskette tragen maßgeblich zu unserem Erfolg bei? Trotz vieler vorliegender Einzeluntersuchungen gleicht ihre strategische Planung einem *Blindflug*. Zu viele Details verstellen den Blick auf die strategisch relevanten Zusammenhänge.

Die Strategie-Neurose

Zukunft braucht Strategie. Strategie ist der Weg zu einer Vision. Diese Definition ist einfach – sie lässt aber vermuten, dass es ausreicht, wenn diese Strategie im Kopf der Führungskräfte vorliegt. Sozusagen gut geschützt vor dem Zugriff jedweden Wettbewerbs. Aber dies ist noch keine Strategie! Es ist gerade einmal eine strategische Stoßrichtung, für deren Umsetzung eine Person plädiert. Zu einer Strategie wird diese Stoßrichtung erst dadurch, dass sie im Kreis der Entscheidungsträger diskutiert, abgewogen, ergänzt und ausformuliert wird. Viele Unternehmen scheuen diesen Prozess. Selbst bei kleineren Problemen steigen sie aus dem Prozess der Strategieentwicklung aus, so als litten sie unter einer Strategie-Neurose, die in unterschiedlicher Form ausbrechen kann:

♦ *Diskussions-Phobie:* Scheinbar ziel- und endlose Debatten führen zu einem grundsätzlichen Verzicht auf strategische Diskussionen. Davon ist vor allem die Strategiefindung – der nach unserer Ansicht zentrale Teil des gesamten Strategieentwicklungsprozesses – betroffen. Nichts ersetzt die strategische Diskussion unter Führungskräften.

♦ *Standardisierungs-Phobie:* Das Gespenst standardisierter Strategieentwürfe, die zu keinerlei Veränderung führen und lediglich einige weitere Millimeter auf dem Regalbrett kosten.

♦ *Macht-Phobie:* Und nicht zuletzt das Gespenst kleinlicher Formelkompromisse bei der Findung und Formulierung der Strategie.

Wer das unter einer Strategie versteht, der leidet unter einer Strategie-Neurose. Aber es besteht Chance auf Heilung. Voraussetzung ist selbstverständlich, dass sich der Patient aktiv am Heilungsprozess beteiligt.

Der Überflug

Strategien sind zwar theoretisch betrachtet der Endpunkt der Strategieentwicklung – in der Praxis sind sie aber vor allem der Startpunkt der strategischen Veränderung. Aus einer Strategie heraus ergeben sich Konsequenzen, Programme, Maßnahmen und Projekte, die ab morgen die Unternehmensentwicklung maßgeblich beeinflussen. Leider gibt es allzu viele Beispiele, in denen eine erfolgversprechende Strategie in der Umsetzungsphase gescheitert ist. Folglich bedarf es in einer Strategie konkreter Umsetzungsimpulse. Entscheidend ist dabei nicht Anzahl oder Vollständigkeit, sondern Initiativkraft und Umsetzbarkeit. Zudem sollte eine Strategie nicht durch kleinere Umfeldveränderungen ad absurdum geführt werden können.

2.5.2 Markt- und Produktszenarien im Business Development

Beim Business Development geht es darum, die zukünftigen Möglichkeiten eines Geschäfts zu untersuchen. Folglich kann Business Development einerseits als Bestandteil der Entwicklung von Unternehmens- und Geschäftsstrategien und andererseits auch als eigenständige Aufgabe im Sinne des Innovationsmanagements gesehen werden.

Innerhalb des Business Development geht es zunächst auf der Nachfrageseite um die Identifikation *zukünftiger Marktpotenziale.* Diese beziehen sich in der Regel auf einzelne *Marktsegmente,* die im Lichte globaler Markt-, Branchen- und Umfeldentwicklungen bewertet werden. Dabei kann darauf eingegangen werden, welche dieser Umfeldentwicklungen vom Unternehmen im Rahmen seiner Strategie besonders berücksichtigt werden. Bei der Identifikation der Marktsegmente wird vielfach auf Anspruchsgruppen und deren Bedürfnisse zurückgegriffen.

Auf der Angebotsseite müssen die *zukünftigen Marktleistungen* ermittelt und unter Berücksichtigung der vom Unternehmen ins Auge gefassten Strategien und Strategieoptionen bewertet werden. Diese Bewertung führt zu den *zukünftigen Marktleistungspotenzialen.* Ein zentrales Element bei der Identifikation der zukünftigen Marktleistungen ist die Betrachtung von Produkt- und Prozesstechnologien.

Die Verknüpfung der aus Unternehmenssicht bewerteten Markt- und Marktleistungspotenziale – das heißt die spezifische Verknüpfung von Nachfrage und

Angebotsseite – führt zu *zukünftigen Geschäftsfeldern*. Dabei kann es sich um strategische Geschäftsfelder des Unternehmens, aber auch um *neue Geschäftsfelder* handeln, die eine strategische Entwicklungsperspektive aufweisen.

Zukünftige Marktpotenziale erkennen

Das erste Element des Business Development ist die Identifikation *zukünftiger Marktpotenziale*. Dieser Begriff ist mit Bedacht gewählt, denn ein Markt definiert sich am Weitestgehenden über die *zukünftigen Bedürfnisse potenzieller Kunden*. Sie müssen sie systematisch erarbeitet werden. Dies erfolgt in vier Schritten. Zunächst wird die Markt- und Wettbewerbsperspektive festgelegt. Anschließend wird der zu betrachtende Gesamtmarkt nach zukunftsrelevanten Kriterien in einzelne Marktsegmente aufgeteilt, die im dritten Schritt analysiert werden können. Die einzelnen Marktsegmente werden abschließend anhand verschiedener Kriterien – vor allem der zuvor erstellten Umfeldszenarien – bewertet.

Markt- und Wettbewerbsperspektive festlegen (Schritt 1)

Die Suche nach zukünftigen Marktpotenzialen beginnt mit der Festlegung des zu betrachtenden Marktes. Diese *Marktperspektive* kann über Bedürfnisse, Ansprüche, Bedarfe oder Technologien definiert werden (Behrens, 1991). Anschließend müssen sich Unternehmen Gedanken darüber machen, auf welcher Ebene des Gesamtmarktes sie wettbewerbsrelevante Entscheidungen treffen wollen. Bei der Festlegung dieser *Wettbewerbsperspektive* geht es um Form und Grad der Marktsegmentierung. Dabei wird räumlich zwischen lokalen, regionalen, überregionalen, nationalen, internationalen, multinationalen und Weltmarkt-Strategien unterschieden. Außerdem kann die Unterschiedlichkeit der Bedürfnisse – von Massenmarktstrategien bis zu kundenindividueller Marktstimulierung – betrachtet werden. Letztlich führen diese beiden Dimensionen zu verschiedenen Formen der Marktbearbeitung:

Marktsegmente ermitteln (Schritt 2)

Je nach Größe und Ausprägung des Planungsinstrumentariums verfügt ein Unternehmen intuitiv oder in aufbereiteter Form über eine Gliederung seiner Märkte. Häufig reicht dabei die aus dem gegenwärtigen Geschäft abgeleitete oder zumindest daran verifizierte Gliederung nicht mehr aus, um die *zukünftigen* Märkte zu beschreiben. Vor allem stellt sich immer häufiger die Frage: Wie kann ein Unternehmen mit Märkten umgehen, die noch gar nicht existieren, sondern die gerade erst entstehen? Hier gibt es auch keine Kunden, die sich in großem Stil befragen lassen. Aus der Verknüpfung von Anspruchsgruppen mit einzelnen Bedürfnissen entsteht eine Bedürfnisstruktur, aus der sich die Marktsegmente in Form *homogener Anspruchsgruppen* – das heißt Gruppen mit ähnlichen Bedürfnissen – ableiten lassen. Ein einzelnes Segment lässt sich jeweils durch ein charakteristisches *Bedürfnis-Profil* beschreiben.

Marktsegmente analysieren (Schritt 3)

Marktsegmente können zunächst durch ein *Marktportfolio* analysiert werden, in dem die Attraktivität der Segmente sowie die eigene derzeitige Wettbewerbsposition miteinander verknüpft werden. Ergänzt werden kann die Analyse der Marktsegmente durch eine genauere Betrachtung der von den entsprechenden Kundengruppen nachgefragten Produkte und Leistungen. Dies ist natürlich nur dort möglich, wo die entsprechenden Kundengruppen bereits existieren.

Potenziale der Marktsegmente abschätzen (Schritt 4)

Die Abschätzung der Möglichkeiten innerhalb der einzelnen Marktsegmente führt zu den Marktpotenzialen. Dabei wird auf zuvor erstellte Umfeldszenarien zurückgegriffen. Dies sind in der Regel *Marktentwicklungsszenarien*, die mögliche Entwicklungen des Gesamtmarktes innerhalb seiner relevanten Umfelder darstellen. Das zentrale Werkzeug zur Entwicklung von Marktpotenzialen ist die *Marktsegmente-Umfeld-Matrix*, die im linken unteren Teil von Abbildung 4 dargestellt ist. Innerhalb der einzelnen Felder wird bewertet, inwieweit ein Marktsegment von der Umfeldentwicklung betroffen wäre. Dabei verwenden wir die folgende Bewertungsskala reicht von starker Begünstigung (++) bis zu starker Gegenläufigkeit (– –)

Die Marktsegmente-Umfeld-Matrix kann in zwei Richtungen gelesen werden: Betrachtet man ein einzelnes Marktsegment gegenüber den verschiedenen Umfeldszenarien, so lassen sich besonders zukunftsrobuste Marktsegmente identifizieren, auf die sich ein Unternehmen konzentrieren kann. Betrachtet man demgegenüber ein einzelnes Umfeldszenario gegenüber den verschiedenen Marktsegmenten, so können die Marktstrukturen (*»Welche Segmente verändern sich wie?«*) für eine spezifische Umfeldentwicklung herausgearbeitet und im Rahmen der strategischen Ausrichtung des Unternehmens verwendet werden.

Mit Hilfe der Matrix lassen sich besonders wachstumsträchtige Segmente sowie besonders wachstumsfördernde Gesamtmarkt- und Umfeldentwicklungen identifizieren. Sie bilden den Ausgangspunkt für die Entwicklung der Marktpotenziale. So kann beispielsweise das Wachstumspotenzial eines bestehenden Segments mit bekannter Größe anhand des besonders positiven Umfeldszenarien abgeschätzt werden.

Zukünftige Marktleistungspotenziale erkennen

Im Business Development müssen neben den Marktpotenzialen selbst auch die denkbaren Marktleistungen – das heißt die Produkte, Dienstleistungen und integrierten Angebote – berücksichtigt werden. Daher geht es im zweiten Element um die Identifikation *zukünftiger Marktleistungskonzepte* und deren Bewertung vor dem Hintergrund der eigenen Möglichkeiten. Daraus ergeben sich die *Marktleistungspotenziale*.

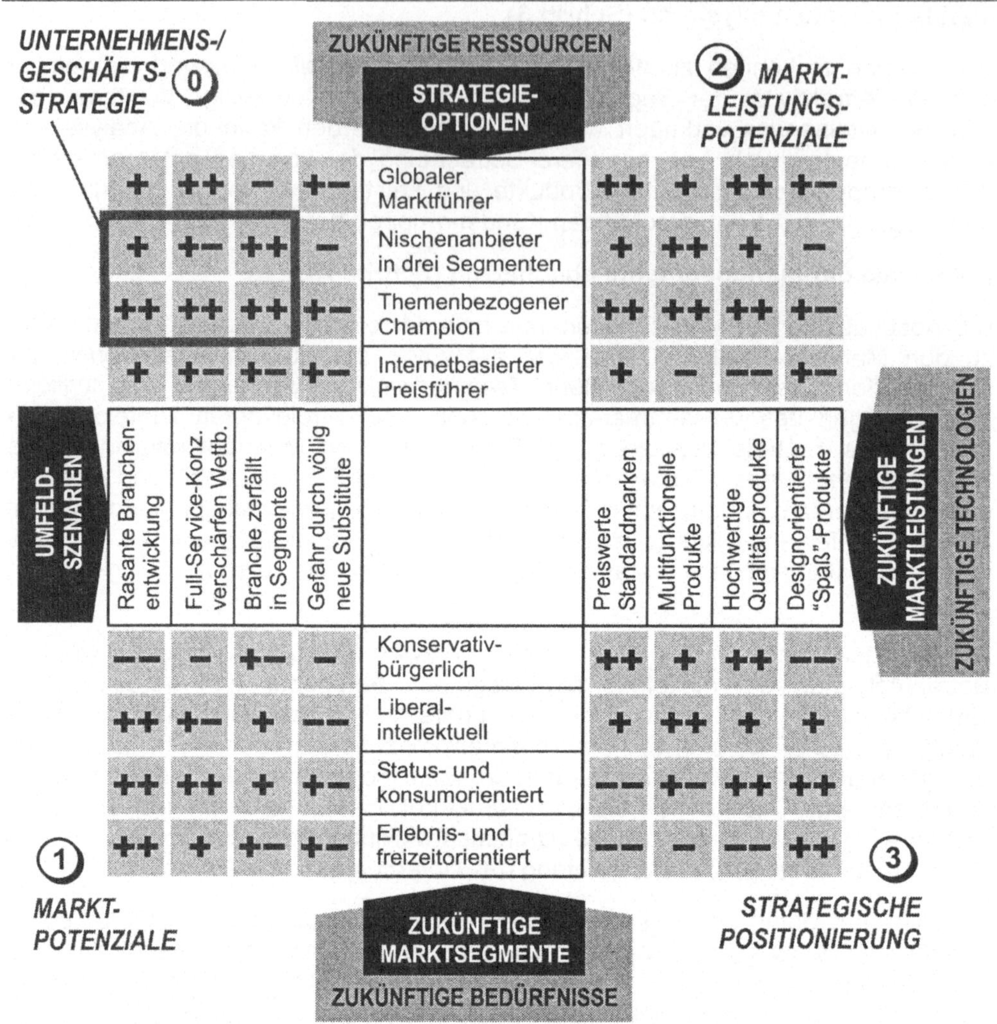

Abb. 4: Business Development

Zukünftige Marktleistungskonzepte beschreiben (Schritt 1)

Die Beschreibung von Marktleistungskonzepten kann – neben anderen Verfahren – auch in Form von Marktleistungsszenarien (im allgemeinen Sprachgebrauch auch *Produktszenarien*) erfolgen. Dies sind in den meisten Fällen parallele Lenkungsszenarien. Demnach beschreiben sie einzelne Angebote, die ein Unternehmen priorisieren und zu einem Produktprogramm zusammenfassen kann. Abbildung 5 zeigt sechs Produktszenarien möglicher Leichtbau-Fahrzeuge in einem Zukunftsraum-Mapping. Ausgehend von einem solchen Fahrzeug kann die Produktstrategie entworfen und die Produktentwicklung in verschiedene Richtungen gelenkt werden.

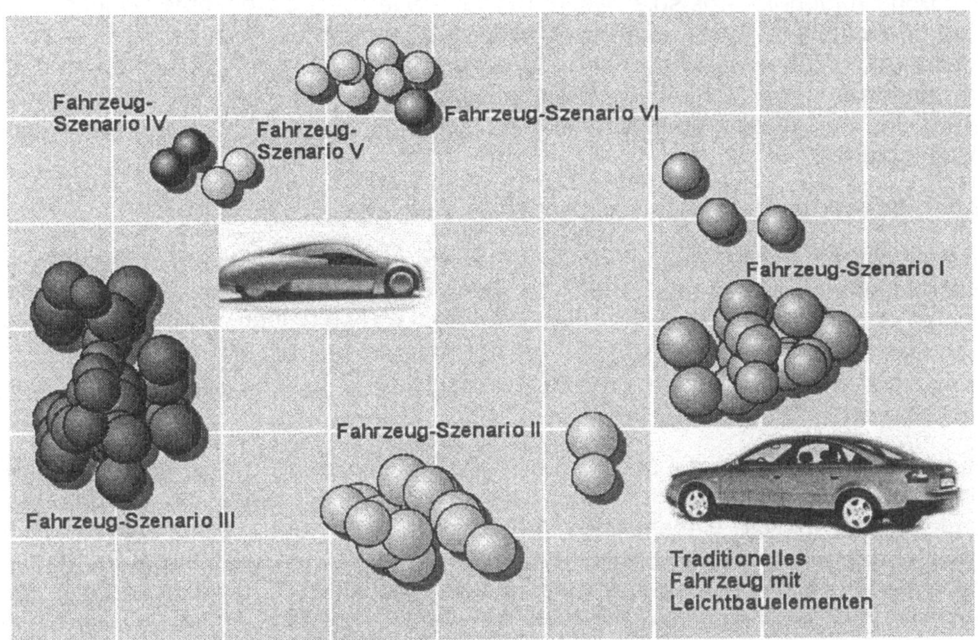

Abb. 5:   Sechs Produktszenarien möglicher Leichtbau-Fahrzeuge

Marktleistungspotenziale abschätzen (Schritt 2)

Nicht jedes Produktkonzept, dass durch ein Szenarium beschrieben wurde, ist für die Umsetzung im Unternehmen geeignet. Einige Produkte sind fester Bestandteil der strategischen Ausrichtung, während andere keine prägende Funktion in der Strategie haben oder aber der eigenen Positionierung sogar zuwider laufen. Daher ist eine unternehmensspezifische Bewertung der identifizierten Marktleistungsvarianten vorzunehmen. Diese Bewertung kann anhand von Strategieoptionen (siehe Bild 4, oben rechts), aber auch anhand von Kernkompetenzen sowie benötigten Ressourcen und Technologien erfolgen.

Eine besondere Variante ergibt sich aus der Verknüpfung der Produktszenarien mit spezifischen *Technologiefeldszenarien*. So können beispielsweise die verschiedenen Leichtbau-Fahrzeuge im Lichte möglicher Entwicklungen der Brennstoffzellen-Technik bewertet werden. Dabei handelt es sich, im Gegensatz zu den zuvor dargestellten Varianten, um ein *externes* Bewertungskriterium. Folglich kann eine solche Bewertung auch unabhängig von dem die Leistungen anbietenden Unternehmen erfolgen.

Geschäftsmöglichkeiten herausarbeiten

An dieser Stelle liegen den »Business Developern« zwei Vorarbeiten vor: Auf der externen Seite wurden mögliche *Kundengruppen* identifiziert und anhand denkbarer Umfeldszenarien priorisiert. Auf der unternehmensinternen Seite wurden mögliche *Angebote* – beispielsweise Produkt- oder Servicekonzepte – identifiziert und im Lichte der Strategieoptionen bewertet. Die Verknüpfung der in Form von Marktsegmenten beschriebenen Kundengruppen mit den möglichen Marktleistungen führt zu zukünftigen Geschäftsfeldern. Im Anschluss an die Beschreibung des zukünftigen Geschäfts erfolgt die Konkretisierung in Form eines Geschäftsplanes.

2.5.3. Szenariumgestützte Geschäftsmodelle

Die klassische Positionierung konzentriert sich an zukunftsfähigen Produkt-Markt-Kombinationen. In seinem 1996 unter dem Titel »*What is strategy?*« veröffentlichten Beitrag für die *Harvard Business Review* erweitert Michael Porter diesen klassischen Ansatz und spricht von drei getrennten Quellen strategischer Positionen, die sich wechselseitig keineswegs ausschließen, ja sogar häufig zusammentreffen (Porter, 1997, Seiten 42-58).

Zunächst beschreibt er die *bedarfsbezogene Positionierung*, bei der die Marktsicht dominiert. Hier orientiert sich das Unternehmen an einzelnen Marktsegmenten und ist bestrebt, die wesentlichen Anforderungen der entsprechenden Kundengruppe zu erfüllen. Genau andersherum verhält es sich bei der mit der *variantenbezogenen Positionierung* ausgedrückten Produktsicht. Hier fokussiert das Unternehmen auf bestimmte Produkt- und Servicevarianten. Dabei werden diese Marktleistungen in der Regel mehreren strategisch relevanten Kundengruppen angeboten. Offensichtlich wird diese Unterscheidung, wenn ein Unternehmen seine strategischen Geschäftsfelder festlegt. Dann zeigt sich in der erweiterten Geschäftsstrukturmatrix eine bedarfsorientierte Positionierung anhand von produktübergreifenden *Querschnittsleistungen* und eine variantenbezogene Positionierung anhand von segmentübergreifenden *Systemleistungen*.

Eine bedeutsame Erweiterung erfährt das Konzept der Positionierung durch die *zugangsbezogene Positionierung*, die sich aus einem spezifischen Vertriebskanal ergibt. Die Frage lautet hier: »Wie kommt die Leistung zum Abnehmer?« Bereits dieser Aspekt kommt in der traditionellen Produkt-Markt-Sicht vieler Strategen zu kurz. Zwar finden sich einzelne Aspekte sowohl unter Marktleistungen (Produkte, die sich nur über einen bestimmten Vertriebskanal absetzen lassen), als auch Marktsegmenten (Kundengruppen, die nur über einen bestimmten Vertriebskanal versorgt werden können) – aber für eine strategische Diskussion reicht dies nicht aus.

Wir erweitern diese Sichtweise hier auf die »Handhabung einer Produkt-Markt-Kombination durch die gesamte Organisation«. Daher sprechen wir auch in Ergänzung zur Markt- und Produktsicht von der Organisationssicht, die den Raum für neue Geschäftsmodelle freigibt.

Systematisch neue Geschäftsmodelle entwickeln

Die Entwicklung neuer Geschäftsmodelle kann durch die Anwendung des Szenario-Management systematisiert und unterstützt werden. Ausgangspunkt ist auch hier die Definition des *Szenariofeldes*. Sie kann sich Top-down aus der Unternehmensstratgie entwickeln (»*Wie könnte die Organisation das Geschäftsfeld erschließen?*«) oder Bottom-Up aus der Organisation selbst entstehen (»*Wie könnte das Geschäft aussehen, dass die Organisation in der Zukunft betreibt?*«). In beiden Fällen erfolgt die Entwicklung von Geschäftsmodelle entsprechend dem Vorgehen im Szenario-Management.

Identifikation und Auswahl von Geschäftselementen (Schritt 1)

Geschäftselemente beschreiben mögliche Aktivitäten des Unternehmens und können insofern aus verschiedenen Bereichen wie Prozessen, Vertriebskanälen, Kompetenzen oder Technologien kommen. Für die Auswahl der Geschäftselemente kann ebenfalls auf die Instrumente des vernetzten Denkens zurückgegriffen werden. In vielen Fällen erfolgt die Auswahl aber eher intuitiv durch das Szenarioteam.

Entwicklung von Geschäftsoptionen (Schritt 2)

Im zweiten Schritt werden für diese Geschäftselemente denkbare zukünftige Zustände beschrieben. Da diese weitestgehend vom Unternehmen beeinflusst werden können sprechen wir von *Geschäftsoptionen*. Dabei gilt, dass diese Optionen im Rahmen eines komplexen Geschäftsmodells als wünschenswert angesehen werden müssen.

Bildung von Geschäftsmodellen (Schritt 3)

Nach Abschluss des zweiten Arbeitsschritts liegen bis zu 80 Geschäftsoptionen vor. Um diese Optionen zu in sich schlüssigen Geschäftsmodellen zu verbinden, ist es notwendig die gegenseitige Verträglichkeit der Optionen zu prüfen. Jede mögliche Kombination von zwei Geschäftsoptionen wird dazu in einer Konsistenzmatrix bewertet. Die Auswertung der Konsistenzbewertung erfolgte analog zum bereits geschilderten Prozess der Bildung von Strategieoptionen. Als Ergebnis liegen mehrere Geschäftsmodelle vor.

Schärfung der strategischen Positionierung mit Geschäftssystemen

Durch die Verknüpfung der Geschäftsmodelle mit den strategischen Geschäftsfeldern aus einer Unternehmens- oder Geschäftsstrategie ergeben sich Produkt-Markt-Geschäftsmodell-Kombinationen, die wir als *Geschäftssysteme* bezeichnen. Ihre Nutzung verdeutlicht das Beispiel eines traditionellen Herstellers von Küchenaccessoires. Dessen traditionelles Geschäftssystem war es, über Warenhäuser preiswerte Standardmarken vornehmlich an eine konservativ-bürgerliche Zielgruppe abzugeben. In den Achtzigerjahren realisierte das Unternehmen eine erfolgreiche Diversifikation und produziert seither eine Serie multifunktioneller Artikel, mit denen zudem eine liberal-intellektuelle Kundengruppe gebunden wird. Dies erfolgt seither ebenfalls über Warenhäuser (vgl. Abbildung 6).

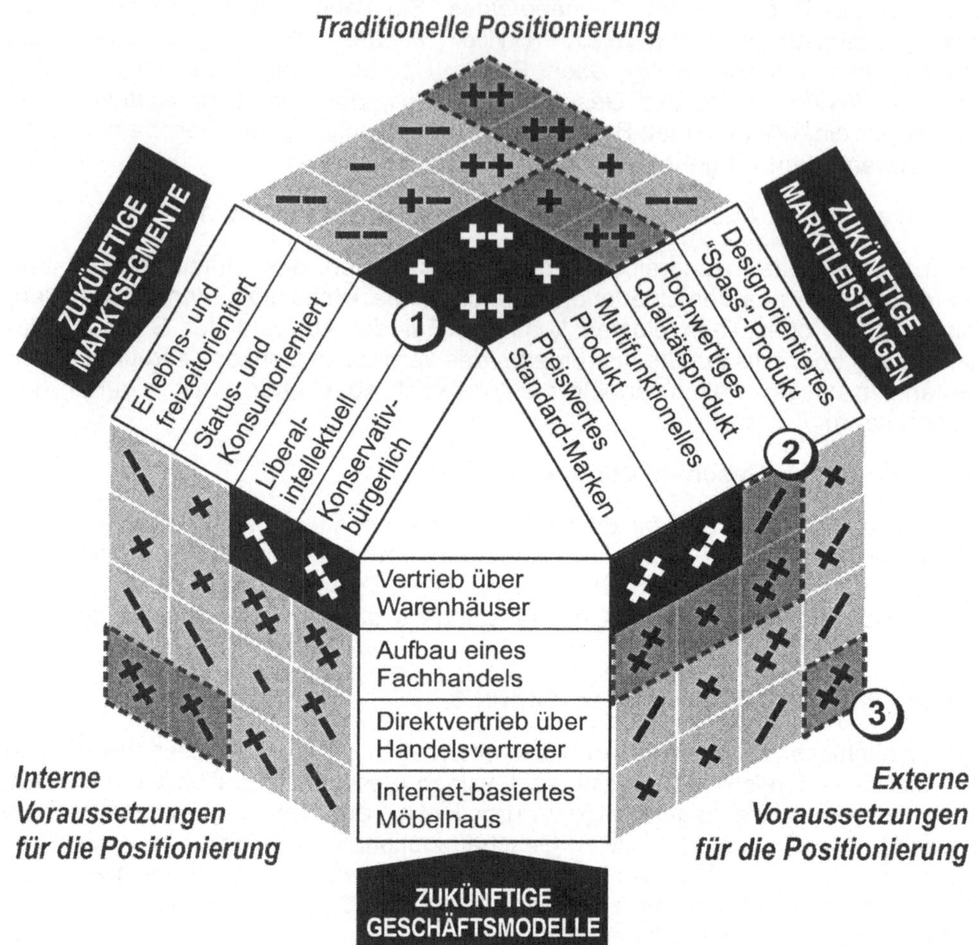

Abb. 6: Strategische Positionierung mit Geschäftssystemen

Heute steht das Unternehmen an einem strategischen Wendepunkt (Grove, 1997). Die bisherigen Kundengruppen sind rückläufig und das bezüglich der Wachstums- und Ertragsaussichten attraktivste Marktsegment – die status- und konsumorientierte Gruppe – wird bisher kaum bearbeitet. Dieses Segment lässt sich mit den bisherigen Produkten auch kaum erschließen. Im Rahmen der Geschäftsführung wird seit langem über die Entwicklung hochwertiger Qualitätsprodukte diskutiert. Aber wie sollen diese eingeführt werden? Welche Auswirkungen hat dies auf den traditionellen Vertriebsweg?

Die Lösung brachte die systematische Entwicklung von Geschäftsmodellen. Der langsame Aufbau eines eigenen Facheinzelhandels ermöglicht die Entwicklung hochwertiger Qualitätsprodukte, die als zweite Produktmarke vertrieben werden. Dabei werden bewusst Substitutionseffekte zu den bisherigen Produkten einkalku-

liert, um gegebenenfalls einen kompletten Umstieg auf eine eigene Fachhandels-
organisation realisieren zu können. Dies böte später die Möglichkeit, über die
bisherigen Kundengruppen hinaus auch die grundsätzlich interessanten status-
und konsumorientierten Kunden ansprechen zu können.

Damit ließen es die Planer allerdings nicht bewenden. Parallel zu der Erweiterung
des alten Geschäftssystems entstand ein neues Geschäftsmodell – nämlich das
eines Internet-basierten Vertriebs. Dieser Ansatz lässt sich zwar mit den bisherigen Produkten grundsätzlich realisieren, fände aber bei den bisherigen Kunden
kaum Anklang. Trotz anfänglicher Skepsis sieht die Geschäftsleitung heute eine
Möglichkeit, mit leicht zu erstellenden designorientierten »Spaß-Produkten« vor
allem erlebnis- und freizeitorientierte Neukunden zu gewinnen. Außerdem – so die
weitergehenden Überlegungen – entstünde über eine solche Diversifizierung eine
Zangenbewegung, mit der das Unternehmen auf die letztendliche Zielgruppe – die
status- und konsumorientierten Kunden – zugehen könnte.

Jede einzelne Kombination aus Marktsegmenten, Marktleistungen und Geschäftsmodellen stellt ein Geschäftssystem dar. Im beschriebenen Fall positioniert
sich das Unternehmen über zwei Geschäftssysteme, die eng aufeinander
abgestimmt sind. Außerdem ermöglicht dieser Ansatz die Priorisierung der einzelnen Geschäftssysteme. So verfolgt das Unternehmen einen Ansatz, wonach 15%
aller Investitionen in das Geschäftssystem II – das internet-basierte Geschäftsmodell – gesteckt werden sollen.

Verknüpfung der Geschäftssysteme mit strategischen Kompetenzen

Der Kern der erfolgreichen Umsetzung einer unternehmerischen Vision besteht
darin, deren Elemente – also im klassischen Sinne strategische Kompetenzen und
strategische Positionen – durch ein schwer imitierbares Netzwerk von Tätigkeiten
zu verknüpfen. Michael Porter beschreibt ein solches Netzwerk für *Southwest
Airlines*[*] (Porter, 1997, Seite 45). So erreicht *Southwest* über kurze Bodenzeiten
mehr Flugstunden als seine Wettbewerber und. Dafür gibt es kein Essen an Bord,
keine Platzreservierung, keine Teilstrecken-Gepäckabfertigung und keine besonderen Beförderungsklassen mit Extraservice. Da die Southwest-Flotte nur aus
gleichen Flugzeuge besteht, ist die Wartung hocheffizient. Mit diesem Netzwerk
von Aktivitäten hat sich *Southwest* eine einzigartige strategische Position
geschaffen. Keine andere Fluggesellschaft kann auf den von *Southwest* bedienten
Strecken ähnlich wettbewerbfähig operieren.

Mit der Erweiterung der strategischen Positionierung zu Geschäftssystemen lässt
sich ein *Netzwerk strategischer Kernaktivitäten* besser identifizieren. Es enthält als

---

[*]   Porter bezeichnet diese Netzwerke als "Betätigungsraster"

maßgebliche Knoten die strategischen Kompetenzen sowie die zentralen Elemente der wirksamen Geschäftsmodelle. Um diesen Kern lassen sich weitere Tätigkeitengruppieren.

2.6   e-Learning und Knowledge Management
José L. Encarnação, Christoph Hornung

In Zukunft werden Arbeitsprozesse zunehmend wissensbasiert durchgeführt werden. Daher werden der Wissensaustausch und die Verbesserung des Unternehmenswissens zu einem entscheidenden Wettbewerbsfaktor werden, der nur von *Lernenden Organisationen* überdurchschnittlich erfüllt werden kann. Lernende Organisationen sind Gruppen von Personen, die ihre Fähigkeiten und ihr gemeinsames Wissen kontinuierlich erweitern, um ihre Ziele als Organisation zu erfüllen.

Lernen mit Hilfe elektronischer Medien (e-Learning) und Knowledge Management sind Schlüsseltechnologien für den Aufbau von Lernenden Organisationen. Die Nutzung von Wissen, das im Internet zur Verfügung steht (e-Knowledge), für Trainings-, Lern- und Qualifizierungszwecke ist dabei essenziell.

Das Fraunhofer-Institut für Graphische Datenverarbeitung führt auf diesem Gebiet F&E-Projekte durch und nutzt e-Learning und Knowledge-Management-Techniken intern sowie zur Präsentation der erzielten Ergebnisse nach außen.

Für die nahe Zukunft ist die Entwicklung einer einheitlichen e-Knowledge-Strategie geplant, die auf den Ergebnissen der verschiedenen derzeit durchgeführten Vorhaben basiert und die hieraus erzielten Ergebnisse zusammenführt. Weiterhin ist vorgesehen, sich verstärkt dem **Multi-User-Training** in virtuellen Umgebungen zu widmen.

2.6.1   Konzepte

e-Learning

e-Learning ist weit mehr als die Vermittlung von Wissen und Training über das Internet. Es ermöglicht einen neuen Umgang mit Wissen und neue Formen der Wissensvermittlung.

e-Learning nutzt einen Mix verschiedener Inhalts- und Vermittlungsformen, wobei auch Präsenzveranstaltungen und Trainingsmaterial in Druckform integriert werden. Wesentlich ist hierbei die Unterstützung virtueller Teams sowie die Auflösung der klassischen Wissenskette hin zur Entwicklung eines sich selbst verstärkenden Wissenskreislaufs.

Knowledge Management

Knowledge Management besteht aus der Verteilung, dem Zugriff und der Wiedergewinnung von Wissen, das aus Erfahrungen und Informationen in Arbeitsgruppen entsteht. Knowledge Management kann als Weiterentwicklung des Konzepts der Lernenden Organisation angesehen werden. Der Schwerpunkt liegt dabei auf der Verbesserung von Fähigkeiten und Fertigkeiten von Organisationen durch die verbesserte Handhabung der Ressource Wissen (siehe Probst, Raub, Romhardt, 1997). Nach dieser Definition ist Knowledge Management von zentraler

Bedeutung sowohl für Unternehmen wie auch für Universitäten, die künftig ihr Wissen nicht nur in traditionellen Vorlesungen, sondern zunehmend auch im Rahmen von Fernlehrgängen und Weiterbildungsformen zur Unterstützung des lebenslangen Lernens anbieten werden.

Eine Schlüsselcharakteristik des Knowledge Managements ist die Implementierung eines *Wissenskreislaufs* (vgl. Abbildung 1)

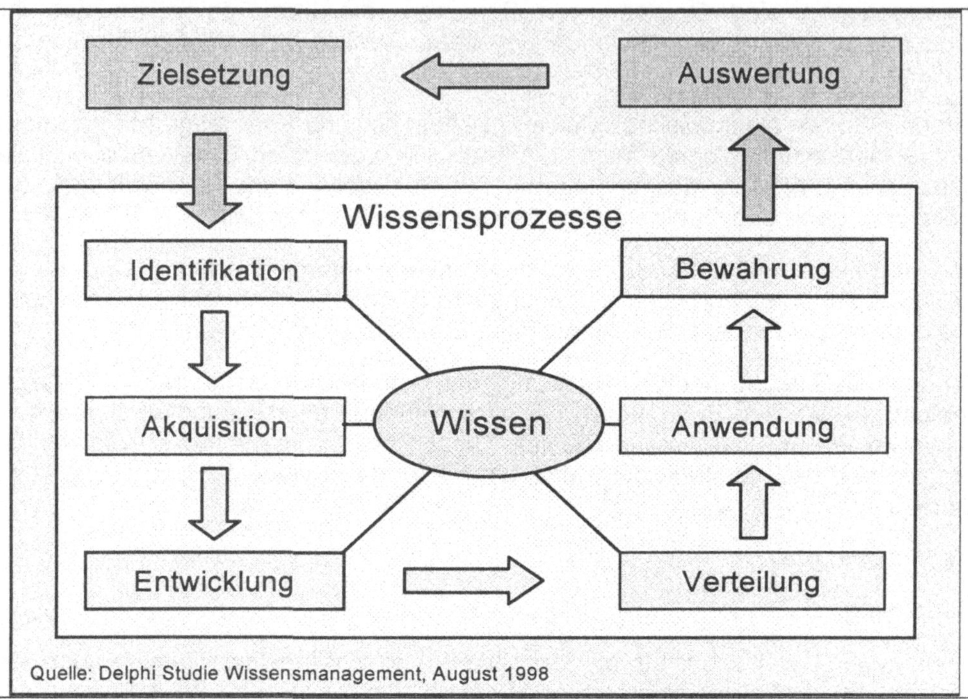

Abb. 1: Die Prozesse des Wissenskreislaufs (Reinmann-Rothmaier; Mandl, 1998)

Effektives Knowledge Management besteht aus der Generierung von Wissen durch Identifikation, Akquisition und Entwicklung sowie der Anwendung von Wissen durch Verteilung, Nutzung und Bewahrung. Ein sehr wichtiger Aspekt ist die Auswertung von Wissen und die Neu-Anpassung und Neu-Definition von Wissenszielen.

Zwischen einer Wissenskette und einem Wissenskreislauf besteht ein wesentlicher Unterschied. Das Konzept der Wissenskette geht davon aus, dass es Wissensproduzenten und Wissenskonsumenten gibt. Feedback erfolgt "vom Kunden an den Hersteller". Beim Wissenskreislauf dagegen wird diese Unterscheidung der Rollen aufgehoben: die Rollen werden nur temporär eingenommen, der Konsument ist über die Auswertung selbst auch Produzent, der ursprüngliche Produzent wird durch die Überarbeitung der Zielsetzung selbst zum

Wissens-Konsumenten. In den Mittelpunkt rückt die Wissensbasis, die von allen dynamisch als Produzent und Konsument genutzt wird.

Lernende Organisationen

Eine Lernende Organisation ist als eine Gruppe von Personen definiert, die ihre Fähigkeiten *kontinuierlich* erweitern, um ihre Ziele im Rahmen der Organisation zu erfüllen. Lernen dient hierbei dazu, das eigene Wissen und das der Organisation insgesamt zu erweitern und qualifizierte Entscheidungen zu ermöglichen bzw. zu unterstützen (Senge, 1990). In diesem Zusammenhang ist eine möglichst hohe *Lernrate* von großer Bedeutung, da sie einen entscheidenden Wettbewerbsvorteil für Organisationen darstellt. Lernende Organisationen betrachten Lernen deswegen als einen Schlüsselaspekt der strategischen Unternehmensplanung. Die Transformation in eine Lernende Organisation wird zu einer existenziellen Anforderung an Unternehmen unserer Zeit.

Zusammenwirken von Knowledge Management und e-Learning

e-Learning und Knowledge Management wirken in Lernenden Organisationen zusammen. Lernende Organisationen können als System interagierender Mitarbeiter und Ressourcen interpretiert werden, das verschiedene Formen der Wissensnutzung und –erweiterung betreibt. Die täglichen Arbeitsprozesse werden unter Nutzung von gemeinsamen Wissens- und Erfahrungsbasen durchgeführt. Hierbei findet eine kontinuierliche Qualifizierung am Arbeitsplatz statt. Lernprozesse finden theorie-orientiert (zur Vermittlung neuen Wissens) und werkzeugorientiert (zur Vermittlung von Fertigkeiten) statt.

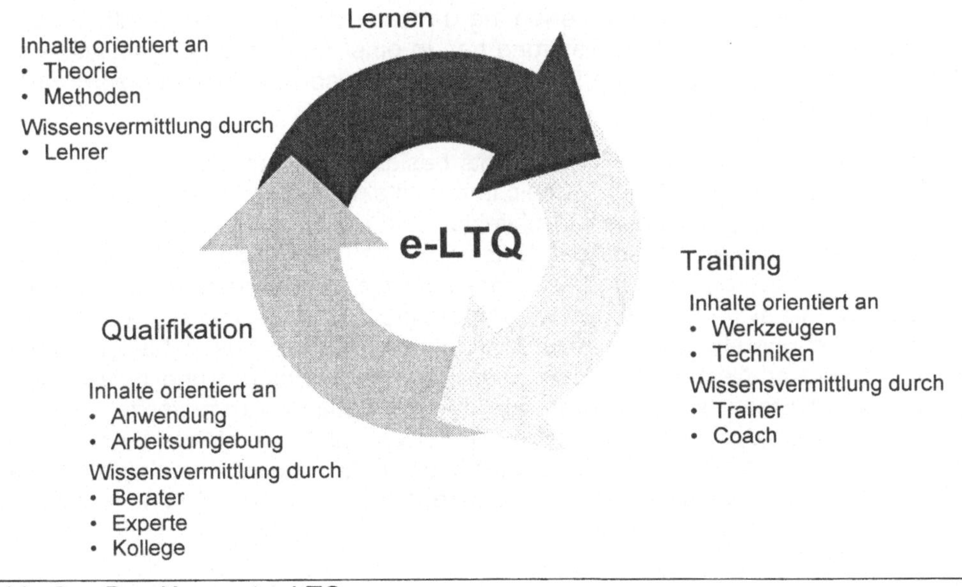

Abb. 2: Das Konzept e-LTQ

Das e-LTQ-Konzept

Basierend auf den Erfahrungen des Fraunhofer-Instituts für Graphische Datenverarbeitung im Bereich Lernen und Training wurde das Konzept *Internet-basiertes Lernen, Training und Qualifikation (e-LTQ)* entwickelt. Diese Konzept integriert theorie- und methoden-orientiertes Lernen, werkzeug- und prozess-orientiertes Training und praxis-orientierte Qualifikation am Arbeitsplatz. Es umfasst damit alle Phasen wissensbasierten Arbeitens und liefert eine Lösung für die Anforderungen an Wissensaneignung und -transfer in die Praxis (vgl. Abbildung 2).

Das Konzept e-LTQ basiert auf zwei Schlüsselaspekten: Wissensdomänen und Internet-Communities.

Wissensdomänen sind multidimensionale Informationsräume mit theoretischen, praktischen und anwendungsorientierten Inhalten. Diese Inhalte sind über Hyperlinks verbunden, um spezifischen Kontexte zu bilden. Weiterhin können die Inhalte durch Annotationen von Individuen oder Gruppen angereichert werden.

Die Nutzer von e-LTQ-Systemen sind über das Internet verbunden und formen damit interaktive, sich selbst organisierende Communities. Hiermit werden die Probleme traditionellen Lernens und Trainings, die oft in isolierten, künstlichen Umgebungen stattfinden, vermieden. e-LTQ kann damit beispielsweise erfolgreich bei der Einführung neuer Produkte in verteilten Organisationen angewandt werden.

Wissensnetzwerke

Das e-LTQ-Konzept basiert entscheidend auf dem Aufbau von *Netzwerken*. Diese Netzwerke stellen Wissen zur Verfügung, nutzen es und tragen durch Reflexion und Feedback zu seiner Aktualisierung bei. In einer Lernenden Organisation sind dabei sowohl die vorhandenen Ressourcen, wie auch die Kompetenzen und die Personen vernetzt.

Die Implementierung des e-LTQ-Konzepts basiert daher auf einem netzwerk-zentrierten Ansatz, der durch eine Schichtenarchitektur repräsentiert werden kann. Auf der untersten Schicht dieser Architektur sind die Ressourcen einer Organisation zu einem globalen Ressourcen-Netz verbunden. Oberhalb dieser Schicht sind verschiedene Formen von Organisations-Kompetenzen angeordnet und vernetzt. Hierbei kann es sich um Methoden, Erfahrungen, Technologien und Informationen handeln. Die oberste Schicht dieser Architektur besteht aus virtuellen Arbeitsteams, die Team-Netzwerke bilden. Diese Teams generieren und nutzen global verfügbares Wissen, sie profitieren von den verfügbaren Kompetenzen und kreieren selbst neues Wissen durch Reflexion und Verstehen von bereits vorhandenem Wissen und neu erworbenen Erfahrungen und Informationen. Hierdurch entsteht ein sich ständig verstärkender Zyklus von Wissensgenerierung und Wissensnutzung (vgl. Abbildung 3).

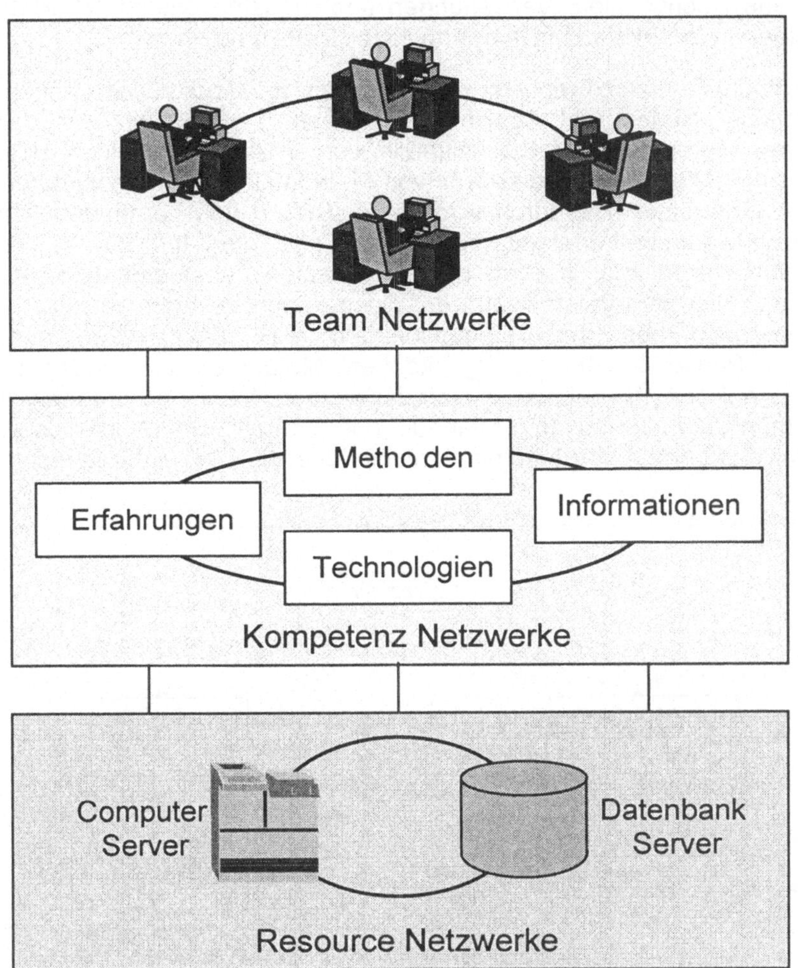

Abb. 3:   Wissensnetzwerke

2.6.2 e-Learning

Standardisierung

e-Learning wird heute immer weniger als Kosten- und immer stärker als Produkti-
vitätsfaktor gesehen. Parallel hierzu finden Standardisierungen in den Bereichen
Metadaten, Lernstrukturierung und e-Learning-Management- Systeme statt. Neben verschiedenen europäischen Standardisierungsaktivitäten (ARIADNE,
PROMETEUS) sind hier auch Aktivitäten von IEEE, IMS und ADL zu nennen. Der
von ADL propagierte SCORM-Standard (Sharable Courseware Object Reference
Model) versteht sich als Bibliothek von Standards, die verschiedene Lösungen
(z.B. IMS, AICC, IEEE-LOM) integriert (vgl. Abbildung 4). Da dieser Standard von

Partnern aus Hochschulen, Verwaltungen und Industrie unterstützt wird, ist mit einer weitgehenden Akzeptanz in der nächsten Zeit zu rechnen.

Die Standardisierungsbestrebungen lassen sich an dem zuvor beschriebenen Wissenszyklus spiegeln (vgl. Abbildung 5): Phase 2, *Akquisition,* wird durch den Einsatz von Metadaten zur Klassifikation von Wissensbausteinen unterstützt. Phase 3, *Entwicklung,* profitiert sowohl von Metadaten wie auch von einer vereinheitlichen Lernstruktur. Hierdurch wird die Erstellung von Lernmaterialien sowie die Wiederverwendung bereits erprobter Inhalte erleichtert. In Phase 4, *Verteilung,* kommen Metadaten zum Suchen nach am besten geeigneten Lernmaterialien zum Einsatz. Hiermit können neben der Suche nach bestimmten Inhalten, auch Materialien nach bestimmten Eigenschaften (z.B. Zielgruppen) ausgewählt werden. In Phase 5, *Anwendung,* können Metadaten zur Beurteilung des Lernerfolgs auf dem Meta-Level verwendet werden. Weiterhin ergeben sich aus der Kommunikation zwischen Lerninhalt und Laufzeitsystem in dieser Phase Vorteile für das Lernen von Inhalten verschiedener Quellen auf unterschiedlichen Plattformen.

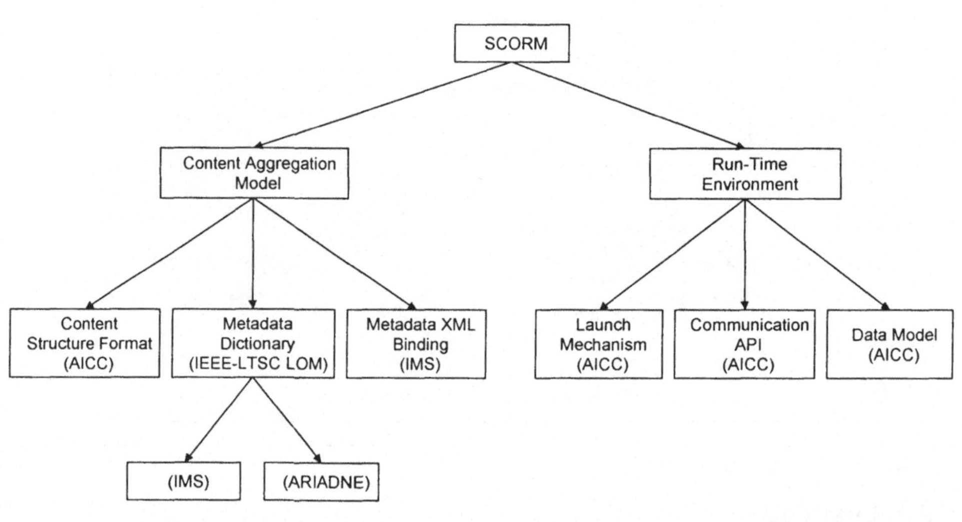

Abb. 4:　Komponenten der e-Learning Standardisierung (SCORM)

Neue Trends

Die nächste Generation von e-Learning-Systemen und -Anwendungen wird vor allem kontextualisiertes Lernen unterstützen. Dies bedeutet Unterstützung des multidimensionalen Wissenszugriffs, Individualisierung sowie Unterstützung von Rollen, Lernkontexten und Lernhierarchien.

Multidimensionaler Zugriff auf Wissenselemente

In einer Lernenden Organisation bestehen verschiedene Bedürfnisse des Zugriffs auf Wissenselemente.

Beim Lernen erfolgt der Zugriff *lernziel-orientiert* - die Wissenselemente sind so anzuordnen, dass der Nutzer sein Lernziel möglichst effektiv erreicht. Fragen und Tests sind dem Erreichen des Lernziels entsprechend aufbereitet.

Beim fertigkeits-orientierten Training ist das nötige Wissen bereits vorhanden - der Nutzer navigiert frei durch das vorhandene Wissen und greift entweder gezielt und direkt auf Wissenselemente zu (z.B. zur Auffrischung des Wissens) oder benutzt einen Lernpfad, der mit Tests beginnt und ihn über die ermittelten Wissenslücken zu den zu wiederholenden Wissenseinheiten führt. Im Training sind die Fragen bereits durch Beispiele aus dem jeweiligen Arbeitsumfeld angereichert.

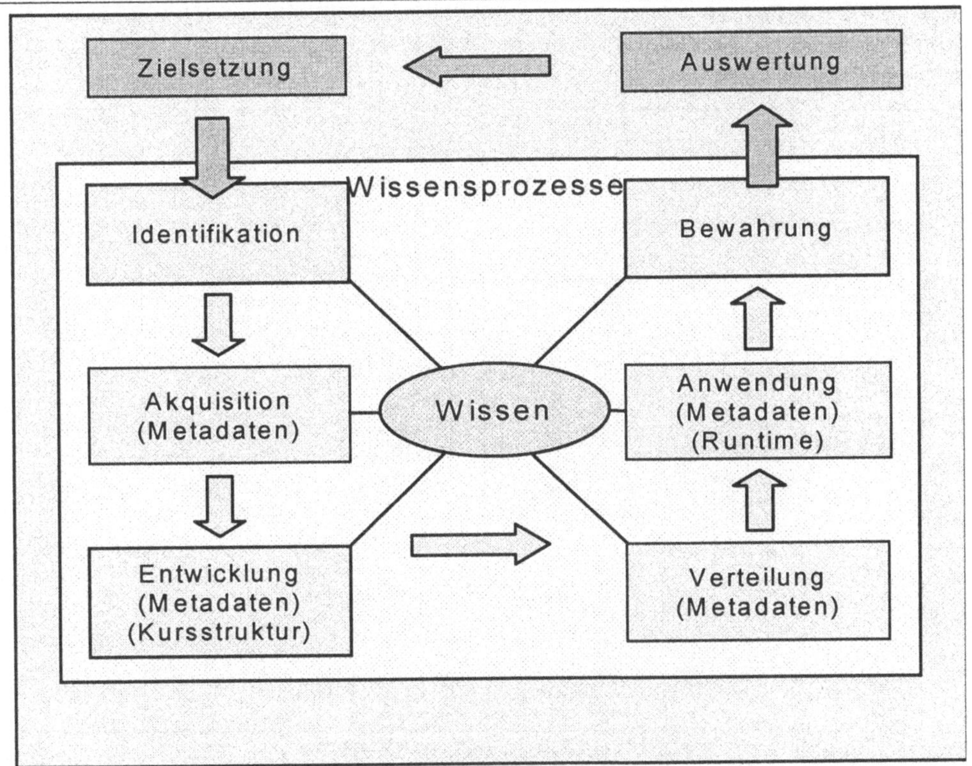

Abb. 5:   Unterstützung des Wissenkreislaufs durch Standardisierungsaktivitäten

Bei der praxis-orientierten kontinuierlichen Qualifizierung nutzt der Lernende das vorhandene Wissen und die in der Organisation existierende Expertise , "on demand" und im Arbeitsumfeld. Im Vordergrund steht nicht die Wissensaneignung, sondern die Erreichung eines Arbeitsziels unter Nutzung vorhandenen Wissens (knowledge-based working). Der Zugriff auf Wissenselemente erfolgt über Best Practices und Ähnlichkeitssuche in Erfahrungs-Banken.

Die Vernetzung dieser unterschiedlichen Wissenselemente und die Bereitstellung optimierter Zugriffswege ist für die Wissensnutzung in Lernenden Organisationen essenziell (vgl. Abbildung 6)

Individualisierung

Individualisierung des Zugriffs auf Wissen verfolgt die Vision, dass jeder Teilnehmer im Wissenskreislauf (Autoren, Tutoren, Lerner) eine persönliche, auf seine Erfahrungen und Bedürfnisse optimierte Arbeitsumgebung hat. Dies hilft ihm, seine Lernziele optimal zu erreichen und seine Arbeiten effektiv auszuführen.

Im Bereich Lernen erfordert dies die Möglichkeit, individuelle Anpassungen vorzunehmen: gezielt Mehrwertkomponenten (z.B. simulationsgestützte Komponenten, Chats mit Experten) in Form eines "knowledge shopping" zusammenzustellen. Andererseits kann gezielt bereits erworbenes Wissen anerkannt werden, um Lernwege zu optimieren.

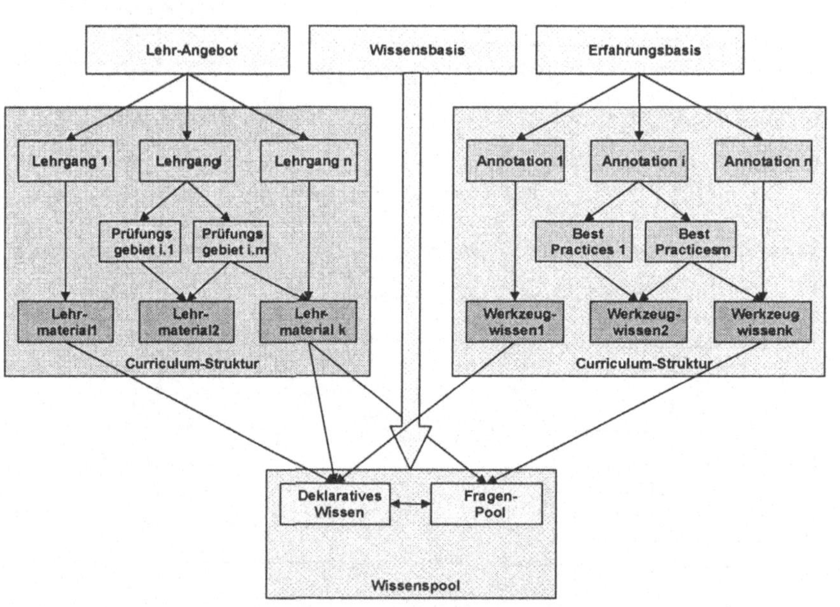

Abb. 6:   Multidimensionaler Zugriff auf Wissenselemente

Im Bereich Training erlaubt die Individualisierung die Bereitstellung gezielter Trainingsprogramme, die den Anforderungen einzelner Lernender angepasst sind. Der Trainingserfolg wird individuell erfasst und das Programm entsprechend aktualisiert.

Für die kontinuierliche Qualifikation am Arbeitsplatz wird durch Individualisierung die konkrete Arbeitssituation nachgebildet. Die vorhandenen Ressourcen und die aktuelle Arbeitsumgebung (z.B. Kommunikation mit Kollegen) stehen dem Knowledge-Worker zur Verfügung und erlauben so die effektive Durchführung der anstehenden Aufgaben.

Rollenunterstützung

Am e-Learning-Prozess sind verschiedene Rollen (Administratoren, Fach-Tutoren, Lehrgangs-Betreuer, Curriculum-Manager und Lernende) beteiligt. Diese Rollen werden durch spezielle User-Interfaces unterstützt, die rollenspezifisch die möglichen Funktionalitäten bereitstellen. Hierdurch wird jeder Rolle ein optimaler Zugriff zum Wissen ermöglicht.

Integrierte Unterstützung von Lernen, Kommunikation und Information

Ein wesentlicher Unterschied zwischen e-Learning und traditionellen Lernmethoden besteht darin, dass nicht mehr jeder einzeln lernt, sondern dass virtuelle Teams in integrierten virtuellen Umgebungen gemeinsam lernen können. Das Internet erlaubt es, den eigentlichen Lernprozess durch elektronische Kommunikation und zusätzliche Informationsangebote anzureichern. Diese zusätzlichen Angebote konnten bisher nur offline (z.B. durch Präsenzveranstaltungen oder Printmedien) angeboten werden - das Internet gestattet nun erstmals die online-Integration von Lernen, Kommunikation und Information.

Lernhierarchien und Kontextsensitivität

e-Learning Systeme werden künftig ganze *Lernhierarchien* unterstützen und dafür Lernfunktionen kontext-sensitiv anbieten. Das Konzept besteht darin, dass der Lernende sukzessive seinen Lernkontext verfeinern kann und jederzeit auf seine Lernsituation angepasste Lern-, Kommunikations- und Informationsmöglichkeiten erhält. Auf den verschiedenen Lernebenen wird er dann jeweils Mitglied spezifischer Communities. Dies ist notwendig, um große Lerngruppen in umfangreichen Wissensdomänen managen zu können.

Auf der obersten Lernebene ist das e-Learning-System in andere Systeme (z.B. das Unternehmens-Intranet) eingebunden. Spezielle Zugänge zu e-Learning- Systemen werden künftig in den Hintergrund treten, stattdessen wird Lernfunktionalität als Komponente in Organisationsportale integriert werden.

Die nächsten Lernebene - Campus oder Foyer - erreicht der Nutzer über ein login. Er ist damit dem System bekannt und nimmt eine Rolle ein. Auf dieser Lernebene wird ihm rollenspezifische Information angeboten. Außerdem kann er mit allen anderen Teilnehmern auf dem Campus kommunizieren. Zur Verfeinerung des Lernkontexts werden dem Lernenden die angebotenen Lehrgänge angezeigt.

Auf der nächsten Lernebene, dem Lehrgang, greift der Lernende auf ein spezifisches Lernangebot zu, das wiederum in virtuelle Unterrichtseinheiten gegliedert ist. Der Lernende kann mit dem für das Lernangebot Verantwortlichen sowie mit seinen Teammitgliedern kommunizieren und lernangebots-spezifische Informationen einsehen. Über die einzelnen Lehrmaterialien stehen darüber hinaus Übersichtsinformationen zur Verfügung.

Die nächste Lernebene, die virtuelle Unterrichtseinheit, erreicht der Lernende durch Auswahl des gewünschten Lehrmaterials. Lehrmaterialien bestehen aus Lehrmaterialeinheiten, die Präsentations-, Trainings- oder Testcharakter haben. Sie können als online-Materialien angeboten, aber auch als download-Materialien (z.B. pdf-Files) ausgeliefert werden.

Besteht Lehrmaterial aus mehreren Einheiten, so steht eine weitere Lernebene, die Lehrmaterialeinheit, zur Verfügung. Eine Lehrmaterialeinheit besteht entweder aus einer Menge von Seiten oder aber aus einer ausführbaren Simulation bzw einem interaktiven Test. Es ist möglich, online mit allen Mitlernenden, die gerade an einem Simulationstraining teilnehmen, zu kommunizieren oder sich mit Mitlernenden, die gerade eine bestimmte Aufgabe lösen, auszutauschen.

2.6.3 Wissensdomänen

Konzepte

Das Konzept der *Wissensdomänen* bietet eine wichtige Strukturierungsmöglichkeit für große Informationsmengen. Grundlage der Wissensdomänen ist eine dreischichtige Architektur, die auf dem derzeit in Entwicklung befindlichen XML-basierten Topic Map Standard aufbaut (XML, Topic Maps, 2001). Diese Schichten umfassen Informationsressourcen, Wissenskarten (knowledge maps) sowie Wissensstrukturen (knowledge map templates) (vgl. Abbildung 7). Topic Maps haben den Vorteil, dass sie *nachträglich* auf bereits existierende Informations-Pools aufgesetzt werden können; sie bieten damit ein geeignetes Modell zur "Interpretation" von bereits vorhandener Information. Die Topic-Map-Standardisierung übernimmt die Konzeptender Objektorientierung (Vererbung, Template-Klassen) zur Unterstützung der Strukturbildung (Rath, 1999, 2000; Pepper, Euler, 1999).

Auf der Ebene der *Knowledge Map Templates* (Vorlagen für Wissenskarten) werden die Strukturen der zu erstellenden Wissenskarten festgelegt. Auf dieser Ebene wird die *Ontologie* des zu beschreibenden Wissens in Form von Entitäten (Topic Types), Eigenschaften und Relationen (Association Types) bestimmt. Als Beispiele seien hier die Ontologien von Kompetenz-Karten oder Expertise-Karten genannt. Die Ontologien auf diesem Level geben vor, *wie* Wissen in einer Organisation beschrieben wird. Aus Sicht der Objektorientierung legen die Topic Types und Association Types "Klassen" fest. Diese Klassen sind dadurch gekennzeichnet, dass sie abstrakte Begriffe bilden, zu denen jedoch keine konkreten Informationen existieren. Durch Vererbung können die Ontologien spezialisiert und an spezifische Anforderungen angepasst werden.

Basierend auf diesen Ontologien werden dann Wissenskarten generiert. Die Elemente dieser Wissenskarten sind Ausprägungen der Entitäten der Ontologien, die Relationen zwischen den Elementen sind durch die entsprechenden Ontologie-Relationen vordefiniert. Hierdurch ist gewährleistet, dass unterschiedliche Wissenskarten, die auf derselben Ontologie beruhen, semantisch kompatibel sind. Es lassen sich daher dieselben Inferenzmenchanismen anwenden oder es können Wissenskarten, die auf demselben Template beruhen, leicht miteinander verbunden werden. Die aus den Topic Types abgeleiteten Topics definieren konkrete Grundbegriffe (Objekte), die sich auf Informationen aus dem Informationspool beziehen.

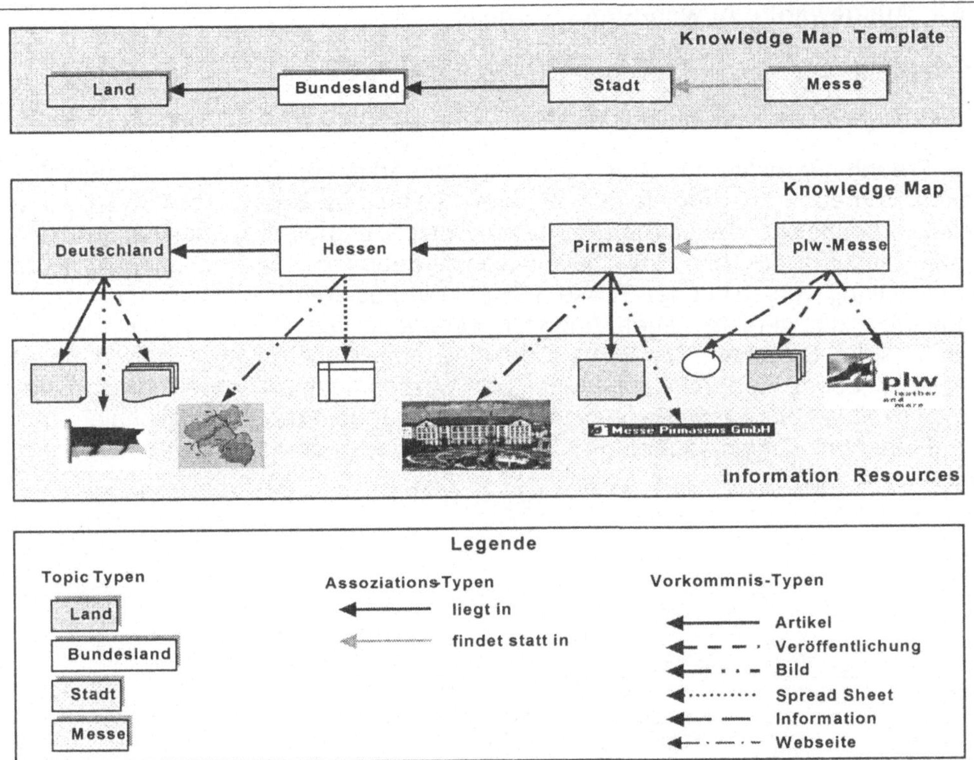

Abb. 7:   Schichten von Wissensdomänen

Wissenskarten enthalten grundsätzlich keine Informationsressourcen, sondern referenzieren sie. Hierdurch wird eine strenge Trennung zwischen der Informations- und der Wissensebene erreicht. Dies erlaubt es einerseits, verschiedene Wissenskarten über dieselben Informationsressourcen zu definieren, andererseits auch die gleichen Wissenskarten auf verschiedene Informationsressourcen anzuwenden. Die Informationsressourcen selbst bestehen aus beliebigen Dokumenten.

Werkzeuge zum Management von Wissensdomänen

Zum Management von Wissendomänen sind folgende Werkzeuge notwendig: Template-Editoren, Map-Editoren und ein Map-Viewer. Der Template-Editor unterstützt das Management der oben beschriebenen Ontologien. Der Map-Editor erlaubt das Einlesen einer Ontologie und unterstützt das Erstellen von Wissenskarten. Hierbei werden die graphischen Elemente des Editors (Entities, Relationen) aus der entsprechenden Ontologie abgeleitet. Dem Autor werden nur die jeweils in der Ontologie definierten Elemente angeboten. Der Map-Viewer wird zur Präsentation von Wissenskarten verwendet. Er gestattet daneben die Visualisierung der zugrunde liegenden Wissensstruktur, ohne dass diese verändert werden kann.

2.6.4 Ausgewählte Anwendungsbeispiele

e-Learning

e-Learning-Referenzarchitektur

Das Fraunhofer-Institut für Graphische Datenverarbeitung ist derzeit an verschiedenen Vorhaben im Bereich des e-Learning und des Knowledge Management beteiligt. Grundlage dieser Projekte ist die Entwicklung einer gemeinsamen Referenzarchitektur, die die Entwicklung von e-Learning- Technologien und die Bereitstellung verschiedener Wissensangebote, basierend auf dem spezifischen Know-How der verschiedenen Anbieter, verbindet. Die Referenzarchitektur besteht aus drei Schichten. Die Basis bildet eine einheitliche e-Learning-Plattform, in die verschiedene Speziallösungen integriert werden können. Diese Plattform stellt die Laufzeitumgebung für die fachspezifischen Angebote der Wissensanbieter dar. Die Präsentation nach außen erfolgt über ein integrierendes e-Learning-Portal (vgl. Abbildung 8).

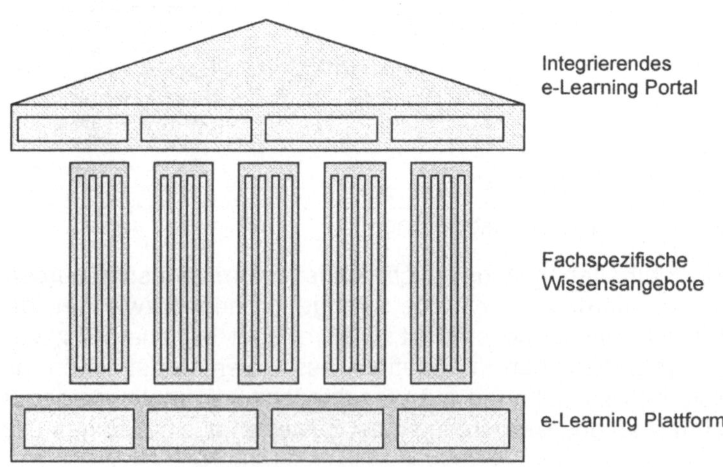

Abb. 8:   e-Learning Referenzarchitektur

Das Fraunhofer Learning and Knowledge Network (FKN)

Das *Fraunhofer Knowledge Network (FKN)* ist ein Vorhaben der marktorientierten Vorlaufforschung der Fraunhofer Gesellschaft.

FKN basiert auf einer gemeinsamen generischen Plattform, die Hardware- und Software-Infrastrukturen sowie generische Dienstleistungen für das Management von verteilten Organisationen beinhaltet. Auf dieser Plattform werden von den Fraunhofer Instituten branchenspezifische Lösungen entwickelt. In einem ersten Schritt gehören hierzu Gebiete des Business Management, der neuen Medien, der Mikroelektronik und der Materialwissenschaften. Später sollen weitere Fh-Institute in das FKN aufgenommen werden. Die Lern- und Trainingsangebote der Institute werden über ein gemeinsames Wissensportal angeboten, das einen einheitlichen Zugriff zu den unterschiedlichen Wissensressourcen bietet. Zusätzlich werden über dieses Portal Lösungen angeboten, die das Wissen verschiedener Institute integrieren (z.B. Top-Level-Management-Seminare).

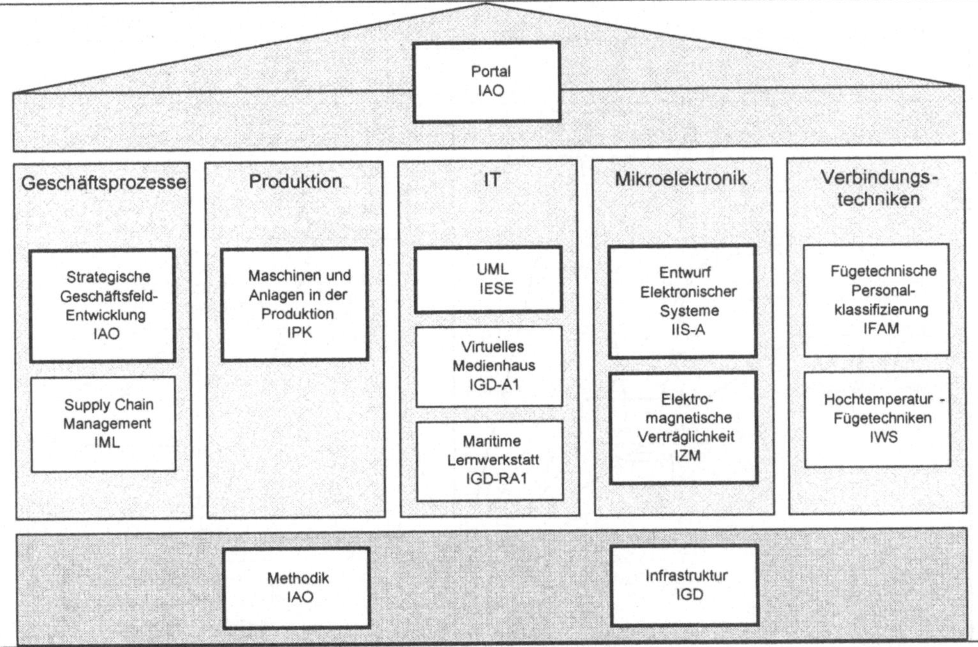

Abb. 9:   Struktur der Wissensangebote in FKN

e-Qualification Framework

An dem Vorhaben *e-Qualification Framework* sind sechs Institute beteiligt. Zielsetzung ist die Entwicklung einer gemeinsamen technischen Infrastruktur für das Anwendungsgebiet Lernen und Training. Zielsetzung dieses Vorhabens ist zum einen die Entwicklung einer einheitlichen Lehr-/Lernmethodik, zum anderen die Bereitstellung einer technischen Plattform.

Schwerpunkt der zu entwickelnden Methodik sind Geschäftsmodelle für den Transfer von Lern- und Trainings-Ergebnissen verteilter F&E-Organisationen in die industrielle Praxis und die Entwicklung eines Domänenmodells zur Strukturierung des Wissensangebots der Fraunhofer-Gesellschaft. Die Ergebnisse werden in Form eines "electronic process guide" zur Verfügung stehen. Mit Hilfe dieses Werkzeugs können spezifische Prozesse des e-Learning definiert und hieraus Internet-fähige Dokumentationsunterlagen generiert werden.

Im Bereich der Plattform liegen die Schwerpunkte der Arbeit auf der Entwicklung einer Portal-Infrastruktur sowie auf der technischen Unterstützung der für die Fraunhofer-Gesellschaft wichtigen Lern- und Trainingsformen. Hierzu gehören das Training in virtuellen Umgebungen (VR/AR Training), die Unterstützung von interaktiven, verteilten Lerngruppen sowie die Entwicklung verschiedener Formen der intelligenten Lern-Assistenz.

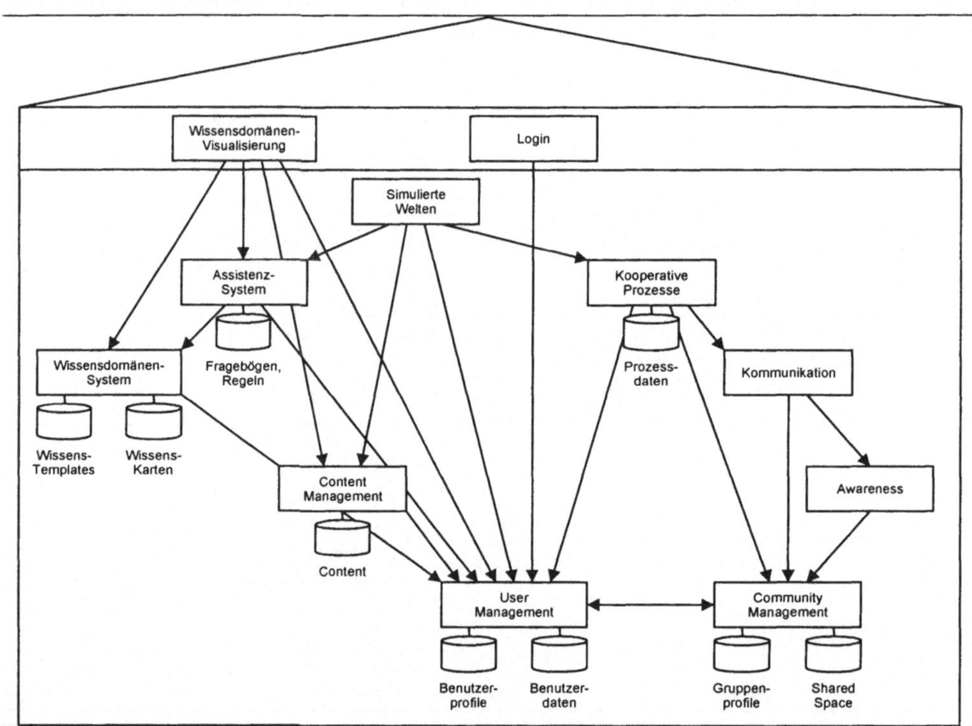

Abb. 10: Komponenten der Infrastruktur von e-QF

MTS 2000

Das Modulare Trainings-System MTS-2000 ist ein web-basiertes Lern- und Trainingssystem, das die Funktionalitäten Lernen, Kommunikation und Information integriert (vgl. Abbildung 11). MTS-2000 basiert auf etwa 10-Jähriger Erfahrung und weist die folgenden Highlights auf: e-Learning Curricula, Rollenkonzept,

Integration von Lernen, Kommunikation und Information sowie Kontextsensitivität und Lernhierarchien.

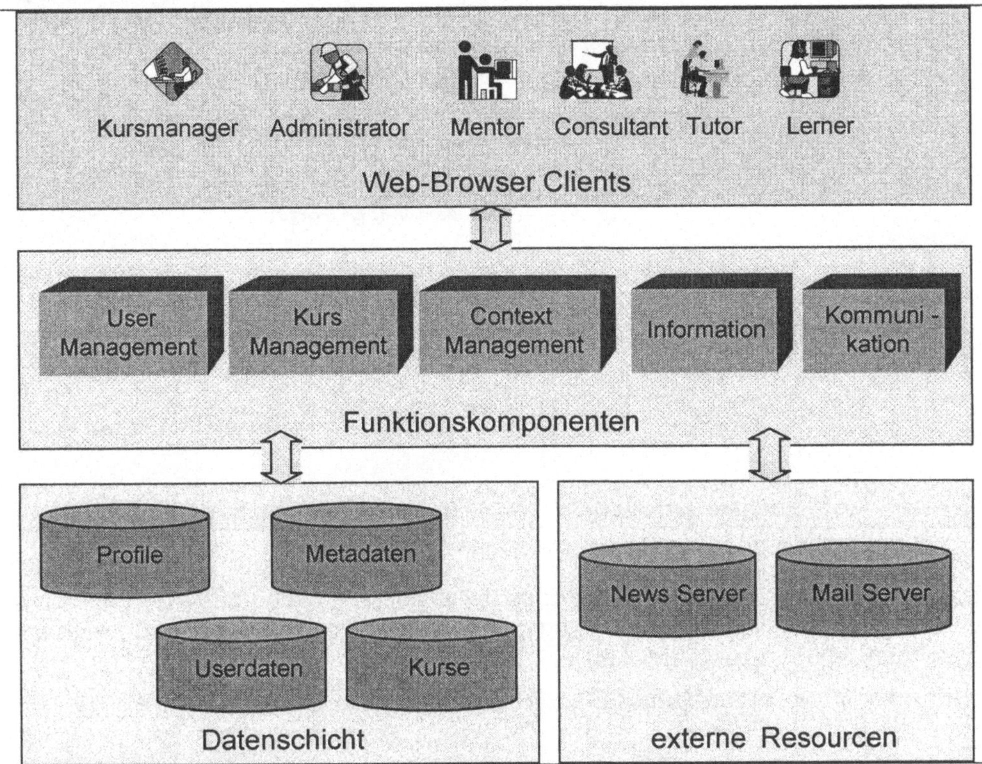

Abb. 11: MTS-2000: Funktionsarchitektur

Knowledge Management

Knowledge Management im INI-GraphicsNet (INI-KM)

Das INI-GraphicsNet mit seinen fünf Außenstellen in drei Kontinenten ist das weltgrößte Kompetenz-Netzwerk im Bereich Computer Graphics.

Ziel des Vorhabens ist die Entwicklung eines Frameworks für die KM-Aktivitäten aller Außenstellen des INI-GraphicsNet. In der ersten Phase werden hierzu Kompetenzprofile, Workflows und die Anwendung von Intellectual Property Rights (IPR) in wissensbasierten Organisationen untersucht. Das Ziel von INI-KM ist die Schaffung von Infrastrukturen, Methoden und Diensten zur Transformation des INI-GraphicsNet in eine lernende Organisation.

Als Ergebnis dieser Arbeiten steht heute eine erste Version eines Knowledge-Portals zur Verfügung, das intern und extern genutzt wird.

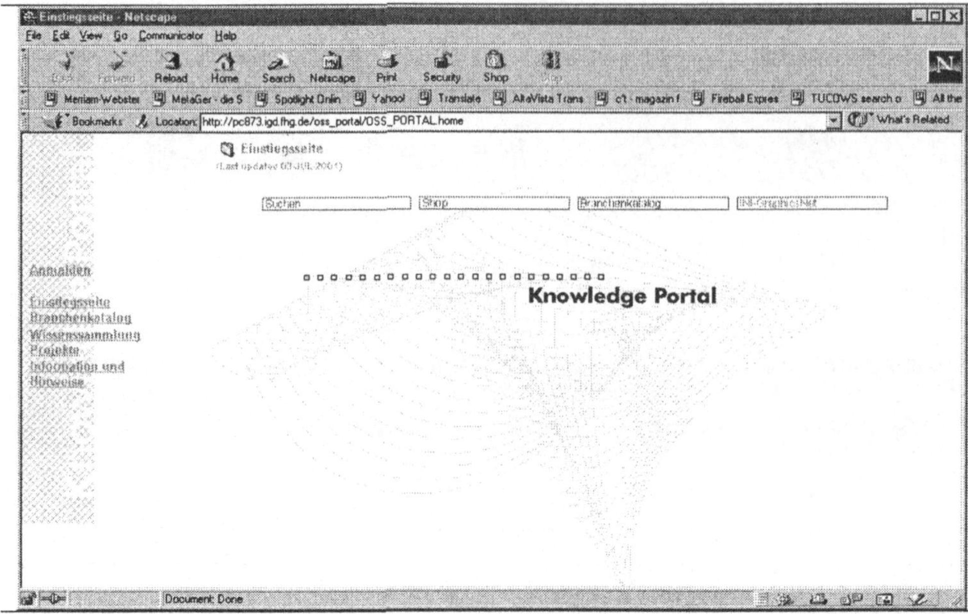

Abb. 12: Einstiegsseite des INI-Knowledge-Portals

Die interne Nutzung besteht darin, dass der Branchenkatalog des INI-GraphicsNet von alle Außenstellen eigenständig gepflegt werden kann. Hierzu wurde eine spezielle Autorenumgebung entwickelt.

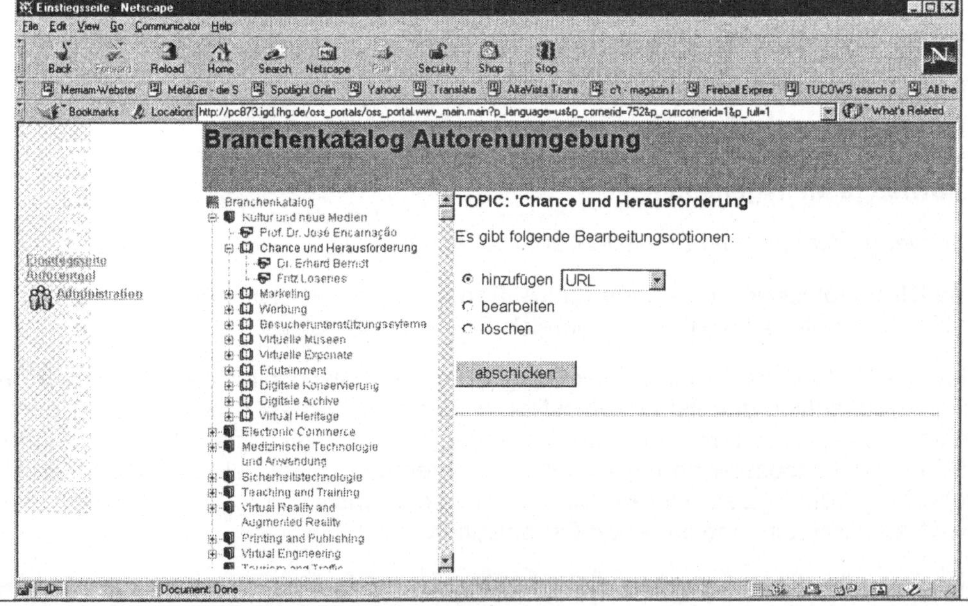

Abb. 13: Branchenkatalog: Autorenumgebung

Die Branchenkataloge stellen die Kompetenz des INI-GraphicsNet in verschiedenen Anwendungsgebieten dar. Mit Hilfe dieses Werkzeugs ist möglich, ein im INI-GraphicsNet verteilt entstandenes Dokument online zu pflegen, zu aktualisieren und zu erweitern.

Die externen Nutzer können mit Hilfe einer Baum-Metapher durch einen Branchenkatalog navigieren. Sie erhalten Information über die in einem Anwendungsbereich durchgeführten Projekte und die erzielten Ergebnisse. Ansprechpartner können über e-mail direkt kontaktiert werden.

One-Stop Shopping im INI-GraphicsNet (INI-OSS)

Um Knowledge-Management-Techniken im INI-GraphicsNet zu implementieren, bearbeitet A6 derzeit zusammen mit dem CRCG in Providence, USA, ein Vorhaben, in dem one-stop shopping Techniken für das Knowledge Shopping im INI-GraphicsNet entwickelt werden.

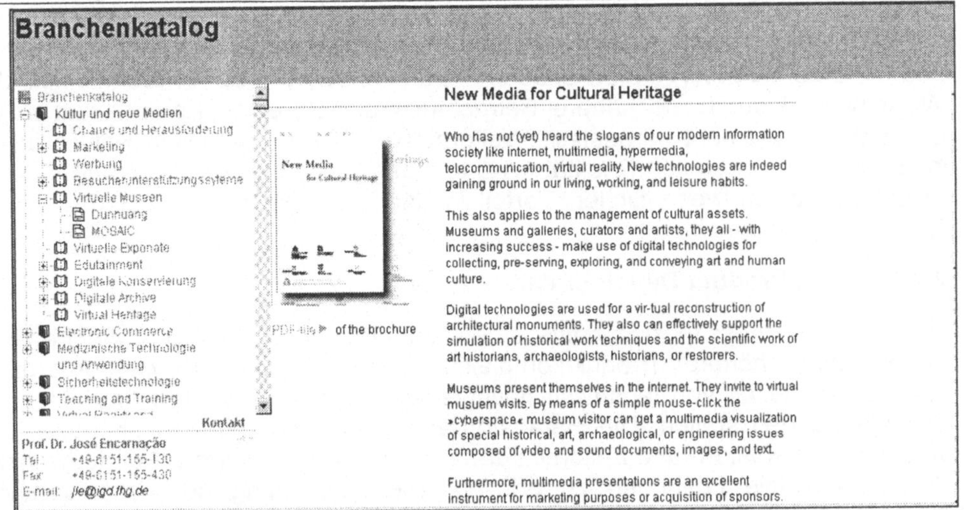

Abb. 14: Branchenkatalog: Nutzersicht

Ziel dieses Vorhabens ist die Entwicklung eines gemeinsamen Knowledge- Portals und die Entwicklung von Knowledge Maps zur Strukturierung von Informations- und Wissensformen im INI-GraphicsNet.

INI-OSS ist als Erweiterung des Wissensportals INI-KM implementiert. Software-Ergebnisse des INI-GraphicsNet sind in Form eines Softwarekatalogs abgelegt und können dort, unter Einsatz einer kommerziellen e-commerce Lösung, geordert werden.

2.7 Engineering- und Enterprise-Systeme
Hans-Jörg Bullinger, Joachim Warschat

2.7.1 Einführung

Der Wandel hin zu einer Wissensgesellschaft hat tiefgreifende Auswirkungen auf die Entwicklung innovativer Produkte und deren Vernetzung mit Dienstleistungen. Die Produkte dieser neuen Gesellschaft werden vermehrt wissensintensive Sachgüter sein, die zu „intelligenten Produkten" erweitert werden (Bullinger, Springer, 2000, Seiten 115 bis 133). Auf ein zu erstellendes Produkt wirken viele kritische Faktoren ein, die seine Wettbewerbsposition stärken oder mindern können. Neben dem Preis, der Marktrelevanz und der Qualität, ist sein Innovationsgrad entscheidend. Materielle Produktion wird nur in Verbindung mit innovativer Technologienutzung und wertschöpfenden Dienstleistungen zur Differenzierung beim Kunden führen.

Dieser Beitrag gibt einen Überblick über Tendenzen in der Entwicklung innovativer Produkte und deren Auswirkungen auf Produktentwwicklungsprozesse. Ausgehend von dem Entwicklungsansatz des Rapid Product Development (RPD) (vgl. Abbildung 1) werden die drei Themenfelder Wissensmanagement, Prozesse und IT-Unterstützung näher erläutert. Die Relevanz des »Produktionsfaktors Wissen« wird durch die nähere Betrachtung der Bereiche Kommunikation und Content Management dargestellt. Weiterhin werden die aktuellen Entwicklungen im Bereich der Virtuellen Realität (VR) aufgezeigt, da die Visualisierung virtueller Prototypen einen wesentlichen Vorteil in der Zusammenarbeit multidisziplinärer Engineering-Teams bietet.

2.7.2 Rapid Product Development

Unternehmen müssen sich heute einem zunehmenden, globalen Wettbewerbsdruck, immer höherer Produktkomplexität und steigenden Kundenforderungen nach einer Vielfalt von technisch hochwertigen, individualisierten Produkten und Dienstleistungen stellen. Die Herausforderung für die Unternehmen besteht bei wachsendem Kosten- und Zeitdruck darin, immer differenziertere Kundenwünsche durch innovative Lösungen zu erfüllen. Die Verkürzung der Produktentwicklungszeiten und die kontinuierliche Abstimmung der Produkte mit den Kundenwünschen werden somit zu wettbewerbsentscheidenden Faktoren (Bullinger; Lott, 1997). Es hat sich gezeigt, dass in dynamischen Märkten und angesichts innovativer Neuentwicklungen komplexer Produkte mit immer mehr Entwicklungsvarianten und den erforderlichen langen Zeiten für Evaluierung und Test der Prototypen Produktentwicklungskonzepte an Bedeutung gewinnen, die auf eine deutliche Verkürzung der Entwicklungszeiten und eine Steigerung der Innovationsleistung zielen (vgl. Abbildung 2) (Frech, 1996; Warschat, 2000, Seiten 117 bis 129).

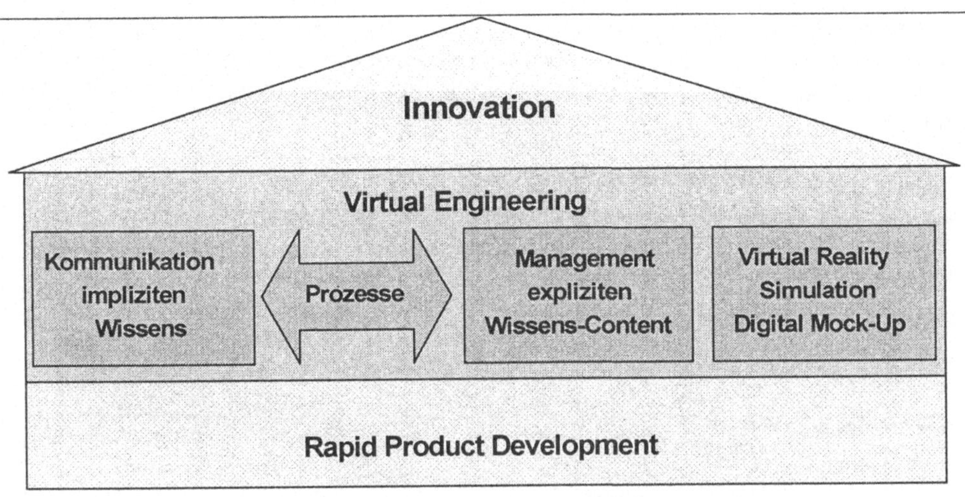

Abb.1:   Komponenten des Rapid Product Development (RPD)

Maßnahmen zur Verkürzung der Entwicklungszeiten

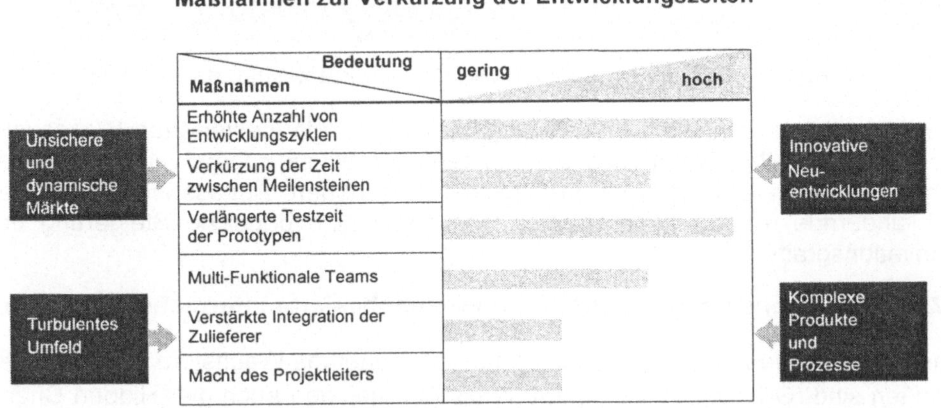

Abb.2:   Die wichtigsten Einflussfaktoren für eine Reduzierung der Produkt-entwicklungszeit (Eisenhard, Tabrizi, 1995)

Der Ansatz des Rapid Product Development ist ein evolutionär-iterativer Produktentwicklungsansatz, der Methoden, Prozesse und Technologien bereitstellt, die die gezielte Nutzung schneller Iterationszyklen, die situationsgerechte Verwendung von virtuellen und physischen Prototypen, dezentrale Strukturen selbstorganisierter, vernetzter und multidisziplinär arbeitender Teams sowie den Einsatz von integrierten Organisations-, Kommunikations- und Informationssystemen unterstützten.

Das Prinzip des evolutionär-iterativen Ansatzes besteht in der frühen Erprobung von teilweise konkurrierenden Entwicklungskonzepten und der Verlagerung von Entwicklungsaufgaben in die frühen Phasen der Produktentstehung (vgl. Abbildung. 3).

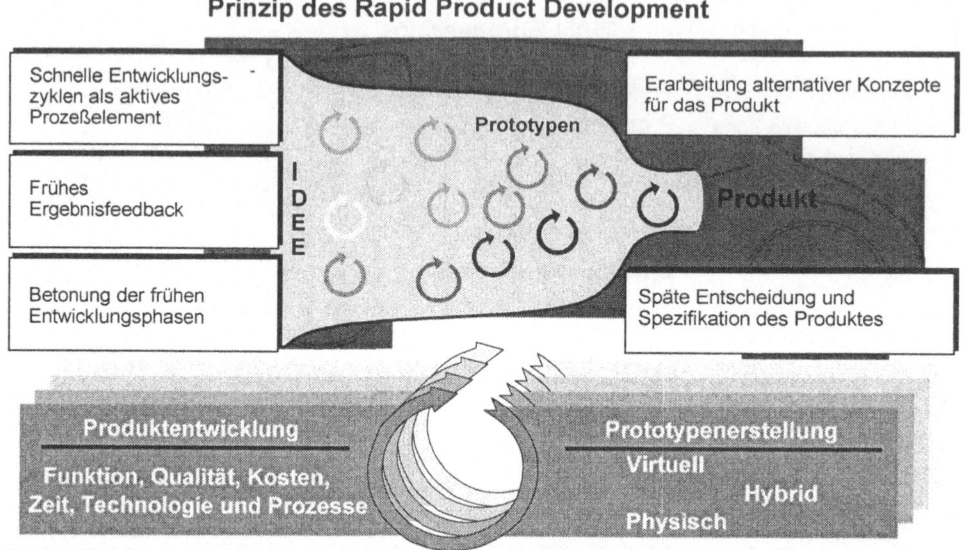

Abb.3:   Prinzip der iterativen, evolutionären Produktentwicklung, beim RPD

Die Nutzung von schnellen Entwicklungszyklen als aktiv gesteuertes Prozesselement und die frühe Evaluierung der Konzeptalternativen anhand virtueller, physischer bzw. hybrider Prototypen ermöglichen eine höhere Anpassungsfähigkeit an sich ändernde Kundenanforderungen und somit eine deutliche Steigerung des Innovationsgrads.

2.7.3 Innovationsmanagement durch wissensbasierte Informationssysteme

Dass Innovationen die Voraussetzung für konsequentes Wachstum in turbulenten Märkten sind (Grochla, 1980, Seiten 30 bis 42), belegen auch die „Hidden Champions", die durch nachhaltige und systematische Innovationsstrategien ihre Marktposition über Jahrzehnte hinweg halten und ausbauen konnten (Simon, 1996). Für die Unternehmen besteht die Notwendigkeit der permanenten (Er-) Neuerung auf Produktebene. Diese Innovationskompetenz kann als die Fähigkeit eines Unternehmens definiert werden, das vorhandene Wissen in kreativer und wertschöpfender (auf den Innovationserfolg bezogener) Weise miteinander zu verknüpfen. Die Anwendung von Wissensmanagement-Prinzipien auf den Innovationsprozess erscheint deshalb notwendig, um den sachbezogenen Umgang mit Ressourcenwissen gezielt steuern zu können.

Ein Kernelement des Innovationsmanagement ist der Innovationsprozess. Er lässt sich in mehrere Phasen einteilen wobei die ersten der Ideenfindung und – bewertung entscheidend sind (Jonasch, Sommerlatte, 1999). Diese werden in der Literatur auch häufig als »Fuzzy Front End« bezeichnet (Herstatt, 1999, Seiten 80 bis 91). Die hier ablaufenden Aktivitäten sind meist schlecht zu strukturieren, da die vorliegenden Informationen nur bruchstückhaft vorhanden sind und nur spekulativ bewertet werden können. Entscheidende Elemente sind Kreativität und Erfahrungswissen, dessen Anteil das benötigte explizite Wissen bei weitem übersteigt, da die Ideenfindung auf subjektiver Einschätzung von Markt, Kunde, Technologie und Zukunft beruht und sich schlecht formalisieren lässt.

Das „Back End" des Innovationsprozesses umfasst Aktivitäten wie Produktentwicklung, Pilotanwendung und Markteinführung (Herstatt, 1999, Seiten 80 bis 91). Produktfunktionen und –design nehmen über den Verlauf immer konkretere Formen an, der Anteil des Erfahrungswissens als Träger der Innovation verkleinert sich zu Gunsten von standardisiertem und formalisierbarem Wissen wie der Ausarbeitung der technischen Funktionen. Die Abbildung 4 verdeutlicht diese Verschiebung zwischen implizitem Wissen (Erfahrungswissen) und explizitem Wissen (Formalwissen).

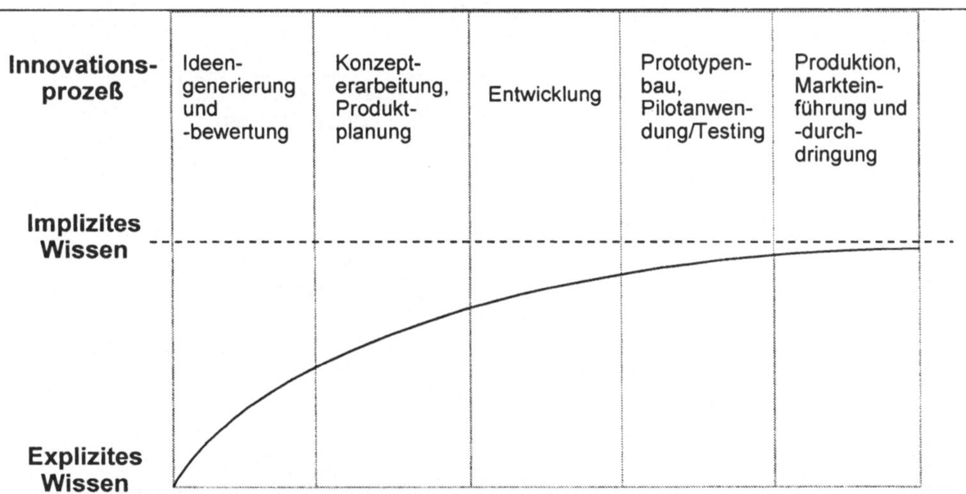

Abb. 4:   Verhältnis zwischen implizitem und explizitem Wissen im Innovationsprozess.

Die richtungsweisende Einteilung des Wissens in diese Kategorien nach Polanyi (Polanyi, 1985) und dessen Umsetzung nach Nonaka und Takeuchi (Nonaka, Takeuchi, 1997, Seite 73ff) sind Grundlage für die Auswahl von Wissensmanagement-Instrumenten und –Werkzeugen zur Unterstützung von Innovationen. Abbildung 5 beruht auf der von Nonaka formulierten Wissensspirale, die den Übergang von einer Form des Wissens in die andere aufzeigt und somit die Entwicklung einer organisationalen Wissensbasis dokumentiert.

Zieht man eine Diagonale von der unteren linken Ecke des Quadrats zur rechten oberen, so können alle Methoden (die in der Abbildung nur beispielhaft genannt sind), die oberhalb der Linie liegen, als geeignet für den Umgang mit implizitem, die darunter liegenden als geeignet für den Umgang mit explizitem Wissen bezeichnet werden. Da implizites Wissen nicht dokumentierbar oder standardisierbar ist, eignet sich zu seinem Austausch in erster Linie Kommunikation zwischen Menschen. Sie ermöglichen einen direkten oder indirekten Austausch zwischen Wissensträgern und fördern die Weiterentwicklung des Erfahrungswissens. Explizites Wissen ist im Gegensatz dazu formalisierbar und explizierbar. Deshalb können technische Systeme zur Nutzung und Vermittlung dieses Wissens erfolgreich angewendet werden.

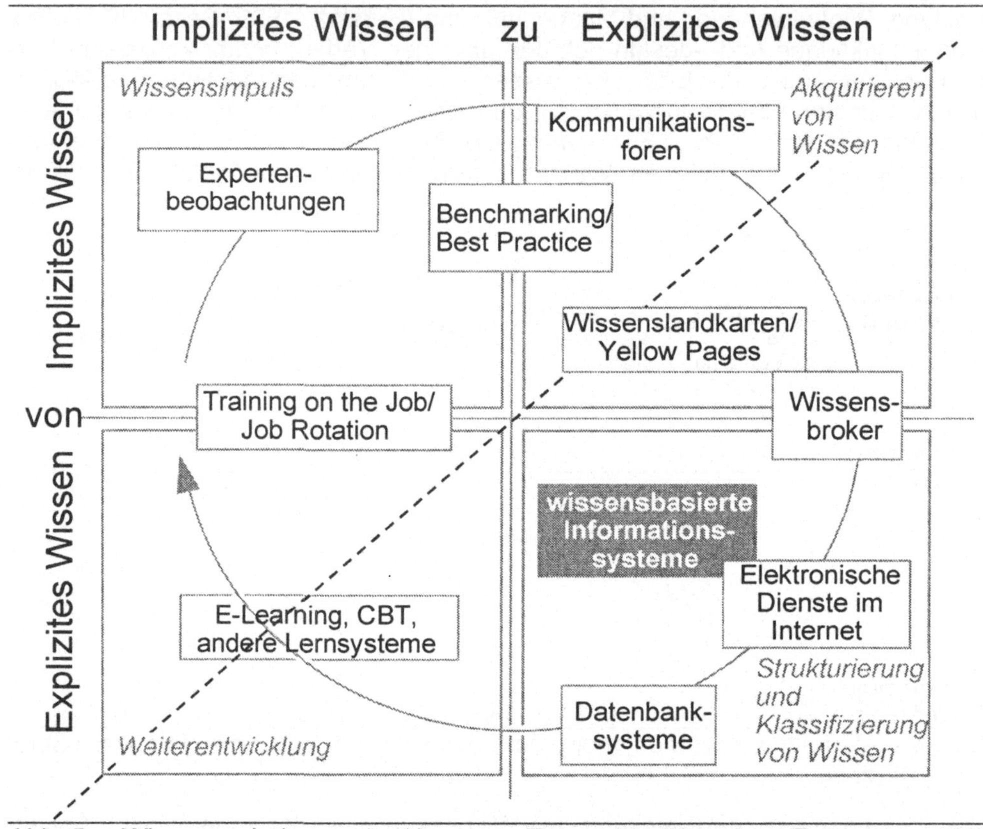

Abb. 5:   Wissensspirale nach Nonaka, Takeuchi (Nonaka, Takeuchi, 1997 Seite 73ff)

Daraus folgt, dass sich für die frühen Phasen der Produktentwicklung Maßnahmen der Wissenskommunikation, für die späten Phasen die der Nutzung expliziten Wissens eignen, um die systematische Ideenfindung und Ideenumsetzung zu ermöglichen. Anhand dieser Überlegungen können die Anforderungen an wis-

sensbasierte Informationssysteme zur Unterstützung des Produktentwicklungs-
prozesses formuliert werden (vgl. Abbildung 6).

Die Ziele des Wissensmanagement in der Produktentwicklung sind:

◆ Nutzung der organisationalen Wissensbasis durch Archivierung, Strukturierung und Aufbereitung von Wissen. Die Identifikation des erforderlichen Wissens im Unternehmen ist dabei Voraussetzung. Die Wissensbewahrung muss
durch die Systemfunktionalitäten gewährleistet werden.

◆ Wissenskommunikation zwischen den Mitarbeitern. Die Kommunikationsmöglichkeiten und -wege, sowohl intern als auch extern, müssen geschaffen
und organisiert werden.

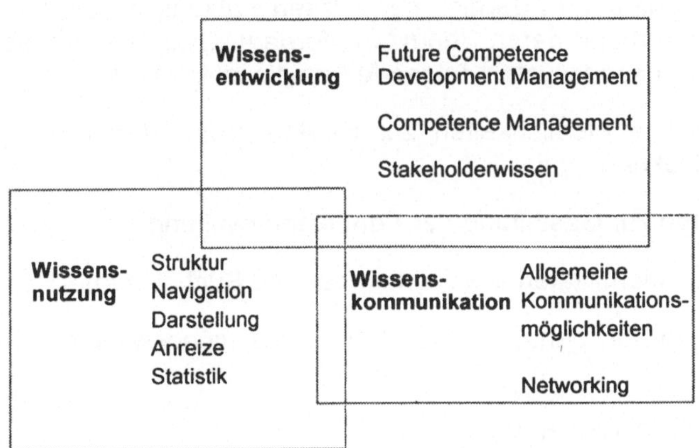

Abb. 6:   Basisbausteine wissensbasierter Informationssysteme.

◆ Wissensentwicklung zur stetigen Erweiterung der organisationalen Wissensbasis. Dies umfasst Maßnahmen, um die bestehenden Kompetenzen der
Mitarbeiter zu erhöhen sowie neue Kompetenzen zu gestalten. Bestandteil der
Wissensentwicklung ist außerdem die Einbindung Externer. Probst trennt
diese beiden Bestandteile, weist aber darauf hin, dass sie sich ergänzen müssen (Probst, Raub, Romhardt, 1997).

Wissensbasierte Informationssysteme helfen, die Wissensspirale im Unternehmen
in Gang zu halten. Mit ihrem Einsatz werden die Wissensmanagementkonzepte
informationstechnisch umgesetzt. Aufgabe solcher Systeme ist es, die aus den
Geschäftsprozessen generierten Informationen so aufzubereiten, dass sie jederzeit auffindbar, kommunizierbar und auf gegebene Situationen und Problemstel-

lungen anwendbar sind. Wissensbasierte Informationssysteme bestehen analog zum Wissensmanagementansatz aus den drei Basisbausteinen Wissensnutzung, Wissenskommunikation und Wissensentwicklung, die ihrerseits in verschiedene Bereiche unterteilt werden können. Die unterschiedlichen Hersteller setzen bei ihren Systemangeboten den Schwerpunkt jeweils auf einen der Bausteine und runden diesen meistens mit Funktionalitäten aus den anderen Bereichen ab. So beinhalten viele Werkzeuge zur Wissensnutzung auch Funktionalitäten der Wissenskommunikation. Etablierte Anbieter haben zudem ihre Software im Lauf der Jahre um ergänzende Module erweitert. Dennoch ist es für Unternehmen bei der Einführung von Wissensmanagement zunächst sinnvoll, die Hauptfunktionen zu definieren, die mit einem solchen System abgedeckt werden sollen und sich anschließend Gedanken über mögliche, in der Zukunft benötigte Funktionalitäten zu machen. Abbildung 6 stellt die Bereiche dar, die in einem wissensbasierten Informationssystem berücksichtigt werden müssen.

Die Systemeigenschaften im Bereich der Wissensnutzung sollen die Anwendung der Inhalte erleichtern und deren Benutzung fördern. Grundsätzlich sollte ein wissensbasiertes Informationssystem folgende Funktionalitäten bieten:

♦ Systemtechnische Möglichkeiten zur Strukturierung, Archivierung und Verwaltung von Dokumenten;

♦ Funktionalitäten zur Gestaltung der Benutzerverwaltung;

♦ Navigationsfunktionalitäten wie Recherche- und Suchsysteme;

♦ Funktionalitäten für benutzerspezifische Darstellungsweisen von Wissensstrukturen;

♦ Anreiz zur aktiven Teilnahme;

♦ Statistische Auswertungsmöglichkeiten des Qualitätsmanagements und des „Automative Workflows" innerhalb des Systems;

♦ Funktionalitäten der Wissenskommunikation, um die Kommunikation und Interaktion zwischen den Systemnutzern zu ermöglichen, aufzubauen und zu fördern;

♦ Direkte Kommunikationsmöglichkeiten wie Chatrooms, Foren und Conferencing;

♦ Indirekte Kommunikationsmöglichkeiten durch die automatische Verfügbarkeit von aktuellen Informationen über Newsletter, Newsticker und Mobile Communication;

♦ Möglichkeit, verschiedene Kriterien für das Auffinden von Kontakten zu definieren, beispielsweise nach Kompetenzen oder Themengebieten;

♦ Yellow Pages;

◆ Systemtechnische Lösungen zur automatisierten Herstellung von Kontakten;

◆ Community-Funktionalitäten.

Damit Wissen einen stetigen Mehrwert für das Unternehmen darstellt, muss es kontinuierlich weiter- und neuentwickelt werden. In der Wissensentwicklung steht das organisationale Lernen im Mittelpunkt. Dies erstreckt sich von der Weiterbildung einzelner Mitarbeiter bis zur Einbindung von Stakeholders.

Mit Hilfe wissensbasierter Informationssysteme sollen Möglichkeiten geschaffen werden, die Weiterentwicklung bestehender und die Gestaltung neuer Kompetenzen zu unterstützen, um zukunftsorientiert und zielgerichtet am Markt agieren zu können. Dazu dienen folgende Funktionalitäten:

◆ Möglichkeiten zur Evaluation des Wissensbedarfs für die Realisation definierter Unternehmensziele;

◆ Unterstützung der Kommunikation mit Stakeholdern;

◆ Unterstützung des Competence Management wie e-Learning oder Web-based-Training;

◆ Unterstützung beim Future Competence Development.

2.7.4 Process Engineering

Abgeleitet aus der Unternehmensstrategie und dem zuvor dargestellten Management von Innovationen gilt es für die Unternehmen, innovative Konzeptionen ihrer Geschäftsprozessen zu entwickeln und umzusetzen. Dabei liegt ein Fokus auf der Weiterentwicklung und Umsetzung von Geschäftsprozesskonzeptionen für gering-standardisierte Prozesse, insbesondere in der Produktentwicklung, im Dienstleistungsengineering und in der Dienstleistungserbringung. Diese müssen durch innovative Netztechnologien und geeignete Business Software unterstützt werden. Hier zeichnet sich eine fortschreitende Modularisierung der Systeme (wie EDM, ERP, Unternehmensportale etc.) ab. Wesentliche Zielrichtungen des Geschäftsprozessmanagements sind:

◆ Die Entwicklung und Umsetzung von unternehmensübergreifenden Informations-, Wertschöpfungs- und Kooperationsprozessen (virtuelle Unternehmensverbünde, Business-to-Business-Prozesse)auf der Basis strukturierter und prozessorientierter Wissensmanagementsysteme,

◆ die Verbindung produkt- und prozessorientierter Kontrolle und Steuerung in den frühen Phasen der Produktentwicklung mit zukunftsorientierter strategischer Navigation,

◆ E-Commerce Strategien mit den daraus abgeleiteten innovativen Organisations- und Logistikformen sowie kooperativen Formen des Arbeitens und Lernens per Telematik.

Die Geschäftsprozesse eines Unternehmens stellen die Basis von Planungs-, Steuerungs- und Bewertungsmodellen (wie beispielsweise des Business- Excellence-Modells der EFQM oder der Balanced Scorecard) dar. Abgeleitet aus den strategischen Unternehmenszielen gilt es, durch ein innovatives Management der Geschäftsprozesse die Schlüsselprozesse des Unternehmens zu identifizieren und reibungslose und robuste Prozesse umzusetzen. Abbildung 7 zeigt die typischen Phasen der prozessorientierten Organisationsgestaltung auf.

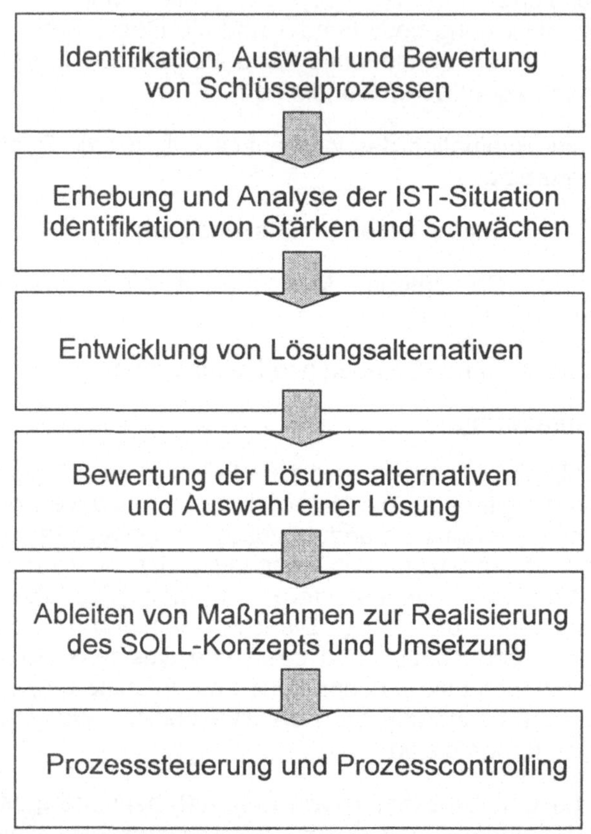

Abb. 7:   Phasen der prozessorientierten Organisationsgestaltung.

Für die Identifikation der Schlüsselprozesse eines Unternehmens werden die Prozesse selektiert, auf denen die Leistungserstellung eines Unternehmens basiert. Sie umfassen die wesentlichen Aktivitäten eines Unternehmens. Die Prozessauswahl dient der Identifikation derjenigen Prozesse, die aufgrund vorab festgelegter Kriterien einer näheren Betrachtung zu unterziehen sind. Dazu ist die aktuelle Leistungsfähigkeit eines Prozesses hinsichtlich Kundenzufriedenheit, Qualität, Service, Kosten und Zeit zu bewerten. Mögliche Informationsquellen sind

Audits/Assessments und interne Indikatoren zur Messung der Prozesseffizienz sowie Kundenbeschwerden und Kundenbefragungen zur Bestimmung der Kundenzufriedenheit. Die Auswahlkriterien werden im wesentlichen durch den Anwendungsbereich bestimmt, der einer Prozessanalyse zugrunde liegt.

Zur gezielten Bewertung der Schlüsselprozesse müssen verschiedene ausgewählte Kriterien herangezogen werden, die in ihrer Summe den Einfluss des Prozesses auf den Unternehmenserfolg hinreichend bestimmen. Hierfür existieren vielfältige Methoden wie Modelle zur Entscheidungsunterstützung, Kundenzufriedenheitsanalysen und die Prozesskostenrechnung.

Mit der Erhebung und Analyse der Ist-Situation ist die Darstellung der zu untersuchenden Prozesse verbunden. Die Aufstellung relevanter Analysekriterien (z. B. mitarbeiter-, kosten-, aufgabenbezogen) erleichtert und systematisiert die Suche nach geeigneten Informationen zur Modellierung der Ist-Situation. Dies kann in Diagnose-Workshops, Einzel- und Gruppeninterviews geschehen. Die Prozessdarstellung soll eine wertfreie Strukturierung der für die Organisationsgestaltung relevanten Informationen ermöglichen. Durch eine systematische Problemanalyse und die Erarbeitung der Ursache-Wirkungsbeziehungen wird das Stärken-Schwächen-Profil für die Prozesse ermittelt.

Bei der Entwicklung von Lösungsalternativen steht neben der Entwicklung und Bewertung von Prozessalternativen die Bestimmung geeigneter I&K-Technologien im Vordergrund, die dazu geeignet sind, die Prozessabläufe effizient zu unterstützen. Benchmarking stellt ein wichtiges Instrument für die Unterstützung eines systematischen Geschäftsprozessmanagements dar. Verstanden als „Lernen von den Besten" wurde Benchmarking in den USA Ende der 70er Jahre vor allem durch Xerox initiiert und wird mittlerweile von den meisten namhaften US-amerikanischen Unternehmen als Basis für die Bewerbung um den Malcom Baldrige Award praktiziert. In die Europäische Wirtschaftsliteratur und Praxis fand es Anfang der neunziger Jahre Eingang. Benchmarking zeichnet sich durch das systematische Suchen nach herausragenden Vorgehensweisen und Prozessen („Best Practices") innerhalb und außerhalb des eigenen Unternehmens und der eigenen Branche aus.

Die zentrale Voraussetzung für die erfolgreiche Umsetzung der neu gestalteten Prozesse ist ihre Akzeptanz durch die Mitarbeiter und Führungskräfte im Unternehmen. Beim Business Process Engineering werden daher die Meinungen, Erkenntnisse und Ideen der beteiligten Mitarbeiter konsequent berücksichtigt, was die spätere Umsetzung der Prozesse erleichtert. Im Gegensatz dazu setzt das Business Reengineering auf das fundamentale Überdenken der verankerten Strukturen und auf einen radikalen Top-down-Ansatz zur Umgestaltung des Unternehmens. Das Konzept wurde Mitte der neunziger Jahre intensiv diskutiert und in zahlreichen Unternehmen umgesetzt. In den Folgejahren wuchs aber die Kritik an dem radikalen Ansatz. Selbst Hammer und Champy (die Entwickler des Business-Reengineering-Ansatzes) erkannten, dass etwa 70% der Business-Reengineering-Projekte an der fehlenden Akzeptanz der Mitarbeiter scheiterten. Mittlerweile hat sich die Erkenntnis durchgesetzt, dass neben den formellen Strukturen und Abläufen, den sogenannten „weichen Faktoren", wie den informellen Beziehungen, Werten und Verhaltensweisen der Mitarbeiter eine zentrale Rolle bei Veränderungsprojekten beigemessen werden muss.

Die Implementierungsphase bestimmt maßgeblich den Erfolg oder Misserfolg eines Geschäftsprozessmanagement-Projektes: Im Gegensatz zur konzeptionellen Phase steht hier die praktische Umsetzung der definierten Maßnahmen im Vordergrund. Information, Überzeugung, Moderation und Einbeziehung aller Beteiligten über Fach- und Machtpromotoren sowie Schulung der Mitarbeiter (insbesondere bei der Einführung neuer Technologien) sind hier wichtige Begleitmaßnahmen. Die prozessorientierte Kosten- und Leistungskontrolle auf der Basis eines prozessorientierten Controllingsystems schafft die Grundlage für die kontinuierliche Prozessverbesserung.

Unternehmen müssen es als kontinuierliche Aufgabe betrachten, ihre Strukturen und Prozesse immer wieder auf den Prüfstand zu stellen und den neuen Anforderungen anzupassen. Voraussetzung für eine erfolgreiche Anpassung ist die Qualifikation aller Prozessbeteiligten. Die Kenntnisse über die Möglichkeiten des Process Engineering sowie die Bereitstellung, Verbreitung und Entwicklung des benötigten Prozesswissens werden somit zu kritischen Erfolgsfaktoren (Bullinger, Blach, Breining, 1999, Seiten 23 bis 32).

Auch wenn der Übergang von der funktionalen zur prozessorientierten Unternehmensorganisation in der Theorie breite Akzeptanz findet, ist die betriebliche Umsetzung auf Grund vielfältiger Hindernisse und Barrieren schwierig. Bestehende Machtgefüge, starre Abteilungsgrenzen und Finanzierungsdruck von Profit Centern sind nur einige Gründe, warum die konsequente Ausrichtung auf sachgerechte Geschäftsprozesse auf Widerstände stößt. Gleichzeitig wird in der zunehmend vernetzten Wirtschaft eine unternehmensübergreifende Kooperation immer wichtiger. Hier ist die zwischenbetriebliche Interaktion multi-disziplinärer Teams Voraussetzung einer erfolgreichen Zusammenarbeit. Sowohl für logistische Aufgaben als auch für verwaltungstechnische Abläufe müssen Lösungen entwickelt werden, die die Prozesse der kooperierenden Unternehmen zu einem gut funktionierenden Gesamtprozess verbinden. Die Schnittstellen zwischen den Systemen der Kooperationspartner müssen einfach und zuverlässig sein.

Seit rund zwei Jahrzehnten werden Methoden und Werkzeuge entwickelt, um die Prozesse in Informationssystemen abzubilden, zu strukturieren und zu optimieren. Zur Darstellung und Dokumentation existiert mittlerweile eine Vielzahl von Methoden, die vorwiegend den Ingenieurwissenschaften, der Informatik und der Wirtschaftsinformatik entstammen. Mit dem Aufkommen der Methoden ging die Entwicklung von Werkzeugen einher, die den Umgang mit dem erhobenen Prozesswissen informationstechnisch unterstützen.

Mit dem Schlagwort „Collaborative Process Engineering" wird der neueste Trend in der Modellierung der Geschäftsprozesse bezeichnet. Viele Hersteller solcher Werkzeuge haben Teilkomponenten ihrer Werkzeuge bis hin zu den kompletten Systemen in Java umgesetzt und erlauben den Zugriff und die Nutzung über das

Internet. Über ein gemeinsames Repository auf einem Server können Nutzer auf die Modelle zugreifen und diese ihren Anforderungen anpassen, ohne über eine lokale Installation des Werkzeugs zu verfügen. Wegen der eingeschränkten Performance im Internet haben die Hersteller sehr schlanke Applikationen entwickelt, die auf weniger häufig benötigte Funktionalitäten verzichten.

Neben dem Collaborative Process Engineering stellt die Unterstützung der Dienstleistungsentwicklung (Service Engineering) für innovative Produkte eine neue Aufgabe für das Geschäftsprozessmanagement dar. Service Engineering ist eine neue Disziplin, die sich mit der systematischen Entwicklung von Dienstleistungen beschäftigt (Schreiner, 2000, Seite 367f.). Der Service- Engineering-Prozess ist ein ganzheitlicher Entwicklungsprozess für Dienstleistungen von der Generierung von Ideen bis zur Markteinführung der ausgereiften Dienstleistung. Ziel dieses Vorgehens ist es, ähnliche Produktivitäts- und Qualitätsfortschritte zu erreichen, wie sie bei der Entwicklung von klassischen Produkten und Software erzielt werden konnten (Bullinger, Schreiner, 2001).

Das Service Engineering stellt Anforderungen an ein Werkzeug, das den Dienstleistungsentwicklungsprozess unterstützt und für die einzelnen Phasen dieses Prozesses geeignete Methoden bereitstellt. Zum heutigen Zeitpunkt ist noch kein Werkzeug auf dem Markt verfügbar, das den gesamten Service- Engineering-Prozess unterstützt. Das vom Bundesministerium für Bildung und Forschung geförderte Projekt „Computer Aided Service Engineering Tool" (CASET, 2001) befasst sich derzeit mit der Konzeption und prototypischen Realisierung eines solchen Werkzeugs.

2.7.5 Content Engineering

Neben der Identifikation von Wissen und der Strukturierung der Prozesse ist das Content Engineering ein wichtiger Bestandteil der Informationskette. Hierbei steht das Zusammenführen einzelner Systeme im Vordergrund. Meistens fehlen notwendige Informationen an der entscheidenden Stelle (Ort) oder sind zum benötigten Termin (Zeit) nicht greifbar. Wertvolle Informationen sind in vielen unterschiedlichen Systemen vorhanden, aber zu einem speziellen Zeitpunkt für den Nutzer nicht verfügbar. Andere Informationen sind nicht in der Sprache des Nutzers dargestellt bzw. sind noch nicht digital erfasst. Mit der Technologie des Internet ist zwar eine leistungsfähige Infrastruktur zur Distribution und Darstellung von Informationen verfügbar, doch ohne Inhalte (Contents) ist diese Technologie nichts wert. Inhalte sind Voraussetzung für eine erfolgreiche und nutzbringende Kommunikation in vernetzten Umgebungen. In der Medienindustrie hat Content schon lange den Status eines Wirtschaftsguts. In der klassischen Produktion wird viel Aufwand betrieben, um Produktionsprozesse zu optimieren, während die Verbesserung der Informationsflüsse oder die Steigerung der Informationsqualität noch eher untergeordnete Priorität hat. Aber gerade in den frühen Phasen der Produktentwicklung ist die wirkungsvolle Nutzung des Wissens notwendig, um Innovationen erfolgreich umsetzen zu können.

Auch im produktiven Bereichen liegen Informationen wie Materiallisten, Stück-listen, Zeichnungen, Arbeitspläne, Prüfanweisungen oder Verfahrensbeschrei-bungen oft nur in Papierform vor oder erfordern den Zugriff auf verschiedene de-dizierte Systeme. Aktualität, Versionskontrolle und Verteilprinzipien sind meistens ungeregelt und die Qualifikation und das Know-how der Mitarbeiter im Umgang mit den unterschiedlichen Systemen sind in der Produktion ebenso strapaziert wie in der Produktentwicklung. Die Konzepte des Content Management wurden in Geschäftsfeldern der New Economy und des e-Commerce entwickelt und haben sich dort bewährt. Der Einsatz betrifft nicht nur die frühen Phasen der Produktent-wicklung, sondern auch die Produktion. Dagegen gibt es bis heute in den traditio-nellen Industrien nur wenige Anwendungsbeispiele, in den Bereichen Fertigung, Montage und Service, wo aber enorme Potenziale bestehen wie bei:

♦ tätigkeitsbeschreibenden Informationen:

beispielsweise unterstützt der graphische Arbeitsplan die Werker durch eine bilddokumentatorische Abfolge der Montageschritte, und die Aufbereitung der digitalen Inhalte kann nutzerorientiert und arbeitsplatzbezogen durch den Einsatz von Content-Management-Methoden erfolgen,

♦ tätigkeitsbegleitende Informationen:

produktionsnahe Informationen dienen der schnellen Aufdeckung von Quali-tätsmängeln und der sofortigen Ergreifung von Abhilfemaßnahmen. Content Management ermöglicht dabei die strukturierte Fehlerdokumentation und die zeitnahe Distribution und Visualisierung auf den Informationsterminals der Werker,

♦ tätigkeitsübergreifenden Informationen:

die produktionsnahe Beschreibung von Service- und eigenverantwortlichen In-standhaltungsmaßnahmen im Sinne von TPM (Total Productive Maintenance) kann mit Hilfe von Content Management multimedial dokumentiert und zeit-unabhängig kommuniziert werden; durch Versionierungs- und Freigabepro-zesse können wesentliche Anforderungen der Zertifizierung erfüllt werden.

Die Integration und Abbildung von Informationen aus bestehenden DV-Systemen wie z.B. den ERP-Systemen, CAD-Systemen, Warenwirtschaftssystemen und CRM-Systemen kann die Prozessqualität wesentlich verbessern. Das Ziel „Infor-mationen auf einen Klick und einen Blick" kann durch Content Management und Content Integration erreicht werden. Im Rahmen des Projekts Intr@Pro (Schuster, Wilhelm, 2001, Seiten 43 bis 53) wurden Lösungen der Prozessoptimierung und Prozessbeurteilung erarbeitet (vgl Abbildung 8), die allen Unternehmen zur Verfü-gung stehen.

Die Vorteile von Content Management liegen in der Gestaltung organisatorischer Prozesse und im Einsatz modernster Technologien, die diese Prozesse unter-stützen. Der Hauptnutzen ergibt sich aus einer veränderten Betrachtungs- und Behandlungsweise von Inhalten. Durch die Separierung einer Information in die drei Bestandteile Struktur, Inhalt und Darstellungsanweisung wird eine Mehrfach-verwendung von Inhalten in verschiedenen Medien und unterschiedlichem Kontext möglich. In Analogie zu einem modularen System, das die Verwendung von Komponenten in den verschiedenen Produkten einer variantenreichen Produktlinie ermöglicht, stehen durch Content Management „Contentmodule und –gruppen" zur Wieder- und Weiterverwendung in der gesamten digitalen Informationskette zur Verfügung. Das ermöglicht die Mehrfachverwendung von Contents, die einem Bauplan entsprechend zusammenmontiert werden können. Beim Content Management bezeichnet man die „Zusammenbauanleitung" der Informationen als Document Typ Definition (DTD) oder Schema.

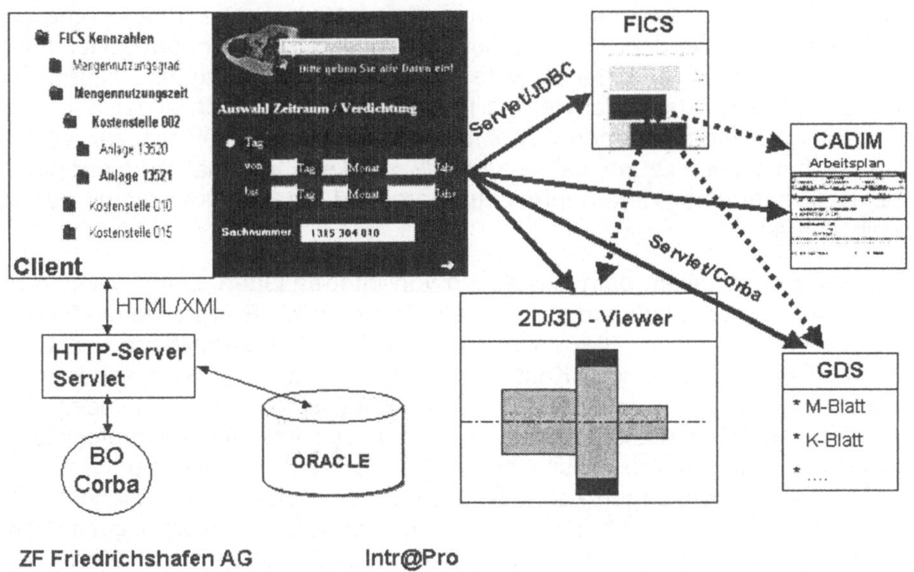

Abb. 8: Systemintegration zur Visualisierung von Prozesskennzahlen.

Dank der Trennung des Inhalts von seiner Repräsentation wird die Information zunächst medienneutral verarbeitet und gehalten. Infolge der separaten, medien-orientierten Definition der Darstellungsform kann der Inhalt dann in verschiedenen Ausgabeformaten produziert werden. Eine Information kann somit durch die Ver-knüpfung mit einem Stylesheet sowohl für online-Medien wie z.B. Browser, Touchscreens, virtuelle Umgebungen (CAVE) und mobile Assistenten als auch für offline-Medien wie z.B. die Ausgabe auf Papier verwendet werden. Die Verwen-dung von weltweit gültigen Standards und Technologien für das Content Mana-gement erlaubt den Informationsaustausch in Kommunikationsverbünden, auch über die Unternehmensgrenzen hinweg. Durch Content Management werden

Informationen in einheitliche Austausch- und Kommunikationsformate übertragen. Dies wird in Zukunft vor allem im Bereich von EDI-Anwendungen und virtuellen Marktplätzen (Portalen) eine wichtige Rolle spielen.

Organisatorische Vorteile des Content Management liegen in der Definition und Abbildung strukturierter Prozesse für Informationsaufnahme, -verarbeitung und -wiedergabe. Damit werden Spielregeln vorgegeben und Abläufe durchschritten, die für die Zertifizierung oft definiert wurden, in der täglichen Praxis aber nur schwer eingehalten werden konnten. In der Produktion entstehen täglich Erfahrungswerte, die schnell, einfach und gesichert dokumentiert werden müssen. Content-Management-Systeme ermöglichen die qualitätsgesicherte, dezentrale Selbstdokumentation durch die Mitarbeiter (Gudszend, Schuster, Wilhelm, 2000, Seiten 211 bis 232; Schuster, Wilhelm, 2000 Seiten 373 bis 375; Wilhelm, 2000).

2.7.6 Informationsrepräsentation (Portale)

Portale dienen dazu, dass möglichst effizient auf Wissen zugegriffen werden kann. Das Content Management bietet Lösungen zur Integration heterogener Informationen. Dabei steht das Portal als eine Möglichkeit zur Verfügung, diese Informationen abzufragen. Als Portal werden heutzutage Web-Seiten bezeichnet, die Informationen zu verschiedenen Aspekten eines Themenbereiches zur Verfügung stellen. Dabei spielt es zunächst keine Rolle, ob diese Informationen nur innerhalb eines Unternehmens, unternehmensübergreifend oder weltweit zur Verfügung gestellt werden.

Portale dienen vor allem dem Austausch von Informationen. Dabei können unterschiedliche Ziele verfolgt werden. Spezielle Formen von Portalen sind Marktplätze und Kooperationsbörsen. Hier spielt neben der bloßen Vermittlung von Informationen der Kontakt bzw. die Kontaktvermittlung zwischen verschiedenen Interessenten eine wesentliche Rolle. Ziel der Kontakte kann der An- oder Verkauf einer Ware oder Dienstleistung sein oder das Identifizieren geeigneter Kooperationspartner. Eine weitere Klasse bilden die Portale, über die der Nutzer direkt Dienstleistungen empfangen kann. Dies geschieht meist in Verbindung mit Application Service Providing. Im Engineering-Bereich kann ein Nutzer beispielsweise aufwendige Berechnungen von einem Ingenieursdienstleister ausführen lassen und diesen Prozess direkt über das Internet und ein entsprechendes Portal abwickeln. Immer mehr Anwendungsentwickler arbeiten daran, dass ihre Anwendungen „webfähig" werden. Daraus lassen sich neue, funktionsorientierte Portalbausteine bilden. Wenn auf alle benötigten Anwendungen über ein Portal zugegriffen werden kann, wird das Portal zukünftig die einzige Arbeitsplattform darstellen und den Nutzer von den einzelnen Anwendungen weitgehend abschirmen. Portale dienen primär dazu, dem Nutzer Arbeit abzunehmen, indem ihm relevante Informationen bereitgestellt werden. Je präziser die Informationen an die Bedürfnisse des Nutzers angepasst sind, um so effizienter ist der Einsatz des Portals. Üblich ist eine Kategorisierung der Inhalte in bestimmte thematische Segmente. Diese können entweder vom Nutzer selber ausgewählt werden oder werden ihm je nach Nutzerklasse zugeordnet. Die Inhalte dieser Segmente werden ständig aktualisiert. Die Zuordnung der Nutzer und Themensegmente zur Nutzerklasse sind jedoch weitestgehend statisch. Gerade in den frühen Phasen der Produktentwicklung sind die Prozesse aber hochdynamisch und die Anforderungen schwer vorhersagbar. Daher wird ein System benötigt, das die tatsächlichen Bedürfnisse der Nutzer antizipiert und die Auswahl der Themensegmente dynamisch gestaltet. Die Nutzer müssen jederzeit eingreifen können, um durch Rückkopplung das System auf ihre Bedürfnisse hin zu orientieren.

In den Unternehmen ist jeder Portalnutzer selber auch Informationsprovider. Die Bereitstellung von Informationen über das Portal durch alle Nutzer ist für dessen Erfolg wesentlich. Bietet das Portal nur unzureichende Informationen oder erfordert es einen hohen Administrations- und Pflegeaufwand so erfüllt es nicht seinen Zweck. Die Anbindung an Content-Management-Systeme kann helfen, das Problem zu überwinden. Mittels XML-Schnittstelle und mit Hilfe der Content-Management-Systeme können Inhalte aus vorhandenen Dokumenten ausgelesen und direkt über das Portal bereitgestellt werden. Voraussetzung dafür ist eine durchgängige Einhaltung der XML-Standards. Dies ist bisher leider in nur wenigen Unternehmen der Fall.

Portale können eine Verknüpfung von Informationsmanagement und Workflow-Management herstellen. Diese Kombination bietet ein hohes Potenzial an Zeit- und Kostenersparnis für die Unternehmen. Viele Unternehmen haben den Handlungsbedarf erkannt: Nach einer Delphi Umfrage im Jahr 2001 werden pro Unternehmen durchschnittlich 2,6 Portalprojekte geplant (DelphiGroup, 2001).

Für den Zugang zu Portalen dient heute der PC am Schreibtisch-Arbeitsplatz. Die Nutzung anderer Ausgabemedien liegt nahe. Beispielsweise ist es denkbar, dass Mitarbeiter noch auf dem Heimweg Besprechungsprotokolle anfertigen und auf dem Server zur Verfügung stellen möchten. Wireless Access wird daher auch für Portalanwendungen zum Thema. Auch hierfür müssen Konzepte entwickelt werden, die die Informationen auf nutzerfreundliche Weise zugänglich machen, ohne die Besitz- und Verwertungsrechte außer Acht zu lassen. Diese müssen allen Beteiligten deutlich gemacht werden, damit Informationen ohne Befürchtungen eingegeben und in Anspruch genommen werden können.

2.7.7 Virtuelle Umgebungen

Um eine effektive Produktentwicklung zu gewährleisten, ist nicht nur Zugang zu Wissen und die Bereitstellung von Informationen notwendig. Entwicklungsteams benötigen nicht nur angemessene Systeme und Software, sondern auch flexible Interaktionen mit den Benutzern. Zweidimensionale Darstellungen auf Bildschirm und Papier genügen keinesfalls mehr den Anforderungen. So führt die Virtualisierung der Entwicklungsprozesse auch zur Arbeit mit virtuellen Prototypen (Bullinger, Breining, Bauer, 1999, Seiten 103 bis 107). Die Prototypen müssen im dreidimensionalen Raum erlebbar gemacht werden, um sie evaluieren und fundierte Entscheidungen fällen zu können. Dabei wird auch die Forderung gestellt, die Prototypen im dreidimensionalen Raum gestalten zu können (Deisinger, Blach, Wesche, Breining, Simon, 2000).

Die Möglichkeiten der Simulationstechnik haben sich inzwischen stark verbessert. Die bei einer Simulation entstehenden Daten wie z.B. Spannungsverläufe und Strömungsdaten sind häufig dreidimensional. Sie können räumlich und im zeitlichen Verlauf dargestellt und interaktiv analysiert werden. Für Benutzertests von virtuellen Prototypen sind virtuelle Simulationsumgebungen mit einem hohen Immersionsgrad erforderlich. Dazu zählen z.B. Fahrsimulatoren (vgl. Abbildung 9), in denen virtuelle Prototypen mit Hilfe von Fahrerassistenz- und -informationssystemen getestet werden.

Abb. 9:   Einsatz von Fahrsimulatoren beim Usability Engineering von virtuellen Prototypen von Fahrerinformationssystemen.

Durch den Einsatz von integrierten Systemen stehen immer größere und auch komplexere Datenmengen zur Verfügung, die mit herkömmlichen zweidimensionalen Methoden wie Schaubildern und Tabellen nur unzureichend dargestellt werden konnten. Auch hier steht die Forderung nach dreidimensionaler Visualisierung und interaktiver Analyse im Raum. In dezentralen Entwicklungsorganisationen, insbesondere globaler Unternehmen, sind auch die Datenbestände und Kompetenzen verteilt, so dass eine effiziente Telekooperation erforderlich wird, durch die gemeinsam über große Entfernungen hinweg an virtuellen Objekten in Analyse und Gestaltung gearbeitet werden kann (vgl. Abbildung 10).

Abb. 10: Modellieren in virtuellen Umgebungen.

Diese Einsatzfelder für virtuelle Umgebungen (Bullinger, Blach, Breining, 1999, Seiten 23 bis 32) bieten die erforderlichen Schnittstellen für ein benutzergerechtes Virtual Engineering, durch das sich die Entwicklungsprozesse effizienter gestalten lassen. Der Schwerpunkt bei den Anwendungen und in der Forschung liegt dabei auf der visuellen Darstellung und der Dateneingabe über geeignete Interaktions-geräte. Bei der visuellen Darstellung setzt man dabei neben Head-Mounted Dis-plays (HMDs) und stereoskopischen Bildschirmen derzeit vor allem auf Projek-tionstechnologien. Vom Rechner erzeugte Bilder werden dabei auf geeignete Flächen projiziert, wobei CRT-, LCD- und DLP-Projektoren zum Einsatz kommen. Je nach Anwendungsfall können mehrere Projektionsflächen zum Einsatz kom-men. Ist der Benutzer quaderförmig von sechs Projektionswänden völlig einge-schlossen, so ist der höchste Grad visueller Immersion erreicht (vgl. Abbildung 11).

In der Simulationstechnik (z. B. bei Fahrsimulatoren oder Flugsimulatoren) werden räumliche Modelle häufig in nicht-stereoskopischer Darstellungen verwendet. In einer hoch-immersiven "Virtuellen Realität" (VR) dagegen kommen Stereoprojek-tionen zum Einsatz. Sie ermöglichen räumliches Sehen der virtuellen Umgebung. Diese VR-Technologien erzeugen für jedes Auge ein Bild auf der Projektionsflä-che. Mittels einer geeigneten Brille werden die Bilder dann wieder getrennt, z. B. durch Polarisationsfilter. Um die beiden Bilder berechnen zu können, muss die Lage der Augen im virtuellen Raum bekannt sein. Daher wird sie mit einem elek-tromagnetischen oder auch optischen Tracker mit entsprechenden Taktraten kontinuierlich gemessen, um bei Kopfbewegungen die Bilder in Echtzeit entsprechend verändern zu können. Auch die Lage der Eingabegeräte im Raum wird erfasst, um räumliche Interaktionen durch räumliche Bewegungen zu erzielen.

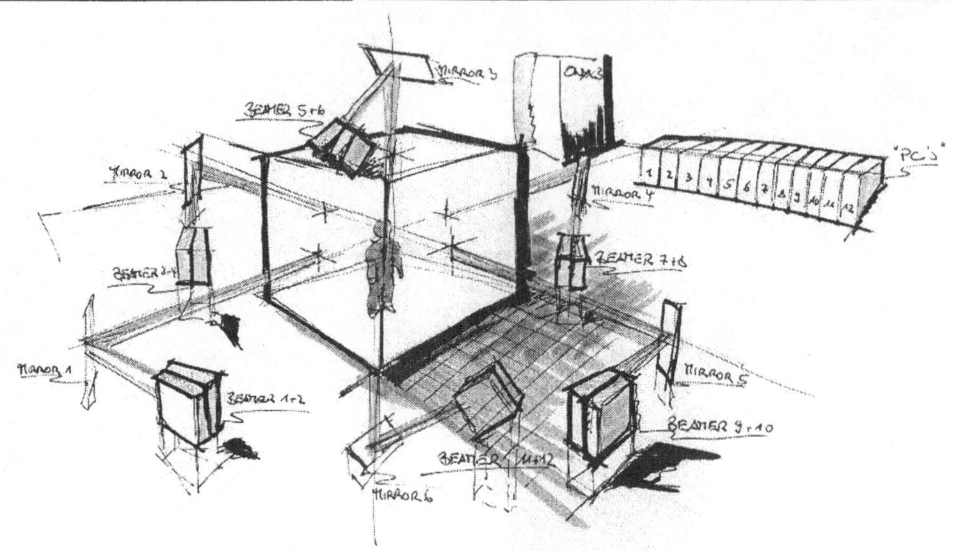

Abb. 11: HyPI6 - Hybride 6-Seiten-CAVE für den Betrieb mit Hochleistungsgraphikrechnern oder PC's.

Aufgrund der hohen Anforderungen der immersiven Technologien an die Graphikleistung erforderten diese in der Vergangenheit sehr teure Hardware. Der Preis wurde stark durch den notwendigen Einsatz von Hochleistungs-Graphikcomputern bestimmt. Deswegen sind VR-Lösungen bis heute vor allem in der Automobilindustrie zu finden, wo ein sehr hoher Entwicklungsaufwand und hohe Fehlerfolgekosten entsprechende Investitionen rechtfertigen. Durch den Leistungszuwachs bei den Personal Computern (PC) sind inzwischen jedoch auch PC-basierte Lösungen mit hoher Leistung verfügbar (Bues, Blach, Stegmaier, Häfner, Hoffmann, Haselberger, 2001, Seiten 165 bis 174) (vgl. Abbildung 12).

Dadurch wird die weitere Verbreitung von VR-Lösungen gefördert. Generell bestehen im Engineering hohe Einsatzpotenziale für die Visualisierung und räumliche Verifizierung von CAD-Daten. So lassen sich durch die Analyse in virtuellen Umgebungen, z. B. bei der Prüfung von CAD-Konstruktionen von Presswerkzeugen für Karosserieteile, Zeit- und Kosteneinsparungen von 70% erzielen. Weiterhin besteht ein Bedarf der stereoskopischen Darstellung bei der Visualisierung und Analyse von Berechnungs- und Simulationsdaten, insbesondere wenn diese Daten in Form von Feldern der Bauteilgeometrie zugeordnet werden können. So zeigt die betriebliche Praxis, dass Strömungsverläufe erst durch dreidimensionale stereoskopische Visualisierung für den Nichtfachmann kommunizierbar und verstehbar werden. Nur dadurch wird eine effektive multidisziplinäre Teamarbeit möglich.

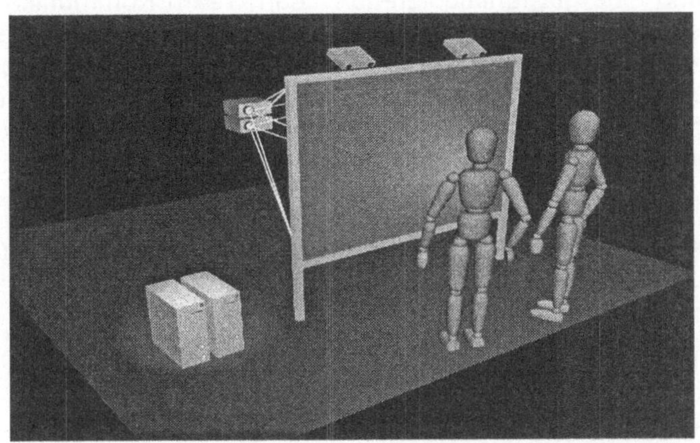

Abbildung 12: Skalierbare VR Systeme auf PC-Basis.

Dieser Aspekt ist ein wichtiges Argument für die Nutzung von virtuellen Umgebungen. Sie unterstützen vor allem betriebliche Entscheidungsprozesse, indem sie dem Management Sachverhalte anschaulich kommunizieren, die ansonsten nur für hochspezialisierte Fachleute nachvollziehbar wären. In der Automobilindustrie oder in der Architektur wird auf diese Weise Design an Entscheider schneller bzw. realistischer vermittelt, als dies bislang durch Modelle möglich war. Von diesem Vorteil profitiert auch das Marketing, das auf virtuellem Wege dem potenziellen Kunden ein besseres Produktverständnis vermitteln kann. So haben Versuche gezeigt, dass die Verwendung virtueller funktionaler Prototypen die Akzeptanz von Produkten erhöhen kann (Dangelmaier, Boverie, Bekiaris, 1997). Die kommunikativen Vorteile virtueller Umgebungen werden auch in der betrieblichen und außerbetrieblichen Aus- und Weiterbildung künftig eine wichtige Rolle spielen. So lässt sich im multimedialen interaktiven virtuellen Raum Service und Instandhaltung besser erlernen als mittels herkömmlicher zweidimensionaler Multimedia-Anwendungen. Insgesamt können virtuelle Umgebungen als Schlüsseltechnologie angesehen werden, die einer Vielzahl von Akteuren im betrieblichen und außerbetrieblichen Umfeld einen gemeinsamen und interdisziplinären Zugang zu räumlichen bzw. komplexen Sachverhalten bieten wird. Durch Verbesserung der Kommunikation können wesentlich zur Steigerung der Effizienz beitragen.

2.7.8 Multidisziplinäre Teams

In der Produktentwicklung werden vermehrt multidisziplinäre Teams gebildet, um in den frühen Phasen zuverlässige Entscheidungen treffen zu können. Für multidisziplinäre Teams ist kennzeichnend, dass die Mitglieder über stark unterschiedliche Wissensbasen verfügen. Diese Teams müssen aber effektiv miteinander kooperieren und eine gut funktionierende Team-Team Kommunikation aufbauen. Ein Beispiel ist die Kooperation eines Herstellers mit einem Zulieferer, wobei beide Unternehmen eigene interdisziplinäre Teams für die Entwicklung eines neuen Produktes aufstellen (Warschat, Ilg, Ohlhausen, Rüger, 2000, Seiten 31 bis 44). Daraus resultieren entscheidende an unterstützende Technologien und die Frage, wie die Beteiligten effektiv miteinander kommunizieren können (Cebulla, 2001).

Wissenskommunikation erfordert Funktionalitäten der direkten und indirekten Verteilung des Wissens und der Kontaktaufnahme zwischen Wissensträgern. Dazu muss ein Expertennetzwerk bereitgestellt werden, das dem Projektziel angepasst ist und von allen Beteiligten effektiv genutzt wird.

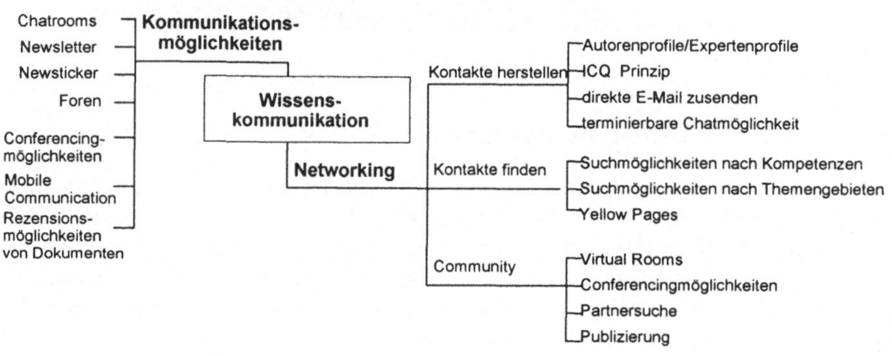

Abb. 13: Funktionen der Wissenskommunikation

Ziel der Kommunikationsmöglichkeiten wissensbasierter Informationssysteme ist der Wissensaustausch zwischen den Mitgliedern einer Organisation. Dadurch wird die organisationale Wissensbasis, die jedem einzelnen Organisationsmitglied zugänglich ist, vergrößert. Wissen kann sowohl auf direktem als auch indirektem Weg kommuniziert werden, direkt durch Chatrooms, Conferencing, Internet-/Intranet-Telefonie, mobile Kommunikation und Möglichkeiten zur Rezension, indirekt durch Foren, Newsletter und Newsticker.

Um in einem multidisziplinären Team gezielt Experten ausfindig zu machen, bedarf es verschiedener Voraussetzungen und Suchmöglichkeiten. Dem Expertennetzwerk muss die im Unternehmen oder für eine Kooperation generierte Wissenslandkarte zu Grunde gelegt werden. Suchmöglichkeiten können nach Kompetenzen, Themenfeldern, Yellow Pages und Autoren-/Sachverständigenprofilen geboten werden. Zur Nutzung des Expertennetzwerks müssen Funktionalitäten wie e-Mail, terminierbarer Chat sowie Video- und Telefonkonferenzen zur Verfügung stehen. Zusätzlich können automatische Benachrichtigungen zur Kontaktherstellung genutzt werden.

Durch die Bereitstellung einer gemeinsamen Plattform kann Mitgliedern einer Community, die sich mit den Problemen eines oder mehrerer Themenfelder beschäftigen, ein effizienter Wissensaustausch ermöglicht werden. Eine Community stellt ein eigenes kleineres Netzwerk von Experten innerhalb einer größeren Organisation dar. Bei Bedarf kann Außenstehenden der Zugang zu bestimmten Bereichen der Community gewährt werden. Innerhalb der Community müssen die Funktionalitäten des gesamten Expertennetzwerks angepasst bereitgestellt werden. Beispielsweise können der Community Virtual Rooms, Partnersuche und ausgewählte Kommunikationsmöglichkeiten zur Verfügung gestellt werden. Weiterhin sollte die Möglichkeit bestehen, innerhalb des Interessentenkreises Publikationen zu erstellen. Auf die Dokumente der Communities sollte im gesamten Netzwerk verwiesen werden können.

Die Bereitstellung derartiger Möglichkeiten ist notwendig, um eine effektive Kommunikation in den frühen und unstrukturierten Phasen der Produktentwicklung zu ermöglichen. Nur wenn eine solche Kommunikationsstruktur geschaffen ist, können Experten unterschiedlicher Disziplinen wirkungsvoll zusammenarbeiten.

2.7.9 Virtual Engineering – integrierte, virtuelle Produktentwicklung

Virtual Engineering beinhaltet die in den vorangehenden Kapiteln beschriebenen Teilbereiche und gewinnt für die Entwicklung innovativer und komplexer Produkte zunehmend an Bedeutung. Neben Planungs- und Koordinierungsinstrumenten für multidisziplinäre Teams stellt es eine integrierte Kooperationsplattform dar, die den Zugriff auf alle vorhandenen Daten, Informationen und Wissensbestände sicherstellt. Diese integrierte Bereitstellung aller Produktinformationen setzt ein virtuelles Produktmodell voraus, nach dem alle am Entwicklungsprozess Beteiligten ihre Konzepte erstellen, diskutieren und bearbeiten und über Lösungsalternativen entscheiden können. Ein Schwerpunkt des Rapid Product Development ist daher die Schaffung einer Entwicklungsumgebung für das Virtual Engineering.

Die integrierte virtuelle Produktentwicklung erfordert somit die Bereitstellung einer durchgängigen Systemlandschaft, von der Ideenfindungsphase über die Konzepterstellung bis hin zur Vorserienfertigung. Im Mittelpunkt steht die Plattform zur Erstellung des virtuellen Produktmodells unter Verwendung leistungsfähiger Organisations-, Kommunikations- und Informationssysteme, wie Simulationsysteme und Systeme der Virtual Reality, der Augmented Reality und der Shared Applications. Anhand dieses virtuellen Produktmodells werden alle Eigenschaften und Funktionen nach Entstehungsphasen simuliert, visualisiert (Digital Mock-UP) und getestet (Digital Test Bench) und die Fertigung geplant (Digital Manufacturing) (vgl. Abbildung 14).

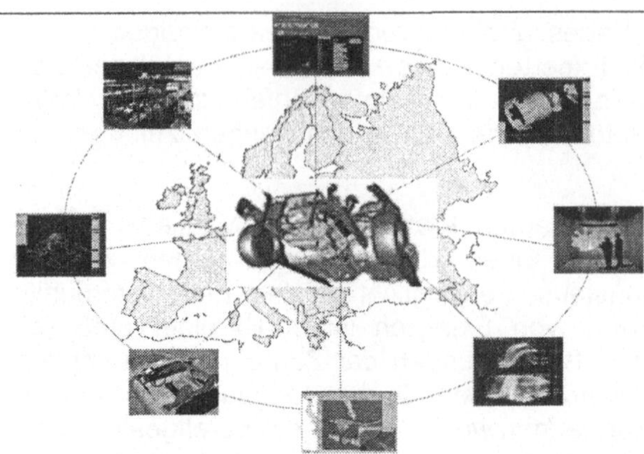

Abb. 14: Virtual Engineering, die Möglichkeit zum firmen- und standortübergreifenden Zugriff auf ein integriertes, virtuelles Produktmodell.

Die bei der Produktidee beginnende digitale Produktentstehung erfordert neben der Bereitstellung und Integration von Systemen insbesondere die Anpassung der Organisation und der Prozesse. Dezentrale, verteilte und firmenübergreifende Teams benötigen dafür geeignete Planungs-, Informations- und Koordinierungsinstrumente, die in die virtuelle Produktentwicklungsumgebung einzubinden sind und den Anforderungen schneller Iterationszyklen und dynamischer Abstimmungs- und Änderungsbedürfnisse gerecht werden können.

Das Virtual Engineering unterstützt die verteilte, kooperative Produktentwicklung, indem alle erforderlichen Technologien und Systeme zur Konstruktion, Simulation und Visualisierung in einer Plattform standort- und firmenübergreifend verfügbar gemacht werden und indem flexible, dynamische Änderungs- und. Abstimmungsprozesse durch konsistente Daten- und Informationsstrukturen (z.B. Engineering Data Management) und den Einsatz leistungsfähiger Kooperationswerkzeuge (z.B. Shared Application, Engineering Portale) ermöglicht werden.

Die Umsetzung der Methoden, Prozesse und Technologien der evolutionär-iterativen Produktentwicklung und des Virtual Engineering erfolgt im Engineering Solution Center. Das Engineering Solution Center (ESC) stellt ein Modellkonzept für das virtuelle, kooperative Engineering dar (Bullinger, Frielingsdorf, Hauss, Roth, Wagner, Warschat, 2000). Das Ziel des ESC ist die Vereinfachung der Kommunikation, Koordination und Wissensintegration und somit der durchgängigen Kooperation entlang des Produktentstehungsprozesses (vgl. Abbildung 15).

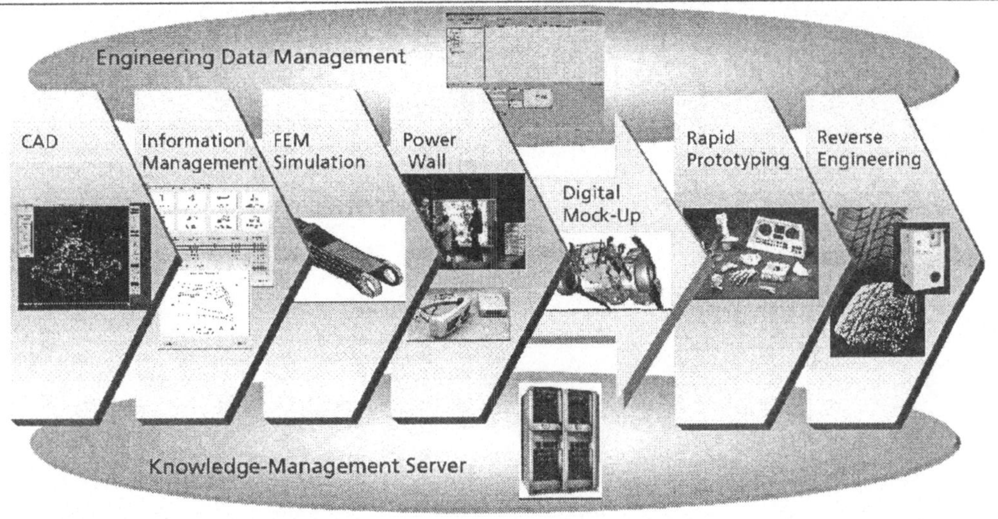

Abb. 15: Engineering Solution Center (ESC) - Modellkonzept für das Rapid Product Development und das kooperative, virtuelle Engineering.

Dazu sind Technologien und Prozesse erforderlich, die die Erstellung virtueller Prototypen und das verteilte Erarbeiten, Diskutieren und Bearbeiten geometrischer Modelle, Simulationen sowie 3D-Visualisierungen ermöglichen. Zukunftsweisende Konzepte wie Digital Mock-Up (DMU) und integriertes Informations- und Wissensmanagement durch die Verbindung des virtuellen Produktentstehungsprozesses mit durchgängigem Engineering Data Management bzw. Produktdatenmanagement (EDM/PDM) und kontextsensitiver Wissensrepräsentation zielen darauf ab, diese Anforderungen zu erfüllen.

In Engineering Solution Center werden die Entwicklungskompetenzen der Unternehmen gebündelt und alle erforderlichen Werkzeuge für die virtuelle Produktentwicklung bereitgestellt. Die für die kooperative virtuelle Produktentstehung entscheidenden Produkt-, Projekt- und Prozesssichten werden vernetzt und den Anforderungen verteilter, multidisziplinärer Teams angepasst. Somit dient das ESCshochqualifizierten Entwicklungsteams als Entwicklungsumgebung und bildet eine effiziente Unterstützung für dezentrale Entwicklungseinheiten, die gezielt auf die Daten-, Informations- und Wissensbasis des Unternehmens zugreifen können.

Methoden der Systemanalyse und des Systemdesign

3.1 Unbundling von Systemen
Tom Sommerlatte

Eine der großen Stärken des Systems-Engineering-Ansatzes besteht darin, komplexe technische Systeme in ihre Komponenten zerlegen zu können, in ihre Subsysteme, die jedes für sich durch Spezialisten eigenständig entwickelt werden können, solange sie die genau definierten Schnittstellen und Wechselbeziehungen zu den anderen Subsystemen des Gesamtsystems einhalten. So ist die Entwicklung von Automobilen in einer Weise organisiert, dass eine Entwicklungsabteilung sich mit der Weiterentwicklung von Motoren beschäftigt, eine weitere mit der der Kraftübertragung auf die Räder, eine andere mit der der Elektronik usw. Jede dieser Entwicklungsabteilungen unterteilt ihr jeweiliges Subsystem wiederum in Sub-Sub-Systeme, die der Motorenentwicklung zum Beispiel in die des Vergaser- und Einspritzsystems, des Zündsystems, des Kühlsystems usw.

Es gibt in dieser mehrstufigen Subsystemstruktur Spezialisten für so spezifische Komponenten wie Scheibenwischer, Türschlösser und Sitzverstellungen. Auf diese Weise ist auch die Verselbständigung einzelner Subsystembereiche möglich, die man bei komplexen Systemprodukten beobachten kann – in der Automobilindustrie gibt es beispielsweise spezialisierte Lieferanten von Motoren, Elektroniksubsystemen, Klimasystemen, Autositzen, Rad- und Bremssystemen und vielen anderen mehr.

Systemanalyse bei solchen technisch-konstruktiven Systemen zielt in erster Linie darauf ab, das zu bearbeitende System so in Subsysteme und diese in Sub-Sub-systeme zu strukturieren, dass sinnvolle, abgrenzbare Funktions- oder Aktionsbereiche entstehen, die jeder für sich entwickelt, verbessert oder weiterentwickelt werden können und deren Zusammenwirken nach definierten funktionsgerechten Regeln, Beziehungen oder Schnittstellen gesichert werden kann (vgl. Abbildung 1).

Dieses "Unbundling" von Systemen[*] hat in vielen Bereichen dazu verholfen, Entwicklungs- und Innovationsstrategien zu verfolgen, die eine hohe Wirksamkeit der eingesetzten Ressourcen und der Zielorientierung aufweisen.

Im folgenden sollen die Ansätze und Methoden des "Unbundling" zunächst an Beispielen des Forschungs- und Entwicklungsmanagements bei komplexen Produkt- und Dienstleistungssystemen dargestellt und dann auf die Gestaltung von sozio-technischen Systemen übertragen werden.

---

[*] "Unbundling" gleich Entbündelung, Zerlegung eines Bündels in seine Einzelteile

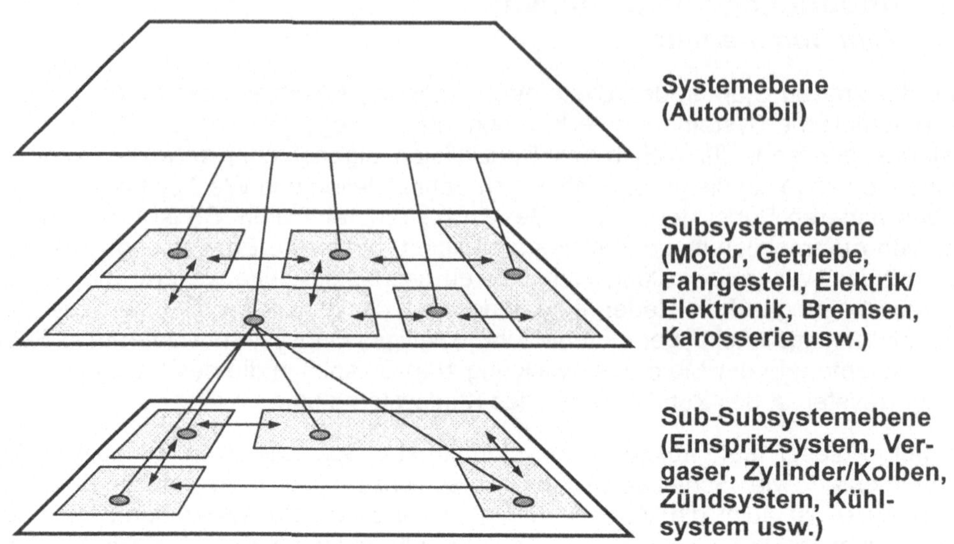

Abb. 1:   Strukturierung von Systemen in interagierende Subsysteme und Sub-Sub-Systeme (Beispiel: Automobil)

3.1.1 "Unbundling" komplexer technischer Produkte und Systeme

Technologien werden immer gezielter und vielfältiger eingesetzt, um mit neuartigen Produkten und Systemen Wettbewerbsvorsprünge zu erzielen oder neue Marktpotenziale zu erschließen.

Um in diesem Umfeld überhaupt zu bestehen, müssen die Unternehmen ihre Produkte, Systeme und Dienstleistungen durch schnelle Nutzung der technologischen Möglichkeiten beschleunigt entwickeln und sicherstellen, dass die Entwicklungsanstrengungen so konsequent wie möglich auf Differenzierung und Kundennutzen ausgerichtet werden. Dabei sind fünf Grunderkenntnisse von hoher Bedeutung:

♦ Jedes Produkt und System besteht aus mehreren Technologien

♦ Technologien weisen unterschiedliche Wettbewerbspotenziale auf

♦ Technologien durchlaufen Lebenszyklusphasen, in denen sich ihr Wettbewerbspotenzial ändert

♦ Wettbewerber besitzen verschiedene technologische Stärken und Schwächen, die ihre strategischen Möglichkeiten bedingen

♦ Die erfolgversprechendste Innovationsstrategie hängt von der relativen Markt- und Technologieposition des Unternehmens ab.

Jedes Produkt und System besteht aus mehreren Technologien.

Unter Technologien ist die Anwendung technischer Möglichkeiten zur Realisierung von Leistungsmerkmalen von Produkten, Systemen, Verfahren und Dienstleistungen zu verstehen, wobei die technischen Möglichkeiten durch Forschung und Entwicklung auf spezifischen Arbeitsgebieten erschlossen werden.

Die zur Realisierung von Produkt- und Dienstleistungssystemen genutzten Technologien können auf verschiedenen Ebenen segmentiert werden.

Während zum Beispiel ein Hersteller von Workstations seine Workstation-Systeme aus Mikroprozessoren, integrierten Schaltungen, Speichersystemen, Tastaturen, Bildschirmen, Betriebssoftware, Netzsoftware, Servern usw. konfiguriert, die er zum großen Teil als Subsysteme einkauft, sind für die Herstellung von Mikroporzessoren die Handhabung von Halbleiter-Wafern und die fototechnische Aufbringung von miniaturisierten Schaltungen durch sogenannte Wafer-Stepper die entscheidenden Technologien. Ähnliche Subsystemtechnologien lassen sich für die anderen Subsysteme auffächern, sie sind jeweils für die Subsystem-Lieferanten von Bedeutung. Für die Hersteller von Halbleiter-Wafern sind beispielsweise die Arbeit mit hochreinem Siliziumoxyd und Galliumarsenid und die Erzeugung störungsfreier Halbleiterkristalle großen Ausmaßes die entscheidenden Technologien (vgl. Abbildung 2).

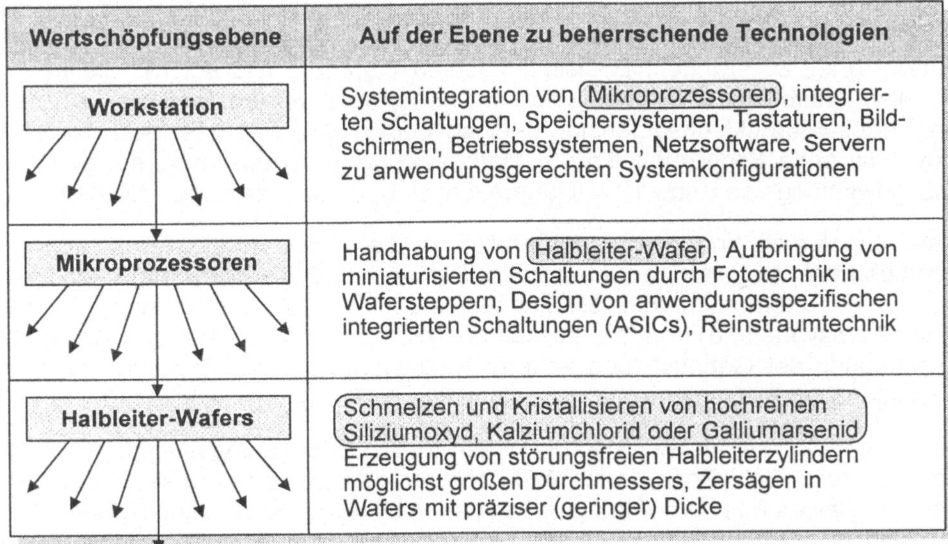

Abb. 2:   Für ein Unternehmen sind die Technologien von strategischer Bedeutung, die es auf seiner Wertschöpfungsebene beherrschen muss

Aus der Sicht eines Unternehmens sind die relevanten Technologien gleichzusetzen mit den spezifischen technischen Problemen und den dafür gewählten Lösungswegen, die zur Realisierung der Produkt- und Dienstleistungssysteme beherrscht werden müssen.

Wie die Beispiele zeigen, müssen Unternehmen ein Portfolio von Technologien einsetzen.

Daher besteht der erste Schritt der Entwicklung einer Produkt- und Dienstleistungsstrategie darin, die relevanten Technologien zu identifizieren, nicht nur die, an denen das Unternehmen selber arbeitet, sondern auch die, die von Wettbewerbern entwickelt und eingesetzt werden. Auch die Fertigungstechnologien müssen in das "Unbundling" einbezogen werden.

Technologien weisen unterschiedliche Wettbewerbspotenziale auf

Technologien können die Wettbewerbsfähigkeit in zwei Beziehungen beeinflussen: in ihren Auswirkungen auf Leistungsmerkmale der Produkte, Systeme oder Dienstleistungen und damit auf die Differenzierung sowie in ihren Auswirkungen auf die Fertigung und Logistik und damit auf Kostenvorteile. Durch das "Unbundling" wird sichtbar, welche Technologien, Komponenten und Subsysteme komplexer Produkte, Systeme oder Dienstleistungen den entscheidenden Beitrag zur Differenzierung und zum Kosten-Nutzen-Verhältnis leisten.

Diejenigen, die einen deutlich überragenden Einfluss auf Differenzierung und Kosteneffizienz ausüben, sind die Schlüsseltechnologien. Sie erlauben es dem Unternehmen, aufgrund des noch bestehenden Entwicklungspotenzials, bei den kritischen Erfolgsfaktoren im Markt gegenüber den Wettbewerbern einen signifikanten Vorteil zu erringen. Basistechnologien dagegen sind solche, die bereits von allen Wettbewerbern etwa gleich gut beherrscht werden, weil sie kein nennenswertes Entwicklungspotenzial mehr aufweisen und weil das technologische Know-how ohne Schwierigkeiten im Markt erworben werden kann, sei es durch Hinzugewinnung von Know-how-Trägern, sei es über Lizenzen oder Zulieferer.

Basistechnologien sind zwar unentbehrlich für die Erstellung der Leistungen des Unternehmens, sie sind für die Produkte, Systeme und Dienstleistungen der ganzen Branche elementar, aber sie können kaum noch benutzt werden, um eien Wettbewerbsvorteil zu erringen. Im Fall der Workstations zählen dazu die Spritzgussfertigung der Gehäuse und anderer Kunststoffteile, die Tastaturen und die konventionellen Bildschirme.

Neue Technologien, die sich noch in einem frühen Entwicklungsstadium befinden und noch keine Schlüsselrolle im Markt spielen, die aber schon erkennen lassen, dass sie gravierende Auswirkungen auf das Wettbewerbsgeschehen haben können, sind Schrittmachertechnologien. Einige der heutigen Schrittmachertechnologien werden früher oder später Schlüsseltechnologien werden. Bei Workstationsystemen zählen beispielsweise große flache Bildschirme, Spracherkennung, UMTS und die "Blue-tooth"-Technik der Systemkommunikation zu den Schrittmachertechnologien.

Das "Unbundling" in die einzelnen technologischen Komponenten komplexer Produkte, Systeme und Dienstleistungen schafft nicht nur Klarheit über die innere Funktionsweise, die Konfiguration und Entwicklungsanforderungen "des Systems", es erlaubt auch, strategische Schwerpunkte der Ressourcenzuordnung und Differenzierung zu erkennen und zwar mit einem dynamischen Verständnis.

Denn die strategische Rolle von Technologien wandelt sich im Laufe der Zeit. Die Differenzierungswirkung von Schlüsseltechnologien geht allmählich verloren, entweder weil die Wettbewerber diese Technologien infolge hoher Entwicklungsanstrengungen immer besser beherrschen und die verbleibenden Entwicklungspotenziale immer geringer werden oder weil sie durch neuere Technologien, nämlich in die praktische Anwendung vordringende Schrittmachtechnologien, verdrängt werden.

Im ersten Fall werden Schlüsseltechnologien zu Basistechnologien, sie bleiben oft über lange Zeiträume wichtig, aber spielen eine immer geringere Differenzierungsrolle.

Diese Dynamik nicht zu erkennen, führt dazu, dass Unternehmen in die Weiterentwicklung von Technologien überinvestieren, die in Wirklichkeit ihre Wettbewerbsbedeutung schon verloren haben, während dieselben Unternehmen nicht genügend in Schrittmachertechnologien investieren, die drauf und dran sind, zu wettbewerbsentscheidenden Schlüsseltechnologien zu werden.

Das ist umso erstaunlicher, als es klare Kriterien gibt, nach denen man den Entwicklungsstatus von Technologien bestimmen und daher ihr strategisches Potenzial ableiten kann: Technologien durchlaufen Lebenszyklusphasen.

Technologien durchlaufen Lebenszyklusphasen, in denen sich ihr Wettbewerbspotenzial ändert

Technologien sind dynamisch, ihre strategische Wirkung verändert sich in typischen Phasen, ebenso wie Branchen Lebenszyklusphasen durchlaufen – oft bestimmt durch das Entwicklungsstadium der wichtigsten Technologien der Branche (vgl. Abbildung 3).

Es gibt eine Reihe von Indikatoren für die erreichte Phase im Lebenszyklus einer Technologie: ihr Einsatzpotenzial im Markt, d.h. das Volumen der Einsatzgebiete und Anwendungen, in die die Technologie bei entsprechender Weiterentwicklung noch vordringen kann, der Grad von Unsicherheit über die noch zu erreichende Leistungsfähigkeit, die Höhe der Investitionen der gesamten Branche in die Entwicklung der Technologie, der Typ von Entwicklungsaufwand (Schwerpunkt wissenschaftliche Entwicklung oder Anwendungsentwicklung), die Auswirkungen der Technologie auf das Kosten-Leistungsverhältnis der Produkte, Systeme oder Dienstleistungen, die Zahl der Patentanmeldungen, die Art der Zugangsbarrieren zur Nutzung der Technologie und die Verfügbarkeit der Technologie im Markt (vgl. Abbildung 4).

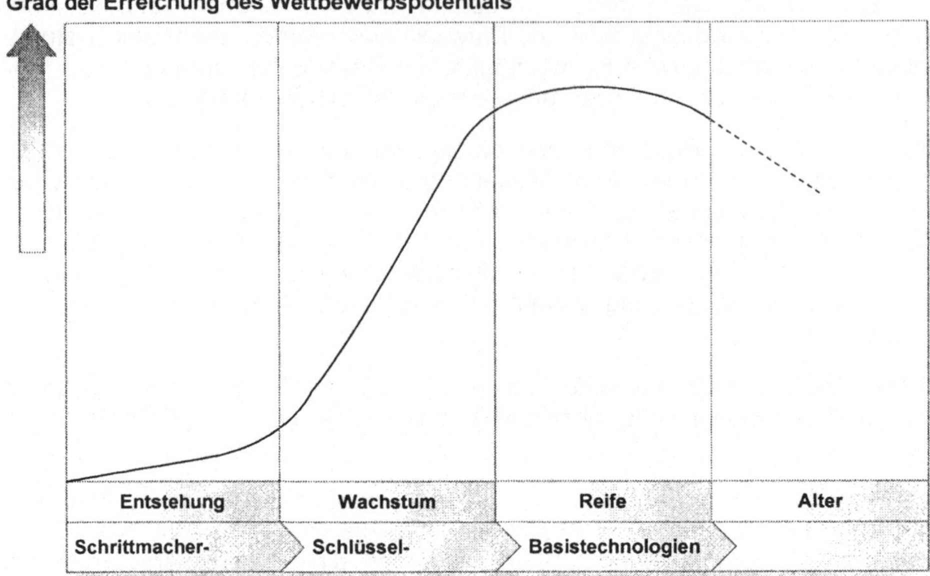

Abb. 3:   Technologien durchlaufen Lebenszyklusphasen

Lebenszyklusphase Indikatoren	Schrittmacher- Entstehung	Schlüssel- Wachstum	Basistechnol. Reife	Alter
Einsatzpotential im Markt (potentielles Volumen der noch erschließbaren Anwendungsgebiete)	sehr hoch, aber spekulativ	sehr hoch bis hoch, abnehmend	begrenzt bis null	null
Unsicherheit über technische Leistungsfähigkeit	hoch	mittel	niedrig	sehr niedrig
Investitionen in die Technologieentwicklung	niedrig	maximal	niedrig	vernachlässigbar
Typ der Entwicklungsanforderungen	wissenschaftlich	anwendungsorientiert		kostenorientiert
Auswirkungen der Technologie auf Kosten-Leistungs-Verhältnis	sekundär	maximal	marginal	marginal
Zahl der Patentanmeldungen und Typ der Patente	zunehmend, Konzeptpatente	hoch, produktbezogen	abnehmend, verfahrensbezogen	sehr gering
Höhe und Art der Zugangsbarrieren	hoch (wissenschaftliches Know-how)	hoch (Personalkapazitäten)	mittel (Lizenzen)	niedrig
Verfügbarkeit der Technologie im Markt	sehr beschränkt	Partnerschaften	zunehmend	hoch

Abb. 4:   Indikatoren für die Bestimmung der Lebenszyklusphase von Technologien

Nicht alle Technologien durchlaufen den gesamten Lebenszyklus, manche werden verdrängt oder aufgegeben, bevor sie ihr volles Einsatzpotenzial erreichen – entweder, weil ihre Wettbewerbsbedeutung nicht stark genug ist und das wirtschaftliche Umfeld sie nicht erfordert oder weil andere Technologien sich als leistungsfähiger erweisen.

In manchen Fällen werden solche Technologien später durch Veränderungen des wirtschaftlichen Umfelds wieder aktuell. Ein Beispiel hierfür ist die Technologie der Kohleverflüssigung.

Die meisten Unternehmen hängen von Technologien in unterschiedlichen Phasen ihres Lebenszyklus ab. Aber nur wenn sie über wirkungsvolle Schlüsseltechnologien verfügen, können sie Anwendungspotenziale erschließen und ertragreich wachsen, und nur wenn sie in Schrittmachertechnologien investieren, können sie ihr Wachstum aufrecht erhalten. Unternehmen können Basistechnologien aus anderen Branchen übernehmen und sie zu Schlüsseltechnologien in ihrer Branche machen. So geschehen in der Uhrenindustrie, als elektronische Komponenten für die Herstellung von Digitaluhren übernommen wurden, die in der Computerindustrie selber bereits dabei waren, zur Basistechnologie zu werden. Auch Hersteller von mikroelektronischen Komponenten, die in der Computerindustrie groß geworden waren, konnten mit ihrer Technologie auf einmal in die Uhrenindustrie vordringen und eine äußerst starke Position in der Digitaltechnik einnehmen, die dort noch die strategische Bedeutung einer Schlüsseltechnologe hatte und ein enormes Wachstum auslösen konnte.

Die Kenntnis der Lebenszyklusphase der Technologien einer Branche ist essentiell, um deren strategische Rolle für die Lebenszyklusphase der gesamten Branche richtig einschätzen zu können und sich rechtzeitig auf Veränderungen der Wettbewerbsbedingungen einzustellen. Aus dieser Kenntnis lassen sich insbesondere realistische Möglichkeiten der Produkt- und Kostendifferenzierung ableiten — sie sind leichter mit Technologien zu bewerkstelligen, die sich in der Entstehungs- und Wachstumsphase befinden, als mit solchen, die in die Reifephase abdriften. Welche strategischen Möglichkeiten ein Unternehmen unter Nutzung der Schrittmacher- und Schlüsseltechnologien seiner Branche und wie wir gesehen haben, eventuell auch durch Nutzung bisher branchenfremder Technologien hat, hängt von seinen technologischen und marktbezogenen Stärken und Schwächen ab.

Wettbewerber besitzen verschiedene technologische Stärken und Schwächen, die ihre strategischen Möglichkeiten bedingen

Ebenso wie ein Unternehmen, das sich in einer mehr oder weniger starken Marktposition befindet, nur eine Marktstrategie erfolgreich verfolgen kann, die dieser Marktposition entspricht, kann es unterschiedliche technologische Positionen innehaben, die seine strategischen Möglichkeiten bestimmen. Seine technologische Gesamtposition wird nämlich durch seine Stärken und Schwächen bei den einzelnen Schrittmacher- und Schlüsseltechnologien der Branche (also nicht nur der von dem Unternehmen verwendeten) bestimmt. Aus der Technologieposition insgesamt des Unternehmens ergeben sich seine Möglichkeiten einer Innovationsstrategie.

Die Stärken und Schwächen bei den Schrittmacher- und Schlüsseltechnologien bestimmen sich aus dem im Vergleich zu den Wettbewerbern verfügbaren Knowhow und den internen und externen Ressourcen. Interne Ressourcen sind in erster Linie die eigenen Mitarbeiter in Forschung und Entwicklung, in Konstruktion und Design sowie die Ausrüstungen der F&E-Abteilung, der Fertigungstechnik usw., während externe Ressourcen beispielsweise durch den Zugang zu Lizenzgebern sowie durch Kooperationspartner und Lieferanten wichtiger Produkt- oder Systemkomponenten charakterisiert sind. Die Technologieposition kann relativ leicht verändert werden, wenn zusätzliche Ressourcen zur Verfügung gestellt werden. Daher ist die Verbesserung der Wettbewerbsposition, d.h. der Resultante aus Markt- und Technologieposition, eher durch Investitionen in die Stärkung der Technologieposition zu erreichen als durch eine Stärkung der Marktposition, die wesentlich mehr Zeit in Anspruch nimmt.

Das „Unbundling" ist eine wesentliche Voraussetzung, um die technologischen Stärken von hoher strategischer Bedeutung zu erkennen und gezielt zur Differenzierung und Verfolgung einer situationsgerechten Innovationsstrategie zu nutzen.

Die erfolgversprechendste Innovationsstrategie hängt von der Markt- und Technologieposition des Unternehmens ab

Viele Unternehmensstrategien werden von den technischen Ambitionen der Spezialisten im Unternehmen bestimmt und zwar ohne eine umfassende Kenntnis und Berücksichtigung der Markt- und Technologiefaktoren, die strategisch entscheidend sind. In vielen Unternehmen werden dadurch Chancen vergeben, während gleichzeitig mit falschen Ansätzen Energien vergeudet werden.

So schön Ambitionen und Visionen sind, sie dürfen nicht zu Fehlleistungen verführen, sondern müssen auf dem Boden der realen Möglichkeiten bleiben.

Die Marktposition eines Unternehmens wird durch seine Stärken und Schwächen bei den strategischen Erfolgsfaktoren und durch die Lebenszyklusphase seiner Branche bedingt. Marktstrategien, die die Marktposition des Unternehmens ignorieren, sind zum Scheitern verurteilt oder enthalten ein wesentlich höheres Risiko.

Das gilt, wenn ein Unternehmen eine Innovation im Markt durchsetzen will, obwohl es über keine etablierten Vertriebskanäle verfügt, oder wenn es eine offensive Innovationsstrategie verfolgen will, obwohl der Markt sich in der späten Reifephase mit hohem Sättigungsgrad, starken Preiswettbewerb und etablierten Marktanteilen der Wettbewerber befindet.

Ebenso wird die Technologieposition eines Unternehmens durch seine Stärken und Schwächen bei den Schrittmacher- und Schlüsseltechnologien und durch die Lebenszyklusphase seiner Branche bedingt. Nur in Schrittmachertechnologien stark zu sein, nicht aber in den Schlüsseltechnologien der Branche, reicht nicht aus, um den Durchbruch im Markt zu schaffen oder erfordert eine lange Puste.

Beide zusammen, die Markt- und die Technologieposition, stellen die Grundlage dar, auf der ein Unternehmen über die Ausprägung seiner Innovationsstrategie entscheiden kann. Das bedeutet, dass die Wahl einer Innovationsstrategie und ihre Umsetzung in Investitionsprioritäten und spezifische F&E-Programme nicht von den technischen Experten des Unternehmens allein verantwortet werden können.

Unternehmen haben in der Regel mehrere technologische Alternativen: sie können ihre eigene Technologieentwicklung bei allen Schrittmacher- und Schlüsseltechnologien betreiben, sie können umfassend oder selektiv Technologieentwicklung in Kooperation mit Partnern betreiben, und sie können Know-how von außen käuflich oder per Lizenzen erwerben.

Die Wahl der Alternative muss von Mengendegressionsüberlegungen geprägt sein: Stehen die Entwicklungsaufwendungen in einem vertretbaren Verhältnis zu den zu erwartenden Umsätzen und Margen? Häufig können Unternehmen diese Frage nicht für alle erforderlichen Technologien positiv beantworten, d.h. sie müssen selektiv selber entwickeln und andere Technologien kooperativ entwickeln oder sich ganz auf Partner verlassen. Auch ob ein Unternehmen eine Innovationsführerschaft einschlagen kann oder sich darauf spezialisieren muss, dem Innovationsführer der Branche so dicht wie möglich auf den Fersen zu bleiben, hängt von der Markt- und Technologieposition ab.

Innovation um ihrer selbst Willen kann kein Unternehmensziel sein, sie muss vielmehr strategisch eingesetzt werden. Technologische Führerschaft heißt daher nicht automatisch Innovationsführerschaft, d.h. Führerschaft in der Einführung neuer Technologien in den Markt.

Innovationsführerschaft ist vielmehr die typische Strategieoption von Unternehmen, die sich aufgrund einer speziellen Stärke in einer Schlüsseltechnologie – wie beispielsweise auf einem Gebiet der Biotechnologie – für eine Nischenstrategie entschlossen haben. Sie können Marktanteile gegen die großen etablierten Unternehmen nur durch eine stark fokussierte Innovationsstrategie erringen.

Unternehmen, die eine umfassende Innovationsführerschaft einschlagen können, sind in der Regel auch in der Lage, ihre starke Markt- und Technologieposition defensiv einzusetzen, d.h. die Innovation zu verzögern. Denn sie können in vielen Fällen damit rechnen, dass der Markt auf sie warten wird, so dass sie ihre bestehenden Investitionen zunächst amortisieren können. Sie können es sich oft auch nicht leisten, massiv auf eine neue Technologie zu setzen, die unter Umständen im Markt fehlschlägt. Darüber hinaus sind sie meistens in der Lage, eine Produktgeneration zu überspringen und mit weiterentwickelten Produkten und Systemen den Markt zurückzugewinnen, da sie den Anbietern der ersten Innovationswelle überlegen sind. Die Wartezeit können sie nutzen, um Standardisierung und rationelle Fertigungsmethode sicherzustellen, die ihnen einen wesentlichen Vorteil sichern.

Wie können Unternehmen die Wahl der einzuschlagenden Innovationsstrategie objektivieren? Die Entscheidungsbasis müssen ganz klar die Dimensionen sein, von denen die Innovationsstrategie abhängt: Die Markt- und Technologieposition des Unternehmens und die Lebenszyklusphase der Branche.

Wenn wir die Markt- und Technologieposition miteinander in Bezug setzen, so lassen sich in einer zweidimensionalen Matrix Zonen unterschiedlicher Innovationspotenziale definieren, die einem Unternehmen in Abhängigkeit von der Lebenszyklusphase seiner Branche offen stehen (vgl. Abbildung 5).

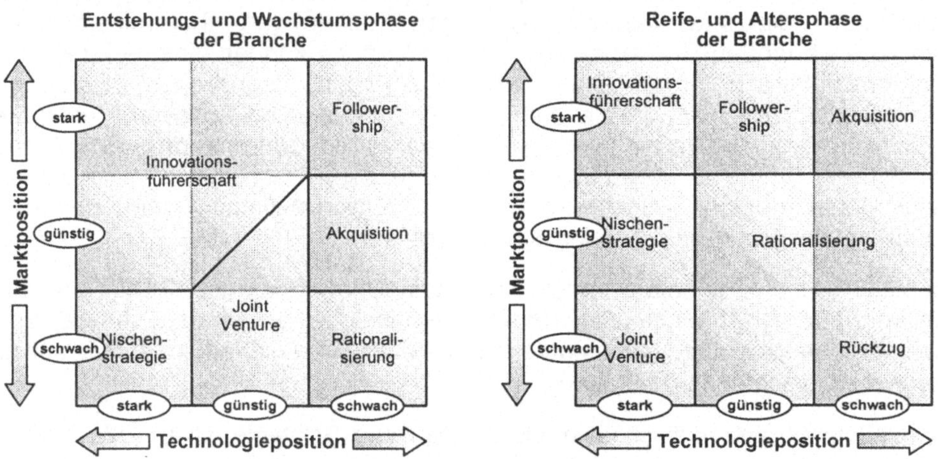

Abb. 5:   Strategieoptionen in Abhängigkeit von der Markt- und Technologieposition

Um ein Unternehmen in dieser Matrix richtig positionieren zu können, sind das "Unbundling" seines Technologieportfolios, die Identifikation der Schrittmacher- und Schlüsseltechnologien seiner Branche und die Bestimmung seiner Stärken und Schwächen bei den einzelnen Schrittmacher- und Schlüsseltechnologien Voraussetzung.

Damit ist nicht etwa die Aufgabe gelöst, durch kreative Kombination und Konzeption innovative Produkte, Systeme oder Dienstleistungen zu gestalten, die einen höheren Nutzen repräsentieren als bisherige Angebote. Aber die Bausteine sind identifiziert, die für die kreative Leistung zur Verfügung stehen, die Gestaltungselemente mit ihren Differenzierungspotenzialen sind herausgearbeitet, und die Konfigurationszusammenhänge sind offensichtlich geworden.

Systems Engineering und ingenieursmäßige oder informationstechnische Produkt- und Systementwicklung können auf diesem Ansatz aufbauen und komplexe Entwicklungsaufgaben modular und übersichtlich machen. Aber so komplex die technischen Konstrukte auch sein mögen, sie sind "hörig", sie entfalten keine Eigeninitiative und Eigendynamik, sie sind einfach im Vergleich zu sozialen und sozio-technischen Systemen, in denen es "menschelt", in denen mentale Modelle, ungeschriebene Spielregeln, rational nicht beeinflussbare Verhaltensweisen von Gruppen von Menschen eine entscheidende Rolle spielen.

Die Frage ist, ob das "Unbundling" aus dem Systems Engineering für das Verstehen und Gestalten von sozialen und sozio-technischen Systemen etwas "hergibt".

3.1.2 "Unbundling" von sozio-technischen Systemen

Der Ansatz des "Unbundling" wurde in mehreren Projekten des Studienschwerpunkts Systemdesign der Universität Kassel auf komplexe sozio-technische Systeme angewandt, um die Grundlage für eine menschengerechte Neugestaltung dieser bisher vorwiegend nach technischen Gesichtspunkten entwickelten Systeme zu schaffen.

Beispiele für Projekte, in denen das "Unbundling" der technischen Möglichkeiten einerseits und der Bedürfnisse und ergonomischen Anforderungen der nutzenden Menschen andererseits neue Gestaltungsdimensionen eröffnete, sind die Neugestaltung des Passagierflusses am Flughafenterminal 1 des Flughafens Frankfurt, das Systemdesign des Hauptbahnhofes Frankfurt, die Neukonzeption intelligenter Haussysteme für einen Hersteller elektrotechnischer Komponenten und das Systemdesign für die Gestaltung des „virtuellen Rathauses" der Stadt Kassel (O. Gerstheimer, 2000; S. Ammermüller, 2000; A. Bay, 1999; D. Müller, 2001).

Im folgenden soll am Beispiel der Arbeiten für das „virtuelle Rathaus" der Stadt Kassel aufgezeigt werden, welche methodische Vorgehensweise des „Unbundling" sich bei der Anwendung auf sozio-technische Systeme anbietet.

Ziel- und Zweckorientierung

Bei der Entwicklung komplexer technischer Systeme wie der von Automobilen und Workstations sind Ziel und Zweck strategisch klar definiert: Wettbewerbsdifferenzierung, Leistungsvorsprung vor den Konkurrenten und Kosteneffizienz.

Ähnlich existenzielle Ziel- und Zweckvorgaben existieren bei sozio-technischen Systemen häufig nicht. Solange sich ein sozio-technisches System in einem eingefahrenen Zustand befindet, werden Sinn- und Zweckfragen meistens nicht mehr gestellt – es läuft alles recht oder schlecht so weiter, wenn auch immer wieder Reibereien auftreten und hie und da geflickschustert wird. Wenn sich aber neue umwälzende technologische Möglichkeiten anschicken, "das System" wesentlich zu verändern, dann kann nur die Auseinandersetzung mit Ziel und Zweck des Systems zu einer Entwicklung führen, die mehr darstellt als die Übertragung etablierter Routinen, Strukturen und Verhaltensweisen auf neue technische Hilfsmittel.

Im Fall der Gestaltung des "virtuellen Rathauses" für die Stadt Kassel gab es zwei Orientierungshilfen der Ziel- und Zweckbestimmung: Die Kanzler-Initiative "BundOnline 2005"[*] und die Studie der Schweizerischen Bundeskanzlei über die "Guichets Virtuels" in 60 Ländern der Welt[**].

Laut Kanzler-Initiative BundOnline 2005 ist es Ziel der Bundesregierung, "den Bürgerinnen und Bürgern sowie den Unternehmen sämtliche öffentliche Dienstleistungen, die der Staat für die Bürgerinnen und Bürger zu erbringen hat, schnell und unbürokratisch anzubieten".

Deshalb will die Bundesregierung die Online-Bereitstellung aller internetfähigen Dienstleistungen bis zum Jahr 2005 realisieren und gemeinsam mit den Ländern die Einführung elektronischer Dienstleistungen auf Bund-, Länder- und Gemeindeebene beschleunigen. Darüber hinaus will die Bundesregierung neue politische Beteiligungsformen über das Internet fördern, um die politische Willensbildung anzuregen.

Die Studie der Schweizerischen Bundeskanzlei bestätigt, dass das Hauptziel in nahezu allen Ländern, in denen die öffentliche Verwaltung auf Internet umgestellt wird, darin besteht, den Bürgerinnen und Bürgern einen möglichst umfassenden Zugang zur Verwaltung und zum öffentlichen Dienst als Ganzes zu gewähren, um ihnen klare und verständliche Informationen zu vermitteln und die Verwaltungsverfahren zu vereinfachen.

Diese Ziele werden auch von der Stadt Kassel verfolgt, deren Personal- und Organisationsamt dabei die Kunden- und Dienstleistungsorientierung, die Mitarbeiterorientierung und die Effizienzorientierung sicherstellen will.

Unbundling des Dienstleistungsangebots der Stadt Kassel

Das Leistungsspektrum einer Stadtverwaltung besteht aus einer großen Zahl von sehr unterschiedlichen Leistungsbereichen, die im Fall der Stadt Kassel von rund 100 Abteilungen erbracht werden, die in 30 Ämtern zusammengefasst wurden, die wiederum 6 Dezernaten zugeordnet sind (vgl. Abbildung 6). Im Laufe der Zeit ist ein hoher Fragmentierungs- und Spezialisierungsgrad entstanden, der zu einer starken hierarchischen Verästelung geführt hat und sich in der räumlichen Gliederung des Rathausgebäudes und einiger Nebengebäude mit vielen Etagen, Gängen und Amtszimmern niederschlägt.

---

[*]   Staatliche Dienstleistungen über das Internet – e-Government, http\\www.bundesregierung.de

[**]   Bericht über die Studie zu den Guichets Virtuels in der Welt, Studie der Schweizerischen Bundeskanzlei (Copiur), Dezember 2000

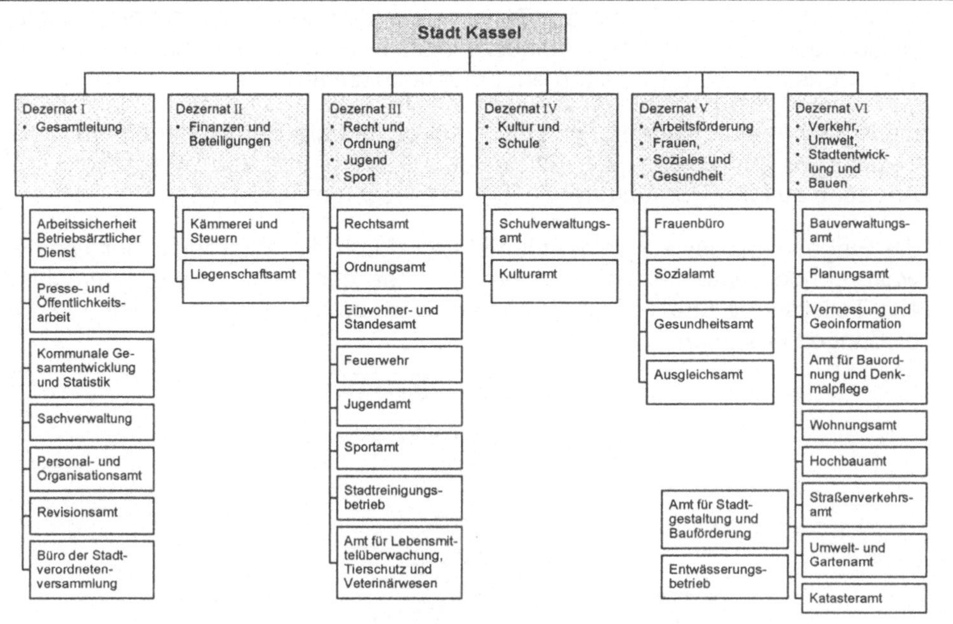

Abb. 6: Organisation des Leistungsspektrums der Stadt Kassel

Entsprechend einem bundeslandweiten Produktplan[*] identifizierte die Stadtverwaltung Kassel rund 1.200 unterschiedliche "Produkte" – nach innen oder außen gerichtete Dienstleistungen der Stadt, die die Form von Beratungen und Auskünften, der Abwicklung von Betriebs- und Unterhaltungsleistungen, des Daten- und Dokumentenmanagements, von Prüfungen, Genehmigungen, Überwachungen und Planungen, der Ausstellung von Ausweisen, Zeugnissen, Bescheinigungen und Urkunden, des Managements von Einrichtungen der Stadt, der Steuerung von Finanzmitteln, von Rechts- und Bestandspflege und Vermittlungen u.a.m. annehmen.

Diese Produkte lassen sich nach 3 Kriterien charakterisieren: Ihren technisch-operativen Merkmalen, ihrem Interaktionsgrad und ihren Zielgruppen (vgl. Abbildung 7).

Drei technisch-operative Merkmale dominierten bisher die Leistungserbringung:

♦ die Notwendigkeit des persönlichen Erscheinens der Bürger für die Interaktion mit der Stadtverwaltung

---

[*] Produktplan Hessen, Hessisches Ministerium für Inneres, Wiesbaden

damit verbunden die Suche der Bürger nach dem jeweils zuständigen Amt im weitläufigen Gebäude des Rathauses oder in den Nebengebäuden; häufiges Schlangestehen und Einhalten enger Öffnungszeiten

♦ die Nutzung verschiedenartigster Formulare, die die Bürger bei einem großen Teil der Vorgänge ausfüllen und in denen sie häufig zum wiederholten Mal Angaben zu ihrer Person oder zu ihrem Anliegen machen müssen

♦ die Eingabe der jeweils relevanten Daten durch die Mitarbeiter der Stadtverwaltung über Datenterminals, wobei im Laufe der Zeit mehrere unterschiedliche Teilsysteme und Teildateien entstanden, zwischen denen keine Querverbindungen bestehen.

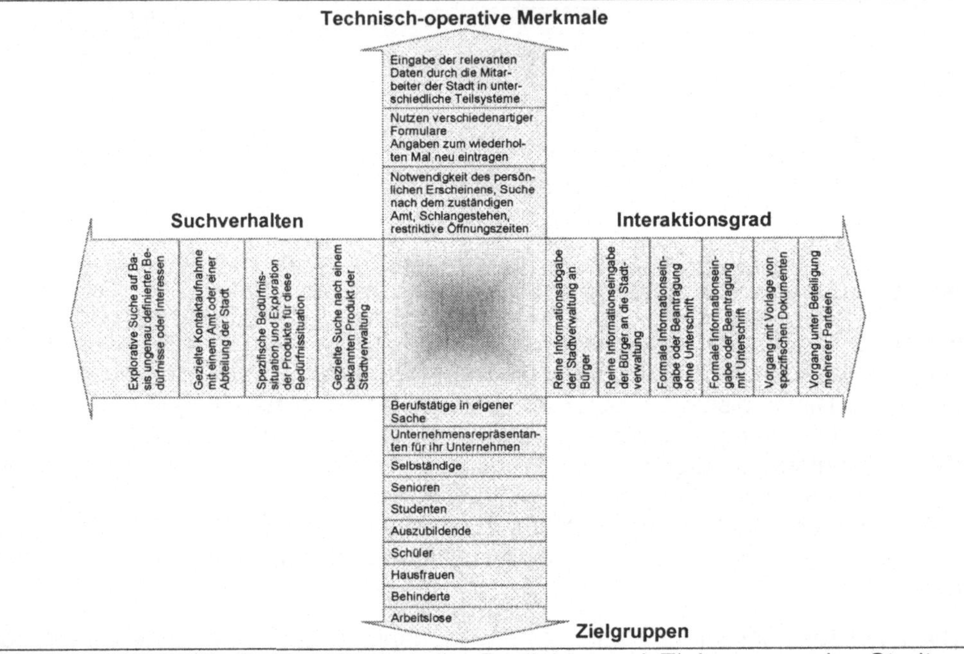

Abb. 7: "Unbundling" der Kriterien der Produkte und Zielgruppen der Stadtverwaltung

Diese technisch-operativen Merkmale bedingen einen hohen Aufwand bei der Aufgabenerfüllung der Stadtverwaltung ebenso wie einen hohen Aufwand und eine geringe Orientierungstransparenz für die Bürger und Unternehmen, die bei verschiedenen Anlässen mit der Stadtverwaltung zu tun haben.

Vom Interaktionsgrad her unterscheiden sich die Produkte danach, ob es sich um

♦ eine reine Informationsabgabe der Stadtverwaltung an nachfragende Bürger (z.B. Auskunft über Regelungen, Pläne, Angebote der Stadt)

- eine reine Informationseingabe von Bürgern an die Stadtverwaltung (z.B. Mitteilung über Statusveränderungen oder Termine)

- eine formale Informationseingabe oder Beantragung von Bürgern ohne rechtsverbindliche Unterschrift

- eine formale Informationseingabe oder Beantragung von Bürgern mit rechtsverbindlicher Unterschrift

- einen Vorgang mit Vorlage von spezifischen Dokumenten (z.B. Ausweis, Urkunden)

- einen Vorgang unter Beteiligung mehrerer Parteien (z.B. Vertragsabschlüsse, Rechtsvorgänge)

handelt.

Schließlich lassen sich verschiedene typische Kundengruppen identifizieren, die jeweils ein charakteristisches Bedürfnisprofil und Interaktionsverhalten aufweisen:

- Berufstätige in eigener Sache

- Unternehmensrepräsentanten im Auftrag ihres Unternehmens

- Selbstständige (z.B. Architekten, Ärzte, Rechtsanwälte, Einzelhändler, Handwerker)

- Senioren

- Studenten

- Auszubildende

- Schüler

- Hausfrauen

- Behinderte

- Arbeitslose

Ihr Bedürfnisprofil kann durch die Produkte der Stadtverwaltung beschrieben werden, die sie typischerweise in Anspruch nehmen und die daher auf sie ausgerichtet werden können sowie durch die Lebenssituationen, in denen eine Kundengruppe typischerweise die Stadtverwaltung in Anspruch nimmt.

Das "virtuelle Rathaus" muss den Besucher von Anfang an als Mitglied einer typischen Kundengruppe erkennen und das für diese Kundengruppe passende Dienstleistungsangebot bereitstellen. Auf diese Weise wird die Interaktion personalisiert und der Zugang zu den gesuchten Dienstleistungen wesentlich erleichtert. So ist beispielsweise das wahrscheinliche Spektrum von Anliegen eines Studenten von vorneherein anders als das eines mittelständischen Unternehmers. Auch für Senioren ist ein völlig anderes Bedürfnisprofil und dafür infrage kommendes Dienstleistungsangebot wahrscheinlich.

Das Interaktionsverhalten der Kundengruppen wird zum einen durch ihre Erfahrung im Umgang mit dem Personal Computer und dem Internet, zum anderen durch ihr Suchverhalten charakterisiert.

Typische Kategorien des Suchverhaltens sind

♦ Gezielte Suche nach einem bekannten Produkt der Stadtverwaltung; Wunsch nach Schnelligkeit und Effizienz der Abwicklung

♦ Spezifische Bedürfnissituation und Exploration der Produkte der Stadtverwaltung für die Bedürfnissituation; Bereitschaft zum Explorieren und Geleitetwerden

♦ Gezielte Kontaktaufnahme mit einem Amt oder einer Abteilung der Stadtverwaltung, um deren Produktangebot zu erkunden oder in Anspruch zu nehmen; Wunsch nach präziser Interaktion

♦ Explorative Suche auf Basis ungenau definierter Bedürfnisse oder Interessen in einer Lebenssituation; Bereitschaft zum Verweilen und umfassenden Informiertwerden.

"Technologien" der innovativen Gestaltung des Dienstleistungsangebots der Stadt Kassel

Die Internet-Technik erlaubt eine durchgreifende Veränderung der technisch-operativen Merkmale der Produkte der Stadt Kassel in Abhängigkeit vom Interaktionsgrad und von den Kundengruppen:

♦ Das persönliche Erscheinen der Bürger im Rathaus (oder seinen Nebengebäuden) ist nur noch in den Fällen erforderlich, in denen spezifische Dokumente vorgelegt werden müssen oder in denen mehrere Parteien gleichzeitig handeln müssen

Auch in den Fällen, in denen persönliches Erscheinen erforderlich ist, können die vorbereitenden Vorgänge zunächst im Internetverfahren erledigt werden, so dass das Erscheinen im Rathaus den Schlussakt darstellt, bei dem keine Komplikationen mehr auftreten können

♦ Einmal erfasste Daten brauchen bei neuen Vorgängen nicht mehr neu erfragt und eingegeben zu werden. Die Identifikation des Bürgers genügt, um dann nur noch die für den neuen Vorgang erforderlichen Angaben im Dialog einzuholen, wobei die Antworten nach einer Plausibilitätsprüfung direkt in das Bearbeitungssystem eingegeben werden können

♦ Die Eingabe der jeweils relevanten Daten erfolgt durch den Bürger im Dialog mit dem System direkt per Personal Computer

Die Inanspruchnahme der Dienstleistungen des Rathauses wird dadurch in vielen Fällen orts- und zeitunabhängig, Schlangestehen entfällt, und die Mitarbeiter des Rathauses werden von Eingabeaufwand befreit.

"Schlüsseltechnologien" des "virtuellen Rathauses" sind aber nicht das Internet-System oder die Entwicklung einer relationalen Datenbank für die Internet-Links (das sind inzwischen Basistechnologien), sondern

♦ die Gestaltung eines Nutzer-Interfaces, das es den Nutzern erlaubt, ihr Such-verhalten selber zu bestimmen

♦ die Gestaltung der Interaktions-Dialoge, die die Nutzer in sympathischer, leicht verständlicher und prompter Weise durch den Abwicklungsprozess führen.

Entwurf und Test der Bürger-Interaktion mit dem "virtuellen Rathaus"

Die Gestaltung eines sozio-technischen Systems wie das des "virtuellen Rathauses" kann nur innovativ sein und eine hohe Akzeptanz finden, wenn die Nutzer in den Gestaltungsprozess einbezogen werden.

In dem Systemdesign-Projekt für die Stadt Kassel spielten daher eine umfangrei-che Bürgerbefragung über die Erfahrungen der Interaktion mit der Stadtverwaltung und die Bildung und Einbeziehung einer Nutzer-Testgruppe eine besondere Rolle, die aus Vertretern der typischen größeren Kundengruppen der Stadtverwaltung zusammengesetzt war.

In einem Workshop wurden die Mitglieder der Nutzer-Testgruppe anhand von für sie relevanten Interaktionen an Personal Computers mit ausgewählten Modulen eines "virtuellen Rathauses" in Berührung gebracht. Sie konnten sich mit unter-schiedlichen Ansätzen und Produkten des "virtuellen Rathauses" vertraut machen und dann ihre Reaktionen und Präferenzen in einer gemeinsamen Diskussion einbringen.

Wichtigste Erkenntnisse aus dem Vergleich der Bürgerbefragung mit den Reaktio-nen der Nutzer-Testgruppe waren, dass

♦ die Nutzerführung am Personal Computer entscheidend für die Akzeptanz des "virtuellen Rathauses" ist,

♦ visueller Unterstützung und einfacher Navigation die Bedeutung von Schlüs-seltechnologien zukommt, die penetrationsbestimmend sein werden

♦ unterschiedliche Nutzertypen eine ihnen angemessene Zugangs- und Suchart wählen können müssen

♦ die Attraktivität des "virtuellen Rathauses" durch aktuelle Zusatzinformationen und durch ein umfassendes Informationsangebot über kulturelle und sportliche Ereignisse, Sehenswürdigkeiten und touristische Attraktionen der Stadt erhöht werden kann

◆ die Nutzer die Entscheidungsfreiheit wahren möchten, ob sie durch "Links" auf andere Internetseiten wie z.B. Werbeseiten von Firmen wechseln möchten, die mit ihrer Interaktion mit dem Rathaus in Verbindung stehen (z.B. Werbung von Spediteuren bei Nutzern, die einen Umzug planen, Werbung von Bestattungsinstituten bei Nutzern, die einen Todesfall melden).

Bei der Nutzerführung erwies sich, dass es nicht darum geht, die "beste" Lösung zu finden, sondern dass alle Kategorien des Suchverhaltens von vorneherein gleichberechtigt zugelassen sein müssen. Der Eintritt in das "virtuelle Rathaus" muss sowohl für die gezielte Suche nach einem bekannten Produkt, über spezifische Bedürfnissituationen, über ein selektiertes Amt oder als offene Exploration auf Basis einer Lebenssituation möglich sein, denn diese unterschiedlichen Suchverhaltensweisen existieren gleichberechtigt nebeneinander (vgl. Abbildung 8).

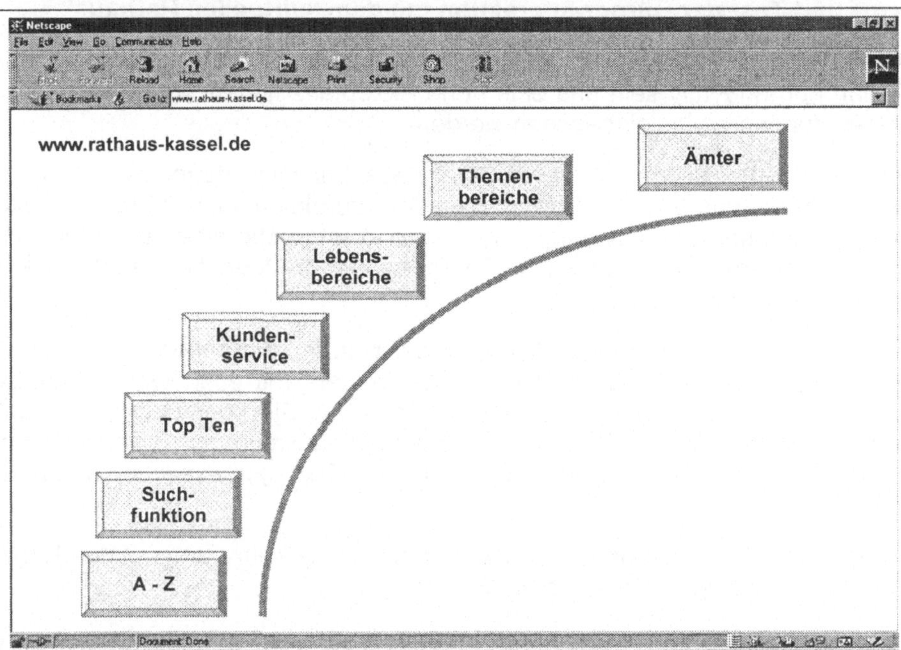

Abb. 8:   Die Nutzerführung durch das virtuelle Rathaus muss ein Spektrum von Suchverhaltensweisen erlauben

Die Befragung ergab, dass etwa zwei Drittel der Bürger einen Personal Computer oder Zugang zu PC-Nutzung haben, dass aber nur die Hälfte davon zur Zeit über einen Internetanschluss verfügt, also nur ein Drittel der "Kunden" der Stadtverwaltung. Auch bei schnell fortschreitender Penetration der Internet-Nutzung wird in den nächsten 5 Jahren ein Drittel bis die Hälfte der Bürger noch keinen eigenen Internetanschluss haben.

Daher kann es in absehbarer Zeit nicht zu einer vollständigen Substitution der konventionellen Dienstleistung durch Internet-Dienstleistungen kommen. Vielmehr müssen Lösungen gefunden werden, wie die große Zahl der nicht an das Internet angeschlossenen Bürger in den Genuss der Vorteile der Internet-Dienstleistungen kommen können, zumal es sich hierbei insbesondere um Senioren, Behinderte und Arbeitslose mit geringer Qualifikation handelt, denen der Weg zum Rathaus, das Ausfüllen von Formularen und das Schlangestehen eine wirkliche Belastung bedeutet. Für diese Bürger muss das System mit dezentralen Interaktionspunkten ausgerüstet werden, an denen öffentliche Personal Computers mit Internetanschluss aufgestellt werden und Hilfspersonen für die Unterstützung bei der Eingabe in das System bereitstehen. Solche Interaktionspunkte können beispielsweise in Postämtern, Sparkassenschaltern, Polizeidienststellen, Internet-Cafés und/oder in Supermärkten eingerichtet werden. Als Hilfspersonen sind Arbeitslose vorstellbar, die auf diese Weise eine sinnvolle Betätigung finden und darüber hinaus eine nützliche praktische Ausbildung erhalten.

Entwurfs- und Gestaltungselemente für ein "virtuelles Rathaus"

Aus dem "Unbundling" der Produkte und ihrer derzeitigen und zukünftig möglichen technisch-operativen Merkmale, der daraus resultierenden Interaktionsformen zwischen der Stadtverwaltung und den Bürgern sowie der Zielgruppen und ihrer Systemausrüstung lässt sich ein Gestaltungskonzept des "virtuellen Rathauses" ableiten, das zu einer anderen Entwicklungsstrategie führt als sie von einigen der Stadtverwaltungen in Deutschland bisher verfolgt wurde.

Dabei spielen folgende Gestaltungskriterien des Gesamtsystems eine Schlüsselrolle:

♦ Hohe Flexibilität des Zugangs zum "virtuellen Rathaus"

♦ Starke Ausrichtung auf unterschiedliche Zielgruppen mit gruppenspezifischen Anforderungsprofilen

♦ Vermeidung von Formularwesen, Amtsdeutsch, Beamtenmentalität und Hierarchiedenken in der Interaktion mit den Bürgern.

a. Hohe Flexibilität des Zugangs zum "virtuellen Rathaus"

In den nächsten Jahren werden immer noch weniger als die Hälfte der Bürger über einen eigenen Internetzugang zum virtuellen Rathaus verfügen.

Für die Bürger ohne eigenen Internetzugang ist daher das Angebot von betreuten Zugangsstellen (dezentrale Interaktionspunkte mit öffentlichen Personal Computers und Bedienungsunterstützung, z.B. in Postämtern, Sparkassenschaltern, Polizeidienststellen, Internet-Cafés und/oder Supermärkten) vorzusehen.

Für den Internetzugang ist eine Palette von Eintrittsmodi (über alphabetische Produkt- und Ämterlisten, Bedürfnissituationen, Lebensbereiche, Themen usw.) anzubieten, so dass die Bürger das ihnen naheliegendste Suchverhalten anwenden können.

**b. Starke Ausrichtung auf unterschiedliche Zielgruppen mit gruppenspezi-
fischen Anforderungsprofilen**

Die unterschiedlichen typischen Bedürfnisprofile der identifizierten Zielgruppen
der Stadtverwaltung bezüglich der für sie in Frage kommenden Produkte
müssen von vorneherein genutzt werden, um den Orientierungsraum jedes
einzelnen Bürgers so spezifisch wie möglich anzubieten. Darin drückt sich am
deutlichsten die Kunden- und Dienstleistungsorientierung der Stadtverwaltung
aus (analog zu der Einstellung auf die offensichtliche Kundengruppenzugehö-
rigkeit bei einem persönlichen Kontakt mit dem Bürger).

**c. Vermeidung von Formularwesen, Amtsdeutsch, Beamtenmentalität und
Hierarchiedenken in der Interaktion mit den Bürgern**

Die primitivste Form des "virtuellen Rathauses" bestünde darin, die bisher
physisch auszufüllenden Formulare "ins Internet zu stellen", damit sie die Bürger elektronisch ausfüllen. Formulare sind eine Krücke, die das persönliche
Gespräch zwischen den Mitarbeitern der Stadt und den Bürgern verbürokrati-
sieren. Stattdessen muss beim "virtuellen" Dialog über Internet der Ge-
sprächscharakter wieder in den Vordergrund rücken. nur die noch nicht vorhandenen Informationen dürfen erfragt werden und Wiederholungsfragen und
nicht zutreffende Fragen (wie sie auf Formularen zuhauf vorkommen) müssen
vermieden werden.

Die Gestaltung des Nutzer-Interfaces und der Interaktions-Dialoge muss leicht
verständlich, in natürlicher, sympathischer Sprache und übersichtlich sein. Die
"Navigation" muss sich dabei von alleine ergeben, d.h. sie darf keine Übung
oder PC-Kenntnisse voraussetzen. Überflüssige Angaben auf dem Bildschirm
(wie sie für die meisten PC-Anwendungen heute typisch sind) müssen vermieden werden. "Das System" muss die Initiative ergreifen, den Bürgern zu
helfen, ihnen eventuell nützliche Möglichkeiten aufzeigen und Querverweise
zu anderen interessanten Informationen anbieten.

Das "virtuelle Rathaus" muss bereits von der Konzeption und Strategie her mehr
darstellen als eine Übertragung etablierter Routinen, Strukturen und Verhaltensweisen auf neue technische Hilfsmittel. Denn es handelt sich, systemisch gesehen, nicht in erster Linie um eine informationstechnische Veränderung, sondern
um eine gesellschaftspolitische, daher sind Internet-Spezialisten die falschen
Wegbereiter, und der Versuchung zur Schnelligkeit bei der Realisierung ist zu
widerstehen, besonders wenn dafür das "Unbundling" und die maieutische Auseinandersetzung mit den Bürgern übersprungen werden.

3.2 Maieutik
Helmut Krauch

Das Konzept der Maieutik geht auf Sokrates zurück, der seine Methode, Menschen dabei zu helfen, das in ihnen Verborgene zu erkennen, mit der Kunst der Geburtshilfe verglich.

Der Begriff bezeichnet im Griechischen (maieutiké téchné) die Hebammenkunst. Das dialogische Prinzip, mit dem Sokrates die im Menschen bereits ruhenden Erkenntnisse aus ihm herausholte, bedeutet für die maieutische Vorgehensweise der Systemanalyse und –gestaltung, latent vorhandene Ideen, Bedürfnisse, Präferenzen und Widerstände der von einem Vorhaben oder einer Entwicklung betroffene Menschen von diesen selber artikulieren zu lassen, um sie an der Gestaltung zu beteiligen.

Ob diese Entwicklungen neue Produkte und Technologien betreffen oder eine wirtschaftliche oder politische Entscheidung: Der maieutische Dialog eröffnet den Weg, bestehende Lebenswelten betroffener Menschen, ihre zukünftig erwartete Wirklichkeit zu artikulieren, zu überdenken und in den Gestaltungsprozess einzubeziehen.

Die Maieutik bildet eine deutliche Gegenposition zur in der technischen Entwicklung herrschenden Orientierung am ökonomischen, technologischen und wissenschaftlichen Wettbewerb, die die Fähigkeit nachhaltig beeinträchtigt hat, Werte und Bedürfnisse zur Steuerung der Entwicklung komplexer Produkte und Systeme zu nutzen.

Das methodische Vorgehen der Maieutik muss bezüglich der dialogischen Befragung und Inszenierung der jeweiligen Entwicklungs- oder Entscheidungssituation angepasst werden.

Im folgenden werden vier Anwendungssituationen unterschiedlicher Komplexität beschrieben, um dann die wesentlichen methodischen Elemente der maieutischen Systemanalyse zusammenzufassen.

3.2.1 Das Santa-Barbara-Modell

Das "Santa-Barbara-Modell" entstand 1963 im "Center for the Study of Democratic Institutions" in Santa Barbara vor dem Hintergrund der öffentlichen Debatte über die Risiken der Atomversuche in den USA.

Dieses Modell zielt darauf ab, technisch-zivilisatorische Entwicklungen, die den Eindruck vermitteln, als "entzögen sie sich der Kontrolle der Gesellschaft und wüchsen unaufhaltsam nach eigenen inneren Gesetzen" (Hutchins, 1964, Seite 357), auf demokratischer Basis nach den Bedürfnissen der Gesellschaft zu lenken.

Die Verflechtung von militärischen, industriellen und wissenschaftlichen Interessen in den USA hatten in den 60er Jahren dazu geführt, dass einzelne Zweige der

Naturwissenschaften und der Technik stark gefördert wurden, medizinische und sozialwissenschaftliche Forschung dagegen vernachlässigt wurde. So entstand eine wachsende Spannung zwischen dem technischen Fortschritt und den tatsächlichen Bedürfnissen der Gesellschaft. Der Staat finanzierte hochtechnisierte Waffensysteme, begegnete aber nicht dem Notstand in den Krankenhäusern, Schulen, Altenheimen und vielen "sozialen" Einrichtungen. Daher schien öffentliche Kontrolle und Teilnahme in gesellschaftlichen Entscheidungsprozessen dringend notwendig[*].

Das maieutische Prinzip im Santa-Barbara-Modell wird dem Anspruch stärkerer öffentlicher Mitbestimmung und Kontrolle politischer Entscheidungsprozesse gerecht. Das Vorgehen besteht aus drei Stufen:

Stufe 1: Analyse des Problemkomplexes

In der ersten Stufe wird eine Analyse des fraglichen Problemkomplexes in seinen vielfältigen Zusammenhängen durchgeführt. Diese Untersuchung erfordert die interdisziplinäre Arbeitsweise der Systemforschung. Die technischen Systeme werden soweit wie möglich formal analysiert. Zugleich werden sie aber auch in ihrer Verstrickung mit der kulturellen, historisch gewachsenen sozialen Situation betrachtet. Es werden ökonomische und sozialwissenschaftliche Analysen in dem Maße geführt, in dem die Fragestellung empirische Prüfung erfordert. Die Analyse geht davon aus, dass in der Praxis der Lebenswelt Fragen aufgeworfen wurden, dass also eine problematische Situation bereits vorhanden ist.

Stufe 2: Dialektischer Lernprozess

Bei der Formulierung des Problems sind die Wissenschaftler in hohem Maße auf Kommunikation mit den "Auftraggebern", nämlich den Repräsentanten der gesellschaftlichen Interessensgruppen, angewiesen. Dieser ständige Kontakt zwischen "Planer" und "Auftraggeber" während der Analyse und des Änderungs- und Neuentwurfs ist besonders wichtig. Beide Seiten lernen, während das Projekt läuft, ständig hinzu. Von Beginn der Konfrontation an setzt ein Austausch über das praktisch Gewollte und das technisch Mögliche ein, der sich immer weiter verfeinert und auf allen Zuständigkeitsebenen erfolgt. Es entsteht ein breiter horizontaler Kommunikationsstrom.

Aus der ständigen Konfrontation des technisch Möglichen mit den Wünschen für die Praxis ergibt sich der dialektische Lernprozess, der die Formulierung des Problems laufend weiter modifiziert, die Lösungsmöglichkeiten immer stärker in Erscheinung treten lässt und schließlich die Möglichkeit gibt, eventuell noch vorhandene Alternativen gegeneinander abzuwägen.

Das Ergebnis dieses Prozesses schlägt sich schließlich im Entwurf von komplexen Systemen nieder, die in hohem Maße auf die Praxis bezogen sind.

---

[*] C.W. Churchman entwickelte zu der Zeit das Informationssystem, `Dialectic Display´. Zu seinen Vorstellungen zu diesen Themen siehe: Churchman, 1964, Seiten 165 bis 170

Stufe 3: Debatte mit den Interessensgruppen

Wegen der Komplexität der sozialen Konfliktsituationen, die hinter dem Problem der Fortschrittsplanung im Interesse der Gesellschaft stehen, wird es notwendig, die Öffentlichkeit selbst an diesem Lern- und Kommunikationsprozess teilnehmen zu lassen.

Die tatsächliche Konfliktsituation muss dazu modellartig rekonstruiert werden. Das erfordert zunächst die "Übersetzung" der zur Debatte stehenden wissenschaftlichen Informationen in anschauliche Sprache.

Erst dann ist es möglich, eine vielschichtige politische Debatte überhaupt zu erwecken und auszulösen. Die Wissenschaftler treten dabei nicht mehr nur als wertneutrale Berater für eine politische Instanz auf, sondern sie formieren Gruppen, die der gesellschaftlichen Situation der miteinander in Konflikt stehenden Interessengruppen entsprechen. Damit sind keineswegs nur solche Gruppen gemeint, die sich bereits formiert haben und politische Macht ausüben, sondern gerade auch solche Gruppen, deren Interessen bisher schlecht vertreten sind.

Ist der Konflikt in dieser Form erkannt, so debattieren Wissenschaftler über wissenschaftlich geprüfte Fakten und anhand wissenschaftlich einwandfreier Daten. Die Auswahl dieser Fakten und Daten erfolgt jedoch nicht nur nach Maßgabe einer wissenschaftlichen Fragestellung, sondern entsprechend den von den Wissenschaftlern bezogenen Positionen in dieser Debatte, die dann in der Öffentlichkeit nachvollzogen werden können.

3.2.2 Experimentelle Antizipation

Der Zukunftsbezug der Bewertung und Planung komplexer sozio-ökonomisch-technischer Systeme kann gesteigert werden, wenn mögliche Entwicklungen im "Zeitrafferexperiment" vorweggenommen werden können.

Umfassendere dynamische Modelle wurden zunächst in der chemischen und biologischen Forschung entwickelt. Von daher ergab sich der Gedanke, auch soziale Prozesse durch Beeinflussung der Variablen so zu beschleunigen, dass in einer Art "Zeitrafferexperiment" Lern- und Bewusstseinsprozesse, die sich normalerweise auf Jahre erstrecken, auf wenige Tage verdichtet werden können.

Basis der experimentellen Antizipation ist der wiederholte Vergleich einer Kontrollgruppe mit einer Experimentalgruppe.

Beiden Gruppen werden vorbereitete Tests vorgelegt, in denen sie sowohl die Stärke als auch die Komplexität ihrer Antizipationen auf Skalen angeben können. Die Tests bestehen beispielsweise aus vorgegebenen Statements und Fragen zu Problemen der politischen Gegenwart und Zukunft (Krauch, Feger, 1970; Feger, Krauch, Meindl, 1971, Seiten 187 bis 197).

Nach der ersten Testrunde wird die Experimentalgruppe zu einem Workshop eingeladen. Durch den Workshop wird die Experimentalgruppe aus ihrer bisherigen

Umwelt gelöst, während die Kontrollgruppe in ihrer gewohnten Umgebung bleibt und lediglich die Messprozeduren über sich ergehen lassen muss. Wie wichtig die Loslösung von Familie und Berufsmilieu (und dem damit verbundenen Meinungsdruck) ist, zeigt sich darin, dass die weiblichen Teilnehmer auch in den Gruppendiskussionen die strikte Zusicherung ihrer Anonymität zur Voraussetzung jeder freien Meinungsäußerung machten.

Während des Workshops wird eine Verstärkung des Zukunftsbezuges angestrebt. Experten halten Vorträge z.B. über die Stellung der Frau in der Industriegesellschaft, Filme über Probleme des Städtebaus und der Städteplanung werden gezeigt, Diskussionen und vor allem aktives Rollenspiel antizipierter Situationen eingeführt. Durch die Information durch die Experten und die sorgfältige Vorbereitung auf die Rollenspiele wird eine möglichst realistische Informationsbasis gegeben. Das Engagement der Beteiligten war hoch. Von den Untersuchten wird ein Explizieren und ständiges Korrigieren bereits latent vorhandener Zukunftsvorstellungen gefordert.

Die so hervorgerufene Spannung ermöglicht eine Form des konstruktiven Denkens, die auf neue Erkenntnisse der zukünftigen Probleme abzielt.

Nach Abschluss der Tagung werden Experimental- und Kontrollgruppe erneut getestet, ebenso sechs Wochen später.

Die Ergebnisse, die mit diesem Verfahren gewonnen werden können, zeigen, dass in der Experimentalgruppe der Zukunftsbezug aktualisiert werden kann und dass Effekte auch nach mehreren Wochen noch vorhanden sind. Sie zeigen, dass diese Effekte sehr spezifisch sind und nicht ohne Kenntnis der politischen und sozialen Veränderungen während des Untersuchungszeitraums interpretiert werden können. Interindividuelle Unterschiede und Unterschiede zwischen Versuchspersonen aus diversen sozio-ökonomischen Gruppen sind ausgeprägt. Die beobachteten Veränderungen bestehen nicht nur in einer relativ zur Kontrollgruppe verstärkten Beschäftigung mit der Zukunft und in veränderten Erwartungen, vielmehr ändert sich auch die Sicht der Beziehungen zwischen den Faktoren, die als in der Zukunft besonders wirksam angesehen werden.

3.2.3 Das Informationssystem für das Bundeskanzleramt

Das Konzept des sokratischen Dialogs stand im Mittelpunkt eines Vorschlags für ein neues Informationssystem im Bundeskanzleramt. In Form des organisierten Konflikts sollte eine Entscheidungshilfe für den Bundeskanzler erarbeitet werden. In der konkreten Anwendung sollte eine topische Informationsdarstellung entstehen, indem verschiedene politische Standpunkte zu einem Problem diskutiert wurden.

Der Lösungsvorschlag basierte auf einem maieutischen Dialog, durch den eine organisierte, repräsentative Artikulation kritischer Entwicklungslücken ermöglicht werden sollte (ORAKEL). Der "organisierte Konflikt" ähnelt den Debatten im Parlament. Er wird so organisiert, dass daran Vertreter aller direkt oder indirekt betroffenen Gesellschaftsgruppen beteiligt sind, die in ihrem Bereich und zur Vertretung ihrer Interessen über ausreichenden Sachverstand und Fachwissen verfügen.

Dabei ist zu beachten, dass der nötige Sachverstand nicht nur durch langjähriges Studium, sondern insbesondere durch Praxis, Erfahrung und Einsicht erworben werden kann. Dieser Personenkreis, der sich aus Politikern, Wissenschaftlern, Vertretern der Interessengruppen und nicht organisierten Betroffenen zusammensetzt, beginnt die gegensätzlichen Standpunkte möglichst deutlich darzustellen. Dazu muss sich jeder gut vorbereiten. Er braucht nicht nur das notwendige Wissen, sondern auch Klarheit über die von ihm vertretene Interessenlage. Von vielen Gruppendiskussionen im Fernsehen unterscheidet sich der organisierte Konflikt durch seine "Schärfe", die durchaus polemisch sein kann, jedoch nicht darauf gerichtet ist, den anderen persönlich abzuwerten, sondern seine interessengebundenen Anschauungen ans Licht zu bringen. Derartige organisierte Konflikte wurden zunächst im Labor, dann in Rundfunksendungen, Bürgerschaftsversammlungen und schließlich im Fernsehen getestet. Das Ziel des organisierten Konflikts ist zunächst die Artikulierung von neuen Problemen, die die Gesellschaft oder einzelne Gruppen betreffen sowie die Durchleuchtung von manifest gewordenen Problemen, um in einem gemeinsamen Lernprozess Lösungsmöglichkeiten vorzubereiten.

Ähnlich wie es im Parlament geschehen sollte, repräsentiert der organisierte Konflikt zu jedem einzelnen Problem die gesellschaftliche Wirklichkeit, aber unter Wahrung des Gleichheitsgebots (d.h. der Aufdeckung strukturell vernachlässigter Gruppen oder Interessen); und wie ein ideales Parlament arbeitet er öffentlich und wird durch die Massenmedien ausgestrahlt.

Jeder Bürger hat die Möglichkeit der "direkten Teilnahme". Es wird eine Telefonnummer bekanntgegeben, über die die Zuschauer den Sender erreichen und zu kontroversen Fragen, die sich im Laufe der Diskussion ergeben, Stellung nehmen können. Die Zuschauer können so ihre Meinung zu den Fragen mitteilen, wobei bestimmte Sozialdaten wie Alter, Geschlecht, Einkommen, Bildung in verschlüsselter Form erfasst werden. Die Anrufzeit zu den jeweiligen Fragen ist auf wenige Minuten begrenzt.

Die eingelaufenen Daten werden über Rechner ausgewertet und den Zuschauern und Teilnehmern des organisierten Konflikts graphisch dargestellt und erklärt. Die diskutierten Teilnehmer des organisierten Konflikts können so die Meinungen und Bewertungen der Zuschauer in ihrer Argumentation berücksichtigen und gegebenenfalls Inhalt und Richtung der Diskussion ändern. Die Zuschauer selbst erkennen, wie sich ihr eigener Standort nicht nur zu der Meinung der Politiker und Fachleute, sondern auch zu den Meinungen aller übrigen Bürger verhält.

Die Meinungen und Bewertungen der Zuschauer werden durch die Teilnahme eines "Panels" ergänzt. Hierbei handelt es sich um eine vorher ausgewählte, im Hinblick auf definierte Kriterien repräsentative Stichprobe aus der Bevölkerung des Sendegebietes, deren Mitglieder verpflichtet sind, während der Anrufphasen über gesonderte und getrennt auszuwertende Telefonanschlüsse anzurufen und ihre Bewertungen abzugeben.

Das repräsentative Panel hat zwei Funktionen:

♦   Es soll erstens verhindern, dass die Gruppe der freiwilligen Anrufer ein schiefes Bild der tatsächlichen Meinungen und Wünsche der Bevölkerung dadurch ergibt, dass viele Menschen kein Telefon haben, aus beruflichen Gründen zur Sendezeit nicht teilnehmen können, weniger geübt sind, sich auszudrücken oder sich scheuen, Bewertungen überhaupt abzugeben. Auch soll verhindert werden, dass sich gut organisierte Interessengruppen durch massive und gesteuerte Teilnahme ein Übergewicht verschaffen.

♦   Zweitens kann diese Bürgerauswahl direkt mitreden und immer in die Diskussion eingreifen, wenn das Streitgespräch im organisierten Konflikt einen Verlauf nimmt, der nach ihrer Meinung an den zu behandelnden Problemen vorbeigeht, wesentliche Fakten auslässt oder wichtige Bedürfnisse nicht berücksichtigt. Wenn diese Bürgerauswahl nicht nur an einer, sondern an mehreren ORAKEL-Sitzungen teilnimmt, so gewinnt sie an Sachverstand und auch Fachwissen. Sie wird immer besser in die Lage versetzt, auch komplizierte Sachverhalte zu beurteilen und ihre langfristigen Auswirkungen zu bewerten.

Selbst eine Gruppe Wissenschaftler kann unmöglich alle verfügbaren wichtigen Informationen über ein zu diskutierendes Problem parat haben. Deswegen gehört zu ORAKEL eine "Datenbasis", die sorgfältig vorbereitet und aufgebaut sein muss. Die Mitglieder des organisierten Konfliktes können dann jederzeit zur Untermauerung ihrer Thesen oder zur Widerlegung und Hinterfragung der Thesen ihrer Gegenspieler die Datenbais "anzapfen".

Aber auch von sich aus müssen die Fachleute der Datenbasis in die Diskussion eingreifen und zwar immer dann, wenn falsche Behauptungen aufgestellt werden, die aufgrund des zur Verfügung stehenden Materials berichtigt werden können. Die Datenbasis hat sogar die Pflicht das Streitgespräch zu unterbrechen, wenn Aussagen gemacht werden, die eindeutig widerlegbar sind, wenn ungerechtfertigte Verallgemeinerungen gemacht oder logisch unerlaubte Schlüsse gezogen werden.

Das Streitgespräch und die Planungsarbeiten im organisierten Konflikt werden also auf zweierlei Weise kontrolliert:

♦   Einmal durch die Datenbasis, die das für das jeweilige strittige Problem relevante Wissen in die Diskussion einspeist

♦   Zweitens durch die Kontrolle der teilnehmenden Öffentlichkeit und des repäsentativen Panels, deren Werturteile und kritische Meinungsäußerungen den organisierten Konflikt steuern.

Ein wesentlicher Vorteil von ORAKEL gegenüber der Meinungsbefragung besteht darin, dass der Zuschauer im Laufe der Sendung sorgfältig informiert und damit einer spontanen, oft nur emotionalen Beurteilung des anstehenden Problems vorgebeugt wird, wie sie bei den herkömmlichen Meinungsbefragungen häufig ist. Bei ORAKEL handelt es sich eher um ein Wahrnehmen, um forschendes Lernen und dann erst um die Abgabe von Werturteilen.

Die teilnehmenden Bürger lernen durch die Sendung, weil sie durch die Möglichkeit der "aktiven Teilnahme" motiviert werden. Es handelt sich hier um einen grundsätzlichen Rollenwechsel des Publikums vom Konsumenten zum Mitproduzenten. Die Motivation steigt dann noch stärker an, wenn die Folgen des Eingreifens tatsächlich erlebt werden, wenn man spürt, wie durch das Urteil der Teilnehmer Verlauf und Inhalt der Sendung verändert werden.

Es ist jetzt eine Gesellschaft denkbar, die durch die "neuen Kommunikationskanäle" zunächst große Varietät erzeugt. Als Folge muss jedoch, um die Funktionsfähigkeit zu erhalten, die erzeugte Komplexität reduziert werden. Heute wird gesellschaftliche Komplexität weitgehend verdrängt oder gar nicht erst wahrgenommen, obgleich in der Gesellschaft eine Fülle von Wünschen und Zielen vorhanden ist. Durch Wissenschaft wird die Sache zunächst noch komplizierter, differenzierter.

Max Weber schrieb von "mehr Klarheit", die das Entscheiden schwerer macht (Weber, 1967). Die wissenschaftliche Analyse erzeugt eine höhere Bildschärfe und das bedeutet mehr Information, die in der knappen Zeit verarbeitet und berücksichtigt werden muss. Aber Wissenschaft und Technik leisten auch Rationalisierungs- und Vereinfachungshilfe. Durch Einführung höherer Ordnung, beziehungsweise durch Reduktion von Komplexität machen sie die Sachverhalte klarer und die Handlung rationaler.

Eine zunächst unübersichtiche Vielfalt von Zielen und Bewertungen lässt sich mit Hilfe der "Konsistenz-Analyse" und der "automatischen Klassifikation" der Personen im Hinblick auf Ähnlichkeiten ihrer Bewertungen und Ziele ordnen. Durch graphentheoretische Verfahren lässt sich die Übereinstimmung oder das Ausmaß an Unklarheit oder Konflikt direkt auf dem Bildschirm sichtbar machen. Mit Hilfe der multidimensionalen Skalierung oder der Clusteranalyse lassen sich die Objekte in hierarchische Gruppierungen bringen, durch die zum Beispiel eine Gruppierung der Politikbereiche zu Planungseinheiten unter dem Gesichtspunkt des Koordinationsbedarfs erreicht werden kann[*].

Durch Faktorenanalyse lassen sich Gemeinsamkeiten in den Zielsetzungen finden, wodurch der Weg zu Plänen und Lösungen erleichtert wird. In der Faktorenanalyse werden diese Ähnlichkeiten durch Korrelationskoeffizienten ausgedrückt. Während die Ähnlichkeiten noch direkt aus von den Bürgern angegebenen Zahlen und Beurteilungen ermittelt sind, geht man mit Hilfe der Faktorenanalyse auf die Suche nach übergeordneten Gemeinsamkeiten, die nicht mehr unmittelbar beobachtet, aber aus empirisch gewonnenen Daten hergeleitet sind.

---

[*] Zur Diskussion der Möglichkeiten der Anwendung computerunterstützter Methoden zur Problemstrukturierung s. auch Scharpf, Seite 185ff

Man erhält Bezugssysteme, aus denen sich Einsichten in die Struktur der Ähnlichkeiten ergeben können. Liegen Ziele im mehrdimensionalen Raum nahe beieinander, bilden sie dort eine deutliche Gruppe, so liegt die Vermutung nahe, dass diese Ziele durch eine übergeordnete Zielsetzung gemeinsam ausgedrückt werden können. Bei derartigen Auswertungen leistet die Bildschirmausgabe im Computer wertvolle Hilfe, besonders wenn eine direkte Interaktion zwischen Bildschirm und Benutzer möglich ist. Die im mehrdimensionalen Raum abgebildeten Gruppen von Zielen, Programmen oder von Bürgern können dann ähnlich wie eine Kristallstruktur in ihrer gegenseitigen Nähe beziehungsweise Distanz betrachtet werden, die entsprechenden Hypothesen über Zusammenhänge lassen sich formulieren und Gemeinsamkeiten erkennen.

In Verhandlungen zwischen großen Massen von Bürgern, bei denen eine Vielzahl von Zielsetzungen und Handlungsalternativen eine Rolle spielt, lässt sich auf diese Weise erkennen und abklären, wo sich Lösungsmöglichkeiten abzeichnen und wo Konfliktfelder nicht zu überbrücken sind.

Durch die detaillierte Darstellung in klar überschaubarer Form, gerade durch die Aufdeckung der interessengebundenen Hintergründe einer Diskussion, werden Bewertungen und Entscheidungen in Gang gesetzt; zumindest ist ein Weg aufgezeigt, den Bürger aus der passiven Empfängerrolle, dem Hinnehmen von Instruktionen und Entscheidungen, zu befreien.

Eine realistische Einschätzung von ORAKEL kann indessen nicht an den gegenwärtigen Problemen der Sozialisation und der ökonomischen Asymmetrien vorbeigehen. Zwar kann das Verfahren eine größere Kontrolle und Öffentlichkeit über Planungsentscheidungen herbeiführen, wird es aber nicht zurückgewandt auf die bestehenden Mängel in unserer Gesellschaft, dann bleibt es systemimmanent.

Dass das System ORAKEL auf die präformierten Verhaltensweisen der Sozialisation stößt, hat sich in den ersten Sendungen auch deutlich gezeigt. In der geringen Teilnahmebereitschaft derjenigen Mitglieder des Panel, die den unteren Gesellschaftsschichten angehörten, reproduzierte sich zunächst das, was aus den Versammlungen der Parteien und Verbände längst bekannt ist: Es ist eine kleine Schicht von aktiv Interessierten mit höherer Schulbildung, die für das Geschäft der politischen Diskusssion und Entscheidung für andere besorgt. Dieser Einengung der Diskussionsmöglichkeiten durch sozialisationsbedingte Folgen der Unfähigkeit zu Kommunikation bestimmter Schichten muss schon im Kindesalter, insbesondere in der Schule, entgegengewirkt werden.

Die bisherigen Experimente im Fernsehen, in Bürgerschaftsversammlungen und im Labor haben die technische und organisatorische Funktionstüchtigkeit von ORAKEL gezeigt. Ein dauerhafter Erfolg partizipatorischer Systeme wie ORAKEL verlangt jedoch - neben der Erforschung und Analyse vieler sozialer und psychologischer Probleme - auch institutionelle und rechtliche Neuerungen. Hier können interkulturelle Vergleiche wertvolle Hinweise geben und zu einem besseren Verständnis dafür führen, wie sich Sprache und Streitverfahren in weniger stark hierarchisch aufgebauten Herrschafts- und Interaktionssystemen konstruieren.

3.2.4 Planspiele zur Bewertung alternativer zukünftiger Wirklichkeiten

Planspiele können als eine Diskussion zwischen den Teilnehmern über einen langen Zeitraum angesehen werden. Sie stellen den Entwicklungs- und Lernprozess dar, in dem zwischen verschiedenen Interessen- und Bewertungspositionen durch ständigen Austauch ein Konsens gefunden werden soll. Anfangs verläuft dieser Austausch nur indirekt über einen Stab von Interviewern als Vermittler zwischen allen Beteiligten, die die ersten Strukturverbindungen herstellen.

Kern des Planspiels bildet der Erfahrungs- und Interessenaustausch zwischen den verschiedenen Interessenvertretern. Er wird schon in der Vorbereitungsphase eingeleitet, die nicht nur der Datensammlung dient. Die ersten Konfrontationen mit den Interessenstrukturen anderer werden durch den Interviewer vermittelt.

Die Vorbereitung des Planspiels wird durch die Auswahl geeigneter Teilnehmer eingeleitet. Interessenvertreter, die von den zukünftigen Entwicklungen Betroffenen werden mit dem Problem konfrontiert.

Damit verbunden steht die Sammlung von fachspezifischer Information aus Veröffentlichungen und aus Gesprächen mit den ausgewählten Experten und Interessenvertretern. Dabei werden nicht nur sachtechnische Daten, sondern auch Erfahrungen, Schätzungen und Vorschläge registriert.

Die registrierten Informationen sind also nicht nur "harte Daten", sondern auch frei gesprochene Texte und beobachtete Reaktionen der Befragten. Zur Absicherung werden auch harte Zahlen erhoben, z.B. technische Angaben oder Schätzungen über den möglichen Eintritt und die Auswirkungen zukünftiger Ereignisse. Diese Angaben unterliegen oft einer Beeinflussung durch Eigeninteresse bzw. finanzielle Abhängigkeiten des jeweiligen Teilnehmers. Diese Interessen und ihre Bedeutung für die abgegebene Bewertung müssen daher von den Interviewern rechtzeitig mit berücksichtigt werden. Daher ist in der Vorbereitungsphase neben der Sammlung von Sachinformationen und Erfahrungen eine Strukturierung der Interessen- und Wirklichkeitsräume aller Beteiligten konzipiert.

Um einen Wirklichkeitsraum zu erfassen, werden bestehende Wahrnehmungsstrukturen erfragt, d.h. das System wird von den Standpunkten aller Beteiligten aus beleuchtet. Um ein vollständiges Bild der Kenntnis, Erfahrungen und Interessen im jeweiligen Untersuchungsfeld zu erhalten, besteht die Notwendigkeit, von den Befragten selbst ihre Wirklichkeitssicht bzw. den Wahrnehmungsraum beschreiben und strukturieren zu lassen. Der Interviewer übernimmt dabei – wie schon beschrieben – eine Art Hilfestellung, um dem Probanden das Erkennen und Ordnen seines Bezugsraumes zu erleichtern. Dazu wird der Proband aufgefordert, aktiv von sich aus zu sprechen. Damit wird das Interviewgespräch zu Gunsten des Befragten verschoben, wodurch auch vom Interviewer vorher nicht erwartete Aspekte zum Ausdruch kommen können.

Zunächst werden in Zusammenarbeit mit dem Probanden die Elemente des Gegenstandsbereiches erfasst, wobei es sich je nach Zielsetzung der Untersuchung um Personen, Objekte und Tätigkeiten handelt. Dann nennt der Befragte die Bewertungskriterien (Konstrukte), mit denen er diese Elemente belegt.

Um ihm dabei den Einstieg zu erleichtern, kann der Interviewer im Triadenvergleich die einzelnen Konstrukte ermitteln lassen. Der Triadenvergleich läuft so ab, dass der Befragte drei willkürlich ausgewählte Elemente vergleicht, wobei er zwei als ähnlich zusammenfasst und mit dem Kriterium ihrer Ähnlichkeit den einen Konstruktpol angibt, den anderen dadurch benennt, dass er ihren Unterschied zum dritten der Elemente aufzeigt.

Im nächsten Schritt ordnet er die Elemente – und zwar alle, auf die das zu besetzende Konstrukt zutrifft – in diese Bewertungspaare ein.

Die Zusammenhänge zwischen Elementen und Konstrukten und die Dimensionen des Wahrnehmungsraumes lassen sich mit Hilfe einer Faktorenanalyse auf Dimensionen der Wahrnehmung und Beurteilung reduzieren und ihre Struktur darstellen.

Eine erste, qualitative Interpretation kann schon ein direktes Nachfragen des Interviewers ermöglichen. Damit geht er den entscheidenden Schritt weiter, nämlich den Befragten nicht nur selbst berichten und bewerten zu lassen, sondern durch ein gezieltes Nachfragen neue Hintergründe zu erfahren.

Die aus diesem ersten Erhebungsvorgang erhaltenen Wirklichkeitsräume und Strukturen werden in einem "Atlas der Strukturen" zusammengebracht. Die Dimensionalität der Räume ist dabei zu Beginn der Exploration offen. So ergibt sich eine "Interessenlandschaft", aus der die Positionen der einzelnen Interessen abgelesen werden können.

In diesem Abschnitt des Verfahrens werden in Abständen Interviewprotokolle von jedem Beteiligten erstellt, wobei in jeder Sitzung durch neue "Problemanstöße" der Vorgang einer Erkenntnisfindung vorangetrieben wird. Dabei werden Strukturvernetzungen angestrebt, die durch Austausch der Aussagen, Informationen oder Interessen aller Teilnehmer untereinander geknüpft werden. Durch gezielte und konzentrierte Darstellung der Problemlage in Art einer topischen Informationsdarstellung – wobei besonders die zu erwartenden Innovationen und Veränderungen zu berücksichtigen sind – wird ein Transfer auf eine zukünftige Wirklichkeit im Bewusstsein aller Beteiligten ermöglicht. So erhält man ein Bild der zukunftsbezogenen Wirklichkeitssicht des einzelnen Probanden, das immer weiter präzisiert werden kann, indem immer neue Informationen bei jeder Sitzung vorgegeben werden. Dazu zählen z.B. Vorschläge der Planer über technische Verbesserungen ebenso wie die Vorstellung der Betroffenen, mit diesem System in Zukunft zu arbeiten.

Dabei werden alle Aussagen auf ihre Beeinflussung durch Eigeninteressen mit Hilfe der vorher erstellten Wirklichkeitsstrukturen überprüft. Zusätzlich lassen sich dadurch eventuell Annäherungen der Bewertungspositionen anhand der Verschiebungen innerhalb der Interessenlandschaft von Gespräch zu Gespräch feststellen.

Das aus allen Erhebungen mit allen Beteiligten gewonnene Fach- bzw. Erfahrungswissen geht, nachdem es ständig überprüft, revidiert und erweitert wurde, neben dem Atlas der Interessenstrukturen in die Phase des organisierten Konfliktes in Form eines Szenarien getrennt mit ein.

Den Planspielteilnehmern (Vertreter aller Beteiligten) werden die Informationen, die im Explorationsabschnitt gewonnen wurden, als Ausgangsmaterial vorgegeben. Durch dieses Szenario kann der Wirklichkeitsraum des einzelnen Teilnehmers erweitert werden, so dass sein Wissen dem derjenigen entspricht, die er vertritt und er gleichzeitig Kenntnis der Wirklichkeitsräume anderer Beteiligter erhält. Die Veränderungen der Wirklichkeitsstrukturen während des Planspiels bzw. die von den Teilnehmern abgegebenen Wertungen der Beiträge anderer Teilnehmer können laufend erfasst, dargestellt und wieder in die Diskussion eingebracht werden.

3.2.5 Methodische Elemente der maieutischen Systemanalyse (Tom Sommerlatte)

Die Einsicht, dass Menschen – seien es potenzielle Kunden von Unternehmen, Bürger der Gesellschaft oder Mitglieder von Organisationssystemen – zwar die Richtschnur von zu entwickelnden Produkten und Dienstleistungen, von politischen Entscheidungen und Entwicklungen oder des Wandels von Organisationssystemen sein sollten, dass man sie aber nicht nach Dingen befragen kann, die es noch gar nicht gibt, konfrontiert uns mit einem Dilemma. Bedürfnisbefriedigung schön und gut, Berücksichtigung aller Interessengruppen der Gesellschaft akzeptiert – aber die Auskünfte über Bedürfnisse und Reaktionen auf neuartige Lösungen und Angebote, die uns Menschen auf direkte Fragen danach geben, sind geprägt von derzeitigen Gewohnheiten, temporären Einflüssen, Gruppendynamik, mangelnder Vorstellungskraft, Unkenntnis der Zusammenhänge und Ängsten oder Euphorien.

Die maieutische Systemanalyse geht vollkommen davon ab, Befragungen durchzuführen.

Die Bedürfnisse für zukünftige, bisher noch nicht realisierte Lösungen (wie hochinnovative Produkte, Systeme und Dienstleistungen) und Entwicklungen (wie gesellschaftspolitische und organisatorische) können mit der Methodik der Maieutik dadurch besser erkannt werden, dass die Entwerfer, Planer, Gestalter oder Entscheider sich selber unter die Betroffenen mischen und ihnen mit verschiedenen Dialogansätzen die Zusammenhänge, Bedingungen, Präferenzen und Erfolgsfaktoren entlocken, die für die zukünftigen Lösungen oder Entwicklungen bedacht werden müssen.

Um den Betroffenen eine Vorstellung der zukünftigen Lösungen oder Entwicklungen zu verschaffen, auf die sie reagieren sollen, können Ansätze wie interdisziplinär erstellte Szenarien, Debatten von Interessengruppen mit Expertenpanels, experimentelle Antizipation, Planspiele, Produktkliniken, Conjoint-Bewertungen und Simulationen, insbesondere virtuelle Simulationen, genutzt werden. Maieutik steht für die teilnehmende Beobachtung und den freien Dialog anhand antizipativ erzeugter Zukunftsentwürfe. Dabei sind sich die maieutisch arbeitenden System-forscher bewusst, wie volatil und heisenbergisch Bedürfnisse und Präferenzen in sozialen Systemen sind (vgl. Krauch, Sommerlatte, 1997). Aber die Erfahrung vieler Fehlentwicklungen (z.B. von neuen Produkten und Dienstleistungen) und politischer Fehlentscheidungen legt nahe, dass es immer noch besser ist, das Risiko ungenauer Bedürfnisinterpretation einzugehen, als die Kunden/Bürger mit im Elfenbeinturm erdachten Lösungen beglücken zu wollen, so kreativ oder wohl-meinend sie auch sein mögen.

3.3 Simulation und virtuelles Engineering
Ulrich Trottenberg, Johannes Linden,
Clemens-August Thole

3.3.1 Einleitung

Systemisches Denken hat in den Ingenieurwissenschaften eine lange Tradition: Komplexe technische Systeme erfordern disziplinübergreifende Planung und ein methodisches Verständnis des Zusammenwirkens von Systemkomponenten und Prozessen. Komplex (in einem qualitativen Sinn) ist ein System dann, wenn es mehr darstellt als die Summe seiner Einzelkomponenten, wenn gerade durch ihr Zusammenwirken und ihre Interdependenz die gewünschten Effekte erzielt werden. Viele der von uns heute wie selbstverständlich genutzten Systeme haben in dieser Hinsicht einen enormen Komplexitätsgrad: Automobile oder Flugzeuge, industrielle Großanlagen wie Reaktoren oder schlichter noch moderne Haus- und Klimatechnik. Kennzeichnend für die Entwicklung oder Weiterentwicklung solcher Systeme und Anlagen ist, dass sie sich heute schon an gewissen Leistungsgrenzen befinden. Der Fortschritt ist inkrementell und nur durch Verbesserung des Gesamtsystems oder zumindest größerer Teilsysteme, die traditionell getrennt betrachtet wurden, erzielbar. Im Flugzeugentwurf etwa spielt heute die Kopplung von Struktur und Aerodynamik des Flugzeuges die entscheidende Rolle, um Leistungsverbesserungen bei Wirtschaftlichkeit, Kapazität und beim Verhalten in extremen Fluglagen zu erzielen.

Aber auch abseits der technischen Artefakte ist in vielen aktuellen Fragestellungen der Wissenschaft ein systembezogener Denk- und Methodenansatz erforderlich. Ein Beispiel ist die heute breit diskutierte Frage nach der Entwicklung des Weltklimas. Es sind physikalische, chemische, biologische Prozesse, die hier zusammenwirken und in ihrer Gesamtheit das System Klima ausmachen. Die Menge der Einflussfaktoren ist kaum aufzählbar und sicher noch nicht vollständig verstanden. Das Klima ist vielleicht das Paradebeispiel eines komplexen Systems.

Systemisches Denken zielt darauf ab, Komplexität zu beherrschen oder – wie im Falle des Klimas - zumindest zu verstehen und dann steuernd einzugreifen. Eine monodisziplinäre Betrachtungsweise greift zu kurz. Kennzeichen systemischen Denkens ist Multidisziplinarität.

Bei der Erforschung komplexer – natürlicher wie technischer – Probleme stößt die für die klassischen Naturwissenschaften typische theoretische und experimentelle Herangehensweise zudem an ihre Grenzen. Es sind dies wirtschaftliche Grenzen, aber auch Grenzen der grundsätzlichen Machbarkeit. Im Falle der Klimaforschung ist es offensichtlich: Ein vollständiges theoretisches Modell des Weltklimas (in einem strengen physikalisch-mathematischen Sinne) wird es kaum geben und experimentelle Untersuchungen bleiben natürlicherweise auf Teilaspekte beschränkt. Als Gesamtsystem entzieht das Klima sich dem Experiment. An dieser Stelle etabliert sich die numerische Simulation neben Theorie und Experiment als eine dritte Säule wissenschaftlicher Erkenntnis. Der Fortschritt in der Rechnertechnik, schnellere und immer kostengünstigere Hardware kombiniert mit immer schnelleren Algorithmen erlauben es, komplexe Systeme im Computer mit enormer Detailtreue zu modellieren und Varianten schnell und effizient durchzuspielen. Jahrhundertprojekte wie die Entschlüsselung des menschlichen Genoms oder die Erforschung der Funktion der Proteine sind ohne den massiven Einsatz von numerischer Simulation kaum vorstellbar.

In diesem Beitrag sollen die multidisziplinären, systemischen Möglichkeiten der numerischen Simulation und des virtuellen Engineering genauer beleuchtet werden. Aktuelle Forschungsergebnisse werden anhand eines aktuellen Projektes aus der Automobilbranche aufgezeigt, in welchem die Methoden des Computer Aided Engineering (CAE) und deren Fundierung durch Mathematik und Informatik im Mittelpunkt stehen.

3.3.2 Das Ziel: Interaktive Simulation

Es ist eine der Grundaufgaben der Angewandten Mathematik, ob sie nun von Mathematikern, Physikern, Ingenieuren oder anderen ausgeübt wird, Modelle zu entwickeln, mit denen natürliche oder technische Prozesse nachgebildet werden und die es erlauben, Vorhersagen über deren Verhalten zu treffen. Ein klassisches und bis heute hochrelevantes Beispiel ist die Untersuchung von Strömungen, z.B um Flugkörper herum, um deren Auftrieb, Luftwiderstand oder andere die Flugeigenschaften bestimmende Größen in den unterschiedlichen Fluglagen zu berechnen. Solche Modelle sind der Ausgangspunkt für Simulationen.

In der Sprache der Mathematik werden die Modelle häufig in Form von Systemen partieller Differentialgleichungen formuliert. Diese Systeme können höchst kompliziert sein und lassen sich nur in einfachsten (und praktisch dann meist uninteressanten) Fällen mit den klassischen mathematischen Arbeitsmitteln („Bleistift, Papier und Kopf") lösen. Um die Modelle auszuwerten, und damit zu den gewünschten Erkenntnissen und Vorhersagen über das modellierte System zu gelangen, werden Rechner und dem Modell jeweils angepasste Rechenverfahren (Algorithmen) eingesetzt. Dies ist die Aufgabe der numerischen Mathematik oder allgemeiner der numerischen Simulation.

Für eine Auswertung auf Rechnern werden die Modelle, die zunächst kontinuierliche physikalische Größen wie Strömungsgeschwindigkeiten, Druck oder chemische Quantitäten und ihre Abhängigkeiten beschreiben, durch Approximationen ersetzt. Dies ist erforderlich, da Rechner grundsätzlich ja nur mit endlich vielen Zahlen und nicht mit kontinuierlichen Größen arbeiten können. Man spricht von einer *Diskretisierung*. Es gibt dazu unterschiedliche mathematischen Methoden. Eine typische Vorgehensweise ist es, das Berechnungsgebiet mit einem Netz von Gitterpunkten zu überdecken und die für die gewünschten Auswertungen relevanten Größen an diesen Gitterpunkten näherungsweise zu berechnen, eben diskrete numerische Werte statt einer kontinuierlichen Funktion. Im Falle der Klimaberechnung etwa bildet die Erdatmosphäre das Berechnungsgebiet. Der Prozess der Diskretisierung führt in typischen Fällen auf sehr große, in der Regel nichtlineare Gleichungssysteme mit Hunderttausenden oder Millionen von Unbekannten. Bei zeitabhängigen Modellen, wie es das Klima natürlich ist (man will immerhin eine Vorhersage für rund 100 Jahre treffen), wird der Vorhersagezeitraum noch in kleine Zeitschritte zerlegt, die jedesmal wieder die Lösung solcher großen Gleichungssysteme erfordern. Die Genauigkeit der Berechnung, und damit die Verlässlichkeit der Vorhersagen, hängt entscheidend davon ab, wie fein das Berechnungsgitter ist und wie klein die Zeitschritte sind. Je feiner aber das Gitter, desto größer die Gleichungssysteme und desto höher der Rechenaufwand. Die Dimension der Systeme wächst proportional zur Zahl der Gitterpunkte. Halbiert man schon nur die Abstände zwischen den Gitterpunkten, dann wächst die Dimension der Systeme um den Faktor 8, bei zeitabhängigen Problemen um den Faktor 16. Heutigen Klimaberechnungen liegen Gitterpunktabstände von in der Größenordnung von 300 km zugrunde, auf ein Gebiet wie Deutschland entfallen dann gerade mal eine Hand voll.

Für die benötigte Rechenleistung ist die Dimension der Systeme ein entscheidender Faktor. Ein anderer ist das verwendete Lösungsverfahren für die Gleichungssysteme. Bei klassische Verfahren, wie sie die Angewandte Mathematik über viele Jahrzehnte entwickelt und genutzt hat, wächst die Zahl der Rechenoperationen mit der zweiten oder sogar dritten Potenz der Dimension der Systeme. Der Wahl des Lösungsverfahrens kommt damit die entscheidende Rolle zu.

Über viele Jahre hinweg war die verfügbare Rechenkapazität für viele der interessantesten Anwendungen, z.B. in der Aerodynamik, ein absolut begrenzender Faktor. Die dreidimensionale Strömung um eine komplette Flugzeugkonfiguration mit Berechnung der für Auftrieb und Energieverbrauch so wichtigen Luftreibung am Flugzeugkörper, also die Lösung der sogenannten Navier-Stokes Gleichungen, war lange außerhalb jeder realistischen Möglichkeit und ist auch heute noch eine methodische und rechentechnische Herausforderung. Die Entwicklung von Rechnerhardware hat in den letzten 20 Jahren allerdings zu kontinuierlichen Leistungssteigerungen um den Faktor 10.000 (peak performance) geführt, hinzu kam Ende der achtziger Jahre das Aufkommen der parallelen Hochleistungsrechner.

Außerdem haben Verfahrensentwicklungen in der numerischen Mathematik zu Leistungssteigerungen in mindestens gleicher Größenordnung geführt. Den Durchbruch hat dabei die Einführung von hierarchischen Algorithmen bewirkt, die heute im Mittelpunkt der Algorithmenentwicklung stehen. Man berücksichtigt bei diesen Algorithmen – verkürzt gesagt -, dass die Lösung eines Gleichungssystems sich in Einzelkomponenten zerlegen lässt, die sich mit zum Teil deutlich geringerem Aufwand und in gröberen Berechnungsgittern mit guter Genauigkeit approximieren lassen, möglicherweise sogar mit vereinfachten Modellen. Letztlich nutzt man eine Hierarchie von Approximationen und Modellen, die für die Einzelkomponenten der Lösung jeweils adäquat sind und insgesamt die Rechenzeit deutlich reduzieren. Neben dem *Hierarchieprinzip* spielen die *Adaptivität* und *Parallelität* eine entscheidende Rolle in der modernen numerischen Algorithmenentwicklung. Unter Adaptivität versteht man die Anpassung von Berechnungsgittern an Eigenschaften der Lösung. Das Prinzip heißt: Feine Gitter und erhöhte

Genauigkeit nur da, wo Modell und Lösung es erfordern. Und mit dem Stichwort Parallelität ist schließlich die optimale Übertragung der Algorithmen auf parallele Rechnerarchitekturen gemeint.

Gelingt es, die Leistungssteigerungen auf der Hardware und auf der Verfahrensseite optimal miteinander zu kombinieren, was durchaus vom Einzelfall abhängt, so hat man über einen 20-Jahres-Zeitraum betrachtet insgesamt eine Leistungssteigerung um den Faktor 10^7 bis 10^8.

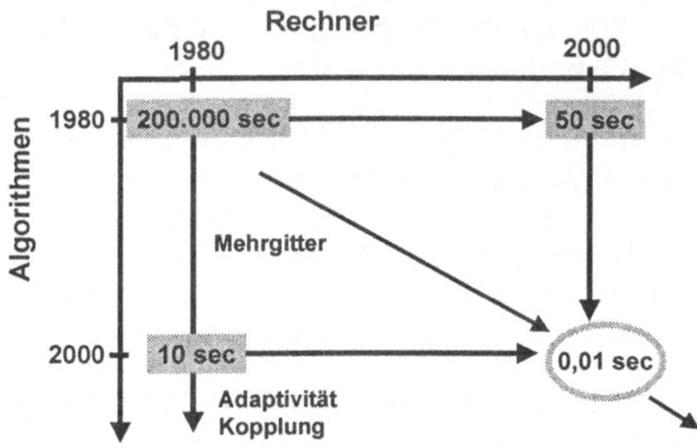

Abb. 1:   Entwicklung von Rechenzeiten (sustained performance) für ein Benchmark-Problem (lineare Potenzialgleichung)

Die Rechnerentwicklung hat über den Zeitraum von 20 Jahren hinweg zu einer Beschleunigung um den Faktor 4.000 geführt, die Algorithmenentwicklung (Mehrgitterverfahren) um den Faktor 20.000. In der optimalen Kombination von Algorithmen und Rechnern lässt sich eine Beschleunigung insgesamt um den Faktor von rund 2 mal 10^7 erzielen (vgl. Abbildung 1).

Diese enorme quantitative Steigerung kann in eine neue Qualität umschlagen und Simulations-, Vorhersage- und Optimierungsmöglichkeiten eröffnen, die es vorher nicht gab:

♦   Es werden Aufgaben lösbar, die noch vor 10 Jahren als unlösbar galten, z.B. Lösung der Navier-Stokes Gleichungen für eine komplette 3D-Flugzeugkonfiguration.

♦   Wenn Rechenzeiten sich von Tagen und Stunden auf Sekunden und Zehntelsekunden reduzieren lassen, kann Simulation *interaktiv* genutzt werden.

Interaktivität ist tatsächlich ein Qualitätssprung, der Sicht- und Arbeitsweisen verändern kann. Wenn der Entwurfsingenieur im Minuten- oder Sekundentakt Lösungen seines mathematischen Modells erhält, dann kann er zeit- und kostengünstig sehr viele verschiedene Varianten durchspielen. Beim Entwurf eines technischen Produktes (z.B. eines Tragflügels für ein Flugzeug), bei dem man typischerweise viele Freiheitsgrade in der Gestaltung hat, ist dies ein nicht zu unterschätzender Vorteil bei der Suche nach der optimalen Lösung. Letztlich können Entwurf und Simulation zu einem Prozess verschmelzen. Die Beiträge der verschiedenen am Entwurfsprozess Beteiligten können interkommunikativ integriert werden. Interaktivität fördert den multidisziplinären Ansatz und damit eine systemische Betrachtungsweise.

3.3.3 Beispiel AUTOBENCH: Virtuelles Engineering im Automobilentwurf

Das Verbundprojekt „AUTOBENCH: Integrierte Entwicklungsumgebung für virtuelle Automobil-Prototypen" wurde vom Bundesministerium für Bildung und Forschung (BMBF) gefördert, um in Zusammenarbeit des Fraunhofer Instituts für Algorithmen und Wissenschaftliches Rechnen mit führenden deutschen Automobilunternehmen und Herstellern von Simulationssoftware die Vision des virtuellen Prototypen eines zu entwickelnden Automobils zu verwirklichen (AUTOBENCH, 2001).

Bei der Entwicklung von Autokarosserien treffen die unterschiedlichsten Anforderungen aufeinander. Sicherheitsüberlegungen zum Beispiel diktieren die Anforderungen für Steifigkeit und Crash-Verhalten der Fahrgastzelle, Wirtschaftlichkeit und Umweltverträglichkeit stellen Anforderungen an die aerodynamische Form und das Gewicht, für den Komfort muss die akustische Belastung im Innenraum möglichst gering gehalten werden und nicht zuletzt spielt die Gesamtoptik für den Verkaufserfolg eine entscheidende Rolle. Ein integrierter Entwurfsprozess muss diese sehr unterschiedlichen und in ihrer technischen Interdependenz komplizierten und zum Teil vielleicht widersprüchlichen Anforderungen zusammenführen. Ein unter Sicherheitsgesichtspunkten optimalgestalteter Wagen kann unter Komfort- oder Verkaufsgesichtspunkten ein Flop sein.

Karosserieentwurf ist daher ein Systementwurf, der die verschiedenen ingenieurwissenschaftlichen Disziplinen mit den Stylisten und Vermarktern zusammenführt. Die Veränderungsgeschwindigkeit der Märkte und der Druck des Wettbewerbs führen dabei - bei stetig wachsenden Qualitätsanforderungen an den Entwurf - zu immer kürzeren Entwicklungszeiten. Beides – Komplexität des Entwurfsobjektes und die Geschwindigkeit der Märkte – zwingen dazu, den gesamten Entwurfsprozess als integrierten Prozess rechnerbasiert abzuwickeln. Die traditionelle Vorgehensweise, welche die Beiträge der einzelnen Disziplinen experimentell in Prototypen zusammenführt, stößt an wirtschaftliche, methodische und verfahrenstechnische Grenzen.

Damit nehmen auch Informatik und Mathematik einen zunehmenden Raum in dieser traditionell von Ingenieuren beherrschten Domäne des Automobilbaus ein. Informatik und Mathematik liefern Algorithmen und Methoden, die es erlauben, einzelne Entwurfsphasen interaktiv zu koppeln:

- ♦ CAD (computer aided design) für die Konstruktion der Bauteile, ihren Zusammenbau und die Festlegung und Vorhersage ihrer Eigenschaften;

- ♦ CAE (computer aided engineering) für die Entwicklung und Vorhersage der funktionellen Eigenschaften des Systems, z.B. Steifigkeit, Crash Verhalten, Aerdynamik, Akustik etc.

- ♦ CAS (computer aided styling) für die Entwicklung der äußeren Form

- ♦ CAM (computer aided manufacturing) für Simulation und Planung des Herstellungsprozesses

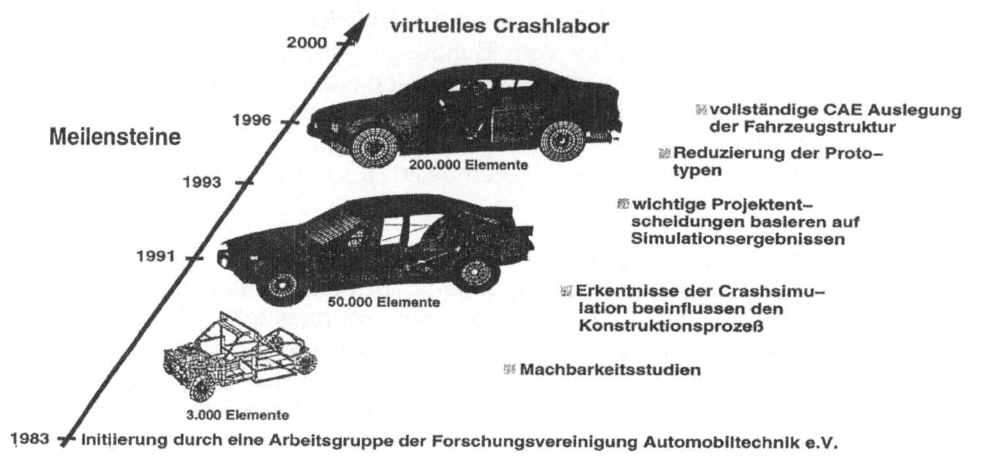

Abb. 2: Meilensteine in der Crash-Simulation

Ziel einer solchen Entwicklung ist eine integrierte Entwurfsumgebung, die die verschiedenen Entwurfsbeiträge interoperabel und interkommunikativ miteinander verbindet. Die Vision ist der virtuelle Prototyp, das Auto aus dem Computer.

Im Projekt AUTOBENCH wurde im Rahmen dieser Zielsetzung zusammen mit den beteiligten deutschen Automobilunternehmen und Softwareherstellern (für Strukturanalyse und Crash-Simulation) eine neue Softwareumgebung entwickelt, die die Entwicklungsphasen CAD (Bauteile), CAM und CAE miteinander verknüpft, mit neuen Werkzeugen für das Pre- und Postprocessing zu einer CAE-Prozesskette integriert und neue Analysetools zum Verständnis des Stabilitätsverhaltens der zugrundeliegenden mathematischen Modelle bereitstellt.

Dabei standen vier Bereiche im Zentrum der Entwicklungsarbeit:

- ♦ Bauteilorientiertes CAE

- ♦ Integration der Prozesskette

♦ Stabilitätsanalyse der Crash-Simulation

♦ Schnelle Lösungsverfahren und Optimierung

Bauteilorientiertes CAE

Während im CAD Bauteile der Karosserie und ihre Zusammensetzung die natürliche Basis bilden, wurde eine bauteilorientierte Vorgehensweise im CAE bisher dadurch wesentlich behindert, dass für die CAE-Berechnungen ein globales, das gesamte Fahrzeug abdeckendes Gitter („Finite Elemente-Netz") benötigt wurde. Die Ersetzung eines Bauteils oder eine Modifikation, die sich auf einzelne Bauteile beschränkte, erforderte eine Neuerzeugung des gesamten Gitters. Die vorteilhafte bauteilorientierte Arbeitsweise war damit auf die CAD-Phase beschränkt – und beim Übergang vom CAD zu CAE kam es zu einem Bruch der Prozesskette. Durch die Einführung neuer numerischer Techniken können jetzt auch im CAE-Prozess Bauteile als Basiselemente zugrundegelegt werden (vgl. Abbildung 3). Die "Inkompatibilität" bauteilbezogener Gitter – gegenüber einem einheitlichen globalen Gitter – wird durch geeignete numerische Integrationsschemata überwunden. Dies stellt einen essentiellen Durchbruch dar, da die bauteilbezogene Arbeitsweise jetzt für CAD, CAE und andere Prozessschritte, z.B. die Visualisierung, durchgängig einsetzbar ist.

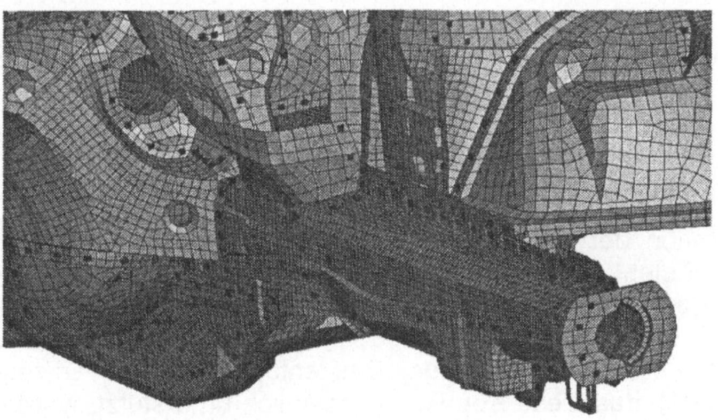

Abb. 3:   Modellierung eines Motorträgers, bauteilbasiert mit Schweißpunkten
          (Bild: BMW)

Integration der Prozesskette

Diese Einheitlichkeit ist auch eine wichtige Voraussetzung für die Integration aller Prozessschritte in *eine* Entwicklungsumgebung (vgl. Abbildung 4). Die Erfassung der Prozesskette CAD, Gittererzeugung, Preprocessing, Agglomeration, Lösung, Postprocessing und VR-Visualisierung in *einer* Umgebung, einschließlich des notwendigen Datenmanagements wurde im AUTOBENCH-Projekt unter Benutzung von CORBA und Java realisiert. Die Prozesskette kann jetzt von einer Web-Oberfläche bequem benutzt und gesteuert werden. Für die die Ingenieure ergibt sich auf diese Weise eine erhebliche Vereinfachung und Effizienzsteigerung ihrer Arbeit. Die telekooperativen Möglichkeiten der Entwicklungsumgebung sind zudem Ausgangspunkt für die Bildung interdisziplinärer, virtueller Entwurfsteams.

Horizontale Integration: Multidisziplinäre Kopplung
(MpCCI-basiert)

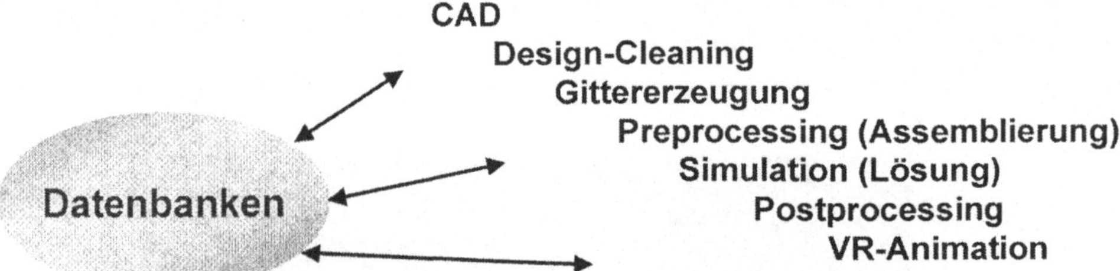

Vertikale Integration: Entwurfs-Prozeßkette
(CORBA-basiert)

Abb. 4:   Horizontale und vertikale Integration als Elemente der Entwicklungsumgebung

Der Integration der zeitlich hintereinander liegenden Prozessschritte („vertikale Integration") steht die horizontale Integration der Simulation gegenüber: das Zusammenfügen von Einzelelementen wie Strömung, Struktur, Crash, Akustik, Umformtechnik usw. zu einer multidisziplinären, gekoppelten und insbesondere interoperabel nutzbaren Simulation. Das entsprechende Werkzeug MpCCI (Wolf, Steckel, 2001), das diese Kopplung wesentlich unterstützt, wurde im Rahmen der Vorlaufforschung vom Fraunhofer-Institut für Algorithmen und Wissenschaftliches Rechnen prototypisch entwickelt; es wird in dem laufenden BMBF-geförderten Projekt COSIWIT an eine Vielzahl von Anwendungen angepasst und optimiert.

Stabilitätsanalyse der Crash-Simulation

Von numerischer Crash-Simulation ist bekannt, dass sich deutlich unterschiedliche Resultate ergeben können, wenn die Eingabedaten nur wenig verändert werden bzw. wenn – bei identischen Eingabedaten – die einzelnen Rechenoperationen etwas anders ablaufen. Solche kleinen Änderungen, im Rundungsfehlerbereich, entstehen im Rechenablauf zum Beispiel wenn Parallelrechner für die Berechnung eingesetzt werden.

Diese „Instabilität" spiegelt ein „chaotisches" Verhalten auch der Crash-Realität wider (vgl. Abbildung 5), wenn man davon ausgeht, dass das zugrundeliegende mathematische Modell realitätsnah ist. Die Interpretation der Simulationsergebnisse wird durch das instabile Verhalten des Modells natürlich erschwert.

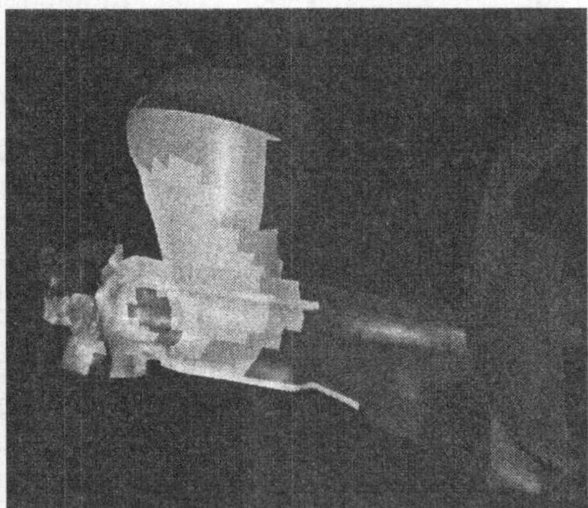

Abb. 5:   Streuung von Simulationsergebnissen im Fußbereich des Fahrers (links) und auf dem Motorträger. Statistische Analysen mit DIFFCRASH ergeben: Die Streuung ist hier auf eine reale Verzweigung in der Deformation des Motorträgers zurückzuführen; sie ist kein numerischer Artefakt

Zur näheren Untersuchung dieser Einflüsse wurde im Rahmen des Projektes das Softwarewerkzeug DIFFCRASH entwickelt. Damit ist es möglich, die Ursachen für das instabile Crash-Verhalten zu analysieren. Für das Verständnis der Crash-Simulation ist dies ein entscheidender Beitrag, mit Wirkung in der tägllchen Entwurfspraxis.

Schnelle Lösungsverfahren und Optimierung

Um die AUTOBENCH-Softwareentwicklungen *interaktiv* nutzen zu können, wie das Projekt es sich zum Ziel gesetzt hat, kommt es entscheidend darauf an, dass die Simulations- und Visualisierungsalgorithmen schnell genug ablaufen: Der Nutzer soll in die Lage versetzt werden, auf die visualisierten Simulationsergebnisse warten zu können; d.h. sie müssen im Sekundentakt auf dem Bildschirm sichtbar werden. Dies ist vor allem bei Optimierungsaufgaben von Bedeutung, bei denen erst viele einzelne Simulationsläufe zu einem Ergebnis führen.

Für den Zweck dieses Beitrags würde es zu weit führen, auf die numerischen Forschungsergebnisse einzugehen, die für die Algorithmenentwicklung und – beschleunigung maßgeblich sind. Im AUTOBENCH-Projekt haben sie sich überwiegend auf die Thematik Schnelle Löser und Optimierung, speziell auf algebraische Mehrgitterverfahren, konzentriert. Hierüber gibt die Monographie „Multigrid" (Trottenberg, Oosterlee, Schüller, 2001) im einzelnen Aufschluss.

3.3.4 Grenzen der numerischen Simulation, Auswege

Die in den vorangehenden Abschnitten beschriebenen drastischen Fortschritte bei der numerischen Simulation könnten den Eindruck erwecken, als sei es nur ein Frage der Zeit, bis sich alle natürlichen und technischen Vorgänge vollständig simulieren lassen. Die traditionellen Hindernisse für die numerische Simulation bestanden in der Tat in der begrenzten Leistung von Rechnern und Algorithmen und – dazu korrespondierend – in der begrenzten Genauigkeit und Realitätsnähe der Modelle. Alle diese Hindernisse erscheinen auf den ersten Blick mit den oben genannten numerischen Prinzipien und innovativen Rechnerarchitekturen als überwindbar.

Diese Annahme ist in dieser simplen Form jedoch nicht zutreffend. Bei der numerischen Simulation hat man es nicht nur mit quantitativen, prinzipiell überwindbaren Leistungsgrenzen zu tun – es gibt auch qualitative Grenzen, deren Überwindung prinzipiellere Schwierigkeiten macht. Wir benennen diese Schwierigkeiten hier – etwas vereinfachend – als die „Chaosgrenzen" der numerischen Simulation. Ohne hier Fragen der Chaostheorie erörtern zu wollen, möchten wir auf diese Schwierigkeit doch anhand einiger Beispiele kurz eingehen.

Ein Beispiel ist die im vorigen Abschnitt erläuterte Crash-Simulation, wo klein(st)e Änderungen in den Eingabedaten oder im Ablauf der Rechnung zu erheblichen Abweichungen im Simulationsergebnis führen können. Während solche Instabilitäten auch bei linearen Problemen auftreten (nämlich im Falle sehr „schlechter numerischer Kondition"), können bei nichtlinearen Systemen chaotische Phänomene in Form von „Verzweigungen" auftreten, durch die kleinste Änderungen zu einem qualitativ anderen Ergebnis führen - mathematisch gesprochen: einem anderen Lösungszweig.

Ein klassisches Beispiel für eine Verzweigung ist die Biegung eines Stabes: Wenn man auf das Ende eines Stabes einen starken Druck ausübt (und das andere Ende festhält), bricht der Stab aus, und die Richtung, in der die Auslenkung stattfindet, ist im Allgemeinen nicht vorhersehbar. Das mathematische Modell hat verschiedene Lösungen; welche der Lösungen die Wirklichkeit auswählt, hängt unter Umständen von mikroskopisch kleinen Einflüssen ab. In diesem Fall erlaubt natürlich auch die numerische Simulation keine Prognose.

Dieses Beispiel ist kein künstlich konstruierter Sonderfall, sondern repräsentativ für eine große Menge praktisch auftretender Situationen, zu denen insbesondere das Crash-Verhalten von Fahrzeugen gehört. Die Tatsache, dass mit Verzweigungen zu rechnen ist, bedeutet andererseits aber nicht, dass Simulationen völlig sinnlos werden. Wie das oben beschriebene Werkzeug DIFFCRASH zeigt, können statistische Auswertungen der Crash-Ergebnisse und Sensitivitätsanalysen durchaus von großem praktischen Nutzen sein. Die Auswertung gibt dem Konstrukteur die Möglichkeit, durch geringfügige geometrische Änderungen (z.B. Winkelmodifikationen) instabiles Verhalten zu vermeiden.

Auch das Wetter und das Klima (in seiner längerfristigen Entwicklung) verhalten sich prinzipiell chaotisch. Auch ohne den schon sprichwörtlich gewordenen Schmetterling (kleine Störung) zu bemühen, der für die Entstehung des verheerenden Wirbelsturms (große Wirkung) verantwortlich gemacht wird, sind sich Meteorologen heute darüber einig, dass *lokale Wetterprognosen* (bei normalen Wetterlagen) über den Zeitraum von rund 14 Tagen hinaus nicht mehr verläßlich sind.

Das *Klima* ist – wegen der Vielfalt der Einflüsse – ein besonders komplexes System. Die multiplen physikalischen, chemischen, biologischen und insbesondere anthropomorphen und industriellen Einflüsse und ihre Wechselwirkungen nicht nur in idealisierenden SpielSzenarien, sondern in realistischen globalen Modellen zu erfassen, ist äußerst schwierig. Wenn die Ergebnisse der heutigen Simulationen noch erhebliche quantitative Prognoseunsicherheiten, z.B. bezüglich des Ausmaßes der globalen Erwärmung, aufweisen, dann ist eben nicht klar, worin diese Ungenauigkeiten begründet sind. Es kommen verschiedene Gründe in Betracht, z.B.:

♦ Ungenauigkeit der Eingabedaten (Messdaten)

♦ Ungenauigkeit des mathematischen Modells

♦ zu grobe Berechnungsgitter

Grundsätzlich kann natürlich auch das potenziell chaotische Verhalten des Klimas selbst ein Grund für die Prognoseschwierigkeiten sein. Die weltpolitische Einigung über die Frage, welche Maßnahmen angesichts der Klimaentwicklung unbedingt nötig sind, wird durch die Schwierigkeit, quantitativ genaue, verlässliche Prognosen zu machen, natürlich nicht befördert.

Die angesprochenen Grenzen der Simulation und der Prognoseverlässlichkeit sind – wie oben schon für die Crash-Simulation erwähnt – kein Grund zur Resignation. Denn erstens erlauben die methodischen Entwicklungen der Numerik sehr wohl, die Chaosgrenzen hinauszuschieben. Chaotische Ergebnisse selbst können statistisch ausgewertet werden. Und schließlich bietet die moderne Mathematik und Numerik Hilfsmittel an, mit denen die chaotischen Eigenschaften der Modelle theoretisch untersucht und kategorisiert werden können. Im interdisziplinären Zusammenspiel von Mathematik, Informatik und den Anwendungsexperten liegen Chancen, die bei weitem nicht ausgeschöpft sind.

Zukünftige Entwicklungen

Zu Beginn der neunziger Jahre gewann in den USA und Europa durch verschiedene Initiativen die numerische Simulation eine erhöhte Aufmerksamkeit unter Wissenschaftlern und in der Öffentlichkeit. In den USA sprach man von den „Grand Challenges", den großen Simulationsaufgaben, die es zu lösen galt. Dazu zählte damals schon die Klimaprognose, aber auch die dreidimensionale reibungsbehaftete Strömung um komplette Flugzeugkonfigurationen, die Beherrschung von Turbulenz, ab-initio-Rechnungen in der Quantenchemie und vieles mehr. Auch in Deutschland entstand mit der Initiative High Performance Scientific Computing ein neuer Aufbruch in diesem Bereich rund um solche herausfordernden Aufgabenstellungen. Die neuen Forschungsinitiativen wurden damals durch das Aufkommen der Parallelrechner genährt, die neue, bis dahin unerreichbare Rechengeschwindigkeiten und -kapazitäten versprachen. Es sind seitdem große Fortschritte in der Simulation erzielt worden. Das parallele Paradigma ist etabliert, sei es auf Großrechnern oder auf Clustern von Workstations oder PCs. Wir haben das Wissen, die Methoden und die Software, parallele Systeme optimal zu nutzen.

Die Leistungsfähigkeit der Rechner wird weiter wachsen, wenn auch voraussichtlich nicht ungebremst und unbegrenzt. Auf der anderen Seite aber steht die Erfahrung, dass die Rechenanforderungen aus der Komplexität der zu behandelnden Systeme und Modelle in einer Weise wächst, dass die Lösung nicht durch die Rechnerentwicklung gegeben werden kann. Die Forschungsherausforderung liegt zunehmend wieder in der Modell-, Methoden- und Algorithmenentwicklung, in der Formulierung der Systeme und ihrer mathematischen Durchdringung.

In der Klimaforschung diskutiert man bereits über Modelle mit Berechnungsgittern in der Größenordnung von einem Kilometer statt – wie heute üblich- von 300 Kilometern. Bleibt man bei den heute verwendeten Rechenverfahren, würden die erforderlichen Rechenzeiten um einem Faktor von mehreren Zehntausend ansteigen. Dies kann nur durch eine Algorithmenentwicklung aufgefangen werden, die auf einer präzisen Analyse des Modells basiert. Auch in der Crash-Simulation geht die Vision der Ingenieure weit über das heute Mögliche hinaus. Man will zum Beispiel das Überschlagen des Fahrzeugs berechnen, man will den Zusammenstoß zweier Fahrzeuge simulieren, man will die Insassen „modellieren".

Weitere neue Herausforderungen für die Simulation stellen sich in der Genomforschung, speziell in den sogenannten Proteomics, durch die die Struktur und Wirkungsweise der Proteine erforscht wird.

Die aktuelle Herausforderung für die numerische Simulation liegt neben der Methodenentwicklung dabei auch in der Verwaltung und Auswertung von Berechnungsergebnissen und in der Darstellung enormer Datenmengen. Dazu muss auf moderne Datenbanktechnologien, auf data mining, auf Methoden der Visualisierung und der Virtuellen Realität zurückgegriffen werden.

Damit entsteht insgesamt eine neue Disziplin zwischen Mathematik, Informatik, Ingenieur- und Naturwissenschaften. Als „Wissenschaftliches Rechnen" etabliert sie sich an Universitäten und Forschungsinstituten. Es werden bereits Studiengänge dazu eingerichtet. Insgesamt ist es natürlich ein schwieriger interdisziplinärer Diskurs, der theoretische und experimentelle Denktraditionen, Grundlagen- und Anwendungsforschung mit den entsprechenden Selbstverständnissen der Beteiligten zusammenführt. Aber diese Entwicklung ist Ausdruck einer Veränderung in der Wissenschaft, die notwendig ist, wenn wir das Verhalten komplexer Systeme verstehen, vorhersagen und beeinflussen wollen.

3.4 Szenariotechniken
Alexander Fink

3.4.1 Denken in alternativen Zukünften

Der Wunsch, die Zukunft vorauszusagen, hat mit der Entstehung moderner Unternehmen und Volkswirtschaften an Intensität zugenommen. Es ist allerdings festzustellen, dass selbst deutlich verbesserte Prognoseinstrumente nicht in der Lage sind, die von zunehmender Vielfalt und Dynamik geprägten Entwicklungen im Unternehmensumfeld vorherzusagen. Daher kommt vor allem in der strategischen Planung einem zweiten Instrument große Bedeutung zu – den sogenannten ZukunftsSzenarien. Sie bilden nicht mehr ab, was sein wird, sondern, was sein *könnte*. Ihr Ziel ist nicht, die Zukunft vorauszusagen, sondern alternative Möglichkeiten vorauszudenken, um so zu besseren Entscheidungen zu kommen.

Entwicklung der Szenariotechniken

Der Begriff »Szenario« geht auf das griechische Wort »skene« zurück, mit dem der Schauplatz einer Handlung, eine Szenenfolge in einem Bühnenstück bzw. der Rohentwurf eines Dramas beschrieben wird. Beim Film beschreibt ein »Scenarium« eine Entwicklungsstufe zwischen Exposé und Drehbuch.

Die Szenarioplanung als wirtschafts- und sozialwissenschaftliches Instrument hat mehrere Väter. Sie geht einerseits auf das von Herman Kahn und Anthony J. Wiener entwickelte *szenario writing* zurück. Ihre Szenarien waren primär militärische, hypothetische Folgen von Ereignissen, durch die zukünftige Entwicklungsmöglichkeiten sichtbar wurden. Die 1967 veröffentlichte Studie »*The Year 2000. A Framework for Speculation on the next Thirty-Three Years*« gilt als Geburtsstunde der Szenarioplanung. Parallel dazu entstand in Frankreich die *Analyse Prospective*. Sie wurde vor allem in der französischen Regionalplanung angewandt und erklärt den hohen Stellenwert, den die Szenarioplanung in Frankreich noch immer hat.

In den späten sechziger- und frühen siebziger Jahren begannen einzelne Unternehmen, sich für die Szenarioplanung zu interessieren. Als erster industrieller Anwender kann *General Electric* angesehen werden. Wegbereiter der Szenarioplanung ist jedoch *Royal Dutch/Shell*, deren Kompetenz bei der Entwicklung und Nutzung von Szenarien noch immer als Stärke des Unternehmens angesehen wird. Insgesamt setzte sich die Szenarioplanung vor allem bei Unternehmen durch, die in einem instabilen politischen und sozialen Umfeld operieren und insofern über eine langfristige Planung verfügen müssen. Da die Instabilität des Umfelds generell zunimmt, kann davon ausgegangen werden, dass die Nutzung von Szenarien in der strategischen Planung kontinuierlich zunehmen wird.

Was sind Szenarien?

Systematisch entwickelte Zukunftsbilder, sogenannte Szenarien, beruhen auf zwei Grundlagen – dem zukunftsoffenem und dem vernetzten Denken und Handeln (Fink, Schlake, Siebe, 2001; Fink, Schlake, Siebe, 2000).

Zukunftsoffenes Denken und Handeln: Beim Umgang mit Unsicherheiten neigen Planer dazu, in Extremen zu denken: die Zukunft ist entweder deutlich genug erkennbar, um auf der Basis von Prognosen klare Entscheidungen zu treffen – oder sie ist so ungewiss, dass sich eine systematische Auseinandersetzung gar nicht lohnt. Mit diesen Auffassungen werden sie jedoch den realen Planungssituationen nicht gerecht. Der Trugschluss der Prognostizierbarkeit zeigt sich deutlich an den Fehlurteilen renommierter Experten. So sah Ken Olson, Vorstandsvorsitzender von DEC, noch 1967 keinen Grund, warum Privatpersonen überhaupt einen Computer haben sollten. Der Trugschluss der völligen Unbestimmtheit führt in der Praxis dazu, dass Unternehmen auf eine systematische Auseinandersetzung mit der Zukunft verzichten und sich vollständig dem gegenwärtigen Wettbewerb zuwenden. Dabei verharren sie allerdings in den traditionellen Denkschemata – beispielsweise einer alteingesessenen Branche – und werden von innovativen Wettbewerbern überholt.

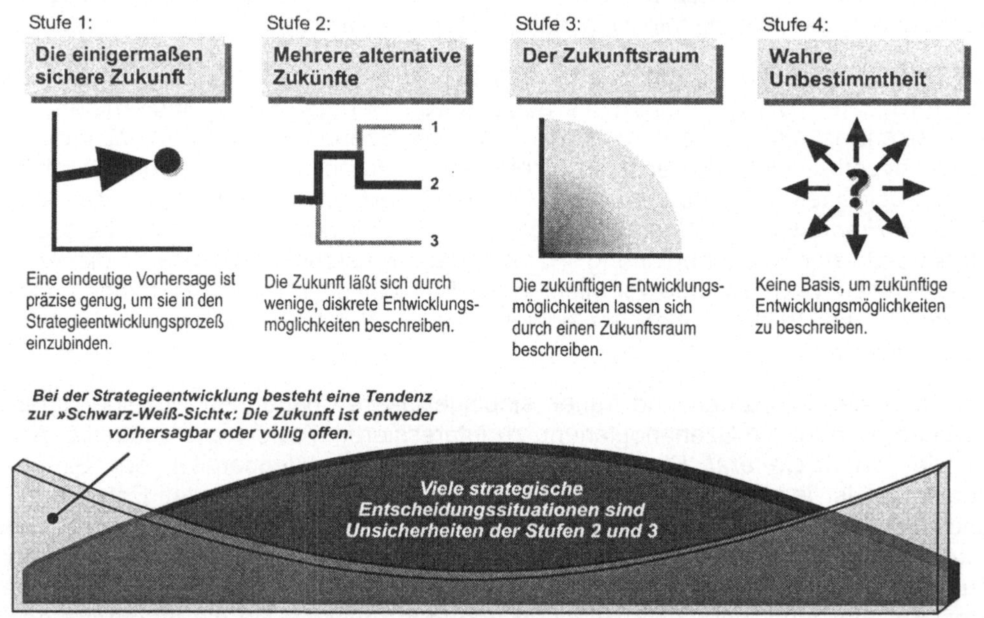

Abb. 1:   Vier Stufen der Unsicherheit

In einer Analyse der verschiedenen Stufen von Unsicherheit in Unternehmensumfeldern haben Courtney et al. gezeigt (vgl. Abbildung 1), dass die meisten strategischen Entscheidungssituationen zwischen einer einigermassen sicheren Zukunft (Stufe 1) und einer wahren Unbestimmtheit (Stufe 4) liegen (Courtney, Kirkland, Viguerie, 1997). In diesen Fällen lässt sich der Raum zukünftiger Möglichkeiten durch einige systematisch erstellte Zukunftsbilder sinnvoll beschreiben. Folglich sollten Unternehmen im strategischen Führungsprozess alternative Entwicklungsmöglichkeiten von Einflussfaktoren ins Kalkül einbeziehen.

Vernetztes Denken und Handeln: Die Vielfalt der unternehmerischen Tätigkeiten hat sich durch neue Produktions- und Kommunikationstechnologien, heterogenere Produktionsprogramme, zunehmende Globalisierung sowie die gestiegenen Ansprüche von Gesellschaft, Kunden und Mitarbeitern stetig erhöht. Hinzu kommt, dass die Dynamik der Änderungsprozesse in der Unternehmensumwelt ständig zunimmt. Beispielsweise verkürzen sich viele Produktlebenszyklen. Dieses Zusammentreffen von Vielfalt und Dynamik wird als Komplexität bezeichnet. Mit der Zunahme von Komplexität versagen viele herkömmliche Managementansätze, die auf einer getrennten Betrachtung einzelner Bereiche beruhen. Daher sind Unternehmen darauf angewiesen, in ihrer strategischen Planung die Entwicklung und das Verhalten vernetzter und komplexer Systeme zu berücksichtigen.

Der Begriff „Szenario" wird in Literatur und Praxis sehr vielfältig verwendet. Stützt er sich ausschliesslich auf zukunftsoffenes Denken und lässt das komplexe Zusammenwirken verschiedener Kräfte außer Acht, so sprechen wir von *Projektionen*. Ein Beispiel hierfür sind alternative Entwicklungsverläufe des Ölpreises. Basiert ein sogenanntes „Szenario" nur auf vernetztem Denken, ohne dabei von vorneherein mehrere Alternativen zu entwickeln, so sprechen wir von *Simulationen*. Erst die Kombination von zukunftsoffenem und vernetztem Denken führt zum Begriff des Szenarios (vgl. Abbildung 2).

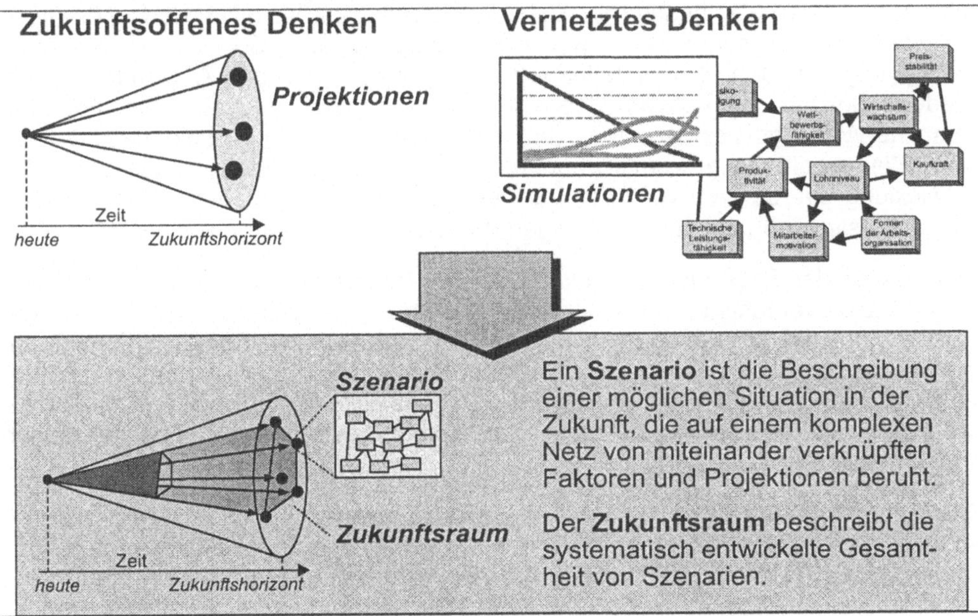

Abb. 2: Szenarien auf Basis zukunftsoffenem und vernetztem Denken

Ansätze der Szenarioplanung

In Wissenschaft und Praxis haben sich eine Vielzahl von Unterscheidungskriterien für Szenarien – aber auch für deren Einzelelemente und Anwendungsfelder – herausgebildet (Fink, 1999, Seite 29ff). Die wichtigsten Kriterien werden im folgenden beschrieben.

Ausgangspunkt der Szenarioentwicklung: In der Praxis werden Szenarien auf zwei Arten entwickelt. Bei der Entwicklung *explorativer* Szenarien wird von einem auf Analysen basierenden Ist-Zustand ausgegangen. Anschließend werden vorwärtsgewandt mehrere Entwicklungsmöglichkeiten dargestellt. Alternativ dazu können mögliche Zukunftssituationen entwickelt werden, ohne dabei die Entwicklung aus der Gegenwart zu betrachten. Hier wird von *antizipativen* Szenarien gesprochen, weil anschließend rückwärtsgewandt nach den Entwicklungsverläufen gefragt wird, die zu diesem Zustand führen könnten.

Richtung der Szenarioentwicklung: Im Rahmen der *induktiven* Szenarioentwicklung ergeben sich die Szenarien aus einer systematisch entwickelten Verknüpfung von möglichen Entwicklungen einzelner Schlüsselfaktoren. Demgegenüber wird am Beginn der *deduktiven* Szenarioentwicklung ein Rahmen für jedes Szenario (»framework«) abgesteckt. Zudem können Szenarien auch inkremental entwickelt werden. Als Ausgangspunkt dient dabei die »wahrscheinliche Zukunft«, von der aus verschiedene Varianten entwickelt werden.

Zielgerichtetheit der Szenarioentwicklung: Mit der Entwicklung von Szenarien verfolgt der Anwender bestimmte Ziele. Das bedeutet aber nicht, dass sich diese Ziele automatisch in den Szenarien wiederfinden lassen. So können Szenarien unabhängig von den Zielvorstellungen der späteren Szenario-Anwender erstellt werden. Solche *deskriptiven* Szenarien basieren auf Kausalitätsbeziehungen (Ursache-Wirkungs-Beziehungen) und enthalten keine Werturteile des Anwenders. Fließen die Ziele des Anwenders an maßgeblicher Stelle in die Szenarioentwicklung ein, so wird von *präskriptiven* Szenarien gesprochen. Diese werden auf der Basis von Finalitätsbeziehungen (Mittel-Ziel-Beziehungen) erstellt.

Komplexität der Szenarioentwicklung: Bei der Szenarioentwicklung werden zwei grundsätzlich verschiedene methodische Ansätze unterschieden. Im Rahmen der *modellgestützten* Szenarioentwicklung werden spezielle mathematische Algorithmen eingesetzt, um die komplexen Zukunftssituationen zu handhaben. Bei der *intuitiven* Szenarioentwicklung wird auf den Einsatz entsprechender Algorithmen verzichtet. Hier entstehen die Szenarien durch Bewertung einzelner Personen oder Gruppen.

Das Szenario-Management – und mit ihm die meisten kontinentaleuropäischen Ansätze – entwickelt Szenarien durch die systematische und modellgestützte Verknüpfung von Faktoren und Trends. Wesentliches Merkmal der Verknüpfung sind Ursache-Wirkungs-Zusammenhänge. Wesentliches Unterscheidungsmerkmal zu anderen Vorausschau-Instrumenten ist die antizipative Szenarioentwicklung – das heißt die Loslösung von der Gegenwart. Das Scenario-Management kann auch als Verbindung von zukunftsoffenem, vernetztem und strategischem Denken verstanden werden (vgl. Abbildung 3). Es umfasst insofern die systematische Anwendung von komplexen Szenarien zur Identifikation und Erschließung von Zukunftspotenzialen.

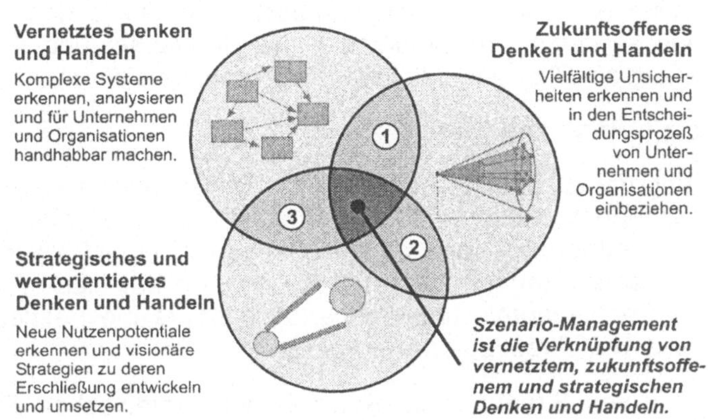

Abb. 3:   Drei Grundlagen des Szenario-Management

Der Unterschied des Szenario-Management zu Ansätzen, die sich mit ähnlichen Fragestellungen beschäftigen, wird in Abbildung 3 verdeutlicht:

- *Szenario-Technik in Europa (1)*: Die in Kontinental-Europa gebräuchliche Szenario-Technik konzentriert sich auf die Entwicklung komplexer Zukunftsbilder. Hier ist ein Szenario die Beschreibung *einer möglichen* Situation in der Zukunft („einer von mehreren"), die auf einem komplexen System von Einflussfaktoren und deren Projektionen beruht. Das zentrale Problem dieses Szenario-Ansatzes ist die Vernachläßigung der Integration dieser komplexen Szenarien in den strategischen Führungsprozess. Viele Szenario-Projekte sind in den 80er und frühen 90er Jahren gerade an diesem Punkt gescheitert.

- *Szenario Planning in den USA (2)*: Die im anglo-amerikanischen Sprachraum verbreiteten Varianten der Szenarioplanung umfassen die schnelle Erstellung einfacher Zukunftsbilder. Sie lassen sich leicht in den strategischen Führungsprozess integrieren und werden vor allem zur Bewertung vorhander Strategien eingesetzt. Dies erklärt den höheren Nutzungsgrad und die Popularität von Szenarien. Zentrale Probleme der dortigen Anwender sind die fehlende Nachvollziehbarkeit der Szenario-Erstellung sowie die mangelnde Komplexität der Zukunftsbilder.

- *System Dynamics (3)*: Im Rahmen des System-Dynamics-Ansatzes werden komplexe Simulationsmodelle entwickelt und in den Strategieentwicklungsprozess integriert. Das zentrale Problem ist hier die Vernachläßigung des zu-kunftsoffenes Denkens. Dies ist vor allem ein „Denkproblem", das sich nicht durch den Austausch einzelner Simulationsparameter lösen lässt.

3.4.2 Szenario-Management als Rahmen für die Entwicklung und Nutzung von Szenarien

Szenario-Management verknüpft die Entwicklung und Nutzung von Szenarien miteinander. Dieses Rahmenkonzept umfasst – auf Basis des zukunftsoffenen, vernetzten und strategischen Denkens – die Unterscheidung von Gestaltungs- und Szenariofeld, ein Phasenmodell sowie verschiedene Arten von Szenarien.

Gestaltungsfeld und Szenariofeld

Die Entwicklung von Szenarien beginnt mit vier wesentliche Fragen: Was wollen wir mit dem Szenarioprozess erreichen? Welche Art von Szenarien benötigen wir dazu? Welchen Zeithorizont sollen unsere Szenarien haben? Welchen räumlichen Fokus sollen unsere Szenarien haben? Die Antwort auf diese Fragen liefert die Definition von *Gestaltungfeld* und *Szenariofeld* sowie die Festlegung eines *Zukunftshorizontes* und eines *regionalen Fokus*.

Die Entwicklung von Szenarien im Rahmen der strategischen Führung soll zur Lösung eines konkreten, unternehmerischen Problems beitragen. Viele strate-gische Prozesse scheitern allerdings bereits in den frühen Phasen der Problem-definition – der Wahrnehmung sowie der exakten Beschreibung eines Problems (Mitroff, 1998). Um dies zu verhindern, ist der Szenarioentwicklung die Definition eines Gestaltungsfeldes vorgeschaltet: Jeder Problemlösungsprozess bezieht sich auf einen bestimmten Gegenstand – beispielsweise ein Unternehmen (*„In welche Geschäftsfelder sollen wir investieren?"* eine Geschäftseinheit (*„Welche Strategie sollen wir in der Zukunft verfolgen?"*), ein Produkt (*„Wie soll unsere zukünftige Produktplattform aussehen?"*) oder eine Technologie (*„Sollen wir in diese Tech-nologie investieren?"*). Dieser Gegenstand des strategischen Planungsprozesses wird als *Gestaltungsfeld* bezeichnet.

Das Gestaltungsfeld beschreibt „das, was mit Hilfe der Szenarien gestaltet werden soll". Szenarien werden entwickelt, um bei dieser Gestaltung zukünftige Chancen und Gefahren ausreichend und differenziert zu berücksichtigen. Insofern sind Szenarien nur ein Instrument zur Unterstützung von strategischen Entschei-dungen. Sie beschreiben in der Regel nicht die möglichen Zukünfte des Ge-staltungsfeldes, sondern die Entwicklungsmöglichkeiten eines speziellen Betrach-tungsbereiches, der als *Szenariofeld* bezeichnet wird. Das Szenariofeld beschreibt »das, was durch die erstellten Szenarien erklärt werden soll«.

Verbunden mit der Definition von Gestaltungs- und Szenariofeldes ist die Festle-gung des *Zukunftshorizontes*. Er beschreibt den zukünftigen Zeitpunkt, an dem die zu beschreibenden Szenarien anzusiedeln sind. Grundsätzlich gilt, dass der Zukunftshorizont nicht unter fünf Jahre gewählt werden sollte, wenn auf der Basis der Szenarien strategische Entscheidungen zu treffen sind. Es kann zudem helfen, den Zukunftshorizont bewusst einige Jahre in die Zukunft zu schieben, um so die Loslösung der beteiligten Personen von der Gegenwart zu erleichtern.

Vor dem Beginn der Szenarioentwicklung sollte außerdem die Frage geklärt werden, welchen *räumlichen Fokus* die Szenarien haben sollten. Dabei können sich die Planer zwischen räumlich begrenzten Szenarien (beispielsweise »Private Haushalte in Deutschland«), räumlich fokussierten Szenarien (beispielsweise »Sportwagen-Markt mit Schwerpunkt Europa«) oder räumlich nicht eingegrenzten Szenarien (beispielsweise »E-Business-Unternehmen«) entscheiden.

Die sieben Phasen des Szenario-Managements

Die Nutzung von Szenarien im Rahmen der Unternehmensplanung umfasst sieben Phasen. Sie beginnt mit einer Analyse des Gestaltungsfeldes. Hier werden die meisten traditionellen Instrumente der strategischen Analyse wie Portfolios, Segmentierungen oder Erfolgsfaktoren eingesetzt.

Die anschließende *Szenarioentwicklung* umfasst drei Phasen. Zunächst wird die Vernetzung im Szenariofeld analysiert. Daraus ergeben sich *Schlüsselfaktoren*. Dies sind die Faktoren, die die zukünftigen Entwicklungsmöglichkeiten des Szenariofeldes signifikant beschreiben. Daher wird hier auch von *Szenariofeld-Analyse* gesprochen. Anschließend erfolgt die eigentliche Vorausschau. Hier werden für jeden zuvor ermittelten Schlüsselfaktor mehrere alternative Entwicklungsmöglichkeiten beschrieben. Diese *Zukunftsprojektionen* sind in der Regel keine quantitativen Prognosen, sondern qualitative Beschreibungen, mit denen sich grundsätzliche Entwicklungsrichtungen verdeutlichen lassen. Wir sprechen hier trotzdem von *Szenario-Prognostik*. Die vierte Phase – die *Szenario-Bildung* – beginnt mit einer Bewertung der Verträglichkeit der einzelnen Zukunftsprojektionen. Auf der Basis dieser Konsistenzanalyse entstehen zwei bis acht alternative und in sich plausible Szenarien. Diese werden analysiert, interpretiert und in einer kommunikationsfähigen Form beschrieben.

An die Entwicklung der Szenarien schließt sich der sogenannte *Szenario-Transfer* an. Darin werden die Aktivitäten zur Nutzung der Szenarien im Unternehmen bzw. der Organisation zusammengefasst. Der Szenario-Transfer beinhaltet drei zentrale Phasen.

Zunächst geht es darum, das in den Szenarien enthaltene *Zukunftswissen der Organisation* – oder einer zu definierenden Zielgruppe innerhalb und/oder außerhalb der Organisation – zugänglich zu machen. Dazu stehen unterschiedliche Kommunikationsformen zur Verfügung. Die *Szenario-Kommunikation* ist eng mit der Szenario-Bildung verknüpft. Sie bildet für uns dennoch einen wesentlichen Aspekt des Szenario-Transfers, da dieser Punkt weitgehend unabhängig von den Inhalten der erstellten Szenarien behandelt werden kann.

Die sechste Phase umfasst das traditionelle Anwendungsfeld der Szenarioplanung – die Nutzung der alternativen Zukunftsbilder zur *Strategieentwicklung* bzw. zur Bewertung bestehender Unternehmens-, Geschäfts- oder Produktstrategien.

Innerhalb dieser Phase stehen verschiedene grundsätzliche Vorgehensweisen zur Verfügung.

Eine weitere Phase ist die Nutzung der Szenarien im Rahmen der *strategischen Früherkennung*. Dies umfasst beispielsweise das kontinuierliche Abtasten und systematische Beobachten der Früherkennungsbereiche, die Entwicklung von Szenario-Indikatoren oder die Integration von Früherkennungsinformationen in den unternehmerischen Entscheidungsprozess.

Arten von Szenarien

Zwei wesentliche Fragen entscheiden über die Form der späteren Szenarien: Erstens ist zu klären, inwieweit wir selbst Einfluss auf das Eintreten der Szenarien nehmen können. Davon hängt ab, ob es sich lohnt, einzelne Szenarien bewusst anzustreben oder ob wir alle Szenarien als externe Rahmenbedingungen betrachten müssen. Zweitens ist festzulegen, ob mehrere Szenarien nebeneinander vorkommen können oder ob es sich bei den zu erstellenden Zukunftsbildern um sich gegenseitig ausschließende Alternativen handelt.

Können wir die Szenarien beeinflussen?

Ein wesentliches Merkmal eines Szenarios ist seine *Lenkbarkeit*. Können wir das Eintreten des Szenarios beeinflussen? Oder müssen wir es als externe Rahmenbedingung verstehen? Vor diesem Hintergrund sind drei Arten von Szenarien zu unterschieden:

Umfeldszenarien. Ein Szenario kann ausschließlich externe, nicht-lenkbare Umfeldgrößen enthalten. So könnte ein Unternehmen beabsichtigen, mit solchen Szenarien mögliche Randbedingungen der nächsten zehn Jahre vorauszudenken und aus diesen Szenarien Chancen, Gefahren und eigene Optionen abzuleiten.

Lenkungsszenarien. Ein Szenario kann ausschließlich interne Lenkungsgrößen enthalten. Solche Größen können vom Unternehmen direkt beeinflusst werden – beispielsweise Produktmerkmale oder Elemente eines neuen Geschäftsmodells. Hier stellen die Szenario selbst bereits Optionen dar, für die sich das Unternehmen aufgrund verschiedener Kriterien entscheiden könnte.

Systemszenarien. Diese Szenarien stellen eine Mischform aus Umfeld- und Lenkungsszenario dar. Hier enthält das Szenariofeld sowohl externe Umfeldgrößen als auch interne Lenkungsgrößen. In diesem Fall bildet das Szenariofeld das gesamte System aus Gestaltungsfeld und Umfeld ab. Systemszenarien müssen besonders vorsichtig gehandhabt werden, weil sie gleichermaßen Rahmenbedingungen und Handlungsoptionen enthalten.

Können mehrere Szenarien gemeinsam auftreten?

Ein weiteres wichtiges Merkmal eines Satzes von Szenarien ist das Verhältnis der Zukunftsbilder zueinander. Können mehrere Szenarien parallel eintreten? Oder handelt es sich um einander ausschließende Alternativen, von denen lediglich ein

Zukunftsbild eintreten kann? Auch hier lassen sich drei Arten von Szenario unterscheiden:

Alternativszenarien. Es kann lediglich *eines* der entwickelten Szenario – oder *eine* Zwischenform – in der Zukunft auftreten. AlternativSzenario werden insbesondere dann angewandt, wenn sich ein komplexes Szenariofeld – beispielsweise ein Unternehmensumfeld – nur als Ganzes in die eine oder andere Richtung entwickeln kann.

Parallelszenarien. Hier können mehrere der erstellten Szenario parallel in der Zukunft auftreten. Mögliche Fragestellungen sind: Auf welche Kundengruppen könnten wir stoßen? Welche Marktleistungen könnten wir anbieten? Die Entwicklung von ParallelSzenario ist insbesondere dann sinnvoll, wenn sich innerhalb des Szenariofeldes gleichzeitig mehrere Entwicklungspfade ergeben können.

Komplexe Szenarien. Nicht immer lassen sich Alternativ- und Parallelszenarien exakt voneinander abgrenzen. Dann können einzelne Szenarien parallel zueinander eintreten, während andere Zukunftsbilder sich ausschließen. In diesem Fall ist – ähnlich wie bei den Systemszenarien – äußerste Vorsicht geboten, da das Verhältnis der Szenarien zueinander nicht eindeutig ist.

Vier Grundformen von Szenarien

Durch Kombination der nach ihrer Lenkbarkeit unterschiedenen Szenario-Formen (Umfeld-, Lenkungs- und Systemszenario) mit den Alternativ-, Parallel- und komplexen Szenarien entstehen die in Abbildung 4 dargestellten Grundformen von Szenarien:

Umfeldalternativen stellen mehrere, einander ausschließende Entwicklungsmöglichkeiten eines nicht beeinflussbaren Szenariofeldes dar. Ein Beispiel für Umfeldalternativen sind Szenarien, die mögliche Entwicklungen des Unternehmensumfeldes darstellen und anhand derer die Gültigkeit bzw. Qualität einer bestehenden Unternehmensstrategie überprüft werden soll.

Handlungsalternativen stellen mehrere, einander ausschließende Modelle eines vollständig beeinflussbaren Szenariofeldes dar. So kann ein Unternehmen mehrere, denkbare Strategieoptionen entwickeln und sich anschließend unter Berücksichtigung der Marktchancen sowie der eigenen Ressourcen für eine dieser Optionen entscheiden.

Umfeldmöglichkeiten stellen denkbare Entwicklungen eines nicht beeinflussbaren Szenariofeldes dar, die in der Zukunft parallel nebeneinander eintreten können. So kann mit Hilfe solcher Szenarien untersucht werden, wie ein Autokauf im Jahre 2010 aussehen könnte. Als Ergebnis erhalten die Szenario-Entwickler mehrere Umfeldvarianten, deren Intensität sich anschließend abschätzen lässt.

Handlungsmöglichkeiten stellen mögliche Entwicklungen eines vollständig beeinflussbaren Szenariofeldes dar, die in der Zukunft parallel aufgegriffen und umgesetzt werden könnten. Ein Beispiel dafür sind Produktszenarien. Sie beschreiben mögliche Marktleistungen, die dann in ein zukünftiges Produktprogramm aufgenommen werden können.

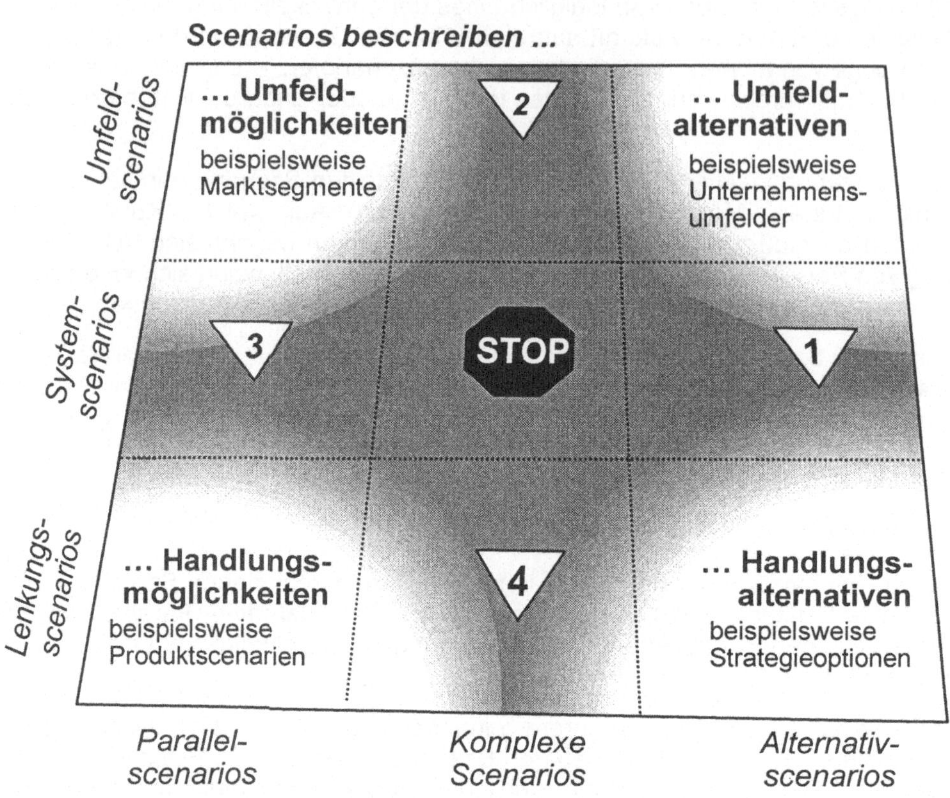

Abb. 4:   Grundformen von Szenarien

3.4.3 So werden Szenarien systematisch entwickelt

Um das Szenariofeld umfassend beschreiben zu können, werden im Rahmen der Szenariofeld-Analyse die relevanten Schlüsselfaktoren ausgewählt. Anschließend werden für jeden dieser Faktoren mehrere denkbare Zukunftsentwicklungen aufgezeigt. Deren systematische Verknüpfung führt zu mehreren alternativen Zukunftsbildern – den Szenarien (vgl. Abbildung 5) (Gausemeier, Fink, Schlake, 1996).

Auswahl von Schlüsselfaktoren (Schritt 1)

Am Anfang der Szenarioentwicklung steht die Definition des Szenariofeldes. Es beschreibt den Bereich, dessen Zukunft in Form von Szenarien beschrieben werden soll. Die Definition eines Szenariofeldes ist wichtig, damit alle Beteiligten den gleichen Bereich – eine Branche, einen Markt oder ein Umfeld – betrachten.

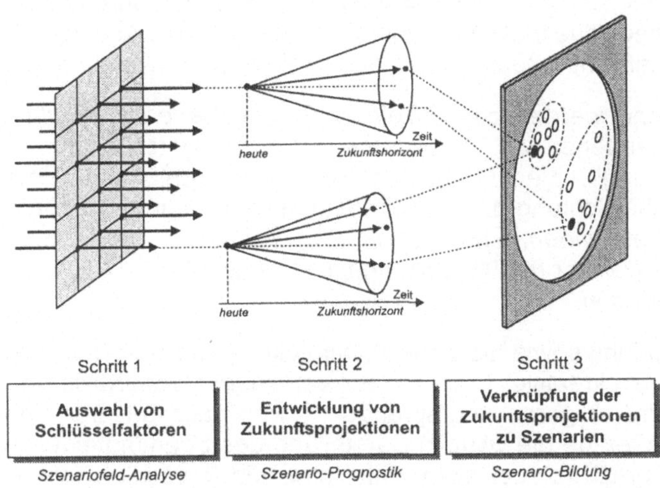

Abb. 5:   Drei Schritte der Szenarioentwicklung

Systemische Gliederung des Szenariofeldes

Für eine direkte Vorausschau sind die meisten Szenariofelder zu komplex. Daher ist es notwendig, aus dem Szenariofeld heraus einzelne Schlüsselfaktoren zu identifizieren, für die sich später mögliche Entwicklungen beschreiben lassen. Die Identifikation dieser Schlüsselfaktoren ist nicht einfach. Daher ist zunächst darauf zu achten, dass Faktoren aus allen relevanten Bereichen des Szenariofeldes ermittelt werden, um so die Gefahr »schleichender Schwerpunktbildung« zu umgehen. Dazu hat es sich als sinnvoll erwiesen, das Szenariofeld zunächst durch Systemebenen und Einflussbereiche zu beschreiben. Systemebenen sind grundsätzliche Einflusssphären. Häufig lassen sich vier Systemebenen identifizieren:

♦ *Geschäft/Lenkungsbereich*: Im Zentrum steht der Teil des Szenariofeldes, den das Unternehmen direkt beeinflussen kann. Dies kann ein Produkt, ein Geschäftsfeld oder das gesamte Unternehmen sein. Bei vielen Umfeldszenarien steht dieser Lenkungsbereich, den wir vereinfachend auch als Geschäft bezeichnen – zwar ebenfalls im Zentrum, ist aber nicht Bestandteil des Szenariofeldes.

♦ *Geschäftsumfeld*: Das Geschäftsumfeld beinhaltet zusätzlich zum direkten Lenkungsbereich die Abnehmer (Märkte) sowie die direkten Wettbewerber (Branche) des Lenkungsbereiches – also die unmittelbare Wertkette.

♦ *Spezifisches Umfeld*: Eine Vielzahl weiterer Einflussfaktoren ergibt sich aus dem spezifischen Umfeld. Dies enthält Faktoren, die die Struktur der Wertkette direkt beeinflussen können.

♦ *Globales Umfeld*: Zudem wird das Unternehmen durch globale Einflussfaktoren beeinflusst, die sich vor allem aus dem politischen, ökonomischen, gesellschaftlichen, technischen und ökologischen Umfeld ergeben.

Anschließend werden die einzelnen Systemebenen in *Einflussbereiche* zerlegt. Darunter verstehen wir Teilsysteme auf einer Systemebene, die für das Szenariofeld von großer Bedeutung sind. So wird das spezifische Umfeld beispielsweise – je nach Gewichtung des Geschäftsumfeldes – durch die Einflussbereiche *Lieferanten, Endkunden, potenzielle Konkurrenten und Substitutionsprodukte, potenzielle Partner und Ergänzungsprodukte* sowie *spezifische Rahmenbedingungen* beschrieben.

Die Entwicklung sowie die visuelle Darstellung von Systemebenen und Einflussbereichen ist ein kreativer Prozess, der sich kaum standardisieren lässt. Nicht zuletzt deshalb wird er gerne übersprungen – was nach unserer Erfahrung ein großer Fehler ist. Gerade die visuelle Darstellung des Szenariofeldes in Form eines *Systembildes* präzisiert bei allen Beteiligten die Vorstellung vom Szenariofeld und ermöglicht die Diskussion unterschiedlicher Schwerpunkte.

Ermittlung von Einflussfaktoren

Um die Entwicklungsmöglichkeiten des Szenariofeldes darzustellen, werden die einzelnen Einflussbereiche durch mehrere geeignete Einflussfaktoren beschrieben. So können Einflussfaktoren durch logisch nachvollziehbaren Prozesse oder durch kreative Verfahren wie beispielsweise Brainstorming oder Mind-Mapping ermittelt werden. Hinzu kommen externe Quellen, die zur Ermittlung von Einflussfaktoren genutzt werden. Dazu zählen Datensammlungen oder Datenbanken, Checklisten oder eigene Literaturrecherchen.

Die identifizierten Einflussfaktoren erhalten anschließend eine prägnante und leicht verständliche Kurzbezeichnung. Außerdem wird eine ausführlichere Beschreibung verfasst, die den Einflussfaktor inhaltlich genauer beschreibt. Diese Definition ist wichtig, weil sie eine gemeinsame Grundlage für weitere Diskussionen sowie späteren Bewertungen und Zukunftsüberlegungen schafft.

Analyse der Vernetzungen im Szenariofeld

Der Einflussfaktoren-Katalog enthält in der Regel eine große Anzahl von bis zu 100 Faktoren. Da nicht alle Faktoren gleichermaßen relevant sind und sich eine zu hohe Anzahl in den folgenden Phasen nur schwer handhaben lässt, müssen jetzt die wesentlichen Einflussfaktoren identifiziert werden. Dabei hat sich ein Richtwert von 16 bis 20 Faktoren als sinnvoll erwiesen. Die Auswahl dieser Schlüsselfaktoren kann durch eine Einfluss- oder Vernetzungsanalyse unterstützt werden.

Eine Vernetzungsanalyse beginnt mit dem Aufbau einer *Einflussmatrix*. In deren Zeilen und Spalten werden die Kurzbeschreibungen aller Faktoren des betrachteten Systems eingetragen. Dann werden die *direkten* Beziehungen oder Beeinflussungen zwischen den Faktoren bewertet. Dazu muss für jedes Faktorenpaar der Einfluss bewertet werden, mit dem der eine Faktor auf den anderen wirkt –

und umgekehrt. Im Vordergrund steht dabei die Frage: »*Wenn sich der Faktor A verändert, wie stark oder wie schnell verändert sich durch die direkte Einwirkung von A der Faktor B*«? Die Bewertung der Einflüsse erfolgt anhand der folgenden Skala:

0 = *keine oder sehr schwache Wirkung*, d.h. wenn sich Faktor A sehr stark verändert, wirkt sich dies gar nicht oder nur sehr schwach auf Faktor B aus.

1 = *schwache oder zeitlich verzögerte Wirkung*, d.h. wenn sich Faktor A verändert, wirkt sich dies schwach auf Faktor B aus.

2 = *mittlere Wirkung*, d.h. wenn sich Faktor A stark verändert, beeinflusst das den Faktor B mit mittlerer Stärke.

3 = *starke oder sehr starke Wirkung*, d.h. wenn sich Faktor A leicht verändert, wirkt sich dies sehr stark auf Faktor B aus.

Aus der Einflussmatrix werden dann unter anderem die folgenden Kennwerte ermittelt:

♦ Die *Aktivsumme* eines Faktors ist die Zeilensumme aller Beziehungswerte. Sie zeigt die Stärke an, mit der der Faktor direkt auf alle anderen Faktoren wirkt. Eine spezifische Aktivsumme ist die sogenannte *Wirkungssumme*. Sie gibt beispielsweise an, wie stark ein Faktor direkt auf das Gestaltungsfeld wirkt.

♦ Die *Passivsumme* eines Faktors ergibt sich aus der Spaltensumme. Sie ist ein Maß dafür, wie stark der jeweilige Faktor durch alle übrigen Faktoren beeinflusst wird.

♦ Der *Dynamik-Index* errechnet sich durch die Multiplikation von Aktiv- und Passivsumme. Er ist ein Maß für die Einbindung des Faktors in das Gesamtsystem. Ein hoher Dynamik-Index bedeutet, dass dieser Faktor sehr stark im System vernetzt ist.

In einer Vernetzungsanalyse werden auch die indirekten Beziehungen berücksichtigt. Als Ergebnis ergeben sich modifizierte Kennwerte. Ihre Visualisierung erfolgt in einem *Aktiv-Passiv-Grid* (vgl. Abbildung 6). Darin werden die einzelnen Faktoren entsprechend ihres Systemverhaltens positioniert. Dazu wird auf der Abszisse die Rangziffer entsprechend der Passivsumme aufgetragen. Faktoren mit einer hohen Passivsumme liegen also auf der rechten Seite des Grids. Parallel wird auf der Ordinate die Rangziffer entsprechend der Aktivsumme aufgetragen. Folglich liegen Faktoren mit einer hohen Aktivsumme im oberen Teil des Grids. In dem so entstandenen Grid werden acht charakteristische Felder unterschieden.

♦ **Systemhebel** (Feld I) üben einen starken Einfluss auf das betrachtete System aus, während sie von diesem nahezu nicht beeinflusst werden. Werteentwick-

lung oder die Leistungsfähigkeit der Informationstechnik sind typische Systemhebel und – falls lenkbar – ideal für Lenkungseingriffe

♦ **Proaktive Knoten** (Feld II) üben ebenfalls erhebliche Hebelkräfte aus, die allerdings durch die Systemdynamik kompensiert werden können. Proaktive
Knoten eigenen sich häufig für direkte Lenkungseingriffe.

♦ **Interaktive Knoten** (Feld III) sind besonders stark in das Systemgefüge eingebunden. Lenkungseingriffe sind präzise zu beobachten, da häufig unerwartete Folgewirkungen eintreten können. Interaktive Knoten drücken aufgrund
ihrer starken Vernetzung mit anderen Faktoren (= hoher Dynamik-Index) einen
großen Teil der Systemdynamik aus und sind insofern ideale Schlüsselfaktoren im Rahmen von Szenarioentwicklungen.

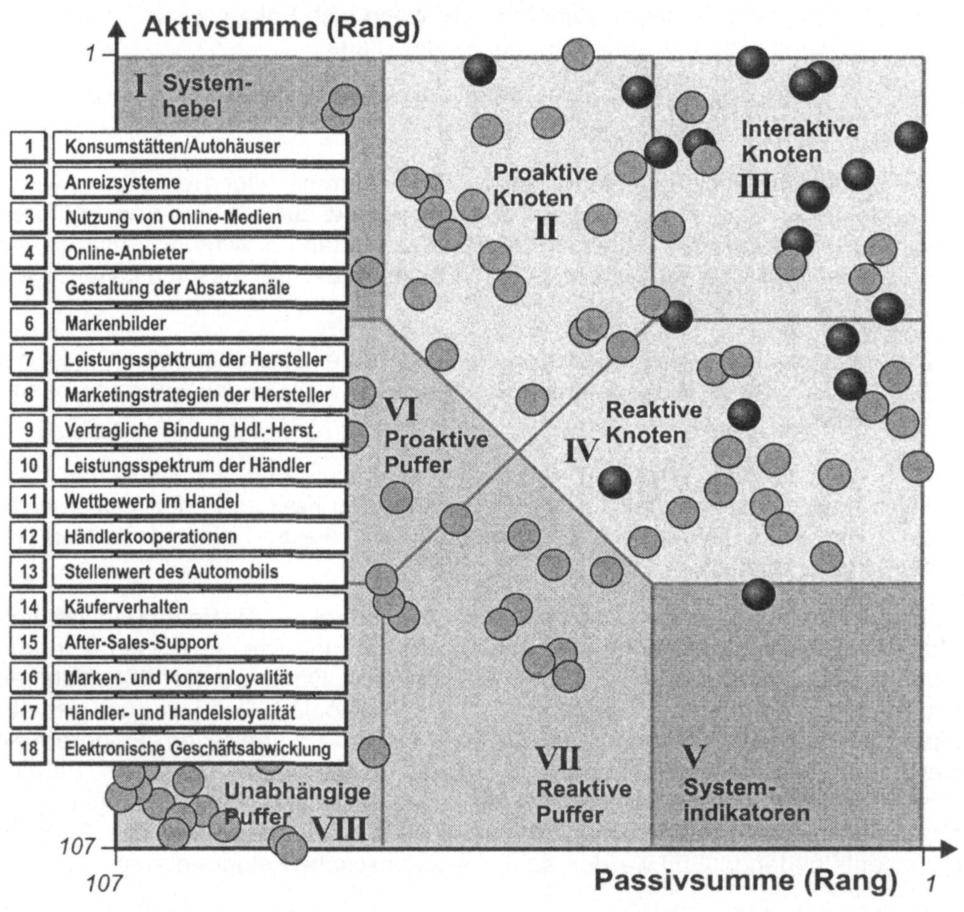

Abb. 6:   Aktiv-Passiv-Systemgrid

◆ **Reaktive Knoten** (Feld IV) sind reaktive Größen, die über eine mittlere Aktivität verfügen. Entsprechende Umfeldgrößen sind häufig maßgeblich durch andere Umfeldeinflüsse geprägt. Hier finden sich häufig lenkbare Größen, mit denen sich die Folgen von Systemdynamik beschreiben lassen.

◆ **Systemindikatoren** (Feld V) sind extrem reaktive Größen. Lenkungseingriffe gleichen einer Symptombehandlung und sind nicht sinnvoll. Solche Umfeldgrößen spielen aber im Rahmen der Früherkennung eine große Rolle.

◆ **Proaktive Puffer** (Feld VI) sind Faktoren mit mittlerer Aktivität und geringer Passivität. Aufgrund ihres hohen Proaktivitäts-Indexes sind sie genauer zu untersuchen. Häufig ergeben sich aus diesem Feld verborgene Hebelkräfte.

◆ **Reaktive Puffer** (Feld VII) sind Faktoren mit geringer Aktivität und mittlerer Passivität. Sie sind nur selten von Interesse für die Systementwicklung.

◆ **Unabhängige Puffer** (Feld VIII) haben nur eine geringe Aktivität bzw. Passivität und beeinflussen das Systemgefüge nur wenig.

Beispiel: Der Markt für Neuwagen befindet sich derzeit im Umbruch. Im Windschatten der großen Fusionen zeichnen sich Veränderungen ab, die das zukünftige Gesicht der Automobilindustrie nicht weniger stark beeinträchtigen werden. Im Mittelpunkt steht die Frage, wie wir morgen unsere Neuwagen kaufen werden. Daher wurden Szenarien entwickelt, die alternative Entwicklungsmöglichkeiten des Neuwagenvertriebs in den kommenden Jahren darstellen[*] (Fink, Schlake, Siebe, 2001).

Im Rahmen der Szenariofeld-Analyse wurde komplexe Thema »Neuwagenvertrieb« zunächst in Systemebenen und Einflussbereiche zerlegt und anschließend durch 107 Einflussfaktoren beschrieben. Mit Hilfe einer Einflussanalyse wurde das systemische Verhalten dieser Faktoren ermittelt und in einem Systemgrid visualisiert. Die Diskussion der proaktiven, interaktiven und reaktiven Einflussfaktoren führte zur Auswahl von 18 Schlüsselfaktoren (vgl. Abbildung 6).

Auswahl von Schlüsselfaktoren

Bei der Schlüsselfaktoren-Auswahl sollten zwei Kriterien besonders beachtet werden. Erstens sollten Schlüsselfaktoren eng miteinander vernetzt sein, um so zukünftige Entwicklungsoptionen auszudrücken und prägnante Szenarien zu ermöglichen. Dazu kann die *Systemdynamik* der einzelnen Faktoren betrachtet werden. Zweitens sollten Schlüsselfaktoren einen großen Einfluss auf den relevanten Kern des Szenariofeldes haben. Dazu können wir für jeden Faktor eine sogenannte *Wirkungssumme* ermitteln. Wirkungsvolle Unterstützung bei der

---

[*] Die Szenarios zur Zukunft des Neuwagen-Vertriebs wurden von der ScMI Szenario Management International AG in Zusammenarbeit mit dem Fraunhofer-Anwendungszentrum für logistikorientierte Betriebswirtschaft und Branchenexperten entwickelt.

Schlüsselfaktoren-Auswahl bietet ein *Dynamik-Wirkungs-Grid* (Fink, Schlake, Siebe, 2001).

Anschließend erfolgt eine individuelle Bewertung dieser Faktoren, aus der sich dann die weiteren Schlüsselfaktoren ergeben. Spätestens hier wird deutlich, dass es sich bei der Auswahl der Schlüsselfaktoren immer um einen gruppendynamischen – ja sozusagen um einen gruppensubjektiven – Prozess handelt, der durch die vorgestellten Verfahren lediglich bestmöglich unterstützt wird. Letztlich entscheidend ist, dass das Szenarioteam mit dem entwickelten Schlüsselfaktoren-Katalog zufrieden ist.

Entwicklung von Zukunftsprojektionen (Schritt 2)

Nachdem eine handhabbare Zahl von Schlüsselfaktoren ausgewählt wurde, beginnt der »Blick in die Zukunft«. Für jeden Schlüsselfaktor werden jetzt systematisch mögliche, zukünftige Zustände ermittelt und beschrieben. Diese Phase der Szenarioentwicklung ist besonders wichtig, weil davon der Inhalt der Szenarien – und damit letztlich auch die Qualität der Entscheidungsunterstützung – abhängt. Insofern verlangt die Entwicklung von Zukunftsprojektionen mehr, als das Zusammentragen einiger Trends. Dennoch steht am Anfang des Prozesses die Suche nach allem, was mit der Zukunft des Schlüsselfaktors zusammenhängt. Diese sehr unterschiedlichen Informationen werden als *Trends* bezeichnet. Sie unterscheiden sich beispielsweise hinsichtlich ihrer Informationsdichte, ihres Zukunftshorizontes, ihrer räumlich-geographischen Reichweite und ihrer Relevanz für den Schlüsselfaktor.

Mit Dimensionen zu konkreten Zukunftsprojektionen

Um von dem ungeordneten Katalog von Trends zu einer handhabbaren Anzahl strukturell gleichwertiger Projektionen zu gelangen, müssen wir noch einmal von außen auf den einzelnen Schlüsselfaktor sehen und uns dabei die Frage stellen: Anhand welcher *Dimensionen* lässt sich die Entwicklung des Schlüsselfaktors am besten beschreiben?

- *Eindimensionale Schlüsselfaktoren* lassen sich sehr einfach beschreiben. So kann der Benzinpreis in absoluten Werten, in prozentualen Zuwachsraten oder anhand qualitativer Urteile (Benzinpreise steigen, sinken etc.) ausgedrückt werden.

- *Mehrdimensionale Schlüsselfaktoren* werden wird demgegenüber durch zwei oder mehr Dimensionen beschrieben. Die Visualisierung solcher Faktoren kann dann beispielsweise in einem Portfolio erfolgen, aus dem sich die Zukunftsprojektionen ablesen lassen.

Ein entscheidender Vorteil von Szenarien im Gegensatz zu den meisten anderen Prognoseinstrumenten ist die Möglichkeit der Einbeziehung *qualitativer Projektionen*. Nicht jeder Schlüsselfaktor muss durch skalierbare Projektionen beschrieben werden. Was für Benzinpreise noch relativ einfach ist, kann bei Faktoren wie »Datenschutz« oder »Rechtsempfinden« schnell zu einem kaum lösbaren Problem werden. Anschließend werden die Projektionen ausformuliert und begründet, so dass sie auch von Unbeteiligten leicht und schnell verstanden werden.

Beispiel: Hier wurden für alle 18 Schlüsselfaktoren mehrere Projektionen entwickelt. Für den Schlüsselfaktor „Vertragliche Bindung der Händler an die Hersteller" sahen diese Projektionen wie folgt aus:

♦ *Aufhebung der Markenexklusivität* (Projektion A): Um das Jahr 2002 herum wurde die GVO neu verhandelt. Eine direkte Folge war die Aufhebung der Markenexklusivität vieler Händler. Seither sind die meisten Händler nicht mehr primär an einen Hersteller gebunden, sondern verkaufen Neuwagen verschiedener Marken. Gleichzeitig verringerte sich der Einfluss der Hersteller auf die Händler.

♦ *Gruppenfreistellungverordnung und Markenexklusivität bleiben bestehen* (Projektion B): Die Gruppenfreistellung wurde nicht aufgehoben und die Markenexklusivität blieb bestehen. Die traditionellen Händler sind weiterhin an einen Hersteller gebunden. Da zusätzlich branchenfremde Automittler in den Markt drängen, haben die Hersteller ihre Auflagen verstärkt. Der Druck auf Hersteller und Händler ist angestiegen.

♦ *Gruppenfreistellungsverordnung wird gelockert, aber nicht aufgehoben* (Projektion C): Die GVO und damit die Markenexklusivität bleiben bestehen. Allerdings dürfen die Hersteller kostenintensive und einseitige Anforderungen nicht mehr auf die Händler abwälzen, ohne diese finanziell zu entlasten. Händler dürfen sich zusammenschließen und bieten zunehmend mehrere Marken eines Konzerns an.

Zukunftsprojektionen zu Szenarien verknüpfen (Schritt 3)

Jetzt liegen für die ausgewählten Schlüsselfaktoren mehrere alternative Zukunftsprojektionen vor. Daraus werden Szenarien gebildet. Dies erfolgt in den nachfolgend dargestellten fünf Unterschritten.

Projektionen auf ihre Widerspruchsfreiheit überprüfen

Szenarien sind Geschichten aus der Zukunft. Ihre Glaubwürdigkeit beruht darauf, dass die einzelnen Elemente – hier sind es die zuvor entwickelten Zukunftsprojektionen – zueinander passen. Diese Widerspruchsfreiheit wird als *Konsistenz* bezeichnet. Die besondere Schwierigkeit liegt darin, dass für die Konsistenz mehrerer Projektionen keine objektiven Maßstäbe vorliegen – schließlich liegen alle Projektionen in der Zukunft. Daher werden im Rahmen einer Konsistenzanalyse die einzelnen Projektionen paarweise miteinander verknüpft.

Die Zusammenführung der einzelnen paarweise Konsistenzbewertungen erfolgt dann in einer *Konsistenzmatrix*. Deren Entwicklung kann die Subjektivität des Verfahrens relativieren. So erlaubt der Vergleich mehrerer Konsistenzbewertungen Rückschlüsse auf Verständnisprobleme oder unterschiedliche Einschätzungen zukünftiger Entwicklungen. Die Diskussionen, die mit einer Überarbeitung der verschiedenen Matritzen verbunden sind, stellen eine erhebliche Wertschöpfung des Prozesses dar.

Alle Kombinationsmöglichkeiten durchspielen

Nach der Konsistenzbewertung der einzelnen Projektionspaare werden alle möglichen Gesamtkombinationen hinsichtlich ihrer Widerspruchsfreiheit überprüft: Wie gut passen die einzelnen Projektionen zusammen? Gibt es totale Inkonsistenzen, die diese Kombination ab absurdum führen? Als sinnvolle Kombination gilt dabei, wenn eine Kombination zu jedem Schlüsselfaktor genau eine Zukunftsprojektion enthält. Eine solche Kombination wird auch als *Projektionsbündel* bezeichnet.

Bei der Analyse der Projektionsbündel handelt es sich um ein kombinatorisches Problem, das für eine große Anzahl von Schlüsselfaktoren mit erheblichem Aufwand verbunden ist. Daher ist hier der Einsatz einer Rechnerunterstützung unumgänglich, die zu eine Liste der widerspruchsfreien Projektionsbündel führt, mit denen sich der Zukunftsraum am weitestgehenden beschreiben lässt. Diese Liste wird als *Projektionsbündelkatalog* bezeichnet.

Eine sinnvolle Anzahl von Rohszenarien entwerfen

Projektionsbündel sind noch keine Szenarien. Diese ergeben sich erst aus Gruppen von ähnlichen Projektionsbündeln, die wir als *Rohszenarien* bezeichnen. Diese Zusammenfassung der einzelnen Projektionsbündel erfolgt im Rahmen einer *Clusteranalyse*. Dabei wird angestrebt, dass die einzelnen »Bündel-Gruppen« in sich möglichst homogen und untereinander möglichst heterogen sind. Konkret bedeutet dies, dass die Projektionsbündel innerhalb eines Rohszenarien möglichst ähnlich und die Rohszenarien selbst bzw. die Projektionsbündel unterschiedlicher Rohszenarien möglichst verschieden sein sollen.

Die Anzahl von Szenarien ist nicht von vorneherein festgelegt, sondern ergibt sich aus der Clusteranalyse. Dabei ist sie das Ergebnis des folgenden Kompromisses: Einerseits ermöglicht eine *höhere Anzahl von Szenarien* einen detaillierteren Einblick in den Zukunftsraum – andererseits sind die Planer (und vor allem die späteren Entscheider) an einer möglichst *geringen Anzahl von Szenarien* interessiert. Dies reduziert den Aufwand der anschließenden Weiterverarbeitung der Szenarien und erleichtert deren Kommunikation.

Erst durch die Festlegung der Szenarien-Anzahl werden auch die Umrisse der einzelnen Rohszenarien erkennbar: Wie viele Projektionsbündel enthält ein Rohszenario? Wie häufig kommen die einzelnen Zukunftsprojektionen in den Projektionsbündeln eines Rohszenarien vor? Gibt es Projektionen, die in allen Rohszenarien dominieren? Gibt es Projektionen, die lediglich Randerscheinungen darstellen? Die Antworten auf diese Fragen finden sich im *Rohszenario-Katalog*, der den Zwischenstand der Szenario-Bildung dokumentiert.

Ein Verständnis von den einzelnen Rohszenarien entwickeln

Ein aus der Clusteranalyse gewonnenes Rohszenario trägt den Kern des späteren Szenarien bereits in sich – es ist allerdings noch nicht für die spätere Anwendung aufbereitet. Jetzt ist es notwendig, dass die Szenarioentwickler ein Verständnis von der durch die einzelnen Rohszenarien charakterisierten Zukünfte gewinnen. Dazu identifizieren sie für jedes Szenario die darin relevanten Projektionen. Diese Projektionen bezeichnen wir auch als *Ausprägungen des Szenarien.*

Sind die Ausprägungen der einzelnen Szenarien identifiziert, betrachten die Szenarioentwickler noch einmal nacheinander alle Projektionen. Liegen Projektionen nur in einem einzigen Szenario vor, so sprechen wir von *charakteristischen Ausprägungen* dieses Szenarien. Die Diskussion und Verknüpfung der zentralen Elemente eines Szenarien – also vor allem der charakteristischen Ausprägungen – vermittelt einen Eindruck von dessen Inhalt und seiner Abgrenzung zu anderen Zukunftsbildern.

Ausprägungsliste zum Vergleich der Szenarien						
Schlüsselfaktor	Szenario I	Szenario II	Szenario III	Szenario IV	Szenario V	Szenario VI
1 Konsumstätten	D	E	E	B	a, b	C
2 Anreizsysteme	A	C, d	C, d	a, b, c	a, b, c	D
3 Online-Nutzung	A	B	B	C	C	C, b
4 Online-Anbieter	A, c	D	C	A	D	D
5 Absatzkanäle	A	C	C	A	D	D
6 Markenbilder	C	B	A	B	B	A
7 Leistung Hersteller	C	A	A	C	C	A
8 Marketingstrategien	a, c	B	B	A	C	B
9 Vertragsbindung	A	B	B	A	a, c	A
10 Leistung Händler	D	A	A	D	A	B, c
11 Wettbewerb Handel	a, e	c, d	B	E	D	A
12 Kooperation Handel	a, c	a, b	A	C	B, d	D
13 Stellenwert Auto	B	A	C	B	B	C
14 Käuferverhalten	D	A	B, a	C	C	B
15 After-Sales-Service	b, c	A, c	A	C	C	A
16 Markenloyalität	a, b, c	A	C	A	A	C
17 Händlerloyalität	C	A, b	A, b	B	B	B
18 E-Business	C, b	A	A	B, c	B	B, a

▨ = Charakteristische Ausprägung   A = Eindeutige Ausprägung   a, b = Alternative Ausprägung

Abb. 7: Ausprägungslisten der sechs Szenarien

Beispiel: Als Ergebnis der Szenarioentwicklung wurden sechs Szenarien für den Neuwagen-Vertrieb der Zukunft beschrieben. Sie basieren auf der Analyse aller denkbaren Kombinationen der zuvor beschriebenen Zukunftsprojektionen, die zunächst zu konsistenten *Projektionsbündeln* verdichtet und anschließend zu sechs Gruppen – den sogenannten *Rohszenarien* – zusammengefasst wurden.

Verknüpfung der Szenarien grafisch darstellen

Zusätzlich zur Betrachtung der einzelnen Szenarien ist es hilfreich, die Zusammenhänge zwischen den verschiedenen Zukunftsbildern zu visualisieren. Dazu werden im Rahmen eines *Zukunftsraum-Mappings* die verschiedenen Projektionsbündel in einer Ebene so dargestellt, dass ähnliche Bündel möglichst dicht beieinander und unähnliche Bündel möglichst weit voneinander entfernt liegen (vgl. Abbildung 8). Dazu wird eine Multidimensionale Skalierung (MDS) eingesetzt. Innerhalb des Zukunftsraum-Mappings zeigen sich die einzelnen Rohszenarien als »Haufen«. Nach unserer Erfahrung sollte ein Szenarioteam unbedingt eine solche grafische Darstellung nutzen, weil es sonst Gefahr läuft, die Zusammenhänge zwischen den Szenarien nicht richtig zu erfassen und so einseitige Interpretationen zu erstellen.

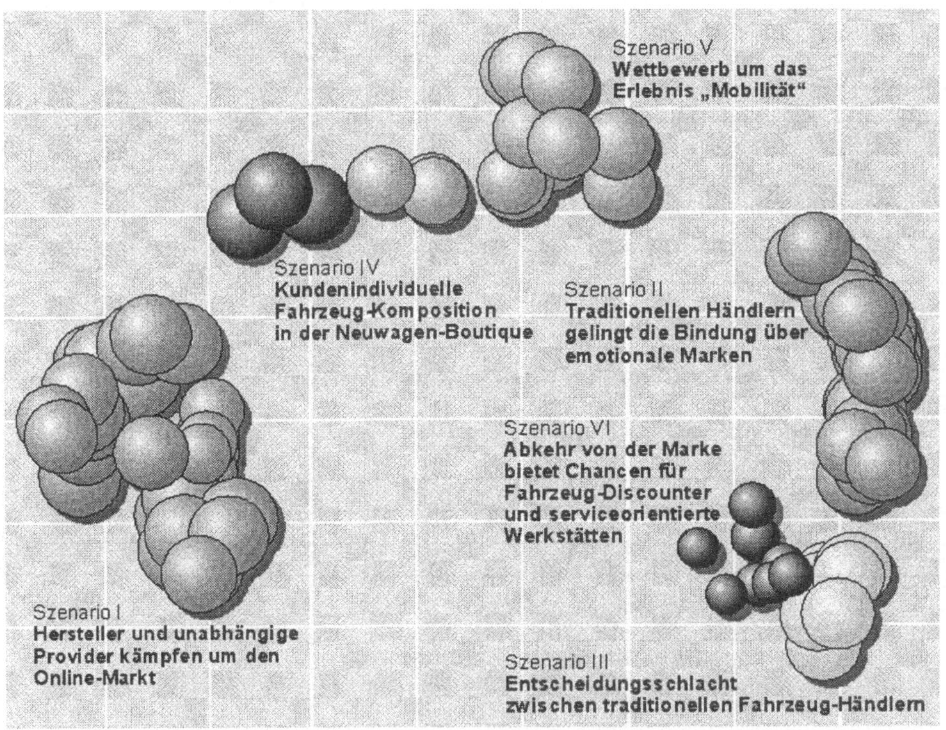

Abb. 8:	Zukunftsraum-Mapping des Neuwagenvertriebs

3.4.4 Szenarien zielgruppengerecht kommunizieren

Mit den Ausprägungslisten der einzelnen Szenarien und dem Szenario-Mapping verfügen wir über eine fundierte Grundlage zur Beschreibung der denkbaren Zukünfte. Da die Adressaten der Szenarioinhalte nicht immer Mitglieder des Szenarioteams sind, ist darauf zu achten, dass die Zielgruppe den Inhalt der Szenarien und ihre implizierten Schlussfolgerungen leicht aufnehmen kann. Die Formulierung und Präsentation der Szenarien muss es dem Adressaten leicht machen, sich in diese zukünftige Welt hineinzuversetzen. Da die Szenarien in der Regel komplexe Inhalte beschreiben, stellt sich darüber hinaus die Frage nach dem darstellenden Medium. Die wichtigste Regel lautet: Sie sollten in einer Form präsentiert werden, die der anvisierten Zielgruppe leicht zugänglich ist.

Die formelle Beschreibung einer denkbaren Zukunft

Die formelle Beschreibung ist die häufigste Form der Szenariopräsentation. Für die meisten Beteiligten bietet diese Form der Kommunikation wenig Schwierigkeiten. Ein solches Szenario sollte den folgenden Aufbau haben:

♦ *Treffende Überschrift*, die die gesamte Entwicklungsrichtung des Szenarien beschreibt und gleichzeitig Interesse für dessen Inhalt erzeugt.

♦ *Kurzüberblick*, der die wesentlichen Aussagen zusammenfasst und es der Zielgruppe ermöglicht, das Szenario schnell von den anderen Zukunftsbildern zu unterscheiden.

♦ *Hauptteil* mit wesentlichen Aussagen und der Beschreibung der jeweiligen eindeutigen Zukunftsentwicklungen.

♦ *Anhang* mit den Kennwerten der Ausprägungsliste.

Teilweise werden die formellen Beschreibungen um eine Quantifizierung der Szenarien ergänzt. Dies geschieht durch die Angaben von Korridoren, in denen sich strategisch relevante Kennwerte wie beispielsweise Marktanteile, Inflationsraten oder Devisenkurse in den Szenarien bewegen können.

Storytelling – Die „Geschichten aus der Zukunft"

Insbesondere bei Marktszenarien lassen sich aus den fachlichen Inhalten der entwickelten Zukunftsbilder auch »Geschichten aus der Zukunft« verfassen. Diese stellen beispielsweise dar, was einem Kunden im Jahre 2010 passiert, wenn er die auf dem entsprechenden Markt angebotene Leistung abfragt. Viele solche Szenarien beschreiben einen Tag in der Zukunft und beginnen folglich mit einem klingelnden Wecker – falls es einen Wecker dann überhaupt noch gibt....

Zeitung, Fernsehen und Interviews von morgen

Die Zeitung als faktenbasiertes Medium mit hoher Verbreitung genießt auch in den Zeiten eher flüchtiger elektronischer Medien einen hohen Stellenwert. Das auf Papier gedruckte Wort steht für Seriosität und Authentizität der Berichterstattung

und flößt dem Leser Vertrauen ein. Dieses »quasi-faktische« Medium kann ebenfalls als »Hülle« für die Präsentation von Szenarien genutzt werden. Dabei sollte
die Aufmachung – also Titeldesign, Layout und Typographie – einer konkreten
Zeitung oder Zeitschrift entsprechen und wenn möglich deren Sprachstil und For-
mat übernehmen.

Bei diesem Ansatz ist der Nutzer allerdings nicht auf das Medium »Zeitung«
beschränkt. Eine Videopräsentation von Szenarien oder Visionen besitzt durch die
Ansprache der akustischen und optischen Sinne ebenfalls eine nachhaltige Wirkung beim Betrachter. Durch die quasi-reale Darstellung fiktiver zukünftiger Situationen werden die Relevanz und die Realitätsnähe der Szenarien nochmals unter-
strichen. Dabei sind allerdings die relativ hohen Kosten von Spielfilmformaten zu
berücksichtigen.

Die gleichen Effekte wie beim Zeitungsartikel oder Fernsehbericht werden auch
durch ein fiktives Interview erreicht, das in gedruckter oder anderer Form vorliegen
kann. Durch ein wechselseitiges »Frage-Antwort-Spiel« kann den Szenarien der
Anschein von Authentizität gegeben werden werden. Zum anderen erfährt die
Darstellung durch die Integration fiktiver oder sogar existierender Personen einen
emotionalen Mehrwert.

Die Landkarte der Zukunft

Landkarten und Atlanten haben für viele Menschen etwas Faszinierendes. Sie
enthalten »die Welt im Kleinen« – sie verschaffen die Übersicht über einen Bereich, der in der Realität viel zu groß und komplex ist, um auf so kleinem Raum
dargestellt zu werden. Sie geben Orientierung. Wir nutzen die bekannte Form der
Landkarte, um die Zusammenhänge im Zukunftsraum darzustellen (vgl. Abbildung
9).

Die hypermediale Präsentation

Moderne Informationssysteme sind als Hypertextsysteme aufgebaut. Dadurch
kann unterschiedliche Information intelligent und benutzerfreundlich verknüpft
werden. Zusätzlich zu den traditionellen Texten können auch Bild- und Tondoku-
mente integriert werden. Dadurch entstehen multimediale Präsentationen, deren
wesentlicher Vorteil darin zu sehen, dass sich die Informationsvermittlung an das
individuelle Lerntempo des Adressaten anpasst. Mit dem *Internet* als verbreiteter
Kommunikationsplattform steht zudem ein Hypertext-System zur Verfügung, das
die Information ohne Qualitätsverlust weltweit übertragen kann. Unternehmensin-
tern eignen sich *Intranets* zur leichten Verbreitung der Information.

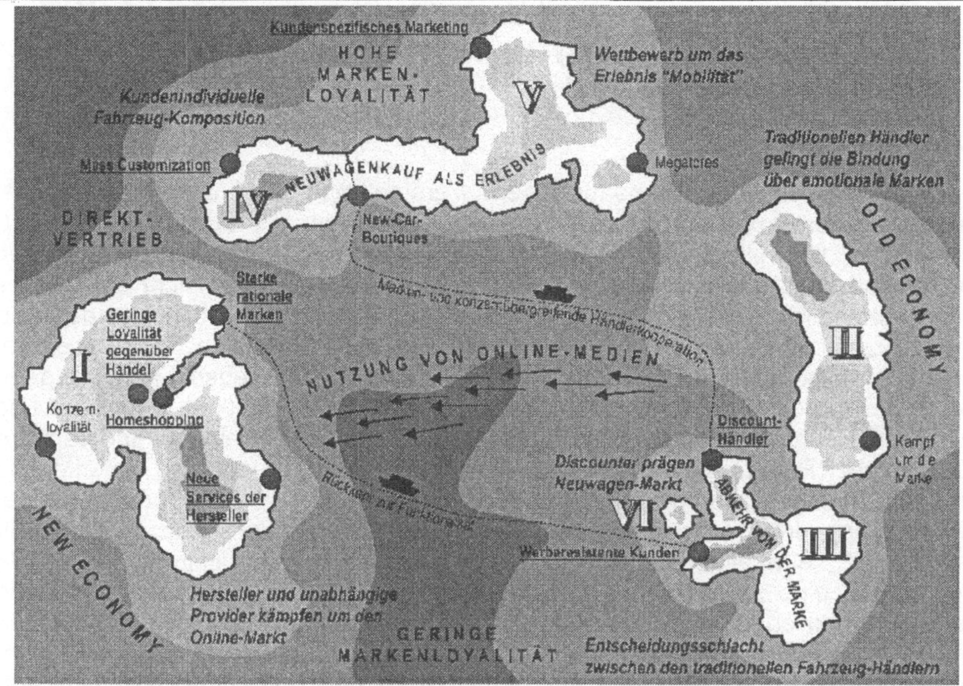

Abb. 9:   Landkarte der Zukunft (Neuwagenvertrieb)

Der persönliche Vortrag

Ein Vortrag ist die persönlichste Form der Szenario-Präsentation. Hier präsentiert ein Vortragender ein zuvor erarbeitetes Zukunftsbild. Für den Zuhörer bietet sich die Gelegenheit, eine unmittelbare Verknüpfung des Gesagten mit dem Vortragenden aufzubauen. Durch diesen emotionalen Mehrwert wird die Wirkung der Vortragsinhalte verstärkt. Für den Vortragenden besteht zudem die Möglichkeit, zum Gesagten Stellung zu beziehen und gegebenenfalls auch eine persönliche Wertung einfließen zu lassen.

Szenische Darstellung

Kleinere Inszenierungen von Szenario-Inhalten haben den Vorteil einer größeren Informationsdichte bei gleichzeitig erleichterter Informationsaufnahme. Die Zuschauer sind durch die Live-Atmosphäre angeregt und zur Informationsaufnahme bereit. Der Nachteil der szenischen Darstellung ist allerdings die Flüchtigkeit der Inhalte, wenn die Vorstellung nicht in Bild und Ton dokumentiert wird.

3.5 Varietätserzeugung und Varietätseinschränkung als Kern des Entwerfens von Systemen
Hans Dehlinger

3.5.1 Entwerfen

Entwerfen[*] geschieht meistens für andere. Versteht man das Entwerfen als Gebiet professioneller Expertise, so sollte man annehmen, dass die Gewinnung von Entwürfen (für Umwelt, Gesellschaft, Industrie, Politik) nach gewissen Grundsätzen erfolgt und dass alles Entwerfen diesen genügt. Dies ist aber nicht so, weil es keine verbindliche Definition des Entwerfens gibt. Der für die Profession des Entwerfens zentrale Begriff bleibt den beliebigen, jeweils subjektiven Definitionen der Entwerfer selbst stets ausgesetzt. Im Vergleich zu den Wissenschaften, wo gelegentliche Paradigmenwechsel zur heftigen Erschütterung gültiger Weltbilder und zu deren Neuformulierung führen, gibt es beim Entwerfen eine unübersehbare Fülle solcher Paradigmen, meist sind sie nur für kurze Zeit populär, und nie sind sie von großer Allgemeingültigkeit. Hinsichtlich seiner Wissensbasen (seiner Grundlagen) verhält sich das Entwerfen nicht wie eine Wissenschaft: es bildet nur „schwache", keine allgemein anerkannten Theorien aus (auch nicht für begrenzte Zeiträume), eine Akkumulation des Wissens, wie sie für viele andere Gebiete selbstverständlich ist, findet nicht statt. Erkenntnisse über das Entwerfen werden wesentlich durch den Prozess des Entwerfens selbst gewonnen. Das entwerferische Handeln ist darum eine wichtige Quelle für den Erkenntnisgewinn im entwerferischen Denken. Der jeweils einzigartige Weg, auf dem sich ein Entwurf entfaltet, erzeugt immerzu neue Anstöße, an denen sich das entwerferische Denken ausbildet.

In jedem Nachdenken über mögliches Tun ist Entwerfen enthalten. In solchem Denken wird ein Vorwegnehmen des Tuns geprobt. Ehe es ans Machen geht, wird entworfen, und im Entwurf stellt man sich vor, was sein soll und wie es sein wird, wenn er ausgeführt ist. Das Entwerfen ist eine Tätigkeit, die gänzlich im Zeichen antizipierenden Verhaltens steht. Vorausschauend versucht man sich vorzustellen, welche neuen Situationen der Entwurf oder welche Veränderung in der Realität er herbeiführen wird. Dieses antizipierende Verhalten zielt auf einen erwünschten Zustand, wobei es stets verschiedene Wege gibt, dorthin zu gelangen. Antizipation ist die Fähigkeit, sich neuen, möglicherweise nie zuvor dagewesenen Situationen zu stellen. Antizipation ist die Fähigkeit, sich mit der Zukunft auseinanderzusetzen, künftige Ereignisse im Geiste vorwegzunehmen und die mittel- und langfristigen Konsequenzen gegenwärtiger Entscheidungen abzuschätzen. Nebenwirkungen oder auch unvorhergesehene (oder unvorhersehbare) "Überraschungseffekte" muss der Entwerfer in seine Überlegungen stets miteinbeziehen. Ein Problem bei der Antizipation ist die Verhaftung des Neuen mit dem, was vorgefunden wird, was überliefert sich aufdrängt. Die ständige Frage ist: Was weckt

---

[*]   „Entwerfen" und „Planen" werden von mir synonym gebraucht.

Hoffnung am Horizont, der durch die Verlängerung des Gegenwärtigen bestimmt ist? Entwerfer sind unterwegs in der Zukunft, ohne Sicherheit, jemals irgendwo anzukommen. Das antizipierende Denken und Vorstellen greift nach allen verfügbaren Hilfsmitteln, und alles läuft letztendlich darauf hinaus, ins Sichtbare gerückt zu werden und zwar einzig zu dem Zweck, Vorstellungen, Antizipiertes zu vermitteln und diskursiv zugänglich zu machen. „Es gibt Vorstellung nicht als etwas Selbständiges, es gibt nur ein sich etwas vorstellendes Individuum" (von Hentig, 1998). Die Bemühungen des Entwerfens werden erst dann kommunizierbar, wenn sie sichtbar gemacht werden. Das Sichtbarmachen, das Darstellen, die Suche nach und die Herstellung von Repräsentationen sind ständig wiederkehrende Anstrengungen, die das Entwerfen begleiten. Dabei spielt es überhaupt keine Rolle, ob man sich ganz am Anfang eines Entwurfsproblems oder an dessen Ende befindet. Auf allen Entwicklungsstufen des Entwurfes sind Entwerfer gezwungen, Verfahren anzuwenden, die Vorstellungen sichtbar machen. Dies ist auch einer der Gründe, warum beim Studium des Entwerfens viel Zeit für die Aneignung von darstellerischen Hilfsmitteln aufgewandt wird.

Für das Sichtbarmachen seiner Vorstellungen stehen dem Entwerfer nur wenige grundsätzliche Mittel zur Verfügung, die sich aber durch eine große Breite von Ausdrucksmöglichkeiten auszeichnen. Es gehört zum instrumentellen Wissen eines Entwerfers, dass er ein persönliches Repertoire solcher Ausdrucksmöglichkeiten gut ausgebildet hat. Die grundsätzlichen Mittel (vgl. dazu das Schema in Abbildung 1) sind: Sprache, Zeichnung, Bild und Modell, und erst in jüngster Zeit haben sich diesen noch die virtuellen Ausdrucksformen hinzugesellt. In der Regel handelt es sich dabei ebenfalls um Bilder (oder Zeichnungen), die aber auf Grund ihrer digitalen Natur ganz besondere Eigenschaften haben.

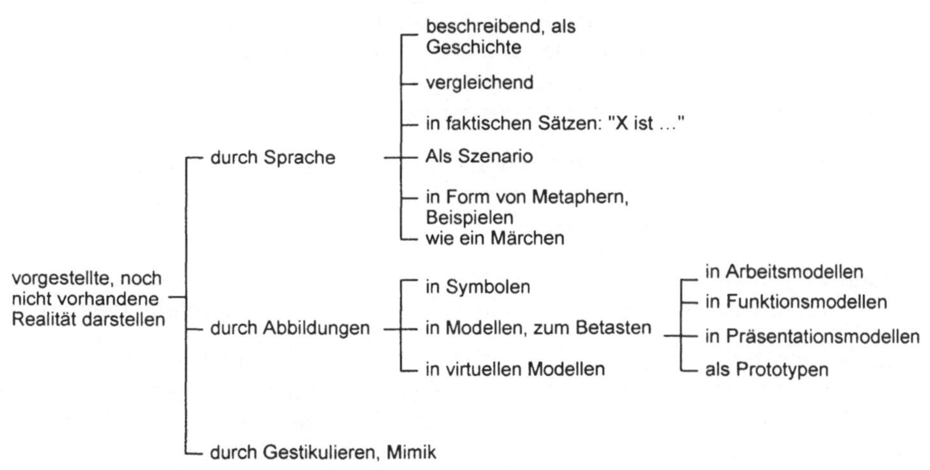

Abb. 1: Vorstellung darstellen

Sich eine künftige Wirklichkeit als Entwerfer vorzustellen, sie vor sein "inneres Auge" zu rücken, sie in der Vorstellung zu beleben, zu prüfen, mit dem Wissen darum, dass das Vorgestellte nicht real vorhanden, sondern nur modellhaft gegenwärtig ist, dass es probeweise für eine mögliche Wirklichkeit steht, diese Art von Vorstellungsarbeit ist dem Entwerfer sehr geläufig. Zu seiner Expertise gehört es, Alternativen zu entwickeln (Varietät zu erzeugen), diese Alternativen dann gegeneinander abzuwägen (Varietät zu reduzieren) und die am besten geeignete Variante für eine Umsetzung herzurichten. Wir kennen den Begriff des Entwerfens, des Entwurfs, auch den der Planung oder des Planes im Zusammenhang mit zahllosen anderen Begriffen, etwa: Gesetzesentwurf, Bauentwurf, Produktentwurf, Vorentwurf, Entwurfskonzept, Stundenplan, Verkehrsplan, Diätplan, Lehrplan, usw. Die meisten Entwürfe werden konzipiert, um ein Problem zu beseitigen; nicht selten liegt dessen Ursache in einem früheren Entwurf, der es als Nebenwirkung miterzeugt hat. Damit ein Problem "entwurfswürdig" wird, muss es sich entsprechend bemerkbar machen. Es rückt in unseren Köpfen über verschiedene Stationen immer mehr nach vorne[•].

(1) Zunächst ist da nur ein dumpfes Unbehagen, wir sind irritiert, gehen der Sache aber nicht weiter nach.

(2) Dann quält es uns doch. Wir versuchen festzustellen, woher dieses Unbehagen kommt,   lokalisieren seine Quelle und stellen fest, dass

(3) sich etwas nicht so verhält, wie es sich verhalten sollte.

(4) Wir fragen uns, warum das so ist und versuchen, die Diskrepanz zwischen "Ist" und "Soll" zu erklären. Sobald wir mit dem Finger auf die vermeintlichen Ursachen für ein Problem zeigen, zwängen sich uns Hinweise auf seine Lösung auf. In unserer Sprache sind Kausierung und Lösung aufs engste miteinander verquickt: Wenn als Ursache zu hohe Steuern für eine schwache Konjunktur ausgemacht werden, drängen sich Steuersenkungen als Lösung auf (die Lösung ist ein "Ursachenbeseitigungssystem").

(5) Nun muss es uns unter den Nägeln brennen, das Problem muss sich als dringlich erweisen, und wir müssen ein gewisses Vertrauen haben, dass sich die Sache auch beheben lässt.

(6) Dann fragen wir uns, ob es angeraten ist, das Problem zu lösen. Wir fragen dann auch, was alles passieren kann, wenn wir weiterhin untätig bleiben.

(7) Schließlich tun wir etwas. Damit wird das Problem zum Projekt. Als Projekt folgt es eigenen und nicht selten eigenwilligen Regeln. Die Lebensgeschichte von Projekten (und gleichermaßen die Krankheitsgeschichte derselben) ist für das Studium des Entwerfens höchst aufschlussreich, leider wenig erforscht.

[•] Die angeführte Liste stammt aus der Lehrveranstaltung Arch 130 an der University of California, Berkeley, durchgeführt von Horst Rittel und Jean-Pierre Protzen. Anfang der 70´er Jahre war ich einige Jahre Teaching Associate für diesen Kurs.

Über die Tatsache, dass etwas nicht so ist, wie es sein sollte, ist auch in Gruppen mit sehr unterschiedlichen Wertsystemen schnell ein Konsens zu erreichen. Die Faktizität offen zu Tage liegender Diskrepanzen zwischen einem "Ist" und einem "Soll" wird selten in Abrede gestellt. Die Arbeitslosen sind ein Problem, die ökologischen Schäden an der Umwelt sind es auch, die Universitäten haben zu wenig Geld, die Steuergesetze müssen vereinfacht werden, darüber ist man sich schnell einig. Gestritten wird, wenn es um die Erklärungen dafür geht. In die unterschiedlichen möglichen Erklärungen, welche die Lösungen schon implizieren, fließen die verschiedenen Weltanschauungen und Vorurteile ganz wesentlich mit ein.

Ein guter Entwurf führt den gewünschten Zustand herbei, ohne dabei negative Nebenwirkungen und Nacheffekte zu erzeugen. Leider sehen wir allzu oft, dass uns die Nebenwirkungen und die Nacheffekte von vermeintlich "guten" Entwürfen sehr zu schaffen machen können. Aus der Position des Antizipierens nimmt das Entwerfen eine mögliche, aber noch nicht vorhandene Realität vorweg, indem es diese über die Formel "ich stelle mir vor ...", von Max Frisch literarisch geadelt (Frisch, 1964), so anschaulich wie irgend möglich vor das innere Auge des Entwerfers ruft. Die Vorstellungskraft spielt mit dieser Anschauung unter Anrufung aller Sinne, um gedanklich auszuprobieren, wie sich diese Realität anlassen würde. Die Frage ist dann: Wie bringt man etwas Erschautes (gedanklich Entwickeltes) in eine für andere sichtbare Gestalt. Die Befähigung, „sichtbar zu machen" beruht auf der umfassenden Ausbildung (Selbstausbildung) und immerwährenden Weiterentwicklung aller erdenklichen Möglichkeiten und „Sprachen" des Darstellens, auf die Entwerfer großen Wert legen.

Man weiß natürlich, dass das Antizipieren und das ihm folgende Darstellen nur Mittel sind, den Entwurf jenen diskursiven Prozessen, die seiner „Umsetzung" vorweggehen, zugänglich zu machen.

3.5.2 Gedankenexperiment

Zwischen den antizipierten Merkmalen eines Entwurfs (M_A) und den nach seiner Umsetzung tatsächlich und real erzeugten Merkmalen (M_E) kann es zu unterschiedlichen Konstellationen kommen. Wenn wir die möglichen Beziehungen dieser zwei Merkmalsmengen zueinander auflisten, ergeben sich auf einer logischen Ebene Einsichten in das Verhältnis dessen, was zunächst als Entwurf vorliegt zu dem, was danach Realität ist. Wir stellen uns in einem Gedankenexperiment vor, ein Entwurf werde ausgearbeitet, um damit die Lücke zwischen einem festgestellten „Ist" und einem gewollten „Soll" (z. B.: Verkehr beruhigt, Rendite erzielt, seniorengerechtes Wohnen ermöglicht oder dergleichen) zu schließen. Sowohl der Entwerfer wie der Auftraggeber hegen die Erwartung, dass der Entwurf den gewollten Zustand herbeiführt, dass er also durch seine Implementation Merkmale (M_E) erzeugt, die wir dann beobachten und auflisten können und die wir mit den antizipierten Merkmalen (M_A) vergleichen können. Dabei können die in Abbildung 2 dargestellten Fälle auftreten.

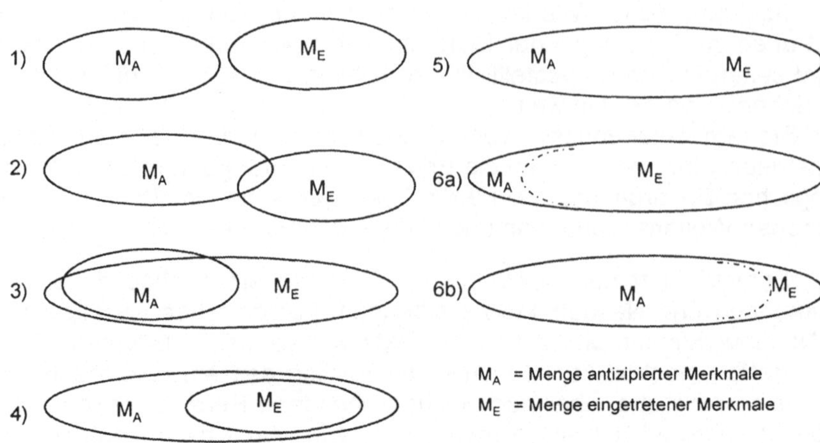

Abb. 2:   Gedankenexperiment: Antipizierte Merkmale M_A und tatsächlich erzeugte Merkmale M_E

Fall fünf ist eigentlich, was angestrebt wird; Fall sechs mag tolerabel sein; die restlichen Fälle sind problematisch - und zwar in mehrfacher Hinsicht. So kann sich Fall 3 als „Segen oder Fluch", als „mehr Segen als Fluch" oder als „nur Fluch" erweisen. Im Fall 4 sind weitreichende Erwartungen enttäuscht worden. Falls das, was (wie vorgesehen) eingetreten ist, gleichzeitig trivial ist und alle (viele) essentiellen (und erwarteten) Merkmale nicht eingetreten sind (Beispiel: die Kosten für eine Ausstellung sind wie vorgesehen angefallen, der Erfolg aber ist ausgeblieben), so ist das gewöhnlich unbefriedigend. Da unter all diesen Fällen (und der nicht aufgeführten Spielarten) es nur einen einzigen gibt, auf den das Entwerfen letztendlich zielt, liegt die Annahme nahe, dass es auch häufig „daneben gehen" kann. Eine „Pathologie des Entwerfens" könnte hier lehrreiche „Krankheitsbilder" in großer Anzahl auflisten[*].

3.5.3 Eigenschaften von Entwurfsproblemen

Die Schwierigkeiten des Entwerfens liegen in der Struktur der Entwurfsprobleme. Diese haben eine ganze Reihe besonderer Eigenschaften, welche es schwierig machen, mit ihnen umzugehen. Rittel und Webber (Rittel, Webber, 1972) machen diese Eigenschaften verantwortlich für die Dilemmas, welche einer allgemeinen Theorie des Planens (des Entwerfens) im Wege stehen. Folgt man ihren Überlegungen, dann sind alle Entwurfsprobleme „bösartig" (im Gegensatz zu „zahmen" Problemen, etwa des Schachspiels oder der Mathematik), und sie haben folgende Eigenschaften (Rittel, 1992):

---

[*]   Horst Rittel hat daran gearbeitet

(1) Man kann sie nicht verstehen und formulieren, ohne sie gleichzeitig zu lösen.

(2) Identisch erscheinende Probleme zeigen bei genauerem Hinsehen gewöhnlich so gewichtige Unterschiede, dass sich Erfahrungen von einem auf das andere Problem nicht übertragen lassen.

(3) Jedes Planungs- und Entwurfsproblem kann als Symptom eines anderen verstanden werden.

(4) Unter den vielen möglichen Erklärungen - und damit Lösungen - neigt man zu der, welche den eigenen Vorstellungen und Vorurteilen am ehesten entspricht.

(5) Entwurfsprobleme haben keine Stopregel: Man kann immer versuchen, eine bessere Lösung zu finden.

(6) Es gibt keine vorbestimmte Menge zulässiger „Züge": Man kann sich immer noch etwas Neues einfallen lassen.

(7) Lösungen für Entwurfprobleme sind nicht objektiv richtig oder falsch, sondern mehr oder weniger gut im Urteil verschiedener Betroffener.

(8) Wie gut ein Plan war, zeigt sich erst nach seiner Ausführung, an der nicht abbrechenden Folge seiner Auswirkungen.

(9) Man kann sich nicht durch Versuch und Irrtum an das Ergebnis korrigierend herantasten. Es gibt nur einen Versuch, und der ist der Ernstfall.

(10) Die Folgen eines Entwurfes sind irreversibel: schlechte Entwürfe lassen sich nicht einfach als Experiment deklarieren.

3.5.4 Varietät erzeugen / Suchen und Finden

Varietätserzeugung ist in vielen alltäglichen Situationen eine gebräuchliche Vorgehensweise. Vorstellungen darüber zu entwickeln, wie der runde Geburtstag eines Familienmitglieds zu feiern sei, oder wie man den anstehenden Urlaub gestalten soll, unterscheiden sich nicht grundsätzlich von einer fachbezogenen Entwurfsproblematik. Man kann auch sagen, dass die für das Entwerfen fachspezifisch eingesetzten Methoden der Erzeugung von Varietät von erstaunlicher Allgemeingültigkeit sind. Sie sind nicht disziplinarisch geprägt und sie sind auch methodisch nicht auf ein fachspezifisches Spektrum von Aufgabenstellungen programmiert. Fachspezifisch an der Varietätserzeugung hinsichtlich des Entwerfens ist die vom Entwerfer geforderte vertiefte Kenntnis solcher Ansätze und deren zielgerichtete Handhabung, welche selbstredend auch die Kenntnis der Schwächen dieser Verfahren einschließt.

In der Berichterstattung über einen archäologischen Münzfund durch einen privaten „Schatzsucher" wurde kürzlich die (juristische) Auffassung vertreten: „Das Suchen mit der Sonde ist kein Finden". Suchen und Finden sind zentrale Begriffe auch bei der Erzeugung von Varietät, wie sie der Entwerfer betreibt. Der überraschende Fund hat darin ebenso Platz, wie der mit der „Sonde" ans Licht gebrachte. Um etwas zu finden, braucht man offene Augen. Man hebt den Fund überrascht zum Auge, betrachtet ihn beglückt, dreht und wendet ihn, und sein Wert offenbart sich unmittelbar, ist im Augenblick des Findens offensichtlich. Der überraschende Fund stellt sich ohne absichtliche Suche ein, er gleicht als Ereignis eher einem Unfall, er ist weder vorhergesehen noch ist er geplant. Wesentlich am Fund ist das Moment der Überraschung, des unvorhergesehenen, nicht absichtsvoll herbeigeführten Ereignisses, das weder veranstaltbar noch wiederholbar ist.

Der Entwerfer hingegen begibt sich gezielt auf die Suche. Er bedient sich dabei aller „Sonden", deren er habhaft werden kann, auch der „richtige", der überraschende Fund kommt ihm stets gelegen. Er ist zum serienmäßigen Finden verdammt. Das Finden als seltenes, singuläres Ereignis, das sich im Fund manifestiert, entzieht sich aber der routinierten Einbindung in einen Geschäftsgang. Es bleibt jeweils einzigartig, und ein entscheidendes, nicht instrumentalisierbares Moment ist in ihm stets enthalten. Auch die Verwendung einer Sonde garantiert nicht, dass man findet. Sie ist der Versuch, ein systematisches und methodisches Moment in die Suche zu bringen. Eine Sonde ist kalibriert. Sie spricht auf besondere Eigenschaften des Gesuchten an. Man schreitet mit ihr ein ausgewähltes Gebiet (bei der Erzeugung von Varietät spricht man von einem Lösungsraum) vollständig ab. Ihr Gebrauch erlaubt Aussagen der Form: „Suche im Gebiet x erfolglos verlaufen". Freilich geht mit der absichtsvollen Gerichtetheit dieser Suche auch die unbefangene Offenheit des Blicks verloren. Der Fund wird erwartet, er soll erzeugt, geliefert werden. Das eigentlich nicht Veranstaltbare wird inszeniert. Die Sonde fördert dabei auch Funde ans Tageslicht, die zwar Eigenschaften des Gesuchten aufweisen, aber sich nicht als das Gesuchte erweisen. Dass dabei auch Funde im ursprünglichen Sinne des Wortes gemacht werden können, ist unbenommen. Wenn wir als zeitgenössisches Beispiel für solche Sonden die Suchmaschinen im Internet hernehmen, ertappen wir uns nicht selten dabei, dass wir „bookmarks" auf „Fundstellen" setzen, die nichts mit den von uns gesuchten Materialien zu tun haben, uns aber dennoch „ins Auge stechen".

3.5.5 Ausgewählte Ansätze zur Erzeugung von Varietät

Morphologien

Sie gehören zur Klasse der kombinatorischen Methoden der Varietätserzeugung. Das Prinzip ist sehr einfach, hat aber seine Tücken. Der Grundgedanke ist, einen „morphologischen Kasten" (nach seinem Erfinder, dem Schweizer Astrophysiker Fritz Zwicky auch „Zwicky-Box" genannt) aufzustellen und die darin enthaltenen Informationen generativ auszubeuten. Zwicky gibt für die morphologische Methode fünf Schritte vor (Zwicky, 1989, Seiten 116 und 117), die ich im folgenden wiedergebe und kurz kommentiere.

(1) Genaue Umschreibung oder Definition sowie zweckmäßige Umschreibung oder Verallgemeinerung eines vorgegebenen Problems.

Dazu ist ein möglichst genaues Problemverständnis zu erarbeiten. Dass die sprachliche Beschreibung des Problems und seine Lösung in einem engen Verhältnis zueinander stehen, wird hier besonders deutlich. Eine sorgfältig abgefasste und reflektierte Problemdefinition ist vonnöten, und sie wird im ersten Wurf selten gelingen. Es empfiehlt sich ein Einstieg in das Problem mittels der Techniken der „Gedankenlandschaft" und der „Frage-Antwort-Netze".

(2) Genaue Bestimmung und Lokalisierung aller die Lösungen des vorgegebenen Problems beeinflussenden Umstände, d. h. Studium der Bestimmungsstücke oder, wissenschaftlich ausgedrückt, der Parameter des Problems.

Auch hier wirkt sich treffende und sorgfältige Formulierungsarbeit sehr auf das Ergebnis aus. Die morphologische Methode basiert gänzlich auf der Manipulation von Begriffen und Symbolen, wobei die Beziehungen zwischen „Begriff" und „Lösung" (oder auch „Wort" und „Objekt") große Bedeutung erlangen. Eine schlampig vorbereitete Morphologie erzeugt schwache oder gänzlich unsinnige Lösungen.

(3) Aufstellung des morphologischen Kastens oder des morphologischen vieldimensionalen Schemas, in dem alle möglichen Lösungen des vorgegebenen Problems ohne Vorurteile eingeordnet werden.

Die Liste der in das Schema aufgenommenen Parameter soll vollständig sein und die Parameter sollen auf der gleichen Ebene der Abstraktion liegen. Die Werte in den einzelnen Wertelisten sollen sich nach Möglichkeit gegenseitig ausschließen. Diskrete Werte (im Gegensatz zu stetigen Werten) lassen sich leichter handhaben.

In aller Regel wird ein Morphologischer Kasten als Matrix aufgezogen (vgl. Abbildung 3). Logisch betrachtet, stellt eine Morphologie einen Ausdruck in konjunktiver Normalform dar:

$$M : \left(a_1 \vee a_2 \vee a_3 \vee \ldots \vee a_n\right) \wedge \left(b_1 \vee b_2 \vee \ldots \vee b_m\right) \wedge \ldots \wedge \left(\ldots\ldots\right)$$

(4) Analyse aller im morphologisch Kasten enthaltenen Lösungen aufgrund bestimmter gewählter Wertnormen.

Lösungen werden aus der Morphologie algorithmisch erzeugt. Man wählt aus der Werteliste jedes Parameters einen (und nur einen) Wert und verknüpft diese Werte sukzessive mit dem logischen Operator „und" zu einem Ausdruck.

(5) Wahl der optimalen Lösung und Weiterverfolgung derselben bis zu ihrer endgültigen Realisierung oder Konstruktion.

Auswählen heißt urteilen, bewerten; mit diesem Schritt verlässt man zunächst die Erzeugung von Varietät, kann aber bei der Weiterarbeit an einer der ausgewählten Lösungen jederzeit die morphologische Methode (oder jede andere varietätserzeugende Methode) erneut einsetzen. Zwischen Erzeugen und Bewerten (generate and test) hin und her zu springen, ist ein fundamentales methodisches

Schema für das Entwerfen. Dabei ist es völlig gleichgültig, aus welchen methodischen Quellen sich die erzeugende und auch die bewertende Arbeit jeweils speisen. Wichtig ist allein, dass Entwerfer über ein gut ausgebildetes Instrumentarium solcher Methoden verfügen. Am Ende zählt das Ergebnis, der Weg dahin hat allenfalls erzählerischen (persönlichen, dokumentarischen, juristischen, wissenschaftlichen ...) Wert.

Der Rückgriff auf die strikten Regeln der Kombination ist eine Stärke der morphologischen Methode und gleichzeitig ihre Schwäche. Unter den zahlenmäßig schnell anwachsenden Kombinationen „möglicher" Lösungen befinden sich viele nicht-kompatible (oder schlichtweg unsinnige) Kombinationen. Außerdem gibt es (aus Prinzip) keine Ordnungsstruktur in einer Morphologie. Der Morphologe soll sich der Totalität aller Lösungen bewusst aussetzen: „Die morphologische Forschung ist Totalitätsforschung" (Zwicky, 1989, Seite 17).

Ein interessanter Vorschlag, der von Zwicky´s Verfahrensweise deutlich abweicht, aber die Grundzüge der Methode beibehält, wurde von Kaufmann (Kaufmann, 1968) vorgeschlagen. Er ordnet die Wertelisten für jeden Parameter. Je niedriger der Index eines Wertes (je weiter links in der Werteliste er steht) desto konservativer, gewöhnlicher, bekannter usw. ist dieser Eintrag. Je höher der Index, desto ungewöhnlicher, unbekannter usw. ist der Wert. Die Summe der Indizes für eine generierte Lösung ergibt ein Maß für die „Neuartigkeit" der Lösung.

Als letzten Eintrag einer Werteliste (versehen mit dem höchsten Index dieser Liste) führt er einen völlig unbekannten Wert x ein. Lauflinien, die im niedrig indizierten Bereich der Matrix verlaufen, erzeugen konservative Lösungen, solche, die Werte mit hohen Indizes erfassen, erzeugen innovative Lösungen (vgl. Abbildung 3). Dieser Gedanke lässt sich auf jede andere Ordnungsstruktur zwischen zwei Polen erweitern. Neben: konservativ > innovativ, sind ebenfalls: billig > teuer; schön > hässlich; konsensfähig > konsenssprengend und andere denkbar.

Eine konservative Lauflinie kann durch Einbeziehen eines völlig unbekannten Wertes x zu einer konstruiert provokativen Fragestellung und damit zu neuen Varianten führen. Kaufmann schlägt auch vor, die Lauflinien nicht in einem Schritt durch alle n Zeilen der Matrix zu führen, sondern schrittweise vorzugehen und dabei aus den jeweils erzeugten 2er-, 3er-, usw. Kombinationen die als nicht sinnvoll beurteilten sogleich auszuschließen, d.h. nur mit den aussichtsreichen Kombinationen weiterzufahren.

Für die Bearbeitung von Morphologien auf Rechnern kann es von Vorteil sein, Konstriktionen über bestimmte Wertekombinationen zu verhängen, um Lösungen, in denen diese auftreten, zu unterdrücken. Logisch gesehen ist eine solche Konstriktion die Negation einer Konjunktion (für eine zweigliedrige Konstriktion z. B.: $\neg(a_i \wedge b_j)$). Hat man die Matrix grafisch aufbereitet, lassen sich die Konstriktionen als Kanten zwischen nicht kompatiblen Werten eintragen und übersichtlich darstellen (vgl. Abbildung 3).

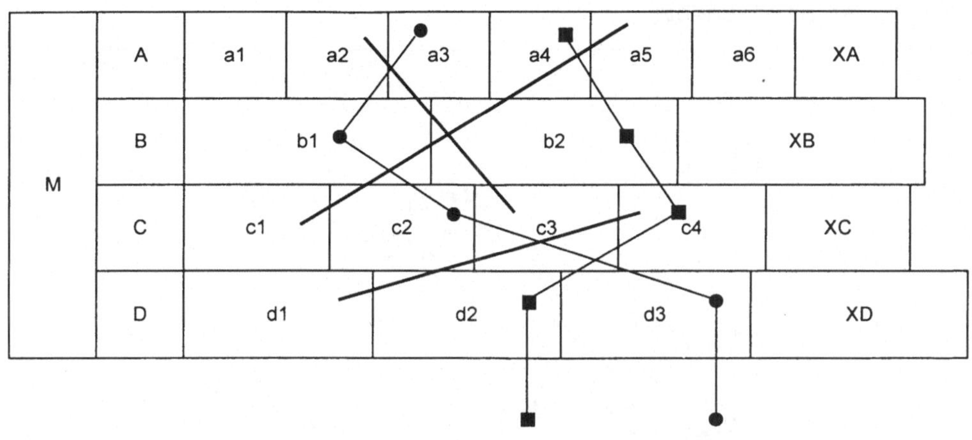

Abb. 3:   Morphologischer Kasten

Der in Abbildung 3 dargestellte morphologische Kasten M hat die vier Parameter A, B, C, D. Für Parameter A sind die sieben Werte a1 bis a6 und XA ausgewiesen; der letzte dieser sieben Werte (XA) wird als unbekannter Wert in die Matrix eingeführt.

Lösung 1 besteht aus der Lauflinie: a4 ∧ b2 ∧ c4 ∧ d2

Lösung 2 besteht aus der Lauflinie: a3 ∧ b1 ∧ c2 ∧ d3

Zwischen den Parameterwerten a2 und c3, zwischen a5 und c1, sowie zwischen c4 und d1 sind (zweigliedrige) Konstriktionen / Unverträglichkeiten graphisch eingetragen.

PROMORPH (Dehlinger, 1979) ist ein Programm, welches beliebig komplexe und geschachtelte Morphologien verarbeitet und die über den Werten liegenden Konstriktionen berücksichtigt. Das Programm gibt eine (wählbare) Anzahl von unterschiedlichen Lösungen aus und erlaubt die Verschärfung oder Lockerung von Konstriktionen. Als Ausgabe erzeugt das Programm Zeichenketten, die mit dem logische Operator „und" verknüpft sind.

Eine Morphologie ist auch als gerichteter Graph (sog. Baummorphologie) darstellbar. Die Verwendung solcher hierarchischen, gerichteten Graphen als strukturierendes Darstellungsmittel ist weit verbreitet und keinesfalls auf den Bereich der Morphologien beschränkt. Die Abbildung 1 kann als (sehr einfache) Baummorphologie gelesen werden. Interessant ist auch, dass es viele Situationen gibt, wo gleichzeitig generierende und bewertende Aspekte eines Problems in ein und demselben graphischen Schaubild darstellbar sind. Der in Abbildung 4 dargestellte Prüfbaum für die Bremsen an Kraftfahrzeugen ist aus der Straßenverkehrszulassungsordnung abgeleitet. Er ist sowohl als Prüfwerkzeug für die Zulässigkeit des Bremssystems an einem Fahrzeug wie auch für den Entwurf solcher Bremssysteme verwendbar.

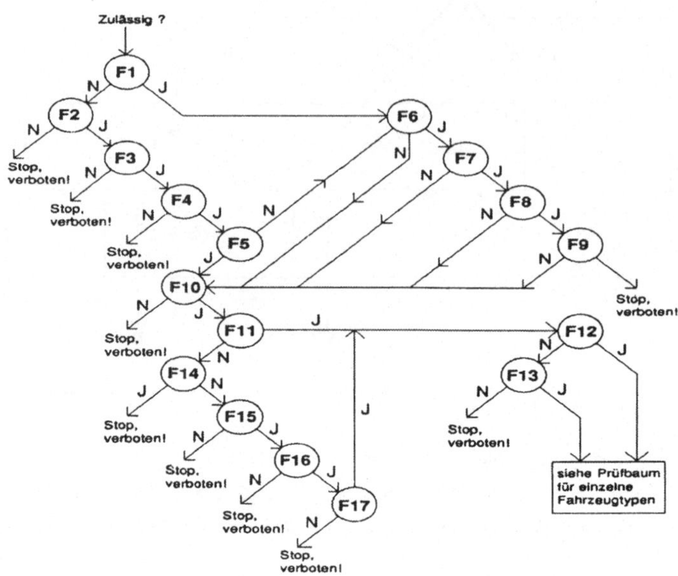

Abb. 4:   Prüfbaum für die Bremsen an Kraftfahrzeugen

Legende zum Prüfbaum in Abbildung 4

F 1	Sind zwei voneinander unabhängige Bremsanlagen vorhanden ?	
F 2	Ist nur eine Bremsanlage vorhanden ?	
F 3	Sind zwei voneinander unabhängige Bedienungseinrichtungen vorhanden ?	
F 4	Kann jede auch dann wirken, wenn die andere versagt ?	
F 5	Wirken die Bedienungsvorrichtungen durch getrennte Übertragungsmittel auf verschiedene Bremsflächen ?	
F 6	Können mehr als zwei Räder gebremst werden ?	
F 7	Werden gemeinsame Bremsflächen benutzt ?	
F 8	Werden ganz oder teilweise gemeinsame mechanische Übertragungseinrichtungen benutzt ?	
F 9	Können beim Bruch eines Teiles mindestens zwei nicht auf derselben Seite	

liegende Räder gebremst werden?

F 10 Wirken alle Bremsflächen auf zwangsläufig mit den Rädern verbundene, nicht auskuppelbare Teile ?

F 11 Wirkt ein Teil der Bremsflächen unmittelbar auf die Räder ?

F 12 Sind die Bremsen leicht nachstellbar ?

F 13 Haben die Bremsen eine selbsttätige Nachstellvorrichtung ?

F 14 Wirkt einTeil der Bremsflächen auf Bestandteile, die mit den Rädern durch Zwischenschaltung von Ketten verbunden sind?

F 15 Wirkt ein Teil der Bremsflächen auf Bestandteil die mit den Rädern durch Zwischenschaltung von Getriebeteilen verbunden sind ?

F 16 Sind die Getriebeteile so beschaffen, dass ihr Versagen nicht anzunehmen ist ?

F 17 Ist für jedes in Frage kommende Rad eine besondere Bremsfläche vorhanden ?

Morphologien muss man mit Geschick, Verstand und Feingefühl handhaben. Sie lassen erstaunliche Freiräume bei der Gestaltung und Notation der Parameter und Parameterwerte zu. Die Zellen einer morphologischen Matrix (auch die Knoten in einer Baummorphologie) können mit Stichwörtern, ganzen Sätzen, Codes jeder Art, Zeichnungen/Schemata, Bildern, dreidimensionalen Modellen usw. bestückt werden. Alle diese Ausdrucksformen für Inhalte sind in ein- und derselben Morphologie auch in jeder Mischung darstellbar.

Systematisches Zweifeln

In der Philosophie ist die zweifelnde Haltung von großer Bedeutung. Die Skeptiker fordern, an alle Erkenntnis den Zweifel anzulegen, und Descartes macht ihn zur methodischen Grundlage des Denkens schlechthin. Im Zweifel sind wir unentschieden, wissen weder, ob etwas wahr ist, noch ob es falsch ist. Poetisch kann man den Zweifel mit der Dämmerung vergleichen, die einen Zustand der Schwebe, der Unschärfe, der Nicht-Unterscheidbarkeit verursacht. Die Kreativitätsforschung beschreibt solche Zustände gedämpfter Wahrnehmung, die gleichzeitig von einer eigenartigen Wachheit begleitet sind. Arata Isozaki, einer der bedeutenden zeitgenössischen Architekten, hat die „Dämmerung" (Zwielicht) als eine der neun wichtigen Metaphern seiner Arbeit benannt (Isozaki, 1977). Aus dem Blickwinkel der Logik erzeugen wir Zweifel, wenn wir einem für wahr genommenen Satz (oder einer faktischen Behauptung, einer plausiblen Beschreibung u. dergl.) eine Verneinung aufzwingen. Erkennen wir A, so soll es nicht A sein. Durch systematisches „Verneinen" werden Hinweise auf Lösungen gewonnen - man verneint ein Problem und löst es dadurch (Rittel 1992, Seite 89). Es handelt sich dabei (zumindest vordergründig) um ein sehr einfach anzuwendendes Prinzip, das aber intellektuell nicht von schlechten Eltern ist. Am „Problem", welches die Sprayer im stadtöffentlichen Raum darstellen, soll in der folgenden Tabelle die Wirkungsweise des Prinzips illustriert werden.

Problem, faktische Aussage	Verneinung der Aussage	Aus der Verneinung abgeleitete Handlungsstrategie
Es gibt Sprayer	Es gibt keine Sprayer	Bildungspolitische Strategie: Lösung durch „Erziehung"
Es gibt Spraydosen	Es gibt keine Spraydosen	Legislative Strategie: Spraydosen werden verboten
Alle erreichbaren Flächen werden besprayt	Flächen sind unerreichbar	Strategie der Planung: Architektonische Lösung, Landschaftsgärtnerische Lösung.

(Fortsetzung der Tabelle)

Problem, faktische Aussage	Verneinung der Aussage	Aus der Verneinung abgeleitete Handlungsstrategie
Gesprayte Zeichnungen sind hässlich	Gesprayte Zeichnungen sind schön, ästhetisch	Strategie der Zertifizierung oder der Zensur: Sprayerdiplom einführen
Es ist sehr leicht zu sprayen, jeder kann es	Sprayen ist schwer, gefährlich, nicht jeder kann es	Technologische Lösung durch Ingenieure.
Sprayangriffe - immer sind es dieselben	Es sind nicht dieselben	Strategie der Ermunterung zum Pluralismus: Alle (Kirche, Kleingärtner, Touristen...) greifen zum Spray.

Tab. 1: Illustration des Prinzips des Systematischen Zweifels

Wir zerlegen hier das „Problem" in eine Reihe einfacher Feststellungen, so wie wir diese eben wahrnehmen. Dann verneinen wird diese Sätze. Aus „X ist der Fall" wird: „X ist nicht der Fall". Diese Verneinung provoziert unmittelbar und drängend die Frage: Was, in aller Welt, ist es dann? Es spielt keine Rolle, ob unsere faktische Beschreibung lückenhaft bleibt (Wegfall des Vollständigkeitsverdikts) oder wie trennscharf wir die einzelnen Sätze fassen können (Wegfall des Ausschließlichkeitsverdikts). Es funktioniert immer, weil wir ein logisches Prinzip anwenden. Hilfreich sind die Vollständigkeit und eine intelligente faktische Zerlegung und Präzision in der Formulierung aber trotzdem. Schließlich gilt auch hier, dass dumme Fragen dumme Antworten provozieren. Das Prinzip des systematischen Zweifels ist ein sehr interessantes Instrument, und es ist als Methode der Varietätserzeugung von großer Allgemeingültigkeit. Seine Anwendung ist auch nicht allein auf geschriebene faktische Aussagen begrenzt. Die Antworten können auch zeichnerisch erfolgen, was im Bereich der Architektur und des Design häufig geschieht.

Teilnehmende Beobachtung

Die antizipierende Tätigkeit des Entwerfens verlangt ein Sich-Hineindenken in die Probleme anderer Menschen. Methodisch wird sie unterstützt durch beobachtende Teilnahme, durch Miterleben, durch Sich-Hineinversetzen in die Situation Betroffener, Agierender, Ausführender, Benutzer, Profiteure, Investierender, usw..

Die (zeitweise) Identifikation mit Rollen, welche Menschen in ihrem täglichen Leben, bei der Ausübung ihrer Jobs, im Umgang mit Systemen aller Art (wie mobile

Kommunikation, Flughafen, Stadtverwaltung, Nahverkehr, bei Alltagsverrichtungen usw.) einnehmen, ist, wenn sie mit reflektierender, analysierender, wahrnehmender Haltung verbunden wird, eine Quelle von Informationen, die Anstöße zur Erzeugung von Varietät auslösen können. Die dabei beobachteten Verrichtungen, Zustände, Prozesse und Verhaltensweisen werden mit Formeln wie: „was wäre wenn ..."; „warum ist ... "; „könnte man ... " und dergleichen aus ihren vorgefundenen Zusammenhängen herausgelöst und einer varietätserweiternden Betrachtung zugeführt. Schwachstellen können aufgefunden werden, ausschnittsweise Veränderungen können gedacht werden, scheinbare Zwangsläufigkeiten können aufgedeckt und hinterfragt werden. Während die Szenariotechnik plausible Geschichten für Zukünfte entwirft, protokolliert die teilnehmende Beobachtung real ablaufende Geschichten und versucht, durch Eingriffe in diese Geschichten zu ganz neuen Geschichten zu gelangen.

Evolutionäre Prozesse*/ generative Systeme / Zufall

Die Wissenschaft von den genetischen Algorithmen hat in der letzten Dekade interessante Fortschritte erzielt, die auch das Entwerfen tangieren. Von der biologischen Evolution inspiriert und bevölkert von Mathematikern, Informatikern, Ingenieuren, Biologen, Architekten und Künstlern hat sie mit überraschenden Ergebnissen auf sich aufmerksam gemacht. Anders als die Bionik, die darauf abzielt, sich von besonders gelungenen natürlichen „Entwurfslösungen" anregen zu lassen oder herausragende Konstruktionen der Natur technisch nachzubilden, studiert die Wissenschaft von den genetischen Algorithmen die Entstehungsprozesse solcher Lösungen. Der generative Aspekt steht dabei im Vordergrund. Die Verwandtschaft der Problemstellungen zum Entwerfen drängt sich geradezu auf. Auch bei den Entwerfern ist die generative Frage stets „heiß", weil sie in allen Stufen eines Entwurfs auftritt, und besonders quälend tut sie das in den frühen Phasen des Entwurfs. Bezogen auf die Mikrostruktur des Entwerfens besagt ein sehr einfaches Modell des Entwerfens, dass dabei zwei Vorgänge immer wiederkehren, und zwar auf allen Ebenen und völlig unabhängig davon, wie weit der Entwurf bereits gediehen ist: Ideen haben (Erzeugung von Varietät) und Ideen verwerfen (Reduktion von Varietät). Bei den evolutionären Vorgängen in der Natur spielt ebenfalls ein Zwei-Schritte-Modell eine bedeutende Rolle: Einem Mutationsschritt folgt ein Selektionsschritt.

Gedanklicher Einschub:

In der Linken halte ich die Skizzierrolle, in der Rechten den Zeichenstift. Ich rolle das Papier über die darunterliegende Skizze, zeichne „drüber", reiße ab, zeichne erneut drüber: Ich hoffe (ich erwarte, nein - ich weiß), dass sich durch die kleinen (oder größeren) Veränderungen der Entwurf „verbessert"; tut er das nicht, fange ich mit einer anderen Idee wieder von vorne an. In der Terminologie der geneti-

---

* Teile dieses Abschnitts wurden von mir unter dem Titel: „Genetische Algorithmen – oder: Wie Darwin auf die Vernissage kommt" veröffentlicht, in: Holger van den Boom (Hsg.) Entwerfen, Jahrbuch 4, Hochschule der Bildenden Künste Braunschweig, Köln, 2000

schen Algorithmen heißt diese Strategie eingliedriger evolutionärer Prozess, und Rechenberg (Rechenberg, 1973) hat sie wie folgt beschrieben:

- ◆ Eine beliebige Ausgangskonfiguration wird geringfügig geändert,

- ◆ verbessert sich der Entwurf, wird die Änderung beibehalten, wenn nicht, wird sie verworfen,

- ◆ eine neue geringfügige Änderung wird vorgenommen.

Die entscheidende Frage hierbei ist natürlich, was verstehen wir unter „Verbessern" und wie beurteilen (messen) wir das? Beim Entwerfer wird die Auswahl durch sein Urteil, gestützt auf seine entwerferische Kompetenz (was immer das sein mag), bewirkt. Beim Ingenieur kann es eine „Zielfunktion" (leichteste Autofelge, maximaler Auftrieb, geringster Strömungswiderstand usw.) sein.

Für die Optimierung eines gasdurchströmten Rohrkrümmers hat Rechenberg ein sehr beeindruckendes Experiment für einen solchen Evolutionsprozess durchgeführt. Um einen Roboter (er nennt ihn „Arm Darwins") (Maguerre, 1991, Seite 13) wird ein Rohr gekrümmt. Mit vielen kleinen Schiebern kann die Geometrie der Krümmung verändert werden. Der „Arm Darwins" nimmt eine zufällige kleine Veränderung vor. Verbessert sich die Geometrie (strömt das Gas mit weniger Widerstand), wird die Veränderung beibehalten, sonst zurückgenommen. Auf einen „Mutationsschritt" folgt ein „Selektionsschritt", und nach n Generationen ist ein Optimum erreicht. Der Zufall spielt dabei eine ähnliche Rolle wie bei evolutionären Prozessen in der Natur. Im Mutationsschritt wird dem nachfolgenden Selektionsschritt eine neue Variante (eine genetische Variation) angeboten. Die Selektion wirkt immer, ob die Mutation nun gerichtet verläuft oder nicht (Dawkins, 1998).

Es ist falsch, evolutionäre Prozesse als nur vom Zufall gesteuerte Prozesse zu bezeichnen. Man muss stets beide Schritte im Auge behalten. Tatsächlich setzt sich die weit größere Anzahl der vorgenommenen Veränderungen nicht durch. Der Entwerfer entwickelt Lösungen, die Natur kennt eigentlich keine Lösungen, nur Entwicklungsschritte. Ihre große Experimentierfreudigkeit, welche in überschwenglichem Maße immer neue Versuche ins Rennen schickt, verbietet sich als Strategie des Entwerfens aus Gründen der Ethik des Entwerfens. Entwerfer können nicht (dürfen nicht, sollen nicht) ihre Entwürfe „nur mal eben so" in die Welt setzen und „abwarten und sehen". Auch wenn es manchmal den Anschein hat, muss man unterstellen, dass sie sich nicht prinzipiell so verhalten.

Ersetzen wir im evolutionären Modell der Natur die natürliche Selektion durch eine künstliche oder auch künstlerische, dann reihen sich die genetischen Algorithmen wie selbstverständlich in das fragmentierte Theorien- und Methodenwissen der Entwerfer ein.

Generative Systeme, die auch sehr komplexe Aufgaben (wie z. B. ein Museum, einen städtebaulichen Entwurf usw.) „lösen", sind als Prototypen bereits vorhanden. Die Abbildung 5 zeigt „Entwürfe", die Soddu mit einem von ihm entwickelten Regelsystem erzeugt hat. Jede der vom Programm erzeugten Varianten ist, in den

Grenzen des Systems, ein Unikat, welches ohne Rückgriff auf vordefinierte Formen erzeugt wird. Die eigentliche kreative Arbeit verlagert sich dabei auf die Formulierung und die Implementation der generativen Prozesse. Soddu´s Ansätze sind bemerkenswert und haben weitreichende Konsequenzen. Sie sind komplexe Beispiele für eine algorithmische Erzeugung von Varietät beim architektonischen Entwerfen. Identität und Wiedererkennbarkeit einer künstlerischen Handschrift bleiben trotz (oder gerade wegen) der vor der Erzeugung liegenden Strukturierungsarbeit am Regelsystem in den Entwürfen erhalten. In die Fülle der notwendigen Entscheidungen, welche die Aufstellung eines formerzeugenden Regelsystems erfordern, fließen alle persönlichen Präferenzen ganz selbstverständlich mit ein. Auch wenn es für derartige generative Systeme keine einfach formulierbare Zielfunktion gibt, folgen sie dennoch (und zwangsläufig) einer durch die erzeugenden Regeln vorgegebenen Logik, die einen „erkennbaren Stil" erzwingt und diesen mit großer Konsistenz sichtbar werden lässt.

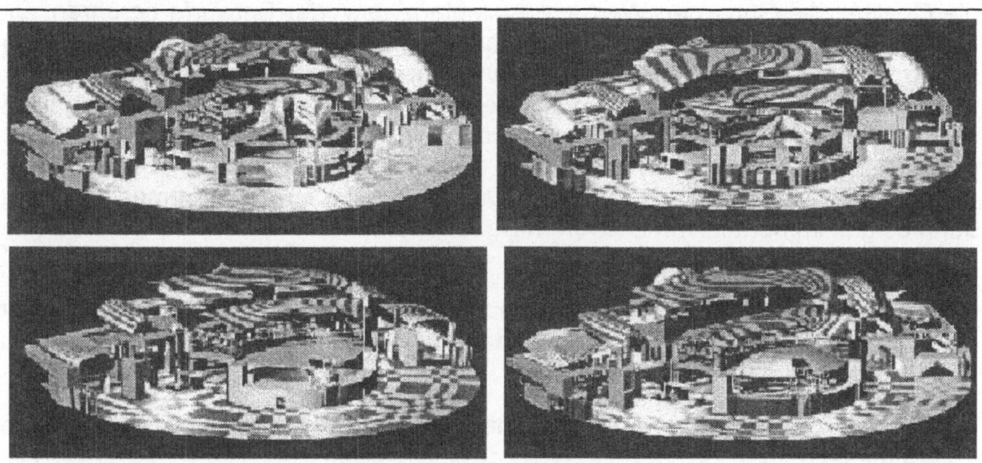

Abb. 5:   Celestino Soddu: Generative Architektur aus dem „Generative Design Laboratory", Politecnico di Milano

Die Bedeutung des Kontextes bei der Varietätserzeugung

Der Entscheidungsspielraum des Entwerfers im Prozess der Varietätserzeugung wird mitbestimmt durch den Kontext, in welchen er sich eingebunden sieht. Neben den Entscheidungen, die er im Rahmen einer Entwurfsaufgabe selbst fällen kann, gibt es jene, die er als bereits gefällt akzeptiert. Dem Kontext wird alles zugerechnet, was sich entweder aus prinzipiellen Erwägungen heraus nicht verändern lässt (z.B. die Naturgesetze) oder was als unveränderbar hingenommen wird. Es zeigt sich dabei, dass die durch den Kontext gesetzten Grenzen des Handelns gegen Zweifel nicht immun sind, dass der Kontext also keine natürlich gegebene Größe darstellt.

Es ist in fast jeder Situation möglich, scheinbar Gegebenes anzuzweifeln und es damit dem Handlungsspielraum wieder zuzuschlagen. Die „Randbedingungen", die sich im Entwurfsprozess zu sogenannten „Sachzwängen" (Rittel, 1992, Seite

271) erhärten, sind nicht jene unverrückbaren Konstanten, an denen sich der Entwurf zwangsweise auszurichten hat, vielmehr lassen sie sich jederzeit in Entscheidungsvariablen umwandeln. Nichts muss so sein, wie es ist. Was letztendlich im Kontext des Entwerfens wirklich verbleibt und was damit vom Entwerfer als gänzlich unveränderbar hingenommen wird, liegt dort, wo er resigniert.

3.5.6 Varietät reduzieren

Hat man sich alternative Möglichkeiten zurechtgelegt – was häufig schwer genug ist – muss man sie (in der Regel) anschließend bis auf eine wieder verwerfen. Setzen wir <x> für eine Alternative, können wir die deontische Frageformel: Soll <x> der Fall sein? der Reihe nach auf jede der ernsthaft in Frage kommenden Alternativen anwenden. Solche deontischen Fragestellungen spielen beim Entwerfen eine bedeutende Rolle, sie fordern den Entwerfer auf, Entscheidungen zu fällen, zu beurteilen, abzuwägen. Es geht dabei um Festlegungen, die immer auch die Qualität, die Güte, den Wert, die Akzeptanz usw. der Entwürfe berühren. Die Probleme des Urteilens und die Systeme des Bewertens gehören aus diesem Grund zur professionellen Kompetenz und zum instrumentellen Wissen des Entwerfers. Sie sind wichtige Instrumente bei der Reduktion von Varietät. Einige Beispiele sollen nachfolgend ansatzweise diskutiert werden. Auch wenn sie scheinbar geläufig daherkommen, darf man die in allen Wertfragen enthaltene ethische Dimension nie aus dem Auge verlieren. Das Entwerfen ist damit immer verknüpft, denn es gibt immer die von Entwürfen Betroffenen.

Anders als bei der Varietätserzeugung, wo es um die schöpferische, kreative Hervorbringung von etwas bisher nicht Vorhandenem geht, fällt uns das Bewerten von Vorgefundenem leichter. Entsprechend umfangreich sind die Angebote, damit umzugehen. Von Interesse sind u.a.

- normative Systeme, welche versuchen, die Qualität eines Objektes insgesamt zu messen,

- Systeme, die versuchen, die subjektive Einschätzung einer Gruppe von Menschen gegenüber einem Objekt zu messen,

- Systeme, die versuchen, die Performance eines Objektes in einem konkreten Nutzungszusammenhang zu messen,

- Systeme, die ein und nur ein übergeordnetes Kriterium (z.B. ein logisches oder ein monetäres oder ein sonstiges singuläres Kriterium) als Maßstab an ein Objekt anlegen.

Aus der Sichtweise des philosophischen Idealismus gibt es Werte, die allgemein gültig sind und die niemals umgestoßen werden können. An Begriffe wie Freiheit, Treue, Menschenrechte knüpfen sich derartige Vorstellungen. Aus der Sichtweise des philosophischen Relativismus hat ein Objekt einen Wert, der davon abhängt, welche Person im Hinblick auf welchen Zweck zu welcher Zeit dieses Objekt einschätzt.

Einige Ansätze für die methodische Reduktion von Varietät werden in den nachfolgenden Ausführungen besprochen. Es handelt sich dabei um Occam's Rasiermesser, um ein Beispiel zu den normativen Verfahren und um ein der Szenariotechnik nachgebildetes Verfahren.

(1) Ockham's Rasiermesser

Für die Reduktion von Varietät beim Entwerfen lässt sich auch das mit Wilhelm von Ockham[*] verbundene Prinzip anwenden, das unter dem Begriff "Ockhams Rasiermesser" bekanntgewordenen ist. Eine der (Ockham zugeschriebenen) Versionen dieses Prinzips lautet: „Entia non sunt multiplicanda sine necessitate". Ockham hebt auf die Einfachheit von Erklärungen ab. Von zwei Erklärungen ist die einfachere Erklärung die bessere - vorausgesetzt, dass beide Erklärungen richtig sind.

Von zwei Entwürfen, wenn beide das gleiche erreichen, ist der einfachere vorzuziehen. Ockhams Rasiermesser ist als Instrument des Reduzierens von allgemeingültiger und von grundsätzlicher Art. Es ist ein in der Vorstellung wirkendes Prinzip, das sich auf alles Vorgestellte anwenden lässt. Von einem Konzept, einer Idee, einem Objekt usw. lässt sich mit Hilfe des in Gedanken eingesetzten Rasiermessers ein Teilaspekt abtrennen. Wird dann die Frage: Hat sich die Essenz der Idee verändert? mit Nein beantwortet, hat man etwas nicht Essentielles, nicht unbedingt Notwendiges abgetrennt. Die Annahme ist dann, dass dies „besser" sei. Führt man die abtrennende Operation wiederholt so lange fort, bis schließlich die Essenz der Sache tangiert ist, so lässt sich deren Kern herausschälen. Das Prinzip der Einfachheit, der Reduktion auf das Wesentliche (weniger ist mehr) ist auch beim Entwerfen von Bedeutung, weil es einen der möglichen Wege darstellt, sich an die zuvor oft nicht bekannte "Essenz" eines Problems schrittweise heranzutasten.

(2) Normatives Bewertungsverfahren

Der Wert (X) eines Objektes, einer Idee, eines Systems usw. wird aufgefasst als eine Funktion des Bewerters (A), des bewerteten Objekts (O), des ins Auge gefassten Zwecks (T) und der Zeit (t), zu welcher die Bewertung stattfindet[**]

$$X = f_A \left(O, T, t \right)$$

---

[*] Wilhelm von Ockham auch: William of Ockham, William of Occam (1285 – 1349)

[**] Ich folge in diesem Abschnitt den Überlegungen von Arne Musso und Horst Rittel, zuerst publiziert in: Arne Musso, Horst Rittel: Report about a Pilot Study, Washington University, St. Louis, Missouri, September 1967. (vgl. Über das Messen der Güte von Gebäuden, in: Rittel, 1992, Seiten 93 bis 111)

Damit lassen sich die unterschiedlichen Arten von Bewertungssituationen als Kombination der folgenden Variablen ausdrücken: Personen: A_i; Objekte: O_i; Zwecke: T_i; Zeiten: t_i.

$$X_1 = f_A \left(O_1, T, t \right) \quad \text{und} \quad X_2 = f_A \left(O_2, T, t \right)$$

bedeutet dann: eine Person A bewertet zwei verschiedene Objekte O_1 und O_2 für ein und denselben Zweck T zur gleichen Zeit t. Und analog:

$$X_1 = f_A(O, T, t_2) \dots \qquad X_2 = f_A(O, T, t_2) \dots$$

Eine Person A bewertet ein Objekt O für den Zweck T zu zwei verschiedenen Zeiten t_1 und t_2. Das Urteil von A kann durchaus verschieden ausfallen, wenn über die „gleiche" Situation zu verschiedenen Zeiten befunden wird.

Der angesprochene Sachverhalt zeigt sich von einer weiteren Seite, wenn für Bewertungssituationen unterschieden wird zwischen:

(a) Einzelbewertung, (b) vergleichender Bewertung und (c) Bewertung durch eine Einzelperson oder durch eine Gruppe.

(a) Einzelbewertung

Sie versucht, eine einzelne vorliegende Maßnahme für den verfolgten Zweck einzuschätzen; geht also der Frage nach, ob sich eine Entscheidung zugunsten einer besonderen Idee, einer speziellen Technologie, eines bestimmten Produktes, eines konstruktiven Systems oder dergleichen verbessernd oder verschlechternd auf den Entwurf auswirkt.

(b) Vergleichende Bewertung

Hier ist aus verschiedenen vorliegenden Alternativen die für den verfolgten Zweck am besten geeignete herauszufinden. Aufgabe eines Preisgerichtes bei einem Architektenwettbewerb ist es, aus den konkurrierenden Entwürfen durch vergleichende Bewertung einen Vorschlag auszuwählen und zu sagen: „Dies soll gebaut werden".

(c) Bewertung durch eine Einzelperson oder durch eine Gruppe

Die grundsätzlichen Möglichkeiten, aber auch die Schwierigkeiten, welche eine Einzelperson an einer Bewertungsaufgabe vorfindet, treffen auf jedes Gruppenmitglied bei einer Bewertung durch eine Gruppe zu. Die Problematik von Bewertungen durch eine Einzelperson erweitert sich aber bei Bewertungen durch Gruppen um die Fragestellung, wie die Gruppe als Gruppe ein Urteil fällen soll, wie sie also die Einzelurteile der Gruppenmitglieder in ein Gesamturteil der Gruppe aggregieren soll.

Bewertungsskalen

Für das Messen der Güte eines Objektes, einer Idee, eines Ereignisses oder dergleichen fehlen häufig allgemein gültige Messvereinbarungen. Die Skalen, auf welchen dafür ein Wert x festgestellt werden kann, müssen zuvor explizit vereinbart (entworfen) werden.

Beispiele für solche Skalen sind:

$x \in \{$akzeptabel, nicht akzeptabel$\}$

$x \in \{$gut, schlecht$\}$

$x \in \{$gut, schlecht, böse$\}$

$x \in \{$A, B, C, ...$\}$

$x \in \{$Gold, Silber, Bronze$\}$

$x \in \{- -, -, 0, +, ++\}$

$x \in \{❀, ❀❀, ❀❀❀\}$

$x \in \{$KNSS, SS, S, IDIF, G, SG, KNBS$\}$[*]

$x \in \{-3, -2, -1, 0, +1, +2, +3\}$

$x \in \{$fließend, zähflüssig, zähflüssig mit Stillstand, Stau$\}$

Auf eine grundsätzlich bleibende Schwierigkeit muss sogleich hingewiesen werden: Die Bedeutung einer Zuweisung (z.B. „+3" oder „könnte nicht besser sein") hängt vom jeweiligen Verständnis des Bewerters über „das Beste" ab. Intersubjektiv nachvollziehbar wird sie erst durch weitere Maßnahmen (Informationen, Kommunikation). Die bisherigen Überlegungen im Rahmen normativer Bewertungssysteme lassen sich in folgender Weise zusammenfassen: Der Prozess der Urteilsfindung endet mit der Identifikation eines Messpunktes auf einer vereinbarten Skala.

Typen von Urteilen

Urteile lassen sich in Gesamturteile (Globalurteile) und Teilurteile (Partialurteile) unterscheiden, welche jeweils spontan gefällt oder überlegt (deliberiert) gefällt werden können:

---

[*] Vorschlag von Horst Rittel. Es bedeuten: KNSS könnte nicht schlechter sein, SS sehr schlecht, S schlecht, IDIF indifferent, G gut, SG sehr gut, KNBS könnte nicht besser sein

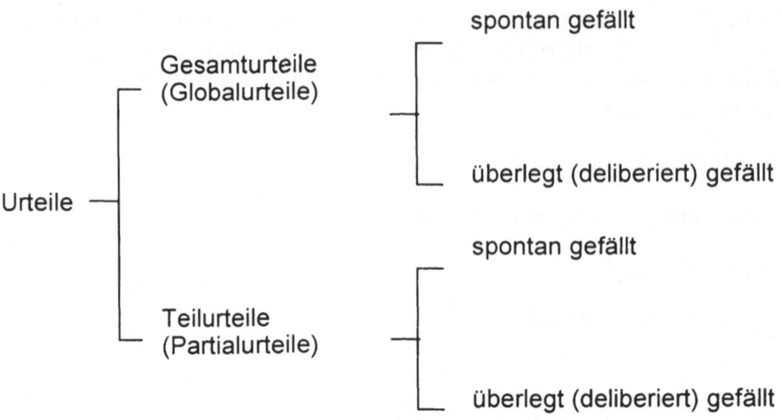

Abb. 6:   Typen von Urteilen

Es gibt zahllose Umstände, in denen ein Entwerfer mit spontan gefällten Gesamturteilen zufrieden ist. In manchen Fällen ist es aber ratsam, Spontanurteile durch überlegte Urteile zu ersetzen. Gründe dafür können sein:

♦   Die Aufgabe ist zu komplex, man ist unfähig, ein Spontanurteil zu fällen.

♦   Man traut seinem Spontanurteil nicht.

♦   Man hat seine Entscheidung gegenüber Dritten zu erklären oder zu begründen.

Der zuletzt angeführte Grund wird „Objektifikation" genannt. Gemeint ist damit eine weichere Form der wissenschaftlichen „Objektivität". Für wissenschaftlich objektive Beobachtungen gibt es genau festgelegte Regeln:

Beobachtet A in einem Experiment das Phänomen x, dann kann auch B unter denselben experimentellen Bedingungen x beobachten.

Beobachtung und Experiment sind wiederholbar. Solche Verfahren gibt es für Bewertungsaufgaben beim Entwerfen nicht. Anstelle von „Objektivität" wird hier eine schwächere Regel, die „Objektifikation" eingeführt. Sie ist wie folgt definiert:

A hat seine Auffassung gegenüber B erfolgreich objektifiziert, wenn B stellvertretend für A urteilen kann, ohne notwendigerweise A's Wertesystem zu teilen.

Deliberation

Angenommen es liegt ein spontanes Gesamturteil $X_{gesamt}^{spontan}$ vor.

Die Angemessenheit dieses Urteils wird angezweifelt und es soll nun durch ein deliberiertes Gesamturteil ersetzt werden. Was ist zu tun? Deliberation bedeutet, ein spontanes Gesamturteil als Funktion weiterer Urteile zu einzelnen Aspekten aufzufassen:

$$X_{gesamt}^{deliberiert} = f\left(x_1, x_2, x_3, \ldots, x_n\right)$$

Durch den Prozess des Überlegens wird ein Gesamturteil abhängig gemacht von einer Reihe von Teilurteilen. Aber auch ein Teilurteil kann seinerseits zu weiteren Überlegungen Anlass geben, da man ja nicht notwendigerweise nach der ersten Überlegung aufhören muss nachzudenken:

$$x_3 = f'\left(x_{3.1}, x_{3.2}, x_{3.3}, \ldots, x_{3.k}\right)$$

Veranschaulicht als Schema, stellt der Deliberationsprozess einen Graphen in Baumstruktur dar (vgl. Abbildung 7).

Der Deliberationsprozess endet in den Endknoten dieses Baumes. Als überraschendes Ergebnis dieser Überlegungen stoßen wir auf ein scheinbares Paradox: Es ist das erklärte Ziel der Deliberation, Spontanurteile durch überlegte Urteile zu ersetzen, dennoch werden auf der nächsten Ebene der Überlegungen weitere Spontanurteile notwendig.

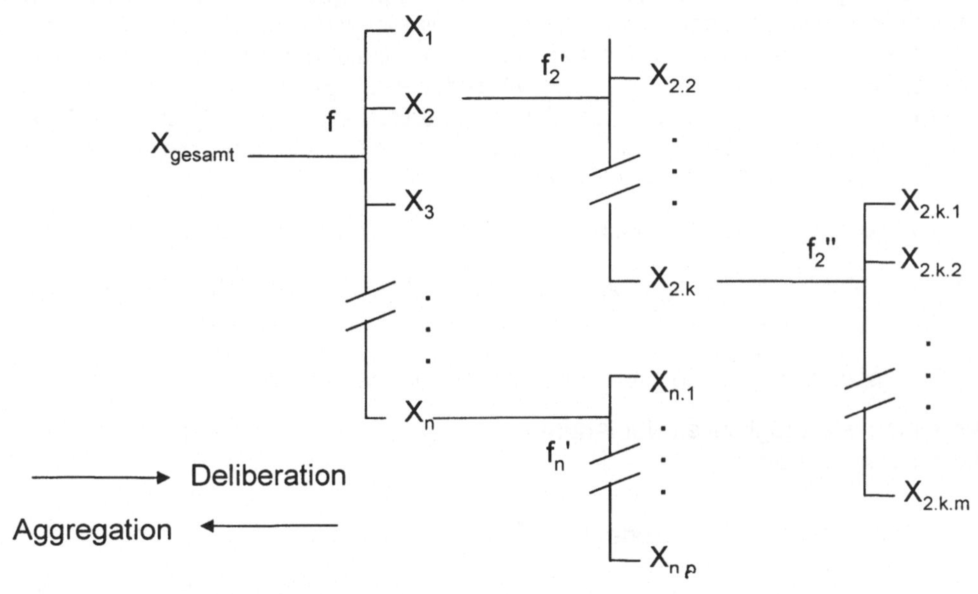

Abb. 7: Deliberationsbaum

Die Urteile an den Endknoten des Baumes bleiben Spontanurteile. Viele Überlegungen erzeugen viele weitere Spontanurteile, wobei es keinen Grund gibt anzunehmen, dass diese leichter zu handhaben sind als jene, mit denen die Überlegungen angefangen haben.

Sucht man nach Stoppregeln für diesen Prozess, so können folgende Fragen weiterhelfen:

♦ Kann man dem Spontanurteil trauen?

♦ Ist „Objektifikation" erreicht?

♦ Gibt es weitere Gesichtspunkte, weitere Aspekte?

Der Deliberationsbaum verdeutlicht auch sehr anschaulich, wie der Begriff der Objektifikation zu verstehen ist. Wenn A einen derartigen Deliberationsbaum an B übergibt und gleichzeitig erläutert, was unter den Funktionen f, f' etc. zu verstehen ist, so wird B befähigt, sich in A´s Wertesystem zu versetzen und Entscheidungen stellvertretend für A zu fällen.

Aggregationsfunktionen

Aggregation ist notwendig, um die vielen Teilurteile (sowohl die spontan wie auch die überlegt gefällten) in ein einziges Gütemaß zu überführen. Alle differenzierenden Überlegungen im Rahmen einer Bewertungsaufgabe werden schließlich nur angestellt, damit ein begründetes Gesamturteil möglich wird. Ein fortschreitendes Auffächern von Aspekten in Teilaspekte ist kennzeichnend für den Prozess der Deliberation. Die vielen Teilurteile mit Hilfe der Aggregationsfunktionen wieder zu einem (und nur einem) Gesamturteil zusammenzufassen, ist Aufgabe des Aggregationsprozesses. Man schreitet dabei den Deliberationsbaum von seinen Endknoten her bis zum Anfangsknoten ab.

Um zu brauchbaren Ergebnissen zu gelangen, sind zwei Annahmen notwendig:

(a) Die Aspekteliste $\{x_1, x_2, ..., x_i, ..., x_n\}$ muss vollständig sein. Was in den Augen der Bewerter von Belang ist, muss sich in den Kriterien wiederfinden;

(b) Die Aspekte müssen logisch voneinander unabhängig sein.

Als einfachste Möglichkeit der Aggregation von Urteilen bietet sich das Addieren der Einzelurteile an:

$$X = x_1 + x_2 + ... x_n \quad \text{oder} : X = \sum_1^n x_i$$

Ein Wichtungsfaktor α kann den einzelnen Aspekten zugewiesen werden und legt deren relative Bedeutung fest. Die Addition der gewichteten Urteile ergibt:

$$X = \alpha_1 x_1 + \alpha_2 x_2 + \alpha_3 x_3 \ldots \alpha_n x_n \quad \text{oder}: X = \sum_1^n \alpha_i x_i \qquad \text{mit}: \sum_1^n \alpha_i = 1$$

das heißt, die α's müssen normalisiert sein (es handelt sich um relative Gewichtungen).

Es gibt noch viele andere Möglichkeiten der Aggregation. Aus der Sicht eines Perfektionisten ist beispielsweise der folgende Ansatz interessant:

$$X_{gesamt} = \min \, x_i \qquad i = 1, 2, \ldots, n$$

Das schwächste Glied in der Kette bestimmt den Wert des Ganzen. Besondere Qualitäten an anderer Stelle kompensieren eine Schwachstelle nicht. Der am schlechtesten bewertete Teilaspekt bestimmt den gesamten Wert. Wird dieser schwächste Aspekt verbessert, so bessert sich das Ganze, bis ein anderer Aspekt kritisch wird.

(3) Bewertung als Szenario

Die Szenariotechnik (Carroll, 1995) lässt sich auch als Mittel der Bewertung und der Wahl zwischen Alternativen (der typischen Situation der Reduzierung von Varietät) einsetzen. Bei architektonischen, städtebaulichen, planerischen Problemstellungen sowie im Produkt-Design muss der Gebrauch für die späteren Nutzer (die oft zum Zeitpunkt des Entwurfs noch nicht bekannt sind oder die aus systemimmanenten Gründen nie bekannt sind) geprüft werden. Szenarien, welche die Form von „Nutzungsgeschichten" annehmen, sind anschauliche, direkt nachvollziehbare und plausible Instrumente, um das Verhalten eines Objektes in einem konkreten Nutzungszusammenhang zu überprüfen. Daiber und Mitarbeiter entwickelten anhand von Grundrissen zu Fertighäusern eine Reihe derartiger Nutzungsgeschichten (Daiber, Sulzer, Wintterlin, 1982), die dem Käufer eines Fertighauses erzählen, wie „sein" Haus sich in bestimmten Situationen „verhalten" wird. Einige Beispiele aus dieser Schrift folgen:

♦ Wo trocknen Sie im Garten die Wäsche? Weg dahin?

♦ Gartenarbeit, schmutzige Schuhe, das Telefon klingelt.

♦ Kindergeburtstag, es regnet.

♦ Schönes Wetter, man will im Garten essen.

♦ Es ist gegen 24:00 Uhr, die 17jährige Tochter kommt heim. Es schläft ein Gast im Wohnzimmer.

Diese „Nutzungsgeschichten" sind in sehr kurzen Szenarien formuliert. Es ist besonders interessant, freilich auch nicht gerade einfach, Nutzungsaspekte in eine sprachlich derart kurze und prägnante Fassung zu bringen. Gelingt es aber, so erzeugen diese Geschichten einen sehr überzeugenden und anschaulichen Hintergrund für die Beurteilung der Performance eines Objektes oder einer Idee. Es

gibt auch hier ein empfehlenswertes literarisches Vorbild: Die „Handtellerge-
schichten" des japanischen Literaturnobelpreisträgers Yasunari Kawabata (Kawabata, 1990).

3.5.7 Schlussbetrachtung

Durch „Entwerfen" versucht man, den Lauf der Dinge willentlich zu ändern und
greift damit gestaltend in durch andere Entwürfe bereits angelegte (zufällige, chaotisch verlaufende, oder auch scheinbar zwangsläufige) Entwicklungen ein. Varietätserzeugende und varietätseinschränkende Prozesse spielen eine zentrale
Rolle in der antizipierenden Vorwegnahme möglicher künftiger Zustände. Auch
der Kontext, in welchem sich der Entwerfer findet, ist „entwurfswürdig". Das Entwerfen gehört nicht zu den Gebieten, wo gut entwickelte Theorien und ein umfassendes, sich kumulativ entwickelndes Wissen zum Standard gehören. Deshalb
kann man sich leicht irren, und das sorgt für Überraschungen. Es gibt dann plötzlich Leidtragende, was nicht in den Intentionen des Entwerfers liegt. Dörner (Dörner, 1989) spricht in diesem Zusammenhang von einer „Logik des Misslingens".
Ein Irrtum ist häufig erst feststellbar, wenn es zu spät ist. Er tritt manchmal auch
erst sichtbar zu Tage, wenn man „es probiert" hat. Der handelnde (auch der nicht-
handelnde) Entwerfer wird immer schuldig. Unter den Wegen, die sich dem Entwerfer andienen, den Schwierigkeiten des Entwerfens zu begegnen, befinden sich
viele Irrwege, auf die er leicht geraten kann, wie etwa (Dehlinger, 1992)

♦   mit voller Überzeugung das „falsche" Problem zu lösen,

♦   das Problem durch eine zu „kurzsichtige" (oder zu „weitsichtige") Brille zu se-
    hen,

♦   auf „bewährte" Lösungen zurückzufallen,

♦   lange gehätschelte „Lieblingsideen" endlich umzusetzen,

♦   die Neigung, einer zu schnellen „Kausierung" anheimzufallen,

♦   einen zu „starren" Entwurf zu konzipieren, der ein Nachsteuern nicht zulässt,

♦   bei der Abschätzung von Wachstumskurven und Zeitreihen gewaltig daneben
    zu liegen,

♦   sich in Vorurteile und Ideologien zu verstricken und eine „selektive Wahrneh-
    mung" zu pflegen,

♦   sich vom „Expertendünkel" infizieren zu lassen.

Die Natur des Entwerfens legt den Entwerfern nahe, stets den Vorgang des Entwerfens selbst zu reflektieren. Sie tun dies auch, sonst wäre die blühende „Kultur
des Entwerfens" nie entstanden.

3.6 Industriedesign – System und Strategie
Horst Sommerlatte

3.6.1 Industriedesign im Spannungsfeld von Vision und Realität

Vieles wird heute leichtfertig als kreatives Design deklariert, was nicht etwa einem funktional durchdachten Designprozess entspringt, sondern Effekthascherei. Auch der Begriff "System" klingt anspruchsvoll und modern, und so werden viele Konstrukte vorschnell als "System" bezeichnet, die bei genauerem Hinsehen nur ein Verhau von unkoordinierten Teillösungen sind, siehe "das" Bildungssystem, "das" Verkehrssystem, "das" Sozialsystem.

Industriedesigner, die diese Verballhornung von "Design" und "System" überwinden wollen, haben heute einen schweren Stand.

Denn auch sie sehen den kreativen Entwurf als zentrale Fähigkeit an, aber unter Berücksichtigung der Funktionalität, der Ergonomie, der Herstellungstechnik und -ökonomie, der ökologischen Folgekosten und der Kompatibilität mit dem Nutzungsumfeld. Das erfordert ganzheitliches Denken, technische Kompetenz, soziokulturelle Verantwortung und Empathie. Industriedesign hat das Entwerfen von seriell herzustellenden Produkten des täglichen Gebrauchs zum Gegenstand und bezieht die vollständigen Systeme mit ein, in denen die Produkte zum Einsatz gelangen, ganze Infrastrukturen im Fall von Verkehrs- und Transportmitteln, oder umfassende Funktionskomplexe im Fall von Produkten der Informations- und Kommunikationstechnik.

Industriedesign muss daher gleichzeitig kreativ, innovativ, ästhetisch und umweltgerecht, ergonomisch und wirtschaftlich sein. Die Sytemorientierung stellt dabei eine wesentliche Rahmenbedingung des Entwerfens dar, eine Qualitätshürde, die Entwürfe nehmen müssen, ehe sie die Qualifikation "Design" überhaupt verdienen.

Der Industriedesigner arbeitet zwar systematisch, stellt unter Umständen ein System auf und bringt seine Entwürfe in ein System, aber idealerweise ohne sich einem etablierten Systemzwang zu unterwerfen. Durch die Vorgabe und unreflektierte Beibehaltung von Systembedingungen können kreative und ethische Entscheidungen nämlich auf inakzeptable Weise beeinträchtigt werden.

Rupert Lay sagt dazu: "Systemisches Verhalten realisiert die Bedürfnisse eines Systems, etwa eines Unternehmens, einer Institution. Sofern sich ein Mensch systemkonform verhält, ist sittliches Verhalten ausgeschlossen. Sittlichkeit ist nur in einem personalen Zustand möglich" (Rupert Lay, 1983).

Industriedesign steht daher in einem Spannungsfeld zwischen kreativer Vision und nutzenorientiertem Systemdenken – das eine ohne das andere führt zu Fantasterei oder Sterilität.

3.6.2   Systemstrategie als Basis systemischen Designs

Um systemisches Industriedesign zur Wirkung kommen zu lassen, ist konsequentes strategisches Systemdenken beim Designer **und** bei seinem Auftraggeber erforderlich. Diese Voraussetzung ist aber leider in der realen Wirtschaft nicht oft gegeben. Wozu es führt, wenn eine Systemstrategie nicht durchgehalten wird, lässt sich am Beispiel des öffentlichen Nahverkehrs in einer Stadt wie Kassel verdeutlichen.

Für die Kasseler Verkehrsgesellschaft (KVG) wurde ab 1989 das Industriedesign einer neuen Niederflur-Straßenbahn entwickelt*, die als Bestandteil eines Gesamtsystems des öffentlichen Nahverkehrs konzipiert war. Dazu gehörte die Idee, kleinere modular koppelbare Wageneinheiten einzuführen, die auch für den Warentransport in die Fußgängerzonen hinein benutzt werden konnten. Diese Kombibahn sollte durch ihr Erscheinungsbild nicht den irreführenden und eher beängstigenden Eindruck einer Hochgeschwindigkeitsbahn erwecken, wie wir es von Straßenbahnen in anderern Städten kennen, sondern durch Gestaltung und Formgebung einladend und praktisch wirken.

1991 wurden die im Rahmen dieses Gesamtkonzepts entwickelten Straßenbahnen in Kassel in Betrieb genommen. Im Straßenverkehr und in den Fußgängerzonen bewährte sich das Konzept durch seine Funktionalität und das bürgerfreundliche Design: die ruhige Außenform, große Seitenscheiben und breite Einstiegstüren, die helle, heitere Inneneinrichtung, der hohe Wiedererkennungswert und der ergonomisch neu durchdachte Fahrerarbeitsplatz (orthopädisch gestalteter Sitz mit individueller Einstellung, leicht bedienbare Kasse, übersichtliches Anzeigenfeld, handliche Bedienhebel) trugen zu einer neuen Identität des öffentlichen Verkehrsmittels bei. Pro Bahn konnten darüber hinaus durch das konequent auf die erforderliche Funktionalität ausgerichtete Design rund 900 TDM Herstellkosten eingespart werden. Inzwischen wurden über 300 Bahnen dieses Typs in der ganzen Bundesrepublik Deutschland verkauft.

Allerdings war damit erst ein Teil des Gesamtsystems realisiert. Denn der Systemgedanke beinhaltete ebenso die Neugestaltung der Haltestellen, die in den Außenbezirken ein Fahrraddepot aufweisen und generell hohen Komfort, hohe Sicherheit und eine Reihe von nützlichen Zusatzfunktionen (wie Zeitungsverkauf, Orientierungshilfen, Kleinanzeigeflächen) bieten sollten, eine dynamische Fahrplangestaltung mit entsprechendem leicht verständlichen Informationsangebot an die Nutzer und ein Anreizsystem, um die Bürger immer stärker dazu zu bewegen, in der Stadt auf ihr Auto zu verzichten und öffentliche Verkehrsmittel zu nutzen.

Infolge Umstrukturierungen und personeller Veränderungen bei den Kasseler Verkehrsbetrieben wurde das Gesamtkonzept dort dann aber verlassen; statt dessen wurden zunehmend wieder von kurzfristigen Einzelüberlegungen geprägte Entscheidungen gefällt, die den Systemansatz konterkarierten. Auch der Düsseldorfer

---

*   Niederflur = tiefliegender Wagenboden, so dass beim Ein- und Aussteigen bzw. beim Be- und Entladen kein größerer Höhenunterschied überwunden werden muss

Waggonbau, der den Kasseler Straßenbahntyp gebaut hatte, verfolgte wegen Veränderungen der Besitz- und Führungsverhältnisse das Kasseler Projekt nicht mehr weiter.

So blieb es bei einer halben Sache, die dem Systemgedanken einer umfassenderen Infrastrukturlösung nicht gerecht wird. Diese Infrastrukturlösung auf der Basis einer Kombibahn, die Passagiere und Waren transportieren kann und damit die Fußgängerzone weitgehend autofrei halten würde, die den Passagier auch vor und nach dem Einstieg in die Straßenbahn betreuen und als Kunden begreifen würde und die einen wirtschaftlichen und ökologisch überlegenen Betrieb ermöglichen würde, bleibt so Vision.

Dieses Beispiel und viele andere ähnliche Beispiele aus der Erfahrung des systemisch orientierten Industriedesigners führen zu der Frage, warum erkennbar bessere Systemlösungen so häufig bei den Auftraggebern nicht auf eine für ihre Realisierung erforderliche Systemstrategie stoßen und warum statt dessen als "Design" titulierte modische, aber funktional isolierte und kurzlebige Produkte das Rennen machen.

3.6.3 Widerstände gegen systemisches Design

In dem beschriebenen Fall der Kasseler Verkehrsgesellschaft ist nie eine Entscheidung gegen eine Systemstrategie des öffentlichen Nahverkehrs gefallen. "Die" Kasseler Verkehrsgesellschaft hat als solche überhaupt nicht entschieden, denn in Wirklichkeit besteht sie aus einer größeren Zahl von Einzelpersonen, die zwar alle im Namen der Kasseler Verkehrsbetriebe agieren, aber mit sehr unterschiedlichen mentalen Modellen, Interessen und Informationsständen, über die sie sich nicht austauschen und abstimmen.

So entstand gar nicht erst ein gemeinsames Engagement für die vorgeschlagene Systemstrategie, aber auch nicht für eine andere Systemstrategie. Die Notwendigkeit, eine Systemstrategie zu verfolgen, wurde von den Führungskräften der Kasseler Verkehrsgesellschaft unausgesprochen nicht anerkannt, nicht von jedem einzelnen und erst recht nicht von der Führungsgruppe insgesamt. Und in der Tat handelt es sich ja nicht um eine Notwendigkeit, es geht unter den gegebenen Umständen auch ohne Systemstrategie.

Gegen die Entscheidung zugunsten einer Systemstrategie sprachen eine Reihe von unterschwelligen Überlegungen:

♦ Der anbietende Düsseldorfer Waggonbau und die beteiligten Industriedesigner könnten das Argument "Systemstrategie" nur ins Feld führen, um sich große Folgeaufträge zu sichern und die Tatsache zu verdrängen, dass die Kasseler Verkehrsgesellschaft die Wahl hat, Straßenbahnen, Haltestellen und andere Komponenten des öffentlichen Nahverkehrssystems von anderen Anbietern zu beziehen, in vielen Fällen vielleicht sogar kostengünstiger.

♦ Es gibt Anbieter von Straßenbahnhaltestellen, die über ein ganzes Repertoire von vorgefertigten, preiswerten Haltestellen-Pavillons verfügen; warum sollte Kassel einen eigenen Weg gehen?

♦ Der Gedanke einer Kombibahn für Passagier- und Warenbeförderung würde großen Überzeugungsaufwand erfordern und zu Ärger mit den Geschäftsinhabern in den Fußgängerzonen und den Anlieferern führen, da diese sich beträchtlich umstellen müssten und sich nicht sicher wären, ob die Belieferung und Entsorgung in Abhängigkeit von der Kasseler Verkehrsgesellschaft die erforderliche Flexibilität bewiese.

♦ Die beträchtlichen Summen für Investitionen, die zur Debatte stehen, würden, wenn sie im großen Gesamtzusammenhang dargestellt werden müssten, angesichts der Verlustsituation der Kasseler Verkehrsgesellschaft zu erneuten Diskussionen über die schlechte Rentabilität des Betriebs führen.

Diese Überlegungen sind verständlich in der Situation der Kasseler Verkehrsgesellschaft, die einerseits eine Monopolstellung beim öffentlichen Nahverkehr im Raum Kassel besitzt, die aber andererseits in Bezug auf Preisgestaltung, Beschäftigungspolitik und Rationalisierungsmaßnahmen von ihrem öffentlichen Eigner und seinen widersprüchlichen Anforderungen abhängig ist.

In einer privatwirtschaftlichen Konkurrenzsituation, in der ein Unternehmen durch seine Angebotsstrategie und Corporate Identity Kunden und damit Umsatz gegenüber anderen Anbietern gewinnen oder verlieren kann, würden ganz andere Überlegungen zum Zuge kommen.

Entscheidend für die Verfolgung einer Systemstrategie wäre die Beurteilung des Kundennutzens, des Wettbewerbvorteils und der längerfristigen Rentabilität. Es bestünde gar kein Zweifel daran, dass das Unternehmen eine Systemstrategie verfolgen muss, deren Ziel eine gesicherte Ertragsmarge und eine hohe Rentabilität des eingesetzten Kapitals ist, die ohne Strategie gar nicht erreichbar wären.

Welche spezielle Ausprägung diese Systemstrategie dann hätte, wäre eine Frage des Chancen-Risiken-Vergleichs verschiedener Strategiealternativen.

Für das Konzept der Kombibahn, der umfassenden Kundenbetreuung und der Verbindung mit einem elektronischen Fahrplan- und Statusinformationssystem sprechen unter Gesichtspunkten einer wirtschaftlichen Infrastrukturlösung in Städten

♦ die höhere Kapazitätsnutzung und damit höhere Kostendeckung des Gesamtsystems durch die antizyklische Warenbeförderung

♦ die Entlastung der Fußgängerzonen von Liefer- und Entsorgungsverkehr per LKW

- die Gewinnung von Neukunden durch die stärkere Gesamtbetreuung, beginnend bei der bedarfsgerechten Informationsversorgung und dem Komfort an den Haltestellen

- das abgestimmte Erscheinungsbild und die kundenorientierte Funktionalität des Gesamtsystems, die Systemqualität signalisieren und Kundentreue erzeugen.

Diese Überlegungen müssten auch bei öffentlichen Verkehrsbetrieben gegenüber den Bedenken gegen die aktive Verfolgung einer Systemstrategie die Oberhand gewinnen, wenn eine solche Gesamtbetrachtung überhaupt angestellt würde.

Insofern sind die Widerstände gegen systematisches Design in vielen Fällen keine bewußte Ablehnung, sondern Folgen eines zunehmenden Systemrisikos bei immer komplexeren Entscheidungskonstellationen, die durch Beteiligung vieler Teilbereichsverantwortlicher entstehen: Die einzelnen Fachexperten wissen meist überhaupt nicht, dass sie es mit einem System zu tun haben.

Designer haben deswegen in der zukünftigen Entwicklung eine Schlüsselposition und zwar nicht, weil sie intelligenter wären oder besser informiert oder kreativer, sondern weil ihnen die Rolle des umfassenden Synthetikers zufällt. Auf allen Gebieten der Wissenschaft, Technik, Verwaltung und Wirtschaft herrscht eine zunehmende Spezialisierung, der Designer kann und muss dagegen die Systemzusammenhänge aufzeigen und im Gespräch halten (Vester, 1990).

Ausblick

Wie kommt Interdisziplinarität zustande?

Was veranlasste Wilhelm von Humboldt, die Einseitigkeit von Professoren zu beklagen, die ihr eigenes Forschungsgebiet für so bedeutend halten, dass sie keine größeren Zusammenhänge mehr sehen?

Was bewegte den Biologen Ludwig von Bertalanffy, dass er zusammen mit dem Wirtschaftswissenschaftler Kenneth Boulding, dem Mathematiker Anatol Rapoport, dem Neurophysiologen Ralph Gerhard und anderen eine interdisziplinäre Systemforschungsgesellschaft gründete, die heutige International Society for the Systems Sciences?

Was suchen Wissenschaftler, wenn sie in interdisziplinären Zusammenschlüssen, die kommen und gehen, über ihr Fach- und Verantwortungsgebiet hinaus wirken wollen? Warum ist es andererseits so still um viele der interdisziplinären systemforschungsorientierten Ansätze geworden, die E. Zahn in seiner Untersuchung über Systemforschung in der Bundesrepublik Deutschland (Zahn, 1972) feststellte? Das Battelle-Institut, die Deutsche Gesellschaft für Wirtschafts- und Sozialkybernetik, das International Institute for Applied Systems Analysis, die Studiengruppe für Systemforschung, die Systemplan e.V., das Zentrum Berlin für Zukunftsforschung sowie eine ganze Reihe ehemals beachteter Universitätsinstitute mit interdisziplinärem Ansatz (z.B. der Technischen Universität Berlin, der Universität Köln u.a.) – verschwunden, verstummt oder verkümmert.

Über den Zeitraum hinweg haben sich andererseits immer größer werdende internationale Beratungsgesellschaften etabliert, die in den Unternehmen und öffentlichen Institutionen nahezu unersetzbar geworden sind und deren wichtigste Leistung darin besteht, Problemstellungen systematisch zu verstehen und interdisziplinär zu bearbeiten.

Sie sind unersetzbar geworden, weil in den Unternehmen und öffentlichen Institutionen zunehmend komplexe Zusammenhänge berücksichtigt und bei Einzelentwicklungen mitentwickelt werden müssen, die aus den intrinsischen Wechselbeziehungen von technologischen Veränderungen, Veränderungen der Informations- und Kommunikationsbeziehungen, Umfeldveränderungen und soziologischen und strategischen Herausforderungen bestehen und mit denen die nach funktionalen Disziplinen und Zuständigkeiten strukturierten Unternehmen und Institutionen immer weniger fertig werden.

Die Komplexität des immer stärker von Menschen gestalteten Umfelds nimmt unaufhörlich zu, weil von einer unüberschaubaren Zahl von Akteuren technische Systeme verschiedenster Art, organisatorische Lösungen, eine Flut von Informationen und ökonomische und politische Sachzwänge entwickelt werden, die nicht oder nur vereinzelt aufeinander abgestimmt sind, die aber in einer turbulenten

Kakophonie auf den Einzelnen, auf Institutionen und Unternehmen und auf ganze Gesellschaften einwirken. An dieser Kakophonie wirken Heerscharen von Spezialisten einer immer größeren Zahl von Spezialgebieten mit, alle mit Eifer an einer Ecke oder Stellschraube eines großen Wirrwarrs bemüht, das durch alle diese unabgestimmten Bemühungen unbändig mutiert.

Aus der Spezialistenbetrachtung werden weitere neue Lösungen erdacht und verfolgt, die die Problemsituation immer nur punktuell kurieren und zu neuer Komplexität führen, so dass sie ungewollt, ungeahnt oder unachtsam neue Probleme verursachen.

Ist diese Situationsbeschreibung nur Gefasel oder Wehleidigkeit?

Die Lektüre dieses Buches müsste die Herausforderung verdeutlich haben, der unsere Gesellschaft durch die Fülle von Subsystementwicklungen ausgesetzt ist, die oft zu leichtfertig als "Optimierungen" und "Maximierungen" bezeichnet werden, aber im besten Fall Suboptimierungen mit unbedachten Folgen und Kollateralschäden an anderen Orten sind.

Fassen wir die Aussagen dieses Buches doch einmal zusammen.

Angesichts der starken und hohen Eigendynamik der uns umgebenden komplexen Handlungsräume ändern sich ständig die Rahmenbedingungen, so dass jeder Einzelne und besonders die agierenden Organisationen die kritischen Eingriffsorte für eine Problembewältigung nicht mehr ausreichend identifizieren können und die Handlungsfolgen nicht mehr überblicken. Mit dem Versuch, sich trotzdem rational zu verhalten, lassen die Akteure die emotionale Bedingtheit ihres Verhaltens außer Acht und verfälschen dadurch ihre Rationalität. Wir müssen daher wieder lernen, Wissen, Erfahrungen und Gefühle gleichgewichtig und problemorientiert zur Geltung kommen zu lassen (E.-D. Lantermann).

Gleichzeitig führen Globalisierung und das Internet zu einer Dominanz der Marktanforderungen und diese wiederum zu einer Erosion der etablierten Sturkturen und Werte- und Orientierungssysteme.

Die Kontrollmöglichkeiten und die Kompetenzbasis der Handelnden werden illusorisch, weil sie der Komplexität der Aufgaben nicht mehr gerecht werden. Da die Zahl der Einflussfaktoren und ihrer Wechselbeziehungen in unserer komplexen Umwelt unterschätzt werden, werden auch Zielkonflikte und nicht-intendierte Handlungsfolgen ignoriert und ist häufig das Misslingen vorprogrammiert.

Wir müssen daher lernen, die ökonomische und soziale Komplexität mit Hilfe von Computer-Simulationen zumindest annäherungsweise zu modellieren, um die komplexen Wirkzusammenhänge sichtbar zu machen (F. Beckenbach).

Die Nutzung automatisierter technischer Systeme ist in nahezu alle Arbeits- und Lebensbereiche vorgedrungen, seien es Maschinen- und Prozesssteuerungen, Informations- und Kommunikationssysteme, Verkehrssysteme oder viele der Dienstleistungsbereiche.

Diese technischen Systeme können von den Menschen nur dann beherrscht werden, wenn sie so konzipiert werden, dass sie sich situations- und aufgabengerecht bedienen lassen und die relevanten Funktionen aufweisen. Davon hängt die Güte des Handelns ab.

Die Entwicklung der Mensch-Maschine-Systeme ist heute noch völlig unzureichend auf die "menschseitigen" Anforderungen ausgerichtet, so dass Fehler und Versagen zunehmen. "Maschinenseitig" können aber Multimodalität, bei der natürliche Sprache, Gestik und Mimik von den Maschinen verstanden werden und dreidimensionale Displays mit räumlicher Wiedergabe dem Menschen entgegenkommen. Multiagentenlösungen können die Kompetenz der Menschen wesentlich erhöhen (K. Seifert, S. Pastoor, K. P. Timpe).

Die Innovationsherausforderung an Unternehmen und ganze Wirtschaftsräume nimmt zu, ja die Innovationsleistung der Unternehmen entscheidet immer mehr über ihre Überlebensfähigkeit. Viele Unternehmen versagen bei ihrer Selbsterhaltung, weil sie Kostenwettbewerb überbetonen und ihre Innovationsfähigkeit dafür aufopfern.

Innovationsfähigkeit setzt ein Innovationssystem voraus, das aus einer bewussten Innovationsstrategie, einem durchgehenden Innovationsprozess und einer innovationsfreudigen Organisation bestehen muss, um das eigene Wissen und externe Ressourcen effektiv zu nutzen, Ideen schnell selektieren und umsetzen zu können und eine hohe organisationale Lernfähigkeit zu erzeugen (T. Sommerlatte).

Insbesondere müssen Unternehmen das Internet nutzen, um sich einer umfassenden e-Transformation zu unterziehen, bei der die Interaktion mit Geschäftspartnern und den Konsumenten (Customer Relationship Management) über das Internet erfolgt (Business-to-Business, Business-to-Customers), aber auch die internen Prozesse des Materialfluss-Managements (Supply-Chain-Management), des Wissensmanagements und des organisationalen Lernens über das Internet oder das Intranet (Business-to-Enterprise, Business-to-Employees) laufen. Dazu ist die Vernetzung des Innovationsprozesses, des Wissenssystems und des Warenwirtschaftssystems erforderlich, um die entscheidenden Synergien zwischen diesen Prozessbereichen nutzen zu können (T. Sommerlatte).

Die Vernetzung wird durch neue breitbandige Mobilfunknetze und –dienste erleichtert, über die den Unternehmen und Bürgern ein Spektrum neuer Kommunikationsmöglichkeiten und Zugangsmöglichkeiten zu Datenbanken geboten wird, die ortsunabhängig in Anspruch genommen werden können.

Es wird erwartet, dass demnächst nahezu jeder ein mobiles Kommunikationsgerät besitzen wird, das zusätzlich zur Sprach-, Text- und Bildkommunikation als elektronische Geldbörse, Fernbedienungsgerät, elektronischer Schlüssel, Navigationsgerät und zum Internet-Shopping dienen kann.

Angesichts der dadurch entstehenden Mobilität müssen Bürger und Unternehmen sich in ihrem Verhalten und in ihren Arbeitsweisen neu orientieren. Es werden mobile Communities und virtuelle Unternehmen völlig neuen Typs entstehen (K. David).

Wegen der Komplexität und Dynamik der Veränderungen und der Ungewissheit zukünftiger Kontexte muss das Entwerfen von Lösungen selber neu durchdacht werden und zwar unter Berücksichtigung einer großen Zahl interner und externer Variablen und deren Interaktion. Design muss als Intervention in die komplexen Veränderungsprozesse unserer Umwelt gewagt werden, um die Zukunft prospektiv zu beeinflussen, wobei Szenarien zur Verdeutlichung alternativer Systementwicklungen und Weichenstellung genutzt werden können (W. Jonas).

Szenarioentwicklung muss auch zur Grundlage der Unternehmensstrategie werden, um auf alternative Umfeld- und Systemszenarien mit geeigneten Handlungsoptionen antworten und die Stellhebel identifizieren zu können, mit denen die Unternehmen ihre strategischen Möglichkeiten ergreifen und ihre Ziele verfolgen können.

Szenariotechniken gewinnen auch zunehmend an Bedeutung, um die Produktentwicklung zu steuern, denn sie erlauben es, zukünftige Bedürfnisse potenzieller Kunden abzuschätzen, zukünftige Marktpotenziale zu bewerten und Produktkonzepte darauf auszurichten (A. Fink).

Die Arbeitsprozesse der Unternehmen und öffentlichen Institutionen müssen immer stärker wissensbasiert durchgeführt werden. Dazu müssen die Unternehmen und öffentlichen Institutionen organisationales Lernen erlernen und die Informations- und Kommunikationstechniken nutzen, um ihre Qualifikationen schnell weiterzuentwickeln und erworbenes Wissen effizient zu nutzen. Lernen mit Hilfe technischer Systeme, das e-Learning, erfordert multidimensionalen Zugriff auf modular strukturierte Lernebenen und Wissensdomänen, für die Wissenskarten und Werkzeuge des Wissensmanagement bereitgestellt werden müssen (J. L. Encarnação, Ch. Hornung).

Leistungsfähige Engineeringsysteme zur Beschleunigung der Produktentwicklung (Rapid Product Development) sind eine weitere Voraussetzung wirkungsvollen Innovationsmanagements. Multidisziplinäre Teams müssen durch gemeinsame Methoden, Prozesse und Technologien vernetzt werden, um einen kooperativen iterativen Entwicklungsprozess auf gemeinsamer Wissensbasis zu ermöglichen.

Voraussetzung sind Enterprise-Systeme, die dafür sorgen, dass die Wissensinhalte im erforderlichen Umfang und zum benötigten Zeitpunkt bereitstehen.

Produktentwicklung in globalen Organisationen und in Unternehmenskooperationen kann durch Techniken der virtuellen Prototypenerstellung und der Computer-Simulation (Virtual Engineering) unterstützt werden. Dafür müssen die Arbeitsprozesse standort- und firmenübergreifend organisiert werden (H.-J. Bullinger, J. Warschat).

Das Innovationsmanagement komplexer Produkte, Systeme und Dienstleistungen baut auf der systematischen Entbündelung ("Unbundling") in Subsysteme und

Subsubsysteme auf, deren Interaktionen und Entwicklungspotenziale zum Ausgangspunkt von strategischen Entwicklungsentscheidungen und Entwürfen gemacht werden können. Diese Entscheidungen müssen auch in Abhängigkeit von der Markt- und Technologieposition des Unternehmens und von Szenarien der zukünftigen Markt- und Bedarfsentwicklungen gefällt werden.

Der Ansatz der Entbündelung kann auch auf sozio-technische Systeme wie Gemeinde-, Landes- und Bundesverwaltungen angewandt werden, um ihre Dienstleistungen für die Bürger und Unternehmen über das Internet anzubieten. Dabei müssen die unterschiedlichen Interaktionsgrade mit den Bürgern und Unternehmen, deren Suchverhalten und die Ausrüstung der Bürger mit der erforderlichen Technik berücksichtigt werden (T. Sommerlatte).

Die Analyse der Bedürfnisse für zukünftige, bisher noch nicht realisierte Lösungen (wie hochinnovative Produkte, Systeme und Dienstleistungen) und Entwicklungen (wie gesellschaftspolitische und organisatorische Entwicklungen) kann mit der Methodik der Maieutik durchgeführt werden. Sie besteht darin, dass die Entwerfer, Planer, Gestalter oder Entscheider sich selber unter die Betroffenen mischen und ihnen mit verschiedenen Dialogtechniken die Zusammenhänge, Bedingungen, Präferenzen und Erfolgsfaktoren entlocken, die für die zukünftigen Lösungen oder Entwicklung bedacht werden müssen. Um den Betroffenen eine Vorstellung der zukünftigen Lösungen oder Entwicklungen zu verschaffen, auf die sie reagieren sollen, können Ansätze wie interdisziplinär erstellte Szenarien, Debatten von Interessensgruppen mit Expertenpanels, experimentelle Antizipation, Planspiele, Produktkliniken, Conjoint-Bewertungen und Simulationen genutzt werden. Maieutik überwindet die Begrenzungen von Befragungen, wenn innovative Lösungen und Entwicklungen die Vorstellungskraft der Betroffenen überfordern und nutzt stattdessen die teilnehmende Beobachtung und den freien Dialog anhand antizipativ erzeugter Zukunftsentwürfe (H. Krauch).

Viele der Zukunftsentwürfe von Systemen lassen sich wegen der Komplexität der Einflussfaktoren, der Konstruktion und der Entwicklungsalternativen nicht mehr experimentell verifizieren. Daher werden Methoden der interaktiven, rechnergestützten Simulation immer wichtiger, mit denen Optimierungen und Vorhersagen anhand von virtuellen Prototypen und Punkterastern durchgeführt werden können.

Dabei wirken Computer-aided Design (CAD), Computer-aided Engineering (CAE) und Computer-aided Manufacturing (CAM) in einem integrierten Entwurfsprozess zusammen. Die rapide Zunahme der Leistungsfähigkeit der Rechner wird das virtuelle Engineering und die Simulation komplexer Entwicklungen (wie des Klimas oder des Crashverhaltens von Verkehrsmitteln) zu einem immer umfassender gebrauchten Vorgehen machen (U. Trottenberg, J. Linden, C.-A. Thole).

Die zunehmende Ungewissheit der Zukunft erschwert Planung und Strategieentwicklung. Durch Berücksichtigung der bestimmenden Schlüsselfaktoren für die zukünftige Entwicklung und die Abschätzung der Entwicklungstrends und Wechselbeziehungen können sinnvolle Annahmen darüber gemacht werden, wie alternative Szenarien des Planungs- oder Strategiefeldes aussehen können. Die Alternativen können mit Wahrscheinlichkeiten des Eintretens versehen werden, so dass Planung und Strategieentwicklung auf eine Auswahl von möglichen Zukünften ausgerichtet werden können, auf die sich ein Unternehmen flexibel einstellen können muss (A. Fink).

Immer mehr Gestaltungsaufgaben erfordern die Berücksichtigung eines umfassenderen Gesamtsystems und müssen daher im Rahmen einer ganzheitlichen Systemstrategie erfüllt werden.

Diese Systemstrategie muss beim Auftraggeber existieren und durchgehalten werden, damit Industriedesigner ihren Auftrag im Systemkontext erfüllen können.

Das Beispiel des öffentlichen Nahverkehrs in unseren Städten zeigt, dass die öffentlichen Verkehrsmittel nur begrenzte Akzeptanz finden, solange ihr Industriedesign nicht in eine Systemstrategie einschließlich Warentransport in die Fußgängerzonen, aktualisiertes Informationsangebot über Fahrverbindungen, Haltestellengestaltung und bürgerfreundliche Zusatzfunktionen eingebettet ist.

Die typischen Widerstände gegen eine Systemstrategie, die aus Partikularinteressen resultieren, müssen durch Einbeziehung der Designer und ihrer interdisziplinärer Arbeitsweise überwunden werden (H. Sommerlatte).

Interdisziplinarität kommt offensichtlich immer dann zustande, wenn die Komplexität der Herausforderungen monodisziplinäre Spezialisten erkennen lässt, dass da noch etwas anderes ist als ihre eigene Sicht der Problemsituation oder wenn Innovationsdruck zu Lösungsversuchen führt, die selbst das profundeste Wissen einzelner Kompetenzfelder überschreitet.

Während wir auf der einen Seite versuchen, das Funktionieren von technischen und sozio-technischen Systemen zu verstehen – und hierbei die Komplexität, aber auch den Qualitätssprung von der Summe der Subsysteme zum Gesamtsystem erkennen –, während wir zu der wissenschaftlichen Erkenntnis vordringen, dass große komplexe Systeme überlebensfähiger sind, wenn sie sich als Konföderation von Gruppen/Subsystemen/Subsubsystemen entfalten, die sich willentlich in das Gesamtsystem einordnen, als wenn daraus ein durchkonstruiertes kybernetisch determiniertes Master-mind-System werden soll, erleben wir auf der anderen Seite, wie elektronische Wissens- und Lernsysteme, Engineering-Systeme, Enterprise-Systeme, multimodale Mensch-Maschine-Systeme, vernetzte mobile Community-Systeme, szenariobasierte Führungssysteme, numerische Simulationssysteme und virtuelle Organisationen entstehen und Fortschritte machen. Interdisziplinarität wird dabei erst geübt.

Diese Situation erinnert an den Biologiestudenten, der von einer nur mühsam bestandenen Klausur über Einzeller nach Hause kommt und dort von seiner Lebenspartnerin und seinen kleinen Kindern erwartet wird. Die Funktionsweise der Einzeller nicht "drauf" zu haben, hindert ihn nicht daran, eine Familie zu gründen.

So wird Interdisziplinarität offensichtlich zustande gebracht, weil das Leben der sozio-technischen Systeme nicht still steht, bis wir sie vollkommen verstanden haben, und weil stattdessen die Betriebsanforderungen immer dringlicher nach einem problemadäquaten Zusammenwirken sich ergänzender Kompetenzen verlangen, auch wenn oder gerade weil jede davon ihre Spezialisierungstiefe weitertreibt.

Damit diese Komplementarität zum Zuge kommen kann, muss Kommunikation und Verständigung über die Sache als Ganzes möglich sein und geübt werden, sowohl was die Sprache, als auch was die Bereitschaft und das Erkennen des Nutzenpotenzials anbetrifft.

Das ist es vielleicht, was die großen internationalen Beratungsgesellschaften inzwischen so unersetzbar und erfolgreich gemacht hat: Dass sie den unterschiedlichsten Spezialisten, zusätzlich zu ihrem Fachjargon, geholfen haben, eine zweite gemeinsame Sprache zu sprechen, ein Esperanto sozusagen, das auch immer Laien verständlich bleibt, wie es die Klienten nun einmal sind, jedenfalls auf höheren Führungsebenen, und dass sie Bereitschaft aus dem Willen schöpfen, dabei zu sein. Das Nutzenpotenzial wird von allen Beteiligten und Betroffenen gesehen: Die erfolgreiche Bewältigung von definierten komplexen Projektaufgaben, für die sich die Klienten wegen der Komplexität an die Berater wenden, hilft den Klienten weiter, lässt die Berater wachsen und hat ihren ökonomischen Wert.

Während an den Universitäten die Disziplinen weiterhin durch unsichtbare Wände von einander abgeschottet sind, die seit Wilhelm von Humboldt´s Klagen eher noch höher und vielfältiger geworden sind, bilden sich an konkreten Projektaufgaben der Systemforschung und des Systemdesign intensive interdisziplinäre Kooperationen und gegenseitige Befruchtungen heraus.

Es wäre wünschenswert, dass diese immer dringender benötigte Kooperationsfähigkeit auch an den Universitäten schon geübt und gepflegt wird, so dass die Absolventen mit einer interdisziplinären Kultur "in das Leben treten" und nicht erst im Berufsleben die Scheuklappen allmählich abzulegen lernen.

Literaturverzeichnis

Ackoff, R.L., 1971, Towards a system of system concepts, in: Management Science, 17

Arthur D. Little, 1997, Global Survey on Innovation, Cambridge, Mass.

Arthur D. Little, European Business School, 2001, Steigerung des Unternehmenswertes durch Innovationsmanagement, Wiesbaden, Oestrich-Winkel

Arthur, W.B., 1993, On Designing Economic Agents that Behave like Human Agents, Journal of Evolutionary Economics, 3

Arthur, W.B., 2000, Cognition: The Black Box of Economics, in: Colander, D., Hrsg., The Complexity Vision and the Teaching of Economics, Cheltenham

Ashby, W.R., 1956, An Introduction to Cybernetics, London

Baggen, R., Hemmerling, S., 2000, Evaluation und Benutzbarkeit in Mensch-Maschine-Systemen, in: Timpe, K.-P., Jürgensohn, T., Kolrep H., Hrsg., Mensch-Maschine-Systemtechnik, Düsseldorf

Bailey, K.D., 1994, Sociology and the new systems theory, New York

Bainbridge, L., 1983, Ironies of automation, Automatica, Oxford, Seiten 775-779, Vol 19, No 6

Balzert, H., 1998, Lehrbuch der Software-Technik, Heidelberg, Berlin

Beer, S., 1962, Kybernetik und Management, Frankfurt am Main

Beer, S., 1972, Brain of the Firm – The Managerial Cybernetics of Organization, London

Beer, S., 1975, Platform for Change, Chichester u.a.

Beer, S., 1979, The Heart of Enterprise, Chichester u.a.

Beer, S., 1985, Diagnosing the System for Organizations, Chichester u.a.

Behrens, G., 1991, Kosumentenverhalten, Entwicklung, Abhängigkeiten, Möglichkeiten, 2. überarb. und erw. Aufl., Heidelberg

Beisel, R., 1996, Synergetik und Organisationsentwicklung: Eine Synthese auf der Basis einer Fallstudie aus der Automobilindustrie, München

Bellmann, R., 1967, Dynamische Programmierung und selbstanpassende Regelprozesse, München, Wien

Benington, H.D., 1956, Production of Large Computer Programs, Proc. ONR Symposium on Advanced Programming Methods for Digital Computers

Bertalanffy, L. v., 1951, General Systems Theory: A New Approach to Unify in Science, in: Human Biology, December 1951

Blanchard, B.S., Fabrycky, W.J., 1998, Systems Engineering and Analysis, Upper Saddle River, New Jersey

Boehm, B.W., 1981, Software Engineering Economics, Upper Saddle River, New Jersey

Boehm, B.W., 1986, A Spiral Modell of Software Development and Enhancement, ACM SIGSOFT, August, 1986

Bonsiepe, G., 1996, Interface, Design neu begreifen, Mannheim

Bossel, H., 1992, Modellbildung und Simulation, Braunschweig

Boulding, K.E., 1956, General System Theory: The Skeleton of Science, in: Management Science, April 1956

Boulding, K.E., 1968, A Conceptual Framework for Social Science, in: Boulding, K.E., 1968, Beyond Economics, Ann Arbor

Brunner, E., 1988, Pioniere systemischen Denkens, in: Reiter, L., Von der Familientherapie zur systemischen Perspektive, E. u.a., Berlin, Heidelberg

Buckley, W., 1974, Society as a Complex Adaptive System, in: ders., Modern Systems Research for the Behavioral Scientist, Chicago

Bues, M., Blach, R., Stegmaier, S., Häfner, H., Hoffmann, H., Haselberger, F., 2001, Towards Scalable High Performance Application Platform for Immersive Virtual Environments, in: Fröhlich, Deisinger, Bullinger (Hrsg.): Immersive Projection Technology and Virtual Envirionments, Wien, New York

Bullinger, H.-J., Schreiner, P., Hrsg., 2001, Business Process Management Tools – Eine evaluierende Marktstudie über aktuelle Werkzeuge, Stuttgart

Bullinger, H.-J. (Hrsg.), Schuster, E., Wilhelm, S., 2000, Content Management Systeme; Auswahlstrategien, Architekturen und Produkte, Wirtschaftswoche, Düsseldorf

Bullinger, H.-J., (Hrsg.), 2001, Bucher, M., Kopperger, D. et. al., Knowledge meets Process – Wissen und Prozesse managen im Intranet, Stuttgart

Bullinger, H.-J., 2000, Prozessbegleitende Unterstützung durch Informationstechnik für Produkt, Service und Kunde, in: Gesellschaft für Fertigungstechnik, Stuttgart (Hrsg.): Stuttgarter Impulse: Technologien für die Zukunft/FTK 2000, Wien, New York

Bullinger, H.-J., Blach, R., Breining, R., 1999, Projection Technology Applications in Industry - Theses for Design and Use of current Tools, in: Bullinger, H.-J., Riedel, O., (Hrsg.): Forschung und Praxis T52: Proceedings of the 3rd International Immersive Projection Technology Workshop, Stuttgart, May 10th / 11th 1999, Berlin, Heidelberg, New York, u.a.

Bullinger, H.-J., Breining, R., Bauer, W., 1999, Virtual Prototyping - State of the Art in Product Design, in: Proceedings of the 26th International Conference on Computers & Industrial Engineering, Melbourne, December 15th/17th

Bullinger, H.-J., Bucher, M., Müller, M., 2001, Knowledge meets System - Wissensbasierte Informationssysteme, Fraunhofer IAO, Stuttgart

Bullinger, H.-J., Frielingsdorf, H., Hauss, I., Roth, N., Wagner, F., Warschat, J., 2000, Vom Informations- zum Wissensmanagement in der Produktentwicklung. in: Proceedings des Innovationsforums „Virtuelle Produktentstehung", 11.-12. Mai 2000 in Berlin, Krause,
F.-L., (Hrsg.), Stuttgart

Bullinger, H.-J., Lott, C.-U., 1997, Target Management. Unternehmen zielorientiert gestalten und ergebnisorientiert führen, Frankfurt am Main, New York

Cannon, W.B., 1932, The Wisdom of the Body, New York

Cantor, G., 1964, zitiert nach Meschkowski, H., 1964, Einführung in die moderne Mathematik, Mannheim

Carroll, J.M., Hrsg., 1995, Szenario-Based Design: Envisioning Work and Technology in System Development, New York

CASET. http://www.caset.de/index2.htm. 06.08.2001

Cebulla, T., 2001, Multidisciplinary Speechacts in Manufacturing Processes, ATTCE - Automotive and Transportation Technology, Congress & Exhibition, Bacelona, to be published October

Checkland, P., 1981, Systems thinking, systems practice, Chichester u.a.,

Cherry, C., 1957, On Human Communication, A Review, A Survey, A Criticism, New York, London

Churchman, C.W., 1964, The Use of Research in the Preparation of Decisions, Symposium "Forschung, Staat und Gesellschaft", Berlin; deutsch: Entscheidung und Entscheidungsvorbereitung, Atomzeitalter, Nr. 6,

Churchman, C.W., 1968, The Systems Approach, New York

Coenenberg, A.G., 1966, Die Kommunikation in der Unternehmung, Wiesbaden

Condat, http://www.condat.de

Couffignal, L., 1962, Kybernetische Grundbegriffe, Paris, Baden-Baden

Courtney, H., Kirkland, J., Viguerie, P., 1997, Strategy Under Uncertainty, Harvard Business Review, Nov.-Dez.,

Daenzer, W.F., Huber, F., 1999, Systems Engineering - Methodik und Praxis, Zürich,

Daiber, U., Sulzer, P., Wintterlin, A., 1982, Fertighaus-Checkliste: Ein unkonventioneller Prüfkatalog, um Lebensweise, Wohnansprüche und finanzielle Möglichkeiten in Einklang zu bringen, FBW Stuttgart, Band 118, Wiesbaden

Dangelmaier, M.; Boverie, S.; Bekiaris, E., 1997, Conceptualisation of the Human Machine Interface of an Integrated Driver Monitoring and Emergency Handling System. in: 4th World Congress on Intelligent Transport Systems, 21-24 October - ICC Berlin, Germany, Proceedings, Mira CD-ROM Publishing, USA,

David, K., 1998, "Results from System Concept and international Field Trials of the ACTS On The Move Project", WPMC'98 (The First International Symposium on Wireless Personal Multimedia Communications), 4-6 November 98, Yokosuka, Japan

David, K., Benkner, T., 2002, Digitale Mobilfunksysteme – Grundlagen und aktuelle Systeme, (Reihe Informationstechnik), 2. Auflage, Wiesbaden

Dawkins, R., 1998, The Blind Watchmaker, London

Dehlinger, H., 1979, PROMORPH – Program for Morphological Analysis, in: ParC79, Proceedings of the International Conference on the Application of Computers in Architecture, Building Design and Urban Planning, Berlin

Dehlinger, H., 1992, Vom Problem zum Projekt - und zurück, in: Social-Management, Magazin für Organisation und Innovation, Heft 1, Baden-Baden

Deisinger, J., Blach, R., Wesche, G., Breining, R., Simon, A., 2000, Towards Immersive Modelling - Challenges and Recommendations: A Workshop Analyzing the Needs of Designers, in: Virtual Environments 2000, Proceedings of the 6th Eurographics Workshop on Virtual Environments June 1 - June 2, 2000, Amsterdam, The Netherlands, J.D. Mulder, R. van Liere (Hrsg.), Wien, New York

DelphiGroup.com. http://www.delphigroup.com/research/index.htm. 06.08.2001

DeMeer, J., Behrens, G., 2002, n"An M-Commerce-Supporting Communication Environment", in: Reichwald, R., (Hrsg.), Mobile Wertschöpfung – Konzeption und Umsetzung mobiler Dienste, Wiesbaden

Deutsch, K.W., 1952, On Communication Models in the Social Sciences, New York

Deutsch, K.W., 1963, The Nerves of Government, Models of Political Communication and Control, London, Galt (Ontario)

DIN EN ISO 9241. "Ergonomische Anforderungen für Bürotätigkeiten mit Bildschirmgeräten", Teil 10: Grundsätze der Dialoggestaltung

Dörner, D., Kreuzig, H.W., Reither, F., Stäudel, T., Hrsg., 1983, Lohhausen. Vom Umgang mit Unbestimmtheit und Komplexität. Bern

Dörner, D., 1989, Die Logik des Misslingens, Reinbek

Dörner, D., 1996, Die Logik des Mißlingens, Strategisches Denken in komplexen Situationen, Reinbek

Droegehorn, O., David, K., Steinhau, R., Meer de J., 2001, "Towards a Location- and Context Aware Middleware", The 2nd International Conference on Internet Computing June 25th - 28th, 2001 Monte Carlo Resort, Las Vegas, Nevada, USA

Dunckel, H., 1999, Handbuch psychologischer Arbeitsanalyseverfahren, Zürich

Durkheim, E., 1977, Über die Teilung der sozialen Arbeit, 1893, deutsche Ausgabe Theorie, Frankfurt am Main

Durocq, A., 1959, Die Entdeckung der Kybernetik, Frankfurt/Main

Eiff, W., 1991, Prozesse optimieren – Nutzen erschließen, IBM Nachrichten, 41

Eisenführ, F., Weber, M., 1993, Rationales Entscheiden, Berlin, Heidelberg, New York

Eisenhardt, K. M., Tabrizi, B. N., 1995, Accelerating Adaptive Processes: Product Innovation in the Global Computer Society, in: Administrative Science Quarterly, No. 40

Ekman, P., 1972, Universals and cultural differences in facial expressions of emotion, in: Cole, J., (Ed.), Nebraska Symposium on Motivation, Vol.19. Lincoln

Elke, G., 1999, Organisationsentwicklung: Diagnose, Intervention und Evaluation, in: Graf Hoyos, C., Frey, D., 1999, Arbeits- und Organisationspsychologie, Weinheim

Ethik und Sozialwissenschaften, 1996, 7. Jahrgang, Achte Diskussionseinheit: Synergetik und Sozialwissenschaften

Feger, D., Krauch, H., Meindl, H., 1971, Forschungsplanung II: Öffentlichkeitsmeinung und Gruppendiskussion auf Präferenzurteile über Forschungsschwerpunkte, Zeitschrift für Sozialpsychologie, Nr. 2

Fink, A., 1999, Szenariogestützte Führung industrieller Produktionsunternehmen, HNI-Verlagsschriftenreihe, Band 50, Paderborn

Fink, A., Schlake, O., Siebe, A., 2001, Erfolg durch Szenario-Management, Prinzip und Werkzeuge der strategischen Vorausschau, Frankfurt/Main

Flechtner, H. J., 1966, Grundbegriffe der Kybernetik, Stuttgart

Flechtner, H. J., 1964, Grundbegriffe der Kybernetik, Lexikon der Kybernetik, hrsg. von Andrea Müller, Quickborn bei Hamburg

Fleissner, P. Hrsg., 1994, The transformation of Slovakia- The dynamics of her economy, environment, and demography, Hamburg

Flood, R.L., Jackson, M. C., Hrsg., 1991, Critical systems thinking – Directed readings, Chichester u.a.

Flood, R.L., Jackson, M.C., 1991, Creative problem solving - Total systems intervention, Chichester u.a.

Flood, R.L., Romm, N.R.A., 1996, Critical systems thinking, New York

Floyd, C., 1984, A Systematic Look At Prototyping, in: Budde, R., Kuhlenkamp, K., Mathiassen, L., Züllighoven, H., Hrsg., Approaches to Prototyping, Berlin, Heidelberg, New York

Forrester, J., 1968, Principles of Systems – Text and Workbook, Cambridge

Forrester, J., Zick, H., 1982, Gezeiten der Weltwirtschaft,

Frank, H., 1965, Was ist Kybernetik? in: Frank, H., Hrsg., 1965, Kybernetik – Brücke zwischen den Wissenschaften, 5. Auflage, Frankfurt am Main

Frech, J., 1996, Effektivität und Effizienz von Methoden und Verfahren des Innovationsmanagements im Forschungs- und Entwicklungsbereich, Stuttgart

Freeman, Chr., Jahoda, M., u.a., 1973, Thinking about the Future – a Critique of the Limits to Growth, Science Policy Research Unit, Sussex; übersetzte Fassung von : Jungk, R., Krauch, H., 1973, Zukunft aus dem Computer, Neuwied/Berlin

Frisch, M., 1964, Mein Name sei Gantenbein, Frankfurt am Main

Fuenmayor, R., 1991, Truth and openness: an epistemology for interpretive systemology, in: Systems Practice, 4

Funke, J., 1985, Problemlösen in komplexen computersimulierten Realitätsbereichen, Sprache und Kognition, 4,

Gamma, E., Helm, R., Johnson, R., Vlissides, J., 1993, Design Patterns: Abstraction and Reuse of Object-Oriented Design, Proceedings of the ECOOP'93, LNCS 707, Berlin, Heidelberg, New York

Gartner Research, 2001, The BPA/M Market Gets a Boost From New Features, Research Note, 16. Mai 2001

Gausemeier, J., Fink A., Schlake, O., 1996, Szenario-Management: Planen und Führen mit Szenarien, Carl Hanser Verlag, München, Wien, 2. bearb. Auflage

Georgantzas, N.C.; Acar, W., 1995, Scenario-driven planning: Learning to manage strategic uncertainty, Westport, Connecticut, London

Gernert, R., Krüger, K., Timpe, K.-P., 2000, Kompetenzförderung als Bewertungskriterium für Unterstützungssysteme - untersucht am Beispiel der Störungsdiagnose, in: Timpe, K.-P., Willumeit, H.-P., Kolrep, H., Hrsg., Bewertung von Mensch-Maschine-Systemen, VDI-Fortschrittsberichte, Düsseldorf

Geus de, A.P., 1984, Planning as Learning, in: Harvard Business Review, March – April, 1988

Giesa, H.-G., Timpe, K.P., 2000, Technisches Versagen und menschliche Zuverlässigkeit, in: Timpe, K.-P., Jürgensohn, T., Kolrep, H., Hrsg., Mensch-Maschine-Systemtechnik, Düsseldorf

Gilbert, N., Troitzsch, K.G., 1999, Simulation for the social scientist, Buckingham

Godet, M., 1991, From anticipation to action, A handbook of strategic perspective, UNESCO Publishing, Paris 1994, (Original 1991)

Grochla, E., 1980, Betriebswirtschaftlich-organisatorische Voraussetzungen technologischer Innovationen, in: ZfbF Sonderheft Nr. 11, 32. Jahrgang

Grove, A.S., 1997, Nur die Paranoiden überleben, Strategische Wendepunkte vorzeitig erkennen, Franfurt/Main

GSM 2001: 3 GSM World Congress, 2001, Cannes

GSM 2001: 3GSM World Congress, Cannes, Feb. 2001

Gudszend, T., Schuster, E., Wilhelm, S., 2000, Intranet-Anwendungen in Produktion und Service. Der Ingenieur im Internet: Erfolgreiche Anwendungen in der Industrie; Tagung Karlsruhe, 27./28. März 2000 / VDI-Gesellschaft Entwicklung, Konstruktion, Vertrieb, Düsseldorf

Habermas, J., 1985, Der Philosophische Diskurs der Moderne, Frankfurt

Habermas, J., 1992, Faktizität und Geltung, Frankfurt

Haberstroh, C.J., 1965, Organization Design and Systems Analysis, in: Handbook of Organizations, Chicago

Hacker, W., (1973). Arbeits- und Ingenieurpsychologie, Berlin

Hamel, G., Prahalad, C.K., 1994, Competing for the Future, Harvard Business School Press, Boston

Hamel, G., Prahalad, C.K., 1994, Wettlauf um die Zukunft. Wie sie mit bahnbrechenden Strategien die Kontrolle über ihre Branche gewinnen und die Märkte von morgen schaffen, Wien

Hannon, B., 1987, The Discounting of Concern: A Basis for the Study of Conflict, in Pillet, G., Murota, T., Hrsg., Environmental Economics, Genf

Hartfield, G., 1976, Wörterbuch der Soziologie, Stuttgart

Hartley, R.V.L., 1928, Transmission of Information, in: Bell System Technical Journal, July 1928

Hasdogan, G., 1996, The role of user models in product design for assessment of user needs, in: Design Studies, Vol 17, No 1

Hassenstein, B., 1960, Die bisherige Rolle der Kybernetik in der biologischen Forschung, in: Naturwissenschaftliche Rundschau, 13, 1960

Heinrich, L.J., Häntschel, I., 2000, Evaluation und Evaluationsforschung in der Wirtschaftsinformatik, München, Wien

Herstatt, C., 1999, Theorie und Praxis des frühen Innovationsprozesses, in: io Management 68 (10)

Hohmann, P.; Jonas, W., Reimspiess, P., 1988, Communication Futures, a scenario project of HDCE and HKD, Halle, 1998

Holland, J.H., 1992, Charakterisierung der Merkmale von "complex adaptive systems"

Holland, J.H.,1975/1992, Adaptation in Natural and Artificial Systems (2. Aufl.), Ann Arbor

Horkheimer, M., 1967, Zur Kritik der instrumentellen Vernunft, Frankfurt

Hornung, J., Hornung, Dr. Chr., Oliveira, A., Marcos, A., "Knowledge Visualisation based on Topic Maps for Computer-Based Learning Applications", 20th World ConferenceOn Open Learning and Distance Education, Duesseldorf, Germany, 01 - 05th April 2001

Humboldt, W. v., Schriften zu Politik und zum Bildungswesen, in: Flitner, v. A., Giel, K., 1964, Humboldt-Studienausgaben, Band IV, Darmstadt,

Hutchins, R.M., 1964, Einleitung zu H. Krauch, Fortschrittsplanung, in: Jungk, R., Mundt, H. J., Hrsg., 1964, Modelle für eine eine neue Welt, Bd. 1, München

IEEE 2001: IEEE VTC News, Mai 2001

IEEE PCM 2002: IEEE Personal Communications, "Special Issue: An Overview of Pervasive Computing", August 2001

Isozaki, A., 1977, The Japan Architect, Nr. 10/11

Jackson, M.C., 1991, Systems methodology for the management sciences, New York

Jackson, M.C., 2000, Systems approaches to management, New York

Jackson, M.C., Keys, P., 1991/1984, Towards a system of system methodologies, in: Flood u. Jackson, Hrsg. 1991

John, P., Marzi, R., 2002, Diagnoseunterstützung von Maschinenoperateuren durch verteilte Agenten, in: Marzi, R., Karavezyris, V., Erbe, H.-H., Timpe, K.-P., Hrsg., Bedienen und Verstehen, VDI-Fortschrittberichte, Düsseldorf

John, P., Timpe, K.-P., 2000, Kompetenzförderliche Multi-Agentensysteme zur Unterstützung der Diagnose an CNC-Werkzeugmaschinen, ZWF, Heft 4

Jonas, W., 1994, Design – System – Theorie, Überlegungen zu einem systemtheoretischen Modell von Designtheorie, Essen

Jonas, W., 1996, Design als systemische Intervention - für ein neues (altes) „postheroisches" Designverständnis, 17. designwiss. Kolloquium Objekt und Prozess, Halle, 28.-30.11.1996

Jonas, W., 1997a, Viable Structures and Generative Tools - an approach towards 'designing designing', in: contextual design - design in contexts the european academy of design, Stockholm, April 1997

Jonas, W., 1997b, Research for the Learning Design School, The New Academy Barcelona 10/97

Jonas, W., 1999, On the Foundations of a 'Science of the Artificial', in: useful and critical international conference, Helsinki, Sept. 1999

Jonas, W., 2000, The paradox endeavour to design a foundation for a groundless field, in: Re-inventing Design Education in the University, International Conference, Perth, Australia, Dec. 2000

Jonas, W., 2001, A Scenario for Design – or: how to become a discipline..., to be published in Design Issues

Jonasch, R.S., Sommerlatte, T., 1999, The Innovation Premium: How Next Generation Companies Are Achieving Peak Performance and Profitability, Reading, Mass.

Jones, J.C., 1978, designing designing, in: Essays in Design, Chichester, 1984 (Original 1978)

Kahn, H., Wiener, A., 1967, The Year 2000 - A Framework for Speculation on the Next Thirty-Three Years, New York

Kanter, T., 2001, An Open Service Architecture for Adaptive Personal Mobile Communication, IEEE Personal Communications, Dec 2001

Kappel R., Schwarz I., 1981, Systemforschung 1970-1980, Hannover

Kappelhoff, P., 2001, Komplexitätstheorie. Neues Paradigma für die Managementforschung; unveröffentliches Manuskript, Universität Mannheim: Veröffentlichung in: Jahrbuch für Managementforschung, Band 10, (2002)

Kaufman, A., 1968, The Science of Decision–making, London

Kawabata, Y., 1990, Handteller Geschichten, München

Klaus, G., 1965, Kybernetik in philosophischer Sicht, 4. Aufl., Berlin

Klir, G., 1985, Architecture of systems problem solving, New York

Klir, G., 1991, Facets of system science, New York

Konradt, U., 1992, Ingenieurpsychologische Untersuchungen zum diagnostischen Problemlösen in technischen Systemen, SFB 187, Ruhr Universität Bochum, Fakultät für Psychologie

Koreimann, D., 1965, Kybernetische Grundlagen der Betriebswirtschaft, in: BFuP, Heft 11/12, 1965

Kosiol,E., Szyperski, N., Chmielewicz, K., 1965, Zum Standort der Systemforschung im Rahmen der Wirtschaftswissenschaften, in: ZfbF, 1965

Kramer, R., 1965, Information und Kommunikation, Betriebswirtschaftliche Bedeutung und Einordnung in die Organisation der Unternehmung, Berlin

Krauch H., 1964, Systemanalyse und Systemdesign, Studiengruppe für Systemforschung, Heidelberg

Krauch H., Hrsg., 1972, Systemanalyse in Regierung und Verwaltung, Freiburg

Krauch, H., 1985, Systemgestaltung als Hebammenkunst, Vortrag auf der Konferenz "Lebenswelt und Systemgestaltung" des Interuniversity Centre Dubrovnik

Krauch, H., Sommerlatte, T., 1997, Bedürfnisse entdecken – Gestaltung zukünftiger Märkte und Produkte, Frankfurt am Main, New York

Krauch, H., 2001, Bildung und Entfaltung der Studiengruppe für Systemforschung, Veröffentlichung in Vorbereitung, Heidelberg

Krauch, H., Feger, D., 1970, Einige Probleme der Anwendung der Entscheidungstheorie auf die Planung von Forschung und technischer Entwicklung, in: Krauch, H., 1970, Prioritäten für die Forschungspolitik, München

Kreller B., David K., 1998, "Future Mobile Multimedia Applications - Results from System Concept and international Field Trials of the ACTS On The Move Project", MoMuC98, 5th International Workshop on Mobile Multimedia Communications, 12-14 October 98, Berlin

Krippendorff, K., 1994, Redesigning Design. An Invitation to a Responsible Future, in: Design - Pleasure or Responsibility? Selected and edited articles from the International Conference on Design at the University of Art and Design, Helsinki UIAH 21-23 June

Krohn, W., e. al., 1991, Selbstorganisation - Zur Genese und Entwicklung einer wissenschaftlichen Revolution, in: Schmidt, S. J., Hrsg., Der Diskurs des Radikalen, Frankfurt am Main

Lambert, J.H., 1787. Logische und philosophische Abhandlungen, Edition J. Bernoulli, Band 1, Berlin, Dessau, zitiert nach Händle S. und Jensen S., Hrsg., 1974, Systemtheorie und Systemtechnik, München

Langton, S.R.H., 2000, The mutual influence of gaze and head orientation in the analysis of social attention direction, The Quarterly Journal of Experimental Psychology, 53A (3)

Lantermann, E.-D., Schmitz, B., 1994, Psychische Ressourcen und Strategien im Umgang mit globalen Umweltveränderungen, Naturwissenschaften, 81

Lantermann, E.-D., von Papen, U., 2001, Typische Strategien des Umgangs mit komplexen Umwelten, in: de Haan, G., Lantermann, E.-D., Linneweber, V., Reusswig, F., Hrsg., Vom Nutzen und Nachteil der Typenbildung in der sozialwissenschaftlichen Umweltforschung, Opladen

Lantermann, E.-D., Döring-Seipel, E., Schima, P., 1992, Ravenhorst. Gefühle, Werte und Unbestimmtheit im Umgang mit einem ökologischen Scenario. München

Lay, R., 1983, Ethik für Wirtschaft und Politik, Düsseldorf

Lexikon der Kybernetik, hrsg. von Andrea Müller, Quickborn bei Hamburg 1964, Eine ausführliche Diskussion des Kommunikationsbegriffes findet sich z. B. in: Rolf Kramer, Information und Kommunikation, Betriebswirtschaftliche Bedeutung und Einordnung in die Organisation der Unternehmung, Berlin 1965, S. 31-36, sowie Adolf Gerhard Coenenberg, Die Kommunikation in der Unternehmung, Wiesbaden 1966, S. 34-36.

Liebl, F., 2000, Der Schock des Neuen, München

Liu, J., Pastoor, S., 2001, Videobasierte Blickrichtungsbestimmung mit initialer Referenzkalibrierung und selbstabgleichender, anwenderindividueller Rekalibrierung

Ljapunow, A.M., 1892, Das allgemeine Problem der Stabilität einer Bewegung, Charkow, zitiert nach: Klaczko, S., Kybernetische Prinzipien in der industriellen Fertigung, afa- informationen, Heft 6-7

Luhmann, N., 1971, Soziologische Aufklärung I, 2. Auflg., Opladen

Luhmann, N., 1984, Soziale Systeme, Grundriß einer allgemeinen Theorie, Frankfurt

Luhmann, N., 1986, Systeme verstehen Systeme, in: Luhmann, N., Schorr, K.E., (Hrsg.), Zwischen Intrasparenz und Verstehen: Fragen an die Pädagogik, Frankfurt am Main

Luhmann, N., 1991, Soziologie des Risikos, Berlin, New York

Maguerre, H., 1991, Bionik – von der Natur lernen, Berlin

Malik F., 1992, Strategie des Managements komplexer Systeme – Ein Beitrag zur Management-Kybernetik evolutionärer Systeme, Bern

Marzi, R., John, P., 2001, Sprachdialog für die Unterstützung bei der Fehlerdiagnose an CNC-Werkzeugmaschinen, in: Hess, W., Stöber, K., Hrsg., Elektronische Sprachsignalverarbeitung, Tagungsband der zwölften Konferenz, Studientexte zur Sprachkommunikation, Band 22, Bonn 2001, Dresden

Mattessich, R., 1982, The systems approach: its variety of aspects, in: Am, J., Society for Information Science

Maturana, H., 1982, Erkennen: Die Organisation und Verkörperung von Wirklichkeit, Braunschweig, Wiesbaden

Maturana, H.R.; Varela, F. J., 1987, Der Baum der Erkenntnis. Die biologischen Wurzeln des menschlichen Erkennens, Bern und München

Mayhew, D., 1999, The Usability Engineering Lifecycle, San Francisco

Meadows, D.H., Meadows, D.L., Randers, J., 1992, Die neuen Grenzen des Wachstums, Stuttgart

Meadows, D.H.; Meadows, D.L.; Behrens III, 1972, Die Grenzen des Wachstums, Stuttgart, (Original: The Limits to Growth, New York ,1972)

Meadows, D.H., u.a., 1974, Dynamics of Growth in a Finite World, Cambridge

Meadows, D.H., Meadows, D.L., Zahn, E., Milling, P., 1972, Die Grenzen des Wachstums - Bericht des Club of Rome zur Lage der Menschheit, Stuttgart

Mesarovic, M.D., Takahara, Y., 1970, Theory of hierarchical, multilevel, systems, New York

Mesarovic, M.D., Macko, D., Takahara, Y., 1975, General systems theory: Mathematical foundations, New York

Meyers, B., Hudson, S., Pausch, R., 1999, Past, Present and Future of User Interface Software Tools, Pittsburgh

Miller, J., 1987, Living Systems, New York

Mingers, J.; Gill, A., 1997, Multimethodology : The Theory and Practice of Combining Management Science Methodologies, New York

Mirow, H.-M., 1969, Kybernetik - Grundlagen einer allgemeinen Theorie der Organisation, Wiesbaden

Mitroff, I., Smart Thinking for Crazy Times. The Art of Solving the Right Problems, San Francisco

Morgan, G., 1986, Images of Organization, London, New Delhi

Müller, K., 1996, Allgemeine Systemtheorie: Geschichte, Methologie und sozialwissenschaftliche Heuristik eines Wissenschaftsprogramms, Opladen

Müller, K., Hrsg., 1964, Lexikon der Kybernetik, Quickborn bei Hamburg

Nielsen, J., 1994, Heuristic Evaluation, in: Nielsen J., Mack, R. L., (Eds.), Usability Inspection Methods, New York

Nigay, L., Coutaz, J., 1993, A Design Space for Multimodal Systems: Concurrent Processing and Data Fusion, Proceedings of InterCHI'93, ACM Press: New York

Nonaka, I., Takeuchi, H., 1997, Die Organisation des Wissens. Frankfurt am Main

Nyquist, H., 1924, Certain Factors Affecting Telegraph Speed, in: Bell System Technical Journal, April 1924

Obermann, 2000, "Business Opportunities for UMTS", UMTS World Congress 2000, 11-12.10.2000, Barcelona

Oliga, J.C., 1988, Methodological foundation of systems methodologies, in: Systems Practice, 1(1), s. auch ders., 1991, Methodological foundations of systems methodologies, in: Flood, Jackson, (Hrsg., 1991)

Oviatt, S., 1999, Ten Myths of Multimodal Interaction, Communications of the ACM, 42 (11)

Pahl, G., Beitz, W., 1993, Konstruktionslehre, Berlin, Heidelberg, New York

Parsons, T., 1959, General Theory in Sociology, in: Merton, R., Hrsg. Sociology Today, New York

Parsons, T., 1975, Gesellschaften: evolutionäre und komparative Perspektiven, Frankfurt

Pastoor, S., 2000, 3D-Multimedia-Computer, in: Reichwald, R., Lang, M., Hrsg., Anwenderfreundliche Kommunikationssysteme, Heidelberg

Pastoor, S., Boerger, G., 1997, Autostereoskopisches Bildwiedergabegerät mit natürlicher Kopplung von Akkommodationsentfernung und Konvergenzentfernung und adaptiver Schärfentiefe, DE 195 37 499, 27.3.1997

Pastoor, S., Liu, J., (im Druck), 3D Display and Interaction Technologies for Desktop Computing, in: B. Javidi, F. Okano (Hrsg.), Three.-Dimensional Television, Video and Display Technology, New York, Heidelberg, Berlin

Pawlik, K., 1991, The psychology of global environmental change. Some basic data and an agenda for cooperative international research. International Journal of Psychology, 26

Pepper, S., Euler, Topic Maps, and Revolution, XML Europe 99, http://www.topicmaps.com

Piaget, J., 1973, Das moralische Urteil beim Kinde, Frankfurt

Polanyi, M., 1985, Implizites Wissen, 1. Auflage, Frankfurt/Main

Porter, M,E,, 1990, The Competitive Advantage of Nations, New York

Porter, M.E., 1997, Nur Strategie sichert auf Dauer hohe Erträge, in: Harvard Business Manager 3/97

Pottage, A., 1998, Power as an art of contingency, in: Luhmann, Deleuze, Foucault, Economy and Society, London

Probst, G., Raub, S., Romhardt, K., 1997, Wissen managen, Wiesbaden

Rasmussen, J., 1983, Skills, rules and knowledge, signals, signs and symbols, and other distinctions in human performance models, IEEE Transaction on Systems, Man Cybernetics, volume SMC-13

Rath, H.H., 1999, Mit Topic Maps intelligente Informationsnetze aufbauen, IX Magazin, Dezember 1999

Rath, H.H., 2000, "Making topic maps more colourful", XML Europe 2000 Proceedings, June 2000

Reason, J., 1990, Human error, Cambridge

Rechenberg, I., 1973, Evolutionsstrategie – Optimierung technischer Systeme nach den Prinzipien der biologischen Evolution, Stuttgart

Reinmann-Rothmaier, G., Mandl, H., Wissensmangement. Eine Delphi-Studie (Forschungsbericht Nr. 90). Ludwig-Maximilians-Universität München, Lehrstuhl für Empirische Pädagogik und Pädagogische Psychologie, August 1998, Http://infix.emp.paed.uni-muenchen.de/Ismandl/forschung/berichte

Resnick, M., 1994, Turtles, Termites and Traffic Jams: Explorations in Massively Parallel Microworlds. Cambridge/Mass.

Ringland, G., 1998, Scenario Planning, Managing for the Future, Chichester u.a.

Rittel, H.W.J., 1972, Second-generation Design Methods, in: Cross, Developments in Design Methodology, Chichester u.a., 1984

Rittel, H.W.J., 1992, Planen, Entwerfen, Design, Stuttgart, Berlin, Köln

Rittel, H.W.J., 1992, Sachzwänge - Ausreden für Entscheidungsmüde, in: Rittel, H. W. J., Planen, Entwerfen, Design, Ausgewählte Schriften zu Theorie und Methodik, Stuttgart, Berlin, Köln

Rittel, H.W.J., Webber, M., 1992, Dilemmas in einer allgemeinen Theorie der Planung, in : Rittel, H.W.J., Planen, Entwerfen Design – Ausgewählte Schriften zur Theorie und Methodik, Stuttgart, Berlin, Köln

Rittel, H.W.J., Webber, M., 1972, Dilemmas in a General Theory of Planning; Institute of Urban and Regional Development, University of California, Berkeley, Working Paper No. 194. Übersetzung ins Deutsche in: Rittel, H. W. J., 1992, Planen, Entwerfen, Design: Ausgewählte Schriften zu Theorie und Methodik, Stuttgart, Berlin, Köln

Röpke, J., 1977, Die Strategie der Innovation: Eine systemtheoretische Untersuchung der Interaktion von Individuum, Organisation und Markt im Neuerungsprozess, Tübingen

Royce, W.W., 1970, Managing the development of large software systems, IEEE WESCON, August 1970

Russell, S., Norvig, P., 1995, Artificial Intelligence: A Modern Approach, London

Salovey, P., Mayer, J. D., 1990, Emotional Intelligence, in: Imagination, Cognition, and Personality, 9

Sampson, E.E., 1985, The decentralization of identity: toward a revised concept of personal and social order, in: American Psychologist, 40

Schelling, T.C., 1971, Dynamic Models of Segregation, Journal of Mathematical Sociology, 1

Schian, M., 1900, Die Sokratik im Zeitalter der Aufklärung – Ein Beitrag zur Geschichte des Religionsunterrichts, Breslau

Schlicksupp, H., 1999, Innovation, Kreativität und Ideenfindung, Würzburg

Schmidt, H., 1941, Regelungstechnik – Die technische Aufgabe und ihre wirtschaftlichen, sozialpolitischen und kulturpolitischen Auswirkungen, in: Zeitschrift des Vereins Deutscher Ingenieure, 1941, Band 85, Nr. 4

Schmücker, A., 1984, Praxis, Theorie, Maieutik - Plädoyer für die soziologische Hebamme, Kassel

Schön, D.A., 1983, The Reflective Practitioner. How Professionals Think in Action, London

Schreiner, P., The, T.-S., 2000, Entwicklung einer Kooperationsplattform für Service Engineering, in: Informatik Spektrum 23, Nr. 6

Schuster E., Wilhelm, S., 2001, Informationsmanagement in der Produktion - Neue Dienstleistungen durch E-Service, in: HMD - Fertigungsmanagement in der Supply Chain, Heidelberg

Schuster, E., Wilhelm, S., 2000, Content Management, in: Informatik Spektrum - Organ der Gesellschaft für Informatik, Heft 6

Schwartz, P., 1991, The Art of the Long View, New York

Seifert, K., Hassenzahl, M., Baumgarten, T., Vöhringer-Kuhnt, T., 2002, Multimodale Mensch-Computer-Interaktion: tool oder gimmick? in: Marzi, R., Karavezyris, V., Erbe, H.-H., Timpe, K.-P., Hrsg., Bedienen und Verstehen, VDI-Fortschrittberichte, Düsseldorf

Senge, P., 1990, The Fifth Discipline: The Art & Practice of the Learning Organization, New York

Shannon, C.E., 1948, The Mathematical Theory of Communication, in: Bell Systems Technical Journal, Nr. 27, zitiert nach dem Wiederabdruck in: Shannon C. E., Weaver, W., 1949, The Mathematical Theory of Communication, Urbana(Ill.)

Simon, H.A., 1990, Die Wissenschaften vom Künstlichen, Berlin, (Original: The Sciences of the Artificial, Cambridge, Mass., 1969, 1981, 1996)

Simon, H., 1996, Die heimlichen Gewinner, Die Erfolgsstrategien unbekannter Weltmarktführer - (Hidden Champions), 2. Auflage, Frankfurt/Main, New York

Steinbruch, K., 1964, Kybernetic und Organisation, in: Zeitschrift für Organisation, Heft 2 und 3, 1964

Tenner, E., Why Things Bite Back: Technology and the Revenge of Unintended Consequences, New York

TimeKontor AG, 2001, Wie zufrieden sind Sie mit Ihrem IT-Dienstleister, Berlin

Timpe, K.P., Kolrep, H., 2000, Das Mensch-Maschine-System als interdisziplinärer Gegenstand, in: Timpe, K.-P., Jürgensohn, T., Kolrep H., Hrsg., Mensch-Maschine-Systemtechnik, Düsseldorf

Trottenberg, A., Schüller, C., Osterlee, 2001, Multigrid, London

Ulrich, W., 1971, Die Unternehmung als produktives soziales System, 2. Aufl., Bern

Ulrich, W., 1983, Critical Heuristics of Social Planning, Bern

UMTS Forum 1: http://www.umts-forum.org

UMTS World Congress 2000, 11.-12.10.2000, Barcelona

UMTS-Forum 2: Enabling UMTS/Third Generation Services and Applications (No. 11 Report from the UMTS Forum), October 2000

UMTS-Forum 3: The UMTS Third Generation Market – Structuring the Service Revenue Opportunities (No. 9 Report from the UMTS Forum), September 2000

Van der Heijden, K., 1996, Scenarios: The Art of Strategic Conversation, Chichester u.a.

van Gigch, J., 1991, System design modeling and metamodeling, New York

Vance, R.R., 1978, Predation and Resource Partitioning in One Predator-Two Prey Model Communities, The American Naturalist, 112

Verbundprojekt AUTOBENCH: Integrierte Entwicklungsumgebung für Virtuelle Automobilprototypen, Abschlussbericht, 2001

Vester, F., 1990, Leitmotiv vernetztes Denken, München

Vester, F., 1993, Sensitivitätsmodell Prof. Vester. Ein computerunterstütztes Planungsinstrumentarium zur Erfassung und Bewertung komplexer Systeme, Studiengruppe für Biologie und Umwelt GmbH, München

von Hentig, H., 1998, Kreativität: Hohe Erwartungen an einen schwachen Begriff, München

von Reibnitz, U., 1987, Szenarien. Optionen für die Zukunft, Hamburg, New York u.a.

Wack, P., 1985, Scenarios: uncharted waters ahead und Scenarios: shooting the rapids, in: Harvard Business Review, Sept.-Oct. 1985 and Nov.-Dec. 1985

Wagner, R., 1954, Probleme und Beispiele biologischer Regelung, Stuttgart

Waldrop, M., 1994, Complexity. The emerging science at the edge of order and chaos, London

Waldrop, M., 1994, Hervorhebungen H. W. Grundlegend zum Konzept der Emergenz Pottage, 1998

WAP: http://www.wapforum.org/

Warschat, J., 2000, Ein integriertes Konzept für die evolutionär-iterative Produktentwicklung, in: Bürgel, H. D., Hrsg., Forschungs- und Entwicklungsmanagement 2000plus – Konzepte und Herausforderung für die Zukunft, Berlin, Heidelberg

Warschat, J., Ilg, R., Ohlhausen, P., Rüger, M., 2000, Wissensmanagement im industriellen Umfeld, in: Berechnung und Simulation im Fahrzeugbau, Tagung Würzburg, 14./15. September 2000, VDI-Gesellschaft Fahrzeug- und Verkehrstechnik, Düsseldorf, VDI Berichte 1559

Weber, M., 1967, Wissenschaft als Beruf, Berlin

Wiener, N., 1948, Cybernetics – Communication and Control in the Animal and the Machine, New York

Wiener, N., 1956, Communication, Massachusetts Institute of Technology

Wiener, N., 1963, Kybernetik, Regelung und Nachrichtenübertragung im Lebewesen und in der Maschine, Düsseldorf

Wiener, N., 1964, Mensch und Menschmaschine, Kybernetik und Gesellschaft, Frankfurt am Main, Bonn

Wieser, W., 1959, Organismen, Strukturen, Maschinen - Zu einer Lehre vom Organismus, Frankfurt am Main

Wilhelm, S., 2000, Content Management beginnt im Kopf, in: Barabas M. u. Rossbach G., Hrsg., Internet - E-Business-Strategien der Unternehmensentwicklung, Deutscher Internet Kongress Karlsruhe 2000, Heidelberg

Willke, H., 1994, Systemtheorie II: Interventionstheorie. Grundzüge einer Theorie der Intervention in komplexe Systeme, Stuttgart, Jena

Willke, H., 1996, Systemtheorie I: Grundlagen, 5. Auflage, Stuttgart

Willke, H., 1998, Systemisches Wissensmanagement. Zweite Auflage 2001, Stuttgart

Willumeit, H.-P., Kolrep, H., Hrsg., 2000, Wohin führen Unterstützungssysteme? VDI-Fortschrittberichte, Düsseldorf

Wolf, K., Steckel, B., (Hrsg.), 2001, Mesh-based parallel Code Coupling Interface, 2nd MpCCI User Forum, February 2001, GMD-Report 132, Sankt Augustin

WWRF: http://www. wireless-world-research.org/

Zahn, E., 1972, Systemforschung in der Bundesrepublik Deutschland, Göttingen

Zühlke, D., 2002, Bedienung komplexer Maschinen - heute, morgen und übermorgen, in: Marzi, R., Karavezyris, V., Erbe, H.-H., Timpe, K.-P., Hrsg., Bedienen und Verstehen, VDI-Fortschrittberichte, Düsseldorf

Zwicky, F., 1989, Entdecken, Erfinden, Forschen im Morphologischen Weltbild, 2. Auflage, Glarus; auch als Taschenbuch bei Knaur, 1971

Kurzbiografien der Autoren

Prof. Dr. Frank Beckenbach

studierte Volkswirtschaftslehre an der Freien Universität Berlin. Nach Abschluss des Studiums war er von 1976 bis 1982 Assistent für Politische Ökonomie am Institut für ökonomische und soziologische Analyse politischer Systeme des Fachbereichs Politische Wissenschaften der Freien Universität Berlin. Zwischen 1983 und 1987 war er als wissenschaftlicher Berater im Bereich Finanzpolitik beim Deutschen Bundestag (Bundestagfraktion DIE GRÜNEN) tätig. Nach Abschluss des Promotionsvorhabens im Jahre 1987 (Dr. rer. pol. an der Freien Universität Berlin) leitete er die Forschungsgruppe für den Bereich Umweltökonomie am Institut für ökologische Wirtschaftsforschung in Berlin. Von 1992 bis 1998 war er Hochschulassistent für Sozioökonomie am interdisziplinären Fachbereich Sozialwissenschaften der Universität Osnabrück. Während dieser Tätigkeit nahm er Gastprofessuren an der Universität Bremen (beim Graduiertenkolleg "Risikoregulierung und Privatrechtssystem) und an der Universität Kassel (Vertretungsprofessur für Umweltökonomie am Fachbereich Wirtschaftswissenschaften) wahr. Nach Abschluss des Habilitationsverfahrens trat er 1999 auf eine Professur für Umweltökonomie/Theorie natürlicher Ressourcen an der Universität Kassel an.

Prof. Dr. Hans-Jörg Bullinger

erwarb nach der Mittleren Reife und einer Lehre als Betriebsschlosser sein Abitur auf dem 2. Bildungsweg und studierte dann Maschinenbau (Fachrichtung Fertigungstechnik). 1974 promovierte er, 1978 habilitierte er sich. Von 1971 bis 1980 war er in der angewandten Industrieforschung tätig. Von 1980 bis 1982 war er ordentlicher Professor an der Universität Hagen. Seit 1982 ist er ordentlicher Professor an der Universität Stuttgart. Gleichzeit ist er Leiter des Instituts für Arbeitswissenschaft und Technologiemanagement (IAT) der Universität Stuttgart und des Fraunhofer-Instituts für Arbeitswirtschaft und Organisation (IAO), Stuttgart. Die Schwerpunkte der Institutsarbeit liegen im Bereich Informationsmanagement (Unternehmensführung, Informationssysteme, Arbeitsgestaltung) und Produktionsmanagement (Produktionsplanung, F & E-Management, Personalmanagement). An den Instituten IAO und IAT sind z.Zt. 260 Mitarbeiter und ca. 400 wissenschaftliche Hilfskräfte beschäftigt. Die Finanzierung der Institutsarbeit erfolgt zu über 90 % aus eigenen Erträgen - davon kommen 70 % direkt aus der Wirtschaft. Prof. Dr. Bullinger wurde mit der Otto-Kienzle-Gedenkmünze der Hochschulgruppe Fertigungstechnik ausgezeichnet und erhielt den VDI-Ehrenring in Gold, den Human Factors Society`s Distinguished Foreign Colleague Award, die Ehrendoktorwürde der Universität Novi Sad 1991 und eine Ehrenprofessor der University of Science and Technology of China 1991. Er ist Mitglied der World Academy of Productivity Science 1993 und Ehrenmitglied der rumänischen Gesellschaft für Maschinenbauingenieure 1994. Ihm wurde 1995 der Arthur-Burkhardt Preis und 1998 das Bundesverdienstkreuzes am Bande verliehen. Er ist Autor und Mitautor zahlreicher Bücher und von über 1.000 Veröffentlichungen.

Prof. Dr.-Ing. Klaus David

leitet den Lehrstuhl für Kommunikationstechnik an der Universität Kassel. Die Lehr- und Forschungsschwerpunkte sind das Mobile Internet, insbesondere Fragestellungen auf Netzwerkebene und Pervasive Computing, neue Anwendungen und Middleware.

Dabei besteht eine enge Verzahnung mit führenden Industriepartnern wie Alcatel, CISCO, Condat AG und T-Mobile. Professor David hat mehr als 70 Veröffentlichungen, mehrere Patente und ein Lehrbuch publiziert. Er arbeitet regelmäßig als Consultant für verschiedene Industrieunternehmen. Vor seiner Lehrtätigkeit an der Universität Kassel waren seine beruflichen Stationen:

- 5 Jahre Auslandstätigkeit in England, Belgien, Japan und USA,

- 12 Jahre Industrieerfahrung, zuletzt als Abteilungsleiter bei Bell Northern Research Europe, IMEC, T-Mobile und dem IHP.

Prof. Dr. Hans Dehlinger

studierte nach einer Schreinerlehre und Gesellenjahren auf dem zweiten Bildungsweg Architektur an der TH Stuttgart. Nach dem Diplom war er Mitarbeiter im Büro Heinle und Wischer, Stuttgart (Olympisches Dorf München). Nach fünfjährigem Studienaufenthalt an der University of California, Berkeley (M. Arch, Teaching Associate, Ph.D) und Mitarbeit in der Design Methods Group, Berkeley wurde er freier Mitarbeiter bei der Studiengruppe für Systemforschung, Heidelberg. Danach war er Oberassistent am Lehrstuhl von Horst Rittel, Institut für Grundlagen der Planung an der Universität Stuttgart. Er unterhielt ein eigenes Büro. Seit 1981 hält er eine Professur für Grundlagen des Industrial Design an der Universität Kassel. Er lehrt über Theorien und Methoden des Planens und Entwerfens, System Design und Generative Kunst (algorithmisch erzeugte Zeichnungen). Seit 1991 ist er Direktor des Instituts für Rechnergestütztes Darstellen und Entwerfen, Universität Kassel, Kunsthochschule.

Prof. Dr. José L. Encarnação

ist Professor für Informatik an der Technischen Universität Darmstadt und dort seit 1975 Leiter des Fachgebietes Graphisch-Interaktive Systeme (GRIS). Er ist seit 1987 Direktor des Fraunhofer-Instituts für Graphische Datenverarbeitung IGD, leitet als Vorstandsvorsitzender das Zentrum für Graphische Datenverarbeitung e.V. (ZGDV) und ist Stifter der INI-GraphicsNet Stiftung. Das von ihm geleitete institutionelle Forschungsnetzwerk (INI-GraphicsNet) mit zirka 800 Beschäftigten bildet weltweit einen der größten Schwerpunkte für die neuen Medien und neuen Kommunikationsformen – einschließlich der zugehörigen Informations- und Kommunikations-Technologien und -Anwendungen. Er fördert Spin-offs, indem er Forscherinnen und Forscher des Netzwerkes aktiv bei der Ausgründung unterstützt. José L. Encarnação hat Elektrotechnik an der TU Berlin studiert und mit dem Dr.-Ing. abgeschlossen. Er ist Autor einer großen Anzahl von Veröffentlichungen in international rezensierten Zeitschriften sowie Autor und (Mit-) Herausgeber vieler deutscher und englischer Bücher und Tagungsbände zu Themen seines Fachgebietes. Prof. Encarnação ist Mitglied verschiedener nationaler und internationaler Gremien und wurde für seine vielseitigen Aktivitäten mit zahlreichen Preisen geehrt.

Dr.-Ing. Alexander Fink

ist Gründungsinitiator und Mitglied des Vorstandes der *ScMI Scenario Management International AG* aus Paderborn. Die ScMI AG unterstützt Unternehmen und Organisationen in den Bereichen Zukunftsgestaltung, strategisches Management und Früherkennung. Dr. Fink studierte Wirtschaftsingenieurwesen und promovierte anschließend am Heinz Nixdorf Institut zum Thema „Szenariogestützte Führung von Industrieunternehmen". Er ist Autor bzw. Mitautor mehrerer Bücher, darunter »*Erfolg durch Szenario-Management – Prinzip und Werkzeuge der strategischen Vorausschau*« (Campus, 2001). Daneben schreibt er für zahlreiche deutsche und internationale Magazine und Fachzeitschriften. 1998 erhielt er den »Prize for Outstanding Paper« in »Technological Forecasting and Social Change«.

Dr.-Ing. Christoph Hornung

ist Leiter der Abteilung e-Learning & Knowledge Management am Fraunhofer Institut Graphische Datenverarbeitung, Darmstadt. Er studierte Informatik mit dem Schwerpunkt Graphische Datenverarbeitung und erwarb ein Diplom der Informatik an der Universität Saarbrücken. Er erhielt den Grad Dr.-Ing. von der Universität Darmstadt für eine Arbeit im Bereich Visibilitätsalgorithmen. Er war mehrere Jahre in der leitender Position in der Industrie tätig und dort für die Entwicklung graphischer Hard- und Software verantwortlich. Seit 1989 ist Christoph Hornung als Abteilungsleiter am Fraunhofer Institut Graphische Datenverarbeitung, Darmstadt tätig. Schwerpunkte der Abteilung e-Learning und Knowledge Management sind e-Learning Systeme, erweiterte e-Learning Anwendungen (z.B. für Kinder), multi-user Simulationen und Planspiele, Multimedia-Lern- und Spiel-Welten, Wissensdomänen-Modellierung, Wissens-Visualisierung und Systeme zur Intelligenten Assistenz.

Prof. Dr. Wolfgang Jonas

studierte von 1971 bis 1976 Schiffbau an der Technischen Universität Berlin. 1983 promovierte er über die rechnergestützte Formoptimierung von Strömungskörpern. 1984 bis 1987 war er Consultant im Bereich CAD für Firmen der Automobilindustrie und das DIN. Seit 1988 führt er Entwurfsarbeiten (Kunst + Computer, Industrial Design, Ausstellungen, Buchprojekte) an der Hochschule der Künste Berlin durch und ist sowohl freiberuflich als auch an der Universität Wuppertal tätig. 1993 habilitierte er sich auf dem Gebiet der "Designtheorie". 1994 übernahm er eine Professur für "Prozessdesign" an der Hochschule für Kunst und Design Halle, Burg Giebichenstein. 1998 Gastaufenthalte an der Carnegie Mellon University und der Université de Montréal. Seit 2001 ist er Professor für "Designtheorie" an der Hochschule für Künste Bremen. Er publizierte zahlreiche Veröffentlichungen über theoretische und praktische Aspekte des ingenieurwissenschaftlichen und gestalterischen Entwerfens, z.B. "Design - System - Theorie: Überlegungen zu einem systemtheoretischen Modell von Designtheorie" (1994), außerdem publizierte er zur Geschichte des Schiffbaus in Nordfriesland (1990) und zur Ästhetik moderner Schiffe (1991).

Prof. Dr. Helmut Krauch

promovierte von 1953 bis 1956 am Max–Planck-Institut Heidelberg. 1956 war er Forschungsstipendiat an der Yale University und Mitarbeiter des Atomforschungszentrums Brookhaven National Laboratory. 1958 gründete er die interdisziplinäre Studiengruppe für Systemforschung . Er leitete Studien über Planung und Bewertung von Forschung und technischer Entwicklung. Von 1963 bis 1969 war er Fellow am Center for the Study of Democratic Institutions. 1966/67 war er Gastprofessor an der Universität von Kalifornien in Berkeley (Space Science Laboratory). 1968 war er als Privatdozent für experimentelle Sozialwissenschaft an der Universität Göttingen tätig. Er leitete mehrere Systemanalysen in Regierung und Verwaltung und entwickelte für das Bundeskanzleramt Vorschläge für ein mit der Öffentlichkeit gekoppeltes Kanzlerinformationssystem. 1972 übernahm er eine Professur für Systemdesign an der Universität Kassel. Seit 1983 arbeitete er insbesondere über regenerative Maschinen. Er ist Autor mehrerer Bücher, u. a.: „Reaktionen der organischen Chemie", „Die organisierte Forschung", System-analyse in Regierung und Verwaltung", „Computerdemokratie".

Prof. Dr. Ernst-Dieter Lantermann

erwarb 1971 sein Diplom in Psychologie und promovierte 1974 zum Dr. phil. an der Universität Bonn. 1978 habilitierte er sich an der RWTH Aachen. Seit 1979 ist er Professor für Sozial- und Persönlichkeitspsychologie an der Universität Kassel. Er hält mehrere Gastprofessuren im In- und Ausland. 1990/91 wurde er mit der Wilhelm-Wundt Professur in Leipzig betraut. Von 1994 bis 1995 war er Leiter der

Abteilung Globaler Wandel und soziale Systeme am Potsdam Institut für Klimafolgenforschung. Seit 1994 ist er Mitglied im Direktorium des Wissenschaftlichen Zentrums für Umweltsystemforschung. Seine gegenwärtigen Forschungsschwerpunkte sind: Emotion und Handeln in komplexen Handlungsfeldern, Entwicklung multimedialer Lernsysteme, Lebensstil und Naturschutz.

Prof. Dr. Johannes Linden

studierte Mathematik und Informatik an der Universität X. Nach Tätigkeiten an den Universitäten Bonn und Essen war er seit 1985 als Wissenschaftler bei der GMD - Forschungszentrum Informationstechnik GmbH beschäftigt. Arbeitsgebiete waren die Numerische Simulation und die Entwicklung schneller Algorithmen. Seit 1994 war Dr. Linden Leiter des Vorstandsbüros der GMD mit Aufgaben in der Forschungsplanung und Evaluierung. Seit Januar 2002 ist er Abteilungsleiter im Institut für Algorithmen und Wissenschaftliches Rechnen SCAI der Fraunhofer-Gesellschaft.

Prof. Dr. H. Michael Mirow

studierte Wirtschaftsingenieurwesens an der Technischen Hochschule Darmstadt und promovierte an der Universität Frankfurt am Main über „Kybernetik – Grundlage einer allgemeinen Theorie der Organisation". Seit 1968 war er bei der Siemens AG in leitender Position in mehreren Bereichen tätig (u.a. Halbleiter, Hausgeräte, Datenverarbeitung). 1991 bis 2001 war er als Senior Vice President Leiter des Zentralbereichs Corporate Strategies. Seit 2001 ist er freier Unternehmensberater sowie Aufsichtsrat und Beirat insbesondere von jungen Unternehmen im Bereich der Hochtechnologie. Prof. Mirow ist Honorarprofessor an der TU Berlin (Strategische Unternehmensführung). Er ist Autor zahlreicher Veröffentlichungen zu Themen wie Innovation, Führungsorganisation, Wertsteigerungsstrategien, Systemtheorie und Globalisierung.

Dr.-Ing. Siegmund Pastoor

promovierte im Fachgebiet Luft- und Raumfahrttechnik der TU Berlin mit einer regelungstheoretischen Modellierung des menschlichen Lernverhaltens bei Flugführungsaufgaben. Am Heinrich-Hertz-Institut Berlin leitet er eine interdisziplinäre Abteilung, in der Grundlagen für Anwendungen und Systeme der Informationstechnik entwickelt werden. Seine Forschungsarbeiten befassen sich u.a. mit neuartigen 3D-Displays für Mixed-Reality-Anwendungen und mit Computer-Vision-Verfahren für multimodale Interaktionen.

Dipl.-Psych. Katharina Seifert

studierte an der TU Berlin und arbeitete als Wissenschaftliche Mitarbeiterin an der Universität Leipzig und als kommissarische Geschäftsführerin am Zentrum Mensch-Maschine-Systeme der TU Berlin. Gegenwärtig ist sie am Lehrstuhl Mensch-Maschine-Systeme der TU Berlin tätig. Aktuelle Forschungsthemen sind die multimodale Mensch-Computer-Interaktion sowie Ansätze zur Fahrerzustandserkennung in Kraftfahrzeugen.

Dr. Karl-Heinz Simon

erwarb sein Diplom in Allgemeiner Elektrotechnik und einen Master of Arts in Philosophie, Soziologie und Politischen Wissenschaften an der Friedrich-Alexander Universität Erlangen-Nürnberg. Anschließend promovierte er in Planungswissenschaften an der Universität Gesamthochschule Kassel. Derzeit ist er Geschäftsführer des Wissenschaftlichen Zentrums für Umweltsystemforschung der Universität Kassel und Mitglied der Forschungsgruppe Mensch-Umwelt-Interaktionen des Zentrums. Er beschäftigt sich seit längerem mit der Durchführung von anwendungsorientierten Projekten im Bereich der Umweltsystemanalyse. Schwerpunkte waren bisher Umweltinformatik, Energie und Umwelt, Klimarelevanz von Landwirtschaft und Ernährung, Szenarioanwendungen und Bewertungsmethoden. Er befasst sich zudem mit Grundlagen der Systemforschung, insbesondere im Zusammenhang mit der Theorie sozialer Systeme und mit der Modellierung im sozial-ökologischen Bereich.

Prof. Horst H. Sommerlatte

lehrt Industrial Design an der Kunsthochschule der Universität Kassel. Als Chefdesigner war er maßgeblich an der Entwicklung des Airbus A300 in München, Hamburg und Toulouse beteiligt, wo er für das Design des Passagiersystems der Airbus-Einrichtung verantwortlich war. Seit 1977 ist er Hochschullehrer für Industrial Design in Kassel, seit 1991 vermittelt er darüber hinaus im Ergänzungsstudiengang Innovationsmanagement für Wirtschaftswissenschaftler, Ingenieure, Arbeitswissenschaftler und Architekten interdisziplinäres Systemdenken. Im Industrial Design hat er sich auf Verkehrsmittel wie Flugzeuge, Automobile und Bahnen spezialisiert, insbesondere unter dem Gesichtswinkel der Ergonomie. Daneben war er freiberuflich in europäischen Ländern, in den USA, in Mexiko, Brasilien und Japan tätig. In Brasilien, Japan und Finnland hat er auch Lehrerfahrung. Vor seinem Studium des Industrial Design in Berlin und Kassel absolvierte er eine Maschinenschlosserlehre bei Mercedes-Benz. Er ist Vorstandsmitglied des Design-Zentrums Hessen.

Prof. Dr.-Ing. Tom Sommerlatte

ist Chairman der weltweiten Consultingaktivitäten von Arthur D. Little. In seiner 30-Jährigen Beratungstätigkeit legte er den Schwerpunkt auf Innovations-, Wissens- und Human-Ressourcen-Management. Zu seinen Klienten zählen große deutsche und global tätige Unternehmen, die einem schnellen technologischen Wandel unterliegen. Vor seinem Eintritt bei Arthur D. Little war Prof. Dr. Sommerlatte bei der Studiengruppe für Systemforschung, Heidelberg, mit der Entwicklung von Systemen des Wissensmanagements betraut. Er studierte Chemie und Physikalische Chemie an der Freien Universität Berlin und an der University of Rochester, New York, und promovierte in Chemischer Verfahrenstechnik an der Université de Paris. Ferner erwarb er den Grad eines Master of Business Administration (MBA) am Europäischen Institut für Unternehmensführung, INSEAD, in Fontainebleau. Er hält eine Honorarprofessur auf dem Gebiet des Systemdesign an der Universität Kassel.

Prof. Dr. Klaus Peter Timpe

studierte Luftfahrtwesen an der TU Dresden und promovierte 1970 an der HU Berlin mit einem Thema zum menschlichen Regelungsverhalten. Nach seiner Tätigkeit als Hochschullehrer für das Fachgebiet "Ingenieurpsychologie" an der gleichen Universität von 1984 bis 1993 wurde er auf den neu eingerichteten Lehrstuhl Mensch-Maschine-Systeme an der TU Berlin berufen, wo er gegenwärtig tätig ist. Schwerpunkte in Lehre und Forschung dort sind Systemtechnik und Mensch-Maschine-Interaktion.

Dipl.-Math. Clemens-August Thole

studierte Mathematik und Informatik an der Friedrich-Wilhelm-Universitat Bonn. Seit 1984 ist er als Wissenschaftler bei der GMD Forschungszentrum Informationstechnik GmbH beschäftigt. Forschungsschwerpunkte sind Algorithmen und Programmiermodelle fur paralleles Rechnen. Von 1989 bis 1991 entwickelte er für die SUPRENUM GmbH neue Simulationsanwendungen fur Parallelrechner. Mit EUROPORT und AUTOBENCH leitete er zwei große BMBF- und EU-Projekte fur Simulationsanwendungen aus der Automobilindustrie auf Parallelrechnern. Seit 1992 arbeitete Herr Thole in verschiedenen Führungsfunktionen im GMD Institut fur Algorithmen und Wissenschaftliches Rechnen (SCAI). Mit der Fusion von GMD und Fraunhofer Gesellschaft im Juni 2001 wurde Herr Thole Abteilungsleiter im Fraunhofer Institut SCAI.

Prof. Dr. Ulrich Trottenberg

ist Leiter des Fraunhofer-Instituts für Algorithmen und Wissenschaftliches Rechnen SCAI, Schloss Birlinghoven und Professor für Angewandte Mathematik an der Universität zu Köln. Er ist ferner stellvertretender Vorsitzender des Direktoriums der Fraunhofer-Gruppe Informations- und Kommunikationstechnik, Vorstandsmitglied des Kuratoriums der Wissenschaftspressekonferenz, Vorsitzender des Beirats des C.F.Gauß-Minerva-Center for Scientific Computation, Weizmann-Institute, Leiter der Organisationseinheit "Simulations- und Softwaretechnik SISTEC" des DLR, Mitglied des "Nationalen Koordinierungsausschusses zur Beschaffung und Nutzung von Höchstleistungsrechnern" des Wissenschaftsrates, Mitglied des Beirats des Potsdam Instituts für Klimafolgenforschung. Humboldt-Preisträger für die wissenschaftliche Zusammenarbeit zwischen Frankreich und Deutschland (1987). Er erhielt den ECCO-Preis (1993) und den SUPARCUP (1995).

Prof. Dr.-Ing. habil. Joachim Warschat

studierte an der Universität Stuttgart Maschinenbau, Fachrichtung Fertigungstechnik. Er promovierte 1980 mit dem Thema „Dynamische Optimierung technisch-ökonomischer Systeme" und habilitierte sich 1997 mit dem Thema „Methoden zur Planung zeit- und kostenoptimaler Produktion und Lagerhaltung". Er lehrt am Stuttgart Institute of Management and Technology (SIMT) Technologiemanagement und an der Universität Stuttgart Projektmanagement und Simultaneous Engineering. Er ist Institutsdirektor am Fraunhofer Institut für Arbeitswirtschaft und Organisation, Stuttgart, und Geschäftsführer des Sonderforschungsbereichs Entwicklung und Erprobung innovativer Produkte – Rapid Prototyping. Er war verantwortlich für viele angewandte Forschungsprojekte auf den Gebieten Projekt- und Wissensmanagement, Rapid Produkt Development, Innovationsmanagement und Produktionsplanung. Er veröffentlichte mehr als 140 Artikel und Bücher auf den genannten Gebieten.

Prof. Dr. Helmut Willke

ist seit 1983 Professor für Planungs- und Entscheidungstheorie an der Fakultät für Soziologie der Universität Bielefeld. Ferner hält er Gastprofessuren in Washington D.C., Genf und Wien. 1994 erhielt er den Leibniz-Preis der Deutschen Forschungsgemeinschaft. Seine Tätigkeitsschwerpunkte sind Forschung in den Feldern Systemtheorie, Staatstheorie, Wissensmanagement, Organisationsentwicklung, Systemdynamik, Systemsteuerung und Wissensmanagement (Einführung, Instrumente, Strategien). Seine wichtigsten Veröffentlichungen sind „Systemtheorie I, Eine Einführung in die Grundprobleme", 5. Auflage, Stuttgart 1996 (UTB), „Systemtheorie II: Interventionstheorie", 3. Auflg. 1999, Stuttgart (UTB), „Systemtheorie III: Steuerungstheorie", Stuttgart 1995 (UTB), „Ironie des Staates",

Frankfurt 1992 (Suhrkamp), „Supervision des Staates", Frankfurt 1997 (Suhrkamp), „Systemisches Wissensmanagement", Stuttgart 1998 (UTB), „Atopia", Frankfurt 2001 (Suhrkamp), „Dystopia", Frankfurt 2002 (Suhrkamp).

Fachinformation auf Mausklick

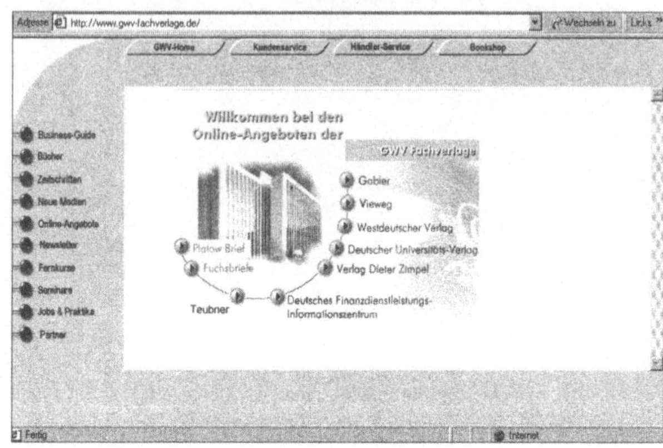

Das Internet-Angebot der Verlage **Gabler, Vieweg, Westdeutscher Verlag, B. G. Teubner** sowie des **Deutschen Universitätsverlages** bietet frei zugängliche Informationen über Bücher, Zeitschriften, Neue Medien und die Seminare der Verlage. Die Produkte sind über einen Online-Shop recherchier- und bestellbar.

Für ausgewählte Produkte werden Demoversionen zum Download, Leseproben, weitere Informationsquellen im Internet und Rezensionen bereitgestellt. So ist zum Beispiel eine Online-Variante des Gabler Wirtschafts-Lexikon mit über 500 Stichworten voll recherchierbar auf der Homepage integriert.

Über die Homepage finden Sie auch den Einstieg in die Online-Angebote der Verlagsgruppe, so etwa zum Business-Guide, der die Informationsangebote der Gabler-Wirtschaftspresse unter einem Dach vereint, oder zu den Börsen- und Wirtschaftsinfos des Platow Briefes und der Fuchsbriefe.

Selbstverständlich bietet die Homepage dem Nutzer auch die Möglichkeit mit den Mitarbeitern in den Verlagen via E-Mail zu kommunizieren. In unterschiedlichen Foren ist darüber hinaus die Möglichkeit gegeben, sich mit einer „community of interest" online auszutauschen.

... wir freuen uns auf Ihren Besuch!

www.gabler.de
www.vieweg.de
www.westdeutschervlg.de
www.teubner.de
www.duv.de

Abraham-Lincoln-Str. 46
65189 Wiesbaden
Fax: 06 11.78 78-400